Bibliographia Cartographica

Internationale Dokumentation des kartographischen Schrifttums
International documentation of cartographical literature
Documentation internationale de la litterature cartographique

Herausgegeben von der
Staatsbibliothek zu Berlin
- Preussischer Kulturbesitz -
In Verbindung mit der
Deutschen Gesellschaft für Kartographie e.V.

Redaktion: Wolfgang Crom

Vol. 29 (2002)

K · G · Saur München
ISSN 0340-0409

Redaktionsschluß: 1.12.2002

Verantwortlich für die Redaktion:

Wolfgang Crom
Leiter des Arbeitskreises „Bibliographie des kartographischen Schrifttums"
in der Deutschen Gesellschaft für Kartographie
Leiter der Kartenabteilung der Staatsbibliothek zu Berlin
Preußischer Kulturbesitz,
10772 Berlin

Redaktionelle Mitarbeit:

Susanne Boltzendahl
Dr. Diethard Loeser
Steffi Mittenzwei

Gedruckt auf säurefreiem Papier / Printed on acid-free paper

Printed in the Federal Republic of Germany
by Druck-Partner Rübelmann GmbH, Hemsbach /Bergstr.

ISBN 3-598-20646-1

Contents III
List of Collaborators XV
List of regularly evaluated journals XIX

A. BIBLIOGRAPHY, DOCUMENTATION, GENERAL LITERATURE 1

1. Reference Tools 1
2. Bibliographies, Catalogues 1
3. Documentation, Classifications 5
4. General Works on Cartography, Collective Writings 6
5. Periodicals 6

B. HISTORY OF CARTOGRAPHY 8

1. General Features 8
2. Regional History of Cartography 11
   a. The World 11
   b. Oceans and Seas 13
   c. Africa 14
   d. The Americas 15
   e. Asia 18
   f. Australia and Pacific Islands 19
   g. Europe 20
   h. Polar Regions .... -
   i. Outer Space 36
3. Epochs of the History of Cartography 37
   a. General Works 37
   b. Antiquity 37
   c. Middle Ages 38
   d. Renaissance 38
   e. Baroque 39
   f. Modern Period 39

C. BIOGRAPHICAL ASPECTS OF CARTOGRAPHY 41

D. ORGANIZATIONS AND INSTITUTIONS OF CARTOGRAPHY 51

1. General Features 51
2. Cartographic Societies 51
3. Teaching and Research Institutions 52
4. Cartographic Training 52
5. Map Producers 55
6. Map Collections 63
7. Events, Conferences and Exhibitions 68
8. Legal Questions, Copyright 75

E. THEORY OF CARTOGRAPHY 78

1. Nature and Philosophy of Cartography 78
2. Cartographic Terminology 78
3. Theoretical Foundations of Cartography 79
4. Graphic Foundations of Cartography 83
5. Surveying for Mapping 87
   a. Geodesy, Topography 90
   b. Photogrammetry, Remote Sensing 109
   c. Data Collection for Thematic Map 122
6. Map Drafting and Map Design 125
   a. Map Editing 125
   b. Map Types, Cartographic Methods 125
   c. Map Scale, Sheet Layout, Sheet Numbering and Naming 126
   d. Map Projection, Mathematical Cartography 127
   e. Legend, Drafting Instructions, Map Specifications, Symbol Legends 128
   f. Generalization 129
   g. Geographical Names, Toponymy 130
7. Map Revision 136

F. MAP PRODUCTION, PRACTICAL CARTOGRAPHY 139

1. General Features 139
2. Traditional Reprographic Techniques 139
   a. General Features .... -
   b. Drawing, Engraving and Scribing Techniques 139
   c. Map Lettering Techniques 143
   d. Photographic Techniques .... -
   e. Non-Photographic Techniques .... -
   f. Reproduction and Presswork 140
3. Computer-Assisted Map Techniques 140
   a. General Features .... -
   b. Data Acquisition and Data Storage Techniques 142
   c. Data Processing Techniques, Digital Generalization 143
   d. Digital Models 146
   e. Data Presentation Techniques 152

G. SPATIAL INFORMATION SYSTEMS 154

1. General Features, Graphic Data Banks 154
2. Geographical Information Systems (GIS) 160
3. Land Information Systems (LIS) 184

H. TOPOGRAPHIC CARTOGRAPHY 186

1. General Features. Map Specifications 186
2. Maps Grouped According to Scale 187
   a. Map Scales larger than 1:10 000 187
   b. Map Scales from 10.000 to 1:300 000 190
   c. Map Scales smaller than 1:300 000 193
3. Content of Topographic Maps 193
   a. Planimetry 194
   b. Relief 194

I. THEMATIC CARTOGRAPHY 199

1. General Features. Map Specifications 199
2. Maps Grouped According to Scale .... -
   a. Map Scales larger than 1:10 000 .... -
   b. Map Scales from 1:10 000 to 1:1:300 000 .... -
   c. Map Scales smaller than 1:300 000 .... -
3. Maps Grouped According to Content 201
   Administration 201; Aeronautics -; Agriculture 202; Archaeology 203; Astronomy -; Biology 204; Climatology and Meteorology 206; Culture 207; Demography 208; Ecology 208; Economics 210; Environment 211; Forestry 215; Geochemistry -; Geology 216; Geomorphology 217; Geophysics 218; Geoscience 219; Glaciology 220; History 221; Hydrography 222; Land use 226; Landscape 228; Law 229; Linguistic -; Medicine 230; Military cartography 230; Mining 232; Natural resources -; Oceanography 232; Pedology 233; Planning 235; Politics 237; Religion 237; Settlement 238; Sociology 245; Statistics 245; Tourism 246; Traffic 248; Vegetation 251

J. ATLAS-CARTOGRAPHY 253

1. General Features 253
2. World Atlases, Reference Atlases 253
3. Topographic Atlases .... -
4. Thematic Atlases, Planning Atlases 254
5. School Atlases 256
6. Regional Atlases 256
7. Air Photo and Satellite Image Atlases .... -

K. TACTILE MAPS. MAPS FOR THE BLIND 260

L. FILM AND COMPUTER SCREEN MAPS 261

M. MAP-LIKE REPRESENTATIONS 284

1. General Features 284
2. Three-Dimensional Representations 284
3. Two-Dimensional Representations 285

N. USE OF MAPS 293

1. General Features, Accessories for Map Use 293
2. Perception, Cognitive Maps 299
3. Map Reading and Map Interpretation, Cartometry 300
4. Functions of Maps 302
   Cadastral Mapping 302; Journalistic Cartography 307; Military Cartography -; Navigational Mapping 308; Planning Cartography 310; School Cartography 311; Tourist Mapping -
5. Maps in Other Media 311

O. REGIONAL CARTOGRAPHY 313

1. General Features .... -
2. Regions 313
   a. The World 313
   b. Oceans and Seas 314
   c. Africa 316
   d. The Americas 317
   e. Asia 327
   f. Australia and the Pacific Islands 332
   g. Europe 333
   h. Polar Regions 391
   i. Outer Space 392

Index of Authors 393

Inhaltsübersicht III
Verzeichnis der Mitarbeiter XV
Verzeichnis regelmäßig ausgewerteter Zeitschriften........ XIX

A. BIBLIOGRAPHIE, DOKUMENTATION, ALLGEMEINES SCHRIFTTUM 1

1. Allgemeine Hilfsmittel 1
2. Bibliographien, Kataloge 1
3. Dokumentation, Klassifikation 5
4. Gesamtdarstellungen der Kartographie, Sammelwerke 6
5. Periodika 6

B. GESCHICHTE DER KARTOGRAPHIE 8

1. Allgemeines........ 8
2. Regionale Geschichte der Kartographie 11
   a. Welt 11
   b. Ozeane und Meere 13
   c. Afrika 14
   d. Amerika 15
   e. Asien 18
   f. Australien und Ozeanien 19
   g. Europa 20
   h. Polargebiete .... -
   i. Weltraum 36
3. Epochen der Geschichte der Kartographie........ 37
   a. Allgemeines 37
   b. Antike 37
   c. Mittelalter 38
   d. Renaissance 38
   e. Barock 39
   f. Moderne 39

C. PERSÖNLICHKEITEN DER KARTOGRAPHIE........ 41

D. ORGANISATIONEN UND INSTITUTIONEN DER KARTOGRAPHIE 51

1. Allgemeines 51
2. Kartographische Gesellschaften 51
3. Institutionen der Lehre und Forschung 52
4. Kartographische Ausbildung 52
5. Kartenhersteller 55
6. Kartensammlungen 63
7. Veranstaltungen, Tagungen und Ausstellungen 68
8. Rechtsfragen, Urheberrecht 75

E. THEORIE DER KARTOGRAPHIE 78

1. Wesen der Kartographie 78
2. Kartographische Terminologie 78
3. Theoretische Grundlagen der Kartographie 79
4. Graphische Grundlagen der Kartographie 83
5. Kartendaten-Aufnahme 87
   a. Geodäsie, Vermessung, Topographie 90
   b. Photogrammetrie, Fernerkundung 109
   c. Thematische Kartendaten-Aufnahme 122
6. Kartenentwurf und Kartengestaltung 125
   a. Kartenredaktion 125
   b. Kartentypen, kartographische Methoden 125
   c. Kartenmaßstab, Blattschnitt, Blattbezeichnung 126
   d. Kartennetzentwurf, mathematische Kartographie 127
   e. Legende, Zeichenvorschriften, Musterblätter, Signaturenmaßstab 128
   f. Generalisierung 129
   g. Namenschreibung, Ortsnamenkunde 130
7. Kartenaktualisierung 136

F. KARTENHERSTELLUNG, PRAKTISCHE KARTOGRAPHIE 139

1. Allgemeines 139
2. Herkömmliche Zeichen- und Reproduktionsverfahren 139
   a. Allgemeines .... -
   b. Zeichenverfahren, Gravurverfahren 139
   c. Kartenbeschriftungsverfahren 143
   d. Photographische Reproduktionsverfahren .... -
   e. Nichtphotographische Reproduktionsverfahren .... -
   f. Vervielfältigungsverfahren und Druckverfahren 140
3. Rechnergestützte Kartentechnik 140
   a. Allgemeines .... -
   b. Verfahren der Datenerfassung und Datenspeicherung 142
   c. Verfahren der Datenaufbereitung, digitale Generalisierung 143
   d. Digitale Modelle 146
   e. Verfahren der Datenausgabe 152

G. RAUMBEZOGENE INFORMATIONSSYSTEME 154

1. Allgemeines, graphische Datenbanken 154
2. Geographische Informationssysteme 160
3. Landinformationssysteme 184

H. TOPOGRAPHISCHE KARTOGRAPHIE 186

1. Allgemeines und Zeichenvorschriften 186
2. Maßstabsbestimmte Kartengruppen 187
   a. Karten bis 1:10 000 187
   b. Karten von 1:10 000 bis 1:300 000 190
   c. Karten kleiner als 1:300 000 193
3. Inhaltselemente topographischer Karten 193
   a. Situation 194
   b. Gelände 194

I. THEMATISCHE KARTOGRAPHIE 199

1. Allgemeines und Zeichenvorschriften 199
2. Maßstabsbestimmte Kartengruppen .... -
   a. Karten bis 1:10 000 .... -
   b. Karten von 1:10 000 bis 1:300 000 .... -
   c. Karten kleiner als 1:300 000 .... -
3. Inhaltsbestimmte Kartengruppen 213
   Archäologie 203; Astronomie -; Bergbau 232; Biologie 204; Bodenschätze -; Demographie 208; Forstwirtschaft 215; Geochemie -; Geologie 216; Geomorphologie 217; Geophysik 218; Geowissenschaften 219; Geschichte 221; Glaziologie 220; Hydrographie 222; Klimatologie und Meteorologie 206; Kultur 207; Landnutzung 226; Landschaft 228; Landwirtschaft 214; Luftfahrt -; Medizin 230; Militärkartographie 230; Ökologie 208; Ozeanographie 232; Pedologie 233; Planung 235; Politik 237; Recht 229; Religion 237; Siedlung 238; Soziologie 245; Sprache -; Statistik 245; Tourismus 246; Umwelt 211; Vegetation 251; Verkehr 248; Verwaltung 201; Wirtschaft 210

J. ATLAS-KARTOGRAPHIE 253

1. Allgemeines 253
2. Weltatlanten 253
3. Topographische Atlanten .... -
4. Thematische Atlanten, Planungsatlanten 254
5. Schulatlanten 256
6. Regionalatlanten 256
7. Luft- und Satelliten-Bildatlanten .... -

K. TAKTILE KARTEN. BLINDENKARTEN 260

L. FILM- UND BILDSCHIRMKARTEN 261

M. KARTENVERWANDTE DARSTELLUNGEN 284

1. Allgemeines 284
2. Dreidimensionale Darstellungen 284
3. Zweidimensionale Darstellungen 285

N. KARTENNUTZUNG 293

1. Allgemeines, Hilfsmittel des Kartengebrauchs 293
2. Wahrnehmung, kognitive Karten 299
3. Kartenlesen und Karteninterpretation, Kartometrie 300
4. Funktionsbereiche der Kartographie 302
   Katasterkartographie 316; Medienkartographie 321; Militärkartographie 322; Navigationskartographie 322; Planungskartographie 324; Schulkartographie 325; Tourismuskartographie -
5. Verwendung von Karten in anderen Medien 311

O. REGIONALE KARTOGRAPHIE 313

1. Allgemeines .... -
2. Regionen 313
   a. Welt 313
   b. Ozeane und Meere 314
   c. Afrika 316
   d. Amerika 317
   e. Asien 327
   f. Australien und Ozeanien 332
   g. Europa 333
   h. Polargebiete 391
   i. Weltraum 392

Autorenregister 393

Table des matières III
Liste des collaborateurs XV
Liste des journeaux observés régulièrement XIX

A BIBLIOGRAPHIE, DOCUMENTATION, LITTERATURE GENERALE 1

1. Moyens auxiliaires généraux 1
2. Bibliographies, catalogues 1
3. Documentation, classification 5
4. Représentations générales de la cartographie, recueils 6
5. Périodiques 6

B. HISTOIRE DE LA CARTOGRAPHIE 8

1. Généralités 8
2. Histoire régionale de la cartographie 11
   a. Le monde 11
   b. Les océans et les mers 13
   c. L'Afrique 14
   d. L'Amerique 15
   e. L'Asie 18
   f. L'Australie et l'Oceanie 19
   g. L'Europe 20
   h. Régions polaires ..... -
   i. L'espace cosmique 36
3. Epoques de l'histoire de la cartographie 37
   a. Généralités 37
   b. Antiquité 37
   c. Moyen âge 38
   d. Renaissance 38
   e. Baroque 39
   f. Modernité 39

C. PERSONNAGES DE LA CARTOGRAPHIE 41

D. ORGANISATIONS ET INSTITUTIONS DE LA CARTOGRAPHIE 51

1. Généralites 51
2. Sociétés cartographiques 51
3. Institutions de l'enseignement et de la recherche 52
4. Formation cartographique 52
5. Producteurs de cartes 55
6. Cartothèques 63
7. Conférences, Réunions et expositions 68
8. Questions juridiques, droit d'auteur 75

E. THEORIE DE LA CARTOGRAPHIE 78

1. Nature de la cartographie 78
2. Terminologie cartographique 78
3. Bases théoretiques de la cartographie 79
4. Bases graphiques de la cartographie 83
5. Lever cartographique 87
   a. Géodésie, topographie 90
   b. Photogrammétrie, télédétection 109
   c. Lever cartographique thématique 122
6. Préparation et conception cartographique 125
   a. Rédaction cartographique........ 125
   b. Types cartographiques, méthodes cartographiques 125
   c. Echelle cartographique, découpage des feuilles, numéros et noms des feuilles........ 126
   d. Projection cartographique, cartographie mathématique 127
   e. Légende, spécifications cartographiques, échelle d'un symbole 128
   f. Généralisation........ 129
   g. Orthographie des noms géographiques, toponymie 130
7. Mise à jour des cartes........ 136

F. PRODUCTION DES CARTES, CARTOGRAPHIE PRATIQUE 139

1. Généralités 139
2. Procédes de dessin reprographiques traditionelles en cartographie 139
   a. Généralités .... -
   b. Procédés de dessin, de gravure simple et avancée, matériaux, instruments 139
   c. Procédés des écritures cartographiques 143
   d. Procédés photographiques .... -
   e. Procédés de reproduction non-photographiques .... -
   f. Procédés reprographiques et procédés d'impression 140
3. Techniques cartographiques assistées par ordinateur........ 140
   a. Généralités .... -
   b. Procédés de l'acquisition et de la mémorisation des données 142
   c. Procédés de la préparation des données, généralisation numérique 143
   d. Modèles numériques 146
   e. Procédé de sortie des données 152

G. SYSTEMES D'INFORMATIONS SPATIALES 154

1. Généralités, banques de données graphiques 154
2. Systèmes d'informations géographiques 160
3. Systèmes d'informations du territoire 184

H. CARTOGRAPHIE TOPOGRAPHIQUE 186

1. Généralités et spécifications 186
2. Cartes groupées d'après les échelles 187
   a. Cartes jusqu'à l'échelle 1:10 000 187
   b. Cartes de l'échelle 1:10 000 à l'échelle 1:300 000 190
   c. Cartes à une échelle de moins de 1:300 000 193
3. Eléments du contenu des cartes topographiques 193
   a. Planimétrie 194
   b. Terrain 194

I. CARTOGRAPHIE THEMATIQUE 199

1. Généralités et feuilles types 199
2. Cartes groupées d'après les échelles .... -
   a. Cartes jusqu'à l'échelle 1:10 000 .... -
   b. Cartes de l'échelle 1:10 000 à l'échelle 1:300 000 .... -
   c. Cartes à une échelle de moins de 1:300 000 .... -
3. Cartes groupées d'après leur contenu 201
   Administration 201; Aeronautique -; Agriculture 202; Archéologie 203; Astronomie -; Biologie 204; Cartographie militaire 230; Climatologie et météorologie 206; Culture 207; Démographie 208; Ecologie 208; Economie 210; Entourage 211; Géochimie -; Géologie 216; Géomorphologie 217; Géophysique 218; Glaciologie 220; Habitat 238; Histoire 234; Hydrographie 234; Linguistique 243; Loi 229; Medicine 244; Mines 232; Océanographie 232; Paysage 228; Pédologie 233; Planification 235; Politique 237; Religion 237; Ressources minières -; Science de la terre 219; Sociologie 245; Statistique 245; Sylviculture 215; Tourisme 246; Transports 248; Utilisation 226; Végétation 251

J. CARTOGRAPHIE RELATIVE A LA REALISATION DES ATLAS 253
1. Généralités 253
2. Atlas mondiaux, atlas de référence 253
3. Atlas topographiques .... -
4. Atlas thématique, atlas de planification 254
5. Atlas scolaires 256
6. Atlas régionaux 256
7. Atlas de photographies aériennes et de photographies prises par satellite .... -

K. CARTES TACTILES, CARTES POUR AVEUGLES 260

L. CARTES CINEMATOGRAPHIQUES ET CARTES ECRAN 261

M. REPRESENTATION PARACARTOGRAPHIQUES 284

1. Généralités 284
2. Représentations tridimensionelles 284
3. Représentations bidimensionnelles 285

N. UTILISATION DES CARTES 293

1. Généralites, accessoires pour l'utilisation des cartes 293
2. Perception, cartes cognitives 299
3. Lecture des cartes et interprétation des cartes, cartométrie 300
4. Domaines de fonction des cartes 302
   Cartographie cadastrale 316; Cartographie militaire 322; Cartographie de navigation 322; Cartographie en aménagement 324; Cartographie journalistique 321; Cartographie scolaire 325; Cartographie touristique -
5. Utilisation des cartes dans d'autres médias 311

O. CARTOGRAPHIE REGIONALE 313

1. Généralités .... -
2. Régions 313
   a. Le monde 313
   b. Les océans et les mers 314
   c. L'Afrique 316
   d. L'Amerique 317
   e. L'Asie 327
   f. L'Australie et l'Océanie 332
   g. L'Europe 333
   h. Les régions polaires 391
i. L'espace cosmique 392

Liste des noms 393

LIST OF COLLABORATORS
VERZEICHNIS DER MITARBEITER
LISTE DES COLLABORATEURS

Albania	Mr. E. SAMIMI, Geographic Studies Center, Rr. "Myslym Shyri" Nr. 11, Tirana
Argentina	Prof. Dr. P. J. GALLEZ, Instituto Patagonico, Calle Peru 339, RA-8000 Bahia Blanca
Australia	National Library of Australia, Map Collection, Canberra A.C.T. 2600
	MAIC H.-J. VOJACEK, 70 Elinga Street, Howrah 7018, Tasmania 7009
Austria	Frau Prof. Dr. I. KRETSCHMER, Institut für Geographie der Universität Wien, Universitätsstr. 7, A 1010 Wien
Belgium	Prof. Dr. F. DEPUYDT, Redingenstr. 16, B 3000 Leuven
Brasilia	Mrs. R. E. HORCH, Caixa postal 11201, Sao Paolo
Bulgaria	Prof. Dr. B. BEŠEVLIEV, Institut für Balkanistik, ul. G. Bonćev, bl. 6, BG-1113 Sofia
	Dipl.-Ing. V. KOEN, i.H. Glavna Upravlenie po Geodezija i Kartografija, ul Alabin 46, Sofia C
Canada	Mr. L. CARDINAL, National Archives of Canada, Cartography and Architecture, Ottawa K1A ON3
	Prof. Dr. H. SCHLICHTMANN, Dep. of Geography, Univ. of Regina, Regina Sask. S4S OA2
Croatia	Prof. Dr. N. FRANČULA, Geodetski fakultet Sveučilišta u. Zagrebu, Kačiceva ul. 26, Zagreb
Czech Republic	Dr. I. KUPČIK, Kiliansplatz 2, D 80339 München
Denmark	Mr. H. DUPONT, The Royal Library, P.O. Box 2149, DK-1016 Copenhagen K.
Finland	Dipl.-Ing. S. BIRKSTEDT, Maanmittaushallitus, Kirkkokatu 3, SF 00170 Helsinki 17

France — Comité Français de Cartographie, 138 bis, Rue de Grenelle, F 75007 Paris

Mr. O. LOISEAU, Bibliothèque Nationale, Département des Cartes et Plans, 58 Rue de Richelieu, F 75 Paris

Germany — Hr. W. CROM, Staatsbibliothek zu Berlin - Preußischer Kulturbesitz Kartenabteilung, Postf. 1407, D 10772 Berlin

Prof. Dr. U. FREITAG, Institut für Kartographie, Freie Universität Berlin, Malteserstr. 74-100, D 12249 Berlin

Dr. D. LOESER, Staatsbibliothek zu Berlin - Preußischer Kulturbesitz, Kartenabteilung, Postf. 1407, D 10772 Berlin

Frau Dipl.-Päd. S. MITTENZWEI, Staatsbibliothek zu Berlin - Preußischer Kulturbesitz, Unter den Linden 8, D 10117 Berlin

Dipl.-Geogr. W. POBANZ, Institut für Kartographie, Freie Universität Berlin, Malteserstr. 74-100, D 12249 Berlin

Prof. Dr. W. SPERLING, Geographisches Institut, Fachbereich Geographie, Tarforster Str. 55, D 54296 Trier

Great Britain — Mr. F. HERBERT, Royal Geographical Society, Kensington Gore, London SW7 2AR

Hungary — MEM-CARTACTUAL, P.O.B. 76, V., Guszev u. 19, H 1367 Budapest

Indonesia — Prof. J. RAIS M.Sc., Deputy Ketua Bokosurtanal, Jalan Dr. Wahidin 1/11, Jakarta

Ireland — Mr. M.C. O'GORMAN, Ordnance-Survey Office, Phoenix Park, Dublin

Israel — Prof. Dr. N. KADMON, The Hebrew University of Jerusalem, Dept. of Geography, Mount Scopus, 91905 Jerusalem

Italy	Dr. G. MOTTA, Direttore Cartografica, Istituto Geografico de Agostini, Corso della Vittoria 91, Novara
Japan	Mr. K. KANAZAWA, Japan Consulting Engineers Association, 1-21-5, Shin-Toride, Toride-Shi, 302 Japan
	Mrs. J. SUZUKI, The Map Library, National Diet Library, 1-10-1, Nagatacho, Chiyoda-ku, Tokyo. 100 Japan
Luxemburg	Prof. Dr. L.B.F. KORMOSS, Dyver 7, B 8000 Brugge, Belgien
Mexico	Unidad de Agencias, Cetenal, San Antonio Abad 124, Mexico 8 DF
Morocco	Mr. A. HAKHAM, Ing.-Topogr., A.N.I.G.E.T., Service Topographique, Rue Henri Mangeard, Rabat
Netherlands	Prof. Dr. Ferjan ORMELING, Rijksuniversiteit, Postbus 80.115, Heidelberglaan 2, NL-3508 TC Utrecht
	Prof. Dr. G. SCHILDER, Geografisch Instituut, Rijksuniversiteit te Utrecht, Transitorium II, Heidelberglaan 2, De Uithof, Utrecht
Norway	Mr.T. SØRBØ, Kartsamling, Universitets-biblioteket, Drammensveien 42, Oslo
Peru	Prof. V.H. ROGGERO, Eng. Photogrammetry, Instituto Geográfico, Ministerio de Guerra, Lima
Poland	Dr. J. OSTROWSKI, Instytut Geografii i Przestrzennego Zagospodarowania PAN, Krakowskie Przedmiescie 30, 00-927 Warszawa
Portugal	Prof. Dr. O. RIBEIRO, Instituto di Geografia, Universidade de Lisboa, Lisboa
Romania	Dr. V. DUMITRESCU, Institutul de Geografie, Str. Dim. Racovita 12, Bucharest, Code 70307
Russia	Prof. A.M. BERLJANT, Geografičeskij Fakultet, Leninskie Gory, MGU, 119899 Moskva
	Mrs. Dr. N. KOTELNIKOVA, Dep. of Cartographic Publications, Russian State Library, 3/5 Vozdvizhenka, 101000 Moskva

Slovakia	Mrs. D. KUSENDOVA, Department of Human Geography and Demogeography, Faculty of Natural Sciences Comenius University, Mlynská dolina 1, 84215 Bratislava
Slovenia	M. Sc. B. LIPEJ, MOP-Geodetska uprava Republike Slovenije, Kristanova ul. 1, SLO-61000 Ljubljana
South Africa	Chief Director of Surveys and Mapping, Dep. of Community Republic Development, Private Bag, 7705 Mowbray
Spain	Mrs. Dr. M. GALERA I MONEGAL, Institut Cartogràfic de Catalunya, Parc de Montjuïz, E-08038 Barcelona
Sweden	Dr. G. SCHALIN, Esselte, P.O.B. 22 069, S 104 22 Stockholm
Switzerland	Prof. Dr. L. HURNI, Kartographisches Institut der E.T.H. CH 8093 Zürich-Hönggerberg
	Dipl.-Geogr. A. CAFLISCH, Schweizerische Landesbibliothek, Hallwylstr. 15, CH 3000 Bern
Thailand	Lieutenant General Ch. KULKASEM, Director of Survey, The Royal Thai Survey Dep., Bangkok
Turkey	Prof. Dr.-Ing. D. UCAR, I.T.Ü. Insaat Fakültesi. Jeodesi ve Fotogrametri, Mühendisligi Bölümü, TR-80626 Maslak-Istanbul
USA	Mr. R.E. GRIM, Geography and Map Division, Library of Congress, Washington D.C. 20540, USA
International Organisations	Prof. Dr. I.B.F. KORMOSS, Dyver 7, B 8000 Brugge, Belgien
	Mr. K.H. STABE, United Nations, Box 20, New York. N.Y. 10017, USA

REGULARLY EVALUATED JOURNALS IN THE BERLIN STATE LIBRARY
REGELMÄSSIG IN DER STAATSBIBLIOTHEK ZU BERLIN AUSGEWERTETE ZEITSCHRIFTEN
JOURNEAUX OBSERVÉS RÉGULIÈREMENT DANS LA BIBLIOTHÈQUE D'ÉTAT À BERLIN

Titel / title / titre

Allgemeine Vermessungsnachrichten

Berg : Alpenvereinsjahrbuch

Bollettino della Associazione Italiana di Cartografia

Bulletin : Association of Canadian Map Libraries and Archives

Bulletin d'information de l'Institut Géographique National

Bulletin du Comité Français de Cartographie

The Bulletin of the Society of Cartographers

Caert-Thresoor

The Cartographic Journal

Cartographica Helvetica : Fachzeitschrift für Kartengeschichte

Cartography : journal of Mapping Sciences Institute, Australia

Cartography and geographic information science

GeoBit : das Magazin für raumbezogene Informationstechnologie

Geodesia : tijdschrift voor geodesie en geo-informatie

Geodetski list

Geodetski vestnik

Geo-Informationssysteme : GIS ; Zeitschrift für raumbezogene Informationen und Entscheidungen

Geodetický a cartografický obzor

Geodézia és kartográfia

Geodezja i kartografia

Geografie / uitg. van het Koninklijk Nederlands Aardrijkskundig Genootschap, KNAG

Geomatica

Geomatics and information science of Wuhan University

Geographica Helvetica

Geo-spatial information science : quaterly = Diqiu-kongjian-xinxi-kexue-xuebao

ICA news = Nouvelles de l'ACI

Imago mundi : the international journal for the history of cartography

Indian Surveyor

Information bulletin / Western Association of Map Libraries

International journal of applied earth observation and geoinformation

Jahrbuch des Deutschen Alpenvereins

Journal of the International Map Collector's Society

Kartbladet

Kart og plan

Kartografisch tijdschrift

Kartographische Nachrichten

Kartografické listy

Lantmäteri-tidskriften

LIBER quaterly : the journal of European Research Libraries

LSA VERM : Zeitschrift für das öffentliche Vermessungswesen des Landes Sachsen-Anhalt

Map : journal of the Japan Cartographers Association

Mapline : a quaterly newsletter publ. by the Herman Dunlap Smith Center for the History of Cartography at the Newberry Library

Mappemonde

Mapping sciences and remote sensing

Mercator's world

Meridian : a journal of the Map and Geography Round Table of the American Library Association

Mitteilungen / Freundeskreis für Cartographica in der Stiftung Preußischer Kulturbesitz

Mitteilungsblatt / Deutscher Verein für Vermessungswesen, Landesverein Baden-Württemberg

Mitteilungsblatt / Deutscher Verein für Vermessungswesen, Landesverein Bayern

Mitteilungsblatt / Deutscher Verein für Vermessungswesen, Landesverein Hessen und Thüringen

Mitteilungsblatt / Deutscher Verein für Vermessungswesen, Landesverein Rheinland-Pfalz und Saarland

Nachrichten der Niedersächsischen Vermessungs-u. Katasterverwaltung

Nachrichtenblatt der Vermessungs- und Katasterverwaltung Rheinland-Pfalz

New Zealand Map Society journal

News / Internationale Coronelli-Gesellschaft für Globenkunde

Newsletter / Brussels International Map Collectors' Circle

Newsletters of the Australian Map Circle

Nachrichten aus dem öffentlichen Vermessungsdienst Nordrhein-Westfalen

Photogrammetrie, Fernerkundung, Geoinformation

Polski przegląd kartograficzny

The Portolan : the journal of the Washington Map Society

Rittenhouse : journal of the American Scientific Instrument Enterprise

Rundbrief Geographie

Surveying and land information systems

Topografia y cartografia

Terrae incognitae : the journal for the history of discoveries

Vermessung, Photogrammetrie, Kulturtechnik = Mensuration, photogrammétrie, génie rural

VGI : Österreichische Zeitschrift für Vermessung & Geoinformation

XYZ : Revue de l'Association Française de Topographie

ZfV : Zeitschrift für Geodäsie, Geoinformation und Landmanagement

A. Bibliography, Documentation, General Literature Bibliographie, Dokumentation, Allgemeines Schrifttum Bibliographie, documentation, littérature générale

1. Reference Tools Allgemeine Hilfsmittel Moyens auxiliaires généraux

0001
Stani-Fertl, Roman: Exonyme und Kartographie : weltweites Registerdeutscher geographischer Namen, klassifiziert nach Gebräuchlichkeitund ihren ortsüblichen Entsprechungen ; Arbeitsmittel für Redakteure. Hrsg. von Ingrid Kretschmer und Karel Kriz. - Wien: Inst. für Geographie u. Regionalforschung, Kartographie u. Geoinformation 2001, 368 p., 22 ill., tab. (Wiener Schriften zur Geographie und Kartographie ; Bd. 14)
ISBN 3-900830-44-4

2. Bibliographies, Catalogues Bibliographien, Kataloge Bibliographies, catalogues

0002
Atlas minor : Atlanti tascabili dal XVI al XVIII secolo [Catalogo della Collezione Pagliani]. A cura di Marina Bonomelli. - Milano: Libri Scheiwiller 2001, XXVIII, 219 p., ill., mp. [Pocket atlases from the XVI to the XVIII century.] [Engl. and Ital.] ISBN 88-7644-299-5

0003
Aufgebauer, Peter: Weltbild und Kartographie zur Zeit von Johannes Mellinger. In: Atlas des Fürstentums Lüneburg um 1600 : [Ernst Schubert zum 60. Geburtstag] = Lunæburgici Ducatus accurata et exquisita descriptio chorographica. Hrsg. u. komm. von Peter Aufgebauer... - Bielefeld: Verl. für Regionalgeschichte 2001, p.19-26, 3 ill. (Veröffentlichungen des Instituts für Historische Landesforschung der Universität Göttingen ; 41)
ISBN 3-89534-391-9

0004
Bassett, Thomas J.; Scheven, Yvette: Maps of Africa to 1900 : a checklist of maps in atlases and geographical journals in the collections of the University of Illinois, Urbana-Champaign. Thomas J. Bassett & Yvette Scheven. - S.l.: The Board of Trustees of the University of Illinois, distributed by [University of Illinois at Urbana-Champaign], The Graduate School of Library and Information Science 2000, XIII, 317 p., ill., mp. (Robert B. Downs Publication Fund ; No. 9)
ISBN 0-87845-118-8

0005
Batten, Kit; Bennett, Francis: The Victorian maps of Devon : printed maps 1838-1901. - Tiverton: Devon Books 2000, XXXVI, 196 p., ill., mp.
ISBN 1-85522-756-8

0006
Brogiato, Heinz Peter: Bibliographie Edgar Lehmann. In: Edgar Lehmann zum Gedächtnis : ein Leben für Geographie und Kartographie [Beiträge eines Akademischen Gedenkkolloquiums am 28.11.2000 in Leipzig]. Alois Mayr und Luise Grund-

mann (Hrsg.). - Leipzig: Selbstverl. Institut für Länderkunde 2001, p.74-100. ISBN 3-86082-041-9

0007
Chan, Amy: New maps. In: Bulletin / Association of Canadian Map Libraries and Archives. 2001, p.40-41. ISSN 0840-9331

0008
Corpus der älteren Germania-Karten : ein annotierter Katalog der gedruckten Gesamtkarten des deutschen Raumes von den Anfängen bis um 1650. Peter H. Meurer. - Alphen aan den Rijn: Canaletto 2001, [Karten-Bd.] 156 p., mp. [Text-Bd.] XII, 504 p., ill., mp. ISBN 90-6469-756-6

0009
Decker, Rita: Veröffentlichungen von Ulrich Freitag. In: Festcolloqium Ulrich Freitag : Beiträge zum Festcolloquium am 5.Juli 1999 anlässlich der Emeritierung von Prof. Dr. Ulrich Freitag. Hrsg. von Wolfgang Scharfe, Freie Universität Berlin, Fachbereich Geowissenschaften, Fachrichtung Kartographie. - Berlin: Fachrichtung Kartographie, Inst. für Geograph Wiss. 2000, p.39-51. (Berliner Manuskripte zur Kartographie)

0010
Docktor, John W.: CD-Rom review : the British Library Map Catalogue on CD-ROM. In: The Portolan. 2000, p.53-55, 2 ill. ISSN 1096-1925

0011
Elster, Marianne: Bibliographie Kloster Ebstorf, Ebstorfer Weltkarte. - Uelzen: Hoffmann 1996, 24 p. (Uelzener Bibliographien ; 4)

0012
Ferrari, Daniela: La città fortificata : Mantova nelle mappe ottocentesche del Kriegsarchiv di Vienna. - Modena: Il Bulino 2000, XXV, 277 p. ill., mp. (Il giardino delle Esperidi) [The fortified city : Mantua in the nineteenth-century maps of the Kriegsarchiv in Vienna.] [Ital.] ISBN 88-86251-36-X

0013
Greiner, Piotr: Kartografia górnicza na Śląskuod XVI do pieerwszej poloxy XIX wieku : Zarys historyczny, katalog map, bibliografia. - Wroclaw: Uniwersytet Wroclanski Centrum Badań, Śląskoznawczych i Bohemistycznych 1997, 127 p., ill., mp. [Kartographie des Bergbaus in Schlesien vom 16. bis Mitte des 19. Jahrhunderts.] [Pol. with Germ. rés.] ISBN 83-90-24-72-3

0014
International bibliography of maps and atlases : [Elektronische Ressource] = Internationale Bibliographie der Karten und Atlanten = Bibliographie internationale des cartes géographiques. - München: Saur 1998- [CD-ROM-Ausg.]

0015
Inventario cartográfico de Andalucia : Instituto de Cartografia de Andalucia. - Sevilla: Consejería de Obras Públicas y Transportes [1999], 109 p. [Cartographical inventory of Andalucia.] [Span.] ISBN 84-8095-168-0

0016
Inventory to supplements and indexes complete collection. - Lisse: MMF Publ. [1994] = 1969, [272] p. [Nachdr.] [Orig. u.d.T.: Inventaris der verzameling kaarten berustende in het Algemeen Rijksarchief zijnde het eerste en tweede supplement op de collectie Hingman. Bewerkt door A.j.H. Rozemond]

0017
Karten und Raumbezugsdaten der Stadt Nürnberg. [Hrsg.: Stadt Nürnberg, Arbeitsgruppe Kommunales Rauminformationssystem (AGKRIS)]. - Nürnberg: Stadt Nürnberg, Arbeitsgruppe AGKRIS c/o Amt für Organisation u. Informationsverarbeitung 1999, [46] p. [1. Aufl.]

0018
Klemp, Egon: Historische Pläne und Grundrisse von Städten und Ortschaften in Polen : ein deutsch-polnischer Katalog. Bearb. von Egon Klemp, hrsg. von Antonius Jammers. - Wiesbaden: Harassowitz 2000, XXIV, 497 p., mp., 6 mp.-suppl. [Parallelt: Dawne plany i rzuty pozione miast i innych miejscowości w Polsce] ISBN 3-447-04332-6

0019
Kraml, Amand: Die Globen der Sternwarte Kremsmünster. - Kremsmünster: Sternwarte Kremsmünster 2000, 1 CD-ROM. [Erg. zur Buchausg.: Sternwarte <Kremsmünster>: Die Globen der Sternwarte Kremsmünster.

0020
Luftbilder und Satellitenbilder : Katalog. - Bern: Eidg. Vermessungsdirektion 2000-2001, 46 p. + mp. "Luftbilder der Schweiz 2000" + mp. "Lothar 2000" ; 35 p. + mp. "Luftbilder der Schweiz 2001".

0021
Madrid en sus planos 1622-2001 : Centro mesonero romanos. - Madrid: Ayuntamiento de Madrid, Area de Urbanismo, Vivienda e Infrastructuras [u.a.] [2001], 301 p., ill., mp. [Exposición con motivo del XIX Congreso Internacional de Historia de la Cartografia, Madrid 2001] ISBN 84-7812-516-7

0022
Manso Porto, Carmen: Cartografía histórica portuguesa : catálogo de manoscritos siglos XVII-XVIII. - Madrid: Real Academia de la Historia, Servicio de Cartografia y Bellas Artes 1999, XL,III, 166 p., mp. [Portuguese historical cartography : catalogues of manuscripts of the XVII-XVIII century.] [Span.] ISBN 84-89512-54-X

0023
Manson, Connie: Something to make your life easier : Bibliography of Highway Geologic maps. In: Information bulletin / Western Association of Map Libraries. 33, 2001, p.32-34. ISSN 0049-7282

0024
Méndez Martínez, Gonzalo: Cartografía antigua di Galicia. - Pontevedra: Disputación Provincial de Pontevedra, Servicio de Publicaciones 1994, 301 p., ill. [Ancient cartography of Galicia.] [Span.] [Zugl.: Santiago de Compostela, Univ., Diss. 1992 u.d.T.: La documentación cartografica sobre Galicia existente en sus archivos] ISBN 84-88363-17-6

0025
Mohr, Frank; Stentzel, Gregor: Landkarten - Zeitbilder : Rostock und Umgebung im Wandel der Zeit ; Anmerkungen zu Karten aus fünf Jahrhunderten. - Bremen: Ed. Themmen 2001, [63] Bl., ill., mp. ISBN 3-86108-781-2

0026
New England in early printed maps, 1513 to 1800 : an illustrated carto-bibliography. Comp. by Barbara Backus McCorkle, forew. by Edward H. Dahl. - Providence: John Carter Brown Library 2001, 354 p., mp. ISBN 0-916617-53-X

0027
La nueva cartografia en España del siglo XVIII al XX : Junta de Andalucia, Consejeria de Obras Publicas y Transportes... [Coordinación, dir. e introd. de Joaquín Cortés José]. - Sevilla 1998, 207 p., mp. [The new cartography in Spain of the XVIII to the XX century.] [Span.] ISBN 84-8095-163-X

0028
Ohainski, Uwe: Johannes Mellinger (um 1538-1603) : biographische Skizze und Werkverzeichnis. In: Atlas des Fürstentums Lüneburg um 1600 : [Ernst Schubert zum 60. Geburtstag] = Lunæburgici Ducatus accurata et exquisita descriptio chorographica. Hrsg. u. komm. von Peter Aufgebauer... - Bielefeld: Verl. für Regionalgeschichte 2001, p.11-18. (Veröffentlichungen des Instituts für Historische Landesforschung der Universität Göttingen ; 41) ISBN 3-89534-391-9

0029
Rankin, Kathy: Atlas and book reviews. In: Information bulletin / Western Association of Map Libraries. 32, 2001, p.204-207. ISSN 0049-7282

0030
Refaussé, Raimond; Clark, Mary: A catalogue of maps of the estates of the archbishops of Dublin, 1564-1850. With a historical essay by Raymond Gillespie. - Dublin [u.a.]: Four Courts Press 2000, 112 p., ill., mp. ISBN 1-85182-595-9

0031
Reithmaier, Tina: Maps and photographs. In: The historical ecology handbook : a restorationist's guide to reference ecosystems. Society for Ecological Restoration, ed. by Dave Egan and Evelyn A. Howell. - Washington, DC [u.a.]: Island Press 2001, p.121-146, 2 ill.

0032
Ristič, Jovanka R.: Recent literature. In: Cartography and geographic information science. 28, 2001, 2, p.139-141.

0033
Rockwell, Ken: New mapping of Western North America. In: Information bulletin / Western Association of Map Libraries. 33, 2001, p.41-47. ISSN 0049-7282

0034
Rockwell, Ken: New mapping of Western North America. In: Information bulletin / Western Association of Map Libraries. 32, 2001, p.208-212. ISSN 0049-7282

0035
Salaba, Marie; Schenk, Gisela: Gemarkungspläne im Generallandesarchiv Karlsruhe : Inventar. - Stuttgart: Kohlhammer 2001, 1513 p., ill. (Veröffentlichungen der Staatlichen Archivverwaltung Baden-Württemberg ; Bd. 52) [2 Bände] ISBN 3-17-015530-x

0036
Soares, Richard: Early soil maps of California, 1900-1940 : a bibliography with indexes. In: Information bulletin / Western Association of Map Libraries. 32, 2001, p.189-195. ISSN 0049-7282

0037
Stark, Peter L.: New citations/additions/corrections to a cartobibliography of separately published U.S. Geological Survey special maps and river surveys (WAML Occasional Paper Number 12-1989). In: Information bulletin / Western Association of Map Libraries. 32, 2001, 2, p.106-111.

0038
Talich, Milan: Automatzace knihovny zeměměřictví a katastru ODIS VUGTK.

In: Geodetický a kartografický obzor. 47, 2001, p.290-297, 3 ill. [Automation of the Library of Surveying, Mapping and Cadastre of the Branch Information Service Centre in the Research Institute of Geodesy, Topography and Cartography.] [Czech. with Engl. rés.]
ISSN 0016-7096

0039
Tesoros de la cartografia Española. Editores cientificos: Carmen Líter Mayayo [u.a.]. - Madrid: Biblioteca Nacional 2001, 356 p., ill., mp. [Treasures of Spanish cartography.] [Span.] [Exposición con motivo del XIX Congreso Internacional de Historia de la Cartografia, Madrid 2001] ISBN 84-88699-49-2

0040
White, David Charles: The Gerald F. Fitzgerald Collection of Polar Books, Maps, and Art in the Newberry Library : a catalogue. Comp. by Cavid C. White and Patrick Morris, ed. by Robert W. Karrow. - Chicago, Ill.: Newberry Library 2000, 227 p., ill. ISBN 0-911028-70-6

0041
Wohlschläger, Heide: Globes at auctions. In: News / Internationale Coronelli-Gesellschaft für Globenkunde. 2001, p.22-27.

0042
Wolodtschenko, Alexander: Cartosemiotic literature in the Federal Republic of Germany, 1969-1996 (with emphasis on Vermessungstechnik, Kartographische Nachrichten and Kartosemiotik / Kartosemiotika). In: Kartosemiotische und konzeptionelle Aspekte der 90er Jahre. Hrsg. von Alexander Wolodtschenko und Hansgeorg Schlichtmann. - Dresden 1999, p.73-84, 2 ill. (Diskussionsbeiträge zur Kartosemiotik und zur Theorie der Kartographie ; Bd. 2)

0043
Wolodtschenko, Alexander: Cartosemiotics and map language in the Russian-language literature. In: Kartosemiotische und konzeptionelle Aspekte der 90er Jahre. Hrsg. von Alexander Wolodtschenko und Hansgeorg Schlichtmann. - Dresden 1999, p.83-97, 3 ill. (Diskussionsbeiträge zur Kartosemiotik und zur Theorie der Kartographie ; Bd. 2)

3. Documentation, Classification
Dokumentation, Klassifikation
Documentation, classification

0044
ACMLA Bibliographic Control Committe: Core level cataloguing for non-serial cartographic materials : examples. In: Bulletin / Association of Canadian Map Libraries and Archives. 2001, p.14-17.

0045
John Stanley Keates : curriculum vitae and list of publications. In: The cartographic journal. 38, 2001, p.5-6, 1 portr.
ISSN 0008-7041

0046
Konopska, Beata: Materialy do katalogu polskich map historycznych załącznikowych i tekstowych opublikowanych w latach 1850-1980. In: Polski przegląd kartograficzny. 33, 2001, 1, p.53-54. [Sources to the catalog of historical supplement and in-text maps since 1850 to 1980.] [Pol.]

0047
Parmentier, Pierre C.: "Books on maps" : review of the Third BIMCC Study Session, 17-2-2001. In: Newsletter / Brussels International Map Collectors' Circle. 10, 2001, p.7-8.

0048
Rohde, Bernd Martin: Landkartendrucke vor 1850 : Die Altkartendatenbank und die Einbeziehung ausgewählter baden-württembergischer Bibliotheken. - Stuttgart: Selbstverl. 2001, 92 p. [Stuttgart, Fachhochschule, Dipl.-Arb.]

0049
Welch, Grace; Larsgaard, Mary; Parker, Velma: Report on the Cataloguing Workshop on digital catographic material : Edmonton, Alberta, May 2000. In: Bulletin / Association of Canadian Map Libraries and Archives. 2001, p.8-21. ISSN 0840-9331

0050
Wolodtschenko, Alexander: Cartosemiotics and map language in the Russian-language literature. In: Kartosemiotische und konzeptionelle Aspekte der 90er Jahre. Hrsg. von Alexander Wolodtschenko und Hansgeorg Schlichtmann. - Dresden 1999, p.83-97, 3 ill. (Diskussionsbeiträge zur Kartosemiotik und zur Theorie der Kartographie ; Bd. 2)

4. General Works on Cartography, Collective Writings Gesamtdarstellungen der Kartographie, Sammelwerke Représentations générales de la cartographie, recueils

0051
Festcolloqium Ulrich Freitag : Beiträge zum Festcolloquium am 5.Juli 1999 anlässlich der Emeritierung von Prof. Dr. Ulrich Freitag. Hrsg. von Wolfgang Scharfe, Freie Universität Berlin, Fachbereich Geowissenschaften, Fachrichtung Kartographie. - Berlin: Fachrichtung Kartographie, Inst. für Geograph Wiss. 2000, 52 Bl., ill., mp. (Berliner Manuskripte zur Kartographie)

0052
Kretschmer, Ingrid: Kartographie 2000 : Auslaufmodell oder neue Visionen? In: Festcolloqium Ulrich Freitag : Beiträge zum Festcolloquium am 5. Juli 1999 anlässlich der Emeritierung von Prof. Dr. Ulrich Freitag. Hrsg. von Wolfgang Scharfe, Freie Universität Berlin, Fachbereich Geowissenschaften, Fachrichtung Kartographie. - Berlin: Fachrichtung Kartographie, Inst. für Geograph Wiss. 2000, p.10-14. (Berliner Manuskripte zur Kartographie)

0053
Motta, Giuseppe: Brevi note sulla cartografia contemporanea. In: Cultura cartografica e culture del territorio : atti del convegno nazionale (Sassari, 12-13 dicembre 2000). A cura di Giuseppe Scanu. - Genova: Brigati 2001, p.103-113. (Bollettino della Associazione Italiana di Cartografia No. 111-113 = 38. 2001) [Ital.]

0054
Rouleau, Bernard: Méthodes de la cartographie. - Paris: CNRS 2000, 213 p. [nouv.éd.] [incl. bibliogr. ref. (p.205-207)] ISBN 2-271-05834-1

5. Periodicals Periodika Périodiques

0055
Deumlich, Fritz: 75 Jahre Fachzeitschrift "Geodezija i Kartografia"in Russland. In: Allgemeine Vermessungsnachrichten : AVN. 108, 2001, 6, p.227.

0056
Ditu : dituxue yu dili xinxi xitong ; jikan = Cartography. - Wuhan:Zhongguo Ditu Chubanshe 2001 ISSN 1000-8128

0057
Egmond, Marco van: Een kijkje achter de schermen van Caert Thresoor. In: Caert-Thresoor. 20, 2001, p.99-102, 13 ill. [Behind the scenes of Caert-Thresoor.] [Dutch with Engl. rés.] ISSN 0167-4994

0058
Egmond, Marco van: Twintig jaar Caert-Thresoor in cijfers : Portret van een jubilerend tijdschrift. In: Caert-Thresoor. 20, 2001, p.92-97, 7 ill. [Twenty years of Caert-Thresoor in figures : Portrait of a celebrating journal.] [Dutch with Engl. rés.] ISSN 0167-4994

0059
Egmond, Marco van: 'We waren toen toch een soort rebellenclubje' : Een interview met de oprichters van Caert-Thresoor. In: Caert-Thresoor. 20, 2001, p.83-91, 2 ill., 4 portr. ['At the time we were a sort of rebels club' : An interview with the founders of Caert-Thresoor.] [Dutch with Engl. rés.] ISSN 0167-4994

0060
Kartographisches Taschenbuch : KT. im Auftrag der Deutschen Gesellschaft für Kartographie ; hrsg. u. bearb. von Jürgen Dodt und Werner Herzog. - Bonn: Kirschbaum 2001, 320 p. ISBN 3-7812-1407-9

0061
Koch, Wolf Günther: Theoretical cartography in the Scientific Journal of the University of Dresden, 1956-1999. In: The selected problems of theoretical cartography 2000 : proceedings of a seminar of the Commission on Theoretical Cartography (Dresden, Germany, October 14-15, 2000). Alexander Wolodtschenko. - Dresden: International Cartographic Association 2001, p.11-21, 2 tab.

0062
Newsletter : Brussels International Map Collectors' Circle (BIMCC). - Brussels: Circle 10 2001

B. History of Cartography Geschichte der Kartographie Histoire de la cartographie

1. General Features Allgemeines Généralités

0063
Andrews, J.H.: Introduction: Meaning, know ledge, and power in the map philo-ophy of J.B.Harley. In: The new nature of maps : essays in the history of cartography / by John Brian Harley. Ed. by John Laxton, introduction by J.H. Andrews. - Baltimore, Md. [u.a.]: John Hopkins Univ. Press 2001, p.1-32. ISBN 0-8018-6566-2

0064
Baruth, Christopher: Old maps in a modern world. In: The map library in the new millenium. Ed. Robert Brian Parry and C.R. Perkins. - London: Library Assoc. Publ. 2001, p.137-156. ISBN 1-85604-397-5

0065
Beineke, Dieter: Verfahren zur Genauigkeitsanalyse für Altkarten. - Neubiberg: Univ. d. Bundeswehr München, Fak. f. Bauingenieur-u.Vermessungswesen 2001, IV, 155 p., ill. (Schriftenreihe / Studiengang Geodäsie und Geoinformation. Universität der Bundeswehr München ; 71) [Zugl.: München, Univ. d. Bundeswehr, Diss. 2000]

0066
Bellec, François: Les cartographes : Histoire du portrait de la terre ; communication faite à la séance du 24 mai 2000. - Paris: Palais de l'Institut 2000, 24 p., ill., mp.

0067
Brooks, Cheri: French collection : Cartographic treasures of the Bibliothèque Nationale de France. In: Mercator's world. 6, 2001, 4, p.25-29, 6 ill. ISSN 1086-6728

0068
Bulirsch, Roland: Himmel und Erde messen. In: Mitteilungsblatt / Deutscher Verein für Vermessungswesen (DVW), Landesverein Bayern e.V. 53, 2001, p.401-423, 23 ill. ISSN 0723-6336

0069
Cencini, Carlo: Introduzione alla storia della cartografia. In: I contorni della terra e del mare : la geografia tra rappresentazione e invenzione della realtà. A cura di Claudio Tugnoli, saggi di S. Bianchetti ... - Bologna: Pitagora 1997, p.21-50, 22 ill. (Storia delle idee : sezione saggi e monografie) [Introduction to the history of cartography.] [Ital.] ISSN 88-371-0935-0

0070
Corvisier-de-Villèle, Anne-Marie: Les fonds cartographiques conservés au service historique de l'armée de terre. In: Bulletin du Comité Français de Cartographie. 167, 2001, p.6-7.

0071
Docktor, John W.: IMCoS London Weekend June 2-4, 2000. In: The Portolan. 2000, p.62-63, 1 ill. ISSN 1096-1925

0072
Doroszlaï, Alexandre: Ptolémée et l'hippogriffe : la géographie de l'Arioste soumise à l'épreuve des cartes. - Alessandria: Edizioni dell'Orso 1998, 270 p., mp. (Gillo Menagio ; 1) ISBN 88-7694-306-4

0073
Ehrensvärd, Ulla: Fifteen centuries of cartography. In: The true story of the Vandals. Museum Vandalorum. Publication No. 1. - Värnamo 2001, p.133-141, 1 ill.

0074
Ehrensvärd, Ulla: Fifteen centuries of cartography. In: The true story of the Vandals. Pontus Hultén. - Värnamo: Museum Vandalorum 2001, p.133-154.

0075
Gamba, Enrico: L'istinto della misura : 3000 anni di disegno della terra. In: Segni e sogni della terra : il disegno del mondo dal mito di Atlante alla geografia delle reti. [Catalogo: testi di Peter Barber ...]. - Novara: De Agostini 2001, p.220-253, 45 ill. [The instinct of measure : 3000 years design of the earth.] [Ital.]
ISBN 88-415-9715-1

0076
Grelle Iusco, Anna: Orientamenti editoriali della Calcografia Romana : produzione e acquisizione delle matrici cartografische. In: Eventi e documenti diacronici delle principali attività geotopografiche in Roma. Andrea Cantile. - Firenze: Ist. Geografico Militare 2000, p.78-101, 10 ill. (L'Universo ; 80.2000,6, Suppl.) [Editorial guidelines of the Calcografia Romana : production and acquisition of cartographic matrices.] [Ital.]

0077
Hameleers, Marc: Verslag XIXth International Conference on the History of Cartography in Madrid, 1-6 juli 2001. In: Kartografisch tijdschrift. 27, 2001, p.49-50. ISSN 0167-5788

0078
Hameleers, Marc: Verslag XIXth International Conference on the History of Cartography. In: Caert-Thresoor. 20, 2001, p.106-107, 2 ill. [Dutch]
ISSN 0167-4994

0079
Hapgood, Charles H.: Maps of the ancient sea kings : evidence of advanced civilization in the ice age. - London: Sovenir 2001, XV, 315 p., ill., mp. (The classic sourcebook) ISBN 0-285-63-611-1

0080
Harley, John Brian: The new nature of maps : essays in the history of cartography. Ed. by John Laxton, introduction by J.H. Andrews. - Baltimore, Md. [u.a.]: John Hopkins Univ. Press 2001, XV, 331 p., ill., mp. ISBN 0-8018-6566-2

0081
Harvey, Miles: Gestohlene Welten : eine Kriminalgeschichte der Kartographie. Aus d. Amerikan. von Andrea Ott. - München: Blessing 2001, 351 p., ill., mp.
ISBN 3-89667-079-4 [2. Aufl.]

0082
I contorni della terra e del mare : la geografia tra rappresentazione e invenzione della realtà. A cura di Claudio Tugnoli, saggi di S. Bianchetti... - Bologna: Pitagora 1997, VII, 240 p., ill., mp. (Storia delle idee : sezione saggi e monografie) [The contours of the earth and the sea : geography between representation and invention of reality.] [Ital.]
ISBN 88-371-0935-0

0083
Kartographische Sammlungen in Berlin : Geschichte, Standorte, Informationen. Hrsg. von Lothar Zögner. - Gotha: Perthes 2001, 127 p., ill., mp. (Kartensammlung und Kartendokumentation ; 12)
ISBN 3-623-00436-7

0084
Kupčík, Ivan: 10. Kartographiehistorisches Colloquium in Bonn. In: Kartographische Nachrichten. 51, 2001, 1, p.52-54, 1 ill.

0085
Lewes, Darby: The feminine landscape, or gynocartography : treating women like dirt. In: The Portolan. 2000, p.42-51, 9 ill.
ISSN 1096-1925

0086
Lyman, Eric J.: More than meets the eye : The secret life of maps. In: Mercator's world. 6, 2001, p.46-51, 7 ill.
ISSN 1086-6728

0087
Manasek, F.J.: How to spot these fakes : Identifying a new breed of counterfeit maps. In: Mercator's world. 6, 2001, 2, p.18-23, 13 ill. ISSN 1086-6728

0088
Milanesi, Marica: Il viaggio, la scoperta, la carta. In: Segni e sogni della terra : il disegno del mondo dal mito di Atlante alla geografia delle reti. [Catalogo: testi di Peter Barber ...]. - Novara: De Agostini 2001, p.130-165, 42 ill. [The journey, the discovery, the map.] [Ital.]
ISBN 88-415-9715-1

0089
Monmonier, Mark S.: Where should map history end? In: Mercator's world. 6, 2001, 3, p.50-51. ISSN 1086-6728

0090
Newsletter : Brussels International Map Collectors' Circle (BIMCC). - Brussels: Circle 10 2001

0091
Proceedings of the Sessions on Teaching the History of Cartography IV and V "Continuing education in cartography" held in Lisbon and Athens during the 17th and 18th International Conferences on the History of Cartography in 1997 and 1999. Ed. Ferjan Ormeling. - Utrecht: Univ., Faculty of Geographical Sciences 2000, 55 p., ill.

0092
Recke, Michael: Kartenschätze in der Johannes a Lasco Bibliothek Emden : [Katalog zur Ausstellung vom 10. August bis 6. September 2001 in der Johannes a Lasco Bibliothek Emden]. [Fotogr.: Norbert Schultz...]. - Varel: Centrum Cartographie Verl. 2001, 87 p., mp.
ISBN 3-934606-07-5

0093
Rohde, Bernd Martin: Landkartendrucke vor 1850 : Die Altkartendatenbank und die Einbeziehung ausgewählter baden-württembergischer Bibliotheken. - Stuttgart: Selbstverl. 2001, 92 p. [Stuttgart, Fachhochschule, Dipl.-Arb.]

0094
Ruiz Morales, Mario: Vespucio y Waldseemüller : El topónimo América. In: Topografía y Cartografía. 104, 2001, p.17-26, 10 ill. [Span.]

0095
Sagues, Liz: Seeking to share : Rodney Shirley's generous mission. In: Mercator's world. 6, 2001, 1, p.12-19, 7 ill.
ISSN 1086-6728

0096
Segni e sogni della terra : il disegno del mondo dal mito di Atlante alla geografia delle reti. [Catalogo: testi di Peter Barber ...]. - Novara: De Agostini 2001, 285 p., ill., mp. [Signs and dreams of the earth : the design of the world from the myth of Atlas to Web-geography.] [Ital.]
ISBN 88-415-9715-1

0097
Skerritt, William H.: The surveying instruments of Andrew Meneely. In: Rittenhouse : journal of the American Scientific Instrument Enterprise. 15, 2001, 1, p.1-10, 8 ill.

0098
Sorenson, Dale; Wolf, Eric W.: The map auction business today : cartography from the Fiat Lux Library. In: The Portolan. 2001, p.22- 29, 4 ill., 1 portr. ISBN 1096-1925

0099
Thrower, Norman J.W.: Maps and civilization: inspiration and sources. In: The Portolan. 1998, p.33-39, 3 ill. ISSN 1096-1925

0100
Torresani, Stefano: Figurazione e invenzione di realtà nella rappresentazione cartografica. In: I contorni della terra e del mare : la geografia tra rappresentazione e invenzione della realtà. A cura di Claudio Tugnoli, saggi di S. Bianchetti ... - Bologna: Pitagora 1997, p.119-172, 6 ill., 1 tab. (Storia delle idee : sezione saggi e monografie) [Figuration and invention of reality in cartographic representation.] [Ital.] ISBN 88-371-0935-0

0101
Turley, Gary: Gateway to history : global links to cartography's past. In: Mercator's world. 6, 2001, p.54-56. ISSN 1086-6728

0102
Turley, Gary: The stories they tell : Dr. James V. Walker and his maps. In: Mercator's world. 6, 2001, 2, p.12-17, 9 ill. ISSN 1086-6728

0103
Tyner, Judith: Following the thread : The origins and diffusion of embroidered maps. In: Mercator's world. 6, 2001, 2, p.36-41, 8 ill. ISSN 1086-6728

0104
Warren, Bill: Treasures of the Huntington. In: Mercator's world. 6, 2001, 1, p.38-45, 6 ill. ISSN 1086-6728

2. Regional History of Cartography
Regionale Geschichte der Kartographie
Histoire régionale de la cartographie

a. The World
Welt
Le monde

0105
Abry, Josèphe-Henriette: Une carte du monde à l'époque d'Auguste Manlius, Astronomiques; IV, 585-817 : appendice: Manlius, Astronomiques IV, 585-817. In: L'Espace et ses représentations. Edité par Annie Bonnafé, Jean-Claude Decourt et Bruno Helly. - Lyon: Maison de l'Orient Méditerranéen-Jean Pouilloux 2000, p.13-23. (Travaux de la Maison de l'Orient Méditerranéen ; 32)

0106
Atlas minor : Atlanti tascabili dal XVI al XVIII secolo [Catalogo della Collezione Pagliani]. A cura di Marina Bonomelli. - Milano: Libri Scheiwiller 2001, XXVIII, 219 p., ill., mp. [Pocket atlases from the XVI to the XVIII century.] [Engl. and Ital.] ISBN 88-7644-299-5

0107
Barber, Peter: Mito, religione e conoscenza : la mappa del mondo medievale. In: Segni e sogni della terra : il disegno del mondo dal mito di Atlante alla geografia delle reti. [Catalogo: testi di Peter Barber ...]. - Novara: De Agostini 2001, p.48-79, 43 ill. [Myth, religion and consciousness : the

map of the medieval world.] [Ital.]
ISBN 88-415-9715-1

0108
Büttner, Manfred: Mercators Hauptwerk, der Atlas, aus theologischer und wissenschaftlicher Sicht. In: Neue Wege in der Mercator-Forschung : Mercator als Universalwissenschaftler. Hrsg.: Manfred Büttner. - Bochum: Univ.-Verl. Brockmeyer 1995, p.8-97. (Abhandlungen zur Geschichte der Geowissenschaften und Religion-Umwelt-Forschung; Beiheft ; 2)
ISBN 3-8196-0077-9

0109
Cosgrove, Denis E.: Apollo's eye : a cartographic genealogy of the earth in the Western imagination. - Baltimore, Md. [u.a.]: Johns Hopkins Univ. Press 2001, XIII, 331 p., ill., mp. ISBN 0-8018-6491-7

0110
Dalrymple, Helen: "America's Birth Certificate" : library acquires 1507 Waldseemüller map. In: Information bulletin / The Library of Congress. - Washington D.C. 2001, p.159-160, 1 ill.

0111
Dreyer-Eimbcke, Oswald: Waldseemüller's world map to go to USA. In: Journal of the International Map Collectors' Society. 84, 2001, p.5-7.

0112
Earl, Christine Elizabeth: Cartography and the geometry of space : re-imagining the legacy of Claudius Ptolemy. - Ottawa, ON: Carleton University 1999 [Master's thesis]

0113
Elster, Marianne: Bibliographie Kloster Ebstorf, Ebstorfer Weltkarte. - Uelzen: Hoffmann 1996, 24 p. (Uelzener Bibliographien ; 4)

0114
Groot, Erlend Petrus Jacobus M. de: De Atlas Blaeu-Van der Hem : de verzamelde wereld van een 17de-eeuwse liefhebber. - Nijmegen 2001, XVII, 402 p., 8 Bl., ill., mp. [Dutch with Engl. rés.] [Nijmegen Univ. Diss.]

0115
Hoogvliet, Margriet: Mappae mundi and the medieval hermeneutics of cartographical space. In: Regions and landscapes. Reality and imagination in later medieval and early modern Europe. Peter Ainsworth, Tom Scott. - Oxford [u.a.]: Lang 2000, p.25-46, 2 ill., 1tab.
ISBN 3-906765-32-6

0116
Johnson, Jenny Marie: The cities of Blaeu's world. In: Mercator's world. 6, 2001, 2, p.24-31, 10 ill. ISSN 1086-6728

0117
Kline, Naomi Reed: Maps of medieval thought : the Hereford paradigm. - Woodbridge [u.a.]: Boydell Press 2001, XIII, 261 p., ill. ISBN 0-85115-602-9

0118
Lourie, Ira S.: The atlases of A.J. Johnson. In: The Portolan. 2001, p.7-18, 6 ill., 4 tab.
ISSN 1096-1925

0119
Neue Wege in der Mercator-Forschung : Mercator als Universalwissenschaftler. Hrsg.: Manfred Büttner. - Bochum: Univ.-Verl. Brockmeyer 1995, XXIV, 312 p., ill. (Abhandlungen zur Geschichte der Geowissenschaften und Religion-Umwelt-

Forschung; Beiheft ; 2)
ISBN 3-8196-0077-9

0120
Reinders, Clemens: 1569 vollendete Gerhard Mercator seine neue Weltkarte für Seeleute. In: Der Mann, der Manhattan kaufte und andere Geschichten vom Niederrhein. - Duisburg: Mercator-Verl. 2000, p.40-43, 1 portr., 6 ill.
ISBN 3-87463-286-5

0121
Reinders, Clemens: 1569 vollendete Gerhard Mercator seine neue Weltkarte für Seeleute. In: Der Mann, der Manhattan kaufte, und andere Geschichten vom Niederrhein. - Duisburg: Mercator-Verl. 2000, p.40-43, 6 ill., 1 portr.

0122
Schmidt, Rudolf: Il ruolo dei Globi nella conoscenza della Terra. In: Segni e sogni della terra : il disegno del mondo dal mito di Atlante alla geografia delle reti. [Catalogo: testi di Peter Barber ...]. - Novara: De Agostini 2001, p.192-219, 24 ill. [The role of the globes within the knowledge of the earth.] [Ital.] ISBN 88-415-9715-1

0123
Vindt, Gérard: La planisphère d'Alberto Cantino, Lisbonne 1502. - Paris: Ed. Autrement 1998, 153 p., ill., mp.
ISBN 2-86260-809-2

b. Oceans and Seas
Ozeane und Meere
Les océans et les mers

0124
Casten, Richard: The relation of 16th century Virginian cartography to the mapping of the Pacific. In: The Portolan. 2000, p.25-30, 4 ill., 5 tab.
ISSN 1096-1925

0125
Caterino, Aldo: La cartografia nautica portoghese nell'età delle scoperte geografiche. In: I contorni della terra e del mare : la geografia tra rappresentazione e invenzione della realtà. A cura di Claudio Tugnoli, saggi di S. Bianchetti ... - Bologna: Pitagora 1997, p.93-118, 1 ill. (Storia delle idee : sezione saggi e monografie) [The Portuguese nautical cartography in the age of geographical discoveries.] [Ital.] ISBN 88-371-0935-0

0126
Chang, Stephen Tsen-hsin: The Portuguese maritime discoveries along the south-east coast of China in the first half of the sixteenth century : a cartographic view 1513 - 1550. In: The Portolan. 1998, p.7-19, 4 ill.
ISSN 1096-1925

0127
Dalché, Patrick Gautier: Cartes marines, représentation du littoral et perception de lèspace au Moyen Age : un état de la question. In: Zones côtières littorales dans le monde méditerranéen au Moyen Age : défense, peuplement, mise en valeur ; actes du colloque international organisé par l'Ecole française de Rome et la Casa de Velázquez, en collab. avec le Collège de France et le Centre intrauniversitaire d'histoire et d'archéologie médiévales UMR 5648 - Université Lyon II - C.N.R. S. - E.H.E.S.S., Rome, 23-26 octobre 1996. Ed. par Jean-Marie Martin. - Rome: Ecole française de Rome 2001, p.9-32, 7 ill., (Collection de l'Ecole française de Rome ; 105,7) [zugl.: - Madrid: Casa de Velázquez 2001 (Collection de la Casa de Velázquez ; 76)]

0128
Janni, Pietro: Cartographie et art nautique

dans le monde ancien. Textes réunis par Pascal Arnaud et Patrick Counillon. - Bordeaux [u.a.]: Ausonius 1998, p.41-53. (Ausonius-publications / études ; 2)

0129
Matsumura, Koichi: Origami style marin chart along seashore on Japan Aomori Prefecture. In: Map : journal of the Japan Cartographers Association. 39, 2001, p.31-33, 4 ill. [Jap.] ISSN 0009-4897

0130
Novak, Drago: The coast of Spain and the Western Mediterranean on the portolan charts of Vincentius Demetrius Volcius Raguseus 1563-1607 : a portolan maker from Dubrovnik. - Zagreb (HR) 2001, 10, [4] Bl., mp.

0131
Pelletier, Monique: Les méthodes de la nouvelle cartographie de cabinet le golfe du Mexique et les sources espagnoles 1696-1718. In: Bulletin du Comité Français de Cartographie. 169-170, 2001, p.70-75, 3 ill. ISSN 0755-7647

0132
Wolodtschenko, Alexander: Die syntaktischen Besonderheiten von Zeichen hydrographischer Objekte in prähistorischen und frühgeschichtlichen Karten. In: Kartosemiotische und konzeptionelle Aspekte der 90er Jahre. Hrsg. von Alexander Wolodtschenko und Hansgeorg Schlichtmann. - Dresden 1999, p.119-124, 4 ill. (Diskussionsbeiträge zur Kartosemiotik und zur Theorie der Kartographie ; Bd. 2)

c. Africa Afrika L'Afrique

0133
Bassett, Thomas J.; Scheven, Yvette: Maps of Africa to 1900 : a checklist of maps in atlases and geographical journals in the collections of the University of Illinois, Urbana-Champaign. Thomas J. Bassett & Yvette Scheven. - S.l.: The Board of Trustees of the University of Illinois, distributed by [University of Illinois at Urbana-Champaign], The Graduate School of Library and Information Science 2000, XIII, 317 p., ill., mp. (Robert B. Downs Publication Fund ; No. 9)
ISBN 0-87845-118-8

0134
Bergaglio, Maristella: L'impiego dell'aero nella rilevazione cartografica coloniale : la cartografia di guerra durante il conflitto Italo-Etiopico. In: Cultura cartografica e culture del territorio : atti del convegno nazionale (Sassari, 12-13 dicembre 2000). A cura di Giuseppe Scanu. - Genova: Brigati 2001, p.573-584. (Bollettino della Associazione Italiana di Cartografia No. 111-113 = 38. 2001) [Ital.]

0135
Hadsel, Fred L.: Early maps of Africa : the crucial decades from 1490 to 1520. In: The Portolan. 1998/99, p.23-30, 4 ill.
ISSN 1096-1925

0136
Rohl, David: Opener of the ways : Egypt's oldest maps discovered in the Eastern Desert. In: Mercator's world. 6, 2001, p.40-45, 8 ill. ISSN 1086-6728

0137
Ross, Robert: Jambo - from Africa : Gary Clarke's passion for Africa launches a collection. In: Mercator's world. 6, 2001, 4, p.12-16, 10 ill., 1 portr. ISSN 1086-6728

0138
Sales, Pierre: Afryqah (Africa) : The E-Book and the history. In: The Portolan. 2001, p.30-41, 7 ill. ISBN 1096-1925

0139
Stern, Philip J.: Not withstanding the efforts of the ancients and the wishes of the moderns : The authority of cartography in the origins of the modern British exploration of Africa. In: The Portolan. 1998, p.7-26, 4 ill., 1 portr. ISSN 1096-1925

d. The Americas
Amerika
L'Amérique

0140
Beard, Colleen: The three 'old' lock ones : a history in maps. In: Bulletin / Association of Canadian Map Libraries and Archives. 2001, p.3-6, 7 ill. ISSN 0840-9331

0141
Bedini, Silvio A.: With compass and chain : early American surveyors and their instruments. - Frederick, Md: Professional Surveyors Publ. Comp. 2001, XXVII, 774 p., ill., mp. ISBN 0-9665120-0-6

0142
Bown, Stephen R.: The astonishing astronomer of the great Northwest : David Thompson's remarkable survey. In: Mercator's world : the magazine of maps, exploration and discovery. 6, 2001, 2, p.42-49, 8 ill. ISSN 1086-6728

0143
Burnett, David Graham: Masters of all they surveyed : exploration, geography, and a British El Dorado. - Chicago, Ill. [u.a.]: Univ. of Chicago Press 2000, XV, 298 p., ill., mp. ISBN 0-226-08120-6

0144
Carhart, George S.; Edney, Matthew H.: An exercise in map genealogy : Guillaume Delisle's "L'Amérique Septentrionale" and its many offspring. In: Mercator's world. 6, 2001, 4, p.44-49, 5 ill. ISSN 1086-6728

0145
Carhart, George S.; Edney, Matthew H.: An exercise in map genealogy : Guillaume Delisle's L'Amérique Septentrionale and its many offspring. In: Mercator's world. 6, 2001, p.28-35, 17 ill. ISSN 1086-6728

0146
Casten, Richard: The relation of 16th century Virginian cartography to the mapping of the Pacific. In: The Portolan. 2000, p.25-30, 4 ill., 5 tab. ISSN 1096-1925

0147
Chester, Lucy: Mapping imperial expansion : colonial cartography in North America and South Asia. In: The Portolan. 1999, p.9-24, 9 ill. ISSN 1096-1925

0148
Cohen, Paul E.; Augustyn, Robert T.: Manhattan in maps, 1527 - 1995. In: The Portolan. 1998, p.27-34, 4 ill. ISSN 1096-1925

0149
Cueto, Emilio: Old maps of Cuba. In: The Portolan. 2001, p.30-36, 6 ill. ISSN 1096-1925

0150
Davis-Allen, Lisa: The national palette : painting and map-coloring in the seventeenth-century Dutch Republic. In: The Portolan. 1999, p.23-26, 10 ill. ISSN 1096-1925

0151
Dawson, Nelson-Martin: L'Atelier Delisle : L'Amérique du Nord sur la table à dessin. Avec la collab. de Charles Vincent. - Sillery, Québec: Septentrion 2000, 306 p., ill., mp. [zugl.: Saint-Laurent: Diffusion Dimedia 2000] ISBN 2-89448-173-X

0152
Docktor, John W.: Maps of Independence : Cartography at Independence Hall. In: Mercator's world. 6, 2001, 2, p.32-35, 4 ill. ISSN 1086-6728

0153
Docktor, John W.: Maps of Independence Hall. In: Journal of the International Map Collectors' Society. 84, 2001, p.41-45, 3 ill.

0154
Dörflinger, Johannes: Die kartographische Darstellung Amerikas im 16. Jahrhundert. In: Die neue Welt : Süd- und Nordamerika in ihrer kolonialen Epoche. Hrsg. von Friedrich Edelmayer, Margarete Grandner, Bernd Hausberger. - Wien 2001, p.17-22.

0155
Ewaldson, Otto A.: "Mapping was our mission" : the military history of the 650th Engineer Topographic Battalion during World War II, August 1942 to April 1946, from Camp White, Oregon to Japan. - Port Ludlow, Wa: Alden Publ. 1996, XVI, 702 p., ill., mp. [1. ed.] ISBN 0-9654542-0-7

0156
Heading West, touring West : mapmakers, performing artists, and the American frontier. Alice C. Hudson and Barbara Cohen-Stratyner. - New York: New York Public Library 2001, 80 p., ill., mp. ISBN 0-87104-451-X

0157
Hughes, Alun: Augustus Jones : the life and loves of a pioneer surveyor. In: Bulletin / Association of Canadian Map Libraries and Archives. 2001, p.3-12, 5 ill. ISSN 0840-9331

0158
Hughes, Stuart: The early mapping of Canada : an idiosyncratic history. In: The Portolan. 1998, p.27-34, 4 ill. ISSN 1096-1925

0159
Knapp, Emerson: The Kanawha : New River on mid eighteengh century maps. In: The Portolan. 2000, p.12-24, 12 ill., 1 tab.

0160
Mapas antiguos de Mexico = Early maps of Mexico = Mexico in oude kaarten. Comm. Joost Depuydt, Pref. Ingeborg Jongbloet. - Antwerpen: Centrum voor Mexicaanse Studiën (UFSIA) 2000, [7,3] p., 12 mp. [Engl., Span., and Dutch] [Nebent.: Hispania nova] [Este portafolio se editò ... del décimo aniversario del Centro de Estudios Mexicanos de la UFSIA]

0161
McElfresh, Earl: Rapid field sketching : making maps for American Civil War Armies. In: The Portolan. 1998, p.28-32, 3 ill. ISSN 1096-1925

0162
McNaughton, Douglas: A re-discovered plan map of Henrico Virginia, 1613. In: The Portolan. 1998/99, p.14-15, 1 ill. ISSN 1096-1925

0163
McNaughton, Douglas: What's new about the Vinland Map? In: The Portolan. 2000, p.7-11, 2 ill. ISSN 1096-1925

0164
Mitchell, Ken: Science, giants and gold : Juan de la Cruz Cano y Olmedilla's Mapa Geográfico de America Meridional. In: The Portolan. 1999, p.6-22, 8 ill. ISSN 1096-1925

0165
Molander, Arne B.: Juan de la Cosa's mapping of the Columbus landfall. In: The Portolan. 1998, p.12-20, 5 ill. ISSN 1096-1925

0166
Myers, James P.: Political mythology in the John Potts Manuscript Map (1758) showing Brigadier-General John Forbes's route to Fort Duquesne. In: The Portolan. 1998, p.35-46, 3 ill. ISSN 1096-1925

0167
New England in early printed maps, 1513 to 1800 : an illustrated carto-bibliography. Comp. by Barbara Backus McCorkle, forew. by Edward H. Dahl. - Providence: John Carter Brown Library 2001, 354 p., mp. ISBN 0-916617-53-X

0168
Owen, J. Victor: Carving up America : Mapping the land grab in North America. In: Mercator's world. 6, 2001, 3, p.22-27, 7 ill. ISSN 1086-6728

0169
Pearson, Brooks C.: Alexander Dallas Bache and Jedediah Hotchkiss mapping Virginia during the American Civil War. In: Information bulletin / Western Association of Map Libraries. 32, 2001, p.179-188, 5 ill. ISSN 0049-7282

0170
Pelletier, Monique: Les méthodes de la nouvelle cartographie de cabinet le golfe du Mexique et les sources espagnoles 1696-1718. In: Bulletin du Comité Français de Cartographie. 169-170, 2001, p.70-75, 3 ill. ISSN 0755-7647

0171
Rebert, Paula: La Gran Línea : mapping the United States - Mexico boundary. - Austin, Texas: Univ. of Texas Press 2001, XV, 259 p., mp. [1. ed.] ISBN 0-292-77110-X

0172
Redmond, Ed: The George Washington Map Collection in the Library of Congress. In: The Portolan. 1999, p.40-51, 4 ill. ISSN 1096-1925

0173
Rios-Bustamante, Antonio: Baroque era cartography : alternate names for the Americas. In: Mapline. 93, 2001, p.6-8, 1 mp.

0174
Safier, Neil: Mapping myths : the cartographic boundaries between science and speculation on La Condamine's Amazon, 1743-44. In: The Portolan. 2000, p.8-27, 7 ill. ISSN 1096-1925

0175
Scheel, Eugene M.: Modern-day historical mapping of rural Virginia and Maryland. In: The Portolan. 1998/99, p.44-45. ISBN 1096-1925

0176
Scheel, Eugene M.: Sex, lies, and old maps : observations on early maps of Virginia. In: The Portolan. 2000, p.34-39, 3 ill. ISSN 1096-1925

0177
Schwartz, Seymour I.: The land, the survey, the maps : Phelps and Gorham's Purchase in Western New York. In: Mercator's world. 6, 2001, p.34-39, 6 ill., 2 portr. ISSN 1086-6728

0178
Short, John Rennie: Representing the Republic : mapping the United States, 1600-1900. - London: Reaktion Books

2001, 256 p., ill., mp. (Picturing history) ISBN 1-86189-086-9

0179
Thrower, Norman J.W.: Lay of the land : Relief representation in the United States in the nineteenth and twentieth centuries. In: Mercator's world. 6, 2001, 3, p.28-35, 8 ill. ISSN 1086-6728

0180
Thrower, Norman J.W.: Lay of the land : Twentieth-century relief representation in the United States. In: Mercator's world. 6, 2001, 4, p.18-23, 7 ill. ISSN 1086-6728

0181
Turnham, Jennifer: Mapping the New World : Nicolas Sanson's Amérique Septentrionale and French cartography in the seventeenth century. In: The Portolan. 1999, p.25-40, 5 ill. ISSN 1096-1925

0182
Warren, Bill: When California was an island : Glen McLaughlin's cartographic landmarks. In: Mercator's world. 6, 2001, 3, p.14-21, 9 ill. ISSN 1086-6728

0183
Whitney, Gordon; De Cant, Joseph P.: Government Land Office Surveys and other early surveys. In: The historical ecology handbook : a restorationist's guide to reference ecosystems. Society for Ecological Restoration, ed. by Dave Egan and Evelyn A. Howell. - Washington, DC [u.a.]: Island Press 2001, p.147-172, 4 ill.

e. Asia
Asien
L'Asie

0184
Abeydeera, Ananda: The Portuguese quest for Taprobane. In: Mapline. 93, 2001, p.1-4, 1 ill. ISSN 0196-881

0185
Bendt, Vera: Karten und Ansichten des Heiligen Landes. In: Kartographische Sammlungen in Berlin : Geschichte, Standorte, Informationen. Hrsg. von Lothar Zögner. - Gotha: Perthes 2001, p.59- 62, 1 ill. (Kartensammlung und Kartendokumentation ; 12) ISBN 3-623-00436-7

0186
Brodsky, Harold: The Hebrew Holy Land Map of Avraham Bar Ya'acov, Amsterdam 1695. In: The Portolan. 2001, p.15-21, 4 ill. ISSN 1096-1925

0187
Chekin, Leonid S.: Recent developments in the history of Russian cartography. In: The Portolan. 1998, p.20-26. ISSN 1096-1925

0188
Chester, Lucy: Mapping imperial expansion : colonial cartography in North America and South Asia. In: The Portolan. 1999, p.9-24, 9 ill. ISSN 1096-1925

0189
Copeaux, Étienne: Une version turque du monde à travers les cartes de 1931 à nos jours. - Paris: CNRS ed. 2000, 240 p., ill., mp. ISBN 2-271-05700-0

0190
Ewaldson, Otto A.: "Mapping was our mission" : the military history of the 650th Engineer Topographic Battalion during World War II, August 1942 to April 1946, from Camp White, Oregon to Japan. - Port Ludlow, Wa: Alden Publ. 1996, XVI, 702 p., ill., mp. ISBN 0-9654542-0-7 [1. ed.]

0191
Hostetler, Laura: Quing colonial enterprise : ethnography and cartography in early modern China. - Chicago [u.a.]: University of Chicago Press 2001, XX, 16, 257 p., ill., mp. ISBN 0-226-35420

0192
Minow, Helmut: Messwerkzeuge und Längenmaße im Alten Ägypten. In: Vermessung, Photogrammetrie, Kulturtechnik = Mensuration, Photogrammétrie, Génie rural. 99, 2001, 4, p.242-247, 16 ill., 2 tab.

0193
National scientific seminar on Vietnam maps history on the anniversary of the 500-year Hong-Duc-Atlas. Hôi-Trač-Dia-B'an Dô-Viźn-Thám Viźt-Nam. - Hanôi 1990, 205 p., ill., mp.

0194
Paasch, Jesper: Japanska kartor. In: Kartbladet. 16, 2001, 1, p.30- 32, 3 ill. [Japanese maps.] [Swed.]

0195
La péninsule arabique dans les cartes européennes anciennes : fin XVe - début XIXe siècle ; exposition [à l'Institut du Monde Arabe, Paris], du 15 septembre - 28 octobre 2001. - Paris: Institut du Monde Arabe 2001, 431 p., ill, mp. [The Arabian Peninsula in old European maps ; from the end of the 15th century to the beginning of the 19th century ; exhibition from September 15th to October 28th 2001...]
ISBN 2-8430-6080-X

0196
Postnikov, Alexei V.: Outline of the history of Russian cartography. In: Regions : a prism to view the Slavic-Eurasian world : towards a discipline of "regionology". Ed. by Kimitaka Matsuzato. - Sapporo, Japan: Slavic Research Center, Hokkaido University 2000, p.1-49, 40 ill.
ISBN 4-938637-19-7

0197
Smith, Andrew: Borneo mysteries : Dom Manuel de Lima and the disappearance of Lawei. In: Mercator's world. 6, 2001, 3, p.40-43, 3 ill. ISSN 1086-6728

0198
Traganou, Jilly: Geographic representations of the Tôkaidô from Edo to Meiji Japan. In: The Portolan. 2000, p.12-31, 6 ill. ISSN 1096-1925

0199
Unno, Kazutaka: Administration inspections and cartographical projects by the Shogunate in the Kan'ei Era. In: Map : journal of the Japan Cartographers Association. 39, 2001, p.1-17. [Jap. with Engl. rés.] ISSN 0009-4897

0200
Watanabe, Ichiro; Nagai, Nobuo; Suzuki, Junko: Ino's large scale maps of Japan found in the United States of America. In: Map : journal of the Japan Cartographers Association. 39, 2001, p.18-25, 3 ill., 1 tab. [Jap.] ISSN 0009-4897

f. Australia and Pacific Islands
Australien und Ozeanien
L'Australie et l'Océanie

0201
Grapes, Rodney: Archival maps relating to the 1848 and 1855 earthquakes, New Zealand. In: New Zealand Map Society journal. 14, 2001, p.19-32, 11 ill.
ISSN 0113-2458

0202
McClean, Robert: Power/knowledge and space : the creation and alienation of the "reserve" at Porirua. In: New Zealand Map Society journal. 14, 2001, p.1-5, 1 ill.
ISSN 0113-2458

g. Europe
Europa
L'Europe

0203
200 Jahre Bayerische Vermessungsverwaltung : 1801-2001 ; es ist ein Maß in allen Dingen. Hrsg.: Bayerisches Staatsministerium d. Finanzen, Abt. Vermessung, Informations-u.Kommunikationstechnik.Red.: Karlheinz Goller, Josef Klapf. - München: Bayerisches Landesvermessungsamt 2001, 432 p., ill., mp. ISBN 3-935612-01-X

0204
Albano, Caterina: Visible bodies : cartography and anatomy. In: Literature, mapping, and the politics of space in early modern Britain. Ed. by Andrew Gordon and Bernhard Klein. - Cambridge [u.a.]: Cambridge Univ. Press 2001, p.89-106, 2 ill.
ISBN 0-521-80377-2

0205
Albertz, Jörg: Photogrammetrie und Fernerkundung in Berlin - 140 Jahre technologische Entwicklung. In: Rauminformationen für das 21. Jahrhundert : Vorträge ; 20. wissenschaftlich-technische Jahrestagung der DGPF im Rahmen der Intergeo 2000, 11.-13. Oktober 2000, Kongress-Zentrum ICC, Berlin. Hrsg.: Jörg Albertz. - Berlin: DGPF 2001, p.11-22, 20 ill. (Publikationen der Deutschen Gesellschaft für Photogrammetrie und Fernerkundung ; 9)

0206
Aliprandi, Laura; Aliprandi, Giorgio: La découverte du Mont-Blanc par les cartographes 1515-1925 : [Léman <région>; Valais]. - Ivrea: Priuli & Verlucca 2000, 165 p., ill. (Art dans les Alpes)
ISBN 88-8068-150-8

0207
Ammann, Gerhard; Hilfiker, Ronni; Schaub, Daniel: Friedrich Mühlberg : 100 Jahre "Quellenkarte des Kantons Aargau". - Aarau: Abt. Umweltschutz 2001, 70 p., ill., mp. (Umwelt Aargau ; Sondernummer 11: Wasser, Gewässer)

0208
Arca, Salvatore: Roma e la rete trigonometrica nazionale. In: Eventi e documenti diacronici delle principali attività geotopografiche in Roma. Andrea Cantile. - Firenze: Ist. Geografico Militare 2000, p.162-177, 8 ill. 2 portr. (L'Universo ; 80.2000, 6, Suppl.) [Rome and the national trigonometric net.] [Ital.]

0209
Asmus, Ivo: Die Zusammenzeichnung der Matrikelkarten als wissenschaftliche Methode für eine Rekonstruktion der Kulturlandschaft vor 300 Jahren. In: Historische Geographie und Kulturlandschaftsforschung : Beiträge zum Gedenkkolloqium für Dr. Eginhard Wegner am 4. Mai 2001 in Greifswald. Hrsg. von Reinhard Zölitz-Möller. - Greifswald: Ernst-Moritz-Arndt-Univ. 2001, p.71-79, 4 ill. (Greifswalder geographische Arbeiten ; 22)
ISBN 3-86006-177-X

0210
Ausstellung "Leipzig im Kartenbild". In: Leipzig im Kartenbild. Hrsg. von der Stadt Leipzig, der Oberbürgermeister, Stadtarchiv [Red. Beate Berger...]. - Leipzig: Leipziger Univ.-Verl. 2001, p.169-206, 22 ill. (Leipziger Kalender, Sonderband, 2001 ; 1) ISBN 3-935693-10-2

0211
Balistreri-Trincanato, Corrado; Zanverdiani, Dario: Jacopo de Barbari : il raconto di una città. - Venezia: Cetid, 374 p., ill. + 1 portfolio. (Serie di disegno e rilievo) [The story of a town.] [Ital.] [Beil. u.d.T.: Pianta prospettica di Jacopo de Barbari]

0212
Batten, Kit; Bennett, Francis: The Victorian maps of Devon : printed maps 1838-1901. - Tiverton: Devon Books 2000, XXXVI, 196 p., ill., mp.
ISBN 1-85522-756-8

0213
Baumann, E.: Bohnenberger und seine Messungen für die württembergische Urtriangulation. In: Mitteilungen / Deutscher Verein für Vermessungswesen, Landesverein Baden-Württemberg. 48, 2001, 1, p.83-107, 3 ill., 1 tab.

0214
Berkner, Andreas: Die Pläne der "Gewäßer um Leipzig" von 1748 und 1775 und der "Leipziger Wasserknoten" im Wandel der Zeiten. In: Leipzig im Kartenbild. Hrsg. von der Stadt Leipzig, der Oberbürgermeister, Stadtarchiv [Red. Beate Berger...]. - Leipzig: Leipziger Univ.-Verl. 2001, p.51- 61, 2 ill. (Leipziger Kalender, Sonderband, 2001 ; 1)
ISBN 3-935693-10-2

0215
Bevilaqua, Eugenia: Carte storiche della Laguna di Venezia. In: Scritti geografici in ricordo di Mario Ortolani. a cura di Piero Dagradi. - Roma: Società geografica Italiana 1999, p.69-72. (Memorie della Società Geografica Italiana ; 61) [Historical maps of the Lagoon of Venice.] [Ital.]

0216
Bindig, Siegfried: Das Vermessungs- und Kartenwesen der DDR. In: 125 Jahre Berliner Vermessungsverwaltung 1876-2001. [Hrsg.: Senatsverwaltung für Stadtentwicklung, Abt. III, Geoinformation, Vermessung, Wertermittlung. Red.: Anette Blaser. - Berlin: Senatsverwaltung für Stadtentwicklung 2001, p.10-16, 1 ill.

0217
Boer, Adri den: 150 jaar landmeetkunde en cartografie in België. In: Geodesia : tijdschrift voor geodesie en geo-informatie. 43, 2001, 5, p.234-235, 4 ill. [Dutch]

0218
Boncompagni, Ilaria; Ulivieri, Denise: La Versilia dei cartografi. - Ospedaletto (Pisa): Pacini 2000, 143 p., ill. (Ecostoria ; 10) [Cartographers' Versilia : road maps of the leopoldinian period.] [Ital.]
ISBN 88-7781-352-0

0219
Bonnafé, Annie; Decourt, Jean-Claude; Helly, Bruno: Textes, cartes et territoires : présentation. In: L'Espace et ses représentations. Edité par Annie Bonnafé, Jean-Claude Decourt et Bruno Helly. - Lyon: Maison de l'Orient Méditerranéen-Jean Pouilloux 2000, p.13-23. (Travaux de la Maison de l'Orient Méditerranéen ; 32)

0220
Boplan i Ukraïna : zbirnyk naukovych prac'. [Red.kolehija: Marija Vavryčyn...]. - Lviv 1998, 318 p., ill., mp. [Beauplan and Ukraine.] [Ukrain.] ISBN 966-02-0610-0

0221
Borchi, Emilio; Cantile, Andrea: La nuova base geodetica dell'Appia antica. In: Eventi e documenti diacronici delle principali attività geotopografiche in Roma. Andrea Cantile. - Firenze: Ist. Geografico Militare 2000, p.138-161, 14 ill. (L'Universo ; 80, 2000,6, Suppl.) [The new geodetic base of the ancient Appia.] [Ital.]

0222
Brunner, Kurt: Das Berchtesgadener Land in alten Karten. In: Kartographische Nachrichten. 51, 2001, p.221-225, 4 ill.
ISSN 0022-9164

0223
Burden, Eugene: Hunting maps published in English periodicals. In: Journal of the International Map Collectors' Society. 84, 2001, p.27-30, 3 ill.

0224
Cantile, Andrea: Importanza, valorizzazione ed uso dei documenti geotopografici storici. In: Eventi e documenti diacronici delle principali attività geotopografiche in Roma. Andrea Cantile. - Firenze: Ist. Geografico Militare 2000, p.9-11. (L'Universo ; 80.2000,6, Suppl.) [Importance, valorization and use of historical geotopographic documents.] [Ital.]

0225
Capurso, Claudia; Parigi, Adriano; Ronconi, Rosalba: Cartografia storica del territorio di Rozzano : le immagini del mutamento dal '700 ad oggi / Comune di Rozzano. - [Rozzano (Milano)]: CIEDS [1998], 1. 146 p., ill., mp. [Historical cartography of the territory of Rozzano : images of the change from 700 to today.] [Ital.]

0226
Casemir, Kirstin; Ohainski, Uwe: Verzeichnis der in den Ämteratlanten von Johannes Mellinger vorkommenden Orts-, Gewässer- und Flurnamen. In: Atlas des Fürstentums Lüneburg um 1600 : [Ernst Schubert zum 60. Geburtstag] = Lunæburgici Ducatus accurata et exquisita descriptio chorographica. Hrsg. u. komm. von Peter Aufgebauer... - Bielefeld: Verl. für Regionalgeschichte 2001, p.65-97, tab. (Veröffentlichungen des Instituts für Historische Landesforschung der Universität Göttingen ; 41) ISBN 3-89534-391-9

0227
Casemir, Kirstin: Sprachlich-binnenstrukturelle Analyse und Untersuchung des Abhängigkeitsverhältnisses der Ämteratlanten von Johannes Mellinger (nebst einem Handschriftenstemma). In: Atlas des Fürstentums Lüneburg um 1600 : [Ernst Schubert zum 60. Geburtstag] = Lunæburgici Ducatus accurata et exquisita descriptio chorographica. Hrsg. u. komm. von Peter Aufgebauer... - Bielefeld: Verl. für Regionalgeschichte 2001, p.55-64, 1 ill. (Veröffentlichungen des Instituts für Historische Landesforschung der Universität Göttingen ; 41) ISBN 3-89534-391-9

0228
Chang, Stephen Tsen-hsin: The Portuguese maritime discoveries along the south-east coast of China in the first half of the sixteenth century : a cartographic view 1513 - 1550. In: The Portolan. 1998, p.7-19, 4 ill. ISSN 1096-1925

0229
Châtelet-Lange, Liliane: Strasbourg en 1548 : Le plan de Conrad Morant. Préface de Francis Rapp. - Strasbourg: Pr. Univ. de Strasbourg 2001, 163 p., ill., 1 mp.-suppl. ISBN 2-86820-149-0

0230
Chekin, Leonid S.: Recent developments in the history of Russian cartography. In: The Portolan. 1998, p.20-26. ISSN 1096-1925

0231
Conti, Simonetta: L'immagine di Roma dal Medioevo al XVI secolo. In: Eventi e documenti diacronici delle principali attività geotopografiche in Roma. Andrea Cantile. - Firenze: Ist. Geografico Militare 2000, p.30-45, 9 ill. (L'Universo ; 80, 2000,6, Suppl.) [The image of Rome from the Middle Ages to the XVI century.] [Ital.]

0232
Copeaux, Étienne: Une version turque du monde à travers les cartes de 1931 à nos

jours. - Paris: CNRS ed. 2000, 240 p., ill., mp. ISBN 2-271-05700-0

0233
Corpus der älteren Germania-Karten : ein annotierter Katalog der gedruckten Gesamtkarten des deutschen Raumes von den Anfängen bis um 1650. Peter H. Meurer. - Alphen aan den Rijn: Canaletto 2001, [Karten-Bd.] 156 p., mp. [Text-Bd.] XII, 504 p., ill., mp. ISBN 90-6469-756-6

0234
Dawson, Nelson-Martin: L'Atelier Delisle : L'Amérique du Nord sur la table à dessin. Avec la collab. de Charles Vincent. - Sillery, Québec: Septentrion 2000, 306 p., ill., mp. [zugl.: Saint-Laurent: Diffusion Dimedia 2000] ISBN 2-89448-173-X

0235
Desbrières, Michel: La cartographie de la Meuse entre Verdun et Sedan entre la première moitié du XVIIIe siècle : Lecture militaires d'un fleuve. In: Bulletin du Comité Français de Cartographie. 167, 2001, p.27-36, 10 ill.

0236
Dolz, Wolfram: Beschreibung des Erdglobus von Willem Janszoon Blaeu im Stadtgeschichtlichen Museum Leipzig. In: Leipzig im Kartenbild. Hrsg. von der Stadt Leipzig, der Oberbürgermeister, Stadtarchiv [Red. Beate Berger...]. - Leipzig: Leipziger Univ.-Verl. 2001, p.47-49. (Leipziger Kalender, Sonderband, 2001 ; 1) ISBN 3-935693-10-2

0237
Donato, Carlo: Suggerimenti cartografici per un turismo religioso-culturale dei nostri giorni attraverso la riscoperta degli antichi cammini della devozione nella Regione Friuli-Venezia Giulia. In: Cultura cartografica e culture del territorio : atti del convegno nazionale (Sassari, 12-13 dicembre 2000). A cura di Giuseppe Scanu. - Genova: Brigati 2001, p.359-386, 3 ill. (Bollettino della Associazione Italiana di Cartografia No. 111-113 = 38. 2001) [Ital.]

0238
Ebner, Walter: Ortsplan von Altshausen : verkleinerter Ausschnitt der Stemmerschen Karte von 1766. In: Beiträge zur Kulturgeschichte von Altshausen und Umgebung. 22, 1999, p.25-[32].

0239
Eventi e documenti diacronici delle principali attività geotopografiche in Roma. Andrea Cantile. - Firenze: Ist. Geografico Militare 2000, 208 p., ill., 1 suppl.-mp. (L'Universo ; 80.2000,6, suppl.) [Events and diachronic documents of the main geotopographic activities in Rome.] [Ital.]

0240
Faragó, Imre: A magyar névhasználat változásai a Kárpát-medencét ábrázoló térképen, II. rész. In: Geodézia és kartográfia. 53, 2001, 2, p.16-23. [Changes in the use of Hungarian names on the maps of the Carpathian Basin.] [Hung. with Engl. rés.]

0241
Federzoni, Laura: Lo sviluppo storico della pianura ferrarese : analisi di alcune carte geografiche. In: Scritti geografici in ricordo di Mario Ortolani. a cura di Piero Dagradi. - Roma: Società geografica Italiana 1999, p.223-238, 5 ill. (Memorie della Società Geografica Italiana ; 61) [The historical development of the Ferrara plain : analyses of some geographical maps.] [Ital.]

0242
Ferrari, Daniela: La città fortificata : Mantova nelle mappe ottocentesche del Kriegsarchiv di Vienna. - Modena: Il

Bulino 2000, XXV, 277 p. ill., mp. (Il giardino delle Esperidi) [The fortified city : Mantua in the nineteenth-century maps of the Kriegsarchiv in Vienna.] [Ital.] ISBN 88-86251-36-X

0243
Finsterwalder, Rüdiger: Genauigkeit und Maßstab der Nürnbergkarte Etzlaubs von 1492. In: Mitteilungsblatt / Deutscher Verein für Vermessungswesen (DVW), Landesverein Bayern e.V. 53, 2001, p.431-435, 2 ill. ISBN 0723-6336

0244
Fischer, Hanspeter: "Viel haimliche Sachen offenbart" : die Wolfegger Landtafel wird jetzt dem Kartografen Daniel Beich zugeschrieben. In: Beiträge zur Landeskunde von Baden-Württemberg. 2000, p.16-19. ISSN 0408-8492

0245
Fischer, Hanspeter: Johann Jacob Heber (1666-1724) : ein Feldmesser und Kartograf im Bodenseeraum und in Oberschwaben. In: Schriften des Vereins für Geschichte des Bodensees und seiner Umgebung. - Friedrichshafen 119, 2001, p.189-204, ill., mp.

0246
Fleming, Paula L.: Serious cartography at play : Creating maps for historical games. In: Mercator's world. 6, 2001, 4, p.38-43, 7 ill. ISSN 1086-6728

0247
Foramitti, Paolo: Anton von Zach e la Kriegskarte del Friuli Venezia Giulia. In: I fiumi del Friuli Venezia Giulia : risalendo la storia / Antonio de Cilla. - Udine: P.Gaspari 2000, p.19-22, 1 ill., 1 portr. (Collezione storica ; 12) [Ital.]

0248
Forn Islandskort : Exploring old landscapes ; 19th international symposium Reykjavik, 15-18 September 2000. Ritsjórn: Emilia Sigmarsdóttir... - Reykjavik: Landsbókasafn Islands-Háskólabókasafn 2000, 26 p., mp. [Iceland. and Engl.] ISBN 9979-80058-5

0249
Fuchs, Achim: Die Entstehung des Topographischen Büros 1801 in München. In: Zeitschrift für Vermessungswesen : ZfV. 126, 2001, 4, p.218-224, 3 ill.

0250
Fuchs, Achim: Wie alles begann. In: 200 Jahre Bayerische Vermessungsverwaltung : 1801-2001 ; es ist ein Maß in allen Dingen. [Hrsg.: Bayer. Staatsministerium der Finanzen, Abt. Vermessung, Informations -u. Kommunikationstechnik...Red.: Karlheinz Goller, Josef Klapf]. - München: Bayer. Landesvermessungsamt 2001, p.26-37, 6 ill. ISBN 3-935612-01-X

0251
Gambino, Sonia: Un parco storico-cartografico per il recupero dell'identità urbana di Messina. In: Cultura cartografica e culture del territorio : atti del convegno nazionale (Sassari, 12-13 dicembre 2000). A cura di Giuseppe Scanu. - Genova: Brigati 2001, p.465-475. (Bollettino della Associazione Italiana di Cartografia No. 111-113 = 38. 2001) [Ital.]

0252
Germann, Thomas: Der Aussichts-Berg : von der Umrissdarstellung zum Computerpanorama : [Titlis]. In: Titlis : Spielplatz der Schweiz. Hrsg. von Daniel Anker. - Zürich: AS-Verlag & Buchkonzept 2001, p.166-179, ill. (Bergmonografie ; 7)

0253
Gillies, John: The scene of cartography in King Lear. In: Literature, mapping, and the politics of space in early modern Britain. Ed. by Andrew Gordon and Bernhard Klein. - Cambridge [u.a.]: Cambridge Univ. Press 2001, p.109-137. ISBN 0-521-80377-2

0254
Görner, Gunter: Alte Thüringer Landkarten 1550-1750 und das Wirken des Kartographen Adolar Erich. - Bad Langensalza: Rockstuhl 2001, 176 p., ill., mp. [1. Aufl.] ISBN 3-934748-83-X

0255
Gordon, Andrew: Performing London : the map and the city in ceremony. In: Literature, mapping, and the politics of space in early modern Britain. Ed. by Andrew Gordon and Bernhard Klein. - Cambridge [u.a.]: Cambridge Univ. Press 2001, p.69-88, 2 ill. ISBN 0-521-80377-2

0256
Gräf, Holger Th.: Eine unbekannte Ansicht von Leipzig aus dem Jahre 1633. In: Leipzig im Kartenbild. Hrsg. von der Stadt Leipzig, der Oberbürgermeister, Stadtarchiv [Red. Beate Berger...]. - Leipzig: Leipziger Univ.-Verl. 2001, p.17-22, 1 ill. (Leipziger Kalender, Sonderband, 2001 ; 1) ISBN 3-935693-10-2

0257
Gränitz, Frauke: Die Flurkrokis/Flurcroqis (Flurübersichtskarten) in Sachsen, dargestellt am Beispiel Großzschocher. In: Leipzig im Kartenbild. Hrsg. von der Stadt Leipzig, der Oberbürgermeister, Stadtarchiv [Red. Beate Berger...]. - Leipzig: Leipziger Univ.-Verl. 2001, p.73-79, 3 ill. (Leipziger Kalender, Sonderband, 2001 ; 1) ISBN 3-935693-10-2

0258
Greiner, Piotr: Kartografia górnicza na Śląskuod XVI do pieerwszej poloxy XIX wieku : Zarys historyczny, katalog map, bibliografia. - Wroclaw: Uniwersytet Wroclanski Centrum Badań, Śląskoznawczych i Bohemistycznych 1997, 127 p., ill., mp. [Kartographie des Bergbaus in Schlesien vom 16. bis Mitte des 19. Jahrhunderts.] [Pol. with Germ. rés.] ISBN 83-90-24-72-3

0259
Greiner, Piotr: Mapa gospodorcza : Andreasa Hindenberga i Johannesa Harnischa. In: Zimia pszczyńska : rozwój gospodarczy od Piastów do Hochbergów / Jerzy Polak. - Pszczyna: Bractwo Gospodarcze Związku Górnośląskiego 2000, p.55-65, 6 ill., 6 mp. [Pol.]

0260
Grek, Jennifer Marie: Representing the in-between : interpreting cartographic images of Hungary in Dutch seventeenth-century atlases. - Madison, WI: University of Wisconsin-Madison 2000 [Master's thesis]

0261
Gylfason, Agúst Gunnar: Stutt yfirlit yfir kortagerd á Islandi á 20.öld. In: Forn Islandskort : Exploring old landscapes ; 19th international symposium Reykjavik, 15-18 September 2000. Ritsjórn: Emilia Sigmarsdóttir... - Reykjavik: Landsbókasafn Islands-Háskólabókasafn 2000, p. 12-14. [An overview of 20th century mapping in Iceland.] [Iceland. and Engl.] ISBN 9979-80058-5

0262
Haft, Adele J.: Maps of memory : The autobiographical maps of J.B. Harley and Denise Levertov. In: Mercator's world. 6, 2001, 4, p.30-37, 7 ill. ISSN 1086-6728

0263
Hánek, Pavel: Tradition geodätischer Instrumente in Tschechien. In: Vermessung, Photogrammetrie, Kulturtechnik = Mensuration, Photogrammétrie, Génie rural. 99, 2001, 4, p.237-241, 7 ill.

0264
Hébert, John R.; McMullan, Anthony: The Luso-Hispanic world in maps in the collections of the Library of Congress. In: The Portolan. 2000, p.42-55, 6 ill.
ISSN 1096-1925

0265
Hecht, Alice: Vorstellung historischer Garten- und Vogelschaupläne aus dem Bestand der Karten-und Stadtplansammlung des Stadtgeschichtlichen Museums Leipzig. In: Leipzig im Kartenbild. Hrsg. von der Stadt Leipzig, der Oberbürgermeister, Stadtarchiv [Red. Beate Berger...]. - Leipzig: Leipziger Univ.-Verl. 2001, p.51-61, 2 ill. (Leipziger Kalender, Sonderband, 2001 ; 1) ISBN 3-935693-10-2

0266
Hindle, Paul: Maps for historians. - Chichester: Phillimore 1998, XI, 148 p., mp.
ISBN 0-85033-934-0

0267
Historische Geographie und Kulturlandschaftsforschung : Beiträge zum Gedenkkolloqium für Dr. Eginhard Wegner am 4. Mai 2001 in Greifswald. Hrsg. von Reinhard Zölitz-Möller. - Greifswald: Ernst-Moritz-Arndt-Univ. 2001, 109 p., ill., mp. (Greifswalder geographische Arbeiten ; 22)
ISBN 3-86006-177-X

0268
Historische Karten im Spiegel der Zeit : die Staatlichen Vermessungsämter in Plochingen und Nürtingen geben interessante Einblicke. In: Zwischen Alb und Fildern. 1998, p.33.

0269
Hochmuth, Enrico: Die Industrie- und Gewerbeausstellung 1897 und ausgewählte kartographische Quellen. In: Leipzig im Kartenbild. Hrsg. von der Stadt Leipzig, der Oberbürgermeister, Stadtarchiv [Red. Beate Berger...]. - Leipzig: Leipziger Univ.-Verl. 2001, p. 89- 94, 2 ill. (Leipziger Kalender, Sonderband, 2001 ; 1)
ISBN 3-935693-10-2

0270
Holsbrink, J.H.: Een Fries driehoeksnet en een Fries coördinatenstelsel. In: Geodesia : tijdschrift voor geodesie en geo-informatie. 43, 2001, 5, p.250-255, 6 ill., 4 tab. [A Frisian triangulation measurement (part 3).] [Dutch with Engl. rés.]

0271
Holsbrink, J.H.: Een Fries driehoeksnet en een Fries coördinatenstelsel. In: Geodesia : tijdschrift voor geodesie en geo-informatie. 43, 2001, 4, p.186-189, 5 ill., 2 tab. [The new Frisian triangle measurement (part 2).] [Dutch with Engl. rés.]

0272
Holsbrink, J.H.: Een Fries driehoeksnet en een Fries coördinatenstelsel. In: Geodesia : tijdschrift voor geodesie en geo-informatie. 43, 2001, 2, p.74-77, 4 ill., 1 tab. [Frisian triangle measurement? (part 1).] [Dutch with Engl. rés.]

0273
Imhof, Viola: Die Bergmodelle von Charles-François Exchaquet in Görlitz : [Mont Blanc; Kanton Waadt; St. Gotthard; Saline von Bex]. In: Neues Lausitzisches Magazin. 4, 2001, p.24-32, ill.

0274
Imhof, Viola: Die Gebirgsmodelle des Charles-François Exchaquet in Görlitz. In: Mitteilungen / Freundeskreis für Cartogra-

phica in der Stiftung Preußischer Kulturbesitz. 14, 2000, p.22-25, 1 ill.

0275
Immagini della terra dei re : cartografia, vedute e costumi della Basilicata [Potenza, Museo Provinciale, 26 giugno - 31 ottobre]. Ministro per i Beni e le Attività Culturali, Sopraintendenza per i Beni Artistici e Storici della Basilicata...A cura di Salvatore Abita, testi di Ermanno Bellucci, Vladimiro Valerio. - [Napoli]: Paparo 2001, 142 p., ill.
ISBN 88-87111-17-0

0276
Inventory to supplements and indexes complete collection. - Lisse: MMF Publ. [1994] = 1969, [272] p. [Nachdr.] [Orig. u.d.T.: Inventaris der verzameling kaarten berustende in het Algemeen Rijksarchief zijnde het eerste en tweede supplement op de collectie Hingman. Bewerkt door A.j.H. Rozemond]

0277
Jacob, Frank-Dietrich: Die älteste Ansicht der Stadt Leipzig von 1536/37. In: Leipzig im Kartenbild. Hrsg. von der Stadt Leipzig, der Oberbürgermeister, Stadtarchiv [Red. Beate Berger...]. - Leipzig: Leipziger Univ.-Verl. 2001, p.5-15, 1 ill. (Leipziger Kalender, Sonderband, 2001 ; 1)
ISBN 3-935693-10-2

0278
Jaurand, Emmanuel: Les géographes français et la carte topographique sous la IIIe République (1870-1940). In: Bulletin du Comité Français de Cartographie. 167, 2001, p.44-56, 6 ill.

0279
Jauslin, Xaver: L'oeuvre des ingénieurs géographes français en Allemagne, de la guerre de succession d'Autriche à la guerre de sept ans (1741-1763). In: Bulletin du Comité Français de Cartographie. 167, 2001, p.19-26, 4 ill.

0280
Jeanrichard, Francis: Le développement du Service topographique suisse. In: Vermessung, Photogrammetrie, Kulturtechnik = Mensuration, Photogrammétrie, Génie rural. 99, 2001, 4, p.233-236.

0281
Jeanrichard, Francis: Le développement du Service topographique suisse. In: Vermessung, Photogrammetrie, Kulturtechnik. 99, 2001, p.233-236, mp. ISSN 0252-9424

0282
Kahlfuß, Hans-Jürgen: Geschichte der amtlichen Kartographie der Herrschaft Schmalkalden. - Erfurt: Thüringer Landesvermessungsamt 2001, 113 p., ill., mp. (Hessische Forschungen zur geschichtlichen Landes- und Volkskunde ; 38)
ISBN 3-86140-268-8

0283
Kain, Roger J.P.; Prince, Hugh C.: Tithe surveys for historians. - Chichester: Phillimore 2000, XIV, 146 p., ill., mp. ISBN 1-860077-125-4

0284
Kaldenbach, Kees: Digitale Vlucht boven Amsterdam; een schitterende mislukking? In: Geodesia : tijdschrift voor geodesie en geo-informatie. 43, 2001, 3, p.122-125, 2 ill. [Dutch with Engl. rés.]

0285
Kinds, Karel; Franssen, Mathieu: 'Carte Belgica Arnout petitte' : Een nieuwe kijk op een vroege kaart van de Nederlanden. In: Caert-Thresoor. 20, 2001, p.57-62, 6 ill., 1 tab. ['Carte Belgica Arnout petitte' : a new look at an early map of the

Seventeen Provinces.][Dutch with Engl. rés.] ISSN 0167-4994

0286
Klein, Bernhard: Maps and the writing of space in early modern England and Ireland. - Basingstoke [u.a.]: Palgrave 2001, XII, 235 p., ill., mp. ISBN 0-333-77933-9

0287
Klemp, Egon: Historische Pläne und Grundrisse von Städten und Ortschaften im Polen : ein deutsch-polnischer Katalog. Bearb. von Egon Klemp, hrsg. von Antonius Jammers. - Wiesbaden: Harassowitz 2000, XXIV, 497 p., mp., 6 mp.-suppl. [Parallelt: Dawne plany i rzuty pozione miast i innych miejscowości w Polsce] ISBN 3-447-04332-6

0288
Kline, Karen: History of global mapping : lessons, issues and challenges for national mapping organizations. - Santa Barbara, CA: University of California 2000 [Master's thesis]

0289
Klöti, Thomas: Stolzer "Ursus Nujthonjcus" : die Karten des bernischen Staatsgebiets im 16. und 17. Jahrhundert. In: Alpenhorn-Kalender [Ausg. Berner Mittelland]. 76, 2001, p.41-51, ill., mp.

0290
Konias, Andrzej: Kartografia topogaficzna Śląska Cieszyńskiego i zaboru austriackiego od II połowy XVIII wieku do początku XX wieku : wyd. 1. - Katowice: Wydawn Uniwersytetu Śląskiego, 259 p., ill., mp. + 8 mp.-suppl. (Prace naukowe Uniwersytetu Śląskiego w Katowicach 1866. Seria Nauki o Ziemi) [Topographic cartography of Teschen-Silesia and the Austrian annexion from the second part of the 18th century until the beginning of the 20th century.] [Pol. with Engl., and Germ. rés.] ISBN 88-226-0969-8

0291
Krogt, Peter C.J. van der; Ormeling, Ferjan: 16e- eeuwse legendalandjes als handleiding voor kaartgebruik. In: Kartografisch tijdschrift. 27, 2001, p.27-31, 3 ill. [16th century 'legendmap' as manual for the use of maps.] [Dutch with Engl., and French rés.] ISSN 0167-5788

0292
Kupčík, Ivan: Pilgerroutenkarten nach Rom : Unterwegs in die Ewige Stadt. In: Damals : das aktuelle Magazin für Geschichte und Kultur. 33, 2001, 3, p.74-79, 4 ill.

0293
Landshut ins Bild gesetzt : Karten und Ansichten vom 16. bis zum 20. Jahrhundert [Eine Ausstellung der Museen der Stadt Landshut im Museum im Kreuzgang vom 12. Mai bis 28. Oktober 2001]. - Landshut: Museen der Stadt Landshut 2001, 293 p., ill., mp. (Schriften aus den Museen der Stadt Landshut ; 9) ISBN 3-924943-26-5

0294
Leidel, Gerhard: Die amtliche Kartographie in Bayern von 1473-1801. In: 200 Jahre Bayerische Vermessungsverwaltung : 1801-2001 ; es ist ein Maß in allen Dingen. [Hrsg.: Bayer. Staatsministerium der Finanzen, Abt. Vermessung, Informations -u. Kommunikationstechnik...Red.: Karlheinz Goller, Josef Klapf]. - München: Bayer. Landesvermessungsamt 2001, p.108-119, 5 ill. ISBN 3-935612-01-X

0295
Leipzig im Kartenbild. Hrsg. von der Stadt Leipzig, der Oberbürgermeister, Stadtar-

chiv [Red. Beate Berger...]. - Leipzig: Leipziger Univ.-Verl. 2001, 210 p., ill., mp. (Leipziger Kalender, Sonderband, 2001 ; 1) ISBN 3-935693-10-2

0296
Leonardi, Sandra: Il progetto iconografico più ambizioso del Settecento romano : la pianta di Roma realizzata da Giovan Battista Nolli. In: Eventi e documenti diacronici delle principali attività geotopografiche in Roma. Andrea Cantile. - Firenze: Ist. Geografico Militare 2000, p.68-77, 4 ill. (L'Universo ; 80.2000,6, Suppl.) [The most ambitious iconographic project of the roman 18th century : the map of Rome realized by Giovan Battista Nolli.] [Ital.]

0297
Linder, Walter: Ein alter Berner Straßenplan aus dem Jahr 1787 : [Carte topographique de la grande route de Berne à Zurich [ct] Zurzach / Pierre Bel] : [Abschnitt Aargau]. In: Jahresschrift der Vereinigung für Heimatkunde Suhrental, Schöftland. 52, 2000, p.25-32, mp.

0298
Líter Mayayo, Carmen; Martín Merás, Luisa: Tesoros de la cartografía española. In: Tesoros de la cartografía Española. Editores científicos: Carmen Líter Mayayo [u.a.]. - Madrid: Biblioteca Nacional [2001], p.35-48. [Span.] [Exposición con motivo del XIX Congreso Internacional de Historia de la Cartografía, Madrid 2001] ISBN 84-88699-49-2

0299
Literature, mapping, and the politics of space in early modern Britain. Ed. by Andrew Gordon and Bernhard Klein. - Cambridge [u.a.]: Cambridge Univ. Press 2001, XIII, 276 p., ill., mp. ISBN 0-521-80377-2

0300
Łuczyński, Jarosław: Analiza dokłandności mapy Wielkiego Księstwa Litewskiego Tomasza Makowskiego z 1613 r., tzw radziwiłłowskiej na podstawie siatki zniekształceń. In: Polski przegląd kartograficzny. 33, 2001, p.365-371, 1 mp. [Analysis of the accuracy of the 1613 map of the Grand Duchy of Lithuania by Tomasz Makowski (so called "Radziwiłł map") by using a distortion grid.] [Pol. with Engl., and Russ. rés.] ISSN 0324-8321

0301
Madrid en sus planos 1622-2001 : Centro mesonero romanos. - Madrid: Ayuntamiento de Madrid, Area de Urbanismo, Vivienda e Infrastructuras [u.a.] [2001], 301 p., ill., mp. [Exposición con motivo del XIX Congreso Internacional de Historia de la Cartografía, Madrid 2001] ISBN 84-7812-516-7

0302
Maggetti, Marino: Drei Manöverkarten von 1873 : der See-und der untere Sensebezirk vor 130 Jahren. In: Freiburger Geschichtsblätter. 78, 2001, p.141-164, ill., mp. ISSN 0259-3955

0303
Mangani, Giorgio; Mariano, Fabio: Il disegno del territorio : storia della cartografia delle Marche. - Ancona: Lavoro 1998, 251 p., ill., mp. [The design of the territory : history of the cartography of the Marches.] [Ital.] ISBN 88-7663-277-8

0304
Manso Porto, Carmen: Cartografía histórica portuguesa : catálogo de manoscritos siglos XVII-XVIII. - Madrid: Real Academia de la Historia, Servicio de Cartografía y Bellas Artes 1999, XL,III, 166 p., mp. [Portuguese historical cartography :

catalogues of manuscripts of the XVII-XVIII century.] [Span.]
ISBN 84-89512-54-X

0305
Martin Lopez, José: Cartografia española. In: Tesoros de la cartografia Española. Editores cientificos: Carmen Líter Mayayo [u.a.]. - Madrid: Biblioteca Nacional [2001], p.17-33. (ö) [Span.] [Exposición con motivo del XIX Congreso Internacional de Historia de la Cartografia, Madrid 2001] ISBN 84-88699-49-2

0306
Mellinger, Johannes: Atlas des Fürstentums Lüneburg um 1600 : [Ernst Schubert zum 60. Geburtstag] = Lunæburgici Ducatus accurata et exquisita descriptio chorographica. In: Atlas des Fürstentums Lüneburg um 1600 : [Ernst Schubert zum 60. Geburtstag] = Lunæburgici Ducatus accurata et exquisita descriptio chorographica. Hrsg. u. komm. von Peter Aufgebauer... - Bielefeld: Verl. für Regionalgeschichte 2001, 105, 46 p., ill., 2 mp. (Veröffentlichungen des Instituts für Historische Landesforschung der Universität Göttingen ; 41) ISBN 3-89534-391-9

0307
Méndez Martínez, Gonzalo: Cartografia antigua di Galicia. - Pontevedra: Disputación Provincial de Pontevedra, Servicio de Publicaciones 1994, 301 p., ill. [Ancient cartography of Galicia.] [Span.] [Zugl.: Santiago de Compostela, Univ., Diss. 1992 u.d.T.: La documentación cartografica sobre Galicia existente en sus archivos]
ISBN 84-88363-17-6

0308
Mertens, Dieter: Die sogenannte Bodenseekarte des Meisters PW. In: Der Krieg im Mittelalter und in der Frühen Neuzeit. Hrsg. von Horst Brunner. - Wiesbaden: Reichert 1999, p.279-306. (imagines medii aevi ; 3) ISBN 3-89500-093-0

0309
Mikšovský, Miroslav: Topografické mapování území české republiky ve 20. století. In: Geodetický a kartografický obzor. 47, 2001, p.216-223, 8 ill. [Topographic mapping of the territory of the Czech Republic in the 20th Century.] [Czech. with Engl. rés.]
ISSN 0016-7096

0310
Mohr, Frank; Stentzel, Gregor: Landkarten - Zeitbilder : Rostock und Umgebung im Wandel der Zeit ; Anmerkungen zu Karten aus fünf Jahrhunderten. - Bremen: Ed. Themmen 2001, [63] Bl., ill., mp.
ISBN 3-86108-781-2

0311
Müller, Anett: Die Anfänge des Leipziger Vermessungsamtes. In: Leipzig im Kartenbild. Hrsg. von der Stadt Leipzig, der Oberbürgermeister, Stadtarchiv [Red. Beate Berger...]. - Leipzig: Leipziger Univ.-Verl. 2001, p.117-127, 2 ill. (Leipziger Kalender, Sonderband, 2001 ; 1)
ISBN 3-935693-10-2

0312
Müller, Stefan: Wiederentdeckung einer seltenen Karte des Zürich-Sees : ["Geographische oder Grund=richtige Verzeichnus der Statt Zürich, ihres Sees und derselbigen Landschaft..." / Kupferstich von Hans Erhard Escher, 1692]. In: Cartographica Helvetica. 23, 2001, p.16-17, ill. ISSN 1015-8480

0313
Nagel, Günter: Die Basis von Charles Rigobert Marie Bonne. In: Mitteilungsblatt / Deutscher Verein für Vermessungswesen, Landesverein Bayern. 53, 2001, 2, p.193-207, 3 ill.

0314
The nation survey'd : essays on late sixteenth-century Scotland as depicted by Timothy Pont. Ed. by Jan C. Cunningham. - East Linton: Tuckwell [u.a.] 2001, XVIII, 172 p., ill., mp.
ISBN 1-86232-198-1

0315
Neitzert, Dieter: Die Darstellung des Fürstentums Lüneburg im Atlas des Johannes Mellinger. In: Atlas des Fürstentums Lüneburg um 1600 : [Ernst Schubert zum 60. Geburtstag] = Lunæburgici Ducatus accurata et exquisita descriptio chorographica. Hrsg. u. komm. von Peter Aufgebauer... - Bielefeld: Verl. für Regionalgeschichte 2001, p.45-49, 1 ill. (Veröffentlichungen des Instituts für Historische Landesforschung der Universität Göttingen ; 41)
ISBN 3-89534-391-9

0316
Nelemans, Bert: Eenvoudig 20ste-eeuws onderzoek van oude kaarten van Texel en van Hongarije. In: Caert-Thresoor. 20, 2001, p.63-68, div. ill. [Simple 20th-century research on old maps of Texel and of Hungary.] [Dutch with Engl. rés.]
ISBN 0167-4994

0317
Neumann, Joachim: Nikolaus Cusanus, geboren vor 600 Jahren. In: Kartographische Nachrichten. 51, 2001, p.225-232, 1 ill., 1 portr. ISBN 0022-9164

0318
Nicholson, Tim: Major Philip road maps c.1855-1939 : Part I. In: Journal of the International Map Collectors' Society. 84, 2001, p.17-25, 5 ill.

0319
Noseda, Irma: Die große Landnahme zu Lasten der Gewässer im 19. Jahrhundert : am Beispiel der Linth-Korrektion. In: Cartographica Helvetica. 23, 2001, p.27-34, ill., mp. ISSN 1015-8480

0320
La nueva cartografia en España del siglo XVIII al XX : Junta de Andalucia, Consejeria de Obras Publicas y Transportes... [Coordinación, dir. e introd. de Joaquín Cortés José]. - Sevilla 1998, 207 p., mp. [The new cartography in Spain of the XVIII to the XX century.] [Span.] [enth. 2 Werke] ISBN 84-8095-163-X

0321
Oliver, Richard: A guide to the Ordnance Survey one-inch fifth edition. - London: Charles Close Soc. 2000, 48 p., mp. [3. ed.] [Previous ed. 1989]
ISBN 1-87059-817-2

0322
Oliver, Richard: A guide to the Ordnance Survey one-inch new popular edition. - London: Charles Close Soc. 2000, 60 p., mp. [A substantial part of this work was published in 1987 as A guide to the Ordnance Survey one-inch New Popular Edition and Scottish Popular Edition with National Grid, with a second edition in 1989] ISBN 1-87059-815-0

0323
Oliver, Richard: A guide to the Ordnance Survey one-inch popular edition of Scotland. - London: Charles Close Soc. 2000, 44 p., mp. ISBN 1-87059-816-4

0324
Orgeix, Emilie d'; Warmoes, Isabelle: Une "visite" militaire des places de Franche-Comté durant la première conquźte de Louis XIV (1668). In: Bulletin du Comité Français de Cartographie. 167, 2001, p.8-11, 11 ill., 1 mp.

0325
Palsky, Gilles: Emmanuel de Martonne et la cartographie ethnographique de l'Europe centrale (1917-1920). In: Bulletin du Comité Français de Cartographie. 169-170, 2001, p.76-85, 6 ill.
ISSN 0755-7647

0326
Parkinson, Peter: The history of the United Kingdom Military Survey: 250 years of support for the armed forces. In: The Portolan. 1998, p.21-26, 3 ill.
ISSN 1096-1925

0327
Pelfini, Manuela; Diolaiuti, Guglielmina; Smiraglia, Claudio: L'utilizzo della cartografia storica per lo studio delle variazioni ambientali e antropiche dell'Alta Montagna Alpina. In: Cultura cartografica e culture del territorio : atti del convegno nazionale (Sassari, 12-13 dicembre 2000). A cura di Giuseppe Scanu. - Genova: Brigati 2001, p-443-464, 12 ill. (Bollettino della Associazione Italiana di Cartografia No. 111-113 = 38. 2001) [Ital.]

0328
Pelletier, Monique: Les ingénieurs géographes au lendemain du traité de Paris (1763) : Le travail en temps de paix. In: Bulletin du Comité Français de Cartographie. 167, 2001, p.37-43, 1 mp.

0329
Pirovano, Carlo: La scoperta del territorio vicino. In: Segni e sogni della terra : il disegno del mondo dal mito di Atlante alla geografia delle reti. [Catalogo: testi di Peter Barber ...]. - Novara: De Agostini 2001, p.166-191, 34 ill. [the discovery of the nearby territory.] [Ital.]
ISBN 88-415-9715-1

0330
Postnikov, Alexei V.: Outline of the history of Russian cartography. In: Regions : a prism to view the Slavic-Eurasian world : towards a discipline of "regionology". Ed. by Kimitaka Matsuzato. - Sapporo, Japan: Slavic Research Center, Hokkaido University 2000, p.1-49, 40 ill.
ISBN 4-938637-19-7

0331
Refaussé, Raimond; Clark, Mary: A catalogue of maps of the estates of the archbishops of Dublin, 1564-1850. With a historical essay by Raymond Gillespie. - Dublin [u.a.]: Four Courts Press 2000, 112 p., ill., mp. ISBN 1-85182-595-9

0332
Reich, Ulrich: Johann Scheubel und die älteste Landkarte von Württemberg 1559. - Karlsruhe: Fachhochschule Karlsruhe, Fachbereich Geoinformationswesen, 60 p., ill., mp., and mp.-suppl. (Karlsruher geowissenschaftliche Schriften : Reihe C, Alte Karten ; 14) ISBN 3-89063-613-6

0333
Reinhard, Eugen: Kartographie bei C.F. Müller : die Anfänge der amtlichen Kartographie in Baden. In: Aus dem Antiquariat. 1999, p.A2- A9.
ISSN 0343-186X

0334
Reithmaier, Tina: Maps and photographs. In: The historical ecology handbook : a restorationist's guide to reference ecosystems. Society for Ecological Restoration, ed. by Dave Egan and Evelyn A. Howell. - Washington, DC [u.a.]: Island Press 2001, p.121-146, 2 ill.

0335
Rickenbacher, Martin: Die ältesten Höhenmessungen in der Basler Landschaft :

Daniel Bernoullis Expedition auf die Wannenflue im Mai 1755. In: Basler Zeitschrift für Geschichte und Altertumskunde. 101, 2001, p.87-115, ill., tab., mp. ISSN 0067-4540

0336
Rill, Robert: Die Anfänge der Militärkartographie in den habsburgischen Erblanden : die Josephinische Landesaufnahme von Böhmen und Mähren nach hofkriegsrätlichen Quellen. In: Quellen zur Militärgeschichte : 2000 Jahre Kriegsarchiv. - Wien 2001, p.183-202.(Mitteilungen des Österreichischen Staatsarchivs ; Bd. 49)

0337
Rombai, Leonardo: Il progetto della pianta albertina di Roma e sua influenza sulla nascità di una cartografia umanistica fatta di <elevazioni e, soprattutto, modelli>, piuttosto che di <trucchi prospettivi adottati dai pittori>. In: Eventi e documenti diacronici delle principali attività geotopografiche in Roma. Andrea Cantile. - Firenze: Ist. Geografico Militare 2000, p.46-67, 11 ill. (L'Universo ; 80.2000,6, Suppl.) [The project of the Albertina Map of Rome and its' influence on the beginning of a humanistic cartography made of <elevations and, before all, models>, rather than <perspective tricks adopted of painters>.] [Ital.]

0338
Rossi, Annarita: Cartografia storica e GIS : proposte per la pianificazione del territorio. In: Cultura cartografica e culture del territorio : atti del convegno nazionale (Sassari, 12-13 dicembre 2000). A cura di Giuseppe Scanu. - Genova: Brigati 2001, p.477-492, 8 ill. (Bollettino della Associazione Italiana di Cartografia No. 111-113 = 38. 2001) [Ital.]

0339
Rubli, Markus F.: Vor Staunen fassungslos : das Murtenschlacht- Panorama - ein Kunstwerk von nationaler Bedeutung : [erstellt vom Historien- und Schlachtenmaler Louis Braun, München, 1836-1916]. In: Alpenhorn-Kalender [Ausg. Schweiz]. 76, 2001, p.128-139, ill.

0340
Ruggero, Adriano; Londei, Luigi: Il Catasto Urbano di Roma (1818-1824). In: Eventi e documenti diacronici delle principali attività geotopografiche in Roma. Andrea Cantile. - Firenze: Ist. Geografico Militare 2000, p.102-137, 20 ill. (L'Universo ; 80.2000,6, Suppl.) [The City Cadastre of Rome.] [Ital.]

0341
Sandner, Eberhard: Die ältesten Standortskarten. In: Kartographische Nachrichten. 51, 2001, 1, p.47-52, 1 ill., 4 tab.

0342
Savaton, Pierre: La carte géologique dans l'enseignement secondaire : bilan historique et didactique; réflections et propositions d'apprentissages. - Paris: Univ., Diss. 1998, 315 Bl., ill., mp.

0343
Schiermeier, Franz: "Relief der Haupt- und Residenzstadt München" : das Stadtmodell von Johann Baptist Seitz, 1841-1863. Hrst. von Renate Eikelmann. - München: Bayerisches Nationalmuseum 2000, 64 p., ill., mp. (Monographien zu den Sammlungen des Bayerischen Nationalmuseums ; Bd. 2) ISBN 3-925058-45-1

0344
Schillig, Dietmar: "Augenschein und aigentliche Begreiffung des Bezürkhs Haÿstergavischen Forstß" : eine Landtafel von Waldsee und Umgebung von

1602. In: Im Oberland. 1999, p.32-43.
ISSN 0939-8864

0345
Schleinert, Dirk: Die geometrische Aufmessung des Dorfes Rustow bei Demmin in Vorpommern im Jahre 1603 : ein Beitrag zur Vermessungsgeschichte. In: Historische Geographie und Kulturlandschaftsforschung : Beiträge zum Gedenkkolloqium für Dr. Eginhard Wegner am 4. Mai 2001 in Greifswald. Hrsg. von Reinhard Zölitz-Möller. - Greifswald: Ernst-Moritz-Arndt-Univ. 2001, p.61-70, 2 ill. (Greifswalder geographische Arbeiten ; 22)
ISBN 3-86006-177-X

0346
Schlögl, Daniel: Die staatliche bayerische Kartographie in der zweiten Hälfte des 18. Jahrhunderts. In: Mitteilungsblatt / Deutscher Verein für Vermessungswesen, Landesverein Bayern. 53, 2001, 2, p.209-222, 3 ill.

0347
Schmidt, Klaus-Jürgen: 125 Jahre Katasterämter in Hannover : Festvortrag am 4.5.2001 in der Stadthalle Northeim. In: Nachrichten der Niedersächsischen Vermessungs- und Katasterverwaltung. 51, 2001, p.7-11, 2 ill.

0348
Schoebel, Martin: Steuer, Landesaufnahme und Kartierung im frühneuzeitlichen Pommern : quellenkundliche Annotationen zur historischen Landesforschung. In: Historische Geographie und Kulturlandschaftsforschung : Beiträge zum Gedenkkolloqium für Dr. Eginhard Wegner am 4. Mai 2001 in Greifswald. Hrsg. von Reinhard Zölitz-Möller. - Greifswald: Ernst-Moritz-Arndt-Univ. 2001, p.41-50, 4 ill. (Greifswalder geographische Arbeiten ; 22) ISBN 3-86006-177-X

0349
Schwyzer, Philip: A map of Greater Cambria. In: Literature, mapping, and the politics of space in early modern Britain. Ed. by Andrew Gordon and Bernhard Klein. - Cambridge [u.a.]: Cambridge Univ. Press 2001, p.35-44,1 ill.
ISBN 0-521-80377-2

0350
Seeberger, Max: Wie Bayern vermessen wurde : Haus der Bayerischen Geschichte. Unter Mitarb. von Frank Holl [Red.: Eva-Maria Brockhoff, Josef Kirmeier]. - Augsburg: Haus der bayerischen Geschichte 2001, 80 p., ill., mp. + Anaglyphen-Brille. (Hefte zur bayerischen Geschichte und Kultur ; 26) ISBN 3-927233-77-33

0351
Sigurdsson, Haraldur: Island á landabréfum. In: Forn Islandskort : Exploring old landscapes ; 19th international symposium Reykjavik, 15-18 September 2000. Ritsjórn: Emilia Sigmarsdóttir... - Reykjavik: Landsbókasafn Islands-Háskólabókasafn 2000, p. 6-11 and 16-23, 24 ill. [The changing face of Iceland in a thousand years of maps.] [Iceland. and Engl.]
ISBN 9979-80058-5

0352
Soddu, Ottaviana: La cartografia nella ricostruzione storica di un territorio : un esempio in una zona della Sardegna meridionale. In: Cultura cartografica e culture del territorio : atti del convegno nazionale (Sassari, 12-13 dicembre 2000). A cura di Giuseppe Scanu. - Genova: Brigati 2001, p.493-502, 3 ill. (Bollettino della Associazione Italiana di Cartografia No. 111-113 = 38. 2001) [Ital.]

0353
Speich, Daniel: Das Planarchiv der Eidgenössischen Linthkommission. In: Cartographica Helvetica. 23, 2001, p.35-38, 6 ill.

0354
Speich, Daniel: Papierwelten : eine historische Vermessung der Kartographie im Kanton Zürich des späten 18. und 19. Jahrhunderts. - Zürich: ETH, Institut für Geschichte und Technikgeschichte 1998, 122 Bl. + 12 Bl., ill. (Preprints zur Kulturgeschichte der Technik ; 3) [Zugl.: Lizentiatsarb. Universität Zürich, 19971]

0355
Stams, Werner: Bartholomäus Scultetus - Kartenmacher und Bürgermeister in Görlitz. In: Mitteilungen / Freundeskreis für Cartographica in der Stiftung Preußischer Kulturbesitz. 14, 2000, p.26-35, 2 ill.

0356
Stein, Wolfgang Hans: Die französischen Anfänge der Bayerischen Vermessungsverwaltung: "Bureau topographique de Bavière" (1801-1807) und "Carte der la Bavière" (1807-1818). In: Mitteilungsblatt / Deutscher Verein für Vermessungswesen, Landesverein Bayern. 53, 2001, 2, p.137-191, 5 ill.

0357
Streich, Gerhard: Johannes Mellinger und die Anfänge der Regionalkartographie und der amtlichen Landesaufnahmen in den deutschen Territorien. In: Atlas des Fürstentums Lüneburg um 1600 : [Ernst Schubert zum 60. Geburtstag] = Lunæburgici Ducatus accurata et exquisita descriptio chorographica. Hrsg. u. komm. von Peter Aufgebauer... - Bielefeld: Verl. für Regionalgeschichte 2001, p.27-44. (Veröffentlichungen des Instituts für Historische Landesforschung der Universität Göttingen ; 41) ISBN 3-89534-391-9

0358
Suárez García, José Antonio; González-Pumariega Solís, Pelayo: El deslinde de términos municipales, pervivencia de un rito de mensuración : una aproximación al caso de Asturias. In: Topografía y cartografía. 18, 2001, p.46-59, 7 ill. [Span.] ISSN 0212-9280

0359
Suba, János: A trianoni hatar kitüzése és térképei, II. rész. : A magyar-román határszakasz. In: Geodézia és kartográfia. 53, 2001, 2, p.6-9. [Set out and maps of the Hungary's frontier after Trianon peace-treaty (second part).] [Hung.]

0360
Suba, János: A trianoni hatar kitüzése és térképei, III. rész. : A jugozláv határszakasz. In: Geodézia és kartográfia. 53, 2001, 3, p.6-9. [Set out and maps of the Hungary's frontier after Trianon peace-treaty (third part).] [Hung.]

0361
Tatlock, David: Wishful thinking : A Nazi tourism map. In: Mercator's world. 6, 2001, 3, p.36-39, 4 ill. ISSN 1086-6728

0362
Tesoros de la cartografia Española. Editores cientificos: Carmen Líter Mayayo [u.a.]. - Madrid: Biblioteca Nacional 2001, 356 p., ill., mp. [Treasures of Spanish cartography.] [Span.] [Exposición con motivo del XIX Congreso Internacional de Historia de la Cartografia, Madrid 2001] ISBN 84-88699-49-2

0363
Titel, Volker: Leipzig als Herstellungs- und Vermittlungszentrum kartographischer Verlagswerke im 19. und frühen 20. Jahrhundert. In: Leipzig im Kartenbild. Hrsg. von der Stadt Leipzig, der Ober-

bürgermeister, Stadtarchiv [Red. Beate Berger...]. - Leipzig: Leipziger Univ.-Verl. 2001, p. 89-94, 2 ill. (Leipziger Kalender, Sonderband, 2001 ; 1)
ISBN 3-935693-10-2

0364
Trüb, Ulrich: Gedruckte Ansichten der Stadt Aarau aus dem 19. Jahrhundert und ältere. - Küttigen: Trüb 2001, 47 p., ill.

0365
Uggeri, Giovanni: Forma Urbis Romae : la grande pianta marmorea di Roma antica. In: Eventi e documenti diacronici delle principali attività geotopografiche in Roma. Andrea Cantile. - Firenze: Ist. Geografico Militare 2000, p.12-29, 10 ill. (L'Universo ; 80.2000,6, Suppl.) [Forma Urbis Romae : the great marble map of ancient Rome.] [Ital.]

0366
Urness, Carol: Olaus Magnus: his map and his book. In: Mercator's world. 6, 2001, 1, p.26-33, 12 ill. ISSN 1086-6728

0367
Vorderösterreich in alten Karten und Plänen : eine Ausstellung des Hauptstaatsarchives Stuttgart ; Ausstellungsverzeichnis ; [17.6.-18.9.1998]. bearb. von Petra Schön und Bernhard Theil. - Stuttgart: Hauptstaatsarchiv 1998, 52 p., mp.

0368
Werneburg, Thomas: Historische Vermessungsschriften - Geschichte(n) nicht nur für Geodäten. In: Allgemeine Vermessungs-Nachrichten, 108, 2001, 1, p.2-15, 31 ill.

0369
Winchester, Simon: The map that changed the world : William Smith and the birth of modern geology. - New York: Harper-Collins 2001, XIX, 329 p., ill., mp.
ISBN 0-06-019361-1 [1. ed.]

0370
Zölitz-Möller, Reinhard: Schwedische Matrikelkarten von Vorpommern im Internet : Der Greifswalder Beitrag zum EU-Projekt "Digital Historical Maps". In: Historische Geographie und Kulturlandschaftsforschung : Beiträge zum Gedenkkolloqium für Dr. Eginhard Wegner am 4. Mai 2001 in Greifswald. Hrsg. von Reinhard Zölitz-Möller. - Greifswald: Ernst-Moritz-Arndt-Univ. 2001, p.85-97, 4 ill., 1 tab. (Greifswalder geographische Arbeiten ; 22) ISBN 3-86006-177-X

i. Outer Space
Weltraum
L'espace cosmique

0371
Brooks, Randall C.: A problem of provenance: A technical analysis of the "Champlain " astrolabe. In: Geomatica. 55, 2001, 2, p.161-177, 10 ill., 4 tab.

0372
Brunold, Martin: Das Astrolabium. In: Cartographica Helvetica. 23, 2001, p.19-25, 13 ill.

0373
Oechslin, Ludwig: Der Bürgi-Globus, Technik und Kultur. Red. : Sigrid Pallmert. - Zürich: Schweizer Landesmuseum 2000, 63 p., ill. (Bildbände des Schweizerischen Landesmuseums / Bildband ; 7)
ISBN 3-980025-27-3

0374
Oechslin, Ludwig: Jost Bürgi : [1552-1632] : [Himmelsglobus]. - Luzern: Ineichen 2001, 108 p., 1 Bl.

3. Epochs of the History of Cartography / Epochen der Geschichte der Kartographie / Epoques de l'histoire de la cartographie

a. General Works / Allgemeines / Généralités

0375
Kanakubo, Tosimoto: Is the history of maps really older than the history of letters? : The oldest map in the world. In: Map : journal of the Japan Cartographers Association. 39, 2001, p.1-9, 9 ill. [Jap. with Engl. rés.] ISSN 0009-4897

b. Antiquity / Antike / Antiquité

0376
Abry, Josèphe-Henriette: Une carte du monde à l'époque d'Auguste Manlius, Astronomiques; IV, 585-817 : appendice: Manlius, Astronomiques IV, 585-817. In: L'Espace et ses représentations. Edité par Annie Bonnafé, Jean-Claude Decourt et Bruno Helly. - Lyon: Maison de l'Orient Méditerranéen-Jean Pouilloux 2000, p.13-23. (Travaux de la Maison de l'Orient Méditerranéen ; 32)

0377
Bianchetti, Serena: Conoscenze geografiche e rappresentazioni dell'ecumene nell' antichità greco-romana. In: I contorni della terra e del mare : la geografia tra rappresentazione e invenzione della realtà. A cura di Claudio Tugnoli, saggi di S. Bianchetti ... - Bologna: Pitagora 1997, p.51-92, 11 ill. (Storia delle idee : sezione saggi e monografie) [Geographic knowledge and representations of ecumene in greek-roman antiquity.] [Ital.] ISBN 88-371-0935-0

0378
Janni, Pietro: Cartographie et art nautique dans le monde ancien. Textes réunis par Pascal Arnaud et Patrick Counillon. - Bordeaux [u.a.]: Ausonius 1998, p.41-53. (Ausonius-publications / études ; 2)

0379
Krüger, Reinhard: Das Überleben des Erdkugelmodells in der Spätantike (ca 60 a. Chr. - ca. 550). - Berlin: Weidler 2000, 456 p., ill. (Krüger, Reinhard: Eine Welt ohne Amerika ; 2) ISBN 3-89693-162-8

0380
Vogel, Steven: The Classical Atlas Project - mapping the Greek and Roman world: "Barrington Atlas of the Greek and Roman World". In: The Portolan. 2001, p.37-40, 2 ill. ISBN 1096-1925

0381
Wolodtschenko, Alexander: Die syntaktischen Besonderheiten von Zeichen hydrographischer Objekte in prähistorischen und frühgeschichtlichen Karten. In: Kartosemiotische und konzeptionelle Aspekte der 90er Jahre. Hrsg. von Alexander Wolodtschenko und Hansgeorg Schlichtmann. - Dresden 1999, p.119-124, 4 ill. (Diskussionsbeiträge zur Kartosemiotik und zur Theorie der Kartographie ; Bd. 2)

0382
Wolodtschenko, Alexander: Kartosemiotische Besonderheiten prähistorischer Karten. In: Kartosemiotische und konzeptionelle Aspekte der 90er Jahre. Hrsg. von Alexander Wolodtschenko und Hansgeorg Schlichtmann. - Dresden 1999, p.107-12, 3 ill. (Diskussionsbeiträge zur Kartosemiotik und zur Theorie der Kartographie ; Bd. 2)

0383
Wolodtschenko, Alexander: Prähistorische Kunst und Kartosemiotik. In: Kartosemiotische und konzeptionelle Aspekte der 90er Jahre. Hrsg. von Alexander Wolodtschenko und Hansgeorg Schlichtmann. - Dresden 1999, p.125-130, 2 ill. (Diskussionsbeiträge zur Kartosemiotik und zur Theorie der Kartographie ; Bd. 2)

0384
Wolodtschenko, Alexander: Zur Interpretation von prähistorischen Karten. In: Kartosemiotische und konzeptionelle Aspekte der 90er Jahre. Hrsg. von Alexander Wolodtschenko und Hansgeorg Schlichtmann. - Dresden 1999, p.113-118, 3 ill. (Diskussionsbeiträge zur Kartosemiotik und zur Theorie der Kartographie ; Bd. 2)

c. Middle Ages
Mittelalter
Moyen âge

0385
Barber, Peter: Mito, religione e conoscenza : la mappa del mondo medievale. In: Segni e sogni della terra : il disegno del mondo dal mito di Atlante alla geografia delle reti. [Catalogo: testi di Peter Barber ...]. - Novara: De Agostini 2001, p.48-79, 43 ill. [Myth, religion and consciousness : the map of the medieval world.] [Ital.]
ISBN 88-415-9715-1

0386
Hoogvliet, Margriet: Mappae mundi and the medieval hermeneutics of cartographical space. In: Regions and landscapes. Reality and imagination in later medieval and early modern Europe. Peter Ainsworth, Tom Scott. - Oxford [u.a.]: Lang 2000, p.25-46, 2 ill., 1 tab.
ISBN 3-906765-32-6

0387
Kline, Naomi Reed: Maps of medieval thought : the Hereford paradigm. - Woodbridge [u.a.]: Boydell Press 2001, XIII, 261 p., ill. ISBN 0-85115-602-9

0388
Krüger, Reinhard: Das lateinische Mittelalter und die Tradition des antiken Erdkugelmodells (ca.550-ca. 1080). - Berlin: Weidler 2000, 409 p., ill. (Krüger, Reinhard: Eine Welt ohne Amerika ; 3)
ISBN 3-89693-163-6

d. Renaissance
Renaissance
Renaissance

0389
Dörflinger, Johannes: Die kartographische Darstellung Amerikas im 16. Jahrhundert. In: Die neue Welt : Süd- und Nordamerika in ihrer kolonialen Epoche. Hrsg. von Friedrich Edelmayer, Margarete Grandner, Bernd Hausberger. - Wien 2001, p.17-22.

0390
Gole, Susan: Grave maps. In: Journal of the International Map Collectors' Society. 84, 2001, p.9-15, 3 ill.

0391
Hadsel, Fred L.: Early maps of Africa : the crucial decades from 1490 to 1520. In: The Portolan. 1998/99, p.23-30, 4 ill.
ISSN 1096-1925

0392
Heijden, Henk A.M. van der: Heinrich Büntings Itinerarium Sacrae Scripturae, 1581 : Ein Kapitel der biblischen Geographie. In: Cartographica Helvetica. 23, 2001, p.5-14, 15 ill.

0393
Helgerson, Richard: The folly of maps and modernity. In: Literature, mapping, and the politics of space in early modern Britain. Ed. by Andrew Gordon and Bernhard Klein. - Cambridge [u.a.]: Cambridge Univ. Press 2001, p.241-262, 7 ill.
ISBN 0-521-80377-2

0394
Pelletier, Monique: Carte e potere. In: Segni e sogni della terra : il disegno del mondo dal mito di Atlante alla geografia delle reti. [Catalogo: testi di Peter Barber ...]. - Novara: De Agostini 2001, p.80-129, 66 ill. [Maps and power.] [Ital.]
ISBN 88-415-9715-1

0395
Rombai, Leonardo: Il progetto della pianta albertina di Roma e sua influenza sulla nascità di una cartografia umanistica fatta di <elevazioni e, soprattutto, modelli>, piuttosto che di <trucchi prospettivi adottati dai pittori>. In: Eventi e documenti diacronici delle principali attività geotopografiche in Roma. Andrea Cantile. - Firenze: Ist. Geografico Militare 2000, p.46-67, 11 ill. (L'Universo ; 80.2000,6, Suppl.) [The project of the Albertina Map of Rome and its' influence on the beginning of a humanistic cartography made of <elevations and, before all, models>, rather than <perspective tricks adopted of painters>.] [Ital.]

0396
Stoffers, Johannes: Die Republik Utopia : Erläuterungen und Gedanken zu einer alten Karte. In: Auswärtiger Dienst. - Berlin: Staatsdruckerei 62, 2001, p.35-84, 5 ill., 2 mp., 2 portr.

e. Baroque
Barock
Baroque

0397
Helgerson, Richard: The folly of maps and modernity. In: Literature, mapping, and the politics of space in early modern Britain. Ed. by Andrew Gordon and Bernhard Klein. - Cambridge [u.a.]: Cambridge Univ. Press 2001, p.241-262, 7 ill.
ISBN 0-521-80377-2

0398
Löwenhardt, Werner: Stop the presses! : Inferno in the Gravenstraat destroys maps. In: Mercator's world. 6, 2001, p.48-49, 1 portr. ISBN 1086-6728

0399
Pelletier, Monique: Carte e potere. In: Segni e sogni della terra : il disegno del mondo dal mito di Atlante alla geografia delle reti. [Catalogo: testi di Peter Barber ...]. - Novara: De Agostini 2001, p.80-129, 66 ill. [Maps and power.] [Ital.]
ISBN 88-415-9715-1

0400
Reinhartz, Dennis: The world of Herman Moll. In: The Portolan. 1998/ 99, p.31-37,7 ill. ISSN 1096-1925

f. Modern Period
Moderne
Modernité

0401
Egmond, Marco van: Slotakkoord van een kaartenmammoet: de kartografische productie van de firma Mortier, Covens & Zoon (1794-1866). In: Kartografisch tijdschrift. 27, 2001, 1, p.29-37, 6 ill., 1 portr., 1 tab. [Final chord of a map producing giant: the cartographic pro-

duction of the firm Mortier, Covens & Zoon (1749-1866).] [Dutch with Engl. and French rés.]

0402
Konopska, Beata: Materialy do katalogu polskich map historycznych załącznikowych i tekstowych opublikowanych w latach 1850-1980. In: Polski przegląd kartograficzny. 33, 2001, 1, p.53-54. [Sources to the catalog of historical supplement and in-text maps since 1850 to 1980.] [Pol.]

0403
Marcotte, Thomas A.: Cartographic design and desktop mapping, a historic perspective. - Missoula, MT: University of Montana 2000 [Master's thesis]

0404
Müller, Jean-Claude: Der Weg zu einer akustischen Kartographie. In: Kartographische Nachrichten. 51, 2001, 1, p.26-40, 8 ill.

0405
Ostrowski, Jerzy: Mało znana jednotomowa wersja edytorska nie dokończonego narodowego Atlasu Polski. In: Polski przegląd kartograficzny. 33, 2001, p.226-227. [Little known version of the uncompleted national Atlas of Poland.] [Pol.] ISSN 0324-8321

0406
Vermessen : Historische Landkarten und ihre Vermessungsinstrumente ; Ausstellung der Museumsstiftung Post und Telekommunikation und des Deutschen Museums Bonn, 15.September - 15.Oktober 2000. Mit Beitr. von Mirjam Kasperl...Hrsg.: Peter Frieß, Manuela Schütze. - Bonn: Museumssstiftung Post und Telekommunikation [2000], [3] Bl., ill., mp. ISBN 3-8295-7025-2

C. Biographical Aspects of Cartography Persönlichkeiten der Kartographie Personnages de la cartographie

0407
Docktor, John W.: John Adlum - tanner, soldier, surveyor, cartographer, viticulturist. In: The Portolan. 2000, p.41-45, 2 ill., 1 portr. ISSN 1096-1925

0408
Hildebrandt, Gerd: Jörg Albertz 65 Jahre. In: Kartographische Nachrichten. 51, 2001, 3, p.155-156, 1 portr.

0409
Kraus, Karl: Der Beitrag von Jörg Albertz zur Entwicklung von Photogrammetrie, Fernerkundung und Kartographie. In: Photogrammetrie, Fernerkundung, Geoinformation. 2001, p.304-307. ISSN 1432-8364

0410
Arthur Dürst : [1926-2000] : obituary. In: Imago Mundi. 53, 2001, p.140-143. ISSN 0308-5694

0411
Balistreri-Trincanato, Corrado; Zanverdiani, Dario: Jacopo de Barbari : il raconto di una città. - Venezia: Cetid, 374 p., ill. + 1 portfolio. (Serie di disegno e rilievo) [The story of a town.] [Ital.] [Beil. u.d.T.: Pianta prospettica di Jacopo de Barbari]

0412
Boplan i Ukraïna : zbirnyk naukovych prac'. [Red.kolehija: Marija Vavryčyn...]. - Lviv 1998, 318 p., ill., mp. [Beauplan and Ukraine.] [Ukrain.] ISBN 966-02-0610-0

0413
Fischer, Hanspeter: "Viel haimliche Sachen offenbart" : die Wolfegger Landtafel wird jetzt dem Kartografen Daniel Beich zugeschrieben. In: Beiträge zur Landeskunde von Baden-Württemberg. 2000, p.16-19. ISSN 0408-8492

0414
Patterson, Tom: A view from on high : Heinrich Berann's panoramas and landscape visualization techniques for the U.S. National Park Service. In: High mountain cartography 2000 : proceedings of the Second Symposium of the Commission on Mountain Cartography of the International Cartographic Association held at the Alpine Centre, Rudolfshütte 2315 m, Austria from 29 March to 2 April 2000. Ed. by Manfred F. Buchroithner. - Dresden: Inst. for Cartography, Dresden Univ. of Technology [u.a.] 2000, p.131-156, 28 ill. (Kartographische Bausteine ; 18) ISBN 3-86005-265-9

0415
Wood, Michael: Professional Heinrich C. Berann and his methods - a past student's memories and reflections. In: High mountain cartography 2000 : proceedings of the Second Symposium of the Commission on Mountain Cartography of the International Cartographic Association held at the Alpine Centre, Rudolfshütte 2315 m, Austria from 29 March to 2 April 2000. Ed. by Manfred F. Buchroithner. - Dresden: Inst. for Cartography, Dresden Univ. of Technology [u.a.] 2000, p.197-205, 10 ill. (Kartographische Bausteine ; 18) ISBN 3-86005-265-9

0416
Rickenbacher, Martin: Die ältesten Höhenmessungen in der Basler Landschaft : Daniel Bernoullis Expedition auf die Wannenflue im Mai 1755. In: Basler Zeitschrift für Geschichte und Altertumskunde. 101, 2001, p.87-115, ill., tab., mp.
ISSN 0067-4540

0417
Fischer, H.: Johann Gottlieb Friedrich von Bohnenberger - sein Leben, sein Werk. In: Mitteilungen / Deutscher Verein für Vermessungswesen, Landesverein Baden-Württemberg. 48, 2001, 1, p.108-124, 3 ill., 1 portr.

0418
Baumann, E.: Bohnenberger und seine Messungen für die württembergische Urtriangulation. In: Mitteilungen / Deutscher Verein für Vermessungswesen, Landesverein Baden-Württemberg. 48, 2001, 1, p.83-107, 3 ill., 1 tab.

0419
Nagel, Günter: Die Basis von Charles Rigobert Marie Bonne. In: Mitteilungsblatt / Deutscher Verein für Vermessungswesen, Landesverein Bayern. 53, 2001, 2, p.193-207, 3 ill.

0420
Grün, Armin: In memoriam Dipl.-Ing. Gert E. Bormann : [1919-2001]. In: Vermessung, Photogrammetrie, Kulturtechnik. 99, 2001, p.665-667, 1 portr.
ISSN 0252-9424

0421
Rubli, Markus F.: Vor Staunen fassungslos : das Murtenschlacht-Panorama - ein Kunstwerk von nationaler Bedeutung : [erstellt vom Historien- und Schlachtenmaler Louis Braun, München, 1836-1916]. In: Alpenhorn-Kalender [Ausg. Schweiz]. 76, 2001, p.128-139, ill.

0422
Miserez, Jean-Paul: Un grand topographe suisse: Antoine-Joseph Buchwalder (1792-1883). In: Vermessung, Photogrammetrie, Kulturtechnik. 99, 2001, p.703-705, 1 ill., 1 portr. [French with Germ., and Ital. rés.]
ISSN 0252-9424

0423
Heijden, Henk A.M. van der: Heinrich Büntings Itinerarium Sacrae Scripturae, 1581 : Ein Kapitel der biblischen Geographie. In: Cartographica Helvetica. 23, 2001, p.5-14, 15 ill.

0424
Oechslin, Ludwig: Der Bürgi-Globus, Technik und Kultur. Red.: Sigrid Pallmert. - Zürich: Schweizer Landesmuseum 2000, 63 p., ill. (Bildbände des Schweizerischen Landesmuseums / Bildband ; 7)
ISBN 3-980025-27-3

0425
Oechslin, Ludwig: Jost Bürgi : [1552-1632] : [Himmelsglobus]. - Luzern: Ineichen 2001, 108 p., 1 Bl.

0426
Burrell, Carolyn: Bekenntnisse einer Globensammlerin. In: News / Internationale Coronelli-Gesellschaft für Globenkunde. 2001, p.12- 14, 1 ill., 1 portr. [Engl. and German]

0427
Pflederer, Richard: Map man par excellence : Tony Campbell's continuing cartographic career. In: Mercator's world. 6, 2001, p.12-16, 5 ill. ISSN 1086-6728

0428
Vindt, Gérard: La planisphère d'Alberto Cantino, Lisbonne 1502. - Paris: Ed. Autrement 1998, 153 p., ill., mp.
ISBN 2-86260-809-2

0429
Ross, Robert: Jambo - from Africa : Gary Clarke's passion for Africa launches a collection. In: Mercator's world. 6, 2001, 4, p.12-16, 10 ill., 1 portr. ISSN 1086-6728

0430
Molander, Arne B.: Juan de la Cosa's mapping of the Columbus landfall. In: The Portolan. 1998, p.12-20, 5 ill. ISSN 1096-1925

0431
Mitchell, Ken: Science, giants and gold : Juan de la Cruz Cano y Olmedilla's Mapa Geográfico de America Meridional. In: The Portolan. 1999, p.6-22, 8 ill. ISSN 1096-1925

0432
Neumann, Joachim: Nikolaus Cusanus, geboren vor 600 Jahren. In: Kartographische Nachrichten. 51, 2001, p.225-232, 1 ill., 1 portr. ISSN 0022-9164

0433
Pelletier, Monique: Les méthodes de la nouvelle cartographie de cabinet le golfe du Mexique et les sources espagnoles 1696-1718. In: Bulletin du Comité Français de Cartographie. 169-170, 2001, p.70-75, 3 ill. ISSN 0755-7647

0434
Carhart, George S.; Edney, Matthew H.: An exercise in map genealogy : Guillaume Delisle's "L'Amérique Septentrionale" and its many offspring. In: Mercator's world. 6, 2001, 4, p.44-49, 5 ill. ISSN 1086-6728

0435
Dawson, Nelson-Martin: L'Atelier Delisle : L'Amérique du Nord sur la table à dessin. Avec la collab. de Charles Vincent. - Sillery, Québec: Septentrion 2000, 306 p., ill., mp. [zugl.: Saint-Laurent: Diffusion Dimedia 2000] ISBN 2-89448-173-X

0436
Farrell, Barbara; Moulder, Cathy: Kate Donkin 1924-2001. In: Bulletin / Association of Canadian Map Libraries and Archives. 2001, p.24-26, 2 ill. ISSN 0840-9331

0437
Feldmann, Hans-Uli: Arthur Dürst : 1926-2000. In: Vermessung, Photogrammetrie, Kulturtechnik. 99, 2001, p.257, portr. ISSN 0252-9424

0438
Feldmann, Hans-Uli: Arthur Dürst : 6.10.1926-28.12.2000. In: Kartographische Nachrichten. 51, 2001, p.111-112, 1 portr. ISSN 0022-9164

0439
Feldmann, Hans-Uli; Höhener, Hans-Peter: Arthur Dürst (1926-2000). In: News / Internationale Coronelli-Gesellschaft für Globenkunde. 2001, p.21. [Engl. and German]

0440
Feldmann, Hans-Uli; Höhener, Hans-Peter; Oehrli, Markus: Arthur Dürst: 6.10.1926-28.12.2000. In: Cartographica Helvetica. 23, 2001, p.2-4, ill., 1 portr. ISSN 1015-8480

0441
Görner, Gunter: Alte Thüringer Landkarten 1550-1750 und das Wirken des Kartographen Adolar Erich. - Bad Langensalza: Rockstuhl 2001, 176 p., ill., mp. [1. Aufl.] ISBN 3-934748-83-X

0442
Finsterwalder, Rüdiger: Genauigkeit und Maßstab der Nürnbergkarte Etzlaubs von 1492. In: Mitteilungsblatt / Deutscher Verein für Vermessungswesen (DVW), Landesverein Bayern e.V. 53, 2001, p.431-435, 2 ill. ISSN 0723-6336

0443
Imhof, Viola: Die Bergmodelle von Charles-François Exchaquet in Görlitz : [Mont Blanc; Kanton Waadt; St. Gotthard; Saline von Bex]. In: Neues Lausitzisches Magazin. 4, 2001

0444
Imhof, Viola: Die Gebirgsmodelle des Charles-François Exchaquet in Görlitz. In: Mitteilungen / Freundeskreis für Cartographica in der Stiftung Preußischer Kulturbesitz. 14, 2000, p.22-25, 1 ill.

0445
Festcolloqium Ulrich Freitag : Beiträge zum Festcolloquium am 5. Juli 1999 anlässlich der Emeritierung von Prof. Dr. Ulrich Freitag. Hrsg. von Wolfgang Scharfe, Freie Universität Berlin, Fachbereich Geowissenschaften, Fachrichtung Kartographie. - Berlin: Fachrichtung Kartographie, Inst. für Geograph Wiss. 2000, 52 Bl., ill., mp. (Berliner Manuskripte zur Kartographie)

0446
Grünreich, Dietmar: Ulrich Freitag zur Emeritierung (Laudatio). In: Festcolloqium Ulrich Freitag : Beiträge zum Festcolloquium am 5. Juli 1999 anlässlich der Emeritierung von Prof. Dr. Ulrich Freitag. Hrsg. von Wolfgang Scharfe, Freie Universität Berlin, Fachbereich Geowissenschaften, Fachrichtung Kartographie. - Berlin: Fachrichtung Kartographie, Inst. für Geograph Wiss. 2000, p.5-9. (Berliner Manuskripte zur Kartographie)

0447
Kertscher, Klaus: Carl Friedrich Gauß - Universalgenie und Vorbild. In: Zeitschrift für Vermessungswesen. 126, 2001, 3, p.123-128, 7 ill.

0448
Hennemann, Andreas: Ministerialagent a.D. Prof. Dr. Franz Xaver Graf †. In: Mitteilungsblatt / Deutscher Verein für Vermessungswesen (DVW), Landesverein Bayern e.V. 53, 2001, p.398-399, 1 portr. ISSN 0723-6336

0449
Andrews, J.H.: Introduction: Meaning, knowledge, and power in the map philosophy of J.B.Harley. In: The new nature of maps : essays in the history of cartography / by John Brian Harley. Ed. by John Laxton, introduction by J.H. Andrews. - Baltimore, Md. [u.a.]: John Hopkins Univ. Press 2001, p.1-32. ISBN 0-8018-6566-2

0450
Haft, Adele J.: Maps of memory : The autobiographical maps of J.B. Harley and Denise Levertov. In: Mercator's world. 6, 2001, 4, p.30- 37, 7 ill. ISSN 1086-6728

0451
Greiner, Piotr: Mapa gospodorcza : Andreasa Hindenberga i Johannesa Harnischa. In: Zimia pszczyńska : rozwój gospodarczy od Piastów do Hochbergów / Jerzy Polak. - Pszczyna: Bractwo Gospodarcze Związku Górnośląskiego 2000, p.55-65, 6 ill., 6 mp. [Pol.]

0452
Fischer, Hanspeter: Johann Jacob Heber (1666-1724) : ein Feldmesser und Kartograf im Bodenseeraum und in Oberschwaben. In: Schriften des Vereins für Geschichte des Bodensees und seiner Umgebung. - Friedrichshafen 119, 2001, p.189-204, ill., mp.

0453
Groot, Erlend Petrus Jacobus M. de: De Atlas Blaeu-Van der Hem : de verzamelde wereld van een 17de-eeuwse liefhebber.

- Nijmegen 2001, XVII, 402 p., 8 Bl., ill., mp. [Dutch with Engl. rés.] [Nijmegen Univ. Diss.]

0454
Burgat, Mika; Schaer, Jean-Paul: Adolphe Hirsch (1830-1901) : directeur de l'Observatoire de Neuchâtel de 1858 à 1901. In: Bulletin de la Societé Neuchâteloise des Sciences Naturelles. 124, 2001, p.23-39, ill., portr. ISSN 0366-3469

0455
Fischer, Gaston: Adolphe Hirsch (1830-1901) : l'astronomie et les sciences de la terre. In: Bulletin de la Societé Neuchâteloise des Sciences Naturelles. 124, 2001, p.41-47, mp. ISSN 0366-3469

0456
Friedlein, Günter: Achim Hoppe 65 Jahre. In: Kartographische Nachrichten. 51, 2001, 2, p.100-101, 1 portr.

0457
Pearson, Brooks C.: Alexander Dallas Bache and Jedediah Hotchkiss mapping Virginia during the American Civil War. In: Information bulletin / Western Association of Map Libraries. 32, 2001, p.179- 188, 5 ill. ISSN 0049-7282

0458
Zögner, Lothar: Humboldtiana : Streiflichter auf Alexander von Humboldt und die Kartenabteilung der Staatsbibliothek. In: Mitteilungen / Freundeskreis für Cartographica in der Stiftung Preußischer Kulturbesitz. 14, 2000, p.11-15, 1 ill.

0459
Warren, Bill: Treasures of the Huntington. In: Mercator's world. 6, 2001, 1, p.38-45, 6 ill. ISSN 1086-6728

0460
Evard, Maurice: Charles Jacot-Guillarmod : cartographe (1868-1925). In: De la Révolution au cap du XXe siècle. publ. sous la direction de Michel Schlup. - Hauterive, NE: Attinger 2001, p.205-209. (Biographies neuchâteloises / contrib. de Patrice Allanfranchini) ISBN 2-88256-125-3

0461
Johnson, Jenny Marie: The cities of Blaeu's world. In: Mercator's world. 6, 2001, 2, p.24-31, 10 ill. ISSN 1086-6728

0462
Hughes, Alun: Augustus Jones : the life and loves of a pioneer surveyor. In: Bulletin / Association of Canadian Map Libraries and Archives. 2001, p.3-12, 5 ill. ISSN 0840-9331

0463
John Stanley Keates : curriculum vitae and list of publications. In: The cartographic journal. 38, 2001, p.5-6, 1 portr. ISSN 0008-7041

0464
Petrie, Gordon: John Keates and recreation mapping : personal recollections. In: The cartographic journal. 38, 2001, p.7-17, 5 ill. ISSN 0008-7041

0465
Wood, Michael: A rich encounter : reflections of a student. In: The cartographic journal. 38, 2001, p.18-24, 3 ill. ISSN 0008-7041

0466
Dodt, Jürgen: Dr. Klaus Kirschbaum †. In: Kartographische Nachrichten. 51, 2001, p.300-301, 1 portr. ISSN 0022-9164

0467
Safier, Neil: Mapping myths : the cartographic boundaries between science and speculation on La Condamine's Amazon, 1743-44. In: The Portolan. 2000, p.8-27, 7 ill. ISSN 1096-1925

0468
Benedict, Ernst: Edgar Lehmann und die Kartographie. In: Edgar Lehmann zum Gedächtnis : ein Leben für Geographie und Kartographie [Beiträge eines Akademischen Gedenkkolloquiums am 28.11.2000 in Leipzig]. Alois Mayr und Luise Grundmann (Hrsg.). - Leipzig: Selbstverl. Institut für Länderkunde 2001, p.18-26. ISBN 3-86082-041-9

0469
Edgar Lehmann zum Gedächtnis : ein Leben für Geographie und Kartographie [Beiträge eines Akademischen Gedenkkolloquiums am 28.11.2000 in Leipzig]. Alois Mayr und Luise Grundmann (Hrsg.). - Leipzig: Selbstverl. Institut für Länderkunde 2001, 100 p. ISBN 3-86082-041-9

0470
Jean-Jacques Levallois nous a quittés. In: XYZ : revue de l'Association Française de Topographie. 23, 2001, p.14. [French] ISSN 0290-9057

0471
Smith, Andrew: Borneo mysteries : Dom Manuel de Lima and the disappearance of Lawei. In: Mercator's world. 6, 2001, 3, p.40-43, 3 ill. ISSN 1086-6728

0472
Wolodtschenko, Alexander: In the memory of A. Liouty. In: The selected problems of theoretical cartography 2000 : proceedings of a seminar of the Commission on Theoretical Cartography (Dresden, Germany, October 14-15, 2000). Alexander Wolodtschenko. - Dresden: International Cartographic Association 2001, p.71.

0473
Zarycki, Tomasz: On the pragmatic approach to map analysis : remarks on the basis of MacEachren's approach to map semiotics. In: The selected problems of theoretical cartography 2000 : proceedings of a seminar of the Commission on Theoretical Cartography (Dresden, Germany, October 14-15, 2000). Alexander Wolodtschenko. - Dresden: International Cartographic Association 2001, p.64-70, 1 tab.

0474
Urness, Carol: Olaus Magnus: his map and his book. In: Mercator's world. 6, 2001, 1, p.26-33, 12 ill. ISSN 1086-6728

0475
Palsky, Gilles: Emmanuel de Martonne et la cartographie ethnographique de l'Europe centrale (1917-1920). In: Bulletin du Comité Français de Cartographie. 169-170, 2001, p.76-85, 6 ill. ISSN 0755-7647

0476
Carosio, Alessandro: Prof. Dr. Herbert Matthias : 1927-2001. In: Vermessung, Photogrammetrie, Kulturtechnik. 99, 2001, p.665. ISSN 0252-9424

0477
Aufgebauer, Peter: Weltbild und Kartographie zur Zeit von Johannes Mellinger. In: Atlas des Fürstentums Lüneburg um 1600 : [Ernst Schubert zum 60. Geburtstag] = Lunæburgici Ducatus accurata et exquisita descriptio chorographica. Hrsg. u. komm. von Peter Aufgebauer... - Bielefeld: Verl. für Regionalgeschichte 2001, p.19-26, 3 ill. (Veröffentlichungen des Instituts für Historische Landesforschung der Universität Göttingen ; 41) ISBN 3-89534-391-9

0478
Mellinger, Johannes: Atlas des Fürstentums Lüneburg um 1600 : [Ernst Schubert zum 60. Geburtstag] = Lunæburgici Ducatus accurata et exquisita descriptio chorographica. In: Atlas des Fürstentums Lüneburg um 1600 : [Ernst Schubert zum 60. Geburtstag] = Lunæburgici Ducatus accurata et exquisita descriptio chorographica. Hrsg. u. komm. von Peter Aufgebauer... - Bielefeld: Verl. für Regionalgeschichte 2001, 105, 46 p., ill., 2 mp. (Veröffentlichungen des Instituts für Historische Landesforschung der Universität Göttingen ; 41) ISBN 3-89534-391-9

0479
Ohainski, Uwe: Johannes Mellinger (um 1538-1603) : biographische Skizze und Werkverzeichnis. In: Atlas des Fürstentums Lüneburg um 1600 : [Ernst Schubert zum 60. Geburtstag] = Lunæburgici Ducatus accurata et exquisita descriptio chorographica. Hrsg. u. komm. von Peter Aufgebauer... - Bielefeld: Verl. für Regionalgeschichte 2001, p.11-18. (Veröffentlichungen des Instituts für Historische Landesforschung der Universität Göttingen ; 41) ISBN 3-89534-391-9

0480
Streich, Gerhard: Johannes Mellinger und die Anfänge der Regionalkartographie und der amtlichen Landesaufnahmen in den deutschen Territorien. In: Atlas des Fürstentums Lüneburg um 1600 : [Ernst Schubert zum 60. Geburtstag] = Lunæburgici Ducatus accurata et exquisita descriptio chorographica. Hrsg. u. komm. von Peter Aufgebauer... - Bielefeld: Verl. für Regionalgeschichte 2001, p.27-44. (Veröffentlichungen des Instituts für Historische Landesforschung der Universität Göttingen ; 41)
ISBN 3-89534-391-9

0481
Skerritt, William H.: The surveying instruments of Andrew Meneely. In: Rittenhouse : journal of the American Scientific Instrument Enterprise. 15, 2001, 1, p.1-10, 8 ill.

0482
Büttner, Manfred: Mercators Hauptwerk, der Atlas, aus theologischer und wissenschaftlicher Sicht. In: Neue Wege in der Mercator-Forschung : Mercator als Universalwissenschaftler. Hrsg.: Manfred Büttner. - Bochum: Univ.-Verl. Brockmeyer 1995, p.8-97. (Abhandlungen zur Geschichte der Geowissenschaften und Religion-Umwelt-Forschung; Beiheft ; 2)
ISBN 3-8196-0077-9

0483
Neue Wege in der Mercator-Forschung : Mercator als Universalwissenschaftler. Hrsg.: Manfred Büttner. - Bochum: Univ.-Verl. Brockmeyer 1995, XXIV, 312 p., ill. (Abhandlungen zur Geschichte der Geowissenschaften und Religion-Umwelt-Forschung; Beiheft ; 2) [Erw. 2. Aufl.]
ISBN 3-8196-0077-9

0484
Reinders, Clemens: 1569 vollendete Gerhard Mercator seine neue Weltkarte für Seeleute. In: Der Mann, der Manhattan kaufte und andere Geschichten vom Niederrhein. - Duisburg: Mercator-Verl. 2000, p.40-43, 1 portr., 6 ill.
ISBN 3-87463-286-5Pp

0485
Reinders, Clemens: 1569 vollendete Gerhard Mercator seine neue Weltkarte für Seeleute. In: Der Mann, der Manhattan kaufte, und andere Geschichten vom Niederrhein. - Duisburg: Mercator-Verl. 2000, p.40-43, 6 ill., 1 portr.

0486
Reinhartz, Dennis: The world of Herman Moll. In: The Portolan. 1998/99, p.31-37, 7 ill. ISSN 1096-1925

0487
Châtelet-Lange, Liliane: Strasbourg en 1548 : Le plan de Conrad Morant. Préface de Francis Rapp. - Strasbourg: Pr. Univ. de Strasbourg 2001, 163 p., ill., 1 mp.-suppl. ISBN 2-86820-149-0

0488
Hoffmeister, Hans-Werner: Freiherr von Müffling - Ehrungen zu seinem 150. Todestag 2001 in Erfurt. In: Allgemeine Vermessungsnachrichten. 108, 2001, p.357. ISSN 0002-5968

0489
Ammann, Gerhard; Hilfiker, Ronni; Schaub, Daniel: Friedrich Mühlberg : 100 Jahre "Quellenkarte des Kantons Aargau". - Aarau: Abt. Umweltschutz 2001, 70 p., ill., mp. (Umwelt Aargau ; Sondernummer 11: Wasser, Gewässer)

0490
Dodt, Jürgen: Jean-Claude Müller. In: Kartographische Nachrichten. 51, 2001, p.301-302, 1 portr. ISSN 0022-9164

0491
Rekow, Matthias: Die Scheibeninstrumente von Hans August Nienborg. In: Leipzig im Kartenbild. Hrsg. von der Stadt Leipzig, der Oberbürgermeister, Stadtarchiv [Red. Beate Berger...]. - Leipzig: Leipziger Univ.-Verl. 2001, p.23-37, 5 ill. (Leipziger Kalender, Sonderband, 2001 ; 1) ISBN 3-935693-10-2

0492
Gerber, Pierre; Blatter, Felix: Schenkung von Alfred Oberli : bedeutende Kartensammlung kommt in die Obhut der L+T. In: Topo. 98, 2001, p.22-23, ill.

0493
Stoffers, Johannes: Die Republik Utopia : Erläuterungen und Gedanken zu einer alten Karte. In: Auswärtiger Dienst. - Berlin: Staatsdruckerei 62, 2001, p.35-84, 5 ill., 2 mp., 2 portr.

0494
Pastorelli, G.: In memoria dell' ingegnere Roberto Pastorelli : Zum Gedenken an Ingenieur Roberto Pastorelli. In: Vermessung, Photogrammetrie, Kulturtechnik. 99, 2001, p.667-668, portr. [Ital. and Germ.] ISSN 0252-9424

0495
Hartley, Sarah: Mrs P's journey : the remarkable story of the woman who created the A-Z map. - London: Simon Schuster 2001, XI, 334 p., ill. ISBN 0-7432-0801-3

0496
Schilder, Jan: In memoriam Lammert Plender. In: Kartografisch tijdschrift. 27, 2001, p.49, 1 portr. [Dutch] ISSN 0167-5788

0497
The nation survey'd : essays on late sixteenth-century Scotland as depicted by Timothy Pont. Ed. by Jan C. Cunningham. - East Linton: Tuckwell [u.a.] 2001, XVIII, 172 p., ill., mp. ISBN 1-86232-198-1

0498
Doroszlaï, Alexandre: Ptolémée et l'hippogriffe : la géographie de l'Arioste soumise à l'épreuve des cartes. - Alessandria: Edizioni dell'Orso 1998, 270 p., mp. (Gillo Menagio ; 1) ISBN 88-7694-306-4

0499
Earl, Christine Elizabeth: Cartography and the geometry of space : re-imagining the legacy of Claudius Ptolemy. - Ottawa, ON: Carleton University 1999 [Master's thesis]

0500
Pawlak, Władisław: Wpływ szkoły Romerowskiej na oblicze PPWK. In: Polski przegląd kartograficzny. 33, 2001, p.202-212. [The influence of the Romer cartographic school on the PPWK activities (Polish Cartographic Publishing house).] [Pol. with Engl., and Russ. rés.] ISSN 0324-8321

0501
Gambin, M.T.: Histoire d'une présidence à la commission de formation des cartographes. In: Bulletin du Comité Français de Cartographie. 168, 2001, p.7-9.

0502
Rumsey, David; Hoehn, Phil; Sweetkind, Julie: The Rumsey Collection goes online. In: Information bulletin / Western Association of Map Libraries. 32, 2001, 2, p.97-105, 7 ill.

0503
Turnham, Jennifer: Mapping the New World : Nicolas Sanson's Amérique Septentrionale and French cartography in the seventeenth century. In: The Portolan. 1999, p.25-40, 5 ill. ISSN 1096-1925

0504
Cavelti Hammer, Madlena; Dörflinger, Johannes: Wilhelm Schaup 29.11.1919-25.8.2000. In: Cartographica Helvetica : Fachzeitschrift für Kartengeschichte. 23, 2001, Rücks. d. vord. Umschlags, 1 portr.

0505
Scheel, Eugene M.: Modern-day historical mapping of rural Virginia and Maryland. In: The Portolan. 1998/99, p.44-45. ISSN 1096-1925

0506
Reich, Ulrich: Johann Scheubel und die älteste Landkarte von Württemberg 1559. - Karlsruhe: Fachhochschule Karlsruhe, Fachbereich Geoinformationswesen, 60 p., ill., mp., and mp.-suppl. (Karlsruher geowissenschaftliche Schriften : Reihe C, Alte Karten ; 14) ISBN 3-89063-613-6

0507
Herdeg, Eberhard: Dieter Schmid 70 Jahre. In: Kartographische Nachrichten. 51, 2001, 3, p.154-155, 1 portr.

0508
Hensel, Günter: Johann George Schreiber (1776-1750), hervorragender Feldmesser und Geograph, Kupferstecher und Verleger, und der Verlag "Schreibers Erben" in Leipzig. In: Leipzig im Kartenbild. Hrsg. von der Stadt Leipzig, der Oberbürgermeister, Stadtarchiv [Red. Beate Berger...]. - Leipzig: Leipziger Univ.-Verl. 2001, p.17- 22, 1 ill. (Leipziger Kalender, Sonderband, 2001 ; 1) ISBN 3-935693-10-2

0509
Stams, Werner: Bartholomäus Scultetus - Kartenmacher und Bürgermeister in Görlitz. In: Mitteilungen / Freundeskreis für Cartographica in der Stiftung Preußischer Kulturbesitz. 14, 2000, p.26-35, 2 ill.

0510
Sebert, Lou M.: Edward Wright and the Mercator projection. In: Geomatica. 55, 2001, 2, p.223-224, 2 ill.

0511
Schiermeier, Franz: "Relief der Haupt- und Residenzstadt München" : das Stadtmodell von Johann Baptist Seitz, 1841-1863. Hrst. von Renate Eikelmann. - München:

Bayerisches Nationalmuseum 2000, 64 p., ill., mp. (Monographien zu den Sammlungen des Bayerischen Nationalmuseums ; Bd. 2) ISBN 3-925058-45-1

0512
Sagues, Liz: Seeking to share : Rodney Shirley's generous mission. In: Mercator's world. 6, 2001, 1, p.12-19, 7 ill. ISSN 1086-6728

0513
Sitte, Wolfgang: Eduard Hölzel und die Anfänge seines Verlages. In: GW-Unterricht. 84, 2001, p.89-94, 2 ill.

0514
Bown, Stephen R.: The astonishing astronomer of the great Northwest : David Thompson's remarkable survey. In: Mercator's world : the magazine of maps, exploration and discovery. 6, 2001, 2, p.42-49, 8 ill. ISSN 1086-6728

0515
Sebert, Lou M.: Donald Walter Thomson 1906-2001. In: Bulletin /Association of Canadian Map Libraries and Archives. 2001, p.29-30, 1 portr. ISSN 0840-9331

0516
Visnovcova, Jana: 3D-Rekonstruktion und Visualisierung des Reliefs der Innerschweiz von Franz Ludwig Pfyffer. In: Vermessung, Photogrammetrie, Kulturtechnik. 99, 2001, p.486-489, 7 ill. [Germ. with French, and Ital. rés.] ISSN 0252-9424

0517
Novak, Drago: The coast of Spain and the Western Mediterranean on the portolan charts of Vincentius Demetrius Volcius Raguseus 1563-1607 : a portolan maker from Dubrovnik. - Zagreb (HR) 2001, 10, [4] Bl., mp.

0518
Dalrymple, Helen: "America's Birth Certificate" : library acquires 1507 Waldseemüller map. In: Information bulletin / The Library of Congress. - Washington D.C. 2001, p.159-160, 1 ill.

0519
Dreyer-Eimbcke, Oswald: Waldseemüller's world map to go to USA. In: Journal of the International Map Collectors' Society. 84, 2001, p.5-7.

0520
Ruiz Morales, Mario: Vespucio y Waldseemüller : El topónimo América. In: Topografia y Cartografia. 104, 2001, p.17-26, 10 ill. [Span.]

0521
Turley, Gary: The stories they tell : Dr. James V. Walker and his maps. In: Mercator's world. 6, 2001, 2, p.12-17, 9 ill. ISSN 1086-6728

0522
Redmond, Ed: The George Washington Map Collection in the Library of Congress. In: The Portolan. 1999, p.40-51, 4 ill. ISBN 1096-1925

0523
Hühnel, Helga: Franz Wawrik im Ruhestand. In: Cartographica Helvetica. 23, 2001, Rücks. d. vord. Umschlags, 1 portr.

0524
Foramitti, Paolo: Anton von Zach e la Kriegskarte del Friuli Venezia Giulia. In: I fiumi del Friuli Venezia Giulia : risalendo la storia / Antonio de Cilla. - Udine: P.Gaspari 2000, p.19-22, 1 ill., 1 portr. (Collezione storica ; 12) [Ital.]

D. Organizations and Institutions of Cartography
Organisationen und Institutionen der Kartographie
Organisations et institutions de la cartographie

1. General Features
Allgemeines
Généralités

0525
Geospatial data infrastructure : concepts, cases, and good practice. Ed. by Richard Groot... - Oxford [u.a.]: Oxford Univ. Press 2000, XXXII, 286 p., ill., mp. (Spatial information systems)
ISBN 0-19-823381-7

0526
Kartographisches Taschenbuch : KT. im Auftrag der Deutschen Gesellschaft für Kartographie ; hrsg. u. bearb. von Jürgen Dodt und Werner Herzog. - Bonn: Kirschbaum 2001, 320 p. ISBN 3-7812-1407-9

0527
Mayr, Alois: Leipzig - ein Zentrum der Geographie und Kartographie. In: Kartographische Nachrichten. 51, 2001, p.292-295.

0528
Motta, Giuseppe: Brevi note sulla cartografia contemporanea. In: Cultura cartografica e culture del territorio : atti del convegno nazionale (Sassari, 12-13 dicembre 2000). A cura di Giuseppe Scanu. - Genova: Brigati 2001, p.103-113. (Bollettino della Associazione Italiana di Cartografia No. 111-113 = 38. 2001) [Ital.]

0529
Murre, L.M.: De rol van het NCGI als ontmoetingsplaats voor producenten en gebruikers van geo-informatie. In: Kartografisch tijdschrift. 27, 2001, 2, p.18-22, 3 ill. [The role of the NCGI as meeting place for producers and users of geoinformation.] [Dutch with Engl. and French rés.]

0530
Srinivasan, K.R.: Cartographic challenges of the new millennium. In: Indian Surveyor. 55, 2001, p.138-142.
ISSN 0970-3470

2. Cartographic Societies
Kartographische Gesellschaften
Sociétés cartographiques

0531
Beutler, Gerhard: Die Internationale Assoziation für Geodäsie (IAG) und ihre Neuorganisation. In: Vermessung, Photogrammetrie, Kulturtechnik = Mensuration, Photogrammétrie, Génie rural. 99, 2001, 3, p.124-128.

0532
Dodt, Jürgen: 50 Jahre Deutsche Gesellschaft für Kartographie - Persistenz und Wandel. In: Kartographische Nachrichten : KN. 51, 2001, 1, p.3-8.

0533
Feldmann, Hans-Uli: Bericht für das 31. Geschäftsjahr = Jahresbericht 1999. In: Kartographische Nachrichten. 50, 2000, p.187-190. ISSN 0022-9164

0534
Feldmann, Hans-Uli: Jahresbericht 2000. In: Kartographische Nachrichten. 51, 2001, p.303-305. ISSN 0022-9164

0535
Mokre, Jan: Neuer Präsident der Internationalen Coronelli-Gesellschaft für Globenkunde. In: Kartographische Nachrichten. 51, 2001, 3, p.151-152.

0536
Ormeling, Ferjan: De onderzoeksagenda van de ICA. In: Kartografisch tijdschrift. 27, 2001, p.11-15, 9 ill. [The ICA cartographic research strategy.] [Dutch with Engl., and French rés.] ISSN 0167-5788

0537
Ostrowski, Jerzy: 35 lat działalności Komisji Kartograficznej Polskiego Towarzystwa Geograficznego (1965-2000). In: Polski przegląd kartograficzny. 33, 2001, 1, p.42-52, 3 tab. [Thirty five years of the cartographic activity of the Cartographic Commission of the Polish Geographic Society.] [Pol.]

0538
Wood, Alberta Auringer: International Cartographic Association (ICA) Executive Committee meeting report : April 16, 2001. In: Bulletin / Association of Canadian Map Libraries and Archives. 2001, p.77-78, 1 ill. ISSN 0840-9331

0540
Hurni, Lorenz: 75 Jahre Institut für Kartographie an der ETH Zürich. In: Kartographische Nachrichten. 51, 2001, p.68-70, ill. ISSN 0022-9164

0541
Martinus, H.: Een halwe eeuw 'Kleine United Nations' in Nederland. In: Geodesia : tijdschrift voor geodesie en geo-informatie. 43, 2001, 4, p.168-174, 10 ill. [Half a century 'Small United Nations' in the Netherlands.] [Dutch with Engl. rés.]

0542
Pasławski, Jacek: Zatrudnienie absolwentów Katedry Kartografii Uniwersytetu Warszawskiego w świetle ankiety. In: Polski przegląd kartograficzny. 33, 2001, 1, p.52-53, 1 ill. [Current occupation of the allumni of the Chair of Cartography of the Warsaw University in light of the survey results.] [Pol.]

0543
Winkler, Péter: 20 éves a FÖMI Távérzékelési Központ. In: Geodézia és kartográfia. 53, 2001, p.10-18, 2 ill., 1 portr. [20 years of FÖMI Remote Sensing Centre.] [Hung. with Engl. rés.]

3. Teaching and Research Institutions / Institutionen der Lehre und Forschung / Institutions de l'enseignement et de la recherche

0539
Béghin, M.: L'Ecole supérieure de cartographie géographique dans la carrière d'enseignant de Bernard Rouleau, à l'université Paris I. In: Bulletin du Comité Français de Cartographie. 168, 2001, p.13-14.

4. Cartographic Training / Kartographische Ausbildung / Formation cartographique

0544
Bähr, H.-P.: Bachelor/Master-Modell - Katastrophe oder Chance für die geodätische Ausbildung in Deutschland? In: Photogrammetrie - Fernerkundung - Geoinformation : Geodaten schaffen Verbindungen ; Vorträge ; 21. wissenschaftlich-technische Jahrestagung d. DGPF, 4.-7. September 2001. Hrsg.: Eckhardt Seyfert. - Berlin: DGPF 2001,

p.63-72, 2 ill. (Publikationen der Deutschen Gesellschaft für Photogrammetrie und Fernerkundung ; 10)

0545
Carosio, Alessandro: Die Ausbildung der Geomatikingenieure in Geoinformatik und in Geoinformationssystemen an der ETHZ. In: Vermessung, Photogrammetrie, Kulturtechnik = Mensuration, Photogrammétrie, Génie rural. 99, 2001, 1, p.16-18, 3 ill.

0546
Dorrer, Egon: Die Ausbildung zum Vermessungsingenieur an der Universität der Bundeswehr München. In: 200 Jahre Bayerische Vermessungsverwaltung : 1801-2001 ; es ist ein Maß in allen Dingen. [Hrsg.: Bayer. Staatsministerium der Finanzen, Abt. Vermessung, Informations-u. Kommunikationstechnik...Red.: Karlheinz Goller, Josef Klapf]. - München: Bayer. Landesvermessungsamt 2001, p.390-401, 1 ill. ISBN 3-935612-01-X

0547
Gambin, M.T.: Histoire d'une présidence à la commission de formation des cartographes. In: Bulletin du Comité Français de Cartographie. 168, 2001, p.7-9.

0548
Häberling, Christian: A digital cartographic workflow for glaciomorphological map series : evaluating MACROMEDIA FreeHand as educational tool. In: Computers & Geosciences. 26, 2000, p.29-35. ISSN 0098-3004

0549
Jeffress, Gary: The present stage of evolution of the geographic information science profession. In: Surveying and Land Information Systems. 61, 2001, 1, p.37-38.

0550
Joó, István: A magyar felsöfokú földméröérképész képzésröl. In: Geodézia és kartográfia. 53, 2001, 6, p.7-12, 3 tab. [About the Hungarian education on surveying and cartography.] [Hung. with Engl. rés.]

0551
Joó, István: Földmérési-térképészeti-térinformatikai ismeretek oktatása a magyar felsëoktatásban. In: Geodézia és kartográfia. 53, 2001, p.13-17. [Teaching of the subjects on surveying, mapping and GIS in the Hungarian universities and technical colleges.] [Hung. with Engl. rés.] ISSN 0016-7118

0552
Kenselaar, Frank; Vosselmann, George: Bachelors en masters leren integreren in projecten. In: Geodesia. 43, 2001, p.460-469, 7 ill., 1 tab. [New bachelor-master study in Geodetic Engineering.] [Dutch with Engl. rés.] ISSN 1385-7515

0553
Kopacz, Zdisław; Morgaś, Wacław; Urbański, Józef: The maritime hydrography : a kind of human activity and special maritime service ; the maritime profession and field of higher education and branch of science. In: Geodezja i kartografia. 50, 2001, p.99-118, 24 ill., 5 tab. [Engl. with Pol. and Russ. rés.] ISSN 0016-7134

0554
Kraemer, Justin: The feasibility of offering a Web-based GIS course through distance education. - Waterloo, ON: University of Waterloo and Wilfrid Laurier University 2000 [Master's thesis]

0555
Magel, Holger; Klaus, Michael: Geodäsie - Studium mit Zukunft. In: 200 Jahre

Bayerische Vermessungsverwaltung : 1801-2001 ; es ist ein Maß in allen Dingen. [Hrsg.: Bayer. Staatsministerium der Finanzen, Abt. Vermessung, Informations- u. Kommunikationstechnik...Red.: Karlheinz Goller, Josef Klapf]. - München: Bayer. Landesvermessungsamt 2001, p.84-93, 5 ill. ISBN 3-935612-01-X

0556
Merminod, Bertrand: Comment investir dans la formation? In: Vermessung, Photogrammetrie, Kulturtechnik = Mensuration, Photogrammétrie, Gènie rural. 99, 2001, 1, p.14-15. [With French, German and Ital. rés.]

0557
Nagel, Erich: Ausbildung im Fachbereich "Geoinformationswesen" and der Fachhochschule München. In: 200 Jahre Bayerische Vermessungsverwaltung : 1801-2001 ; es ist ein Maß in allen Dingen. [Hrsg.: Bayer. Staatsministerium der Finanzen, Abt. Vermessung, Informations-u. Kommunikationstechnik...Red.: Karlheinz Goller, Josef Klapf]. - München: Bayer. Landesvermessungsamt 2001, p.380-389, 1 ill., 4 tab. ISBN 3-935612-01-X

0558
Ormeling, Ferjan: Focus on future cartographic education - message from ICA : XX Indian National Cartographic Association Congress, 2001. In: Indian Surveyor. 55, 2001, p.131-137. ISSN 0970-3470

0559
Proceedings of the Sessions on Teaching the History of Cartography IV and V "Continuing education in cartography" held in Lisbon and Athens during the 17th and 18th International Conferences on the History of Cartography in 1997 and 1999. Ed. Ferjan Ormeling. - Utrecht: Univ., Faculty of Geographical Sciences 2000, 55 p., ill.

0560
Sales, Pierre: Afryqah (Africa) : The E-Book and the history. In: The Portolan. 2001, p.30-41, 7 ill. ISSN 1096-1925

0561
Schepers, H.: Het nieuwe studieprogramma landmeetkunde in het mbo. In: Geodesia: tijdschrift voor geodesia en geoinformatie. 43, 2001, 5, p.228-232, 2 ill., 2 tab. [A new study curriculum for mbo-surveyers.] [Dutch with Engl. rés.]

0562
Schneider, Jean Robert: Deux offres complémentaires de formation d'ingénieurs en géomatique. In: Vermessung, Photogrammetrie, Kulturtechnik = Mensuration, Photogrammétrie, Gènie rural. 99, 2001, 1, p.11-13, 2 ill. [With French, German and Ital. rés.]

0563
Späni, B.; Grin, F.: Thesen zur Geomatik-Ausbildung Schweiz = Thèses concernants la formation en géomatique en Suisse. In: Vermessung, Photogrammetrie, Kulturtechnik = Mensuration, Photogrammétrie, Génie rural. 99, 2001, 1, p.4-7, 6 ill. (dt.), p.8-10, 4 ill. (frz.).

0564
Turner, Erin: Undergraduate cartographic (and geomatics/GIscience) education at North American universities. - Ottawa, ON: Carleton University 2000 [Master's thesis]

0565
Winter, S. and others: Situation und Trends der Geodäsie-Ausbildung in Österreich. In: Photogrammetrie - Fernerkundung - Geoinformation : Geodaten schaffen

Verbindungen ; Vorträge ; 21.wissenschaftlich-technische Jahrestagung d. DGPF, 4.-7. September 2001. Hrsg.: Eckhardt Seyfert. - Berlin: DGPF 2001, p.95-100. (Publikationen der Deutschen Gesellschaft für Photogrammetrie und Fernerkundung ; 10)

0566
Wood, Michael: A rich encounter : reflections of a student. In: The cartographic journal. 38, 2001, p.18-24, 3 ill.
ISSN 0008-7041

0567
Wood, Michael: Professional Heinrich C. Berann and his methods - a past student's memories and reflections. In: High mountain cartography 2000 : proceedings of the Second Symposium of the Commission on Mountain Cartography of the International Cartographic Association held at the Alpine Centre, Rudolfshütte 2315 m, Austria from 29 March to 2 April 2000. Ed. by Manfred F. Buchroithner. - Dresden: Inst. for Cartography, Dresden Univ. of Technology [u.a.] 2000, p.197-205, 10 ill. (Kartographische Bausteine ; 18)
ISBN 3-86005-265-9

5. Map Producers
Kartenhersteller
Producteurs de cartes

0568
125 Jahre Berliner Vermessungsverwaltung 1876-2001. [Hrsg.: Senatsverwaltung für Stadtentwicklung, Abt. III, Geoinformation, Vermessung, Wertermittlung. Red.: Anette Blaser ...]. - Berlin: Senatsverwaltung für Stadtentwicklung 2001, 115 p., ill., mp.

0569
ATKIS - Stand und Fortführung : Beiträge zum 51. DVW-Seminar am 25. und 26. September 2000 an der Unversität Rostock. Red. u. Seminarleiter: Ralf Bill u. Frank Schmidt. - Stuttgart: Wittwer 2000, 212 p., ill., mp. (Schriftenreihe des DVW ; 39) ISBN 3-87919-273

0570
Alabér, Laszló: A topográfia megújulása és a térinformatikai infrastruktúra. In: Geodézia és kartográfia. 53, 2001, p.26-32. [Renewal of Topography and the Spatial Data Infrastructure.] [Hung. with Engl. rés.] ISSN 0016-7118

0571
Bandy, Stephen; Wallace, Darren: GeoBASE.WA : Geoscientific Data Online in WA. In: Cartography : journal of the Mapping Sciences Institute, Australia. 30, 2001, p.31-39, 5 ill. ISSN 0069 0805

0572
Barbour, David: Maps for fun and profit : one small company's experience. In: The cartographic journal. 38, 2001, p.81-85, 4 ill. ISSN 0008-7041

0573
Becker, Hans-Gerd: Das Vermessungsamt und seine Aufgaben. In: 125 Jahre Berliner Vermessungsverwaltung 1876-2001. [Hrsg.: Senatsverwaltung für Stadtentwicklung, Abt. III, Geoinformation, Vermessung, Wertermittlung. Red.: Anette Blaser. - Berlin: Senatsverwaltung für Stadtentwicklung 2001, p.86-91, 6 ill.

0574
Bigler, Franz; Tschudin, Karl: Gestern Vermessungstechniker - heute Vermessungszeichner - morgen Geomatiker? In: Vermessung, Photogrammetrie, Kulturtechnik = Mensuration, Photogrammétrie, Génie rural. 99, 2001, 1, p.19-20.

0575
Bill, Ralf; Teichert, Bernd; Zimmermann, Albert: ATKIS - Stand und Fortführung : Beiträge zum 51. DVW-Seminar am 25. und 26. September 2000 an der Unversität Rostock. In: ATKIS - Stand und Fortführung. Red. u. Seminarleiter: Ralf Bill u. Frank Schmidt. - Stuttgart: Wittwer 2000, p.1-8. (Schriftenreihe des DVW ; 39) ISBN 3-87919-273

0576
Brubach, Egon; Hinkel, Alwin: Katasteramt Landau in der Pfalz im neuen Dienstgebäude. In: Nachrichtenblatt der Vermessungs- und Katasterverwaltung Rheinland-Pfalz. 44, 2001, 1, p.3-8, 3 ill.

0577
Chester, Lucy: Mapping imperial expansion : colonial cartography in North America and South Asia. In: The Portolan. 1999, p.9-24, 9 ill. ISSN 1096-1925

0578
Desbuisson, David: Modernisation du "Survey of Bangladesh" : Un projet de IGN France International. In: XYZ : revue de l'Association Française de Topographie. 23, 2001, p.51-55, 4 ill. [French] ISSN 0290-9057

0579
Dodt, Jürgen: 50 Jahre Städte-Verlag. In: Kartographische Nachrichten. 51, 2001, p.172, 1 ill. ISSN 0022-9164

0580
Duvall, Gillien N.: Metadata for the Oregon Coast Geospatial Clearinghouse : concept, implementation, and maintenance. - Corvallis, OR: Oregon State University 2000/2001 [Master's thesis]

0581
Egmond, Marco van: Slotakkoord van een kaartenmammoet: de kartografische productie van de firma Mortier, Covens & Zoon (1794-1866). In: Kartografisch tijdschrift. 27, 2001, 1, p.29-37, 6 ill., 1 portr., 1 tab. [Final chord of a map producing giant: the cartographic production of the firm Mortier, Covens & Zoon (1749-1866).] [Dutch with Engl. and French rés.]

0582
Endrullis, Manfred: Bundesweite Geodatenbereitstellung durch das Bundesamt für Kartographie und Geodäsie (BKG). In: ATKIS - Stand und Fortführung : Beiträge zum 51. DVW-Seminar am 25. und 26. September 2000 an der Unversität Rostock. Red. u. Seminarleiter: Ralf Bill u. Frank Schmidt. - Stuttgart: Wittwer 2000, p.39-52, 2 tab. (Schriftenreihe des DVW ; 39) ISBN 3-87919-273

0583
Feldmann, Hans-Uli and others: Kartografie - quo vadis [am Bundesamt für Landestopographie]. In: Topo. 98, 2001, p.3-16, ill.

0584
Fine, Barbara Adele: Commercial cartography : 1972 -1998. In: The Portolan. 2000, p.28-33, 11 ill. ISSN 1096-1925

0585
Forer, Pip: Taking care of business : map libraries and the new 'mapping' industry. In: The map library in the new millenium. Ed. Robert Brian Parry and C.R. Perkins. - London: Library Assoc. Publ. 2001, p.188-206. ISBN 1-85604-397-5

0586
Frankenberger, Josef: Verantwortung und Subsidiarität - der Bayerische Weg im

Vermessungswesen. In: Zeitschrift für Vermessungswesen. 126, 2001, 4, p.214-218, 2 ill.

0587
Fuchs, Achim: Die Entstehung des Topographischen Büros 1801 in München. In: Zeitschrift für Vermessungswesen. 126, 2001, 4, p.218-224, 3 ill.

0588
Gagliardo, Piero: Cartografia e amministrazioni dal Ministero dell'Ambiente un nuovo sistema cartografico die riferimento. In: Cultura cartografica e culture del territorio : atti del convegno nazionale (Sassari, 12-13 dicembre 2000). A cura di Giuseppe Scanu. - Genova: Brigati 2001, p.115-122. (Bollettino della Associazione Italiana di Cartografia No. 111-113 = 38. 2001) [Ital.]

0589
Gavliak, Alojz: Návrh číselníkov služieb a v robkov poskytovaných organizáciami rezortu KK GSR a d'alšími subjektmi. In: Geodetický a cartografický obzor. 47, 2001, 6, p.130-138, 9 tab. [Proposal of code numbers of services and products offered by organisations of the branch of the Office of Geodesy, Cartography and Cadastre of the Slovak Republic and by other subjects.] [Slovak. with Engl. rés.]

0590
Gerloff, Ingo: 125 Jahre preußische Katasterämter in Niedersachsen : Jubiläumstage vom 4. bis 18. Mai 12001 in Göttingen und Northeim. In: Nachrichten der Niedersächsischen Vermessungs- und Katasterverwaltung. 51, 2001, p.4-7, 2 ill.

0591
Gower, Rob: Workshop on National Mapping Agencies and the Internet : developing strategies for geospatial data in the New E-Age [Held at Ordnance Survey GB, Southampton, 8-10 March 2000]. - Frankfurt am Main: Bundesanstalt für Kartographie und Geodäsie 2000, p.11-35, 2 ill., 8 tab., 3 suppl, 1 CD-ROM. (European Organization for Experimental Photogrammetric Research / Official publication ; No. 38) ISBN 3-88648-104-2

0592
Grelle Iusco, Anna: Orientamenti editoriali della Calcografia Romana : produzione e acquisizione delle matrici cartografische. In: Eventi e documenti diacronici delle principali attività geotopografiche in Roma. Andrea Cantile. - Firenze: Ist. Geografico Militare 2000, p.78- 101, 10 ill. (L'Universo ; 80.2000,6, Suppl.) [Editorial guidelines of the Calcografia Romana : production and acquisition of cartographic matrices.] [Ital.]

0593
Guy, Russel: The map dealer. In: The map library in the new millenium. Ed. Robert Brian Parry and C.R. Perkins. - London: Library Assoc. Publ. 2001, p.232-245. ISBN 1-85604-397-5

0594
Harbeck, Rolf: Das topographische Geoinformationssystem ATKIS : Stand und Entwicklung aus Sicht der AdV. In: ATKIS - Stand und Fortführung : Beiträge zum 51. DVW-Seminar am 25. und 26. September 2000 an der Unversität Rostock. Red. u. Seminarleiter: Ralf Bill u. Frank Schmidt. - Stuttgart: Wittwer 2000, p.9-21. (Schriftenreihe des DVW ; 39) ISBN 3-87919-273

0595
Harbeck, Rolf: Datenbasis für Geoanwendungen : Zum Stand des Geoinformationssystems ATKIS aus Sicht der AdV. In:

GeoBIT : das Magazin für raumbezogene Informationstechnologie. 6, 2001, 2, p.24-26, 3 ill.

0596
Hartley, Sarah: Mrs P's journey : the remarkable story of the woman who created the A-Z map. - London: Simon Schuster 2001, XI, 334 p., ill. ISBN 0-7432-0801-3

0597
Helms, Wendie: Minutes : WAML 2001 Fall Meeting ; Portland, Oregon. In: Information bulletin / Western Association of Map Libraries. 33, 2001, p.10-16,4 ill. ISSN 0049-7282

0598
Hensel, Günter: Johann George Schreiber (1776-1750), hervorragender Feldmesser und Geograph, Kupferstecher und Verleger, und der Verlag "Schreibers Erben" in Leipzig. In: Leipzig im Kartenbild. Hrsg. von der Stadt Leipzig, der Oberbürgermeister, Stadtarchiv [Red. Beate Berger...]. - Leipzig: Leipziger Univ.-Verl. 2001, p.17-22, 1 ill. (Leipziger Kalender, Sonderband, 2001 ; 1) ISBN 3-935693-10-2

0599
Hootsmans, Rob M.: Web maps and National Mapping Organisations. In: Web cartography : developments and prospects. Ed. by Menno-Jan Kraak and Allan Brown. - London: Taylor & Francis 2001, p.109-122, 5 ill., 1 tab. ISBN 0-7484-0868-1

0600
Hornanský, Imrich: Orgány štátnej správy na úseku katastra nehnutel'ností súčast'ou siete špecializovanej štátnej správy. In: Geodetický a kartografický obzor. 47, 2001, p.285-289. [Bodies of state administration in the sector of cadastre of real estates became part of specialized network of state administration.] [Slovak. with Engl. rés.] ISSN 0016-7096

0601
Illert, Andreas: The Authoritative German Topographic-Cartographic Information System (Amtliches Topographisch- Kartographisches Informationssystem ATKIS). In: Second International Symposium on Geographical Names, GeoNames 2000, Frankfurt am Main, 28-30 March 2000. Ed. by the Ständiger Ausschuss für Geographische Namen (StAGN), comp. by Jörn Sievers. - Frankfurt am Main: Verl. d. Bundesamtes für Kartographie u. Geodäsie 2000, p.81-85, 3 ill. (Mitteilungen des Bundesamtes für Kartographie und Geodäsie ; 19) ISBN 3-88648-292-8

0602
Jakobsson, Antti: Status of data quality in European national mapping agencies. In: Bulletin du Comité Français de Cartographie. 169-170, 2001, p.21-26, 1 ill., 2 tab. ISSN 0755-7647

0603
Jeanrichard, Francis: Le développement du Service topographique suisse. In: Vermessung, Photogrammetrie, Kulturtechnik = Mensuration, Photogrammétrie, Génie rural. 99, 2001, 4, p.233-236.

0604
Jeanrichard, Francis: Le développement du Service topographique suisse. In: Vermessung, Photogrammetrie, Kulturtechnik. 99, 2001, p.233-236, mp. ISSN 0252-9424

0605
Jiménez García, Juan and others: Estudio de la seguridad y salud en la topografía. In: Topografía y cartografía. 18, 2001, p.2-8, 9 ill., 3 tab. [An analysis of the safety and health risk in surveying.] [Span. with Engl. rés.] ISSN 0212-9280

0606
Kahlfuß, Hans-Jürgen: Geschichte der amtlichen Kartographie der Herrschaft Schmalkalden. - Erfurt: Thüringer Landesvermessungsamt 2001, 113 p., ill., mp. (Hessische Forschungen zur geschichtlichen Landes- und Volkskunde ; 38) ISBN 3-86140-268-8

0607
Kałamucki, Krzysztof: Kształtowanie się treści i formy planów miast wydawanych przez Polskie Przedsiębiorstwo Wydawnictw Kartograficznych. In: Polski przegląd kartograficzny. 33, 2001, p.213-225, 6 ill., 1tab. [The development of content and graphic design of city maps published by the Polskie Przedsiębiorstwo Wydawnictw Kartograficznych (Polish Cartographic Publishing House).] [Pol. with Engl., and Russ. rés.] ISBN 0324-8321

0608
Kanne, Rolf: Online-Nutzung der Datenbank Tele Atlas. In: Web Mapping 1 : raumbezogene Information und Kommunikation im Internet [Karlsruher-Symposium "Web Mapping"]. Christian Herrmann, Hartmut Asche (Hrsg.). - Heidelberg: Wichmann 2001, p.103-113, 12 ill. ISBN 3-87907-353-8

0609
Karten und Raumbezugsdaten der Stadt Nürnberg. [Hrsg.: Stadt Nürnberg, Arbeitsgruppe Kommunales Rauminformationssystem (AGKRIS)]. - Nürnberg: Stadt Nürnberg, Arbeitsgruppe AGKRIS c/o Amt für Organisation u. Informationsverarbeitung 1999, [46] p. [1. Aufl.]

0610
Koch, Günther: Topographische Kartographie am Bayerischen Landesvermessungsamt. In: Mitteilungsblatt / Deutscher Verein für Vermessungswesen, Landesverein Bayern. 53, 2001, 2, p.223-246, 10 ill.

0611
Konopska, Beata: Przeszłość i dzień dzisiejszy Polskiego Przedsiębiorstwa Wydawnictw Kartograficznych im. E. Romera S.A. In: Polski przegląd kartograficzny. 33, 2001, p.187-201, 10 ill. [The E. Romer Polish Cartographic Publishing House - its past and today.] [Pol. with Engl., and Russ. rés.] ISSN 0324-8321

0612
Krijnders, J.J.: Kaart en klant - wie begint? In: Kartografisch tijdschrift. 27, 2001, 2, p.30-35, 12 ill. [Map and client: who begins?] [Dutch with Engl. and French rés.]

0613
Land Information New Zealand's maps and land records : the current situation. In: New Zealand Map Society journal. 14, 2001, p.33-35. ISSN 0113-2458

0614
Leidel, Gerhard: Die amtliche Kartographie in Bayern von 1473-1801. In: 200 Jahre Bayerische Vermessungsverwaltung : 1801-2001 ; es ist ein Maß in allen Dingen. [Hrsg.: Bayer. Staatsministerium der Finanzen, Abt. Vermessung, Informations-u. Kommunikationstechnik...Red.: Karlheinz Goller, Josef Klapf]. - München: Bayer. Landesvermessungsamt 2001, p.108-119, 5 ill. ISBN 3-935612-01-X

0615
Leonard, John: Organismos Cartográficos Nacionales Europeos : Quo vadis? In: Topografía y cartografía. 18, 2001, p.36-44, 1 tab. [European National Map Agencies : Quo vadis.] [Span. with Span., and Engl. rés.] ISSN 0212-9280

0616
Löwenhardt, Werner: Stop the presses! : Inferno in the Gravenstraat destroys maps. In: Mercator's world. 6, 2001, p.48-49, 1 portr. ISSN 1086-6728

0617
Lonsdorfer, Klaus; Morawietz, Toni: Erfassung, Fortführung und Präsentation von ATKIS-Daten beim LKVK Saarland. In: ATKIS - Stand und Fortführung : Beiträge zum 51. DVW-Seminar am 25. und 26. September 2000 an der Unversität Rostock. Red. u. Seminarleiter: Ralf Bill u. Frank Schmidt. - Stuttgart: Wittwer 2000, p.93-102, 2 tab. (Schriftenreihe des DVW ; 39) ISBN 3-87919-273

0618
Luckhardt, Thomas: Das Amtliche Topographisch-Kartographische Informationssystem ATKIS. In: 125 Jahre Berliner Vermessungsverwaltung 1876-2001. [Hrsg.: Senatsverwaltung für Stadtentwicklung, Abt. III, Geoinformation, Vermessung, Wertermittlung. Red.: Anette Blaser. - Berlin: Senatsverwaltung für Stadtentwicklung 2001, p.67-70, 3 ill.

0619
Luckhardt, Thomas: Herstellung und Herausgabe der Landeskartenwerke - eine öffentliche Aufgabe. In: 125 Jahre Berliner Vermessungsverwaltung 1876-2001. [Hrsg.: Senatsverwaltung für Stadtentwicklung, Abt. III, Geoinformation, Vermessung, Wertermittlung. Red.: Anette Blaser. - Berlin: Senatsverwaltung für Stadtentwicklung 2001, p.49-53, 3 ill.

0620
Meijers, P.G.; Venemans, B. Albert: Rijkswaterstaat en de toegankelijkheid van geoinformatie : Huidige status van hun productie wereldwijd. In: Kartografisch tijdschrift. 27, 2001, 2, p.23-28, 3 ill. [The Directorate-General of Public Works and Water Management and the accessibility of geoinformation.] [Dutch with Engl. and French rés.]

0621
Messmer, Werner: Das Grundbuch- und Vermessungsamt im Internet : [Basel Stadt, www.gva.bs.ch]. In: Basler Stadtbuch. 121, 2001, p.50-56, ill. ISSN 1011-9930

0622
Monmonier, Mark S.: Current and seamless : The U.S. Geological Survey's National Map Project. In: Mercator's orld. 6, 2001, p.52-54. ISSN 1086-6728

0623
Museum der Erde. Förderverein Perthes-Stiftung e.V. ... - Gotha: Perthes [ca. 2000], 12 p. [Broschüre]

0624
Nagel, Günter; Pfannenstein, Anton: Das Bayerische Landesvermessungsamt - Gegenwart und Perspektiven. In: 200 Jahre Bayerische Vermessungsverwaltung : 1801-2001 ; es ist ein Maß in allen Dingen. [Hrsg.: Bayer. Staatsministerium der Finanzen, Abt. Vermessung, Informations-u. Kommunikationstechnik...Red.: Karlheinz Goller, Josef Klapf]. - München: Bayer. Landesvermessungsamt 2001, p.16-25, 5 ill. ISBN 3-935612-01-X

0625
Nagel, Günter; Wandinger, Marcus: Ein Blick über die weißblauen Grenzpfähle : das Bayerische Landesvermessungsamt im internationalen Rahmen. In: 200 Jahre Bayerische Vermessungsverwaltung : 1801-2001 ; es ist ein Maß in allen Dingen. [Hrsg.: Bayer. Staatsministerium der Finanzen, Abt. Vermessung, Informations-u. Kommunikationstechnik...Red.: Karlheinz

Goller, Josef Klapf]. - München: Bayer. Landesvermessungsamt 2001, p.96-107, 6 ill. ISBN 3-935612-01-X

0626
Nicholson, Tim: Major Philip road maps c.1855-1939 : Part I. In: Journal of the International Map Collectors' Society. 84, 2001, p.17-25, 5 ill.

0627
Ostrowski, Wiesław: Nowe mapy tematyczne w atlasach szkolnych PPWK. In: Polski przegląd kartograficzny. 33, 2001, p.231-234. [New thematic maps in PPWK school atlases.] [Pol.] ISSN 0324-8321

0628
Owen, J. Victor: Seller be fair, buyer beware! : Trouble on the internet. In: Mercator's world. 6, 2001, 3, p.10-11, 1 ill. ISSN 1086-6728

0629
Parker, S.; Verardo, C.: Broken Hill Mapping : a cartographic milestone. In: Cartography : journal of the Mapping Sciences Institute, Australia. 30, 2001, p.41-47, 7 ill. ISSN 0069 0805

0630
Parkinson, Peter: The history of the United Kingdom Military Survey: 250 years of support for the armed forces. In: The Portolan. 1998, p.21-26, 3 ill. ISSN 1096-1925

0631
Pawlak, Władisław: Wpływ szkoły Romerowskiej na oblicze PPWK. In: Polski przegląd kartograficzny. 33, 2001, p.202-212. [The influence of the Romer cartographic school on the PPWK activities (Polish Cartographic Publishing house).] [Pol. with Engl., and Russ. rés.] ISSN 0324-8321

0632
Perchermeier, Georg: Ohne EDV geht nichts mehr : Innendienst am Vermessungsamt - gestern, heute und morgen. In: 200 Jahre Bayerische Vermessungsverwaltung : 1801-2001 ; es ist ein Maß in allen Dingen. [Hrsg.: Bayer. Staatsministerium der Finanzen, Abt. Vermessung, Informations-u. Kommunikationstechnik...Red.: Karlheinz Goller, Josef Klapf]. - München: Bayer. Landesvermessungsamt 2001, p.224-237, 10 ill. ISBN 3-935612-01-X

0633
Perry, Joanne M.: International Map trade Association (IMTA) of the America's annual conference and trade show : Washington, D.C. -April 19-21, 2001. In: Bulletin / Association of Canadian Map Libraries and Archives. 2001, p.79-83. ISSN 0840-9331

0634
Reinhard, Eugen: Kartographie bei C.F. Müller : die Anfänge der amtlichen Kartographie in Baden. In: Aus dem Antiquariat. 1999, p.A2- A9. ISSN 0343-186X

0635
Schallenberg, Henk: Topografie van Rotterdam binnen ieders bereik. In: Geodesia : tijdschrift voor geodesie en geo-informatie. 43, 2001, 6, p.312-314, 3 ill. [Dutch]

0636
Schlögl, Daniel: Die staatliche bayerische Kartographie in der zweiten Hälfte des 18. Jahrhunderts. In: Mitteilungsblatt / Deutscher Verein für Vermessungswesen, Landesverein Bayern. 53, 2001, 2, p.209-222, 3 ill.

0637
Sitte, Wolfgang: Eduard Hölzel und die Anfänge seines Verlages. In: GW-Unterricht. 84, 2001, p.89-94, 2 ill.

0638
Sollberger, Alexander: Vom Kartografieverlag zum Medienunternehmen am Beispiel der Kartografischen-Online-Plattform. In: Web Mapping 1 : raumbezogene Information und Kommunikation im Internet [Karlsruher- Symposium "Web Mapping"]. Christian Herrmann, Hartmut Asche (Hrsg.). - Heidelberg: Wichmann 2001, p.169-177, 10 ill. ISBN 3-87907-353-8

0639
Sorenson, Dale; Wolf, Eric W.: The map auction business today : cartography from the Fiat Lux Library. In: The Portolan. 2001, p.22-29, 4 ill., 1 portr.
ISSN 1096-1925

0640
Stein, Wolfgang Hans: Die französischen Anfänge der Bayerischen Vermessungsverwaltung: "Bureau topographique de Bavière" (1801-1807) und "Carte der la Bavière" (1807-1818). In: Mitteilungsblatt / Deutscher Verein für Vermessungswesen, Landesverein Bayern. 53, 2001, 2, p.137-191, 5 ill.

0641
Stößel, Wolfgang: Neues von ATKIS - die 2. und 3. Erfassungsstufe : 15. Informationsveranstaltung 2001 der Bayerischen Vermessungsverwaltung am Mittwoch, dem 04. April 2001 in der Technischen Universität München. In: 15. Informationsveranstaltung 2001 der Bayerischen Vermessungsverwaltung am Mittwoch, dem 04. April 2001 in der Technischen Universität München. Hrsg. vom Bayerischen Landesvermessungsamt...
- [München] 2001, p.43-52, 7 ill.

0642
Streich, Gerhard: Johannes Mellinger und die Anfänge der Regionalkartographie und der amtlichen Landesaufnahmen in den deutschen Territorien. In: Atlas des Fürstentums Lüneburg um 1600 : [Ernst Schubert zum 60. Geburtstag] = Lunæburgici Ducatus accurata et exquisita descriptio chorographica. Hrsg. u. komm. von PeterAufgebauer... - Bielefeld: Verl. für Regionalgeschichte 2001, p.27-44. (Veröffentlichungen des Instituts für Historische Landesforschung der Universität Göttingen ; 41)
ISBN 3-89534-391-9

0643
Szymanek, Antoni: Mapy globusowe Oddziału PPWK we Wrocławiu. In: Polski przegląd kartograficzny. 33, 2001, p.234-237, 3 ill. [Globe maps published by the PPWK - Wroclaw Branch.] [Pol.]

0644
Titel, Volker: Leipzig als Herstellungs- und Vermittlungszentrum kartographischer Verlagswerke im 19. und frühen 20. Jahrhundert. In: Leipzig im Kartenbild. Hrsg. von der Stadt Leipzig, der Oberbürgermeister, Stadtarchiv [Red. Beate Berger...]. - Leipzig: Leipziger Univ.-Verl. 2001, p. 89-94, 2 ill. (Leipziger Kalender, Sonderband, 2001 ; 1)
ISBN 3-935693-10-2

0645
Wandinger, Marcus: GIS vernetzt Europa : internationale Zusammenarbeit unter besonderer Berücksichtigung von CERCO/MEGRIN bzw. EuroGeographics. In: Mitteilungsblatt / Deutscher Verein für Vermessungswesen (DVW), Landesverein Bayern e.V. 53, 2001, p.443-462, 10 ill., 1 tab. ISSN 0723-6336

0646
Wit, Cor de: Toegankelijkheid van geoinformatie bij provincies. In: Kartografisch tijdschrift. 27, 2001, 2, p.5-8. [Accessibility of provincial geoinformation.] [Dutch with Engl. and French rés.]

0647
Wohlschläger, Heide: Globes at auctions. In: News / Internationale Coronelli- Gesellschaft für Globenkunde. 2001, p.22-27.

0648
Wronski, Ulrich: Die digitale Herstellung der Landeskartenwerke. In: 125 Jahre Berliner Vermessungsverwaltung 1876-2001. [Hrsg.: Senatsverwaltung für Stadtentwicklung, Abt. III, Geoinformation, Vermessung, Wertermittlung. Red.: Anette Blaser. - Berlin: Senatsverwaltung für Stadtentwicklung 2001, p.65-67, 7 ill.

0649
Zahn, Johann: ATKIS - mit Bits and Bytes zur Karte. In: 200 Jahre Bayerische Vermessungsverwaltung : 1801-2001 ; es ist ein Maß in allen Dingen. [Hrsg.: Bayer. Staatsministerium der Finanzen, Abt. Vermessung, Informations-u. Kommunikationstechnik...Red.: Karlheinz Goller, Josef Klapf]. - München: Bayer. Landesvermessungsamt 2001, p.170-179, 6 ill. ISBN 3-935612-01-X

6. Map Collections Kartensammlungen Cartothèques

0650
ACMLA Bibliographic Control Committe: Core level cataloguing for non-serial cartographic materials : examples. In: Bulletin / Association of Canadian Map Libraries and Archives. 2001, p.14-17.

0651
Bendt, Vera: Karten und Ansichten des Heiligen Landes. In: Kartographische Sammlungen in Berlin : Geschichte, Standorte, Informationen. Hrsg. von Lothar Zögner. - Gotha: Perthes 2001, p.59- 62, 1 ill. (Kartensammlung und Kartendokumentation ; 12) ISBN 3-623-00436-7

0652
Bliss, Winfried: Die Kartenabteilung des Geheimen Staatsarchiv Preußischer Kulturbesitz. In: Kartographische Sammlungen in Berlin : Geschichte, Standorte, Informationen. Hrsg. von Lothar Zögner. - Gotha: Perthes 2001, p.23-33, 4 ill. (Kartensammlung und Kartendokumentation ; 12) ISBN 3-623-00436-7

0653
Boxall, James: Brief of the Association of Canadian Map Libraries and Archives for the consultations on the future role of the National Archives of Canada and the National Library of Canada. In: Bulletin / Association of Canadian Map Libraries and Archives. 2001, p.42-51, 1 portr. ISSN 0840-9331

0654
Brooks, Cheri: French collection : Cartographic treasures of the Bibliothèque Nationale de France. In: Mercator's world. 6, 2001, 4, p.25-29, 6 ill. ISSN 1086-6728

0655
Burrell, Carolyn: Bekenntnisse einer Globensammlerin. In: News / Internationale Coronelli-Gesellschaft für Globenkunde. 2001, p.12-14, 1 ill., 1 portr. [Engl. and German]

0656
Corvisier-de-Villèle, Anne-Marie: Les fonds cartographiques conservés au service historique de l'armée de terre. In: Bulletin du Comité Français de Cartographie. 167, 2001, p.6-7.

0657
Dahl, Edward H.: The future of our cartographic past : reflections about Canada's national map collection. In: Bulletin / Association of Canadian Map Libraries and Archives. 2001, p.37-41.

0658
Dalrymple, Helen: "America's Birth Certificate" : library acquires 1507 Waldseemüller map. In: Information bulletin / The Library of Congress. - Washington D.C. 2001, p.159-160, 1 ill.

0659
Drager, Timothy R.: An interactive digital archive for imagery. - Albuquerque, NM: University of New Mexico 2000 [Master's thesis]

0660
Engel, Patricia: Globenrestaurierung an der Fachhochschule Hildesheim/Holzminden/Göttingen (Deutschland). In: News /Internationale Coronelli-Gesellschaft für Globenkunde. 2001, p.15-16. [Engl. and German]

0661
Enk, Cornelia: Die Kartensammlung der Geographischen Zentralbibliothek im Institut für Länderkunde. In: Leipzig im Kartenbild. Hrsg. von der Stadt Leipzig, der Oberbürgermeister, Stadtarchiv [Red. Beate Berger...]. - Leipzig: Leipziger Univ.-Verl. 2001, p.139-143. (Leipziger Kalender, Sonderband, 2001 ; 1) ISBN 3-935693-10-2

0662
Fairbairn, David: Perspectives on map use and map users in the digital era. In: The map library in the new millenium. Ed. Robert Brian Parry and C.R. Perkins. - London: Library Assoc. Publ. 2001, p.218-231, 1 ill. ISBN 1-85604-397-5

0663
Farrell, Barbara; Moulder, Cathy: Kate Donkin 1924-2001. In: Bulletin / Association of Canadian Map Libraries and Archives. 2001, p.24-26, 2 ill. ISSN 0840-9331

0664
Flatness, James: Acquisition of cartographic material from the viewpoint of an institutional collector - the Library of Congress. In: The Portolan. 2000, p.33-41, 3 ill. ISSN 1096-1925

0665
Forer, Pip: Taking care of business : map libraries and the new 'mapping' industry. In: The map library in the new millenium. Ed. Robert Brian Parry and C.R. Perkins. - London: Library Assoc. Publ. 2001, p.188-206. ISBN 1-85604-397-5

0666
Gerber, Pierre; Blatter, Felix: Schenkung von Alfred Oberli : bedeutende Kartensammlung kommt in die Obhut der L+T. In: Topo. 98, 2001, p.22-23, ill.

0667
Godfrey, Alan: A map user's perspective. In: The map library in the new millenium. Ed. Robert Brian Parry and C.R. Perkins. - London: Library Assoc. Publ. 2001, p.207-217. ISBN 1-85604-397-5

0668
Hébert, John R.; McMullan, Anthony: The Luso-Hispanic world in maps in the collections of the Library of Congress. In: The Portolan. 2000, p.42-55, 6 ill. ISSN 1096-1925

0669
Helms, Wendie: Minutes - WAML fall meeting University of Nevada - Reno, Nevada. In: Information bulletin / Western Association of Map Libraries. 32, 2001, 2, p.91-96, 6 ill.

0670
Helms, Wendie: Minutes : WAML 2001 Fall Meeting ; Portland, Oregon. In: Information bulletin / Western Asso-

ciation of Map Libraries. 33, 2001, p.10-16,4 ill. ISSN 0049-7282

0671
Helms, Wendie: Minutes : WAML 2001 Spring Meeting ; Provo, Utah. In: Information bulletin / Western Association of Map Libraries. 32, 2001, p.165-167. ISSN 0049-7282

0672
Huber, Tom: They're just plain BIG! : oversized shelving solutions at the Illinois State Library's Map Departement. In: Information bulletin / Western Association of Map Libraries. 33, 2001, p.26-31, 9 ill. ISSN 0049-7282

0673
Kartographische Sammlungen in Berlin : Geschichte, Standorte, Informationen. Hrsg. von Lothar Zögner. - Gotha: Perthes 2001, 127 p., ill., mp. (Kartensammlung und Kartendokumentation ; 12) ISBN 3-623-00436-7

0674
Kraak, Menno-Jan: Web resources and the map library. In: The map library in the new millenium. Ed. Robert Brian Parry and C.R. Perkins. - London: Library Assoc. Publ. 2001, p.103-116, 4 ill., 1 tab. ISBN 1-85604-397-5

0675
Kraml, Amand: Die Globen der Sternwarte Kremsmünster. - Kremsmünster: Sternwarte Kremsmünster 2000, 1 CD-ROM. [Erg. zur Buchausg.: Sternwarte <Kremsmünster>: Die Globen der Sternwarte Kremsmünster.]

0676
Kroll, Renate: Die Topographische Sammlung im Kupferstichkabinett der Staatlichen Museen zu Berlin - Preußischer Kulturbesitz. In: Kartographische Sammlungen in Berlin : Geschichte, Standorte, Informationen. Hrsg. von Lothar Zögner. - Gotha: Perthes 2001, p.63-67, 1 ill. (Kartensammlung und Kartendokumentation ; 12) ISBN 3-623-00436-7

0677
Langlais, Rolph: Exploring places with maps : Visit of the Freundeskreis für Kartographie in der Stiftung Preußischer Kulturbesitz e.V. to Trier and Bitburg from 30 March to 1 April 2001. In: Newsletter / Brussels International Map Collectors' Circle. 10, 2001, p.4-5.

0678
The map library in the new millenium. Ed.by Robert B.Parry and C.R.Perkins. - London: Library Assoc. Publ. 2001, XII, 267 p., ill., mp. ISBN 1-85604-397-5

0679
Marley, Carol: The changing profile of the map user. In: The map library in the new millenium. Ed. Robert Brian Parry and C.R. Perkins. - London: Library Assoc. Publ. 2001, p.12-27. ISBN 1-85604-397-5

0680
Matschenz, Andreas: Die Kartensammlung des Landesarchivs Berlin. In: Kartographische Sammlungen in Berlin : Geschichte, Standorte, Informationen. Hrsg. von Lothar Zögner. - Gotha: Perthes 2001, p.35-44, 2 ill. (Kartensammlung und Kartendokumentation ; 12) ISBN 3-623-00436-7

0681
McAdam-Ferrarotto, Heather; Welch, Grace: Inter-library cooperation for GIS services : a road to success. In: Bulletin / Association of Canadian Map Libraries and Archives. 2001, p.13-18, 1 ill. ISSN 0840-9331

0682
McGlamery, Patrick: New technologies in the map room. In: The map library in the new millenium. Ed. Robert Brian Parry and C.R. Perkins. - London: Library Assoc. Publ. 2001, p.43-55. ISBN 1-85604-397-5

0683
Millea, Nick: Organizational change. In: The map library in the new millenium. Ed. Robert Brian Parry and C.R. Perkins. - London: Library Assoc. Publ. 2001, p.28-42. ISBN 1-85604-397-5

0684
Minutes of the Cartographic Users Advisory Council (CUAC) : April 17-18, 2001 ; Library of Congress ; Geography & Map Division ; Washington, D.C. In: Information bulletin / Western Association of Map Libraries. 32, 2001, p.168-178. ISSN 0049-7282

0685
Molen van Ee, Patricia: Conservation from the curator's and collector's point of view. In: The Portolan. 2001, p.7-12, 4 ill. ISSN 1096-1925

0686
Müller, Anett: Der Bestand Karten und Pläne im Stadtarchiv Leipzig. In: Leipzig im Kartenbild. Hrsg. von der Stadt Leipzig, der Oberbürgermeister, Stadtarchiv [Red. Beate Berger...]. - Leipzig: Leipziger Univ.-Verl. 2001, p.145-147. (Leipziger Kalender, Sonderband, 2001 ; 1) ISBN 3-935693-10-2

0687
Offermann, Nikola: Die Kartensammlung der Deutschen Bücherei. In: Leipzig im Kartenbild. Hrsg. von der Stadt Leipzig, der Oberbürgermeister, Stadtarchiv [Red. Beate Berger...]. - Leipzig: Leipziger Univ.-Verl. 2001, p.135-137, 2 ill. (Leipziger Kalender, Sonderband, 2001 ; 1) ISBN 3-935693-10-2

0688
Osborne, Marilyn: An active national collection of maps and plans : present, past and future - a newcomer's perspective. In: Bulletin /Association of Canadian Map Libraries and Archives. 2001, p.18-23. ISSN 0840-9331

0689
Overton, I.; Lawley, J.: MapLibrarian : map index querying. In: Cartography : journal of the Mapping Sciences Institute, Australia. 30, 2001, p.49-54, 4 ill. ISSN 0069 0805

0690
Parmentier, Pierre C.: Have map - will travel : maps in Moscow - April 2001. In: Newsletter / Brussels International Map Collectors' Circle. 10, 2001, p.6.

0691
Perkins, Chris; Parry, Bob: Is there a future for the map library? In: The map library in the new millenium. Ed. Robert Brian Parry and C.R. Perkins. - London: Library Assoc. Publ. 2001, p.246-255. ISBN 1-85604-397-5

0692
Perkins, Chris: Access to maps and spatial data. In: The map library in the new millenium. Ed. Robert Brian Parry and C.R. Perkins. - London: Library Assoc. Publ. 2001, p.157-175, 3 ill. ISBN 1-85604-397-5

0693
Ris, Karien: Complete archief Rijkswaterstaatsdirectie overgebracht naar Rijksarchief Noord-Brabant. In: Geodesia : tijdschrift voor geodesie en geo-informatie. 43, 2001, 6, p.322-324, 3 ill. [Dutch]

0694
Rohde, Bernd Martin: Landkartendrucke vor 1850 : Die Altkartendatenbank und die Einbeziehung ausgewählter baden-württembergischer Bibliotheken. - Stuttgart: Selbstverl. 2001, 92 p. [Stuttgart, Fachhochschule, Dipl.-Arb.]

0695
Rohrlach, Peter P.: Die Kartensammlung von Regemann in der Bibliothek des ehemaligen Berlinischen Gymnasiums zum Grauen Kloster. In: Kartographische Sammlungen in Berlin : Geschichte, Standorte, Informationen. Hrsg. von Lothar Zögner. - Gotha: Perthes 2001, p.53-58, 2 ill.. (Kartensammlung und Kartendokumentation ; 12)
ISBN 3-623-00436-7

0696
Rumsey, David; Hoehn, Phil; Sweetkind, Julie: The Rumsey Collection goes online. In: Information bulletin / Western Association of Map Libraries. 32, 2001, 2, p.97-105, 7 ill.

0697
Schwab, Antoinette: Ein Archiv für Satellitenbilder der Schweiz : bessere Nutzung dank inhaltsorientierter Abfrage. In: Neue Zürcher Zeitung. 222, 2001, p.11.

0698
Speich, Daniel: Das Planarchiv der Eidgenössischen Linthkommission. In: Cartographica Helvetica. 23, 2001, p.35-38, 6 ill.

0699
Stone Muilenburg, Jennifer: The changing role of GIS in the map room.In: The map library in the new millenium. Ed. Robert Brian Parry and C.R. Perkins. - London: Library Assoc. Publ. 2001, p.56-71, 3 ill., 1 tab. ISBN 1-85604-397-5

0700
Turley, Gary: The stories they tell : Dr. James V. Walker and his maps. In: Mercator's world. 6, 2001, 2, p.12-17, 9 ill.
ISBN 1086-6728

0701
Verzeichnis der Kartensammlungen in Berlin. In: Kartographische Sammlungen in Berlin : Geschichte, Standorte, Informationen. Hrsg. von Lothar Zögner. - Gotha: Perthes 2001, p.91-113. (Kartensammlung und Kartendokumentation ; 12)
ISBN 3-623-00436-7

0702
Warren, Bill: Treasures of the Huntington. In: Mercator's world. 6, 2001, 1, p.38-45, 6 ill. ISSN 1086-6728

0703
Wenzel, Matthias: Die Kartensammlung der oberlausitzischen Bibliothek der Wissenschaften. In: Mitteilungen /Freundeskreis für Cartographica in der Stiftung Preußischer Kulturbesitz. 14, 2000, p.18-21, 2 ill.

0704
Wood, Alberta Auringer: Carto 2001 : conference report. In: Bulletin
8 ill. ISSN 0840-9331

0705
Zögner, Gudrun K.; Zögner, Lothar: Globen in Berlin. In: Kartographische Sammlungen in Berlin : Geschichte, Standorte, Informationen. Hrsg. von Lothar Zögner. - Gotha: Perthes 2001, p.69-90, 2 ill. (Kartensammlung und Kartendokumentation ; 12)
ISBN 3-623-00436-7

0706
Zögner, Lothar: Die Kartenabteilung der Staatsbibliothek zu Berlin Preußischer

Kulturbesitz. In: Kartographische Sammlungen in Berlin : Geschichte, Standorte, Informationen. Hrsg. von Lothar Zögner. - Gotha: Perthes 2001, p-9-21, 5 ill. (Kartensammlung und Kartendokumentation ; 12) ISBN 3-623-00436-7

0707
Zögner, Lothar: Humboldtiana : Streiflichter auf Alexander von Humboldt und die Kartenabteilung der Staatsbibliothek. In: Mitteilungen / Freundeskreis für Cartographica in der Stiftung Preußischer Kulturbesitz. 14, 2000, p.11-15, 1 ill.

7. Events, Conferences and Exhibitions
Veranstaltungen, Tagungen, Ausstellungen
Conférences, Réunions et expositions

0708
15. Informationsveranstaltung 2001 der Bayerischen Vermessungsverwaltung am Mittwoch, dem 04. April 2001 in der Technischen Universität München. Hrsg. vom Bayerischen Landesvermessungsamt im Auftr. d. Bayer. Staatsministeriums d. Finanzen. - [München]: Bayer. Landesvermessungsamt 2001, 126 p., ill., mp.

0709
200 Jahre Bayerische Vermessungsverwaltung: "Es ist ein Maß in allen Dingen" : Ausstellung vom 20. Juni bis 14. September 2001 im Bayerischen Landesvermessungsamt. [Hrsg.: Bayerisches Landesvermessungsamt]. - München: Bayerisches Landesvermessungsamt 2001, 160 p., ill., mp.

0710
ATKIS - Stand und Fortführung : Beiträge zum 51. DVW-Seminar am 25. und 26. September 2000 an der Unversität Rostock. Red. u. Seminarleiter: Ralf Bill u. Frank Schmidt. - Stuttgart: Wittwer 2000, 212 p., ill., mp. (Schriftenreihe des DVW ; 39) ISBN 3-87919-273

0711
Angewandte geographische Informationsverarbeitung XIII : Beiträge zum AGIT-Symposium Salzburg 2001. Strobl, Blaschke, Griesebner. - Heidelberg: Wichmann 2001, XII, 556 p., ill., tab.
ISBN 3-87907-361-9

0712
Augenreisen : das Panorama in der Schweiz : [Ausstellung, Schweizerisches Alpines Museum, Bern, 23.11.2001-1.5.2002]. Red.: Susanne Grieder. - Bern: Schweizerisches Alpines Museum : Schweizer Alpenclub SAC 2001, 191 p., ill. ISBN 3-9526873-6

0713
Ausstellung "Leipzig im Kartenbild". In: Leipzig im Kartenbild. Hrsg. von der Stadt Leipzig, der Oberbürgermeister, Stadtarchiv [Red. Beate Berger...]. - Leipzig: Leipziger Univ.-Verl. 2001, p.169-206, 22 ill. (Leipziger Kalender, Sonderband, 2001 ; 1)
ISBN 3-935693-10-2

0714
Bartos, Ferenc: Beszámoló a Magyar Földmérési Térképészeti és Távérzékelési Társaság (MFTTT) 2001. évi közgyűléséről. In: Geodézia és kartográfia. 53, 2001, p.6-12. [About the latest plenary meeting of the Hungarian Society on surveying, Mapping and Remote Sensing.] [Hung.] ISSN 0016-7118

0715
Blok, Connie: 'Mapping the 21st Century' : 20e ICA-conferentie in Beijing, China, 6-10 augustus 2001. In: Kartografisch

tijdschrift. 27, 2001, p.50-52, 2 ill. ISSN 0167-5788

0716
Boer, Adri den: 150 jaar landmeetkunde en cartografie in België. In: Geodesia : tijdschrift voor geodesie en geo-informatie. 43, 2001, 5, p.234-235, 4 ill. [Dutch]

0717
Cartografia religiosa : organizzazione, codificazione e simbologia dello spazio nei sistemi religiosi. A cure di Daria Pezzoli-Olgiati, Fritz Stolz. - Bern [u.a.]: Lang 2000, 326 p., ill. (Studia religiosa Helvetica / Series altera ; 4) [Organisation, Darstellung und Symbolik des Raumes in religiösen Symbolsystemen.] [Ital. and Germ.] ISBN 3-906765-49-0

0718
Computergestützte Raumplanung : Beiträge zum 6. Symposium zur Rolle der Informationstechnologie in der und für die Raumplanung, Februar 14-16, 2001 [Tagungsband] = Computer aided spatial planning. Hrsg. von Manfred Schrenk. - Wien: Institut für EDV-Gestützte Methoden in Architektur u. Raumplanung d. Techn. Univ. Wien 2001, Bd. 1. 229 p., ill. ; Bd. 2. p.231-444, ill. [Bd.1.2.]

0719
Cultura cartografica e culture del territorio : Atti del Convegno Nazionale (Sassari, 12-13 dicembre 200). a cura di Giuseppe Scanu. - Genova: Brigati 2001, 679 p., ill., mp. (Bollettino della Associazione Italiana di Cartografia Nr. 111-113 = 38. 2001) [Ital.]

0720
Datta, M.M.; Issar, D.P.: XX INCA International Congress : Dehra Dun, February 28-March 2, 2001. In: Indian Surveyor. 55, 2001, p.128- 130. ISSN 0970-3470

0721
Docktor, John W.: IMCoS London Weekend June 2-4, 2000. In: The Portolan. 2000, p.62-63, 1 ill. ISSN 1096-1925

0722
Fachvorträge : XI. Internationale Geodätische Woche Obergurgl 2001. - Innsbruck: Institut für Geodäsie d. Univ. Innsbruck 2001, III, 223p., ill. (Institut für Geodäsie, Leopold-Franzens-Universität Innsbruck / Institutsmitteilungen ; 19)

0723
Festcolloqium Ulrich Freitag : Beiträge zum Festcolloquium am 5. Juli 1999 anlässlich der Emeritierung von Prof. Dr. Ulrich Freitag. Hrsg. von Wolfgang Scharfe, Freie Universität Berlin, Fachbereich Geowissenschaften, Fachrichtung Kartographie. - Berlin: Fachrichtung Kartographie, Inst. für Geograph Wiss. 2000, 52 Bl., ill., mp. (Berliner Manuskripte zur Kartographie)

0724
Forn Islandskort : Exploring old landscapes ; 19th international symposium Reykjavik, 15-18 September 2000. Ritsjórn: Emilia Sigmarsdóttir.. - Reykjavik: Landsbókasafn Islands-Háskólabókasafn 2000, 26 p., mp. [Iceland. and Engl.] ISBN 9979-80058-5

0725
GIS and remote sensing applications in biogeography and ecology. Ed. by Andrew C. Millington... - Boston, Mass. [u.a.]: Kluwer 2001, VII, 333 p., ill., mp. + 1 CD-ROM. (The Kluwer international series in engineering and computer science ; 626) ISBN 0-7923-7454-1

0726
GPS-Trends und Realtime-Anwendungen : Beiträge zum 52. DVW-Seminar am 5. und 6. Juni 2000 an der Fachhochschule Stuttgart. Red.: Wolfgang Huep. - Stuttgart:

Wittwer 2001, 191 p., ill., mp. (Schriftenreihe des DVW ; 41) ISBN 3-87919-276-6

0727
Gerloff, Ingo: 125 Jahre preußische Katasterämter in Niedersachsen : Jubiläumstage vom 4. bis 18. Mai 12001 in Göttingen und Northeim. In: Nachrichten der Niedersächsischen Vermessungs- und Katasterverwaltung. 51, 2001, p.4-7, 2 ill.

0728
Hameleers, Marc: Verslag XIXth International Conference on the History of Cartography in Madrid, 1-6 juli 2001. In: Kartografisch tijdschrift. 27, 2001, p.49-50. ISSN 0167-5788

0729
Hameleers, Marc: Verslag XIXth International Conference on the History of Cartography. In: Caert-Thresoor. 20, 2001, p.106-107, 2 ill. [Dutch] ISSN 0167-4994

0730
Heading West, touring West : mapmakers, performing artists, and the American frontier. Alice C. Hudson and Barbara Cohen-Stratyner. - New York: New York Public Library 2001, 80 p., ill., mp. ISBN 0-87104-451-X

0731
Helms, Wendie: Minutes - WAML fall meeting University of Nevada - Reno, Nevada. In: Information bulletin / Western Association of Map Libraries. 32, 2001, 2, p.91-96, 6 ill.

0732
Helms, Wendie: Minutes : WAML 2001 Spring Meeting ; Provo, Utah. In: Information bulletin / Western Association of Map Libraries. 32, 2001, p.165-167. ISSN 0049-7282

0733
High mountain cartography 2000 : proceedings of the Second Symposium of the Commission on Mountain Cartography of the International Cartographic Association held at the Alpine Centre, Rudolfshütte 2315 m, Austria from 29 March to 2 April 2000. Ed. by Manfred F. Buchroithner. - Dresden: Inst. for Cartography, Dresden Univ. of Technology [u.a.] 2000, 269 p., ill., mp. (Kartographische Bausteine ; 18) ISBN 3-86005-265-9

0734
Historische Geographie und Kulturlandschaftsforschung : Beiträge zum Gedenkkolloqium für Dr. Eginhard Wegner am 4. Mai 2001 in Greifswald. Hrsg. von Reinhard Zölitz-Möller. - Greifswald: Ernst-Moritz-Arndt-Univ. 2001, 109 p., ill., mp. (Greifswalder geographische Arbeiten ; 22) ISBN 3-86006-177-X

0735
Immagini della terra dei re : cartografia, vedute e costumi della Basilicata [Potenza, Museo Provinciale, 26 giugno - 31 ottobre]. Ministro per i Beni e le Attività Culturali, Sopraintendenza per i Beni Artistici e Storici della Basilicata...A cura di Salvatore Abita, testi di Ermanno Bellucci, Vladimiro Valerio. - [Napoli]: Paparo 2001, 142 p., ill. ISBN 88-87111-17-0

0736
Jones, David L.: The Stewart Museum Globe Symposium : The Stewart Museum, Ile Sainte-Hélène, Montreal October 19-22, 2000. In: Bulletin / Association of Canadian Map Libraries and Archives. 2001, p.56-62, 2 ill. ISSN 0840-9331

0737
Joó, István; Joó, István jun.: Vándorgyűlés Szombathelyen. In: Geodézia és karto-

gráfia. 53, 2001, p.3-11, 17 ill. [The Hungarian Geodetists' 2001 Convention in Szombathely.] [Hung.]

0738
Kelly, Jan: GEOCART'2001 - visualizing New Zealand in the new data environment : report. In: New Zealand Map Society journal. 14, 2001, p.37-42.
ISSN 0113-2458

0739
Kerfoot, Helen: Report on the Symposium GeoNames 2000. In: Second International Symposium on Geographical Names, GeoNames 2000, Frankfurt am Main, 28-30 March 2000. Ed. by the Ständiger Ausschuss für Geographische Namen (StAGN), comp. by Jörn Sievers. - Frankfurt am Main: Verl. d. Bundesamtes für Kartographie u. Geodäsie 2000, p.182. (Mitteilungen des Bundesamtes für Kartographie und Geodäsie ; 19) ISBN 3-88648-292-8

0740
Kneubühl, Urs: Panoramas = yeux en voyage : 22e exposition d'art alpin du CAS. In: Les Alpes. 77, 2001, p.46-47.

0741
Kneubühl, Urs: Panoramen - Augenreisen : 22. Ausstellung alpiner Kunst des SAC. In: Die Alpen. 77, 2001, p.46-47.

0742
Kretschmer, Ingrid: Kongresse der Kartographie im Jahr 2001. In: Mitteilungen der Österreichischen Geographischen Gesellschaft. 143, 2001, p.302-304.
ISSN 0029-9138

0743
Kriz, Karel; Riedl, Andreas: 20th ICA/ACI International Cartographic Conference : Peking, 6. bis 10. August 2001. In: Mitteilungen der Österreichischen Geographischen Gesellschaft. 143, 2001, p.305-306.
ISSN 0029-9138

0744
Kupčík, Ivan: 10. Kartographiehistorisches Colloquium in Bonn. In: Kartographische Nachrichten. 51, 2001, 1, p.52-54, 1 ill.

0745
Landshut ins Bild gesetzt : Karten und Ansichten vom 16. bis zum 20. Jahrhundert [Eine Ausstellung der Museen der Stadt Landshut im Museum im Kreuzgang vom 12. Mai bis 28. Oktober 2001]. - Landshut: Museen der Stadt Landshut 2001, 293 p., ill., mp. (Schriften aus den Museen der Stadt Landshut ; 9) ISBN 3-924943-26-5

0746
Literature, mapping, and the politics of space in early modern Britain. Ed. by Andrew Gordon and Bernhard Klein. - Cambridge [u.a.]: Cambridge Univ. Press 2001, XIII, 276 p., ill., mp.
ISBN 0-521-80377-2

0747
Lyman, Eric J.: More than meets the eye : The secret life of maps. In: Mercator's world. 6, 2001, p.46-51, 7 ill.
ISSN 1086-6728

0748
Mattelaer, Pierre: Pictures at an exhibition : From Surveyor's Chain to GPS - Van sleepketting tot GPS - an interesting exhibition in Ghent. In: Newsletter / Brussels International Map Collectors' Circle. 10, 2001, p.3-4, 1 ill.

0749
Minutes of the Cartographic Users Advisory Council (CUAC) : April 17-18, 2001 ; Library of Congress ; Geography & Map Division ; Washington, D.C. In:

Information bulletin / Western Association of Map Libraries. 32, 2001, p.168-178. ISSN 0049-7282

0750
Morita, Takashi and others: Report on the 20th International Cartographic Conference at Beiging. In: Map : journal of the Japan Cartographers Association. 39, 2001, p. 38-52. [Jap.]

0751
Museum der Erde. Förderverein Perthes-Stiftung e.V. ... - Gotha: Perthes [ca. 2000], 12 p. [Broschüre]

0752
National scientific seminar on Vietnam maps history on the anniversary of the 500-year Hong-Duc-Atlas. Hôi-Trač-Dia-B'an Dô-Viźn-Thám Viźt-Nam. - Hanôi 1990, 205 p., ill., mp.

0753
Ottoson, Patrik: ScanGIS - en vetenskaplig GIS-konferens i Norden. In: Kartbladet. 16, 2001, p.14-15, 1 ill. [Scan-GIS - a scientific GIS-conference in the North.] [Swed.] ISSN 0283-0418

0754
Parmentier, Pierre C.: "Books on maps" : review of the Third BIMCC Study Session, 17-2-2001. In: Newsletter / Brussels International Map Collectors' Circle. 10, 2001, p.7-8.

0755
La péninsule arabique dans les cartes européennes anciennes : fin XVe - début XIXe siècle ; exposition [à l'Institut du Monde Arabe, Paris], du 15 septembre - 28 octobre 2001. - Paris: Institut du Monde Arabe 2001, 431 p., ill, mp. [The Arabian Peninsula in old European maps ; from the end of the 15th century to the beginning of the 19th century ; exhibition from September 15th to October 28th 2001...] ISBN 2-8430-6080-X

0756
Perry, Joanne M.: International Map trade Association (IMTA) of the America's annual conference and trade show : Washington, D.C. -April 19-21, 2001. In: Bulletin / Association of Canadian Map Libraries and Archives. 2001, p.79-83. ISSN 0840-9331

0757
Photogrammetrie - Fernerkundung - Geoinformation : Geodaten schaffen Verbindungen ; Vorträge ; 21. wissenschaftlich-technische Jahrestagung d. DGPF, 4.-7. September 2001. Hrsg.: Eckhardt Seyfert. - Berlin: DGPF 2001, 588 p., ill.,. (Publikationen der Deutschen Gesellschaft für Photogrammetrie und Fernerkundung ; 10)

0758
Planques, Pierre: La 20ème Conférence Cartographique Internationale : Pékin - 6 au 10 août 2001. In: Bulletin du Comité Français de Cartographie. 169-170, 2001, p.5-10, 3 ill. ISSN 0755-7647

0759
Proceedings of the Sessions on Teaching the History of Cartography IV and V "Continuing education in cartography" held in Lisbon and Athens during the 17th and 18th International Conferences on the History of Cartography in 1997 and 1999. Ed. Ferjan Ormeling. - Utrecht: Univ., Faculty of Geographical Sciences 2000, 55 p., ill.

0760
Rauminformationen für das 21. Jahrhundert : Vorträge ; 20. wissenschaftlich-technische Jahrestagung der DGPF im Rahmen der

Intergeo 2000, 11.-13. Oktober 2000, Kongress-Zentrum ICC, Berlin. Hrsg.: Jörg Albertz. - Berlin: DGPF 2001, 409 p., ill. (Publikationen der Deutschen Gesellschaft für Photogrammetrie und Fernerkundung ; 9)

0761
Recht und Kosten für Raumdaten : Workshop, ETH Zürich, 24. Januar 2001. Arbeitsgruppe Recht und Kosten für Raumdaten der Schweizerischen Organisation für Geoinformation ; Alessandro Carosio, Urs Ch. Nef (Hrsg.). - Zürich: ETHZ, Institut für Geodäsie und Photogrammetrie 2001, 130 p., ill., mp. (IGP-Bericht ; 294)

0762
Recke, Michael: Kartenschätze in der Johannes a Lasco Bibliothek Emden : [Katalog zur Ausstellung vom 10. August bis 6. September 2001 in der Johannes a Lasco Bibliothek Emden]. [Fotogr.: Norbert Schultz...]. - Varel: Centrum Cartographie Verl. 2001, 87 p., mp. ISBN 3-934606-07-5

0763
Reis, Olivier: Intergeo, manifestation phare du domaine topographique. In: XYZ : revue de l'Association Française de Topographie. 23, 2001, p.62-64, 3 ill. [French] ISSN 0290-9057

0764
Salgé, François: International Cartographic Conference 2001. In: Bulletin du Comité Français de Cartographie. 169-170, 2001, p.11-14, 1 ill. ISSN 0755-7647

0765
Schulz, Siegmund: Bericht vom Workshop "Internet und Kartographie". In: Kartographische Nachrichten. 51, 2001, 1, p.54-57.

0766
Second International Symposium on Geographical Names, GeoNames 2000, Frankfurt am Main, 28-30 March 2000. Ed. by the Ständiger Ausschuss für Geographische Namen (StAGN), comp. by Jörn Sievers. - Frankfurt am Main: Verl. d. Bundesamtes für Kartographie u. Geodäsie 2000, 181 p., ill., mp. (Mitteilungen des Bundesamtes für Kartographie und Geodäsie ; 19) ISBN 3-88648-292-8

0767
Segni e sogni della terra : il disegno del mondo dal mito di Atlante alla geografia delle reti. [Catalogo: testi di Peter Barber ...]. - Novara: De Agostini 2001, 285 p., ill., mp. [Signs and dreams of the earth : the design of the world from the myth of Atlas to Web-geography.] [Ital.] ISBN 88-415-9715-1

0768
The selected problems of theoretical cartography 2000 : proceedings of a seminar of the Commission on Theoretical Cartography (Dresden, Germany, October 14-15, 2000). Alexander Wolodtschenko. - Dresden: International Cartographic Association 2001, 71 p.

0769
Söderberg, Mats: Kartographie 2001 : multi-disziplinär und multidimensional. In: Kartbladet. 16, 2001, p.31-32. [Swed.] ISSN 0283-0418

0770
Spatial information theory : foundations of geographic information science ; International conference COSIT 2001, Morro Bay, CA, USA, September 19-23, 2001 ; proceedings. Daniel R. Montello (ed.). - Berlin: Springer 2001, XIV, 502 p., ill, mp. (Lecture notes in computer science ; 2205) ISBN 3-540-42613-2

0771
Tagung 2000 : Arbeitsgruppe Automation in der Kartographie / Bundesanstalt für Kartographie und Geodäsie. - Frankfurt am Main: Verl. d. Bundesamtes für Kartographie u. Geodäsie 2001, 136 p., ill., mp. (Mitteilungen des Bundesamtes für Kartographie und Geodäsie ; 20)
ISBN 3-88648-306-1

0772
Theorie 2000 : Vorträge des Kartographischen Symposiums am 17./18. November 2000 an der TU Dresden. Hrsg. von Günther Koch [Technische Universität Dresden, Institut für Kartographie]. - Dresden: Institut für Kartographie 2001, 130, [16] p., ill. (Kartographische Bausteine ; Bd. 16)

0773
Towards an integrated global geodetic observing system (IGGOS) : Munich, Germany, 5-9 October 1998. Reinhard Rummel. - Berlin [u.a.]: Springer 2000, XXII, 261 p., ill., mp. (International Association of Geodesy symposia ; 120)
ISBN 3-540-67079-3 [Bibliogr.]

0774
Umweltmonitoring und Umweltmodellierung : GIS und Fernerkundung als Werkzeuge einer nachhaltigen Entwicklung. Thomas Blaschke. - Heidelberg: Wichmann 1999, 278 p., ill. ISBN 3-87907-335-X

0775
Vermessen : Historische Landkarten und ihre Vermessungsinstrumente ; Ausstellung der Museumsstiftung Post und Telekommunikation und des Deutschen Museums Bonn, 15.September - 15.Oktober 2000. Mit Beitr.vonMirjam Kasperl... Hrsg.: Peter Frieß, Manuela Schütze. - Bonn: Museumssstiftung Post und Telekommunikation [2000], [3] Bl., ill., mp. [zugl.: - Bonn: Dt. Museum]
ISBN 3-8295-7025-2

0776
Virtual reality in geography. Ed. by Peter Fisher and David Unwin. - London [u.a.]: Taylor & Francis 2000, X, 404 p., ill. + 1 CD-ROM. ISBN 0-7484-0905-X

0777
Vogel, Steven: The evolution of geography and GIS : what it means. In: The Portolan. 2001, p.14-18. ISSN 1096-1925

0778
Vorderösterreich in alten Karten und Plänen : eine Ausstellung des Hauptstaatsarchives Stuttgart ; Ausstellungsverzeichnis ; [17.6.-18.9.1998]. bearb. von Petra Schön und Bernhard Theil. - Stuttgart: Hauptstaatsarchiv 1998, 52 p., mp.

0779
Web Mapping 1 : raumbezogene Information und Kommunikation im Internet [Karlsruher-Symposium "Web Mapping"]. Christian Herrmann, Hartmut Asche (Hrsg.). - Heidelberg: Wichmann 2001, VIII, 189 p., ill., mp. ISBN 3-87907-353-8

0780
Wehrmann, Detlef: Aktuelle Entwicklungen im amtlichen Vermessungswesen : Fortbildungsveranstaltung 1/2000 der VKV in Bad Nenndorf am 4./5.12.2000. In: Nachrichten der Niedersächsischen Vermessungs- und Katasterverwaltung. 51, 2001, 1, p.30-34, 3 ill.

0781
Wolodtschenko, Alexander: 2. Kartographische Konferenz in Moskau. In: Diskussionsbeiträge zur Kartosemiotik und zur Theorie der Kartographie ; 4. Alexander

Wolodtschenko und Hansgeorg Schlichtmann. - Dresden 2001, p.59-60.
ISBN 3-86005-300-0

0782
Wolodtschenko, Alexander: Zasedanie MKA-komissii "Teoretičeskaja kartografija". In: Diskussionsbeiträge zur Kartosemiotik und zur Theorie der Kartographie ; 4. Alexander Wolodtschenko und Hansgeorg Schlichtmann. - Dresden 2001, p.57-59. [Meeting of the ICA Commission on Theoretical Cartography.] [Russ.] ISBN 3-86005-300-0

0783
Wood, Alberta Auringer: Carto 2001 : conference report. In: Bulletin
8 ill. ISBN 0840-9331

0784
Wood, Alberta Auringer: International Cartographic Association (ICA) Executive Committee meeting report : April 16, 2001. In: Bulletin /Association of Canadian Map Libraries and Archives. 2001, p.77-78, 1 ill. ISSN 0840-9331

0785
Wood, Alberta Auringer: Symposium on maps and the internet ICA (International Cartographic Association) : and NACIS (North American Cartographic Information Society) twentieth anniversary conference : Knoxville Tennessee October 11-14, 2000. In: Bulletin / Association of Canadian Map Libraries and Archives. 2001, p.49-55, 4 ill. ISSN 0840-9331

0786
Workshop on Airborne Laserscanning Interferometric SAR for Detailed Digital Elevation Models. Ed. by K. Torlegård and J. Nelson. - Frankfurt am Main: Bundesanstalt für Kartographie und Geodäsie 2000, 1 DC-ROM. (European Organization for Experimental Photogrammetric Research / Official publication ; No. 40)
ISBN 3-89888-782-0

0787
Zimmermann, Niklaus Emanuel: TERRA/MODIS : ein umfassendes, satellitengestütztes Erdbeobachtungssystem : [Workshop, 3.-5.10.2000, Birmensdorf (WSL)]. In: Informationsblatt Forschungsbereich Landschaft, Birmensdorf (WSL). 49, 2001, p.3-4, ill., tab.

8. Legal Questions, Copyright Rechtsfragen, Urheberrecht Questions juridiques, droit d'auteur

0788
Appelt, Gerfried: Aktuelle Aspekte zum Urheberrecht bei konventionellen und elektronischen Kartenprodukten. In:Kartographische Nachrichten. 51, 2001, 2, p.91-96.

0789
Barr, Robert: Spatial data and intellectual property rights. In: The map library in the new millenium. Ed. Robert Brian Parry and C.R. Perkins. - London: Library Assoc. Publ. 2001, p.176-187.
ISBN 1-85604-397-5

0790
Borgmann, Horst; Hoffmann, Helmut: Sind die Vermessungs- und Katastergesetze der Länder noch zeitgemäß? In: Zeitschrift für Vermessungswesen. 117, 1992, 6, p.307-316.

0791
Eggert, Rita: Urheberrechtschutz bei Landkarten. - Baden-Baden: Nomos-Verlags-Gesellschaft 1999, 294 p. (Nomos-Universitätsschriften : Recht ; 328) [1. Aufl.] [Zugl.: Bremen, Univ. Diss., 1998]
ISBN 3-7890-6235-9

0792
Harneid, Kirsten; Oswald, Manfred: Liegenschaftsvermessung im Land Brandenburg : Erläuterung der Verwaltungsvorschrift zur Durchführung von Liegenschaftsvermessungen (Liegenschaftsvermessungsvorschrift - VVLiegVerm). - Potsdam 2001, Getr. Zählung, ill. [Fassung vom September 2001]

0793
Huser, Meinrad: Schweizer Vermessungsrecht. - Fribourg: Universitätsverlag 2001, XXVI, 149 p. (Beiträge aus dem Institut für Schweizerisches und Internationales Baurecht, Universität Freiburg ; 12) [Semesterarbeit] ISBN 3-7278-1335-0

0794
Joffe, Bruce A.: Surveyors and GIS professionals reach accord. In: Surveying and Land Information Systems. 61, 2001, 1, p.35-36.

0795
Johnson, Bert: The cartographic community : through a glass, oddly. In: The Portolan. 2001, p.44-48, 1 ill. ISSN 1096-1925

0796
Kozári, Agnes; Gergely, Szilvay: A DAT állományok forgalomba adásának tapasztalatai a Fővárosi Kerületek Földhivatalában. In: Geodézia es kartográfia. 53, 2001, 5, p.12-16. [Experiences of the legal acceptance of digital cadastral maps and DAT database in the Budapest Land Office INFOCAM LIS system.] [Hung. with Engl. rés.]

0797
Manasek, F.J.: How to spot these fakes : Identifying a new breed of counterfeit maps. In: Mercator's world. 6, 2001, 2, p.18-23, 13 ill. ISSN 1086-6728

0798
Monmonier, Mark S.: Map traps : The changing landscape of cartographic copyright. In: Mercator's world. 6, 2001, 4, p.50-52, 3 ill. ISSN 1068-6728

0799
Monmonier, Mark S.: Originality bites : Copyright registration and map history. In: Mercator's world. 6, 2001, p.50-52, 3 ill. ISSN 1086-6728

0800
National Council of Examiners for Engineering and Surveying: Model law. In: Surveying and Land Information Systems. 61, 2001, 1, p.5-23.

0801
Recht und Kosten für Raumdaten : Workshop, ETH Zürich, 24. Januar 2001. Arbeitsgruppe Recht und Kosten für Raumdaten der Schweizerischen Organisation für Geoinformation ; Alessandro Carosio, Urs Ch. Nef (Hrsg.). - Zürich: ETHZ, Institut für Geodäsie und Photogrammetrie 2001, 130 p., ill., mp. (IGP-Bericht ; 294)

0802
Schuster, Ernst Günter: Neues Fachrecht des amtlichen Verrmessungswesens : Auswirkungen auf die vermessungstechnische Praxis. In: Nachrichtenblatt der Vermessungs- und Katasterverwaltung Rheinland-Pfalz. 44, 2001, p.141-162, 11 ill. ISSN 0939-2378

0803
Thurow, Glen; Frank, Steven: Coming to terms with the model law: The search for a definition of surveying in New Mexico. In: Surveying and Land Information Systems. 61, 2001, 1, p.39-43.

0804
Vorschriftensammlung für das Vermessungswesen: Vorschriftensammlung für das Vermessungswesen : Senatsverwaltung für Stadtentwicklung, Abteilung Geoinformation und Vermessung. - Berlin: Senatsverwaltung für Stadtentwicklung, Abteilung Geoinformation und Vermessung 2000 [Stand: März 2000] [Losebl.-Ausg.]

E. Theory of Cartography
Theorie der Kartographie
Théorie de la cartographie

1. Nature and Philosophy of Cartography
Wesen der Kartographie
Nature de la cartographie

0805
Klinghammer, István: Kartographie - eine Wissenschaft. In: Festcolloqium Ulrich Freitag : Beiträge zum Festcolloquium am 5. Juli 1999 anlässlich der Emeritierung von Prof. Dr. Ulrich Freitag. Hrsg. von Wolfgang Scharfe, Freie Universität Berlin, Fachbereich Geowissenschaften, Fachrichtung Kartographie. - Berlin: Fachrichtung Kartographie, Inst. für Geograph Wiss. 2000, p.32-38. (Berliner Manuskripte zur Kartographie)

0806
Makowski, Andrzej: Trójdzielna jedność mapy na tle idei systemu informacji przestrzennej. In: Polski przegląd kartograficzny. 33, 2001, 1, p.38-42, 1 ill. [Threefold unity of the map - against a background of land information systems.] [Pol.]

0807
Mościbroda, Jerzy: Sztuka i nauka w kartografii - dualizm czy jedność? In: Polski przegląd kartograficzny. 33, 2001, 2, p.99-105. [The art and science in cartography - dualism or unity?] [Pol. with Engl. and Russ. rés.]

0808
Smirnov, Leonid E.: Wohin geht die moderne Kartographie? In: Diskussionsbeiträge zur Kartosemiotik und zur Theorie der Kartographie ; 4. Alexander Wolodtschenko und Hansgeorg Schlichtmann. -Dresden 2001, p.45-48. [With Engl., and Russ. rés.] ISBN 3-86005-300-0

0809
Wolodtschenko, Alexander: Die Karte und die Kartographie : struktur-konzeptioneller Abriss. In: Kartosemiotische und konzeptionelle Aspekte der 90er Jahre. Hrsg. von Alexander Wolodtschenko und Hansgeorg Schlichtmann. - Dresden 1999, p.149-180, 20 ill., 7 tab. (Diskussionsbeiträge zur Kartosemiotik und zur Theorie der Kartographie ; Bd. 2)

2. Cartographic Terminology
Kartographische Terminologie
Terminologie cartographique

0810
Fabbri, Michael: Working towards a cartographic lexicon : the role of units, structure, content and expression in geographic information. - Waterloo, ON: University of Waterloo and Wilfrid Laurier University 2000 [Master's thesis]

0811
Koch, Wolf Günther: Aktuelle Probleme der kartographischen Teminologie in Deutschland. In: Theorie 2000 : Vorträge des Kartographischen Symposiums am 17./18. November 2000 an der TU Dresden. Hrsg. von Günther Koch [Technische Universität Dresden, Institut für Kartographie]. - Dresden: Institut für Kartographie 2001, p.15-21. (Kartographische Bausteine ; Bd. 16)

0812
Lexikon der Kartographie und Geomatik in zwei Bänden. Hrsg.: Jürgen Bollmann, Wolf Günter Koch. - Heidelberg [u.a.]:

Spektrum Akademischer Verlag 2001-2002, Bd. 1 A-Karti. 2001. XV, 453 p. / Bd.2 Karto-Z. 2002. VIII, 455 p. ISBN 3-8274-1055-X / 3-8274-1056-8

0813
Meisenheimer, Dieter: GPS-Begriffe - oft gehört - nun erläutert. In: Allgemeine Vermessungs-Nachrichten. 108, 2001, 4, p.150-152.

0814
Ngo, Viban: GIS, cartography, designation, and Kuhn. In: The Bulletin of the Society of Cartographers. 35, 2001, p.19-35. ISSN 0036-1984

0815
Wolodtschenko, Alexander: Kartosemiotische Lexis im Heft Kartosemiotik/ Kartosemiotika 1/1991. In: Diskussionsbeiträge zur Kartosemiotik und zur Theorie der Kartographie ; 3. Alexander Wolodtschenko und Hansgeorg Schlichtmann. - Dresden 2000, p.31-46. [With Engl., and Russ. rés.]

3. Theoretical Foundations of Cartography / Theoretische Grundlagen der Kartographie / Bases théoriques de la cartographie

0816
Albano, Caterina: Visible bodies : cartography and anatomy. In: Literature, mapping, and the politics of space in early modern Britain. Ed. by Andrew Gordon and Bernhard Klein. - Cambridge [u.a.]: Cambridge Univ. Press 2001, p.89-106, 2 ill. ISBN 0-521-80377-2

0817
Andrews, J.H.: Introduction: Meaning, knowledge, and power in the map philosophy of J.B.Harley. In: The new nature of maps : essays in the history of carto graphy / by John Brian Harley. Ed. by John Laxton, introduction by J.H. Andrews. - Baltimore, Md. [u.a.]: John Hopkins Univ. Press 2001, p.1-32. ISBN 0-8018-6566-2

0818
Beineke, Dieter: Verfahren zur Genauigkeitsanalyse für Altkarten. - Neubiberg: Univ. d. Bundeswehr München, Fak. f. Bauingenieur-u. Vermessungswesen 2001, IV, 155 p., ill. (Schriftenreihe /Studiengang Geodäsie und Geoinformation. Universität der Bundeswehr München ; 71) [Zugl.: München, Univ. d. Bundeswehr, Diss. 2000]

0819
Buchroithner, Manfred F.; Brunner, Kurt; Penzkofer, Markus: Investigation into the accuracy of the topographical maps of the Alpenverein. In: High mountain cartography 2000 : proceedings of the Second Symposium of the Commission on Mountain Cartography of the International Cartographic Association held at the Alpine Centre, Rudolfshütte 2315 m, Austria from 29 March to 2 April 2000. Ed. by Manfred F. Buchroithner. - Dresden: Inst. for Cartography, Dresden Univ. of Technology [u.a.] 2000, p.99-104, 3 tab. (Kartographische Bausteine ; 18) ISBN 3-86005-265-9

0820
Finsterwalder, Rüdiger: Genauigkeit und Maßstab der Nürnbergkarte Etzlaubs von 1492. In: Mitteilungsblatt / Deutscher Verein für Vermessungswesen (DVW), Landesverein Bayern e.V. 53, 2001, p.431-435, 2 ill. ISSN 0723-6336

0821
Freitag, Ulrich: Die Entwicklung der Theorie der Kartographie. In: Theorie 2000 :

Vorträge des Kartographischen Symposiums am 17./18. November 2000 an der TU Dresden. Hrsg. von Günther Koch [Technische Universität Dresden, Institut für Kartographie]. - Dresden: Institut für Kartographie 2001, p.4-14. (Kartographische Bausteine ; Bd. 16)

0822
Gerardo, Massimo; La Nave, Massimo: La produzione cartografica del laboratoria di geografia in tema di polarizzazione. In: Cultura cartografica e culture del territorio : atti del convegno nazionale (Sassari, 12-13 dicembre 2000). A cura di Giuseppe Scanu. - Genova:Brigati 2001, p.149-158, 4 ill. (Bollettino della Associazione Italiana di Cartografia No. 111-113 = 38. 2001) [Ital.]

0823
Gillies, John: The scene of cartography in King Lear. In: Literature, mapping, and the politics of space in early modern Britain. Ed. by Andrew Gordon and Bernhard Klein. - Cambridge [u.a.]: Cambridge Univ. Press 2001, p.109-137. ISBN 0-521-80377-2

0824
Grygorenko, Wiktor: Kartografia przed nowym stuleciem. In: Polski przegląd kartograficzny. 33, 2001, 1, p.35-38. [Theoretical and practical problems of cartography on the threshold of the 21st century.] [Pol.]

0825
Harley, John Brian: The new nature of maps : essays in the history of cartography. Ed. by John Laxton, introduction by J.H. Andrews. - Baltimore, Md. [u.a.]: John Hopkins Univ. Press 2001, XV, 331 p., ill., mp. ISBN 0-8018-6566-2

0826
Keller, Stefan F.; Gnaegi, H.R.: Modellierung von unscharfen raumbezogenen Phänomenen mit Anwendungsmustern und Normen. In: Vermessung, Photogrammetrie, Kulturtechnik = Mensuration, Photogrammétrie, Génie rural. 99, 2001, 3, p.161-164, 6 ill.

0827
Koch, Wolf Günther: Theoretical cartography in the Scientific Journal of the University of Dresden, 1956-1999. In: The selected problems of theoretical cartography 2000 : proceedings of a seminar of the Commission on Theoretical Cartography (Dresden, Germany, October 14-15, 2000). Alexander Wolodtschenko. - Dresden: International Cartographic Association 2001, p.11-21, 2 tab.

0828
Kraak, Menno-Jan: Cartographic principles. In: Web cartography : developments and prospects. Ed. by Menno-Jan Kraak and Allan Brown. - London: Taylor & Francis 2001, p.53-71, 14 ill., 2 tab. ISBN 0-7484-0868-1

0829
Lechthaler, Mirjanka: Konzept eines "maßstabslosen" Kartenraumes - am Beispiel GeoInfo Austria®. In: Fachvorträge : XI. Internationale Geodätische Woche Obergurgl 2001. - Innsbruck: Institut für Geodäsie d. Univ. Innsbruck 2001, p.201-204, 8 ill. (Institut für Geodäsie, Leopold-Franzens-Universität Innsbruck / Institutsmitteilungen ; 19)

0830
Literature, mapping, and the politics of space in early modern Britain. Ed. by Andrew Gordon and Bernhard Klein. - Cambridge [u.a.]: Cambridge Univ. Press 2001, XIII, 276 p., ill., mp. ISBN 0-521-80377-2

0831
Moellering, Harold: Theoretical concepts in analytical cartography. In: Map : journal of the Japan Cartographers Association. 39, 2001, p.34-67. [Engl.] [Jap. rés. by Hiroshi Ota, p.68-71] ISSN 0009-4897

0832
Müller, Andreas: Praktische Notwendigkeit und theoretische Absicherung kartographischer Entwicklungsmodelle. In: Theorie 2000 : Vorträge des Kartographischen Symposiums am 17./18. November 2000 an der TU Dresden. Hrsg. von Günther Koch [Technische Universität Dresden, Institut für Kartographie]. - Dresden: Institut für Kartographie 2001, p.121-129, 8 ill. (Kartographische Bausteine ; Bd. 16)

0833
Muggli, Cornelia: Automatisierter Arbeitsablauf zur Erstellung einer topografischen Karte 1 : 25.000 aus VECTOR25-Daten. - Zürich: Geographisches Institut der Universität 2000, 153 p., ill. [Diplomarbeit]

0834
Neudeck, Stefan; Brunner, Kurt: Anforderungen an die kartografische Visualisierung von Geodaten am Bildschirm. In: Angewandte geographische Informationsverarbeitung XIII : Beiträge zum AGIT-Symposium Salzburg 2001. Strobl, Blaschke, Griesebner. - Heidelberg: Wichmann 2001, p.342-347, 3 ill. ISBN 3-87907-361-9

0835
Nunziata, Rachele: La cartografia come forma grafica di comunicazione. In: Cultura cartografica e culture del territorio : atti del convegno nazionale (Sassari, 12-13 dicembre 2000). A cura di Giuseppe Scanu. - Genova: Brigati 2001, p.169-180. (Bollettino della Associazione Italiana di Cartografia No. 111-113 = 38. 2001) [Ital.]

0836
Ormeling, Ferjan: De onderzoeksagenda van de ICA. In: Kartografisch tijdschrift. 27, 2001, p.11-15, 9 ill. [The ICA cartographic research strategy.] [Dutch with Engl., and French rés.] ISSN 0167-5788

0837
Ota, Hiroshi: Theoretical concepts in analytical cartography (summary). In: Map : the journal of the Japan Cartographers Association. 39, 2001, p.68-71. [Jap.] ISSN 0009-4897

0838
Pödör, Andrea: Különleges célú tematikus térképek ábrázolási módszereinek vizsgálata. In: Geodézia és kartográfia. 53, 2001, 2, p.36-39. [Testing the symbolization methods of special purpose thematic maps.] [Hung. with Engl. rés.]

0839
Safier, Neil: Mapping myths : the cartographic boundaries between science and speculation on La Condamine's Amazon, 1743-44. In: The Portolan. 2000, p.8-27, 7 ill. ISSN 1096-1925

0840
Schoustra, Simon: De precisiebepaling van digitaal kaartmateriaal bij het Kadaster. In: Geodesia. 43, 2001, p.470-473, 3 ill., 1 tab. [The precision of digital cadastral maps.] [Dutch with Engl. rés.] ISSN 1385-7515

0841
The selected problems of theoretical cartography 2000 : proceedings of a seminar of the Commission on Theoretical Cartography (Dresden, Germany, October 14-15, 2000). Alexander Wolodtschenko. - Dresden: International Cartographic Association 2001, 71 p.

0842
Simley, Jeff: Improving the quality of mass produced maps. In: Cartography and geographic information science. 28, 2001, 2, p. 97-110, 8 ill., 2 tab.

0843
Slocum, Terry A. and others: Cognitive and usability issues in geovisualization. In: Cartography and geographic information science. 28, 2001, 1, p.61-75, 3 ill., 1 tab.

0844
Suzuki, Koshiro: A cross-cultural comparison of cartographic communication with maps in tourist guide books. In: Map : journal of the Japan Cartographers Association. 39, 2001, p.10-14, 4 ill., 1 tab. [Jap.] ISSN 0009-4897

0845
Theorie 2000 : Vorträge des Kartographischen Symposiums am 17./18. November 2000 an der TU Dresden. Hrsg. von Günther Koch [Technische Universität Dresden, Institut für Kartographie]. - Dresden: Institut für Kartographie 2001, 130, [16] p., ill. (Kartographische Bausteine ; Bd. 16)

0846
Torresani, Stefano: Figurazione e invenzione di realtà nella rappresentazione cartografica. In: I contorni della terra e del mare : la geografia tra rappresentazione e invenzione della realtà. A cura di Claudio Tugnoli, saggi di S. Bianchetti ... - Bologna: Pitagora 1997, p.119-172, 6 ill., 1 tab. (Storia delle idee : sezione saggi e monografie) [Figuration and invention of reality in cartographic representation.] [Ital.] ISBN 88-371-0935-0

0847
Wolodtschenko, Alexander: Die Karte und die Kartographie : struktur-konzeptioneller Abriss. In: Kartosemiotische und konzeptionelle Aspekte der 90er Jahre. Hrsg. von Alexander Wolodtschenko und Hansgeorg Schlichtmann. - Dresden 1999, p.149-180, 20 ill., 7 tab. (Diskussionsbeiträge zur Kartosemiotik und zur Theorie der Kartographie ; Bd. 2)

0848
Wolodtschenko, Alexander: Einige Aspekte der kartosigmatischen Untersuchungen von Atlanten. In: Kartosemiotische und konzeptionelle Aspekte der 90er Jahre. Hrsg. von Alexander Wolodtschenko und Hansgeorg Schlichtmann. - Dresden 1999, p.65-72, 6 ill., 2 tab. (Diskussionsbeiträge zur Kartosemiotik und zur Theorie der Kartographie ; Bd. 2)

0849
Wolodtschenko, Alexander: Einige Fragen der Kartosemantik. In: Kartosemiotische und konzeptionelle Aspekte der 90er Jahre. Hrsg. von Alexander Wolodtschenko und Hansgeorg Schlichtmann. - Dresden 1999, p.57-64, 4 ill., 1 tab. (Diskussionsbeiträge zur Kartosemiotik und zur Theorie der Kartographie ; Bd. 2)

0850
Wolodtschenko, Alexander: Haupteinheiten der Kartensprache. In: Kartosemiotische und konzeptionelle Aspekte der 90er Jahre. Hrsg. von Alexander Wolodtschenko und Hansgeorg Schlichtmann. - Dresden 1999, p.39-46, 5 ill. (Diskussionsbeiträge zur Kartosemiotik und zur Theorie der Kartographie ; Bd. 2) [Russ. with Germ. rés.]

0851
Wolodtschenko, Alexander: Kartosemiotik - quo vadis. In: Kartosemiotische und konzeptionelle Aspekte der 90er Jahre. Hrsg. von Alexander Wolodtschenko und Hansgeorg Schlichtmann. - Dresden 1999, p.47-56, 3 ill. (Diskussionsbeiträge zur Kartose-

miotik und zur Theorie der Kartographie ; Bd. 2) [Internationales Korrespondens-Seminar]

0852
Wolodtschenko, Alexander: O perspektivach teoretičeskij kartografii. In: Diskussionsbeiträge zur Kartosemiotik und zur Theorie der Kartographie ; 3. Alexander Wolodtschenko und Hansgeorg Schlichtmann. - Dresden 2000, p.37-54, 7 ill., 1 tab. [On prospects in theoretical cartography.] [Russ with Engl., and Germ. rés.] ISBN 3-00-007305-1

0853
Wolodtschenko, Alexander: Weitere Gedanken zur Untersuchung der Kartensprache. In: Kartosemiotische und konzeptionelle Aspekte der 90er Jahre. Hrsg. von Alexander Wolodtschenko und Hansgeorg Schlichtmann. - Dresden 1999, p.33-38, 1 ill. (Diskussionsbeiträge zur Kartosemiotik und zur Theorie der Kartographie ; Bd. 2)

0854
Wolodtschenko, Alexander: Zasedanie MKA-komissii "Teoretičeskaja kartografija". In: Diskussionsbeiträge zur Kartosemiotik und zur Theorie der Kartographie ; 4. Alexander Wolodtschenko und Hansgeorg Schlichtmann. - Dresden 2001, p.57-59. [Meeting of the ICA Commission on Theoretical Cartography.] [Russ.] ISBN 3-86005-300-0

0855
Wolodtschenko, Alexander: Zu einigen konzeptionellen Aspekten der theoretischen Kartographie. In: Kartosemiotische und konzeptionelle Aspekte der 90er Jahre. Hrsg. von Alexander Wolodtschenko und Hansgeorg Schlichtmann. - Dresden 1999, p.143-148, 3 ill. (Diskussionsbeiträge zur Kartosemiotik und zur Theorie der Kartographie ; Bd. 2)

0856
Wolodtschenko, Alexander: Zu konzeptionellen Betrachtungsweisen in der Kartographie. In: Kartosemiotische und konzeptionelle Aspekte der 90er Jahre. Hrsg. von Alexander Wolodtschenko und Hansgeorg Schlichtmann. - Dresden 1999, p.133-142, 2 ill. (Diskussionsbeiträge zur Kartosemiotik und zur Theorie der Kartographie ; Bd. 2)

0857
Wolodtschenko, Alexander: Zur Entwicklung der kartographischen Darstellungen. In: Kartosemiotische und konzeptionelle Aspekte der 90er Jahre. Hrsg. von Alexander Wolodtschenko und Hansgeorg Schlichtmann. - Dresden 1999, p.101-106, 3 ill. (Diskussionsbeiträge zur Kartosemio-tik und zur Theorie der Kartographie ; Bd. 2)

0858
Zarycki, Tomasz: Zależnoś mapy od kontekstu. In: Polski przegląd kartograficzny. 33, 2001, 1, p.3-9, 1 tab. [The dependence of the map from the context.] [Pol. with Engl. and Russ. rés.]

4. Graphic Foundations of Cartography
Graphische Grundlagen der Kartographie
Bases graphiques de la cartographie

0859
Brown, Allan; Feringa, Wim: Kleurenruimten en kleuren op het Web. In: Kartografisch tijdschrift. 27, 2001, p.32-38, 15 ill., 1 tab. [Colour spaces and colours on the Web.] [Dutch with Engl., and French rés.] ISSN 0167-5788

0860
Brunner, Kurt: Kartengraphik am Bildschirm - Einschränkungen und Probleme. In: Kartographische Nachrichten. 51, 2001, p.233-239, 5 ill., 3 tab. ISSN 0022-9164

0861
Casti, Emanuela: L'ordine del mondo e la sua rappresentazione : semiosi cartografica e autoreferenza. - Milano: Unicopli 1998, 228 p., ill. (Studi e ricerche sul territorio ; 57) [The order of the world and its representation : cartographic semiosis and self-reference.] [Ital.] ISBN 88-400-0544-7

0862
Casti, Emanuela: Reality as representation : the semiotics of cartography and the generation of meaning. - Bergamo: Bergamo University Press, Edizioni Sestante 2000, p.213 p., 32 ill. ISBN 88-87445-05-2

0863
Dickmann, Frank: Vektorgrafik vor dem Durchbruch - XML-basierte 2D- Vektorformate visualisieren Geodaten im WWW. In: Kartographische Nachrichten. 51, 2001, p.286-291, 5 ill. ISSN 0022-9164

0864
Edwards, Laura: The display of data uncertainty using bivariate graduated symbols. - San Diego, CA: San Diego State University 1999/2000 [Master's thesis]

0865
Kellie, Andrew C.: Boundary retracement based on maps, plats and surveys. In: Surveying and land information systems. 61, 2001, p.193-200, 3 ill. ISSN 1052-2905

0866
Lewes, Darby: The feminine landscape, or gynocartography : treating women like dirt. In: The Portolan. 2000, p.42-51, 9 ill. ISSN 1096-1925

0867
Million, Claude: Des courbes et des lignes. In: XYZ : revue de l'Association Française de Topographie. 86, 2001, 1, p.37-42, 3 ill.

0868
Neytchev, Pavel: Concerning syntactic components of cartographic sentence. In: The selected problems of theoretical cartography 2000 : proceedings of a seminar of the Commission on Theoretical Cartography (Dresden, Germany, October 14-15, 2000). Alexander Wolodtschenko. - Dresden: International Cartographic Association 2001, p.31-39, 3 ill., 2 tab.

0869
Nunziata, Rachele: La cartografia come forma grafica di comunicazione. In: Cultura cartografica e culture del territorio : atti del convegno nazionale (Sassari, 12-13 dicembre 2000). A cura di Giuseppe Scanu. - Genova: Brigati 2001, p.169-180. (Bollettino della Associazione Italiana di Cartografia No. 111-113 = 38. 2001) [Ital.]

0870
Pravda, Ján: Grafická vzorka, grafická struktúra a textúra na mape. In: Geodetický a kartografický obzor. 89, 2001, 1, p.1-7, 7 ill. [Graphical sample, graphical structure and texture on a map.] [Slovak with Engl. rés.]

0871
Puszkarska, Joanna: Influence of white point colour temperature set- up on cartographic pictures appeareance displayed on CRT monitor. In: Geodezja i kartografia. 50, 2001, p.99-118,24 ill., 5 tab. [Engl. with Pol. and Russ. rés.] ISSN 0016-7134

0872
Rotanova, Irina: Information formalization under territory landscape ecological map-

ping as a subject of cartographic semiotics. In: The selected problems of theoretical cartography 2000 : proceedings of a seminar of the Commission on Theoretical Cartography (Dresden, Germany, October 14-15, 2000). Alexander Wolodtschenko. - Dresden: International Cartographic Association 2001, p.40-44.

0873
Rotanova, Irina; Wolodtschenko, Alexander: O kartosemiotičeskom issledovanii ékologičeskich atlasov. In: Diskussionsbeiträge zur Kartosemiotik und zur Theorie der Kartographie ; 4. Alexander Wolodtschenko und Hansgeorg Schlichtmann. - Dresden 2001, p.39-44, 4 tab. [On the cartosemiotic study of ecological atlases.] [Russ. with Engl., and Russ. rés.]
ISBN 3-86005-300-0

0874
Schlichtmann, Hansgeorg: Sign units in map symbolism (I) : focus unit and topeme. In: The selected problems of theoretical cartography 2000 : proceedings of a seminar of the Commission on Theoretical Cartography (Dresden, Germany, October 14-15, 2000). Alexander Wolodtschenko. - Dresden: International Cartographic Association 2001, p.45-58.

0875
Schneider, Bernhard: On the uncertainty of local shape of lines and surfaces. In: Cartography and geographic information science. 28, 2001, p.237-247, 11 ill.
ISSN 1523-0406

0876
Schoppmeyer, Johannes: Allgemeine und kartographische Farbtheorie. In: Theorie 2000 : Vorträge des Kartographischen Symposiums am 17./18. November 2000 an der TU Dresden. Hrsg. von Günther Koch [Technische Universität Dresden, Institut für Kartographie]. - Dresden: Institut für Kartographie 2001, p.58-67, 8 ill. (Kartographische Bausteine ; Bd. 16)

0877
Wolodtschenko, Alexander: Cartosemiotic literature in the Federal Republic of Germany, 1969-1996 (with emphasis on Vermessungstechnik, Kartographische Nachrichten and Kartosemiotik/ Kartosemiotika). In: Kartosemiotische und konzeptionelle Aspekte der 90er Jahre. Hrsg. von Alexander Wolodtschenko und Hansgeorg Schlichtmann. - Dresden 1999, p.73- 84, 2 ill. (Diskussionsbeiträge zur Kartosemiotik und zur Theorie der Kartographie ; Bd. 2)

0878
Wolodtschenko, Alexander: Cartosemiotics and map language in the Russian-language literature. In: Kartosemiotische und konzeptionelle Aspekte der 90er Jahre. Hrsg. von Alexander Wolodtschenko und Hansgeorg Schlichtmann. - Dresden 1999, p.83-97, 3 ill. (Diskussionsbeiträge zur Kartosemiotik und zur Theorie der Kartographie ; Bd. 2)

0879
Wolodtschenko, Alexander: Die syntaktischen Besonderheiten von Zeichen hydrographischer Objekte in prähistorischen und frühgeschichtlichen Karten. In: Kartosemiotische und konzeptionelle Aspekte der 90er Jahre. Hrsg. von Alexander Wolodtschenko und Hansgeorg Schlichtmann. - Dresden 1999, p.119-124, 4 ill. (Diskussionsbeiträge zur Kartosemiotik und zur Theorie der Kartographie ; Bd. 2)

0880
Wolodtschenko, Alexander: In the memory of A. Liouty. In: The selected problems of theoretical cartography 2000 : proceedings of a seminar of the Commission on Theoretical Cartography (Dresden, Germany,

October 14-15, 2000). Alexander Wolodtschenko. - Dresden: International Cartographic Association 2001, p.71.

0881
Wolodtschenko, Alexander: Kartosemiotik - quo vadis. In: Kartosemiotische und konzeptionelle Aspekte der 90er Jahre. Hrsg. von Alexander Wolodtschenko und Hansgeorg Schlichtmann. - Dresden 1999, p.47-56, 3 ill. (Diskussionsbeiträge zur Kartosemiotik und zur Theorie der Kartographie ; Bd. 2)

0882
Wolodtschenko, Alexander: Kartosemiotik der 90er Jahre - die "Neue Kartosemiotik". In: Diskussionsbeiträge zur Kartosemiotik und zur Theorie der Kartographie ; 4. Alexander Wolodtschenko und Hansgeorg Schlichtmann. - Dresden 2001, p.49-56. [With Engl., and Russ. rés.]
ISBN 3-86005-300-0

0883
Wolodtschenko, Alexander: Kartosemiotische Besonderheiten prähistorischer Karten. In: Kartosemiotische und konzeptionelle Aspekte der 90er Jahre. Hrsg. von Alexander Wolodtschenko und Hansgeorg Schlichtmann. - Dresden 1999, p.107-112, 3 ill. (Diskussionsbeiträge zur Kartosemiotik und zur Theorie der Kartographie ; Bd. 2)

0884
Wolodtschenko, Alexander: Kartosemiotische Lexis im Heft Kartosemiotik/ Kartosemiotika 1/1991. In: Diskussionsbeiträge zur Kartosemiotik und zur Theorie der Kartographie ; 3. Alexander Wolodtschenko und Hansgeorg Schlichtmann. - Dresden 2000, p.31-46. [With Engl., and Russ. rés.]

0885
Wolodtschenko, Alexander: Kartosemiotische Systeme und Konzeptionen in Osteuropa. In: Theorie 2000 : Vorträge des Kartographischen Symposiums am 17./18. November 2000 an der TU Dresden. Hrsg. von Günther Koch [Technische Universität Dresden, Institut für Kartographie]. - Dresden: Institut für Kartographie 2001, p.89-94, 1 ill., 5 portr. (Kartographische Bausteine ; Bd. 16)

0886
Wolodtschenko, Alexander: Kartosemiotische und konzeptionelle Aspekte der 90er Jahre. Alexander Wolodtschenko und HansgeorgSchlichtmann. - Dresden 1999, 192 p. (Diskussionsbeiträge zur Kartosemiotik und zur Theorie der Kartographie ; 2) [With Engl., and Russ. rés.]

0887
Wolodtschenko, Alexander: Prähistorische Kunst und Kartosemiotik. In: Kartosemiotische und konzeptionelle Aspekte der 90er Jahre. Hrsg. von Alexander Wolodtschenko und Hansgeorg Schlichtmann. - Dresden 1999, p.125-130, 2 ill. (Diskussionsbeiträge zur Kartosemiotik und zur Theorie der Kartographie ; Bd. 2)

0888
Wolodtschenko, Alexander: Selected cartosemiotic activities in the 1990s. In: The selected problems of theoretical cartography 2000 : proceedings of a seminar of the Commission on Theoretical Cartography (Dresden, Germany, October 14-15, 2000). Alexander Wolodtschenko. - Dresden: International Cartographic Association 2001, p.59-63, 1 ill.

0889
Wolodtschenko, Alexander: Zu Forschungsrichtungen der Kartensprache. In: Kartosemiotische und konzeptionelle Aspekte der 90er Jahre. Hrsg. von Alexander Wolodtschenko und Hansgeorg Schlichtmann. - Dresden 1999, p.11-20, 2 tab. (Diskussionsbeiträge zur Kartosemiotik und zur Theorie der Kartographie ; Bd. 2)

0890
Wolodtschenko, Alexander: Zu einigen Fragen des kartographischen Zeichensystems. In: Kartosemiotische und konzeptionelle Aspekte der 90er Jahre. Hrsg. von Alexander Wolodtschenko und Hansgeorg Schlichtmann. - Dresden 1999, p.21-32, 11 ill. (Diskussionsbeiträge zur Kartosemiotik und zur Theorie der Kartographie ; Bd. 2)

0891
Yen, Gar-on and others: Design and implementation of dynamic symbols in dynamic GIS. In: Geo-spatial information science. 4, 2001, p.32- 36, 4 ill. [Engl.] ISSN 1009-5020

0892
Zarycki, Tomasz: On the pragmatic approach to map analysis : remarks on the basis of MacEachren's approach to map semiotics. In: The selected problems of theoretical cartography 2000 : proceedings of a seminar of the Commission on Theoretical Cartography (Dresden, Germany, October 14-15, 2000). Alexander Wolodtschenko. - Dresden: International Cartographic Association 2001, p.64-70, 1 tab.

0893
Zhong, Yexun and others: The mathematical definition of scale symbol, non-scale symbol and semi-scale symbol in the map. In: Geomatics and information science of Wuhan University. 26, 2001, p.465-468, 3 ill. [Chin. with Engl. rés.] ISSN 1000-050X

5. Surveying for Mapping Kartendaten-Aufnahme Lever cartographique

0894
15. Informationsveranstaltung 2001 der Bayerischen Vermessungsverwaltung am Mittwoch, dem 04. April 2001 in der Technischen Universität München. Hrsg. vom Bayerischen Landesvermessungsamt im Auftr. d. Bayer. Staatsministeriums d. Finanzen. - [München]: Bayer. Landesvermessungsamt 2001, 126 p., ill., mp.

0895
Brodeur, Jean; Massé, François; Laidler, Gita: Standardization and geomatics: in Canada and in ISO/TC 211. In: Geomatica. 55, 2001, 1, p.91-106, 14 ill., 4 tab.

0896
Bucher, Bénédicte: Structuring and enriching metadata to enable users' access to geographic information ressources. In: Bulletin du Comité Français de Cartographie. 169-170, 2001, p.27-32, 6 ill. ISSN 0755-7647

0897
Building, maintaining and using the canadian geospatial data infrastructure: Summaries of recent geoinnovations projects. GeoConnections Secretariat Ottawa, Ontario. In: Geomatica. 55, 2001, 2, p.200-207.

0898
Damiano, Richard; Balestrini, Pierre: FLI-MAP - système d'imagerie géographique héliporté pour une nouvelle cartographie en 3 D. In: XYZ : revue de

l'Association Française de Topographie. 86, 2001, 1, p.32-36, 9 ill.

0899
Decker, Drew: GIS data sources. - New York [u.a.]: Wiley 2001, X, 193 p., ill. ISBN 0-471-35505-4

0900
Durand, Hélène: Apport d'un SIG nomade pour cartographier la végétation naturelle de l'île de la Réunion. In: XYZ : revue de l'Association Française de Topographie. 23, 2001, p.43-46, 5 ill. [French with Engl. rés.] ISSN 0290-9057

0901
Duvall, Gillien N.: Metadata for the Oregon Coast Geospatial Clearinghouse : concept, implementation, and maintenance. - Corvallis, OR: Oregon State University 2000/2001 [Master's thesis]

0902
Fuchs, Achim: Die Entstehung des Topographischen Büros 1801 in München. In: Zeitschrift für Vermessungswesen. 126, 2001, 4, p.218-224, 3 ill.

0903
Geographical data acquisition. Young-Qi Chen, Yuk-Cheung Lee (eds.). - Wien [u.a.]: Springer 2001, XIV, 265 p., ill., mp. ISBN 3-211-83472-9

0904
Geospatial data infrastructure : concepts, cases, and good practice. Ed. by Richard Groot... - Oxford [u.a.]: Oxford Univ. Press 2000, XXXII, 286 p., ill., mp. (Spatial information systems) ISBN 0-19-823381-7

0905
Goodchild, Michael F.: Metrics of scale in remote sensing and GIS. In: International journal of applied earth observation and geoinformation. 3, 2001, p.114-120. ISSN 0303-2434

0906
Grejner-Brzezinska, Dorota: Mobile mapping technology : ten years later. In: Surveying and land information systems. 61, 2001, p.75- 91, 10 ill., 5 tab. ISBN 1052-2905

0907
Grejner-Brzezinska, Dorota: Mobile mapping technology : ten years later (part two). In: Surveying and land information systems. 61, 2001, p.137-151, 11 ill., 11 tab. ISSN 1052-2905

0908
Jakobsson, Antti: Status of data quality in European national mapping agencies. In: Bulletin du Comité Français de Cartographie. 169-170, 2001, p.21-26, 1 ill., 2 tab. ISSN 0755-7647

0909
Kadri-Dahmani, Hakima: Updating data in GIS : towards a more generic approach. In: Bulletin du Comité Français de Cartographie. 169-170, 2001, p.52-57, 4 ill. ISSN 0755-7647

0910
Lee, Yuk-Cheung: Geographical data and its acquisition. In: Geographical data acquisition. Young-Qi Chen, Yuk-Cheung Lee (eds.). - Wien: Springer 2001, p.1-10, 1 ill. ISBN 3-211-83472-9

0911
Lemarié, Cécile; Badard, Thierry: Cartographic database updating. In: Bulletin du Comité Français de Cartographie. 169-170, 2001, p.58- 65, 8 ill., 1 tab. ISSN 0755-7647

0912
Lexikon der Kartographie und Geomatik in zwei Bänden. Hrsg.: Jürgen Bollmann, Wolf Günter Koch. - Heidelberg [u.a.]: Spektrum Akademischer Verlag 2001-2002, Bd. 1 A-Karti. 2001. XV, 453 p. / Bd.2 Karto-Z. 2002. VIII, 455 p. ISBN 3-8274-1055-X / 3-8274-1056-8

0913
Lieb, Gerhard Karl; Sulzer, Wolfgang: Geographische Anmerkungen zum Satellitenbild und zur Karte "Schladminger Tauern". In: Mitteilungen aus dem Institut für Geographie und Raumforschung der Karl-Franzens-Universität Graz. 28, 2001, p,13.

0914
Martinus, H.: Een halwe eeuw 'Kleine United Nations' in Nederland. In: Geodesia : tijdschrift voor geodesie en geo-informatie. 43, 2001, 4, p.168-174, 10 ill. [Half a century 'Small United Nations' in the Netherlands.] [Dutch with Engl. rés.]

0915
Nilsson, Susann: Geography network : framtidens vision om distribution av geodata och GIS-applikationer på Internet. In: Kartbladet. 16, 2001, p.14-16, 2 ill. [Geography network : future vision on distribution of geodata and GIS-applications via internet.] [Swed.] ISSN 0283-0418

0916
Reiß, Peter: Neue Verfahren zur Gewinnung von Geobasisinformationen aus der Sicht der Landesvermessung : Teil 2: Einsatz von Laserscanning und digitaler Photogrammetrie für die topographische Geländeaufnahme. In: Mitteilungsblatt / Deutscher Verein für Vermessungswesen (DVW), Landesverein Bayern e.V. 53, 2001, 1, p.55-73, 15 ill.

0917
Schepers, H.: Het nieuwe studieprogramma landmeetkunde in het mbo. In: Geodesia: tijdschrift voor geodesia en geo-informatie. 43, 2001, 5, p.228-232, 2 ill., 2 tab. [A new study curriculum for mbo-surveyers.] [Dutch with Engl. rés.]

0918
Simonis, Ingo; Streit, Ulrich: Mobile computing techniques coupled with distributed simulation and visualization systems to optimize the field data management. In: The Bulletin of the Society of Cartographers. 35, 2001, p.15-17, 3 ill. ISSN 0036-1984

0919
Smirnov, Leonid E.; Kuroshev, G.D.: Some aspects of the geographic-geodetic monitoring of the earth. In: Diskussionsbeiträge zur Kartosemiotik und zur Theorie der Kartographie ; 3. Alexander Wolodtschenko und Hansgeorg Schlichtmann. - Dresden 2000, p.23-30. [With Germ., and Russ. rés.] ISBN 3-00-007305-1

0920
Turner, Erin: Undergraduate cartographic (and geomatics/GIscience) education at North American universities. - Ottawa, ON: Carleton University 2000 [Master's thesis]

0921
Williams, Jonathan: GIS processing of geocoded satellite data. - London [u.a.]: Springer 2001, XIV, 327 p. ill., mp. (Springer praxis books in geophysical sciences) ISBN 1-85233--368-5

0922
Zhang, Aining: The role of geomatics in supporting sustainable development policy-making 2000 [Doct. diss.]

a. **Geodesy, Topography**
Geodäsie, Vermessung, Topographie
Géodésie, topographie

0923
125 Jahre Berliner Vermessungsverwaltung 1876-2001. [Hrsg.: Senatsverwaltung für Stadtentwicklung, Abt. III, Geoinformation, Vermessung, Wertermittlung. Red.: Anette Blaser ...]. - Berlin: Senatsverwaltung für Stadtentwicklung 2001, 115 p., ill., mp.

0924
200 Jahre Bayerische Vermessungsverwaltung : 1801-2001 ; es ist ein Maß in allen Dingen. Hrsg.: Bayerisches Staatsministerium d. Finanzen, Abt. Vermessung, Informations- u.Kommunikationstechnik.Red.: Karlheinz Goller, Josef Klapf. - München: Bayerisches Landesvermessungsamt 2001, 432 p., ill., mp. ISBN 3-935612-01-X

0925
200 Jahre Bayerische Vermessungsverwaltung: "Es ist ein Maß in allen Dingen" : Ausstellung vom 20. Juni bis 14. September 2001 im Bayerischen Landesvermessungsamt. [Hrsg.: Bayerisches Landesvermessungsamt]. - München: Bayerisches Landesvermessungsamt 2001, 160 p., ill., mp.

0926
Alabér, Laszló: A topográfia megújulása és a térinformatikai infrastruktúra. In: Geodézia és kartográfia. 53, 2001, p.26-32. [Renewal of Topography and the Spatial Data Infrastructure.] [Hung. with Engl. rés.] ISSN 0016-7118

0927
Arca, Salvatore: Roma e la rete trigonometrica nazionale. In: Eventi e documenti diacronici delle principali attività geotopografiche in Roma. Andrea Cantile. - Firenze: Ist. Geografico Militare 2000, p.162-177, 8 ill. 2 portr. (L'Universo ; 80.2000,6, Suppl.) [Rome and the national trigonometric net.] [Ital.]

0928
Bähr, H.-P.: Bachelor/Master-Modell - Katastrophe oder Chance für die geodätische Ausbildung in Deutschland? In: Photogrammetrie - Fernerkundung - Geoinformation : Geodaten schaffen Verbindungen ; Vorträge ; 21. wissenschaftlich-technische Jahrestagung d. DGPF, 4.- 7. September 2001. Hrsg.: Eckhardt Seyfert. - Berlin: DGPF 2001, p.63-72, 2 ill. (Publikationen der Deutschen Gesellschaft für Photogrammetrie und Fernerkundung ; 10)

0929
Ballantyne, Brian; Dobbin, James; Hunter, Andrew: Options for land registration and survey systems on aboriginal lands in Canada. In: Geomatica. 55, 2001, 1, p.23-38.

0930
Barr, Robert: Spatial data and intellectual property rights. In: The map library in the new millenium. Ed. Robert Brian Parry and C.R. Perkins. - London: Library Assoc. Publ. 2001, p.176-187.
ISBN 1-85604-397-5

0931
Barsi, Arpad: Performing coordinate transformation by artificial neural network. In: Allgemeine Vermessungs-Nachrichten. 108, 2001, 4, p.134-137, 4 ill., 1 tab. [With Germ., and Engl. rés.]

0932
Bartos, Ferenc: Beszámoló a Magyar Földmérési Térképészeti és Távérzékelési Társaság (MFTTT) 2001. évi

közgyűléséről. In: Geodézia és kartográfia. 53, 2001, p.6-12. [About the latest plenary meeting of the Hungarian Society on surveying, Mapping and Remote Sensing.] [Hung.] ISSN 0016-7118

0933
Baumann, E.: Bohnenberger und seine Messungen für die württembergische Urtriangulation. In: Mitteilungen / Deutscher Verein für Vermessungswesen, Landesverein Baden-Württemberg. 48, 2001, 1, p.83-107, 3 ill., 1 tab.

0934
Becker, Hans-Gerd: Das Vermessungsamt und seine Aufgaben. In: 125 Jahre Berliner Vermessungsverwaltung 1876-2001. [Hrsg.: Senatsverwaltung für Stadtentwicklung, Abt. III, Geoinformation, Vermessung, Wertermittlung. Red.: Anette Blaser. - Berlin: Senatsverwaltung für Stadtentwicklung 2001, p.86-91, 6 ill.

0935
Bedini, Silvio A.: With compass and chain : early American surveyors and their instruments. - Frederick, Md: Professional Surveyors Publ. Comp. 2001, XXVII, 774 p. ill., mp. ISBN 0-9665120-0-6

0936
Berné Valero, José Luis; Anquela Julián, A.B.: Estudio de las figuras de error en redes topográficas. In: Topografía y Cartografía. 104, 2001, p.41-45. [Span.]

0937
Beutler, Gerhard: Die Internationale Assoziation für Geodäsie (IAG) und ihre Neuorganisation. In: Vermessung, Photogrammetrie, Kulturtechnik = Mensuration, Photogrammétrie, Génie rural. 99, 2001, 3, p.124-128.

0938
Bigler, Franz; Tschudin, Karl: Gestern Vermessungstechniker - heute Vermessungszeichner - morgen Geomatiker? In: Vermessung, Photogrammetrie, Kulturtechnik = Mensuration, Photogrammétrie, Génie rural. 99, 2001, 1, p.19-20.

0939
Bindig, Siegfried: Das Vermessungs- und Kartenwesen der DDR. In: 125 Jahre Berliner Vermessungsverwaltung 1876-2001. [Hrsg.: Senatsverwaltung für Stadtentwicklung, Abt. III, Geoinformation, Vermessung, Wertermittlung. Red.: Anette Blaser. - Berlin: Senatsverwaltung für Stadtentwicklung 2001, p.10-16, 1 ill.

0940
Boer, Adri den: 150 jaar landmeetkunde en cartografie in België. In: Geodesia : tijdschrift voor geodesie en geo-informatie. 43, 2001, 5, p.234-235, 4 ill. [Dutch]

0941
Boller, Michael: Internet GIS : Geodata Warehouse. - Zürich: ETHZ, Institut für Geodäsie und Photogrammetrie 2001

0942
Bonorden, Rainer: Steuerungsinstrumente in Niedersachsen : Eine Chance auch für das Liegenschaftskataster. In: Nachrichten der Niedersächsischen Vermessungs- und Katasterverwaltung : VKV. 51, 2001, 1, p.16-23, 6 ill.

0943
Borchi, Emilio; Cantile, Andrea: La nuova base geodetica dell'Appia antica. In: Eventi e documenti diacronici delle principali attività geotopografiche in Roma. Andrea Cantile. - Firenze: Ist. Geografico Militare 2000, p.138-161, 14 ill. (L'Universo ; 80. 2000, 6, Suppl.) [The new geodetic base of the ancient Appia.] [Ital.]

0944
Borgmann, Horst; Hoffmann, Helmut: Sind die Vermessungs- und Katastergesetze der Länder noch zeitgemäß? In: Zeitschrift für Vermessungswesen. 117, 1992, 6, p.307-316.

0945
Brkić, Mario: Korekcija reljefa uz prostorni model gustoće. In: Geodetski list. 55, 2001, 1, p.3-18, 6 ill., 6 tab. [Relief correction with spatial density model.] [Croat. with Engl. rés.]

0946
Brooks, Randall C.: A problem of provenance: A technical analysis of the "Champlain " astrolabe. In: Geomatica. 55, 2001, 2, p.161-177, 10 ill., 4 tab.

0947
Brubach, Egon; Hinkel, Alwin: Katasteramt Landau in der Pfalz im neuen Dienstgebäude. In: Nachrichtenblatt der Vermessungs- und Katasterverwaltung Rheinland-Pfalz. 44, 2001, 1, p.3-8, 3 ill.

0948
Brüggemann, Heinz: Eine Geodaten-Infrastruktur für Nordrhein-Westfalen. In: Zeitschrift für Vermessungswesen. 126, 2001, 4, p.181-186, 8 ill.

0949
Brunold, Martin: Das Astrolabium. In: Cartographica Helvetica. 23, 2001, p.19-25, 13 ill.

0950
Bruton, Alex M. and others: On the accuracy of kinematic carrier phase DGPS for airborne mapping. In: Geomatica. 55, 2001, p.491-507, 15 ill., 1 tab. [Engl. with French rés.] ISSN 1195-1036

0951
Bucher, Robert; Schleyer, Andreas; Vielsack, Siegfried: Objektstrukturierte Felddatenerfassung für ATKIS mit mobilem GIS. In: Mitteilungsblatt / Deutscher Verein für Vermessungswesen (DVW), Landesverein Baden-Württemberg. 48, 2001, p.5-22, 10 ill. ISSN 0940-2942

0952
Bulirsch, Roland: Himmel und Erde messen. In: Mitteilungsblatt / Deutscher Verein für Vermessungswesen (DVW), Landesverein Bayern e.V. 53, 2001, p.401-423, 23 ill. ISSN 0723-6336

0953
Bun, R.J.G.: Laseraltimetriemeting Betuweroute. In: Geodesia : tijdschrift voor geodesie en geo-informatie. 43, 2001, 2, p.84-89, 5 ill., 3 tab. [Laseraltimetry survey of the Betuweroute.] [Dutch with Engl. rés.]

0954
Burgat, Mika; Schaer, Jean-Paul: Adolphe Hirsch (1830-1901) : directeur de l'Observatoire de Neuchâtel de 1858 à 1901. In: Bulletin de la Societé Neuchâteloise des Sciences Naturelles. 124, 2001, p.23-39, ill., portr. ISSN 0366-3469

0955
Burnett, David Graham: Masters of all they surveyed : exploration, geography, and a British El Dorado. - Chicago, Ill. [u.a.]: Univ. of Chicago Press 2000, XV, 298 p., ill., mp. ISBN 0-226-08120-6

0956
CGDI Architecture Working Group: Canadian geospatial data infrastructure target vision. In: Geomatica. 55, 2001, 2, p.181-185, 2 ill., 1 tab.; frz. Fassung p.186-190. [Engl. and French]

0957
Carosio, Alessandro: Prof. Dr. Herbert Matthias : 1927-2001. In: Vermessung, Photogrammetrie, Kulturtechnik. 99, 2001, p.665. ISSN 0252-9424

0958
Chen, Junyong and others: A new Chinese geoid with high resolution and high accuracy. In: Geomatics and information science of Wuhan University. 26, 2001, p.283-289, 1 tab. [Chin. with Engl. rés.]
ISSN 1000-050X

0959
Chen, Junyong; Wen, Hanjiang; Cheng, Pengfei: On the development of geodesy in China. In: Geomatics and information science of Wuhan University. 26, 2001, p.475-482. [Chin. with Engl. rés.]
ISSN 1000-050X

0960
Christ, Andreas: ALKIS in Niedersachsen. In: Nachrichten der Niedersächsischen Vermessungs- und Katasterverwaltung : VKV. 51, 2001, 1, p.9-15, 1 tab.

0961
Deumlich, Fritz; Staiger, Rudolf:Instrumentenkunde der Vermessungstechnik. - Heidelberg: Wichmann 2001, IX, 426 p., ill. [9., völlig neu bearb. Aufl.] ISBN 3-87907-305-8

0962
Ding, Xiao-Li: Transformation of coordinates between Cartesian systems. In: Geographical data acquisition. Young-Qi Chen, Yuk-Cheung Lee (eds.). - Wien: Springer 2001, p.25-41, 6 ill., 3 tab.
ISBN 3-211-83472-9

0963
Dinter, Georg; Illner, Michael: Höhenbestimmung mit GPS am Beispiel von Pilotprojekten aus Baden-Württemberg. In: GPS-Trends und Realtime-Anwendungen : Beiträge zum 52. DVW-Seminar am 5. und 6. Juni 2000 an der Fachhochschule Stuttgart. Red.: Wolfgang Huep. - Stuttgart: Wittwer 2001, p.88-110, 4 ill., 3 tab. (Schriftenreihe des DVW ; 41)
ISBN 3-87919-276-6

0964
Dorrer, Egon: Die Ausbildung zum Vermessungsingenieur an der Universität der Bundeswehr München. In: 200 Jahre Bayerische Vermessungsverwaltung : 1801-2001 ; es ist ein Maß in allen Dingen. [Hrsg.: Bayer. Staatsministerium der Finanzen, Abt. Vermessung, Informations-u. Kommunikationstechnik...Red.: Karlheinz Goller, Josef Klapf]. - München: Bayer. Landesvermessungsamt 2001, p.390-401, 1 ill. ISBN 3-935612-01-X

0965
Ebner, Carola; Knab, Jürgen; Rabe, Hans Dieter: Punktverwaltung in den hessischen Katasterämtern. In: Allgemeine Vermessungs-Nachrichten. 108, 2001, 1, p.16-21, 9 ill. [With Engl. rés.]

0966
Endrullis, Manfred: Bundesweite Geodatenbereitstellung durch das Bundesamt für Kartographie und Geodäsie (BKG). In: ATKIS - Stand und Fortführung : Beiträge zum 51. DVW-Seminar am 25. und 26. September 2000 an der Unversität Rostock. Red. u. Seminarleiter: Ralf Bill u. Frank Schmidt. - Stuttgart: Wittwer 2000, p.39-52, 2 tab. (Schriftenreihe des DVW ; 39) ISBN 3-87919-273

0967
Eröffnung GeoPrint-Shop der Stadt Zürich : sämtliche Geodaten aus einer Hand. In: Schweizer Baublatt. 112, 2001, p.7-8, ill.
ISSN 0036-7303

0968
Fabiankowitsch, Johannes; Jaindl, Andreas: Vergleich der Auswertemethoden von Naturbestandsaufnahmen. In: VGI : österreichische Zeitschrift für Vermessung & Geoinformation. 89, 2001, p.116-123, 4 ill., 1 tab. ISSN 0029-9650

0969
Fachvorträge : XI. Internationale Geodätische Woche Obergurgl 2001. -Innsbruck: Institut für Geodäsie d. Univ. Innsbruck 2001, III, 223 p., ill. (Institut für Geodäsie, Leopold-Franzens-Universität Innsbruck / Institutsmitteilungen ; 19)

0970
Fejes, István; Szilvay, Gergely: 25 éves a penci Kozmikus Geodéziai Obszervatórium. In: Geodézia és kartográfia. 53, 2001, p.3-9, 1 portr. [25 years of the Satellite Geodetic Observatory in Penc.] [Hung. with Engl. rés.] ISSN 0016-7118

0971
Felus, Yaron; Lida, Oded: On-line expert system for the Israeli cadastral system. In: Geomatica. 55, 2001, 1, p.39-46, 5 ill.

0972
Fischer, Gaston: Adolphe Hirsch (1830-1901) : l'astronomie et les sciences de la terre. In: Bulletin de la Societé Neuchâteloise des Sciences Naturelles. 124, 2001, p.41-47, mp. ISSN 0366-3469

0973
Foster, Robert W.: El papel de la topografía en el nuevo milenio. In: Topografía y cartografía. 18, 2001, p.42-45. [The role of topography in the new millennium.] [Span.] ISSN 0212-9280

0974
Frankenberger, Josef: Verantwortung und Subsidiarität - der Bayerische Weg im Vermessungswesen. In: Zeitschrift für Vermessungswesen. 126, 2001, 4, p.214-218, 2 ill.

0975
Frommknecht, Michael: Vom Messtisch zum fahrbaren Büro : Außendienst am Vermessungsamt - gestern, heute und morgen. In: 200 Jahre Bayerische Vermessungsverwaltung : 1801-2001 ; es ist ein Maß in allen Dingen. [Hrsg.: Bayer. Staatsministerium der Finanzen, Abt. Vermessung, Informations-u. Kommunikationstechnik...Red.: Karlheinz Goller, Josef Klapf]. - München: Bayer. Landesvermessungsamt 2001, p.246-253, 11 ill. ISBN 3-935612-01-X

0976
Fuchs, Achim: Wie alles begann. In: 200 Jahre Bayerische Vermessungsverwaltung : 1801-2001 ; es ist ein Maß in allen Dingen. [Hrsg.: Bayer. Staatsministerium der Finanzen, Abt. Vermessung, Informations-u. Kommunikationstechnik...Red.: Karlheinz Goller, Josef Klapf]. - München: Bayer. Landesvermessungsamt 2001, p.26-37, 6 ill. ISBN 3-935612-01-X

0977
Fülscher, Peter: Zwei historische Vermessungsinstrumente: Doppelkamera Wild und Messtheodolit der L+T. In: Vermessung, Photogrammetrie, Kulturtechnik = Mensuration, Photogrammétrie, Génie rural. 99, 2001, 4, p.229-232, 9 ill.

0978
GPS-Trends und Realtime-Anwendungen : Beiträge zum 52. DVW-Seminar am 5. und 6. Juni 2000 an der Fachhochschule Stuttgart. Red.: Wolfgang Huep. - Stuttgart: Wittwer 2001, 191 p., ill., mp. (Schriftenreihe des DVW ; 41) ISBN 3-87919-276-6

0979
Gamba, Enrico: L'istinto della misura : 3000 anni di disegno della terra. In: Segni e sogni della terra : il disegno del mondo dal mito di Atlante alla geografia delle reti. [Catalogo: testi di Peter Barber ...]. - Novara: De Agostini 2001, p.220-253, 45 ill. [The instinct of measure : 3000 years design of the earth.] [Ital.]
ISBN 88-415-9715-1

0980
García Cortés, Silverio; Sánchez Fernández, Benjamín; Sáez García, Eugenio: Consideraciones generales sobre el ajuste de observaciones topográficas mediante mínimos cuadrados. In: Topografía y cartografía. 18, 2001, p.24-36, 3 tab. [General considerations about the adjustment of topografic observation by means of minimal squares.]
[Span.] ISSN 0212-9280

0981
Gavliak, Alojz: Návrh číselníkov služieb a v‑robkov poskytovaných organizáciami rezortu KK GSR a d'alšími subjektmi. In: Geodetický a cartografický obzor. 47, 2001, 6, p.130-138, 9 tab. [Proposal of code numbers of services and products offered by organisations of the branch of the Office of Geodesy, Cartography and Cadastre of the Slovak Republic and by other subjects.] [Slovak. with Engl. rés.]

0982
Geomatik für unsere Zukunft : 100 Jahre Geomatik Schweiz. Chefred.: Stephan Ziegler ; Hrsg.: Geomatik Schweiz. - St. Gallen: Polygon Media 2001, 34 p., ill. [Ein Produkt der Frehner-Consulting]

0983
Gerloff, Ingo: 125 Jahre preußische Katasterämter in Niedersachsen : Jubiläumstage vom 4. bis 18. Mai 12001 in Göttingen und Northeim. In: Nachrichten der Niedersächsischen Vermessungs- und Katasterverwaltung. 51, 2001, p.4-7, 2 ill.

0984
Gonzáles Matesanz, Javier; Dalda Mourón, Adolfo: El proyecto RECORD (Radiodifusión Española de Correcciones Diferenciales) del Instituto Geográfico Nacional. In: Topografía y cartografía. 18, 2001, p.9-23, 13 ill., 5 tab. [Span.]
ISSN 0212-9280

0985
Gottwald, Reinhard: E10 - das letzte bei Kern in Aarau entwickelte Vermessungsinstrument. In: Vermessung, Photogrammetrie, Kulturtechnik = Mensuration, Photogrammétrie, Génie rural. 99, 2001, 4, p. 221-224, 3 ill.

0986
Gräwer, Horst-Dieter: Höhenfestpunktfeld und Höhenbestimmung in Berlin. In: 125 Jahre Berliner Vermessungsverwaltung 1876-2001. [Hrsg.: Senatsverwaltung für Stadtentwicklung, Abt. III, Geoinformation, Vermessung, Wertermittlung. Red.: Anette Blaser. - Berlin: Senatsverwaltung für Stadtentwicklung 2001, p.39-43, 2 ill.

0987
Grün, Armin: In memoriam Dipl.-Ing. Gert E. Bormann : [1919-2001]. In: Vermessung, Photogrammetrie, Kulturtechnik. 99, 2001, p.665-667, 1 portr. ISSN 0252-9424

0988
Guo, Jinyun; Jin, Fengxiang: A new model of digitizing coordinate transformation and its nonlinear solution. In: Allgemeine Vermessungsnachrichten. 108, 2001, p.311-317, 2 ill., 3 tab.
ISSN 0002-5968

0989
Hánek, Pavel: Tradition geodätischer Instrumente in Tschechien. In: Vermessung, Photogrammetrie, Kulturtechnik = Mensuration, Photogrammétrie, Génie rural. 99, 2001, 4, p.237-241, 7 ill.

0990
Harneid, Kirsten; Oswald, Manfred: Liegenschaftsvermessung im Land Brandenburg : Erläuterung der Verwaltungsvorschrift zur Durchführung von Liegenschaftsvermessungen (Liegenschaftsvermessungsvorschrift - VVLiegVerm). - Potsdam 2001, Getr. Zählung, ill. [Fassung vom September 2001]

0991
Harsson, Bjørn Geirr: Forklaring av noen sentrale, geodetiske termer. In: Kart og plan. 94, 2001, p.161-165, 2 ill. [Explanations for some important geodetic terms.] [Norw. with Engl. rés.]
ISBN 0047-3278

0992
Hartmann, Jens; Heil, Christian; Seuß, Robert: Pilothafte Realisierung des ALKIS/ ATKIS-Datenmodells zur Abbildung bestehender und zukünftiger Anforderungen der Geodatenhaltung in der Hessischen Kataster- und Vermessungsverwaltung - Teil II. In: Allgemeine Vermessungs-Nachrichten. 108, 2001, 4, p.138-149, 8 ill., 4 tab.

0993
Hennemann, Andreas: Ministerialagent a.D. Prof. Dr. Franz Xaver Graf †. In: Mitteilungsblatt / Deutscher Verein für Vermessungswesen (DVW), Landesverein Bayern e.V. 53, 2001, p.398-399, 1 portr.
ISSN 0723-6336

0994
Höh, Rainer: GPS Outdoor-Navigation. - Bielefeld: Reise-Know-How- Verl. Rump 2001, 160 p., ill. (Reise-Know-how : Praxis) [2., aktualisierte Aufl.]
ISBN 3-89416-762-9

0995
Hoffmann, Klaus; Donath, Siegfried: Erneuerung eines Festpunktfeldes im Bereich der Landesgrenze von Rheinland-Pfalz und Baden-Württemberg. In: Nachrichtenblatt der Vermessungs- und Katasterverwaltung Rheinland-Pfalz. 44, 2001, 1, p.17-27, 3 ill., 3 tab.

0996
Holsbrink, J.H.: Een Fries driehoeksnet en een Fries coördinatenstelsel. In: Geodesia : tijdschrift voor geodesie en geo-informatie. 43, 2001, 5, p.250-255, 6 ill., 4 tab. [A Frisian triangulation measurement (part 3).] [Dutch with Engl. rés.]

0997
Holsbrink, J.H.: Een Fries driehoeksnet en een Fries coördinatenstelsel. In: Geodesia : tijdschrift voor geodesie en geo-informatie. 43, 2001, 2, p.74-77, 4 ill., 1 tab. [Frisian triangle measurement? (part 1).] [Dutch with Engl. rés.]

0998
Holsbrink, J.H.: Een Fries driehoeksnet en een Fries coördinatenstelsel. In: Geodesia : tijdschrift voor geodesie en geo-informatie. 43, 2001, 4, p.186-189, 5 ill., 2 tab. [The new Frisian triangle measurement (part 2).] [Dutch with Engl. rés.]

0999
Hornanský, Imrich: Orgány štátnej správy na úseku katastra nehnutel'ností súčast'ou siete špecializovanej štátnej správy. In: Geodetický a kartografický obzor. 47, 2001, p.285-289. [Bodies of state

administration in the sector of cadastre of real estates became part of specialized network of state administration.] [Slovak. with Engl. rés.] ISSN 0016-7096

1000
Hornanský, Imrich; Kočan, Juraj: Rozširovanie obsahu katastra nehnutel'ností. In: Geodetický a kartografický obzor. 47, 2001, 3, p.63-67. [Cadastre of real estates - extension of its content.] [Slov. with Czech. and Engl. rés.]

1001
Huang, Peizhi: A new method for extracting terrain feature lines from digitized data. In: Geomatics and information of Wuhan University. 26, 2001, 3, p.247-252, 6 ill. [Chin. with Engl. rés.]

1002
Hübner, Wolfgang: Umsetzung und Fortführung von Daten der bayerischen Flurkarte. In: Fachvorträge : XI. Internationale Geodätische Woche Obergurgl 2001. - Innsbruck: Institut für Geodäsie d. Univ. Innsbruck 2001, p.187-189. (Institut für Geodäsie, Leopold-Franzens-Universität Innsbruck / Institutsmitteilungen ; 19)

1003
Huggler, Andreas; Zeppenfeld, Günter: Modellgeneralisierung von DLM hoher Auflösung zum DLM niedriger Auflösung am Beispiel des Übergangs ATKIS-DLM 25 zu ATKIS-DLM 200. In: ATKIS - Stand und Fortführung : Beiträge zum 51. DVW-Seminar am 25. und 26. September 2000 an der Unversität Rostock. Red. u. Seminarleiter: Ralf Bill u. Frank Schmidt. - Stuttgart: Wittwer 2000, p.197-206, 7 ill. (Schriftenreihe des DVW ; 39) ISBN 3-87919-273

1004
Hughes, Alun: Augustus Jones : the life and loves of a pioneer surveyor. In: Bulletin / Association of Canadian Map Libraries and Archives. 2001, p.3-12, 5 ill. ISSN 0840-9331

1005
Huser, Meinrad: Schweizer Vermessungsrecht. - Fribourg: Universitätsverlag 2001, XXVI, 149 p. (Beiträge aus dem Institut für Schweizerisches und Internationales Baurecht, Universität Freiburg ; 12) [Semesterarbeit] ISBN 3-7278-1335-0

1006
Husti, G.J.: Global Positioning System : [Een inleiding]. - Delft: Delft University Press 2000, 151 p., ill.,mp. (Series on mathematical geodesy and positioning) [1. druk] ISBN 90-407-1977-2

1007
Ingensand, Hilmar; Bitzi, P.: Technologien der GSM-Positionierungsverfahren. In: Allgemeine Vermessungsnachrichten. 108, 2001, p.286-294, 9 ill., 4 tab. ISBN 0002-5968

1008
Issar, D.P.: Need for redefinition of Indian geodetic datum. In: Indian Surveyor. 55, 2001, p143-149. ISSN 0970-3470

1009
Jean-Jacques Levallois nous a quittés. In: XYZ : revue de l'Association Française de Topographie. 23, 2001, p.14. [French] ISSN 0290-9057

1010
Jeanrichard, Francis: Le développement du Service topographique suisse. In: Vermessung, Photogrammetrie, Kulturtechnik. 99, 2001, p.233-236, mp. ISSN 0252-9424

1011
Jehle, Lorenz: Reise zum Mittelpunkt Liechtensteins : die Alp-Bargälla, Triesenberg : [760 361 / 223 297]. In: Terra plana. 2001, p.17-22, ill.

1012
Jiménez García, Juan and others: Estudio de la seguridad y salud en la topografía. In: Topografía y cartografía. 18, 2001, p.2-8, 9 ill., 3 tab. [An analysis of the safety and health risk in surveying.] [Span. with Engl. rés.] ISSN 0212-9280

1013
Joffe, Bruce A.: Surveyors and GIS professionals reach accord. In: Surveying and Land Information Systems. 61, 2001, 1, p.35-36.

1014
Jokela, Jorma and others: Remeasurement of the Gödöllö standard baseline. - Krikkonummi: Geodeettinen Laitos 2001, 37 p., ill., mp. (Suomen Geodeetisen Laitoksen julkaisuja ; 131) ISBN 951-711-245-9

1015
Joó, István: A magyar felsöfokú földmérö-érképész képzésröl. In: Geodézia és kartográfia. 53, 2001, 6, p.7-12, 3 tab. [About the Hungarian education on surveying and cartography.] [Hung. with Engl. rés.]

1016
Joó, István: Földmérési-térképészeti-térinformatikai ismeretek oktatása a magyar felsëoktatásban. In: Geodézia és kartográfia. 53, 2001, p.13-17. [Teaching of the subjects on surveying, mapping and GIS in the Hungarian universities and technical colleges.] [Hung. with Engl. rés.] ISSN 0016-7118

1017
Joó, István: Gondolatok a magyar földmérés alakulásáról és a földmérési vállalkozásokrol. In: Geodézia és kartográfia. 53, 2001, 4, p.5-12, 4 ill. [General idea about the variations in Hungarian surveying and in the Hungarian enterprises.] [Hung. with Engl. rés.]

1018
Joó, István; Joó, István jun.: Vándorgyűlés Szombathelyen. In: Geodézia és kartográfia. 53, 2001, p.3-11, 17 ill. [The Hungarian Geodetists' 2001 Convention in Szombathely.] [Hung.]

1019
Karten und Raumbezugsdaten der Stadt Nürnberg. [Hrsg.: Stadt Nürnberg, Arbeitsgruppe Kommunales Rauminformationssystem (AGKRIS)]. - Nürnberg: Stadt Nürnberg, Arbeitsgruppe AGKRIS c/o Amt für Organisation u. Informationsverarbeitung 1999, [46] p. [1. Aufl.]

1020
Keller, Stefan F.; Gnaegi, H.R.: Modellierung von unscharfen raumbezogenen Phänomenen mit Anwendungsmustern und Normen. In: Vermessung, Photogrammetrie, Kulturtechnik = Mensuration, Photogrammétrie, Génie rural. 99, 2001, 3, p.161-164, 6 ill.

1021
Kenselaar, Frank; Vosselmann, George: Bachelors en masters leren integreren in projecten. In: Geodesia. 43, 2001, p.460-469, 7 ill., 1 tab. [New bachelor-master study in Geodetic Engineering.] [Dutch with Engl. rés.] ISSN 1385-7515

1022
Kertscher, Klaus: Carl Friedrich Gauß - Universalgenie und Vorbild. In: Zeitschrift

für Vermessungswesen. 126, 2001, 3, p.123-128, 7 ill.

1023
Klein, Bernhard: Maps and the writing of space in early modern England and Ireland. - Basingstoke [u.a.]: Palgrave 2001, XII, 235 p., ill., mp. ISBN 0-333-77933-9

1024
Klöti, Thomas: Der Topografen-Berg : vom Triangulationssignal zum GPS-Fixpunkt : [Titlis]. In: Titlis : Spielplatz der Schweiz. hrsg. von Daniel Anker. - Zürich: AS-Verlag & Buchkonzept 2001, p.70-81, ill. mp. (Bergmonografie ; 7) ISBN 3-905111-62-4

1025
Knips, Udo: Anwendung von ATKIS-Daten : Beispiele aus dem Projekt KRIS bei den Landkreisen Osnabrück und Emsland. In: ATKIS - Stand und Fortführung : Beiträge zum 51. DVW-Seminar am 25. und 26. September 2000 an der Unversität Rostock. Red. u. Seminarleiter: Ralf Bill u. Frank Schmidt. - Stuttgart: Wittwer 2000, p.147-152, 3 ill. (Schriftenreihe des DVW ; 39) ISBN 3-87919-273

1026
Korth, Wilfried: Koordinatensysteme und Koordinatenreferenzsysteme. In: Theorie 2000 : Vorträge des Kartographischen Symposiums am 17./18. November 2000 an der TU Dresden. Hrsg. von Günther Koch [Technische Universität Dresden, Institut für Kartographie]. - Dresden: Institut für Kartographie 2001, p.22-30, 3 ill., 2 tab. (Kartographische Bausteine ; Bd. 16)

1027
Krüger, Reinhard: Das lateinische Mittelalter und die Tradition des antiken Erdkugelmodells (ca. 550 -ca. 1080). - Berlin: Weidler 2000, 409 p., ill. (Krüger, Reinhard: Eine Welt ohne Amerika ; 3) ISBN 3-89693-163-6

1028
Krüger, Reinhard: Das Überleben des Erdkugelmodells in der Spätantike (ca 60 a. Chr. - ca. 550). - Berlin: Weidler 2000, 456 p., ill. (Krüger, Reinhard: Eine Welt ohne Amerika ; 2) ISBN 3-89693-162-8

1029
Kuhar, Miran and others: The use of artificial neural network in geoid surface approximation. In: Allgemeine Vermessungs-Nachrichten. 108, 2001, 1, p.22-27, 9 ill., 2 tab. [With Germ., and Engl. rés.]

1030
Kupic, Anton; Mivšek, Edvard: Smernice nadaljnjega posodabljanja nepremičninskih evidenc GURS. In: Geodetski vestnik. 45, 2001, p.246-254, 2 ill. [Guidelines of further surveying and mapping authority of the republic of Slovenia real estate records updating.] [Sloven. with Engl. rés.] ISSN 0351-0271

1031
Kupic, Anton; Mivšek, Edvard; Kogovšek, Anton: Pregled razvoja digitalnih baz zemljiškega katastra v zadnjem desetletju. In: Geodetski vestnik. 46, 2001, p.191-201. [Land cadastre digital databases development rewiew in the last decade.] [Sloven. with Engl. rés.] ISSN 0351-0271

1032
Kutterer, Hansjörg: Zur Behandlung von Ungewissheit bei der Analyse geodätischer Daten. In: Vermessung, Photogrammetrie, Kulturtechnik = Mensuration, Photogrammétrie, Génie rural. 99, 2001, 3, p.129-131, 2 ill.

1033
Lam, Steve Y.W.; Chen, Young-Qi: Ground based positioning techniques. In: Geographical data acquisition. Young -Qi Chen, Yuk-Cheung Lee (eds.). - Wien: Springer 2001, p.85-97, 13 ill. ISBN 3-211-83472-9

1034
Leipzig im Kartenbild. Hrsg. von der Stadt Leipzig, der Oberbürgermeister, Stadtarchiv [Red. Beate Berger...]. - Leipzig: Leipziger Univ.-Verl. 2001, 210 p., ill., mp. (Leipziger Kalender, Sonderband, 2001 ; 1) ISBN 3-935693-10-2

1035
Letham, Lawrence: GPS made easy : using Global Positioning Systems in outdoors. - Seattle, Wash.: Mountaineers 2001, 208 p., ill., mp. [3. ed.] ISBN 0-89886-802-5

1036
Lidberg, Martin: SWEREF 99 - Sveriges nya referenssystem. In: Kartbladet. 16, 2001, 1, p.6-10, 5 ill. [SWEREF 99 - Sweden's new reference system.] [Swed.]

1037
Lössin, Rolf; Weber, Jürgen: Arbeitsverfahren zur ATKIS - Datenerfassung in Schleswig-Holstein. In: ATKIS - Stand und Fortführung : Beiträge zum 51. DVW-Seminar am 25. und 26. September 2000 an der Unversität Rostock. Red. u. Seminarleiter: Ralf Bill u. Frank Schmidt. - Stuttgart: Wittwer 2000, p.39-52, 2 tab.(Schriftenreihe des DVW ; 39) ISBN 3-87919-273

1038
Lom, Otto von: Geodatenaktualisierung. In: ATKIS - Stand und Fortführung : Beiträge zum 51. DVW-Seminar am 25. und 26. September 2000 an der Unversität Rostock. Red. u. Seminarleiter: Ralf Bill u. Frank Schmidt. - Stuttgart: Wittwer 2000, p.31-37. (Schriftenreihe des DVW ; 39) ISBN 3-87919-273

1039
Lonsdorfer, Klaus; Morawietz, Toni: Erfassung, Fortführung und Präsentation von ATKIS-Daten beim LKVK Saarland. In: ATKIS - Stand und Fortführung : Beiträge zum 51. DVW-Seminar am 25. und 26. September 2000 an der Unversität Rostock. Red. u. Seminarleiter: Ralf Bill u. Frank Schmidt. - Stuttgart: Wittwer 2000, p.93-102, 2 tab. (Schriftenreihe des DVW ; 39) ISBN 3-87919-273

1040
Magel, Holger; Klaus, Michael: Geodäsie - Studium mit Zukunft. In: 200 Jahre Bayerische Vermessungsverwaltung : 1801-2001 ; es ist ein Maß in allen Dingen. [Hrsg.: Bayer. Staatsministerium der Finanzen, Abt. Vermessung, Informations- u. Kommunikationstechnik...Red.: Karlheinz Goller, Josef Klapf]. - München: Bayer. Landesvermessungsamt 2001, p.84-93, 5 ill. ISBN 3-935612-01-X

1041
Martín, Angel: Estado actual de las redes de nivelación en la Comunidad Valenciana. In: Topografía y cartografía. 18, 2001, p.14-23, 3 ill., 4 tab. [The actual state of levelling networks in the Communinity of Valencia.] [Span.] ISSN 0212-9280

1042
Mayer, Michael: Bezugssysteme in der Satellitenvermessung. In: GPS- Trends und Realtime-Anwendungen : Beiträge zum 52. DVW-Seminar am 5. und 6. Juni 2000 an der Fachhochschule Stuttgart. Red.: Wolfgang Huep. - Stuttgart: Wittwer 2001, p.47-69, 7 ill., 1 tab. (Schriftenreihe des DVW ; 41) ISBN 3-87919-276-6

1043
McAdam-Ferrarotto, Heather; Welch, Grace: Inter-library cooperation for GIS services : a road to success. In: Bulletin / Association of Canadian Map Libraries and Archives. 2001, p.13-18, 1 ill. ISSN 0840-9331

1044
Meisenheimer, Dieter: GPS-Begriffe - oft gehört - nun erläutert. In: Allgemeine Vermessungs-Nachrichten. 108, 2001, 4, p.150-152.

1045
Merminod, Bertrand: Comment investir dans la formation? In: Vermessung, Photogrammetrie, Kulturtechnik = Mensuration, Photogrammétrie, Gènie rural. 99, 2001, 1, p.14-15. [With French, German and Ital. rés.]

1046
Messmer, Werner: Das Grundbuch- und Vermessungsamt im Internet : [Basel Stadt, www.gva.bs.ch]. In: Basler Stadtbuch. 121, 2001, p.50-56, ill. ISSN 1011-9930

1047
Minow, Helmut: Messwerkzeuge und Längenmaße im Alten Ägypten. In: Vermessung, Photogrammetrie, Kulturtechnik = Mensuration, Photogrammétrie, Génie rural. 99, 2001, 4, p.242-247, 16 ill., 2 tab.

1048
Mok, Esmond; Chao, Jason: Coordinate systems and datum. In: Geographical data acquisition. Young-Qi Chen, Yuk-Cheung Lee (eds.). - Wien: Springer 2001, p.11-24, 13 ill. ISBN 3-211-83472-9

1049
Mok, Esmond; Retscher, Günther: Satellite-based positioning. In: Geographical data acquisition. Young-Qi Chen, Yuk-Cheung Lee (eds.). - Wien: Springer 2001, p.99-119, 9 ill., 2 tab. ISBN 3-211-83472-9

1050
Mozžuchin, O.A.: Die Refraktion beim theoretischen Nivellement - Theorie und Praxis. In: Allgemeine Vermessungs-Nachrichten. 108, 2001, 3, p.78-84, 8 ill., 5 tab. [With Engl. rés.]

1051
Müller, Achim: Global Navigation Satellite System : Fakten und Visionen. In: GPS-Trends und Realtime-Anwendungen : Beiträge zum 52. DVW-Seminar am 5. und 6. Juni 2000 an der Fachhochschule Stuttgart. Red.: Wolfgang Huep. - Stuttgart: Wittwer 2001, p.8-17, 7 ill. (Schriftenreihe des DVW ; 41) ISBN 3-87919-276-6

1052
Müller, Anett: Die Anfänge des Leipziger Vermessungsamtes. In: Leipzig im Kartenbild. Hrsg. von der Stadt Leipzig, der Oberbürgermeister, Stadtarchiv [Red. Beate Berger...]. - Leipzig: Leipziger Univ.- Verl. 2001, p.117-127, 2 ill. (Leipziger Kalender,Sonderband, 2001 ; 1) ISBN 3-935693-10-2

1053
Naef, David; Subak, Sasa: Fehleranalyse des Schweizer DHM25. - Zürich: ETHZ, Institut für Geodäsie und Photogrammetrie [Semesterarbeit]

1054
Nagel, Günter; Pfannenstein, Anton: Das Bayerische Landesvermessungsamt - Gegenwart und Perspektiven. In: 200 Jahre Bayerische Vermessungsverwaltung : 1801-2001 ; es ist ein Maß in allen Dingen. [Hrsg.: Bayer. Staatsministerium der Finanzen, Abt. Vermessung, Informations-u. Kommunikationstechnik...Red.: Karlheinz

Goller, Josef Klapf]. - München: Bayer. Landesvermessungsamt 2001,p.16-25, 5 ill. ISBN 3-935612-01-X

1055
Nagel, Günter: Vermessung und Ortung in hochauflösenden Geoinformations-systemen. In: Geo-Informationssysteme : GIS ; Zeitschrift für raumbezogene Informationen und Entscheidungen = Geo-information-systems. 14, 2001, 3, p.14-19, 3 ill., 5 tab.

1056
Nagel, Günter; Wandinger, Marcus: Ein Blick über die weißblauen Grenzpfähle : das Bayerische Landesvermessungsamt im internationalen Rahmen. In: 200 Jahre Bayerische Vermessungsverwaltung : 1801-2001 ; es ist ein Maß in allen Dingen. [Hrsg.: Bayer. Staatsministerium der Finanzen, Abt. Vermessung, Informations-u. Kommunikationstechnik...Red.: Karlheinz Goller, Josef Klapf]. - München: Bayer. Landesvermessungsamt 2001, p.96-107, 6 ill. ISBN 3-935612-01-X

1057
National Council of Examiners for Engineering and Surveying: Model law. In: Surveying and Land Information Systems. 61, 2001, 1, p.5-23.

1058
Oosterom, Peter J.M. van: Een generieke geografische querytool. In: Geodesia : tijdschrift voor geodesie en geo-informatie. 43, 2001, 4, p.176-184, 7 ill., 2 tab. [A generic geographic query tool.] [Dutch with Engl. rés.]

1059
Oswald, Walter; Rolli, Simon: Online-Dienste für Geodaten im Kanton Basel-Stadt. In: Vermessung, Photogrammetrie, Kulturtechnik. 99, 2001, p.589-593, 4 ill. [Germ. with French, and Ital. rés]

1060
Pastorelli, G.: In memoria dell' ingegnere Roberto Pastorelli : Zum Gedenken an Ingenieur Roberto Pastorelli. In: Vermessung, Photogrammetrie, Kulturtechnik. 99, 2001, p.667-668, portr. [Ital. and Germ.] ISSN 0252-9424

1061
Podobnikar, Tomaž and others: Digitalni model reliefa Slovenije iz raznih geodetskih podatkov. In: Geodetski vestnik. 45, 2001, p.341- 352, 4 ill. [A digital terrain model for Slovenia with diverse geodetic data.] [Sloven. with Engl. rés.] ISSN 0351-0271

1062
Radovan, Dalibor: Državni geodetski sistem v vlogi temeljnega geoinformacijskega servisa. In: Geodetski vestnik. 45, 2001, p.459-465. [State geodetic system in the role of fundamental geo-information service.] [Sloven. with Engl. rés.] ISSN 0351-0271

1063
Ramspott, Matthew E.: A frequency-based content-UAL classification approach to thematic land cover mapping using panchromatic satellite image data. - San Marcos, TX: South West Texas State University 1999/2000 [Master's thesis]

1064
Rebert, Paula: La Gran Línea : mapping the United States - Mexico boundary. - Austin, Texas: Univ. of Texas Press 2001, XV, 259 p., mp. ISBN 0-292-77110-X

1065
Recht und Kosten für Raumdaten : Workshop, ETH Zürich, 24. Januar 2001. Arbeitsgruppe Recht und Kosten für Raumdaten der Schweizerischen Organisation für Geoinformation ; Alessandro Carosio, Urs Ch. Nef (Hrsg.). - Zürich: ETHZ, Institut

für Geodäsie und Photogrammetrie 2001, 130 p., ill., mp. (IGP-Bericht ; 294)

1066
Reeves, Rob; Elder, James; Laidler, Gita: Accuracy of the Canadian digital terrain data in the Gatineau region of Quebec. In: Geomatica. 55, 2001, 1, p.57-64, 4 ill., 6 tab.

1067
Regal, Wolfgang: Daumensprung und Jakobsstab : Messen ohne Maßstab. - Struckum: Stein 2001, 75 p., ill. (Outdoor-Handbuch : Basiswissen für draußen ; 106) [1. Aufl.] ISBN 3-89392-506-6

1068
Reis, Olivier: Intergeo, manifestation phare du domaine topographique. In: XYZ : revue de l'Association Française de Topographie. 23, 2001, p.62-64, 3 ill. [French] ISSN 0290-9057

1069
Rekow, Matthias: Die Scheibeninstrumente von Hans August Nienborg. In: Leipzig im Kartenbild. Hrsg. von der Stadt Leipzig, der Oberbürgermeister, Stadtarchiv [Red. Beate Berger...]. - Leipzig: Leipziger Univ.-Verl. 2001, p.23-37, 5 ill. (Leipziger Kalender, Sonderband, 2001 ; 1) ISBN 3-935693-10-2

1070
Resnik, Boris: Praktische Untersuchungen zur Genauigkeit und Zuverlässigkeit der mobilen Geodatenerfassung mit Freihandmesssystemen. In: Allgemeine Vermessungsnachrichten. 108, 2001, p.246-253, 9 ill., 3 tab. ISSN 0002-5968

1071
Rickenbacher, Martin: Die ältesten Höhenmessungen in der Basler Landschaft : Daniel Bernoullis Expedition auf die Wannenflue im Mai 1755. In: Basler Zeitschrift für Geschichte und Altertumskunde. 101, 2001, p.87-115, ill., tab., mp. ISSN 0067-4540

1072
Rokahr, Friedrich: Perspektiven des Vermessungswesens in Berlin. In: 125 Jahre Berliner Vermessungsverwaltung 1876-2001. [Hrsg.: Senatsverwaltung für Stadtentwicklung, Abt. III, Geoinformation, Vermessung, Wertermittlung. Red.: Anette Blaser. - Berlin: Senatsverwaltung für Stadtentwicklung 2001, p.98-102.

1073
Rolincová, Dobromila: Hodnotendie výsledkov ROEP z hl'adiska ich využívania pri aktualizácii katastra nehnutel'ností. In: Geodetický a kartografický obzor. 47, 2001, 5, p.107-111, 3 ill. [Evaluation of updated land registry regarding their applicability to updating of the cadastre of real estates.] [Slov. with Czech. and Engl. rés]

1074
Rosenthal, Gerd: SAPOS - ein Netzwerk von GNSS-Referenzstationen als Grundinfrastruktur zur Realisierung der geodätischen Bezugssysteme. In: 125 Jahre Berliner Vermessungsverwaltung 1876-2001. [Hrsg.: Senatsverwaltung für Stadtentwicklung, Abt. III, Geoinformation, Vermessung, Wertermittlung. Red.: Anette Blaser. - Berlin: Senatsverwaltung für Stadtentwicklung 2001, p.31-38, 14 ill., 1 tab.

1075
Roßbach, Udo: Aktuelle und künftige Nutzung von GLONASS. In: GPS-Trends und Realtime-Anwendungen : Beiträge zum 52. DVW-Seminar am 5. und 6. Juni 2000 an der Fachhochschule Stuttgart. Red.: Wolfgang Huep. - Stuttgart: Wittwer

2001, p.18-35, 5 ill. (Schriftenreihe des DVW ; 41) ISBN 3-87919-276-6

1076
Ruggero, Adriano; Londei, Luigi: Il Catasto Urbano di Roma (1818-1824). In: Eventi e documenti diacronici delle principali attività geotopografiche in Roma. Andrea Cantile. - Firenze: Ist. Geografico Militare 2000, p.102-137, 20 ill. (L'Universo ; 80.2000,6, Suppl.) [The City Cadastre of Rome.] [Ital.]

1077
Ruiz Lendinez, Juan José; Blazquéz Parra, Elidia Beatriz: Reseña sobre el estado actual de las señales pertenecientes a la Red de Nivelación de Alta Precisión. In: Topografia y Cartografia. 103, 2001, p.8-11, 4 ill.

1078
Rummel, Reiner: Fortschritte der Satellitengeodäsie. - Wiesbaden: Westdt. Verlag 2000, 51 p. ill. (Vorträge/Nordrhein-Westfälische Akademie der Wissenschaften : Natur-, Ingenieur- und Wirtschaftswissenschaften ; Bd. N 453)
ISBN 3-531-08453-4

1079
Schäfer, Christof and others: Das europäische Satellitennavigationssystem Galileo : Status und Konzepte der Systemarchitekturdefinition. In: Mitteilungsblatt / Deutscher Verein für Vermessungswesen (DVW), Landesverein Baden-Württemberg. 48, 2001, p.p.32-51, 8 ill.
ISSN 0940-2942

1080
Scheele, Theo and others: Geodesie is meer dan GIS. In: Geodesia : tijdschrift voor geodesie en geo-informatie. 43, 2001, 1, p.4-9, 10 ill. [Geodesy is more than GIS.] [Dutch with Engl. rés.]

1081
Schlatter, A. and others: Konzept- und Machbarkeitsstudie zu HFP2- Netzen im heutigen Umfeld. In: Vermessung, Photogrammetrie, Kulturtechnik = Mensuration, Photogrammétrie, Génie rural. 99, 2001, 3, p.169-175, 6 ill., 1 tab.

1082
Schleinert, Dirk: Die geometrische Aufmessung des Dorfes Rustow bei Demmin in Vorpommern im Jahre 1603 : ein Beitrag zur Vermessungsgeschichte. In: Historische Geographie und Kulturlandschaftsforschung : Beiträge zum Gedenkkolloqium für Dr. Eginhard Wegner am 4. Mai 2001 in Greifswald. Hrsg. von Reinhard Zölitz-Möller. - Greifswald: Ernst-Moritz-Arndt-Univ. 2001, p.61-70, 2 ill. (Greifswalder geographische Arbeiten ; 22)
ISBN 3-86006-177-X

1083
Schmidt, Jürgen: Oldenburger Kataster im Fürstentum Birkenfeld. In: Nachrichtenblatt der Vermessungs- und Katasterverwaltung Rheinland-Pfalz. 44, 2001, p.163-189, 9 ill. ISSN 0939-2378

1084
Schmidt, Klaus-Jürgen: 125 Jahre Katasterämter in Hannover : Festvortrag am 4.5. 2001 in der Stadthalle Northeim. In: Nachrichten der Niedersächsischen Vermessungs- und Katasterverwaltung. 51, 2001, p.7-11, 2 ill.

1085
Schoebel, Martin: Steuer, Landesaufnahme und Kartierung im frühneuzeitlichen Pommern : quellenkundliche Annotationen zur historischen Landesforschung. In: Historische Geographie und Kulturlandschaftsforschung : Beiträge zum Gedenkkolloqium für Dr. Eginhard Wegner am 4. Mai 2001 in Greifswald. Hrsg. von Reinhard

Zölitz-Möller. - Greifswald: Ernst-Moritz-Arndt-Univ. 2001, p.41-50, 4 ill. (Greifswalder geographische Arbeiten ; 22) ISBN 3-86006-177-X

1086
Schouler, Valérie: Fournir un service de positionnement en temps réel avec une précision centimétrique: un défi pour Swissat. In: Vermessung, Photogrammetrie, Kulturtechnik. 99, 2001, p.432-434, 6 ill., 2 tab. [French with Germ., and Ital. rés.] ISSN 0252-9424

1087
Schreutelkamp, Frank H.: De geoïde voor Nederland astrometrisch getoetst. In: Geodesia. 43, 2001, p.404-411, 9 ill., 6 tab. [Testing the Netherlands geoid model by astronomical measurements.] [Dutch with Engl. rés.] ISSN 1385-7515

1088
Schuster, Ernst Günter: Neues Fachrecht des amtlichen Verrmessungswesens : Auswirkungen auf die vermessungstechnische Praxis. In: Nachrichtenblatt der Vermessungs- und Katasterverwaltung Rheinland-Pfalz. 44, 2001, p.141-162, 11 ill. ISSN 0939-2378

1089
Schwieger, Volker: Praxisrelevante Probleme bei der Transformation von RTK-GPS-Ergebnissen in Gebrauchskoordinatensystemen. In: GPS- rends und Realtime-Anwendungen : Beiträge zum 52. DVW-Seminar am 5. und 6. Juni 2000 an der Fachhochschule Stuttgart. Red.: Wolfgang Huep. - Stuttgart: Wittwer 2001, p.70-86, 8 ill., 1 tab. (Schriftenreihe des DVW ; 41) ISBN 3-87919-276-6

1090
Sears, Garry: Geospatial data policy study. In: Geomatica. 55, 2001, 2, p.208-222, 2 ill., 4 tab.

1091
Seeberger, Max: Wie Bayern vermessen wurde : Haus der Bayerischen Geschichte. Unter Mitarb. von Frank Holl [Red.: Eva-Maria Brockhoff, Josef Kirmeier]. - Augsburg: Haus der bayerischen Geschichte 2001, 80 p., ill., mp. + Anaglyphen-Brille. (Hefte zur bayerischen Geschichte und Kultur ; 26) ISBN 3-927233-77-33

1092
Simek, Jaroslav; Kostelecky, Jan: Datum y Red Geodésica europeos modernos. In: Topografia y Cartografia. 103, 2001, p.30-40, 5 ill., 2 tab.

1093
Skerritt, William H.: The surveying instruments of Andrew Meneely. In: Rittenhouse : journal of the American Scientific Instrument Enterprise. 15, 2001, 1, p.1-10, 8 ill.

1094
Smits, Jan: Metadata and standards: confusion or convergence? In: The map library in the new millenium. Ed. Robert Brian Parry and C.R. Perkins. - London: Library Assoc. Publ. 2001, p.117-136, 3 tab. ISBN 1-85604-397-5

1095
Spälti, Kurt: Das Topographische Informationssystem der Schweiz. In: ATKIS - Stand und Fortführung : Beiträge zum 51. DVW-Seminar am 25. und 26. September 2000 an der Unversität Rostock. Red. u. Seminarleiter: Ralf Bill u. Frank Schmidt. - Stuttgart: Wittwer 2000, p.53-63, 1 ill., 1 tab. (Schriftenreihe des DVW ; 39) ISBN 3-87919-273

1096
Spata, Manfred; Fröhlich, Hans: Kartendatum-Shiftparameter. In: Allgemeine Vermessungs-Nachrichten. 108, 2001, 4, p.132-133, 5 tab.

1097
Stahl, Volker: Qualitätsmangement im Vermessungswesen : Sind Messinstrumente Prüfmittel entsprechend eines QM- Systems? In: Allgemeine Vermessungsnachrichten. 108, 2001, p.387-389, 2 ill. ISSN 0002-5968

1098
Standal, Kjell Rune: Erfaringer med GPS i kommunal oppmåling. In: Kart og plan. 94, 2001, p.153-160, 8 ill., 1 tab. [Experiences using GPS in municipal surveying.] [Norw. with Engl. rés.]

1099
Staudinger, Martin; Otepka, Johannes: Netzausgleichung unter Berücksichtigung der Punktlagegenauigkeit der Festpunkte. In: Österreichische Zeitschrift für Vermessung & Geoinformation. 89, 2001, 1, p.13-18, 1 ill., 2 tab.

1100
Stein, Wolfgang Hans: Die französischen Anfänge der Bayerischen Vermessungsverwaltung: "Bureau topographique de Bavière" (1801-1807) und "Carte der la Bavière" (1807-1818). In: Mitteilungsblatt / Deutscher Verein für Vermessungswesen, Landesverein Bayern. 53, 2001, 2, p.137-191, 5 ill.

1101
Stopar, Bojan; Kuhar, Miran: Moderni geodetski koordinatni sistemi in astrogeodetska mreža slovenije. In: Geodetski vestnik. 45, 2001, p.11-26, 7 ill. [Condition of the astrogeodetic network of Slovenia.] [Sloven. with Engl. rés.] ISSN 0351-0271

1102
Suárez García, José Antonio; González-Pumariega Solís, Pelayo: El deslinde de términos municipales, pervivencia de un rito de mensuración : una aproximación al caso de Asturias. In: Topografía y cartografía. 18, 2001, p.46-59, 7 ill. [Span.] ISSN 0212-9280

1103
Suba, János: A trianoni határ kitűzése és térképei, IV.rész : A magyar osztrák határszakasz. In: Geodézia és kartográfia. 53, 2001, 4, p.5-12, 4 ill. [Set out and maps of the Hungary's frontier after Trianon peace-treaty (fourth part).] [Hung.]

1104
Sykora, Peter: Web-based GPS interface for the high mountain regions. In: High mountain cartography 2000 : proceedings of the Second Symposium of the Commission on Mountain Cartography of the International Cartographic Association held at the Alpine Centre, Rudolfshütte 2315 m, Austria from 29 March to 2 April 2000. Ed. by Manfred F. Buchroithner. - Dresden: Inst. for Cartography, Dresden Univ. of Technology [u.a.] 2000, p.167-178, 8 ill., 1 tab. (Kartographische Bausteine ; 18) ISBN 3-86005-265-9

1105
Tamás, Tokos: Kiegyenlítési módszerek összehasonlító vizsgálata a magyar felsërendå szintezési hálozat kiegyenlítésével. In: Geodézia és kartográfia. 53, 2001, p.23-28, 1 ill., 2 tab. [A comparison of six adjustments of the Hungarian First Order Levelling Network.] [Hung. with Engl. rés.] ISSN 0016-7118

1106
Teunissen, Peter J.G.: Adjustment theory : an introduction. - Delft: Delft Univ. Press 2000, 193 p., ill. (Series on mathematical geodesy and positioning)
ISBN 90-407-1974-8

1107
Thurow, Glen; Frank, Steven: Coming to terms with the model law: The search for a definition of surveying in New Mexico. In: Surveying and Land Information Systems. 61, 2001, 1, p.39-43.

1108
Torge, Wolfgang: Geodesy. - Berlin [u.a.]: de Gruyter 2001, XV, 416 p., ill. [3., completely rev. and extended ed.]

1109
Towards an integrated global geodetic observing system (IGGOS) : Munich, Germany, 5-9 October 1998. Reinhard Rummel. - Berlin [u.a.]: Springer 2000, XXII, 261 p., ill., mp. (International Association of Geodesy symposia ; 120) [Bibliogr.] ISBN 3-540-67079-3

1110
Transformation von Koordinaten und Höhen in der Landesvermessung. - Bonn: Landesvermessungsamt Nordrhein-Westfalen 1999, T. 1. Theoretische Grundlagen - 2.Aufl. 1999, 62 [24] p. - T.2. Praktische Anwendungsfälle - 1 Aufl. 1999, getr. Zählung.

1111
Verkettete Transformation, Mustertechnologie : Landesvermessungsamt Brandenburg ; [Stand] 22. November 1999. - Potsdam: Landesvermessungsamt 1999, 22, 15, [2] Bl.

1112
Vermeij, L.W.: Metadata. In: Geodesia : tijdschrift voor geodesie en geo-informatie. 43, 2001, 7/8, p.352-357, 6 ill. [Metadata - because you know more than you think.] [Dutch with Engl. rés.]

1113
Vermessen : Historische Landkarten und ihre Vermessungsinstrumente ; Ausstellung der Museumsstiftung Post und Telekommunikation und des Deutschen Museums Bonn, 15.September - 15.Oktober 2000. Mit Beitr. von Mirjam Kasperl...Hrsg.: Peter Frieß, Manuela Schütze. - Bonn: Museumssstiftung Post und Telekommunikation [2000], [3] Bl., ill., mp. [zugl.: - Bonn: Dt. Museum]
ISBN 3-8295-7025-2

1114
Vielsack, Siegfried: Erfassung von ATKIS -Daten mit mobilem GIS. In: ATKIS - Stand und Fortführung : Beiträge zum 51. DVW-Seminar am 25. und 26. September 2000 an der Unversität Rostock. Red. u. Seminarleiter: Ralf Bill u. Frank Schmidt. - Stuttgart: Wittwer 2000, p.85-91. (Schriftenreihe des DVW ; 39)
ISBN 3-87919-273

1115
Vorschriftensammlung für das Vermessungswesen: Vorschriftensammlung für das Vermessungswesen : Senatsverwaltung für Stadtentwicklung, Abteilung Geoinformation und Vermessung. - Berlin: Senatsverwaltung für Stadtentwicklung, Abteilung Geoinformation und Vermessung 2000 [Stand: März 2000] [Losebl.-Ausg.]

1116
Wandinger, Marcus: GIS vernetzt Europa : internationale Zusammenarbeit unter besonderer Berücksichtigung von CERCO/ MEGRIN bzw. EuroGeographics. In:

Mitteilungsblatt / Deutscher Verein für Vermessungswesen (DVW), Landesverein Bayern e.V. 53, 2001, p.443-462, 10 ill., 1 tab. ISSN 0723-6336

1117
Wehrmann, Detlef: Aktuelle Entwicklungen im amtlichen Vermessungswesen : Fortbildungsveranstaltung 1/2000 der VKV in Bad Nenndorf am 4./5.12.2000. In: Nachrichten der Niedersächsischen Vermessungs- und Katasterverwaltung. 51, 2001, 1, p.30-34, 3 ill.

1118
Wenderlein, Werner: Das Informationssystem- System. In: Allgemeine Vermessungs-Nachrichten. 108, 2001, 2, p.50-53.

1119
Werneburg, Thomas: Historische Vermessungsschriften - Geschichte(n) nicht nur für Geodäten. In: Allgemeine Vermessungs-Nachrichten. 108, 2001, 1, p.2-15, 31 ill.

1120
Wicki, Fridolin: Robustes Schätzverfahren für die Ausgleichung geodätischer Netze. In: Vermessung, Photogrammetrie, Kulturtechnik = Mensuration, Photogrammétrie, Génie rural. 99, 2001, 3, p.151-155, 4 ill., 3 tab.

1121
Wild, Urs and others: swipos(R)-GIS/GEO : real-time Positionierung in der ganzen Schweiz mit cm-Genauigkeit : [automatisches GPS-Netz Schweiz (AGNES)]. In: Vermessung, Photogrammetrie, Kulturtechnik. 99, 2001, p.165-168, ill., mp. [Germ. with French, and Ital. rés.] ISSN 0252-9424

1122
Winter, S. and others: Situation und Trends der Geodäsie-Ausbildung in Österreich. In: Photogrammetrie - Fernerkundung - Geoinformation : Geodaten schaffen Verbindungen ; Vorträge ; 21. wissenschaftlich- technische Jahrestagung d. DGPF, 4.-7. September 2001. Hrsg.: Eckhardt Seyfert. - Berlin: DGPF 2001, p.95-100. (Publikationen der Deutschen Gesellschaft für Photogrammetrie und Fernerkundung ; 10)

1123
Wissel, Helmut: Satellitenmesstechnik in der Praxis der Vermessungs- und Katasterbehörde Osnabrück. In: Nachrichten der Niedersächsischen Vermessungs- und Katasterverwaltung. 51, 2001, p.16-20, 4 ill.

1124
Wodtke, Klaus-Peter: Die georeferenzierte Adresse : gemeinsame Nutzung von ATKIS - und ALK-Daten in Internet- und CD-ROM-basierten Anwendungen. In: ATKIS - Stand und Fortführung : Beiträge zum 51. DVW-Seminar am 25. und 26. September 2000 an der Unversität Rostock. Red. u. Seminarleiter: Ralf Bill u. Frank Schmidt. - Stuttgart: Wittwer 2000, p.139-145. (Schriftenreihe des DVW ; 39) ISBN 3-87919-273

1125
Yang, Yuanxi; Xu, Tianhe: The combined method of datum transformation between different coordinate systems. In: Geomatics and information science of Wuhan University. 26, 2001, p.509-513, 3 ill., 2 tab. [Chin. with Engl. rés.] ISSN 1000-050X

1126
Yuan, May: Representing complex geographic phenomena in GIS. In: Cartography and geographic information science. 28, 2001, 2, p.83-96, 8 ill., 2 tab.

1127
Zhang, Zhenglu and others: Integrated super-totalstation GPS surveying system. In: Geomatics and information science of Wuhan University. 26, 2001, p.446-450, 1 ill. [Chin. with Engl. rés.]
ISSN 1000-050X

1128
Zhou, Shijian and others: The analytical collocation of the error distribution. In: Geomatics and information science of Wuhan University. 26, 2001, p.455-458. [Chin. with Engl. rés.]
ISSN 1000-050X

1129
Zimmermann, Niklaus Emanuel: TERRA/ MODIS : ein umfassendes, satellitengestütztes Erdbeobachtungssystem : [Workshop, 3.- 5.10.2000, Birmensdorf (WSL)]. In: Informationsblatt Forschungsbereich Landschaft, Birmensdorf (WSL). 49, 2001, p.3-4, ill., tab.

1130
Übersicht zur Verfügbarkeit geotopographischer Daten und digitaler Daten der Liegenschaftskarten. der Arbeitsgemeinschaft der Vermessungsverwaltungen der Länder der Bundesrepublik (AdV). - [Stuttgart]: Landesvermessungsamt Baden-Württemberg 1999, 72 p.

b. Photogrammetry, Remote Sensing Photogrammetrie, Fernerkundung Photogrammétrie, télédétection

1131
Al Sahhaf, Nasr: The use of remote sensing and geographic information systems technologies to detect, monitor, and model urban change in Riyadh, Saudi Arabia. - Santa Barbara, CA: University of California, Santa Barbara 2000 [Doct. diss.]

1132
Al-Nakib, Nuri: Kartenproduktion auf Radardaten. In: Rauminformationen für das 21. Jahrhundert : Vorträge ; 20. wissenschaftlich-technische Jahrestagung der DGPF im Rahmen der Intergeo 2000, 11.-13. Oktober 2000, Kongress-Zentrum ICC, Berlin. Hrsg.: Jörg Albertz. - Berlin: DGPF 2001, p.257-264, 10 ill., 1 tab. (Publikationen der Deutschen Gesellschaft für Photogrammetrie und Fernerkundung ; 9)

1133
Albertz, Jörg: Photogrammetrie und Fernerkundung in Berlin - 140 Jahre technologische Entwicklung. In: Rauminformationen für das 21. Jahrhundert : Vorträge ; 20. wissenschaftlich-technische Jahrestagung der DGPF im Rahmen der Intergeo 2000, 11.-13. Oktober 2000, Kongress-Zentrum ICC, Berlin. Hrsg.: Jörg Albertz. - Berlin: DGPF 2001, p.11-22, 20 ill. (Publikationen der Deutschen Gesellschaft für Photogrammetrie und Fernerkundung ; 9)

1134
Andrews, Mary: Use of AVIRIS hyperspectral remote sensing to map mustard (Brassica nigra) and fennel (Foeniculum vulgare). - Davis, CA: University of California 2000/2001 [Master's thesis]

1135
Arino, Olivier and others: Methods of mapping burned surfaces in vegetation fires. In: Global and regional vegetation fire monitoring from space : planning a coordinated international effort. Ed. by Frank J. Ahern, Johann G. Goldammer and Christopher O. Justice. - The Hague: SPB Academic Publ. 2001, p.227-255, 7 ill.

1136
Bareth, Georg: Integration einer IRS-1C-Landnutzungsklassifikation in ATKIS zur Verbesserung der Information zur landwirtschaftlichen Nutzfläche am Beispiel des württembergischen Allgäus. In: Geo-Informations-Systeme : GIS. 14, 2001, p.40-45, 6 ill., 4 tab. ISSN 1430-3663

1137
Bartos, Ferenc: Beszámoló a Magyar Földmérési Térképészeti és Távérzékelési Társaság (MFTTT) 2001. évi közgyűléséről. In: Geodézia és kartográfia. 53, 2001, p.6-12. [About the latest plenary meeting of the Hungarian Society on surveying, Mapping and Remote Sensing.][Hung.]
ISSN 0016-7118

1138
Bauer, Thomas; Steinnocher, Klaus: Per-parcel land use classification in urban areas applying a rule-based technique. In: Geo-Informationssysteme : GIS; Zeitschrift für raumbezogene Informationen und Entscheidungen. 14, 2001, 6, p.24-27, 3 ill. [With Germ. rés.]

1139
Beckel, Julia: Methoden der Fernerkundung für die Geomedizin : Datenverknüpfung unter Einsatz der GIS-Technologie. - Wien: Universität Wien 2001, 131 p., 44 ill., 6 tab. mp.-suppl. [Dipl.-Arb.]

1140
Bergaglio, Maristella: L'impiego dell'aero nella rilevazione cartografica coloniale : la cartografia di guerra durante il conflitto Italo-Etiopico. In: Cultura cartografica e culture del territorio : atti del convegno nazionale (Sassari, 12-13 dicembre 2000). A cura di Giuseppe Scanu. - Genova: Brigati 2001, p.573-584. (Bollettino della Associazione Italiana di Cartografia No. 111-113 = 38. 2001) [Ital.]

1141
Blankenberg, Leif Erik: "Transformasjon" av ortofoto og rasterkart. In: Kart og plan. 94, 2001, 1, p.38-42, 3 ill. [Transformations of orthophotos and maps.] [Norw. with Engl. rés.]

1142
Briese, Christian; Belada, Peter; Pfeifer, Norbert: Digitale Geländemodelle im Stadtgebiet aus Laser-Scanner-Daten. In: Photogrammetrie - Fernerkundung - Geoinformation : Geodaten schaffen Verbindungen ; Vorträge ; 21. wissenschaftlich-technische Jahrestagung d. DGPF, 4.-7. September 2001. Hrsg.: Eckhardt Seyfert. - Berlin: DGPF 2001, p.165-172, 6 ill. (Publikationen der Deutschen Gesellschaft für Photogrammetrie und Fernerkundung ; 10)

1143
Briese, Christian; Belada, Peter; Pfeifer, Norbert: Digitale Geländemodelle im Stadtgebiet aus Laser-Scanner-Daten. In: VGI : österreichische Zeitschrift für Vermessung & Geoinformation. 89, 2001, p.83-91, 10 ill., 1 tab. ISSN 0029-9650

1144
Cekula, Zane; Goba, Zinta: The satellite map, geographical names database and gazetteers of Latvia. In: Second International Symposium on Geographical Names, GeoNames 2000, Frankfurt am Main, 28-30 March 2000. Ed. by the Ständiger Ausschuss für Geographische Namen (StAGN), comp. by Jörn Sievers. - Frankfurt am Main: Verl. d. Bundesamtes für Kartographie u. Geodäsie 2000, p.39-44, 2 ill. (Mitteilungen des Bundesamtes für Kartographie und Geodäsie ; 19)
ISBN 3-88648-292-8

1145
Chichagov, Alexander: Digital elevation modeling using digital frame cameras. - Ottawa, ON: Carleton University 1999 [Master's thesis]

1146
Clark, Larry: Pictures at a conflagration : remote sensing and GIS techniques for mapping and analyzing prescribed fire in the Madrean Archipelago. - Tucson, AZ: University of Arizona 2000 [Master's thesis]

1147
Cobb, Michelle: Mapping gradients on Santa Cruz Island, California, from remotely sensed and ground sample data. - Santa Barbara, CA: University of California-Santa Barbara 1999 [Master's thesis]

1148
Color-Infrarot-Biotoptypen- und Landnutzungskartierung : Freistaat Sachsen, Landesamt für Umwelt und Geologie. Bearb.: Günter Frietsch. - Dresden: Sächsisches Landesamt für Umwelt u. Geologie 2000, 1 CD-ROM. (Materialien zu Naturschutz und Landschaftspflege) [Elektronische Ressource]

1149
Damoiseaux, Thomas: Possible uses of InSAR data in high-mountain cartography. In: High mountain cartography 2000 : proceedings of the Second Symposium of the Commission on Mountain Cartography of the International Cartographic Association held at the Alpine Centre, Rudolfshütte 2315 m, Austria from 29 March to 2 April 2000. Ed. by Manfred F. Buchroithner. - Dresden: Inst. for Cartography, Dresden Univ. of Technology [u.a.] 2000, p.17-28, 30 ill., 1 tab. (Kartographische Bausteine ; 18) ISBN 3-86005-265-9

1150
Dartnell, Peter: Applying remote sensing techniques to map seafloor geology/habitat relationships. - San Francisco, CA: San Francisco State University 2000/2001 [Master's thesis]

1151
Demattź, José Alexandre M. and others: Remote sensing in the recognition and mapping of tropical soils developed on topographic sequences. In: Mapping Sciences and Remote Sensing. 38, 2001, 2, p.79-102, 7 ill., 9 tab.

1152
Dobos, Endre and others: A regional scale soil mapping approach using integrated AVHRR and DEM data. In: International journal of applied earth observation and geoinformation. 3, 2001, p.30-42, 6 ill., 5 tab. ISSN 0303-2434

1153
Eckstein, Reginald C.: An evaluation of orthoimagery for map revisio Waterloo, ON: University of Waterloo and Wilfrid Laurier University 2000 [Master's thesis]

1154
Edwards, Roger William: Creating air navigation charts with LandsatThematic Mapper. - College Park, MD: University of Maryland at College Park 1999 [Master's project]

1155
Faulstroh, Karin: Alle Wetter : Großformatdrucke von Satellitenbildern unterstützen den Deutschen Wetterdienst. In: GeoBIT : das Magazin für raumbezogene Informationstechnologie. 6, 2001, 1, p.30-31, 2 ill.

1156
Flotron, A.; Koelbl, O.: Precise Terrain Models for Civil Engineering. Frankfurt am Main: Bundesanstalt für Kartographie und Geodäsie 2000, p.37-134, 35 ill., 21 tab. (European Organization for Experimental Photogrammetric Research / Official publication ; No. 38) ISBN 3-88648-104-2

1157
Franjković, Davor; Bajić, Milan; Gold, Hrvoje: Usage-characteristic of the airborne remote sensing system developed at the faculty of transport and traffic engineering. In: Proceedings of the 2nd International Symposium on Image and Signal Processing and Analysis. Pula, Croatia, June 19-21, 2001. - University Computing Center, Zagreb 2001, p. 388-393, 10 ill., 2 tab.

1158
Friolo, Riccardo: La documentazione foto-cartografica di supporto allo studio della dinamica migratoria interna negli Stati Uniti del Messico. In: Cultura cartografica e culture del territorio : atti del convegno nazionale (Sassari, 12-13 dicembre 2000). A cura di Giuseppe Scanu. - Genova: Brigati 2001, p.549-572, 1 ill. (Bollettino della Associazione Italiana di Cartografia No. 111-113 = 38. 2001) [Ital.]

1159
Fülscher, Peter: Zwei historische Vermessungsinstrumente: Doppelkamera Wild und Messtheodolit der L+T. In: Vermessung, Photogrammetrie, Kulturtechnik = Mensuration, Photogrammétrie, Génie rural. 99, 2001, 4, p.229-232, 9 ill.

1160
GIS and remote sensing applications in biogeography and ecology. Ed. by Andrew C. Millington... - Boston, Mass. [u.a.]: Kluwer 2001, VII, 333 p., ill., mp. + 1 CD-ROM. (The Kluwer international series in engineering and computer science ; 626) ISBN 0-7923-7454-1

1161
Granica, Klaus and others: Monitoring and visualisation of protection forests in high-alpine terrain using satellite data. In: High mountain cartography 2000 : proceedings of the Second Symposium of the Commission on Mountain Cartography of the International Cartographic Association held at the Alpine Centre, Rudolfshütte 2315 m, Austria from 29 March to 2 April 2000. Ed. by Manfred F. Buchroithner. - Dresden: Inst. for Cartography, Dresden Univ. of Technology [u.a.] 2000, p.229-238, 5 ill., 5 tab. (Kartographische Bausteine ; 18) ISBN 3-86005-265-9

1162
Grégoire, Jean-Marie and others: Forest fire monitoring and mapping for GOFC : current products and information networks based on NOAA-AVHRR-ATSR, and SPOT-VGT systems. In: Global and regional vegetation fire monitoring from space : planning a coordinated international effort. Ed. by Frank J. Ahern, Johann G. Goldammer and Christopher O. Justice. - The Hague: SPB Academic Publ. 2001, p.105-124, 7 ill., 2 tab.

1163
Gültlinger, Manfred; Schleyer, Andreas; Spohrer, Michael: Flächendeckendes, hochgenaues DGM von Baden-Württemberg. In: Mitteilungsblatt / Deutscher Verein für Vermessungswesen (DVW), Landesverein Baden-Württemberg. 48, 2001, p.73-77, 3 ill. ISSN 0940-2942

1164
Haubner, Ernst and others: The airborne High Resolution Stereo Camera (HRSC-A)

as a tool for high mountain cartography. In: High mountain cartography 2000 : proceedings of the Second Symposium of the Commission on Mountain Cartography of the International Cartographic Association held at the Alpine Centre, Rudolfshütte 2315 m, Austria from 29 March to 2 April 2000. Ed. by Manfred F. Buchroithner. - Dresden: Inst. for Cartography, Dresden Univ. of Technology [u.a.] 2000, p.29-38, 7 ill., 2 tab. (Kartographische Bausteine ; 18) ISBN 3-86005-265-9

1165
Heyde, Herbert: Die Höhennullpunkte der amtlichen Kartenwerke europäischer Staaten und ihre Lage zum Normal-Null. Neu hrsg. u. mit e. Nachwort versehen durch Manfred Spata. - Dortmund: Vermessungstechnisches Museum 1999, 43 p., ill. (Schriften des Förderkreises Vermessungstechnisches Museum e.V. ; 28) ISBN 3-00-004699-2

1166
Höhle, Joachim; Potuckova, Marketa: Towards the full automatic production of orthoimages. In: Photogrammetrie, Fernerkundung, Geoinformation. 2001, p.397-404, 5 ill., 1 tab. ISSN 1432-8364

1167
Hofmann, Peter; Kušan, Vladimir; Špirić, Zdravko: Monitoring of beaver (Castor fiber L) population wide-spreading in Lonjsko polje by means of GIS. In: Preceddings. GIS Croatia 2000. Zagreb, Osijek and Lonjsko Polje 27-29 September 2000. GIS Forum INA. In: Geo-Informationssysteme : GIS; Zeitschrift für raumbezogene Informationen und Entscheidungen. 14, 2001, 6, 2000, p.28-33, 6 ill., 1 tab. [With Germ. rés.]

1168
Hofstee, Paul: Vuurwerkramp in Enschede: luchtfoto's, kaarten en GIS. In: Kartografisch tijdschrift. 27, 2001, 2, p.69-73, 5 ill., 1 photo. [Fireworks disaster in Enschede, aerial photographs , maps and GIS.] [Dutch with Engl. and French rés.]

1169
Hongchang, He: Multi-spectral satellite image classification using artificial neural networks. - Fribourg 2000, 146 p., ill. [Thèse no. 1296 rer. nat. Fribourg]

1170
Huang, Chengquan: Improved land cover characterization from satellite remote sensing. - College Park, MD: University of Maryland at College Park 1999 [Doct. diss.]

1171
Husak, Greg: The impact of Landsat Thematic Mapper positional accuracy on the validation of the DISCover global land cover database. - Santa Barbara, CA: University of California-Santa Barbara 1999 [Master's thesis]

1172
Janeczek, Deborah: Detection and measurement of Amazon tropical forest logging using remote sensing data. - East Lansing, MI: Michigan State University 1999 [Master's thesis]

1173
Jansa, Josef: Die Klassifizierung der Schneebedeckung aus Satellitenaufnahmen im kleinräumigen alpinen Bereich in Theorie und Praxis. In: VGI : österreichische Zeitschrift für Vermessung & Geoinformation. 89, 2001, p.50-63, 13 ill. ISSN 0029-9650

1174
Johnson, Patrick: Mapping disrupted surfaces in the Mojave Desert using remote sensing and GIS, Fort Irwin National Training Center, California. - Long Beach, CA: California State University 1999
[Master's thesis]

1175
Jong, Steven M. de; Hornstra, Tom; Maas, Hans-Gerd: An integrated spatial and spectral approach to the classification of Mediterranean land cover types : the SSC method. In: International journal of applied earth observation and geoinformation. 3, 2001, p.176-183, 7 ill., 2 tab. ISSN 0303-2434

1176
Käser, Christoph and others: SWISSIMAGE - das flächendeckende, hochaufgelöste Farborthophoto des Bundesamtes für Landestopographie. In: Vermessung, Photogrammetrie, Kulturtechnik. 99, 2001, p.532-536, 7 ill. [Germ. with French, and Ital. rés] ISSN 0252-9424

1177
Karmazin, A.U.: Tomsk Affiliate, Forestry Institute, Siberian Section, Russian Academy of Sciences, Tomsk, Russia. In: Mapping sciences and remote sensing. 38, 2001, p.306-308, 3 tab. ISSN 0749-3878

1178
Kennedy, Sarah S.: Spectral discrimination of irrigated / non-irrigated crop types using Landsat Thematic Mapper imagery in Haskell County, Kansas. - Lawrence, KS: University of Kansas 1999
[Master's thesis]

1179
King, Bruce; Lam, Kent: Image acquisition. In: Geographical data acquisition. Young-Qi Chen, Yuk-Cheung Lee (eds.). - Wien: Springer 2001, p.149-172, 17 ill., 2 tab. ISBN 3-211-83472-9

1180
Koch, Andreas: Genauigkeitsanalyse Digitaler Geländemodelle für die Shuttle Radar Topography Mission (SRTM). In: Rauminformationen für das 21. Jahrhundert : Vorträge ; 20. wissenschaftlich-technische Jahrestagung der DGPF im Rahmen der Intergeo 2000, 11.-13. Oktober 2000, Kongress-Zentrum ICC, Berlin. Hrsg.: Jörg Albertz. - Berlin: DGPF 2001, p.237-244, 3 ill., 1 tab. (Publikationen der Deutschen Gesellschaft für Photogrammetrie und Fernerkundung ; 9)

1181
Koch, Barbara; Harm, Jürgen: Remote sensing and spatial data for the establishment and visualisation of 3D computer landscape models as basis for visual impact assessment. In: Geo-Informations-Systeme : GIS. 14, 2001, p.41-48, 11 ill. [With Germ. and Engl. rés.] ISSN 1430-3663

1182
Kosmann, D. and others: DEM und Radarprodukte des Deutschen Fernerkundungsdatenzentrum der DLR (DFD). In: Tagung 2000 : Arbeitsgruppe Automation in der Kartographie / Bundesanstalt für Kartographie und Geodäsie. - Frankfurt am Main: Verl. d. Bundesamtes für Kartographie u. Geodäsie 2001, p. 51-58, 14 ill., 1 tab. (Mitteilungen des Bundesamtes für Kartographie und Geodäsie ; 20) ISBN 3-88648-306-1

1183
Kosmatin Fras, Mojca: Vloga Fotogrametrije in prostorskih podatkovpri

dokumentiranju naravnih katastrof - primer plazu pod Mangrtom. In: Geodetski vestnik. 45, 2001, p.62-71, 10 ill. [The role of photogrammetry and spatial data in documentation of natural disasters - example on landslide under Mangrt mountain.] [Sloven. with Engl. rés.] ISSN 0351-0271

1184
Kostka, Robert: Ein Beitrag zur Entwicklung der Satellitenbild-Fernerkundung : Karte einer Hochgebirgsregion. In: Mitteilungen aus dem Institut für Geographie und Raumforschung der Karl-Franzens-Universität Graz. 28, 2001, p.12-13, 2 ill.

1185
Koukal, Tatjana; Schneider, Werner: Kartierung und Monitoring von Baumressourcen außerhalb des Waldes in Zentralamerika. In: VGI : österreichische Zeitschrift für Vermessung & Geoinformation. 89, 2001, p.153-157, 6 ill., 2 tab. ISSN 0029-9650

1186
Kraus, Karl: Der Beitrag von Jörg Albertz zur Entwicklung von Photogrammetrie, Fernerkundung und Kartographie. In: Photogrammetrie, Fernerkundung, Geoinformation. 2001, p.304-307. ISSN 1432-8364

1187
Krawczak, Peter A.: Assessment of geomorphic maps derived from airborne scanner imagery of the Tortalita Mountains. University of Arizona. - Tucson, AZ: University of Arizona 2000 [Master's thesis]

1188
Lebel, Daniel: Comparison of high-resolution digital photogrammetry methods for geological mapping, Moose Mountain gas field, Alberta. In: Geomatica. 55, 2001, p.523-538, 9 ill., 1 tab. [Engl. with French rés.] ISSN 1195-1036

1189
Leberl, Franz; Kalliany, Rainer: 3D Objekterfassung mittels Fernerkundung. In: VGI : österreichische Zeitschrift für Vermessung & Geoinformation. 89, 2001, p.172-177, 8 ill. ISSN 0029-9650

1190
Leberl, Franz: Digitalisieren von Luftbildern. In: Österreichische Zeitschrift für Vermessung und Geoinformation. - Wien: Universität Wien 89, 2001, p.2-12, 11 ill. ISSN 0029-9650

1191
Leiss, Ivo: Einsatz der Satellitenfernerkundung für die Bodennutzungsstatistik : Methoden und Resultate eines Forschungsprojektes. - Neuchâtel: Bundesamt für Statistik 2000, 64 p., ill. (Statistik der Schweiz ; 2, Raum und Umwelt) [Engl. ed.: Application of satellite remote sensing for land use statistics] ISBN 3-303-02059-0

1192
Li, Zhilin: Orthoimage generation and measurement from single images. In: Geographical data acquisition. Young-Qi Chen, Yuk-Cheung Lee (eds.). - Wien: Springer 2001, p.173-192, 13 ill. ISBN 3-211-83472-9

1193
Lippert, Kathrin: Informationsgewinnung für Naturschutz und Biotopkartierung : Luftbild kontra Satellit. In: Naturschutz und Fernerkundung : Referate der gleichnamigen Tagung des Arbeitskreises "Interpretation von Fernerkundungsdaten" der DGPF und des Bundesamtes für Natur-

schutz 11.-12. Mai 2000, INA, Insel Vilm. Cornelia Gläßer (Bearb.). - Bonn: BFN 2001, p.33-42, 3 ill., 1 tab.
(BfN-Skripten ; 42)

1194
Liu, Hongxing: Generation and refinement of a continental-scale digital elevation model by integrating cartographic and remotely-sensed data : a GIS-based approach. - Columbus, OH: Ohio State University 1999 [Doct. diss.]

1195
Lohr, Uwe: LIDAR Höhenmodelle und digitale Bilder für unterschiedliche Anwendungen. In: Mitteilungsblatt / Deutscher Verein für Vermessungswesen (DVW), Landesverein Baden-Württemberg. 48, 2001, p.52-62, 7 ill., 2 tab.
ISSN 0940-2942

1196
Ludwig, Robert: Das Liegenschaftskataster auf dem Weg zum Geoinformationssystem. In: 200 Jahre Bayerische Vermessungsverwaltung : 1801-2001 ; es ist ein Maß in allen Dingen. [Hrsg.: Bayer. Staatsministerium der Finanzen, Abt. Vermessung, Informations-u. Kommunikationstechnik... Red.: Karlheinz Goller, Josef Klapf]. - München: Bayer. Landesvermessungsamt 2001, p.200-211, 5 ill.
ISBN 3-935612-01-X

1197
Luftbilder und Satellitenbilder : Katalog. - Bern: Eidg. Vermessungsdirektion 2000-2001, 46 p. + mp. "Luftbilder der Schweiz 2000" + mp. "Lothar 2000" ; 35 p. + mp. "Luftbilder der Schweiz 2001".

1198
Lynden, Godert W.J.; Mantel, Stephan: The role of GIS and remote sensing in land degradation assessment and conservation mapping : some user experiences and expectations. In: International journal of applied earth observation and geoinformation. 3, 2001, p.61-68,9 ill.
ISSN 0303-2434

1199
Makala, Michael: Die CIR-Biotoptypen- und Landnutzungskartierung in der kommunalen Landschaftsplanung. In: Die Nutzung der Biotoptypen- und Landnutzungskartierung aus Color-Infrarot-(CIR) Luftbildern : Anwendungsmöglichkeiten und Beispiele. Mit Beiträgen von Claudia Neugebauer...Hrsg.: Sächsisches Landesamt für Umwelt un. Geologie. - Dresden: Sächsisches Landesvermessungsamt für Umwelt u. Geologie 2001, p.58-68, 7 ill., 2 tab.
(Materialien zu Naturschutz und Landschaftspflege ; 2001)

1200
Maudie, Alan John: Forest inventory classification using aerial image texture in the New Brunswick Acadian Forsest Region. - Calgary, AB: University of Calgary 1999 [Master's thesis]

1201
Meier, Erich H.; Nüesch, Daniel R.: Genauigkeitsanalyse von hochauflösenden Gelände- und Oberflächenmodellen. In: Photogrammetrie, Fernerkundung, Geoinformation. 2001, p.405-416, 6 ill., 1 tab. ISSN 1432-8364

1202
Meinel, Gotthard; Reder, Johannes: IKONOS-Satellitenbilddaten - ein erster Erfahrungsbericht. In: Kartographische Nachrichten. 51, 2001, 1, p.40-46, 6 ill., 6 tab.

1203
Mercer, Bryan: Combining LIDAR and IFSAR: What can you expect? In: Geo-Informations-Systeme : GIS. 14, 2001, p.12-19, 6 ill. [With Germ. and Engl. rés.] ISSN 1430-3663

1204
Miller, Michael R.: Identification of high quality tallgrass prairie in eastern Kansas using multitemporal Landsat imagery. - Lawrence, KS: University of Kansas 1999 [Master's thesis]

1205
Monmonier, Mark S.: Perfectly flat : Orthophotos and orthophotoquad maps. In: Mercator's world. 6, 2001, 1, p.50-53, 6 ill. ISSN 1086-6728

1206
Müller, Markus: Verfahren der digitalen Reliefanalyse und Satellitenbildauswertung für die Bodenkartierung des Zielmaßstabes 1: 50000 am Beispiel des Blattes Könnern. In: Photogrammetrie, Fernerkundung, Geoinformation. 2001, 2, p.91-105, 7 ill., 4 tab.

1207
Mulders, Michael A.: Advances in the application of of remote sensing and GIS for surveying mountainous land. In: International journal of applied earth observation and geoinformation. 3, 2001, p.3-10, 1 ill. ISSN 0303-2434

1208
Nagy, Patrick and others: Flug in die Vergangenheit : die Luftbildprospektion im Dienste der Archäologie : [mit Beispielen aus der Schweiz]. In: Helvetia archaeologica. 32, 2001, p.2-77. ISSN 0018-0173

1209
Neugebauer, Claudia: Einsatz von CIR-Luftbilddaten bei der Gewässerstrukturgütekartierung. In: Die Nutzung der Biotoptypen- und Landnutzungskartierung aus Color-Infrarot-(CIR) Luftbildern : Anwendungsmöglichkeiten und Beispiele. Mit Beiträgen von Claudia Neugebauer...Hrsg.: Sächsisches Landesamt für Umwelt und Geologie. - Dresden: Sächsisches Landesvermessungsamt für Umwelt u. Geologie 2001, p.69-78, 7 ill., 1 tab. (Materialien zu Naturschutz und Landschaftspflege ; 2001)

1210
Niederöst, Markus: 3-D-Gebäuderekonstruktion mittels Bildanalyse zur Nachführung topographischer Karten. In: Rauminformationen für das 21. Jahrhundert : Vorträge ; 20. wissenschaftlich-technische Jahrestagung der DGPF im Rahmen der Intergeo 2000, 11.-13. Oktober 2000, Kongress-Zentrum ICC, Berlin. Hrsg.: Jörg Albertz. - Berlin: DGPF 2001, p.211-218, 8 ill. (Publikationen der Deutschen Gesellschaft für Photogrammetrie und Fernerkundung ; 9)

1211
Niederöst, Markus: Projekt ATOMI: Automatische Detektion und Rekonstruktion von Gebäuden für das topographische Landschaftsmodell der Schweiz. In: Vermessung, Photogrammetrie, Kulturtechnik. 99, 2001, p.520-524, 8 ill. [Germ. with French, and Ital. rés]

1212
Die Nutzung der Biotoptypen- und Landnutzungskartierung aus Color- Infrarot-(CIR) Luftbildern : Anwendungsmöglichkeiten und Beispiele. Mit Beiträgen von Claudia Neugebauer...Hrsg.: Sächsisches

Landesamt für Umwelt und Geologie. - Dresden: Sächsisches Landesvermessungs amt für Umwelt u. Geologie 2001, 78 p., ill., mp. (Materialien zu Naturschutz und Landschaftspflege ; 2001)

1213
Oude Elberink, Sander: Nieuwe dimensie van het begrip digitale fotogrammetrie. In: Geodesia. 43, 2001, p.582-587, 6 ill. [New dimension to digital photogrammetry.] [Dutch with Engl. rés.] ISSN 1385-7515

1214
Øvstedal, Stig: Pilottest av laserteknologi for sjØmåling langs norskekysten. In: Kart og plan. 94, 2001, p.144-152, 13 ill., 3 tab. [Pilot test of laser technology for surveying in Norwegian waters.] [Norw. with Engl. rés.] ISSN 0047-3278

1215
Pác, Regina: Dornröschenschlaf beendet : Ein neues Bild der Erde entsteht. In: GeoBIT : das Magazin für raumbezogene Informationstechnologie. 6, 2001, p.21-23, 4 ill. ISSN 1430-3663

1216
Pereira Tenedório, José António: Télédétection en milieu péri-urbain : détéction et localisation du changement de l'occupation du sol par intégration des donnéessatellite SPOT HRV dans un système d'information géographique. Présenté et soutenue par José António Pereira Tenedório. - Paris: Univ. 1998, 254 Bl., ill., mp. [Mikrofiche-Ausg.]

1217
Petrini-Monteferri, Frederic; Hoffmann, Christian: Satellitendaten in internetbasierten Informationssystemen : Möglichkeiten der Bilddatenkompression. In: VGI : österreichische Zeitschrift für Vermessung & Geoinformation. 89, 2001, p.177-180, 2 ill. ISSN 0029-9650

1218
Photogrammetrie - Fernerkundung - Geoinformation : Geodaten schaffen Verbindungen ; Vorträge ; 21. wissenschaftlich-technische Jahrestagung d. DGPF, 4.-7. September 2001. Hrsg.: Eckhardt Seyfert. - Berlin: DGPF 2001, 588 p., ill., (Publikationen der Deutschen Gesellschaft für Photogrammetrie und Fernerkundung ; 10)

1219
Prietzsch, C.C,; Wenkel, K.O.: Methoden der Kartierung des Bodenwassergehalts aus Fernerkundungsdaten : aktive oder passive Radardaten zur Ableitung des Bodenwassergehalts? In: Einsatzmöglichkeiten der Fernerkundung für Fragen des Bodenschutzes : Dokumentation eines Arbeitsgespräches im Umweltbundesamt am 25. November 1999 : Materialiensammlung. - Berlin: Umweltbundesamt FG II 5.2, Arbeitskreis Fernerkundung Berlin- Brandenburg e.V. 2000, p.42-51, 5 ill., 2 tab.

1220
Principles of remote sensing and geographic information systems. - [Enschede]: ITC (International Institute for Aerospace Survey and Earth Sciences) 2001 (ITC educational textbook series ; [1/2]) [elektr. Ressource] ISBN 90-6164-183-7 / 90-6164-184-5

1221
Rauminformationen für das 21. Jahrhundert : Vorträge ; 20. wissenschaftlich-technische Jahrestagung der DGPF im Rahmen der Intergeo 2000, 11.-13. Oktober 2000, Kongress-Zentrum ICC, Berlin. Hrsg.: Jörg Albertz. - Berlin: DGPF 2001, 409 p., ill. (Publikationen der Deutschen Gesellschaft für Photogrammetrie und Fernerkundung ; 9)

1222
Read, Jane M.: Land-cover change detection for the Tropics using remote sensing and geographic information systems.
- Baton Rouge, LA: Louisiana State University-Baton Rouge 1999 [Doct. diss.]

1223
Ressl, Camillo: Direkte Georeferenzierung von Luftbildern in konformen Kartenabbildungen. In: VGI : österreichische Zeitschrift für Vermessung & Geoinformation. 89, 2001, p.72-82, 4 ill., 4 tab.
ISSN 0029-9650

1224
Roe, Russell: Mapping cover classes of Baccharis pilularis with LANSDAT TM imagery. - San Francisco, CA: San Francisco State University 2000 or 2001 [Master's thesis]

1225
Rottensteiner, Franz: Halbautomatische Gebäudeauswertung durch Integration von hybrider Ausgleichung und 3D Objektmodellierung. In: Photogrammetrie, Fernerkundung, Geoinformation. 2001, p.289-301, 7 ill. ISSN 1432-8364

1226
Roux, Lani; Barry, Michael: Using video imagery in land tenure information systems: a study of a communal property association in the village of Algeria, South Africa. In: Geomatica. 55, 2001, 1, p.47-55, 4 ill.

1227
Sánchez-Sobrino, José A. and others: Red Nacional de Estaciones de Referencia GPS (ERGPS). In: Topografia y Cartografia. 103, 2001, p.3-6, 8 ill.

1228
Schaper, Jesko: Fernerkundungsbasierte Kartierung von Schnee- und Eisflächen hochalpiner Gebiete : ein Beitrag zur Abflussmodellierung und Bewertung der Auswirkungen potentieller Klimaänderungen.
- Zürich: RSL 2000, VIII, 99 p., ill.,mp. (Remote sensing series ; vol. 34)
ISBN 3-03-703000-3

1229
Scheele, Theo: Een dagje... : Hoe nat is het DTB-Nat van Rijkswaterstaat? In: Geodesia : tijdschrift voor geodesie en geo-informatie. 43, 2001, 6, p.316-321, 9 ill. [How wet is the 'DTB-Wet'system of Rijkswaterstaat?] [Dutch with Engl. rés.]

1230
Scherfke, Michael: Auswertungs- und Darstellungsmöglichkeiten der CIR-Biotoptypen- und Landnutzungskartierung mittels Geographischer Informationssysteme. In: Die Nutzung der Biotoptypen- und Landnutzungskartierung aus Color-Infrarot-(CIR) Luftbildern : Anwendungsmöglichkeiten und Beispiele. Mit Beiträgen von Claudia Neugebauer...Hrsg.: Sächsisches Landesamt für Umwelt un. Geologie.
- Dresden: Sächsisches Landesvermessungsamt für Umwelt u. Geologie 2001, p.11-19, 9 ill., 6 tab. (Materialien zu Naturschutz und Landschaftspflege ; 2001)

1231
Schiewe, Jochen: Integration von Digitalen Höhen-Modellen und multispektralen Bilddaten zur automatischen Objekterkennung. In: Rauminformationen für das 21. Jahrhundert : Vorträge ; 20. wissenschaftlich-technische Jahrestagung der DGPF im Rahmen der Intergeo 2000, 11.-13. Oktober 2000, Kongress-Zentrum ICC, Berlin. Hrsg.: Jörg Albertz. - Berlin: DGPF 2001, p.187-194, 6 ill. (Publikationen der Deutschen Gesellschaft für Photogrammetrie und Fernerkundung ; 9)

1232
Schiewe, Jochen: Potenzial und Probleme neuer hochauflösender Weltraumsensoren für kartographische Anwendungen. In: Kartographische Nachrichten. 51, 2001, p.273-278, 6 ill. ISSN 0022-9164

1233
Schreutelkamp, F.H.; Strang van Hees, G.L.: Benaderingsformules voor de transformatie tussen RD- en WGS84- kaartcoördinaten. In: Geodesia : tijdschrift voor geodesie en geo-informatie. 43, 2001, 2, p.64-69, 2 ill., 5 tab. [Coordinate transformation between WGS84 and national datum RD.] [Dutch with Engl. rés.]

1234
Schulz, Georg: Fernerkundung und ihre Nutzung zur Korrektur aktueller Themenkarten pleistozäner Klimaelemente und Vereisungsgrenzen. In: Rauminformationen für das 21. Jahrhundert : Vorträge ; 20. wissenschaftlich-technische Jahrestagung der DGPF im Rahmen der Intergeo 2000, 11.-13. Oktober 2000, Kongress-Zentrum ICC, Berlin. Hrsg.: Jörg Albertz. - Berlin: DGPF 2001, p.275-285, 9 ill. (Publikationen der Deutschen Gesellschaft für Photogrammetrie und Fernerkundung ; 9)

1235
Schwab, Antoinette: Ein Archiv für Satellitenbilder der Schweiz : bessere Nutzung dank inhaltsorientierter Abfrage. In: Neue Zürcher Zeitung. 222, 2001, p.11.

1236
Shears, Jonathan: Harnessing the internet for geographic image applications. In: The Bulletin of the Society of Cartographers. 35, 2001, p.1-4, 3 ill. ISSN 0036-1984

1237
Shimizu, Nobuo and others: 1 : 50.000 topographic map production by spot images in Republic of Mali. In: Map : journal of the Japan Cartographers Association. 39, 2001, p. 53-61, 8 ill., 1 mp. [Jap.] ISSN 0009-4897

1238
Shrestha, Dhruba Pikha; Źinck, J. Alfred: Land use classification in mountainous areas: integration of image processing, digital elevation data and field knowledge (application to Nepal) : some user experiences and expectations. In: International journal of applied earth observation and geoinformation. 3, 2001, p.78-85, 10 ill., 4 tab. ISSN 0303-2434

1239
Stanford, James: An analysis of demographic change in Menoufia, Egypt using remote sensing and geographic information systems. - San Diego, CA: San Diego State University 2000/2001 [Master's thesis]

1240
Steinborn, Wolfgang: Erdmanagement durch Weltraumnutzung : Vorstellung des DLR aus Anlass der INTERGEO 2001 in Köln. In: Zeitschrift für Vermessungswesen. 126, 2001, 4, p.187-195, 8 ill.

1241
Steinnocher, Klaus: Beobachtung von Stadtentwicklung mit Fernerkundung - Applikationen und Innovationen. In: VGI : österreichische Zeitschrift für Vermessung & Geoinformation. 89, 2001, p.145-149, 2 ill. ISSN 0029-9650

1242
Stewart, Aimée M.: Approaches to discrimination of grassland types in Douglas County, Kansas, using remotely sensed data. - Lawrence, KS: University of Kansas 1999 [Master's thesis]

1243
Tanaka, Sotaro and others: An experimental edition of high resolution satellite image map using IKONOS data. In: Map : journal of the Japan Cartographers Association. 39, 2001, p.20-27, 3 ill., 1mp. [Jap. with Engl. rés.] ISSN 0009-4897

1244
Tatem, Andrew J. and others: Multiple-class land-cover mapping at the sub-pixel scale using a Hopfield neural network : the SSC method. In: International journal of applied earth observation and geoinformation. 3, 2001, p.184-190, 6 ill., 3 tab. ISSN 0303-2434

1245
Töyrä, Jessika K.C.: Flood mapping in the Peace-Athabasca delta, Canada, using Radarsat and Spot imagery. - Saskatoon, SK: University of Saskatchewan 1999/2000 [Master's thesis]

1246
Tschach, Eberhard: Biotopkartierung unter Nutzung von Satellitendaten. In: Naturschutz und Fernerkundung : Referate der gleichnamigen Tagung des Arbeitskreises "Interpretation von Fernerkundungsdaten" der DGPF und des Bundesamtes für Naturschutz 11.-12. Mai 2000, INA, Insel Vilm. Cornelia Gläßer (Bearb.). - Bonn: BFN 2001, p.29-31. (BfN-Skripten ; 42)

1247
Visser, Richard Henry: Utilizing remotely sensed imagery and GIS to monitor and research salmon spawning : a case study of the Hanford Reach Fall chinook (Oncorhynchos Tshawytscha). - Ellensburg, WA: Central Washington University 1999 [Master's thesis]

1248
Vögtle, Thomas; Steinle, Eberhard: Erfahrungen mit Laserscanner-Daten zur automatisierten 3D-Modellierung von Gebäuden. In: Mitteilungsblatt / Deutscher Verein für Vermessungswesen (DVW), Landesverein Baden-Württemberg. 48, 2001, p.78-91, 15 ill. ISSN 0940-2942

1249
Vostokova, Elizaveta A.; Suščenja, Vladimir A.; Ševčenko, Liana A.: Ekologičeskoe kartografirovanie na osnove kosmičeskoj informacii. - Moskva: Nedra 1988, 221 p. [Ecological mapping on base of satellite information.] [Russ.] ISBN 5-247-00219-9

1250
Walker, Richard: Investigations in vegetation map rectification, and the remotely sensed detection and measurement of natural vegetation changes. - Santa Barbara, CA: University of California 2000 [Doct. diss]

1251
Wel, Frans van der: Hoe een kartograaf omgaat met de wassende gegevensstroom. In: Kartografisch tijdschrift. 27, 2001, 1, p.24-28, 1 ill. [How a cartographer deals with the rising data tide.] [Dutch with Engl. and French rés.]

1252
Winkler, Péter: 20 éves a FÖMI Távérzékelési Központ. In: Geodézia és kartográfia. 53, 2001, p.10-18, 2 ill., 1 portr. [20 years of FÖMI Remote Sensing Centre.] [Hung. with Engl. rés.]

1253
Winkler, Péter: Magyarorszag légifényképezése 2000. In: Geodézia

és kartográfia. 53, 2001, p.17-23, 1 tab. [Aerial photography of Hungary 2000.] [Hung. with Engl. rés.] ISSN 0016-7118

1254
Witte, Bertold; Schmidt, Hubert: Vermessungskunde und Grundlagen der Statistik für das Bauwesen. - Stuttgart: Wittwer 2000, 749 p., ill. (Vermessungswesen bei Konrad Wittwer ; 17) [4., neubearb. Aufl.] ISBN 3-87919-272-3

1255
Workshop on Airborne Laserscanning Interferometric SAR for Detailed Digital Elevation Models. Ed. by K. Torlegård and J. Nelson. - Frankfurt am Main: Bundesanstalt für Kartographie und Geodäsie 2000, 1 DC-ROM. (European Organization for Experimental Photogrammetric Research / Official publication ; No. 40) ISBN 3-89888-782-0

1256
Zhang, Zuxun; Zhang, Jianqing; Hu, Xiangyun: Semiautomatic building extraction by least squares matching base on geometrical constraints in object space. In: Geomatics and information science of Wuhan University. 26, 2001, 4, p.290-295, 8 ill. [Chin. with Engl. rés.]

1257
Zinck, J. Alfred and others: Mapping and modelling mass movements and gullies in mountainous areas using remote sensing and GIS techniques. In: International journal of applied earth observation and geoinformation. 3, 2001, p.43-53, 9 ill., 3 tab.

c. Data Collection for thematic Maps Thematische Kartendaten-Aufnahme Lever cartographique thématique

1258
Bareth, Georg: Integration einer IRS-1C-Landnutzungsklassifikation in ATKIS zur Verbesserung der Information zur landwirtschaftlichen Nutzfläche am Beispiel des württembergischen Allgäus. In: Geo-Informationssysteme : GIS; Zeitschrift für raumbezogene Informationen und Entscheidungen. 14, 2001, 6, p.40-45, 6 ill., 4 tab. [With Engl. rés]

1259
Casas Santiuste, Benito Javier: Cartografia y observatorio geomagnéticos en Isla Livingston, Antártida (1990-2000). In: Topografia y Cartografia. 102, 2001, p.4-16, 13 ill., 3 tab.

1260
Comolli, Roberto; Previtali, Franco: Il paradigma suoli-paesaggio nel rilevamento e nella cartografia pedologica. In: Studi geografici e geologici in onore de Severino Belloni. A cura di Giuseppe Orombelli. - Genova: Glauco Brigati 1999, p.207-222, 5 ill. [The paradigm ground-landscape in survey and in pedologic cartography.] [Ital. with Engl., and Ital. rés.]

1261
Ebneter, Franz: AlpTransit Gotthard-Basistunnel : oberirdische Schwerpunkte der Vermessungsaufgaben. In: Schweizer Baublatt. 112, 2001, p.38-42, ill., mp. ISSN 0036-7303

1262
Ellenberg, Karl-Heinz: Geologische Landesaufnahme am Beispiel der vulkanologischen Spezialkarte der Wasserkuppenrhön 1 : 15 000. In: Jahresbericht 2000 des Hessischen Landesamtes für Umwelt und Geologie. - Wiesbaden 2001, p.89-95, 7 ill.

1263
Endrullis, Manfred; Hoppe, Achim: Geobasisdaten vom Geodatenzentrum des Bundesamtes für Kartographie und Geodäsie als Grundlage von Umweltprojekten. In: GIS und Kartographie im Umweltbereich. Gabriele Braun,Reiner Buzien, Theodor Wintges (Hrsg.). - Heidelberg: Wichmann 2001, p.3-8, 1 tab. ISBN 3-87907-356-2

1264
Fairbairn, David; Taylor, George: Data collection issues in virtual reality for urban geographical representation and modelling. In: Virtual reality in geography. Ed. by Peter Fisher and David Unwin. - London [u.a.]: Taylor & Francis 2000, p.220-238, 4 ill. ISBN 0-7484-0905-X

1265
Feranec, Ján and others: Výsledky porovnania národných štatistík česka, Mad'arska, Rumunska a Slovenska s údajmi CORINE land cover. In: Geodetický a kartografický obzor. 47, 2001, p.208-213, 2 ill., 3 tab. [Results of comparing the national statistics of the Czech Republic, Hungary, Rumania and Slovakia with CORINE land cover data.] [Slovak. with Engl. rés.] ISSN 0016-7096

1266
Flotron, A.; Koelbl, O.: Precise Terrain Models for Civil Engineering. - Frankfurt am Main: Bundesanstalt für Kartographie und Geodäsie 2000, p.37-134, 35 ill., 21 tab. (European Organization for Experimental Photogrammetric Research / Official publication ; No. 38) ISBN 3-88648-104-2

1267
Glatthard, Thomas: Umweltmanagement : geografische Informationssysteme : Daten online abrufen. In: Umwelt-Focus. 2001, p.25-27, ill. [Inventar der Metainformationen der kantonalen GIS-Daten unter www.kogis.ch]

1268
Granica, Klaus and others: Monitoring and visualisation of protection forests in high-alpine terrain using satellite data. In: High mountain cartography 2000 : proceedings of the Second Symposium of the Commission on Mountain Cartography of the International Cartographic Association held at the Alpine Centre, Rudolfshütte 2315 m, Austria from 29 March to 2 April 2000. Ed. by Manfred F. Buchroithner. - Dresden: Inst. for Cartography, Dresden Univ. of Technology [u.a.] 2000, p.229-238, 5 ill., 5 tab. (Kartographische Bausteine ; 18) ISBN 3-86005-265-9

1269
Inda, G.S.: Need for modern hydrographic surveying. In: Indian Surveyor. 55, 2001, p.161-164. ISSN 0970-3470

1270
Jansa, Josef: Die Klassifizierung der Schneebedeckung aus Satellitenaufnahmen im kleinräumigen alpinen Bereich in Theorie und Praxis. In: VGI : österreichische Zeitschrift für Vermessung & Geoinformation. 89, 2001, p.50-63, 13 ill. ISSN 0029-9650

1271
Kittelberger, Carmen; Heinrich, Uwe: Aktualisierung und Anpassung von Geobasisdaten - am Beispiel des

Umweltinformationssystems von Berlin. In: Geo-Informations-Systeme : GIS. 14, 2001, p.28-32, 6 ill. [With Germ. and Engl. rés.] ISSN 1430-3663

1272
Kopacz, Zdisław; Morgaś, Wacław; Urbański, Józef: The maritime hydrography : a kind of human activity and special maritime service ; the maritime profession and field of higher education and branch of science. In: Geodezja i kartografia. 50, 2001, p.99-118,24 ill., 5 tab. [Engl. with Pol. and Russ. rés.] ISSN 0016-7134

1273
Lam, Steve Y.W.; Tang, Conrad H.W.: An overwiew of surveying techniques for the construction of highway tunnels in Hong Kong. In: Geomatica. 55, 2001, p.325-332, 7 ill., 2 tab. [Engl. with French rés.] ISSN 1195-1036

1274
Lineare Objekte. Lothar Gründig (Red.). - Stuttgart: Wittwer 1992-, 75 p., ill. (Schriftenreihe des DVW ; Bd. 40) ISBN 3-87919-275-8

1275
Mulè, Paolo; Deroma, Mario; Baldaccini, Paolo: Rilevamento pedologico e valutazione dell'idoneità all'irrigazione : un esempio di cartografia tematica. In: Cultura cartografica e culture del territorio : atti del convegno nazionale (Sassari, 12-13 dicembre 2000). A cura di Giuseppe Scanu. - Genova: Brigati 2001, p.419-432, 5 ill. (Bollettino della Associazione Italiana di Cartografia No. 111-113 = 38. 2001) [Ital.]

1276
Poutanen, Markku: Sea surface topography and vertical datums using space geodetic techniques. - Krikkonummi: Geodeettinen Laitos 2000, 312 p., ill., mp. (Suomen Geodeetisen Laitoksen julkaisuja ; 128) [Zugl. Diss.] ISBN 951-711-235-1

1277
Prietzsch, C.C,; Wenkel, K.O.: Methoden der Kartierung des Bodenwassergehalts aus Fernerkundungsdaten : aktive oder passive Radardaten zur Ableitung des Bodenwassergehalts? In: Einsatzmöglichkeiten der Fernerkundung für Fragen des Bodenschutzes : Dokumentation eines Arbeitsgespräches im Umweltbundesamt am 25. November 1999 : Materialiensammlung. - Berlin: Umweltbundesamt FG II 5.2, Arbeitskreis Fernerkundung Berlin-Brandenburg e.V. 2000, p.42-51, 5 ill., 2 tab.

1278
Retscher, Günther: Techniques for underwater data acquisition. In: Geographical data acquisition. Young-Qi Chen, Yuk-Cheung Lee (eds.). -Wien: Springer 2001, p.121-147, 17 ill., 4 tab. ISBN 3-211-83472-9

1279
Scheele, Theo: Een dagje... : Landmeters in de Betuweroute. In: Geodesia : tijdschrift voor geodesie en geo-informatie. 43, 2001, 1, p.26-30, 8 ill. [Surveyors and the Betuwe-railway transport route.] [Dutch with Engl. rés.]

1280
Scheele, Theo: Met landmeters onder de Westerscheldebodem. In: Geodesia : tijdschrift voor geodesie en geo-informatie. 43, 2001, 7/8, p.360-365, 4 ill. [A day with surveyors below the river Westerschelde.] [Dutch with Engl. rés.]

1281
Sheppard, Jerome: New Zealand's Continental Shelf Project. In: New Zealand Map Society journal. 14, 2001, p.7-17, 4 ill.

1282
Umweltmonitoring und Umweltmodellierung : GIS und Fernerkundung als Werkzeuge einer nachhaltigen Entwicklung. Thomas Blaschke. - Heidelberg: Wichmann 1999, 278 p., ill. ISBN 3-87907-335-X

1283
Voženílek, Vít: Integrace GPS a GIS při tvorbě digitální geomorfologické mapy. In: Geodetický a kartografický obzor. 47, 2001, p.191-195, 3 ill., 1 tab. [Integration of GPS and GIS while creating the digital geomorphologic map.] [Czech. with Engl. rés.] ISSN 0016-7096

6. Map Drafting and Map Design Kartenentwurf und Kartengestaltung Préparation et conception cartographique

a. Map Editing Kartenredaktion Rédaction cartographique

1284
Brunner, Kurt: Kartengestaltung für elektronische Bildanzeigen. In: Theorie 2000 : Vorträge des Kartographischen Symposiums am 17./18. November 2000 an der TU Dresden. Hrsg. von Günther Koch [Technische Universität Dresden, Institut für Kartographie]. - Dresden: Institut für Kartographie 2001, p.76-88, 6 ill., 5 tab. (Kartographische Bausteine ; Bd. 16)

1285
Engelbrecht, Bernhard: Kartenredaktion gestern, heute, morgen. In: Kartographische Nachrichten. 51, 2001, p.296-299, 2 ill., ISSN 0022-9164

1286
Forrest, David; Kinninment, Ewen: Experiments in the design of 1:100 000 scale topographic mapping for Great Britain. In: The cartographic journal. 38, 2001, p.25-40, 12 ill. ISSN 0008-7041

1287
Meng, Liqui: Anwendungen von Datamining : Technik in der Kartengestaltung. In: Festcolloqium Ulrich Freitag : Beiträge zum Festcolloquium am 5. Juli 1999 anlässlich der Emeritierung von Prof. Dr. Ulrich Freitag. Hrsg. von Wolfgang Scharfe, Freie Universität Berlin, Fachbereich Geowissenschaften, Fachrichtung Kartographie. - Berlin: Fachrichtung Kartographie, Inst. für Geograph Wiss. 2000, p.15-22, 10 ill. (Berliner Manuskripte zur Kartographie)

1288
Ritz, Thomas: Toward improving the paper map : exploring and implementing design issues for digital and virtual campus maps for West Virginia University. - Morgantown, WV: West Virginia University 2000/2001 [Master's thesis]

1289
Worm, Jeroen van den: Web map design in practice. In: Web cartography : developments and prospects. Ed. by Menno-Jan Kraak and Allan Brown. - London: Taylor & Francis 2001, p.87-107, 17 ill. ISBN 0-7484-0868-1

b. Map Types, Cartographic Methods Kartentypen, kartographische Methoden Types cartographiques, méthodes cartographiques

1290
Dangl, Roman; Riedl, Andreas: Die Eignung interaktiver Animationen zur Präsentation dynamischer Phänomene unter besonderer Berücksichtigung von FLASH.

In: Angewandte geographische Informationsverarbeitung XIII : Beiträge zum AGIT-Symposium Salzburg 2001. Strobl, Blaschke, Griesebner. - Heidelberg: Wichmann 2001, p.96-101, 2 ill.
ISBN 3-87907-361-9

1291
Eicher, Cory L.; Brewer, Cynthia A.: Dasymetric mapping and areal interpolation: Implementation and evaluation. In: Cartography and geographic information science. 28, 2001, 2, p.125-138, 6 ill., 3 tab.

1292
Konopska, Beata: Materialy do katalogu polskich map historycznych załącznikowych i tekstowych opublikowanych w latach 1850-1980. In: Polski przegląd kartograficzny. 33, 2001, 1, p.53-54. [Sources to the catalog of historical supplement and in-text maps since 1850 to 1980.] [Pol.]

1293
Meksuła, Mirosław W.: Kartograficzne sposoby prezentowania dynamiki zjawisk. In: Polski przegląd kartograficzny. 33, 2001, p.328-338, 5 ill. [Cartographic presentation methods of dynamic phenomena.] [Pol. with Engl., and Russ. rés.]
ISSN 0324-8321

1294
Rurup, Freek: Typografische mental maps. In: Kartografisch tijdschrift. 27, 2001, 1, p.38-41, 4 ill. [Typographic mental maps.] [Dutch with Engl. and French rés.]

1295
Stoffers, Johannes: Die Republik Utopia : Erläuterungen und Gedanken zu einer alten Karte. In: Auswärtiger Dienst. - Berlin: Staatsdruckerei 62, 2001, p.35-84, 5 ill., 2 mp., 2 portr.

1296
Wakonigg, Herwig: Struktur und Wesen von Isolinienkarten. In: Mitteilungen aus dem Institut für Geographie und Raumforschung der Karl-Franzens-Universität Graz. 29, 2001, p.11-13.

1297
Werner, Piotr: Jeszcze o interpretacji typogramu F. Uhorczaka jako narzędzia prezentacji i typologii zjawisk wielocechowych. In: Polski przegląd kartograficzny. 33, 2001, 2, p.137-142, 7 ill. [A few remarks on the interpretation of Uhorczak's Typograms as tools for presentation and typology of multi-role phenomena.] [Pol. with Engl. and Russ. rés.]

1298
Yen, Gar-on and others: Design and implementation of dynamic symbolsin dynamic GIS. In: Geo-spatial information science. 4, 2001, p.32-36, 4 ill. [Engl.]
ISSN 1009-5020

c. Map Scale, Sheet Layout, Sheet Numbering and Naming
Kartenmaßstab, Blattschnitt, Blattbezeichnung
Echelle cartographique, découpage des feuilles, numéro et nom des feuilles

1299
Goodchild, Michael F.: Metrics of scale in remote sensing and GIS. In: International journal of applied earth observation and geoinformation. 3, 2001, p.114-120.
ISSN 0303-2434

d. Map Projection, Mathematical Cartography Kartennetzentwurf, mathematische Kartographie Projection cartographique, cartographie mathématique

1300
Bretterbauer, Kurt: Eine Variante der trimetrischen Projektion. In: Kartographische Nachrichten. 51, 2001, 3, p.130-132, 4 ill.

1301
Ding, Xiao-Li: Transformation of coordinates between Cartesian systems. In: Geographical data acquisition. Young-Qi Chen, Yuk- Cheung Lee (eds.). - Wien: Springer 2001, p.25-41, 6 ill., 3 tab.
ISBN 3-211-83472-9

1302
Guo, Jinyun; Jin, Fengxiang: A new model of digitizing coordinate transformation and its nonlinear solution. In: Allgemeine Vermessungsnachrichten. 108, 2001, p.311-317, 2 ill., 3 tab.
ISBN 0002-5968

1303
Heere, Elger; Storms, Martijn: Selectie van kaartprojecties binnen GIS. In: Kartografisch tijdschrift. 27, 2001, 1, p.44-48, 2 ill., 2 tab. [Selection of map projections in GIS environment.] [Dutch with Engl. and French rés.]

1304
Hell, Günter: Vorgehensweisen bei Änderungen des Netzentwurfs. In: Kartographische Nachrichten. 51, 2001, 3, p.125-130, 5 ill.

1305
Huang, Jiana; Lan, Yueming; Qin, Wenzhong: Coordinate conversion of map digitization, precision and correlation for digitized data. In: Geomatics and information of Wuhan University. 26, 2001, 3, p.213-216. [Chin. with Engl. rés.]

1306
Jackson, David M.; Visentin, Terry I.: An atlas of the smaller maps in orientable and nonorientable surfaces. - Boca Raton, Fla. [u.a.]: Chapman and Hall / CRC 2001, 279 p., ill. (CRC Press series on discrete mathematics and its applications)

1307
Lee, Yuk-Cheung: Map projections. In: Geographical data acquisition. Young-Qi Chen, Yuk-Cheung Lee (eds.). - Wien: Springer 2001, p.43-63, 14 ill.
ISBN 3-211-83472-9

1308
Łuczyński, Jarosław: Analiza dokłandności mapy Wielkiego Księstwa Litewskiego Tomasza Makowskiego z 1613 r., tzw radziwiłłowskiej na podstawie siatki zniekształceń. In: Polski przegląd kartograficzny. 33, 2001, p.365-371, 1 mp. [Analysis of the accuracy of the 1613 map of the Grand Duchy of Lithuania by Tomasz Makowski (so called "Radziwiłł map") by using a distortion grid.] [Pol. with Engl., and Russ. rés.]
ISSN 0324-8321

1309
Masaharu, Hiroshi: Derivation of the formula of the Gauss-Krüger projection : an attempt to clarify required preliminary mathematical knowledge. In: Map : journal of the Japan Cartographers Association. 39, 2001, p.31-37, 3 ill. [Jap. with Engl. rés.] ISSN 0009-4897

1310
Mekenkamp, Peter G.M.: Structuur in kaartprojecties. In: Kartografisch

tijdschrift. 27, 2001, 1, p.57-60, div. ill. [Dutch]

1311
Mulcahy, Karen A.: Symbolization of map projection distortion : a review. In: Cartography and geographic information science. 28, 2001, p.167-181, 12 ill.
ISSN 1523-0406

1312
Peng, Hu and others: Research on system space mathematical base of large-scale GIS and the digital earth. In: Geomatics and information science of Wuhan University. 26, 2001, 4, p.296-302. [Chin. with Engl. rés.]

1313
Ressl, Camillo: Direkte Georeferenzierung von Luftbildern in konformen Kartenabbildungen. In: VGI : österreichische Zeitschrift für Vermessung & Geoinformation. 89, 2001, p.72-82, 4 ill., 4 tab.
ISSN 0029-9650

1314
Schreutelkamp, F.H.; Strang van Hees, G.L.: Benaderingsformules voor de transformatie tussen RD- en WGS84-kaartcoördinaten. In: Geodesia : tijdschrift voor geodesie en geo-informatie. 43, 2001, 2, p.64-69, 2 ill., 5 tab. [Coordinate transformation between WGS84 and national datum RD.] [Dutch with Engl. rés.]

1315
Sebert, Lou M.: Edward Wright and the Mercator projection. In: Geomatica. 55, 2001, 2, p.223-224, 2 ill.

1316
Spata, Manfred; Fröhlich, Hans: Kartendatum-Shiftparameter. In: Allgemeine Vermessungs-Nachrichten. 108, 2001, 4, p.132-133, 5 tab.

1317
Usery, E. Lynn: All equal-area map projections are created equal, but some are more equal than others. In: Cartography and geographic information science. 28, 2001, p.183-193, 6 ill., 3 tab.
ISSN 1523-0406

1318
Veverka, Bohuslav: Souřadncové transformace v GIS a digitální kartografii. In: Geodetický a kartografický obzor. 47, 2001, p.175-180, 2 ill., 2 tab. [Coordinate transformation in GIS and in digital cartography.] [Czech. with Engl. rés.]
ISSN 0016-7096

1319
Völgyesi, Lajos; Varga, József: Vetületi átszámítások ausztria és Magyarország között GPS alkalmazásával. In: Geodézia és kartográfia. 53, 2001, 2, p.31-36, 1 ill., 1 ill., 1 tab. [Conversion between Hungarian and Austrian map projection system using GPS.] [Hung. with Engl. rés.]

e. Legend, Drafting Instructions, Map Specifications, Symbol Legends
Legende, Zeichenvorschriften, Musterblätter, Signaturenmaßstab
Légende, spécifications cartographiques, échelle d'un symbole

1320
Gewässerstrukturgüte in Nordrhein- Westfalen : Anleitung für die Kartierung mittelgroßer bis großer Fließgewässer. [Erarb. von Günther Friedrich...]. - Essen 2001, 152 p., ill., mp. (Landesumweltamt Nordrhein-Westfalen / Merkblätter ; 26)

1321
Krogt, Peter C.J. van der; Ormeling, Ferjan: 16e- eeuwse legendalandjes als handleiding voor kaartgebruik. In: Kartografisch tijdschrift. 27, 2001, p.27-31, 3 ill. [16th century 'legendmap' as manual for the use of maps.] [Dutch with Engl., and French rés.] ISSN 0167-5788

1322
Musterblatt für die Topographische Karte 1 : 50.000 : Gemeinsames zivil-militärisches Kartenwerk. Landesvermessungsamt Baden-Württemberg i. Auftr. d. Arbeitsgemeinschaft d. Länder d. Bundesrepublik Deutschland. - Stuttgart 2001, 62, IV, 6 p., ill., mp. + 2 suppl. [Nebent.: Musterblatt Topographische Karte 1 : 50.000]

1323
Zeichenvorschrift für Vermessungsrisse : (ZV-RISS) ; Runderlass: III Nr. 2/1999 vom 7. Juni 1999, Az.: III/2-64-03. Hrsg.: Ministerium d. Innern. - Frankfurt (Oder): Landesvermessungsamt d. Landes Brandenburg, Kartenvertrieb 1999, 31, 3 Bl., ill.

f. Generalization Generalisierung Généralisation

1324
Bader, Mathias: Energy minimization methods for feature displacement in map generalization. - Zürich 2001, 1 CD-ROM. [Diss. phil. II Zürich]

1325
Bader, Matthias: Energy minimization methods for feature displacement in map generalisation. - Zürich: Univ., Diss., 1 CD-ROM + 2 suppl. [Elektronische Ressource]

1326
Baella, Blanca; Pla, Maria: Some generalization practices on relief representation derived from the Topographic Database of Catalonia at scale 1 : 5000. In: High mountain cartography 2000 : proceedings of the Second Symposium of the Commission on Mountain Cartography of the International Cartographic Association held at the Alpine Centre, Rudolfshütte 2315 m, Austria from 29 March to 2 April 2000. Ed. by Manfred F. Buchroithner. - Dresden: Inst. for Cartography, Dresden Univ. of Technology [u.a.] 2000, p.7-16, 9 ill. (Kartographische Bausteine ; 18) ISBN 3-86005-265-9

1327
Barillot, Xavier; Hangouët, Jean-François; Kadri-Dahmani, Hakima: Généralisation de l'algorithme de "Douglas et Peucker" pour des applications cartographiques. In: Bulletin du Comité Français de Cartogra-phie. 169-170, 2001, p.42-51, 8 ill. [French]

1328
Brazile, Francisco L.: Semantic infrastructure and methods to support quality evaluation in cartographic generalization. - Zürich: Univ., Diss. 2000, 1 CD-ROM + 2 suppl. [Elektronische Ressource]

1329
Harrie, Lars: En optimeringsmetod för kartografisk generalisering. In: Kartbladet. 16, 2001, 1, p.17-29, 6 ill., 2 tab. [A method to optimize cartographic generalization.] [Swed.]

1330
Joao, Elsa M.: Measuring scale effects caused by map generalization and the importance of displacement. In: Modelling scale in geographical information science. Ed. by Nicholas J. Tate and Peter M. At-

kinson. - Chichester [u.a.]: Wiley 2001, p.161-179, 3 ill., 5 tab. ISBN 0-471-98546-5

1331
Meier, Siegfried: Generalisieren nach physikalischen Prinzipien. In: Theorie 2000 : Vorträge des Kartographischen Symposiums am 17./18.November 2000 an der TU Dresden. Hrsg. von Günther Koch [Technische Universität Dresden, Institut für Kartographie]. - Dresden: Institut für Kartographie 2001, p.52-57. (Kartographische Bausteine ; Bd. 16)

1332
Meng, Liqui: Heutiger Stand von Theorie und Methodik der Generalisierung. In: Theorie 2000 : Vorträge des Kartographischen Symposiums am 17./18. November 2000 an der TU Dresden. Hrsg. von Günther Koch [Technische Universität Dresden, Institut für Kartographie]. - Dresden: Institut für Kartographie 2001, p.39-51, 17 ill. (Kartographische Bausteine ; Bd. 16)

1333
Olszewski, Robert: Interpolacja fraktalna jako stochastyczna odwrotność generalizacji kartograficznej. In: Polski przegląd kartograficzny. 33, 2001, p.339-350, 11 ill. [Fractal interpolation as a stochastic reversal of cartographic generalization.] [Pol. with Engl., and Russ. rés.] ISSN 0324-8321

1334
Schmidt, Frank: Erfassung, Interpolation und Auswertung von digitalen Geländemodellen für die Landwirtschaft. In: Zeitschrift für Vermessungswesen. 126, 2001, 3, p.128-134, 3 ill., 2 tab.

g. Geographical Names, Toponymy Namenschreibung, Ortsnamenkunde Orthographie des noms géographiques, toponymie

1335
Adamič, Milan Orožen: Treatment of geographical names in multilingual areas and the use of foreign names in Slovenia. In: Second International Symposium on Geographical Names, GeoNames 2000, Frankfurt am Main, 28-30 March 2000. Ed. by the Ständiger Ausschuss für Geographische Namen (StAGN), comp. by Jörn Sievers. - Frankfurt am Main: Verl. d. Bundesamtes für Kartographie u. Geodäsie 2000, p.25-33, 8 ill., 1 tab. (Mitteilungen des Bundesamtes für Kartographie und Geodäsie ; 19) ISBN 3-88648-292-8

1336
Baoquan, Liu: Establishment of Chinese standard system of geographical names and promotion of national standardization of Geographical names. In: Second International Symposium on Geographical Names, GeoNames 2000, Frankfurt am Main, 28-30 March 2000. Ed. by the Ständiger Ausschuss für Geographische Namen (StAGN), comp. by Jörn Sievers. - Frankfurt am Main: Verl. d. Bundesamtes für Kartographie u. Geodäsie 2000, p.111-117, 2 ill. (Mitteilungen des Bundesamtes für Kartographie und Geodäsie ; 19) ISBN 3-88648-292-8

1337
Beatty, Michael A.: County name origins of the United States. - Jefferson, NC [u.a.]: McFarland, V, 665 p. ISBN 0-7864-1025-6

1338
Boháč, Pavel: Exonym - ein Definitionsproblem. In: Second International

Symposium on Geographical Names, GeoNames 2000, Frankfurt am Main, 28-30 March 2000. Ed. by the Ständiger Ausschuss für Geographische Namen (StAGN), comp. by Jörn Sievers. - Frankfurt am Main: Verl. d. Bundesamtes für Kartographie u. Geodäsie 2000, p.35-38. (Mitteilungen des Bundesamtes für Kartographie und Geodäsie; 19) ISBN 3-88648-292-8

1339
Casemir, Kirstin; Ohainski, Uwe: Verzeichnis der in den Ämteratlanten von Johannes Mellinger vorkommenden Orts-, Gewässer- und Flurnamen. In: Atlas des Fürstentums Lüneburg um 1600 : [Ernst Schubert zum 60. Geburtstag] = Lunæburgici Ducatus accurata et exquisita descriptio chorographica. Hrsg. u. komm. von Peter Aufgebauer... - Bielefeld: Verl. für Regionalgeschichte 2001, p.65-97, tab. (Veröffentlichungen des Instituts für Historische Landesforschung der Universität Göttingen ; 41) ISBN 3-89534-391-9

1340
Casemir, Kirstin: Sprachlich-binnenstrukturelle Analyse und Untersuchung des Abhängigkeitsverhältnisses der Ämteratlanten von Johannes Mellinger (nebst einem Handschriftenstemma). In: Atlas des Fürstentums Lüneburg um 1600 : [Ernst Schubert zum 60. Geburtstag] = Lunæburgici Ducatus accurata et exquisita descriptio chorographica. Hrsg. u. komm. von Peter Aufgebauer... - Bielefeld: Verl. für Regionalgeschichte 2001, p.55-64, 1 ill. (Veröffentlichungen des Instituts für Historische Landesforschung der Universität Göttingen ; 41) ISBN 3-89534-391-9

1341
Cekula, Zane; Goba, Zinta: The satellite map, geographical names database and gazetteers of Latvia. In: Second International Symposium on Geographical Names, GeoNames 2000, Frankfurt am Main, 28-30 March 2000. Ed. by the Ständiger Ausschuss für Geographische Namen (StAGN), comp. by Jörn Sievers. - Frankfurt am Main: Verl. d. Bundesamtes für Kartographie u. Geodäsie 2000, p.39-44, 2 ill. (Mitteilungen des Bundesamtes für Kartographie und Geodäsie ; 19) ISBN 3-88648-292-8

1342
Czerny, Andrzej: W sprawie oceny, weryfikacji i używania egzonimów na mapach. In: Polski przegląd kartograficzny. 33, 2001, p.351-364, 2 ill., 3 tab. [Concerning the evaluation, verification and use of Polish exonims on maps.] [Pol. with Engl., and Russ. rés.] ISSN 0324-8321

1343
Danielski, Aleksander: Historical, folkloric and geographical names as the toponymic objects of GEO-INFO Land Information System. In: Second International Symposium on Geographical Names, GeoNames 2000, Frankfurt am Main, 28-30 March 2000. Ed. by the Ständiger Ausschuss für Geographische Namen (StAGN), comp. by Jörn Sievers. - Frankfurt am Main: Verl. d. Bundesamtes für Kartographie u. Geodäsie 2000,p.45-49, 1 ill., 2 tab. (Mitteilungen des Bundesamtes für Kartographie und Geodäsie ; 19) ISBN 3-88648-292-8

1344
Eremia, Anatol; Cameneva, Zinaida: Toponymic researches and elaborations of the standardization of the Moldovian geographical names. In: Second Inter-

national Symposium on Geographical Names, GeoNames 2000, Frankfurt am Main, 28-30 March 2000. Ed. by the Ständiger Ausschuss für Geographische Namen (StAGN), comp. by Jörn Sievers. - Frankfurt am Main: Verl. d. Bundesamtes für Kartographie u. Geodäsie 2000, p.51-54. (Mitteilungen des Bundesamtes für Kartographie und Geodäsie ; 19)
ISBN 3-88648-292-8

1345
Faragó, Imre: A magyar névhasználat változásai a Kárpát-medencét ábrázoló térképen, II. rész. In: Geodézia és kartográfia. 53, 2001, 2, p.16-23. [Changes in the use of Hungarian names on the maps of the Carpathian Basin.] [Hung. with Engl. rés.]

1346
Gilchrist, Elizabeth A.: Inscribing Ireland : place names and the authority of the Ordnance Survey (1824-1846). - Vancouver, BC: University of British Columbia 1999 [Master's thesis]

1347
Gołaski, Janusz: Methods and results of toponym collecting for cartographic purposes by local authorities in Poland. In: Second International Symposium on Geographical Names, GeoNames 2000, Frankfurt am Main, 28-30 March 2000. Ed. by the Ständiger Ausschuss für Geographische Namen (StAGN), comp. by Jörn Sievers. - Frankfurt am Main: Verl. d. Bundesamtes für Kartographie u. Geodäsie 2000, p.55-58. (Mitteilungen des Bundesamtes für Kartographie und Geodäsie ; 19)
ISBN 3-88648-292-8

1348
Grimm, Frank-Dieter: Zum Gebrauch deutscher Exonyme für den Raum östlich von Oder und Neisse. In: Second International Symposium on Geographical Names, GeoNames 2000, Frankfurt am Main, 28-30 March 2000. Ed. by the Ständiger Ausschuss für Geographische Namen (StAGN), comp. by Jörn Sievers. - Frankfurt am Main: Verl. d. Bundesamtes für Kartographie u. Geodäsie 2000, p.59-63. (Mitteilungen des Bundesamtes für Kartographie und Geodäsie ; 19)
ISBN 3-88648-292-8

1349
Grothenn, Dieter: Auch geographische Namen leben! In: Kartographische Nachrichten. 51, 2001, 3, p.152-153.

1350
Gurtner, Martin; Opizzi, Daniele: The new national toponymic database "Swissnames". In: Second International Symposium on Geographical Names, GeoNames 2000, Frankfurt am Main, 28-30 March 2000. Ed. by the Ständiger Ausschuss für Geographische Namen (StAGN), comp. by Jörn Sievers. - Frankfurt am Main: Verl. d. Bundesamtes für Kartographie u. Geodäsie 2000, p.65-70, 4 ill. (Mitteilungen des Bundesamtes für Kartographie und Geodäsie ; 19)
ISBN 3-88648-292-8

1351
Heinemann, Roland: The pronounciation of geographical names in radio and television. In: Second International Symposium on Geographical Names, GeoNames 2000, Frankfurt am Main, 28-30 March 2000. Ed. by the Ständiger Ausschuss für Geographische Namen (StAGN), comp. by Jörn Sievers. - Frankfurt am Main: Verl. d. Bundesamtes für Kartographie u. Geodäsie 2000, p.71-72. (Mitteilungen des Bundesamtes für Kartographie und Geodäsie ; 19)
ISBN 3-88648-292-8

1352
Hornanský, Imrich: Theory and practice of the standardization of exonyms and the policy of their usage. In: Second International Symposium on Geographical Names, GeoNames 2000, Frankfurt am Main, 28-30 March 2000. Ed. by the Ständiger Ausschuss für Geographische Namen (StAGN), comp. by Jörn Sievers. - Frankfurt am Main: Verl. d. Bundesamtes für Kartographie u. Geodäsie 2000, p.73-80. (Mitteilungen des Bundesamtes für Kartographie und Geodäsie ; 19)
ISBN 3-88648-292-8

1353
Jordan, Peter: The importance of using exonyms - pleading for a moderate and politically sensitive use. In: Second International Symposium on Geographical Names, GeoNames 2000, Frankfurt am Main, 28-30 March 2000. Ed. by the Ständiger Ausschuss für Geographische Namen (StAGN), comp. by Jörn Sievers. - Frankfurt am Main: Verl. d. Bundesamtes für Kartographie u. Geodäsie 2000, p.87-92. (Mitteilungen des Bundesamtes für Kartographie und Geodäsie ; 19)
ISBN 3-88648-292-8

1354
Kadmon, Naftali: Standardizing and de-standardizing romanization systems for geographical names. In: Second International Symposium on Geographical Names, GeoNames 2000, Frankfurt am Main, 28-30 March 2000. Ed. by the Ständiger Ausschuss für Geographische Namen (StAGN), comp. by Jörn Sievers. - Frankfurt am Main: Verl. d. Bundesamtes für Kartographie u. Geodäsie 2000, p.93-96. (Mitteilungen des Bundesamtes für Kartographie und Geodäsie ; 19)
ISBN 3-88648-292-8

1355
Kerfoot, Helen: Report on the Symposium GeoNames 2000. In: Second International Symposium on Geographical Names, GeoNames 2000, Frankfurt am Main, 28-30 March 2000. Ed. by the Ständiger Ausschuss für Geographische Namen (StAGN), comp. by Jörn Sievers. - Frankfurt am Main: Verl. d. Bundesamtes für Kartographie u. Geodäsie 2000, p.182. (Mitteilungen des Bundesamtes für Kartographie und Geodäsie ; 19)
ISBN 3-88648-292-8

1356
Kerfoot, Helen: Selection of geographical names for cartographic products (some aspects of the exonym versus endonym question). In: Second International Symposium on Geographical Names, GeoNames 2000, Frankfurt am Main, 28-30 March 2000. Ed. by the Ständiger Ausschuss für Geographische Namen (StAGN), comp. by Jörn Sievers. - Frankfurt am Main: Verl. d. Bundesamtes für Kartographie u. Geodäsie 2000, p.97- 104. (Mitteilungen des Bundesamtes für Kartographie und Geodäsie ; 19)
ISBN 3-88648-292-8

1357
Leskinen, Teemu: The Finnish National Geographic Names Register. In: Second International Symposium on Geographical Names, GeoNames 2000, Frankfurt am Main, 28-30 March 2000. Ed. by the Ständiger Ausschuss für Geographische Namen (StAGN), comp. by Jörn Sievers. - Frankfurt am Main: Verl. d. Bundesamtes für Kartographie u. Geodäsie 2000, p.105-109. (Mitteilungen des Bundesamtes für Kartographie und Geodäsie ; 19)
ISBN 3-88648-292-8

1358
Mardak, Nikolaus L.: Aussprachegerechte Transkription ukrainischer Namen. In: Second International Symposium on Geographical Names, GeoNames 2000, Frankfurt am Main, 28-30 March 2000. Ed. by the Ständiger Ausschuss für Geographische Namen (StAGN), comp. by Jörn Sievers. - Frankfurt am Main: Verl. d. Bundesamtes für Kartographie u. Geodäsie 2000, p.119-123. (Mitteilungen des Bundesamtes für Kartographie und Geodäsie ; 19)
ISBN 3-88648-292-8

1359
Mlinar, Jurij; Pogorelčnik, Ema: Register of geographical names. In: Second International Symposium on Geographical Names, GeoNames 2000, Frankfurt am Main, 28-30 March 2000. Ed. by the Ständiger Ausschuss für Geographische Namen (StAGN), comp. by Jörn Sievers. - Frankfurt am Main: Verl. d. Bundesamtes für Kartographie u. Geodäsie 2000, p.119-123. (Mitteilungen des Bundesamtes für Kartographie und Geodäsie ; 19)
ISBN 3-88648-292-8

1360
Müller, Hans Horst: Wider den Zeitgeist : Anmerkungen zum Bericht von Jörn Sievers in KN 4/2000 "Rechtschreibreform und geographische Namen". In: Kartographische Nachrichten. 51, 2001, 1, p.57-58.

1361
Müller, Hans Horst: Wider die Rechtschreibreform und den Zeitgeist. In: Kartographische Nachrichten. 51, 2001, p.254. ISSN 0022-9164

1362
Nanova, Milka: Romanization of the Bulgarian alphabet - variations in Roman characters applied in transliteration of the Bulgarian geographical names into Roman alphabet. In: Second International Symposium on Geographical Names, GeoNames 2000, Frankfurt am Main, 28-30 March 2000. Ed. by the Ständiger Ausschuss für Geographische Namen (StAGN), comp. by Jörn Sievers. - Frankfurt am Main: Verl. d. Bundesamtes für Kartographie u. Geodäsie 2000, p.119-123. (Mitteilungen des Bundesamtes für Kartographie und Geodäsie ; 19)
ISBN 3-88648-292-8

1363
Oberbichler, Michaela; Heller, Armin: Geographische Informationssysteme in der Namenforschung : der FlurnamenATLAS. In: Angewandte geographische Informationsverarbeitung XIII : Beiträge zum AGIT-Symposium Salzburg 2001. Strobl, Blaschke, Griesebner. - Heidelberg: Wichmann 2001, p.348-355, 6 ill.
ISBN 3-87907-361-9

1364
Päll, Peeter: Do conventional romanization systems create exonyms? In: Second International Symposium on Geographical Names, GeoNames 2000, Frankfurt am Main, 28-30 March 2000. Ed. by the Ständiger Ausschuss für Geographische Namen (StAGN), comp. by Jörn Sievers. - Frankfurt am Main: Verl. d. Bundesamtes für Kartographie u. Geodäsie 2000, p.119-123. (Mitteilungen des Bundesamtes für Kartographie und Geodäsie ; 19)
ISBN 3-88648-292-8

1365
Payne, Roger: The Geographical Names Information System (GNIS) of the United States : design, development, and implementation. In: Second International Symposium on Geographical Names, GeoNames 2000, Frankfurt am Main, 28-30 March 2000. Ed. by the Ständiger

Ausschuss für Geographische Namen (StAGN), comp. by Jörn Sievers. - Frankfurt am Main: Verl. d. Bundesamtes für Kartographie u. Geodäsie 2000, p.141-146. (Mitteilungen des Bundesamtes für Kartographie und Geodäsie ; 19)
ISBN 3-88648-292-8

1366
Quinting, Gerd: Romanization systems : development and application. In: Second International Symposium on Geographical Names, GeoNames 2000, Frankfurt am Main, 28-30 March 2000. Ed. by the Ständiger Ausschuss für Geographische Namen (StAGN), comp. by Jörn Sievers. - Frankfurt am Main: Verl. d. Bundesamtes für Kartographie u. Geodäsie 2000, p.147-151. (Mitteilungen des Bundesamtes für Kartographie und Geodäsie ; 19)
ISBN 3-88648-292-8

1367
Racicot, André: List of names for countries, capitals, and inhabitants. - Ottawa: Translation Bureau 2000, Getr. Zählung. [Engl.-French] ISBN 0-660-61328-X

1368
Randall, Richard R.: Place names : how they define the world - and more. - Lanham, Md [u.a.]: Scarecrow Press 2001, XVIII, 203 p. ISBN 0-8108-3906-7

1369
Rayburn, Alan: Naming Canada : stories about Canadian place names. - Toronto [u.a.]: University of Toronto Press 2001, XIV, 360 p. [Rev. and expanded ed.]
ISBN 0-8020-4725-4

1370
Rios-Bustamante, Antonio: Baroque era cartography : alternate names for the Americas. In: Mapline. 93, 2001, p.6-8, 1 mp.

1371
Second International Symposium on Geographical Names, GeoNames 2000, Frankfurt am Main, 28-30 March 2000. Ed. by the Ständiger Ausschuss für Geographische Namen (StAGN), comp. by Jörn Sievers. - Frankfurt am Main: Verl. d. Bundesamtes für Kartographie u. Geodäsie 2000, 181 p., ill., mp. (Mitteilungen des Bundesamtes für Kartographie und Geodäsie ; 19)
ISBN 3-88648-292-8

1372
Stani-Fertl, Roman: Exonyme und Kartographie : Weltweites Register deutscher geographischer Namen, klassifiziert nach Gebräuchlichkeit, und ihrer ortsüblichen Entsprechungen ; Arbeitsmittel für Redakteure. Hrsg. von Ingrid Kretschmert und Karel Kriz. - Wien: Institut für Geographie und Regionalforschung der Universität Wien 2001, 368 p., 22 ill, tab. (Wiener Schriften zur Geographie und Kartographie ; Bd. 14)

1373
Stani-Fertl, Roman: Exonyme und Kartographie : weltweites Register deutscher geographischer Namen, klassifiziert nach Gebräuchlichkeit und ihren ortsüblichen Entsprechungen ; Arbeitsmittel für Redakteure. Hrsg. von Ingrid Kretschmer und Karel Kriz. - Wien: Inst. für Geographie u. Regionalforschung, Kartographie u. Geoinformation 2001, 368 p., 22 ill., tab. (Wiener Schriften zur Geographie und Kartographie ; Bd. 14) ISBN 3-900830-44-4

1374
Stani-Fertl, Roman: Globalization, mass media and exonyms. In: Second International Symposium on Geographical Names, GeoNames 2000, Frankfurt am Main, 28-30 March 2000. Ed. by the Ständiger Ausschuss für Geographische Namen (StAGN), comp. by Jörn Sievers.

- Frankfurt am Main: Verl. d. Bundesamtes für Kartographie u. Geodäsie 2000, p.153-159, 7 ill. (Mitteilungen des Bundesamtes für Kartographie und Geodäsie ; 19) ISBN 3-88648-292-8

1375
Sun, Xiudong: The romanization of China's geographical names. In: Second International Symposium on Geographical Names, GeoNames 2000, Frankfurt am Main, 28-30 March 2000. Ed. by the Ständiger Ausschuss für Geographische Namen (StAGN), comp. by Jörn Sievers. - Frankfurt am Main: Verl. d. Bundesamtes für Kartographie u. Geodäsie 2000, p.161-163. (Mitteilungen des Bundesamtes für Kartographie und Geodäsie ; 19) ISBN 3-88648-292-8

1376
Wermke, Matthias: Zur Schreibung geographischer Namen im Deutschen. In: Second International Symposium on Geographical Names, GeoNames 2000, Frankfurt am Main, 28-30 March 2000. Ed. by the Ständiger Ausschuss für Geographische Namen (StAGN), comp. by Jörn Sievers. - Frankfurt am Main: Verl. d. Bundesamtes für Kartographie u. Geodäsie 2000, p.165-170. (Mitteilungen des Bundesamtes für Kartographie und Geodäsie ; 19) ISBN 3-88648-292-8

1377
Wobek, Bettina: Deutsche Exonyme in Reiseangeboten : Beispiel Ostmitteleuropa. - Wien: Universität Wien 2001, 112 p., 23 ill., 10 tab. [Dipl.-Arb.]

1378
Zhong, Linna: The Internet : advancing the international standardization of geographical names. In: Second International Symposium on Geographical Names, GeoNames 2000, Frankfurt am Main, 28-30 March 2000. Ed. by the Ständiger Ausschuss für Geographische Namen (StAGN), comp. by Jörn Sievers. - Frankfurt am Main: Verl. d. Bundesamtes für Kartographie u. Geodäsie 2000, p.171-173. (Mitteilungen des Bundesamtes für Kartographie und Geodäsie ; 19) ISBN 3-88648-292-8

1379
Zikmund, Hans: Deutsche Allonyme geographischer Namen des Baltikum und der Gemeinschaft Unabhängiger Staaten. In: Second International Symposium on Geographical Names, GeoNames 2000, Frankfurt am Main, 28-30 March 2000. Ed. by the Ständiger Ausschuss für Geographische Namen (StAGN), comp. by Jörn Sievers. - Frankfurt am Main: Verl. d. Bundesamtes für Kartographie u. Geodäsie 2000, p.175-179. (Mitteilungen des Bundesamtes für Kartographie und Geodäsie ; 19) ISBN 3-88648-292-8

1380
Zych, Maciew: Polskie nazewnictwo geograficzne świata a praktyka kartograficzna. In: Polski przegląd kartograficzny. 33, 2001, 1, p.10-23, 5 ill. [Polish geographic names of the world and the cartographic practice.] [Pol. with Engl. and Russ. rés.]

7. Map Revision Kartenaktualisierung Mise à jour des cartes

1381
Eckstein, Reginald C.: An evaluation of orthoimagery for map revisio Waterloo, ON: University of Waterloo and Wilfrid Laurier University 2000 [Master's thesis]

1382
Erlbruch, Klaus: Fortführung der DGK 5 beim Ennepe-Ruhr-Kreis mit dem Programm RoSy Geo Editor : ein Erfahrungs-

bericht. In: Kartographische Nachrichten. 51, 2001, p.248-250, 2 ill.
ISSN 0022-9164

1383
Günther, Thomas: Aktualisierung des ATKIS-Basislandschaftsmodells mittels GPS und Pentop. In: ATKIS - Stand und Fortführung : Beiträge zum 51. DVW-Seminar am 25. und 26. September 2000 an der Unversität Rostock. Red. u. Seminarleiter: Ralf Bill u. Frank Schmidt. - Stuttgart: Wittwer 2000, p.103-105. (Schriftenreihe des DVW ; 39)
ISBN 3-87919-273

1384
Hübner, Wolfgang: Umsetzung und Fortführung von Daten der bayerischen Flurkarte. In: Fachvorträge : XI. Internationale Geodätische Woche Obergurgl 2001. - Innsbruck: Institut für Geodäsie d. Univ. Innsbruck 2001, p.187-189. (Institut für Geodäsie, Leopold-Franzens-Universität Innsbruck / Institutsmitteilungen ; 19)

1385
Kadri-Dahmani, Hakima: Updating data in GIS : towards a more generic approach. In: Bulletin du Comité Français de Cartographie. 169-170, 2001, p.52-57, 4 ill.
ISSN 0755-7647

1386
Kollmuß, Helmut: Aktualisierung des ATKIS-Basis-DLM in Bayern. In: ATKIS-Stand und Fortführung : Beiträge zum 51. DVW-Seminar am 25. und 26. September 2000 an der Unversität Rostock. Red. u. Seminarleiter: Ralf Bill u. Frank Schmidt. - Stuttgart: Wittwer 2000, p.107-114, 2 ill. (Schriftenreihe des DVW ; 39)
ISBN 3-87919-273

1387
Lemarié, Cécile; Badard, Thierry: Cartographic database updating. In: Bulletin du Comité Français de Cartographie. 169-170, 2001, p.58-65, 8 ill., 1 tab.
ISSN 0755-7647

1388
Lom, Otto von: Geodatenaktualisierung. In: ATKIS - Stand und Fortführung : Beiträge zum 51. DVW-Seminar am 25. und 26. September 2000 an der Unversität Rostock. Red. u. Seminarleiter: Ralf Bill u. Frank Schmidt. - Stuttgart: Wittwer 2000, p.31-37. (Schriftenreihe des DVW ; 39)
ISBN 3-87919-273

1389
Niederöst, Markus: 3-D-Gebäuderekonstruktion mittels Bildanalyse zur Nachführung topographischer Karten. In: Rauminformationen für das 21. Jahrhundert : Vor-träge ; 20. wissenschaftlich-technische Jahrestagung der DGPF im Rahmen der Intergeo 2000, 11.-13. Oktober 2000, Kongress-Zentrum ICC, Berlin. Hrsg.: Jörg Albertz. - Berlin: DGPF 2001, p.211-218, 8 ill. (Publikationen der Deutschen Gesellschaft für Photogrammetrie und Fernerkundung ; 9)

1390
Oster, Manfred: Wie lässt sich die Wiedergabe der dritten Dimension in den topographischen Landeskartenwerken fortschreiben? In: Kartographische Nachrichten. 51, 2001, p.244-248, 3 ill.
ISSN 0022-9164

1391
Paskó, Attila: A DTA50 részleges felújitása és hasznosítása (a NATO eleírásoknak megfelelë) 1:50 000 méretarányú topográfia térképek eleállításánál. In: Geodézia és kartográfia. 53, 2001, p.32-34. [The partial update and use of DTA50 in the

creation process of topographic map in scale 1:50 000 based on NATO standards.] [Hung. with Engl. rés.] ISSN 0016-7118

1392
Rolincová, Dobromila: Hodnotendie výsledkov ROEP z hl'adiska ich využívania pri aktualizácii katastra nehnutel'ností. In: Geodetický a kartografický obzor. 47, 2001, 5, p.107-111, 3 ill. [Evaluation of updated land registry regarding their applicability to updating of the cadastre of real estates.] [Slov. with Czech. and Engl. rés]

F. Map Production, Practical Cartography
Kartenherstellung, Praktische Kartographie
Production des cartes, cartographie pratique

1. General Features
Allgemeines
Généralités

1393
Cartwright, William: Future cartographies : where to now? In: The Bulletin of the Society of Cartographers. 35, 2001, p.1-12, 12 ill. ISSN 0036-1984

1394
Falkensteiner, Regina: Gestaltungsmethoden für großmaßstäbige Winterausgaben topographischer Spezialkarten : Fallstudie Schladming 1:50.000. - Wien: Universität Wien 2001, 103 p., 38 ill., 1 mp-suppl. [Dipl-Arb.]

1395
Korydka-Skorupa, Jolanta: From data to cartographic presentation forms. In: The selected problems of theoretical cartography 2000 : proceedings of a seminar of the Commission on Theoretical Cartography (Dresden, Germany, October 14-15, 2000). Alexander Wolodtschenko. - Dresden: International Cartographic Association 2001, p.22-30, 5 ill.

1396
Parker, S.; Verardo, C.: Broken Hill Mapping : a cartographic milestone. In: Cartography : journal of the Mapping Sciences Institute, Australia. 30, 2001, p.41-47, 7 ill. ISSN 0069 0805

1397
Simley, Jeff: Improving the quality of mass produced maps. In: Cartography and geographic information science. 28, 2001, 2, p. 97-110, 8 ill., 2 tab.

2. Traditional Reprographic Techniques
Herkömmliche Zeichen- und Reproduktionsverfahren
Procédés de dessin reprographiques traditionnelles en cartographie

b. Drawing, Engraving and Scribing Techniques
Zeichenverfahren, Gravurverfahren
Procédés de dessin, de gravure simple et avancée, matériaux, instruments

1398
Ackerberg-Hastings, Amy: The Brown & Sharpe Draftsmen's protractor. In: Rittenhouse : journal of the American Scientific Instrument Enterprise. 15, 2001, 1, p.31-38, 3 ill.

1399
Davis-Allen, Lisa: The national palette : painting and map-coloring in the seventeenth-century Dutch Republic. In: The Portolan. 1999, p.23-26, 10 ill. ISSN 1096-1925

1400
Price, Wendy: Relief presentation : manual airbrushing combined with computer technology. In: The cartographic journal. 38, 2001, p.107-112, 6 ill. ISSN 0008-7041

c. Map Lettering Techniques
Kartenbeschriftungsverfahren
Procédés des écritures cartographiques

1401
Huffman, F. Tyler: Automated label point annotation as a location set covering problem. - Storrs, CT: University of Connecticut 2000/2001 [Master's thesis]

1402
Rurup, Freek: Typografische mental maps. In: Kartografisch tijdschrift. 27, 2001, 1, p.38-41, 4 ill. [Typographic mental maps.] [Dutch with Engl. and French rés.]

f. Reproduction and Presswork
Vervielfältigungsverfahren und Druckverfahren
Procédés reprographiques et procédés d'impression

1403
Manasek, F.J.: How to spot these fakes : Identifying a new breed of counterfeit maps. In: Mercator's world. 6, 2001, 2, p.18-23, 13 ill. ISSN 1086-6728

3. Computer-Assisted Map Techniques
Rechnergestützte Kartentechnik
Techniques cartographiques assistées par ordinateur

1404
Schneider, Bernhard: On the uncertainty of local shape of lines and surfaces. In: Cartography and geographic information science. 28, 2001, p.237-247, 11 ill.
ISSN 1523-0406

a. General Features
Allgemeines
Généralités

1405
Al-Nakib, Nuri: Kartenproduktion auf Radardaten. In: Rauminformationen für das 21. Jahrhundert : Vorträge ; 20. wissenschaftlich-technische Jahrestagung der DGPF im Rahmen der Intergeo 2000, 11.-13. Oktober 2000, Kongress-Zentrum ICC, Berlin. Hrsg.: Jörg Albertz. - Berlin: DGPF 2001, p.257-264, 10 ill., 1 tab. (Publikationen der Deutschen Gesellschaft für Photogrammetrie und Fernerkundung ; 9)

1406
Andrienko, Gennady; Andrienko, Natalia: Computer cartography and cartographic knowledge. In: Diskussionsbeiträge zur Kartosemiotik und zur Theorie der Kartographie ; 4. Alexander Wolodtschenko und Hansgeorg Schlichtmann. - Dresden 2001, p.7-14, 4 ill. [With Germ., and Russ. rés.]
ISBN 3-86005-300-0

1407
Bořkuvková, Jaroslava; Křížek, Milan: Vektorová Základní mapa čR 1 : 50 000 odvozená ze ZABAGED. In: Geodetický a kartografický obzor. 47, 2001, p.180-186, 5 ill. [Vectorial base map of the Czech Republic at 1 : 50 000 derived from ZABAGED.] [Czech. with Engl. rés.]
ISSN 0016-7096

1408
Chilton, Steve (ed.): Computers in cartography. In: The Bulletin of the Society of Cartographers. 35, 2001, p.21-32.
ISSN 0036-1984

1409
Fischer, Johannes: Digitale Aktualisierung der Alpenvereinskarten. In: Karto-

graphische Nachrichten. 51, 2001, 1, p.22-26, 4 ill.

1410
Grygorenko, Wiktor: Kartografia przed nowym stuleciem. In: Polski przegląd kartograficzny. 33, 2001, 1, p.35-38. [Theoretical and practical problems of cartography on the threshold of the 21st century.] [Pol.]

1411
Hecht, Horst: Stand der Entwicklung der Elektronischen Seekarte. In: Information. Deutsche Hydrographische Gesellschaft. 30, 1993, p.9-18.

1412
Marcotte, Thomas A.: Cartographic design and desktop mapping, a historic perspective. - Missoula, MT: University of Montana 2000 [Master's thesis]

1413
McCutcheon, Ernest: MapInfo-Online Tools und die NavTech-AND Datenbanken. In: Web Mapping 1 : raumbezogene Information und Kommunikation im Internet [Karlsruher-Symposium "Web Mapping"]. Christian Herrmann, Hartmut Asche (Hrsg.). - Heidelberg: Wichmann 2001, p.114-122, 11 ill. ISBN 3-87907-353-8

1414
Michels, U.; Pufe, Ch.: DV-gestützte Erarbeitung von Gewässerpflege-und -entwicklungsplänen. In: Wasserbewirtschaftung im neuen Jahrtausend : Grundwasser - Oberflächenwasser - Geoinformationssysteme. Hrsg.: H.-H. Diersch, S. Kaden, T. Michels. - Berlin: Verl. für Bauwesen 2001, p.246-261, 7 ill., 1 tab. [Tagungsband] [1. Aufl.] ISBN 3-345-00789-4

1415
Million, Claude: Des courbes et des lignes. In: XYZ : revue de l'Association Française de Topographie. 86, 2001, 1, p.37-42, 3 ill.

1416
Moellering, Harold: Theoretical concepts in analytical cartography. In: Map : journal of the Japan Cartographers Association. 39, 2001, p.34-67. [Engl.] [Jap. rés. by Hiroshi Ota, p.68-71] ISSN 0009-4897

1417
Nagy, István: A digitális térképkészítés helyzete Vas megyében. In: Geodézia és kartográfia. 53, 2001, p.28-34, 3 tab. [Situation of digital mapping in Vas county.] [Hung.] ISSN 0016-7118

1418
Ono, Kunihiko and others: Color design of city map based on "Kansei"(visibility) test. In: Map : journal of the Japan Cartographers Association. 39, 2001, p.13-19, 7 ill., 7 tab. [Jap. with Engl. rés.] ISSN 0009-4897

1419
Ota, Hiroshi: Theoretical concepts in analytical cartography (summary). In: Map : the journal of the Japan Cartographers Association. 39, 2001, p.68-71. [Jap.] ISSN 0009-4897

1420
Perchermeier, Georg: Ohne EDV geht nichts mehr : Innendienst am Vermessungsamt - gestern, heute und morgen. In: 200 Jahre Bayerische Vermessungsverwaltung : 1801-2001 ; es ist ein Maß in allen Dingen. [Hrsg.: Bayer. Staatsministerium der Finanzen, Abt. Vermessung, Informations-u. Kommunikationstechnik...Red.: Karlheinz Goller, Josef Klapf]. - München: Bayer. Landesvermessungsamt 2001, p.224-237, 10 ill. ISBN 3-935612-01-X

1421
Terribilini, Andrea: Entwicklung von Arbeitsabläufen zur automatischen Erstellung von interaktiven, vektorbasierten topographischen 3D-Karten. - Zürich: ETH Zürich 2001, 192 p., ill. [Diss. Nr. 14387 techn. Wiss. ETH Zürich]

1422
Une, Hiroshi: Development and current state of global mapping. In: Map : journal of the Japan Cartographers Association. 39, 2001, p.20-30, 7 ill. [Jap. with Engl. rés.] ISSN 0009-4897

b. Data Acquisition and Data Storage Techniques Verfahren der Datenerfassung und Datenspeicherung Procédés de l'acquisition et de la mémorisation des données

1423
Benning, Wilhelm; Schindler, Roland: Wissensbasierte Analyse von Vermessungsrissen. In: Zeitschrift für Vermessungswesen. 126, 2001, 2, p.65-73, 9 ill.

1424
Fortin, Marcel: Displaying (and using) high-resolution images of maps on the world wide web. In: Bulletin / Association of Canadian Map Libraries and Archives. 2001, p.3-7. ISSN 0840-9331

1425
Geographical data acquisition. Young-Qi Chen, Yuk-Cheung Lee (eds.). - Wien [u.a.]: Springer 2001, XIV, 265 p., ill., mp. ISBN 3-211-83472-9

1426
Gwinner, Klaus: Anwendungspotential hochauflösender digitaler Stereobilder als topographische Datengrundlage - Fallstudie zur Geologie von Vulcano (Italien). In: Rauminformationen für das 21. Jahrhundert : Vorträge ; 20. wissenschaftlich-technische Jahrestagung der DGPF im Rahmen der Intergeo 2000, 11.-13. Oktober 2000, Kongress-Zentrum ICC, Berlin. Hrsg.: Jörg Albertz. - Berlin: DGPF 2001, p.302-311, 4 ill., 3 tab. (Publikationen der Deutschen Gesellschaft für Photogrammetrie und Fernerkundung ; 9)

1427
Huang, Jiana; Lan, Yueming; Qin, Wenzhong: Coordinate conversion of map digitization, precision and correlation for digitized data. In: Geomatics and information of Wuhan University. 26, 2001, 3, p.213-216. [Chin. with Engl. rés.]

1428
Huang, Peizhi: A new method for extracting terrain feature lines from digitized data. In: Geomatics and information of Wuhan University. 26, 2001, 3, p.247-252, 6 ill. [Chin. with Engl. rés.]

1429
Lee, Yuk-Cheung: Geographical data and its acquisition. In: Geographical data acquisition. Young-Qi Chen, Yuk-Cheung Lee (eds.). - Wien: Springer 2001, p.1-10, 1 ill. ISBN 3-211-83472-9

1430
Lee, Yuk-Cheung; Pun, Lilian: Geographical data from analogue maps. In: Geographical data acquisition. Young-Qi Chen, Yuk-Cheung Lee (eds.). - Wien: Springer 2001, p.65-83, 16 ill. ISBN 3-211-83472-9

1431
Lössin, Rolf; Weber, Jürgen: Arbeitsverfahren zur ATKIS - Datenerfassung in Schleswig-Holstein. In: ATKIS - Stand und Fortführung : Beiträge zum 51. DVW-Seminar am 25. und 26. September 2000 an der Unversität Rostock. Red. u.

Seminarleiter: Ralf Bill u. Frank Schmidt. - Stuttgart: Wittwer 2000, p.39-52, 2 tab. (Schriftenreihe des DVW ; 39)
ISBN 3-87919-273

1432
Müller, Bernd; Pazmandy, Mark: GIS à la carte : Digitalisierung analoger Bestandspläne als Basis eines Abwasserkatasters. In: GeoBIT : das Magazin für raumbezogene Informationstechnologie. 6, 2001, 1, p.28-29, 2 ill.

1433
Stupp, Walter: Erfassen, Archivieren und Drucken von Karten. In: Kartographische Nachrichten. 51, 2001, 3, p.143-151, 7 ill.

1434
Tong, Xiaohua; Liu, Dajie: Combined adjustment models of road curve digitization in GIS. In: Geomatics and information science of Wuhan University. 26, 2001, 1, p.64-69, 3 ill. [Chin. with Engl. rés.]

1435
Vielsack, Siegfried: Erfassung von ATKIS -Daten mit mobilem GIS. In: ATKIS - Stand und Fortführung : Beiträge zum 51. DVW-Seminar am 25. und 26. September 2000 an der Unversität Rostock. Red. u. Seminarleiter: Ralf Bill u. Frank Schmidt. - Stuttgart: Wittwer 2000, p.85-91. (Schriftenreihe des DVW ; 39)
ISBN 3-87919-273

1436
Wentz, Elisabeth A.; Kuby, Michael; Vogt, Brandon J.: Extracting high points from statistical surfaces : a case study using digital elevation models. In: Cartography and geographic information science. 28, 2001, p.259-271, 10 ill.
ISSN 1523-0406

c. Data Processing Techniques, Digital Generalization Verfahren der Datenaufbereitung, digitale Generalisierung Procédés de la préparation des données, généralisation numérique

1437
Bader, Mathias: Energy minimization methods for feature displacement in map generalization. - Zürich 2001, 1 CD-ROM. [Diss. phil. II Zürich]

1438
Bard, Sylvain: Revision of cartographic generalisation rule bases. In: Bulletin du Comité Français de Cartographie. 169-170, 2001, p.66-67, 1 ill.
ISSN 0755-7647

1439
Bobzien, Matthias: Flächenzusammenfassung in der Modellgeneralisierung. In: Tagung 2000 : Arbeitsgruppe Automation in der Kartographie / Bundesanstalt für Kartographie und Geodäsie. - Frankfurt am Main: Verl. d. Bundesamtes für Kartographie u. Geodäsie 2001, p. 19-29, 6 ill., 1 tab. (Mitteilungen des Bundesamtes für Kartographie und Geodäsie ; 20)
ISBN 3-88648-306-1

1440
Boer, Eric P.J.; Beurs, Kirsten M. de; Hartkamp, A. Dewi: Kriging and thin plate splines for mapping climate variables. In: International journal of applied earth observation and geoinformation. 3, 2001, p.146-145, 4 ill., 2 tab.
ISSN 0303-2434

1441
Brazile, Francisco L.: Semantic infrastructure and methods to support quality

evaluation in cartographic generalization. - Zürich: Univ., Diss. 2000, 1 CD-ROM + 2 suppl. [Elektronische Ressource]

1442
Brkić, Mario: Korekcija reljefa uz prostorni model gustoće. In: Geodetski list. 55, 2001, 1, p.3-18, 6 ill., 6 tab. [Relief correction with spatial density model.] [Croat. with Engl. rés.]

1443
Burghardt, Dirk: Automatisierung der kartographischen Verdrängung mittels Energieminimierung. - München: Beck 2001, 95 p., ill., mp. (Deutsche Geodätische Kommission bei der Bayerischen Akademie der Wissenschaften / Reihe C: Dissertationen ; 536) [Zugl.: Dresden, Techn. Univ., Diss. 2000] ISBN 3-7696-9575-5

1444
Cecconi, Alessandro; Galanda, Martin: Mehrfachskalierte Datenbanken und kartographische Generalisierung als Elemente guter Internetkartographie. In: Angewandte geographische Informationsverarbeitung XIII : Beiträge zum AGIT-Symposium Salzburg 2001. Strobl, Blaschke, Griesebner. - Heidelberg: Wichmann 2001, p.78-83, 3 ill., 2 tab. ISBN 3-87907-361-9

1445
Duchźne, Cécile; Barrault, Mathieu; Haire, Kelvin: Road network generalization : a multi agent system approach. In: Bulletin du Comité Français de Cartographie. 169-170, 2001, p.33-41,12 ill. ISSN 0755-7647

1446
Guo, Bingxuan; Li, Deren; Lei, Zhen: Numeric annotation abstraction from map based to contour shaped analysis. In: Geomatics and information of Wuhan University. 26, 2001, 3, p.275-278, 2 ill. [Chin. with Engl. rés.]

1447
Harrie, Lars: En optimeringsmetod för kartografisk generalisering. In: Kartbladet. 16, 2001, 1, p.17-29, 6 ill., 2 tab. [A method to optimize cartographic generalization.] [Swed.]

1448
Hell, Günter: Vorgehensweisen bei Änderungen des Netzentwurfs. In:Kartographische Nachrichten. 51, 2001, 3, p.125-130, 5 ill.

1449
Jäger, Ernst: ATKIS - Modell und kartographische Generalisierung. In: ATKIS - Stand und Fortführung : Beiträge zum 51. DVW-Seminar am 25. und 26. September 2000 an der Unversität Rostock. Red. u. Seminarleiter: Ralf Bill u. Frank Schmidt. - Stuttgart: Wittwer 2000, p.23-29. (Schriftenreihe des DVW ; 39) ISBN 3-87919-273

1450
Joao, Elsa M.: Measuring scale effects caused by map generalization and the importance of displacement. In: Modelling scale in geographical information science. Ed. by Nicholas J. Tate and Peter M. Atkinson. - Chichester [u.a.]: Wiley 2001, p.161-179, 3 ill., 5 tab. ISBN 0-471-98546-5

1451
Kanani, Entela; Carosio, Alessandro: Automatische Vektorisierung von flächenhaften Objekten mit robuster Schätzung. In: Vermessung, Photogrammetrie, Kulturtechnik = Mensuration, Photogrammétrie, Génie rural. 99, 2001, 3, p.156-160, 9 ill. 1 tab.

1452
Legeard, Benoît; Forest, Richard: Application à la cartographie d'un réseau. In: XYZ : revue de l'Association Française de Topographie. 23, 2001, p.43-46, 5 ill. [French with Engl. rés.] ISSN 0290-9057

1453
Lei, Yongjun: Stratified and continuous parameter models for spatial interpolation. - Columbia, SC: University of South Carolina 1999 [Master's thesis]

1454
Lu, Yi and others: Recognition, measurement and generalization for point cluster features in digital nautical chart. In: Geomatics and information science of Wuhan University. 26, 2001, 2, p.133-139, 10 ill. [Chin. with Engl. rés.]

1455
Meng, Liqui: Heutiger Stand von Theorie und Methodik der Generalisierung. In: Theorie 2000 : Vorträge des Kartographischen Symposiums am 17./18. November 2000 an der TU Dresden. Hrsg. von Günther Koch [Technische Universität Dresden, Institut für Kartographie]. - Dresden: Institut für Kartographie 2001, p.39-51, 17 ill. (Kartographische Bausteine ; Bd. 16)

1456
Moravec, Dalibor: Geoinformatické modelování s topologickým generalizačním algoritmem. In: Geodetický a kartografický obzor. 47, 2001, p.165-174, 9 ill., 2 tab. [Geoinformatic modelling with topological generalisation algorithm.] [Czech. with Engl. rés.] ISSN 0016-7096

1457
Ruas, Anne: Automatic generalisation project : learning process from interactive generalisation ; report. - Frankfurt am Main: Bundesanstalt für Kartographie u. Geodäsie 2001, 98 p., ill., mp. (European Organization for Experimental Photogammetric Research / official publication ; 39) ISBN 3-88648-307-X

1458
Schürer, Dietrich: Modellgeneralisierung von DLM hoher Auflösung zum DLM niedriger Auflösung am Beispiel des Übergangs ATKIS-DLM 25 zu ATKIS-DLM 200. In: ATKIS - Stand und Fortführung : Beiträge zum 51. DVW-Seminar am 25. und 26. September 2000 an der Unversität Rostock. Red. u. Seminarleiter: Ralf Bill u. Frank Schmidt. - Stuttgart: Wittwer 2000, p.183-196, 3 ill. (Schriftenreihe des DVW ; 39) ISBN 3-87919-273

1459
Schürer, Dietrich: Spezielle Probleme der Objektbildung im Rahmen der Modellgeneralisierung. In: Tagung 2000 : Arbeitsgruppe Automation in der Kartographie / Bundesanstalt für Kartographie und Geodäsie. - Frankfurt am Main: Verl. d. Bundesamtes für Kartographie u. Geodäsie 2001, p. 115-130, 13 ill., 1 tab. (Mitteilungen des Bundesamtes für Kartographie und Geodäsie ; 20) ISBN 3-88648-306-1

1460
Shepard, Alex: Accuracy of interpolations for geologic mapping made from 3-D seismic models using a geographic information system. - Columbia, SC: University of South Carolina 1999 [Master's thesis]

1461
Soukup, Petr; Votoček, Michal: Vyhledávání lokakit v digitální katastrální mapě. In: Geodetický a kartografický obzor. 47, 2001, p.232-236, 4 ill., 1 tab. [Searching for locations in a cadastral map.][Czech. with Engl. rés.] ISSN 0016-7096

1462
Steinhauer, Joe Heike and others: Recognition of abstract regions in cartographic maps. In: Spatial information theory : foundations of geographic information science ; International conference COSIT 2001, Morro Bay, CA, USA, September 19-23, 2001 ; proceedings. Daniel R. Montello (ed.). - Berlin: Springer 2001, p.306-321,14 ill. (Lecture notes in computer science ; 2205)
ISBN 3-540-42613-2

1463
Tang, Xiao'an; Chen, Min; Sun, Maoyin: An approach of simplification and high-speed rendering for terrain model. In: Geomatics and information science of Wuhan University. 26, 2001, p.310-314, 7 ill., 1 tab. [Chin. with Engl. rés.]
ISSN 1000-050X

1464
Tate, Nicholas J.: Modelling scale in geographical. Ed. by Nicholas J. Tate and Peter M. Atkinson. - Chichester [u.a.]: Wiley 2001, XIV, 227 p., ill.
ISBN 0-471-985-5

1465
Vučetić, Nada; Lapaine, Miljenko: Primjena AutoCAD Mapa u kartografskoj generalizaciji linija. In: Geodetski list. 55, 2001, p.259-272, 16 ill., 1 tab. [Application of AutoCad Map to generalization of map line elements.] [Croat. with Engl. rés.]
ISSN 0016-710X

1466
Wu, Fan; Zhu, Guorui: Multi-scale representation and automatic generalization of relief based on wavelet analysis. In: Geomatics and information science of Wuhan University. 26, 2001, 2, p.170-176, 3 ill. [Chin. with Engl. rés.]

d. Digital Models
Digitale Modelle
Modèle numérique

1467
Bobzien, Matthias: Flächenzusammenfassung in der Modellgeneralisierung. In: Tagung 2000 : Arbeitsgruppe Automation in der Kartographie / Bundesanstalt für Kartographie und Geodäsie. - Frankfurt am Main: Verl. d. Bundesamtes für Kartographie u. Geodäsie 2001, p. 19-29, 6 ill., 1 tab. (Mitteilungen des Bundesamtes für Kartographie und Geodäsie ; 20)
ISBN 3-88648-306-1

1468
Boellstroff, Darcy Leona: Using DEM data for updating soil surveys. - Lincoln, NE: University of Nebraska-Lincoln 2000 or 2001 [Master's thesis]

1469
Briese, Christian; Belada, Peter; Pfeifer, Norbert: Digitale Geländemodelle im Stadtgebiet aus Laser-Scanner-Daten. In: Photogrammetrie - Fernerkundung - Geoinformation : Geodaten schaffen Verbindungen ; Vorträge ; 21. wissenschaftlich-technische Jahrestagung d. DGPF, 4.-7. September 2001. Hrsg.: Eckhardt Seyfert. - Berlin: DGPF 2001, p.165-172, 6 ill. (Publikationen der Deutschen Gesellschaft für Photogrammetrie und Fernerkundung ; 10)

1470
Briese, Christian; Belada, Peter; Pfeifer, Norbert: Digitale Geländemodelle im Stadtgebiet aus Laser-Scanner-Daten. In: VGI : österreichische Zeitschrift für Vermessung & Geoinformation. 89, 2001, p.83-91, 10 ill., 1 tab. ISSN 0029-9650

1471
Brkić, Mario: Korekcija reljefa uz prostorni model gustoće. In: Geodetski list. 55, 2001, 1, p.3-18, 6 ill., 6 tab. [Relief correction with spatial density model.] [Croat. with Engl. rés.]

1472
Brockmann, Herbert; Mandlburger, Gottfried: Aufbau eines digitalen Geländemodells vom Wasserlauf der Grenzoder. In: Photogrammetrie - Fernerkundung - Geoinformation : Geodaten schaffen Verbindungen ; Vorträge ; 21. wissenschaftlich-technische Jahrestagung d. DGPF, 4.- 7. September 2001. Hrsg.: Eckhardt Seyfert. - Berlin: DGPF 2001, p.199-208, 8 ill. (Publikationen der Deutschen Gesellschaft für Photogrammetrie und Fernerkundung ; 10)

1473
Bun, R.J.G.: Laseraltimetriemeting Betuweroute. In: Geodesia : tijdschrift voor geodesie en geo-informatie. 43, 2001, 2, p.84-89, 5 ill., 3 tab. [Laseraltimetry survey of the Betuweroute.] [Dutch with Engl. rés.]

1474
Casas Santiuste, Benito Javier: Generación automática de curvas de nivel (isolíneas) suavizadas. In: Topografia y Cartografia. 102, 2001, p.34-38, 10 ill.

1475
Chen, Junyong and others: A new Chinese geoid with high resolution and high accuracy. In: Geomatics and information science of Wuhan University. 26, 2001, p.283-289, 1 tab. [Chin. with Engl. rés.]
ISSN 1000-050X

1476
Chichagov, Alexander: Digital elevation modeling using digital frame cameras. - Ottawa, ON: Carleton University 1999 [Master's thesis]

1477
Danielson, Jeffrey: Verification of sink features from the one-kilometer African digital elevation model. - Brookings, SD: South Dakota State University 2000 [Master's thesis]

1478
Dobos, Endre and others: A regional scale soil mapping approach using integrated AVHRR and DEM data. In: International journal of applied earth observation and geoinformation. 3, 2001, p.30-42, 6 ill., 5 tab. ISSN 0303-2434

1479
Dorrer, Egon; Piechullek, Christian; Zhou, Xiugang: Integration von DHM in SFS (Shape from Shading) zur Reliefdarstellung in Mars-Bildkarten. In: Rauminformationen für das 21. Jahrhundert : Vorträge ; 20. wissenschaftlich-technische Jahrestagung der DGPF im Rahmen der Intergeo 2000, 11.-13. Oktober 2000, Kongress-Zentrum ICC, Berlin. Hrsg.: Jörg Albertz. - Berlin: DGPF 2001, p.174-186, 10 ill. (Publikationen der Deutschen Gesellschaft für Photogrammetrie und Fernerkundung ; 9)

1480
Flotron, A.; Koelbl, O.: Precise Terrain Models for Civil Engineering. - Frankfurt am Main: Bundesanstalt für Kartographie und Geodäsie 2000, p.37-134, 35 ill., 21 tab. (European Organization for Experimental Photogrammetric Research / Official publication ; No. 38)
ISBN 3-88648-104-2

1481
Giusti, Cecilia: Il modello digitale del terreno (DTM) come supporto alla cartografia geomorfologica : l'esempio della

Pianura Modenense (Pianura Padana, Italia Settentrionale). In: Cultura cartografica e culture del territorio : atti del convegno nazionale (Sassari, 12-13 dicembre 2000). A cura di Giuseppe Scanu. - Genova: Brigati 2001, p.409-417, 4 ill. (Bollettino della Associazione Italiana di Cartografia No. 111-113 = 38. 2001) [Ital.]

1482
Gültlinger, Manfred; Schleyer, Andreas; Spohrer, Michael: Flächendeckendes, hochgenaues DGM von Baden-Württemberg. In: Mitteilungsblatt / Deutscher Verein für Vermessungswesen (DVW), Landesverein Baden-Württemberg. 48, 2001, p.73-77, 3 ill. ISSN 0940-2942

1483
Günther, Thomas: Aktualisierung des ATKIS-Basislandschaftsmodells mittels GPS und Pentop. In: ATKIS - Stand und Fortführung : Beiträge zum 51. DVW-Seminar am 25. und 26. September 2000 an der Unversität Rostock. Red. u. Seminarleiter: Ralf Bill u. Frank Schmidt. - Stuttgart: Wittwer 2000, p.103-105. (Schriftenreihe des DVW ; 39) ISBN 3-87919-273

1484
Holmes, Karen: Calculation of error in a USGS 30-meter digital elevation model and its effects on terrain attributes and environmental modeling. - Santa Barbara, CA: University of California-Santa Barbara 1999 [Master's thesis]

1485
Illert, Andreas: Die Herstellung des ATKIS-DLM250 am Bundesamt für Kartographie. In: Tagung 2000 : Arbeitsgruppe Automation in der Kartographie / Bundesanstalt für Kartographie und Geodäsie. -Frankfurt am Main: Verl. d. Bundesamtes für Kartographie u. Geodäsie 2001, p. 39-50, 4 ill., 3 tab. (Mitteilungen des Bundesamtes für Kartographie und Geodäsie ; 20) ISBN 3-88648-306-1

1486
Kersten, Thomas; O'Sullivan, Willie; Zanini, Marc: Digitale Oberflächenmodelle durch Bildkorrelation : DOM/10 und DOM/2.5 : [Schweiz]. In: Vermessung, Photogrammetrie, Kulturtechnik. 99, 2001, p.60-66, ill., mp., tab. ISSN 0252-9424

1487
Koch, Andreas: Genauigkeitsanalyse Digitaler Geländemodelle für die Shuttle Radar Topography Mission (SRTM). In: Rauminformationen für das 21. Jahrhundert : Vorträge ; 20. wissenschaftlich-technische Jahrestagung der DGPF im Rahmen der Intergeo 2000, 11.-13. Oktober 2000, Kongress-Zentrum ICC, Berlin. Hrsg.: Jörg Albertz. - Berlin: DGPF 2001, p.237-244, 3 ill., 1 tab. (Publikationen der Deutschen Gesellschaft für Photogrammetrie und Fernerkundung ; 9)

1488
Koch, Barbara; Harm, Jürgen: Remote sensing and spatial data for the establishment and visualisation of 3D computer landscape models as basis for visual impact assessment. In: Geo-Informations-Systeme : GIS. 14, 2001, p.41-48, 11 ill. [With Germ. and Engl. rés.] ISSN 1430-3663

1489
Kolcsár, Imre: Arvízvédelmi célú domborzatmodell a Tisza folyó egy szakaszára. In: Geodézia es kartográfia. 53, 2001, 5, p.17-23, 4 ill. [Digital terrain model (DTM) at a given part of the river Tisza, in order to the flood protection design.] [Hung. with Engl. rés.]

1490
Kollmuß, Helmut: Aktualisierung des ATKIS-Basis-DLM in Bayern. In: ATKIS - Stand und Fortführung : Beiträge zum 51. DVW-Seminar am 25. und 26. September 2000 an der Unversität Rostock. Red. u. Seminarleiter: Ralf Bill u. Frank Schmidt. - Stuttgart: Wittwer 2000, p.107-114, 2 ill. (Schriftenreihe des DVW ; 39)
ISBN 3-87919-273

1491
Kosmann, D. and others: DEM und Radarprodukte des Deutschen Fernerkundungsdatenzentrum der DLR (DFD). In: Tagung 2000 : Arbeitsgruppe Automation in der Kartographie / Bundesanstalt für Kartographie und Geodäsie. - Frankfurt am Main: Verl. d. Bundesamtes für Kartographie u. Geodäsie 2001, p. 51-58, 14 ill., 1 tab. (Mitteilungen des Bundesamtes für Kartographie und Geodäsie ; 20)
ISBN 3-88648-306-1

1492
Kosmatin Fras, Mojca: Vloga Fotogrametrije in prostorskih podatkovpri dokumentiranju naravnih katastrof - primer plazu pod Mangrtom. In: Geodetski vestnik. 45, 2001, p.62-71, 10 ill. [The role of photogrammetry and spatial data in documentation of natural disasters - example on landslide under Mangrt mountain.] [Sloven. with Engl. rés.]
ISSN 0351-0271

1493
Kostecki, Stanisław: Opracowywanie map potencjalnych stref zalewowych na podstawie numerycznego modelu terenu. In: Polski przegląd kartograficzny. 33, 2001, 1, p.24-34, 4 ill., 1 tab. [Preparation of a DTM-based potential backwater zone map.] [Pol.with Engl. and Russ. rés.]

1494
Liu, Hongxing: Generation and refinement of a continental-scale digital elevation model by integrating cartographic and remotely-sensed data : a GIS-based approach. - Columbus, OH: Ohio State University 1999 [Doct. diss.]

1495
Lohr, Uwe: LIDAR Höhenmodelle und digitale Bilder für unterschiedliche Anwendungen. In: Mitteilungsblatt / Deutscher Verein für Vermessungswesen (DVW), Landesverein Baden-Württemberg. 48, 2001, p.52-62, 7 ill., 2 tab.
ISSN 0940-2942

1496
Magnuszewski, Artur: Cartographic analysis of the Vistula river channel development near the village of Wyszogrod (Poland). In: Floodplain pollution control management Vistula river, Poland. [Hrsg.: Deutsches Nationalkomitee für das Internationale Hydrologische Programm (IHP) der UNESCO und das Operationelle Hydrologische Programm (OHP) der WMO]. - Koblenz: Bundesanstalt für Gewässerkunde IHP / OHP-Sekretariat 2000, p.65-69, 3 ill. (IHP-OHP-Berichte / Sonderheft ; 11)

1497
Magnuszewski, Artur: Digital Terrain Model : a means of floodplain process evaluation. In: Floodplain pollution control management Vistula river, Poland. [Hrsg.: Deutsches Nationalkomitee für das Internationale Hydrologische Programm (IHP) der UNESCO und das Operationelle Hydrologische Programm (OHP) der WMO]. - Koblenz: Bundesanstalt für Gewässerkunde IHP / OHP-Sekretariat 2000, p.41-50, 5 ill. (IHP-OHP-Berichte / Sonderheft ; 11)

1498
McMaster, Kevin: The effects of D.E.M. resolution on derived hydrologic network accuracy. - London, ON: University of Western Ontario 2000 [Master's thesis]

1499
Meier, Erich H.; Nüesch, Daniel R.: Genauigkeitsanalyse von hochauflösenden Gelände- und Oberflächenmodellen. In: Photogrammetrie, Fernerkundung, Geoinformation. 2001, p.405-416, 6 ill., 1 tab. ISSN 1432-8364

1500
Mercer, Bryan: Combining LIDAR and IFSAR: What can you expect? In: Geo-Informations-Systeme : GIS. 14, 2001, p.12-19, 6 ill. [With Germ. and Engl. rés.] ISSN 1430-3663

1501
Merwin, David A.: Applying artificial neural networks for spatial interpolation of digital elevation models. - Storrs, CT: University of Connecticut 2000/2001 [Master's thesis]

1502
Millett, Bruce B.: Vertical accuracy assessment of large-scale elevation models. - Brookings, SD: South Dakota State University 1999 [Master's thesis]

1503
Naef, David; Subak, Sasa: Fehleranalyse des Schweizer DHM25. - Zürich: ETHZ, Institut für Geodäsie und Photogrammetrie [Semesterarbeit]

1504
Niederöst, Markus: Projekt ATOMI: Automatische Detektion und Rekonstruktion von Gebäuden für das topographische Landschaftsmodell der Schweiz. In: Vermessung, Photogrammetrie, Kulturtechnik. 99, 2001, p.520-524, 8 ill. [Germ. with French, and Ital. rés]

1505
Niepagen, Sibyll: Die Ableitung der Digitalen Topographischen Karteim Maßstab 1 : 10 000 (DTK 10) aus ATKIS-DLM Basis2 und -DGM 25. In: ATKIS - Stand und Fortführung : Beiträge zum 51. DVW-Seminar am 25. und 26. September 2000 an der Unversität Rostock. Red. u. Seminarleiter: Ralf Bill u. Frank Schmidt. - Stuttgart: Wittwer 2000, p.117-123. (Schriftenreihe des DVW ; 39) ISBN 3-87919-273

1506
On-Screen-Digitalisierung, Modellierung von Netzwerken und Oberflächen, Verarbeitung von Rasterdaten in ARC/INFO. Norbert de Lange u. Thorger Stapenhorst (Hrsg.) Grundlagen von Geo-Informationssystemen : Theoretische Grundlagen und Einführung in ARC/INFO anhand einer Projektaufgabe, hrsg. vom Fachgebiet Geographie, Fachbereich Kultur-u. Geowissenschaften, Universität Osnabrück...; 2. - Osnabrück: Univ., Fachgebiet Geographie 2000, 92 p., ill., mp. (OSG-Materialien ; 46)

1507
Pác, Regina: Dornröschenschlaf beendet : Ein neues Bild der Erde entsteht. In: Geo-BIT : das Magazin für raumbezogene Informationstechnologie. 6, 2001, p.21-23, 4 ill. ISSN 1430-3663

1508
Paul, Gerhard: Aufbau eines digitalen Landschaftsmodells von Österreich. In: ATKIS - Stand und Fortführung : Beiträge zum 51. DVW-Seminar am 25. und 26. September 2000 an der Unversität Rostock. Red. u. Seminarleiter: Ralf Bill

u. Frank Schmidt. - Stuttgart: Wittwer 2000, p.65-73. (Schriftenreihe des DVW ; 39)

1509
Podobnikar, Tomaž and others: Digitalni model reliefa Slovenije iz raznih geodetskih podatkov. In: Geodetski vestnik. 45, 2001, p.341-352, 4 ill. [A digital terrain model for Slovenia with diverse geodetic data.] [Sloven. with Engl. rés.] ISSN 0351-0271

1510
Schiewe, Jochen: Ein regionen-basiertes Verfahren zur Extraktion der Geländeoberfläche aus Digitalen Oberflächen-Modellen. In: Photogrammetrie, Fernerkundung, Geoinformation. 2001, 2, p.81-90, 9 ill.

1511
Schiewe, Jochen: Integration von Digitalen Höhen-Modellen und multispektralen Bilddaten zur automatischen Objekterkennung. In: Rauminformationen für das 21. Jahrhundert : Vorträge ; 20. wissenschaftlich-technische Jahrestagung der DGPF im Rahmen der Intergeo 2000, 11.-13. Oktober 2000, Kongress-Zentrum ICC, Berlin. Hrsg.: Jörg Albertz. - Berlin: DGPF 2001, p.187-194, 6 ill. (Publikationen der Deutschen Gesellschaft für Photogrammetrie und Fernerkundung ; 9)

1512
Schleyer, Andreas: Flächendeckendes, hochgenaues DGM für Baden- Württemberg. In: ATKIS - Stand und Fortführung : Beiträge zum 51. DVW-Seminar am 25. und 26. September 2000 an der Unversität Rostock. Red. u. Seminarleiter: Ralf Bill u. Frank Schmidt. - Stuttgart: Wittwer 2000, p.125-137, 2 ill. (Schriftenreihe des DVW ; 39) ISBN 3-87919-273

1513
Schmidt, Frank: Erfassung, Interpolation und Auswertung von digitalen Geländemodellen für die Landwirtschaft. In: Zeitschrift für Vermessungswesen : ZfV. 126, 2001, 3, p.128-134, 3 ill., 2 tab.

1514
Schürer, Dietrich: Modellgeneralisierung von DLM hoher Auflösung zum DLM niedriger Auflösung am Beispiel des Übergangs ATKIS-DLM 25 zu ATKIS-DLM 200. In: ATKIS - Stand und Fortführung : Beiträge zum 51. DVW-Seminar am 25. und 26. September 2000 an der Unversität Rostock. Red. u. Seminarleiter: Ralf Bill u. Frank Schmidt. - Stuttgart: Wittwer 2000, p.183-196, 3 ill. (Schriftenreihe des DVW ; 39) ISBN 3-87919-273

1515
Schürer, Dietrich: Spezielle Probleme der Objektbildung im Rahmen der Modellgeneralisierung. In: Tagung 2000 : Arbeitsgruppe Automation in der Kartographie / Bundesanstalt für Kartographie und Geodäsie. - Frankfurt am Main: Verl. d. Bundesamtes für Kartographie u. Geodäsie 2001, p. 115-130, 13 ill., 1 tab. (Mitteilungen des Bundesamtes für Kartographie und Geodäsie ; 20) ISBN 3-88648-306-1

1516
Shrestha, Dhruba Pikha; Zinck, J. Alfred: Land use classification in mountainous areas: integration of image processing, digital elevation data and field knowledge (application to Nepal) : some user experiences and expectations. In: International journal of applied earth observation and geoinformation. 3, 2001, p.78-85, 10 ill., 4 tab. ISSN 0303-2434

1517
Smith, Dru A.; Roman, Daniel R.: A new high resolution DEM for the northwest

United States. In: Surveying and land information systems. 61, 2001, p.103-112, 13 ill., 2 tab. ISSN 1052-2905

1518
Smolich, Helena: Evaluating the effects of sampling strategies on the accuracy of digital elevation models. - Iowa City, IA: University of Iowa 2000 [Master's thesis]

1519
Tang, Xiao'an; Chen, Min; Sun, Maoyin: An approach of simplification and high-speed rendering for terrain model. In: Geomatics and information science of Wuhan University. 26, 2001, p.310-314, 7 ill., 1 tab. [Chin. with Engl. rés.] ISSN 1000-050X

1520
Wentz, Elisabeth A.; Kuby, Michael; Vogt, Brandon J.: Extracting high points from statistical surfaces : a case study using digital elevation models. In: Cartography and geographic information science. 28, 2001, p.259-271, 10 ill. ISSN 1523-0406

1521
Workshop on Airborne Laserscanning Interferometric SAR for Detailed Digital Elevation Models. Ed. by K. Torlegård and J. Nelson. - Frankfurt am Main: Bundesanstalt für Kartographie und Geodäsie 2000, 1 DC-ROM. (European Organization for Experimental Photogrammetric Research / Official publication ; No. 40) ISBN 3-89888-782-0

1522
Wu, Fan; Zhu, Guorui: Multi-scale representation and automatic generalization of relief based on wavelet analysis. In: Geomatics and information science of Wuhan University. 26, 2001, 2, p.170-176, 3 ill. [Chin. with Engl. rés.]

1523
Wu, Yanlan; Hu, Peng: The new method for quickly generating DEM based on raster contour - CSE. In: Geomatics and information science of Wuhan University. 26, 2001, 1, p.86-90, 6 ill. [Chin. with Engl. rés.]

1524
Ziegler, Michaela and others: Hochauflösende Gelände- und Oberflächenmodelle aus Lasescannerdaten : Ein Anwendungsbeispiel aus der Forstinventur. In: Österreichische Zeitschrift für Vermessung & Geoinformation. 89, 2001, 1, p.18-25, 6 ill., 3 tab.

1525
Zölitz-Möller, Reinhard: Das ATKIS-DLM 25/1 aus der Sicht der Nutzer im Umweltbereich. In: ATKIS - Stand und Fortführung : Beiträge zum 51. DVW-Seminar am 25. und 26. September 2000 an der Universität Rostock. Red. u. Seminarleiter: Ralf Bill u. Frank Schmidt. - Stuttgart: Wittwer 2000, p.153-167, 3 ill. (Schriftenreihe des DVW ; 39) ISBN 3-87919-273

e. Data Presentation Techniques
Verfahren der Datenausgabe
Procédé de sortie des données

1526
Cartwright, William and others: Geospatial information visualization user interface issues. In: Cartography and geographic information science. 28, 2001, 1, p.45-60, 6 ill.

1527
Doytsher, Yerahmiel; Filin, Sagi; Ezra, Eti: Transformation of datasets in a linear-based map conflation framework. In: Surveying and land information systems. 61, 2001, p.165-175, 11 ill., 2 tab. ISSN 1052-2905

1528
Feringa, Wim: Uitvoer van digitale kaartbestanden naar beeldscherm en papier : Deel I : wat er aan vooraf gaat... In: Kartografisch tijdschrift. 27, 2001, p.65-68,3 ill. (Kernkatern 17, herausnehmbarer Mittelteil). [Dutch]

1529
Gahegan, Marc and others: The integration of geographic visualization with knowledge discovery in databases and geocomputation. In: Cartography and geographic information science. 28, 2001, 1, p.29-44, 3 ill.

1530
Stupp, Walter: Erfassen, Archivieren und Drucken von Karten. In: Kartographische Nachrichten. 51, 2001, 3, p.143-151, 7 ill.

1531
Walk, Ruppert: Einkaufen rund um die Uhr : neue Wege beim Vertrieb amtlicher Geodaten. In: 200 Jahre Bayerische Vermessungsverwaltung : 1801-2001 ; es ist ein Maß in allen Dingen. [Hrsg.: Bayer. Staatsministerium der Finanzen, Abt. Vermessung, Informations-u. Kommunikationstechnik...Red.: Karlheinz Goller, Josef Klapf]. - München: Bayer. Landesvermessungsamt 2001, p.74-83, 5 ill.
ISBN 3-935612-01-X

G. Spatial Information Systems Raumbezogene Informationssysteme Systèmes d'informations spatiales

1. General Features, Graphic Data Banks Allgemeines, graphische Datenbanken Généralités, banques de données graphiques

1532
ATKIS - Stand und Fortführung : Beiträge zum 51. DVW-Seminar am 25. und 26. September 2000 an der Unversität Rostock. Red. u. Seminarleiter: Ralf Bill u. Frank Schmidt. - Stuttgart: Wittwer 2000,212 p., ill., mp. (Schriftenreihe des DVW ; 39) ISBN 3-87919-273

1533
Barr, Robert: Spatial data and intellectual property rights. In: The map library in the new millenium. Ed. Robert Brian Parry and C.R. Perkins. - London: Library Assoc. Publ. 2001, p.176-187.
ISBN 1-85604-397-5

1534
Bernsdorf, Bodo: Die Zukunft ist WEB : Internet-Lösungen im Umweltbereich. In: GIS und Kartographie im Umweltbereich. Gabriele Braun, Reiner Buzien, Theodor Wintges (Hrsg.). - Heidelberg: Wichmann 2001, p.189-195, 2 ill.
ISBN 3-87907-356-2

1535
Bigler, Franz; Tschudin, Karl: Gestern Vermessungstechniker - heute Vermessungszeichner - morgen Geomatiker? In: Vermessung, Photogrammetrie, Kulturtechnik = Mensuration, Photogrammétrie, Génie rural. 99, 2001, 1, p.19-20.

1536
Bill, Ralf; Teichert, Bernd; Zimmermann, Albert: ATKIS - Stand und Fortführung : Beiträge zum 51. DVW-Seminar am 25. und 26. September 2000 an der Unversität Rostock. In: ATKIS - Stand und Fortführung. Red. u. Seminarleiter: Ralf Bill u. Frank Schmidt. - Stuttgart: Wittwer 2000, p.1-8. (Schriftenreihe des DVW ; 39)
ISBN 3-87919-273

1537
Bobrich, Joachim: Zur Integration von ALK-Gebäudedaten in ATKIS-Datenbestände. In: Tagung 2000 : Arbeitsgruppe Automation in der Kartographie / Bundesanstalt für Kartographie und Geodäsie. - Frankfurt am Main: Verl. d. Bundesamtes für Kartographie u. Geodäsie 2001, p.7-18, 9 ill., 2 tab. (Mitteilungen des Bundesamtes für Kartographie und Geodäsie ; 20)
ISBN 3-88648-306-1

1538
Brodeur, Jean; Massé, François; Laidler, Gita: Standardization and geomatics: in Canada and in ISO/TC 211. In: Geomatica. 55, 2001, 1, p.91-106, 14 ill., 4 tab.

1539
Brüggemann, Heinz: Eine Geodaten-Infrastruktur für Nordrhein-Westfalen. In: Zeitschrift für Vermessungswesen. 126, 2001, 4, p.181-186, 8 ill.

1540
Brunner-Friedrich, Beatrix and others: Visualisierungskonzepte für die Entwicklung kartenbasierter Routing-Applikationen im UMTS-Bereich. In: Angewandte geographische Informationsverarbeitung XIII : Beiträge zum AGIT-Symposium Salzburg 2001. Strobl, Blaschke, Griesebner. - Heidelberg: Wichmann 2001, p.72-77, 3 ill. ISBN 3-87907-361-9

1541
Building, maintaining and using the canadian geospatial data infrastructure: Summaries of recent geoinnovations projects. GeoConnections Secretariat Ottawa, Ontario. In: Geomatica. 55, 2001, 2, p.200-207.

1542
CGDI Architecture Working Group: Canadian geospatial data infrastructure target vision. In: Geomatica. 55, 2001, 2, p.181-185, 2 ill., 1 tab.; frz. Fassung p.186-190. [Engl. and French]

1543
Canzler, Armin: Aus Alt mach Neu : Migration von GIS-Datenbeständen bei kommunalen Versorgern. In: GeoBIT : das Magazin für raumbezogene Informationstechnologie. 6, 2001, 2, p.20-21, 3 ill.

1544
Carosio, Alessandro: Die Ausbildung der Geomatikingenieure in Geoinformatik und in Geoinformationssystemen an der ETHZ. In: Vermessung, Photogrammetrie, Kulturtechnik = Mensuration, Photogrammétrie, Génie rural. 99, 2001, 1, p.16-18, 3 ill.

1545
Cecconi, Alessandro; Galanda, Martin: Mehrfachskalierte Datenbanken und kartographische Generalisierung als Elemente guter Internetkartographie. In: Angewandte geographische Informationsverarbeitung XIII : Beiträge zum AGIT-Symposium Salzburg 2001. Strobl, Blaschke, Griesebner. - Heidelberg: Wichmann 2001, p.78-83, 3 ill., 2 tab. ISBN 3-87907-361-9

1546
Dickmann, Frank: Implications of technical restrictions for modern web mapping : problems and solutions. In: Diskussionsbeiträge zur Kartosemiotik und zur Theorie der Kartographie. Alexander Wolodtschenko und Hansgeorg Schlichtmann. - Dresden 2000, p.13-22, 3 ill. [With Germ., and Russ. rés.] ISBN 3-00-007305-1

1547
Dickmann, Frank: Vektorgrafik vor dem Durchbruch - XML-basierte 2D-Vektorformate visualisieren Geodaten im WWW. In: Kartographische Nachrichten. 51, 2001, p.286-291, 5 ill. ISSN 0022-9164

1548
Duvall, Gillien N.: Metadata for the Oregon Coast Geospatial Clearinghouse : concept, implementation, and maintenance. - Corvallis, OR: Oregon State University 2000/2001 [Master's thesis]

1549
Eröffnung GeoPrint-Shop der Stadt Zürich : sämtliche Geodaten aus einer Hand. In: Schweizer Baublatt. 112, 2001, p.7-8, ill. ISSN 0036-7303

1550
Gagliardo, Piero: Cartografia e amministrazioni dal Ministero dell'Ambiente un nuovo sistema cartografico die riferimento. In: Cultura cartografica e culture del territorio : atti del convegno nazionale (Sassari, 12-13 dicembre 2000). A cura di Giuseppe Scanu. - Genova: Brigati 2001, p.115-122. (Bollettino della Associazione Italiana di Cartografia No. 111-113 = 38. 2001) [Ital.]

1551
Gahegan, Marc and others: The integration of geographic visualization with knowledge discovery in databases and geocomputation. In: Cartography and geographic information science. 28, 2001, 1, p.29-44, 3 ill.

1552
Geospatial data infrastructure : concepts, cases, and good practice. Ed. by Richard Groot... - Oxford [u.a.]: Oxford Univ. Press 2000, XXXII, 286 p., ill., mp. (Spatial information systems)
ISBN 0-19-823381-7

1553
Gower, Rob: Workshop on National Mapping Agencies and the Internet : developing strategies for geospatial data in the New E-Age [Held at Ordnance Survey GB, Southampton, 8-10 March 2000]. - Frankfurt am Main: Bundesanstalt für Kartographie und Geodäsie 2000, p.11-35, 2 ill., 8 tab., 3 suppl, 1 CD-ROM. (European Organization for Experimental Photogrammetric Research / Official publication ; No. 38) ISBN 3-88648-104-2

1554
Harbeck, Rolf: Das topographische Geoinformationssystem ATKIS : Stand und Entwicklung aus Sicht der AdV. In: ATKIS - Stand und Fortführung : Beiträge zum 51. DVW-Seminar am 25. und 26. September 2000 an der Unversität Rostock. Red. u. Seminarleiter: Ralf Bill u. Frank Schmidt. - Stuttgart: Wittwer 2000, p.9-21. (Schriftenreihe des DVW ; 39)
ISBN 3-87919-273

1555
Harbeck, Rolf: Datenbasis für Geoanwendungen : Zum Stand des Geoinformationssystems ATKIS aus Sicht der AdV. In: GeoBIT : das Magazin für raumbezogene Informationstechnologie. 6, 2001, 2, p.24-26, 3 ill.

1556
Hauser, Markus: Aufbau einer Pamir- Datenbank. In: High mountain cartography 2000 : proceedings of the Second Symposium of the Commission on Mountain Cartography of the International Cartographic Association held at the Alpine Centre, Rudolfshütte 2315 m, Austria from 29 March to 2 April 2000. Ed. by Manfred F. Buchroithner. - Dresden: Inst. for Cartography, Dresden Univ. of Technology [u.a.] 2000, p.39-52, 17 ill. (Kartographische Bausteine ; 18)
ISBN 3-86005-265-9

1557
Hecimovic, Zeljko: Parametri definiranja performansi navigacijskih sustava. In: Geodetski list. 55, 2001, 1, p.33-48, 1 tab. [Parameters of defining the performances of navigation systems.] [Croat. with Engl. rés.]

1558
Herrmann, Christian M.: Webmapping - Thesen, Beispiele und Tendenzen. In: Kartographische Nachrichten. 51, 2001, p.279-285. 6 ill. ISSN 0022-9164

1559
Illert, Andreas: The Authoritative German Topographic-Cartographic Information System (Amtliches Topographisch-Kartographisches Informationssystem ATKIS). In: Second International Symposium on Geographical Names, GeoNames 2000, Frankfurt am Main, 28-30 March 2000. Ed. by the Ständiger Ausschuss für Geographische Namen (StAGN), comp. by Jörn Sievers. - Frankfurt am Main: Verl. d. Bundesamtes für Kartographie u. Geodäsie 2000, p.81-85, 3 ill. (Mitteilungen des Bundesamtes für Kartographie und Geodäsie ; 19) ISBN 3-88648-292-8

1560
Jacobson, Daniel R.; Kitchin, Rob; Golledge, Reginald: Multi-modal virtual reality for presenting geographic information. In: Virtual reality in geography. Ed. by Peter Fisher and David Unwin. - London

[u.a.]: Taylor & Francis 2000, p.382-400, 2 ill., 1 tab. ISBN 0-7484-0905-X

1561
Jäger, Ernst: ATKIS - Modell und kartographische Generalisierung. In: ATKIS - Stand und Fortführung : Beiträge zum 51. DVW-Seminar am 25. und 26. September 2000 an der Unversität Rostock. Red. u. Seminarleiter: Ralf Bill u. Frank Schmidt. - Stuttgart: Wittwer 2000, p.23-29. (Schriftenreihe des DVW ; 39) ISBN 3-87919-273

1562
Jakobsson, Antti: Status of data quality in European national mapping agencies. In: Bulletin du Comité Français de Cartographie. 169-170, 2001, p.21-26, 1 ill., 2 tab. ISSN 0755-7647

1563
Joó, István: Földmérési-térképészeti-térinformatikai ismeretek oktatása a magyar felsëoktatásban. In: Geodézia és kartográfia. 53, 2001, p.13-17. [Teaching of the subjects on surveying, mapping and GIS in the Hungarian universities and technical colleges.] [Hung. with Engl. rés.] ISSN 0016-7118

1564
Kikuti, Siniti: Cartographic development of international electronic charts. In: Map : journal of the Japan Cartographers Association. 39, 2001, p.1-12, 5 ill., 3 tab. [Jap. with Engl. rés.]

1565
Kleiner, Carsten; Lipek, Udo W.; Falke, Stephan: Objekt-Relationale Datenbanken zur Verwaltung von ATKIS-Daten. In: ATKIS - Stand und Fortführung : Beiträge zum 51. DVW-Seminar am 25. und 26. September 2000 an der Unversität Rostock. Red. u. Seminarleiter: Ralf Bill u. Frank Schmidt. - Stuttgart: Wittwer 2000, p.153-167, 3 ill. (Schriftenreihe des DVW ; 39) ISBN 3-87919-273

1566
Knips, Udo: Anwendung von ATKIS-Daten : Beispiele aus dem Projekt KRIS bei den Landkreisen Osnabrück und Emsland. In: ATKIS - Stand und Fortführung : Beiträge zum 51. DVW-Seminar am 25. und 26. September 2000 an der Unversität Rostock. Red. u. Seminarleiter: Ralf Bill u. Frank Schmidt. - Stuttgart: Wittwer 2000, p.147-152, 3 ill. (Schriftenreihe des DVW ; 39) ISBN 3-87919-273

1567
Kraak, Menno-Jan: Setting and needs for web cartography. In: Web cartography : developments and prospects. Ed. by Menno-Jan Kraak and Allan Brown. - London: Taylor & Francis 2001, p.1-7, 3 ill. ISBN 0-7484-0868-1

1568
Krivograd, Sebastian; Žalik, Borut: Prikaz velikih količin geometrijskih podatkov preko Interneta. In: Geodetski vestnik. 45, 2001, p.327-333, 2 ill. [A scheme to visualize a huge amount of geometric data over the internet.] [Sloven. with Engl. rés.] ISSN 0351-0271

1569
Lexikon der Kartographie und Geomatik in zwei Bänden. Hrsg.: Jürgen Bollmann, Wolf Günter Koch. - Heidelberg [u.a.]: Spektrum Akademischer Verlag 2001-2002, Bd. 1 A-Karti. 2001. XV, 453 p. / Bd.2 Karto-Z. 2002. VIII, 455 p. ISBN 3-8274-1055-X / 3-8274-1056-8

1570
Luckhardt, Thomas: Das Amtliche Topographisch-Kartographische Informationssystem ATKIS. In: 125 Jahre Berliner

Vermessungsverwaltung 1876-2001. Hrsg.: Senatsverwaltung für Stadtentwicklung, Abt. III, Geoinformation, Vermessung, Wert-ermittlung. Red.: Anette Blaser. - Berlin: Senatsverwaltung für Stadtentwicklung 2001, p.67-70, 3 ill.

1571
McCutcheon, Ernest: MapInfo-Online Tools und die NavTech-AND Datenbanken. In: Web Mapping 1 : raumbezogene Information und Kommunikation im Internet [Karlsruher-Symposium "Web Mapping"]. Christian Herrmann, Hartmut Asche (Hrsg.). - Heidelberg: Wichmann 2001, p.114-122, 11 ill. ISBN 3-87907-353-8

1572
Murre, L.M.: De rol van het NCGI als ontmoetingsplaats voor producenten en gebruikers van geo-informatie. In: Kartografisch tijdschrift. 27, 2001, 2, p.18-22, 3 ill. [The role of the NCGI as meeting place for producers and users of geoinformation.] [Dutch with Engl. and French rés.]

1573
Osch, Berry van: De gemeenten en internet : Geo-informatie op het web? ...een quickscan. In: Geodesia. 43, 2001, p.550-552, 7 ill. [Dutch] ISSN 1385-7515

1574
Oswald, Walter; Rolli, Simon: Online-Dienste für Geodaten im Kanton Basel-Stadt. In: Vermessung, Photogrammetrie, Kulturtechnik. 99, 2001, p.589-593, 4 ill. [Germ. with French, and Ital. rés]

1575
Perkins, Chris: Access to maps and spatial data. In: The map library in the new millenium. Ed. Robert Brian Parry and C.R. Perkins. - London: Library Assoc. Publ. 2001, p.157-175, 3 ill.
ISBN 1-85604-397-5

1576
Peterson, Michael P.: Maps and the Internet. In: The map library in the new millenium. Ed. Robert Brian Parry and C.R. Perkins. - London: Library Assoc. Publ. 2001, p.88-102, 3 ill., 1 tab.
ISBN 1-85604-397-5

1577
Petrini-Monteferri, Frederic; Hoffmann, Christian: Satellitendaten in internetbasierten Informationssystemen : Möglichkeiten der Bilddatenkompression. In: VGI : österreichische Zeitschrift für Vermessung & Geoinformation. 89, 2001, p.177-180, 2 ill. ISSN 0029-9650

1578
Poppe, Eddie: Op weg met de routeplanner. In: Kartografisch tijdschrift. 27, 2001, p.16-20, 4 ill. [On the road with the route planner.] [Dutch with Engl., and French rés.] ISSN 0167-5788

1579
Riedl, Andreas: Globenjagd im Internet. In: News / Internationale Coronelli-Gesellschaft für Globenkunde. 2001, p.11. [Engl. and German]

1580
Schneider, Jean Robert: Deux offres complémentaires de formation d'ingénieurs en géomatique. In: Vermessung, Photogrammetrie, Kulturtechnik = Mensuration, Photogrammétrie, Gènie rural. 99, 2001, 1, p.11-13, 2 ill. [With French, German and Ital. rés.]

1581
Schulz, Siegmund: Bericht vom Workshop "Internet und Kartographie". In: Kartographische Nachrichten. 51, 2001, 1, p.54-57.

1582
Sears, Garry: Geospatial data policy study. In: Geomatica. 55, 2001, 2, p.208-222, 2 ill., 4 tab.

1583
Simonis, Ingo; Streit, Ulrich: Mobile computing techniques coupled with distributed simulation and visualization systems to optimize the field data management. In: The Bulletin of the Society of Cartographers. 35, 2001, p.15-17, 3 ill. ISSN 0036-1984

1584
Smits, Jan: Metadata and standards: confusion or convergence? In: The map library in the new millenium. Ed. Robert Brian Parry and C.R. Perkins. - London: Library Assoc. Publ. 2001, p.117-136, 3 tab. ISBN 1-85604-397-5

1585
Spälti, Kurt: Das Topographische Informationssystem der Schweiz. In: ATKIS - Stand und Fortführung : Beiträge zum 51. DVW-Seminar am 25. und 26. September 2000 an der Unversität Rostock. Red. u. Seminarleiter: Ralf Bill u. Frank Schmidt. - Stuttgart: Wittwer 2000, p.53-63, 1 ill., 1 tab. (Schriftenreihe des DVW ; 39) ISBN 3-87919-273

1586
Späni, B.; Grin, F.: Thesen zur Geomatik-Ausbildung Schweiz = Thèses concernants la formation en géomatique en Suisse. In: Vermessung, Photogrammetrie, Kultur technik = Mensuration, Photogrammétrie, Génie rural. 99, 2001, 1, p.4-7, 6 ill. (dt.), p.8-10, 4 ill. (frz.).

1587
Stößel, Wolfgang: Neues von ATKIS - die 2. und 3. Erfassungsstufe : 15. Informationsveranstaltung 2001 der Bayerischen Vermessungsverwaltung am Mittwoch, dem 04. April 2001 in der Technischen Universität München. In: 15. Informationsveranstaltung 2001 der Bayerischen Vermessungsverwaltung am Mittwoch, dem 04. April 2001 in der Technischen Universität München. Hrsg. vom Bayerischen Landesvermessungsamt... - [München] 2001, p.43-52, 7 ill.

1588
Talhofer, Václav: Příspěvek k hodnocení užitnosti digitálnich dat. In: Geodetický a kartografický obzor. 47, 2001, p.196-204, 3 tab. [A contribution to utility valuation of digital data.] [Czech. with Engl. rés.] ISSN 0016-7096

1589
Turley, Gary: Gateway to history : global links to cartography's past. In: Mercator's world. 6, 2001, p.54-56. ISSN 1086-6728

1590
Vermeij, L.W.: Metadata. In: Geodesia : tijdschrift voor geodesie en geo-informatie. 43, 2001, 7/8, p.352-357, 6 ill. [Metadata - because you know more than you think.] [Dutch with Engl. rés.]

1591
Walk, Ruppert: Einkaufen rund um die Uhr : neue Wege beim Vertrieb amtlicher Geodaten. In: 200 Jahre Bayerische Vermessungsverwaltung : 1801-2001 ; es ist ein Maß in allen Dingen. [Hrsg.: Bayer. Staatsministerium der Finanzen, Abt. Vermessung, Informations-u. Kommunikationstechnik...Red.: Karlheinz Goller, Josef Klapf]. - München: Bayer. Landesvermessungsamt 2001, p.74-83, 5 ill. ISBN 3-935612-01-X

1592
Web cartography : developments and prospects. Ed. by Menno-Jan Kraak and

Allan Brown. - London [u.a.]: Taylor & Francis 2001, IX, 213 p., ill., mp.
ISBN 0-7484-0868-1

1593
Wel, Frans van der: Hoe een kartograaf omgaat met de wassende gegevensstroom. In: Kartografisch tijdschrift. 27, 2001, 1, p.24-28, 1 ill. [How a cartographer deals with the rising data tide.] [Dutch with Engl. and French rés.]

1594
Zahn, Johann: ATKIS - mit Bits and Bytes zur Karte. In: 200 Jahre Bayerische Vermessungsverwaltung : 1801-2001 ; es ist ein Maß in allen Dingen. [Hrsg.: Bayer. Staatsministerium der Finanzen, Abt. Vermessung, Informations-u. Kommunikationstechnik...Red.: Karlheinz Goller, Josef Klapf]. - München: Bayer. Landesvermessungsamt 2001, p.170-179, 6 ill.
ISBN 3-935612-01-X

1595
Übersicht zur Verfügbarkeit geotopographischer Daten und digitaler Daten der Liegenschaftskarten. der Arbeitsgemeinschaft der Vermessungsverwaltungen der Länder der Bundesrepublik (AdV). - [Stuttgart]: Landesvermessungsamt Baden-Württemberg 1999, 72 p.

2. Geographical Information Systems (GIS) Geographische Informationssysteme Systèmes d'informations géographiques

1596
15. Informationsveranstaltung 2001 der Bayerischen Vermessungsverwaltung am Mittwoch, dem 04. April 2001 in der Technischen Universität München. Hrsg. vom Bayerischen Landesvermessungsamt im Auftr. d. Bayer. Staatsministeriums d. Finanzen. - [München]: Bayer. Landesvermessungsamt 2001, 126 p., ill., mp.

1597
Al Sahhaf, Nasr: The use of remote sensing and geographic information systems technologies to detect, monitor, and model urban change in Riyadh, Saudi Arabia. - Santa Barbara, CA: University of California, Santa Barbara 2000 [Doct. diss.]

1598
Alabér, Laszló: A topográfia megújulása és a térinformatikai infrastruktúra. In: Geodézia és kartográfia. 53, 2001, p.26-32. [Renewal of Topography and the Spatial Data Infrastructure.] [Hung. with Engl. rés.] ISSN 0016-7118

1599
Angewandte geographische Informationsverarbeitung XIII : Beiträge zum AGIT-Symposium Salzburg 2001. Strobl, Blaschke, Griesebner. - Heidelberg: Wichmann 2001, XII, 556 p., ill., tab.
ISBN 3-87907-361-9

1600
ArcView GIS : GIS-Arbeitsbuch. Wolfgang Liebig, Jörg Schaller (Hrsg.). - Heidelberg: Wichmann 2000, 445 p., ill., mp. + 1 CD-ROM. ISBN 3-87907-346-5
[2., völlig neu bearb. u. erw. Aufl.]

1601
Aspila, Christopher: Weighted linear combination and ideal point multi-criteria methods in a GIS environment : a case study of identifying suitable sites for a railroad yard. - London, ON: University of Western Ontario 2000 [Master's thesis]

1602
Aulig, Günther; Bäuml, Norbert: Ländliche Entwicklung geht neue Wege Computer-

gestütztes Kartiersystem beschleunigt die Flurneuordnung in Bayern. In: Fachbeiträge zur Dorferneuerung und Flurneuordnung. [Hrsg.: Bayerisches Staatsministerium für Landwirtschaft und Forsten, Abteilung Ländliche Entwicklun, Josef Atterberger]. - München 2001, p.67-69, 2 ill.

1603
Avwunudiogba, Augustine: A GIS approach to soil erosion hazard assessment in Holiday Lake watershed. - Edwardsville, IL: Southern Illinois University-Edwardsville 2000/2001 [Master's thesis]

1604
Bakker, N.J.; Kolk, E.: Een nieuwe generatie TOP 10vector dat in Nederland. In: Kartografisch tijdschrift. 27, 2001, p.16-22, 6 ill., 2 tab. [A new generation TOP 10vector data in the Netherlands.] [Dutch with Engl. and French rés.]
ISSN 0167-5788

1605
Bandy, Stephen; Wallace, Darren: GeoBASE.WA : Geoscientific Data Online in WA. In: Cartography : journal of the Mapping Sciences Institute, Australia. 30, 2001, p.31-39, 5 ill. ISSN 0069 0805

1606
Bareth, Georg: Integration einer IRS-1C-Landnutzungsklassifikation in ATKIS zur Verbesserung der Information zur landwirtschaftlichen Nutzfläche am Beispiel des württembergischen Allgäus. In: Geo-Informations-Systeme : GIS. 14, 2001, p.40-45, 6 ill., 4 tab. ISSN 1430-3663

1607
Battles, Bruce Lee: Using GIS as a query tool for managing the cultural landscape at Chickasaw National Recreation Area. - Stillwater, OK: Oklahoma State University 1999 [Master's thesis]

1608
Baule, Francesco: La carta forestale della Sardegna. In: Cultura cartografica e culture del territorio : atti del convegno nazionale (Sassari, 12-13 dicembre 2000). A cura di Giuseppe Scanu. - Genova: Brigati 2001, p.189-196. (Bollettino della Associazione Italiana di Cartografia No. 111-113 = 38. 2001) [Ital.]

1609
Baxter, Ryan: A methodology for the design and implementation system using collaborative systems. - University Park, PA: Pennsylvania State University 1999 [Master's thesis]

1610
Beale, Linda and others: Urban access for wheelchair users : an interactive mapping system. In: The Bulletin of the Society of Cartographers. 35, 2001, p.13-18, 5 ill.
ISSN 0036-1984

1611
Beckel, Julia: Methoden der Fernerkundung für die Geomedizin : Datenverknüpfung unter Einsatz der GIS-Technologie. - Wien: Universität Wien 2001, 131 p., 44 ill., 6 tab. mp.-suppl. [Dipl.-Arb.]

1612
Bellanger, François: SIG : intérźt pour une commune. In: XYZ : revue de l'Association Française de Topographie. 23, 2001, p.23-26, 3 ill. [French] ISSN 0290-9057

1613
Bock, Mathias: Integration heterogener GIS-Datenbestände in einem Umweltinformationssystem. In: GIS und Kartographie im Umweltbereich. Gabriele Braun,Reiner Buzien, Theodor Wintges (Hrsg.). - Heidelberg: Wichmann 2001, p.139-147, 1 ill.
ISBN 3-87907-356-2

1614
Boller, Michael: Internet GIS : Geodata Warehouse. - Zürich: ETHZ, Institut für Geodäsie und Photogrammetrie 2001

1615
Borruso, Giuseppe: Carta digitale per i sistemi di navigazione automobilistici : problemi e prospettive. In: Cultura cartografica e culture del territorio : atti del convegno nazionale (Sassari, 12-13 dicembre 2000). A cura di Giuseppe Scanu. - Genova: Brigati 2001, p.331-352, 2 ill. (Bollettino della Associazione Italiana di Cartografia No. 111-113 = 38. 2001) [Ital.]

1616
Braun, Gabriele; Houy, Patrik; Pfannkuche, Ralph: Kostenbewusst und innovativ zum UIS im Intranet : das Datennavigations- und Zugriffssystem "WuNDa". In: GIS und Kartographie im Umweltbereich. Gabriele Braun, Reiner Buzien, Theodor Wintges (Hrsg.). - Heidelberg: Wichmann 2001, p.130-138, 2 ill. ISSN 3-87907-356-2

1617
Brown, Iain M.; Kidner, David B.; Ware, J.Mark: Multi-resolution virtual environments as a visualization front-end to GIS. In: Virtual reality in geography. Ed. by Peter Fisher and David Unwin. - London [u.a.]: Taylor & Francis 2000, p.144-162, 9 ill., 1 tab. ISBN 0-7484-0905-X

1618
Bruin, S. de: De gebruikswaarde van geografische gegevens. In: Geodesia : tijdschrift voor geodesie en geo-informatie. 43, 2001, 3, p.128-133, 8 ill., 2 tab. [The value of geographical data sets.] [Dutch with Engl. rés.]

1619
Bucher, Bénédicte: Structuring and enriching metadata to enable users' access to geographic information ressources. In: Bulletin du Comité Français de Cartographie. 169-170, 2001, p.27-32, 6 ill. ISSN 0755-7647

1620
Bucher, Robert; Schleyer, Andreas; Vielsack, Siegfried: Objektstrukturierte Felddatenerfassung für ATKIS mit mobilem GIS. In: Mitteilungsblatt / Deutscher Verein für Vermessungswesen (DVW), Landesverein Baden-Württemberg. 48, 2001, p.5-22, 10 ill. ISSN 0940-2942

1621
Bunch, Ricky: Spatial cognition and geographic information system. - Columbia, SC: University of South Carolina 2000 [Doct. diss.]

1622
Burke, Derrick: Development and dissemination of a geographically referenced employment database for Mecklenburg County. - Charlotte, NC: University of North Carolina at Charlotte 1999/2000 [Master's thesis]

1623
Burne, Alan: A GIS-based habitat suitability model to support the recovery program for the federally endangered red-cockaded woodpecker. - Charlotte, NC: University of North Carolina at Charlotte 1999/2000 [Master's thesis]

1624
Buzin, Reiner: Visualisierung von Messdaten am Beispiel des "Integrierten Mess- und Informationssystem zur Überwachung der Umweltradioaktivität - IMIS". In: GIS und Kartographie im Umweltbereich. Gabriele Braun, Reiner Buzien, Theodor

Wintges (Hrsg.). - Heidelberg: Wichmann 2001, p.157-179, 13 ill., 2 tab. ISBN 3-87907-356-2

1625
Callahan, Brady: Development of a GIS for the Marys River watershed for fish and wildlife analysis. - Corvallis, OR: Oregon State University 1999 [Master's thesis]

1626
Carosio, Alessandro: Internationale faktische Standards und Normen im GIS-Bereich : Hat Europa noch Chancen? In: Mitteilungsblatt / Deutscher Verein für Vermessungswesen (DVW), Landesverein Bayern e.V. 53, 2001, 1, p.75-83.

1627
Carpenter, Stephen: Agricultural non-point source (AGNPS) water quality modeling in a GIS environment. - Morgantown, WV: West Virginia University 2000/2001 [Master's thesis]

1628
Cartwright, William; Gartner, Georg; Riedl, Andreas: GeoMultimedia and Multimedia Cartography. In: Computergestützte Raumplanung : Beiträge zum 6. Symposium zur Rolle der Informationstechnologie in der und für die Raumplanung, Februar 14-16, 2001 [Tagungsband] = Computer aided spatial planning. Hrsg. von Manfred Schrenk. - Wien: Institut für EDV-Gestützte Methoden in Architektur u. Raumplanung d. Techn. Univ. Wien 2001, Bd.2, p.245-251, 3 ill., 1 tab. [Bd.1.2.]

1629
Cerri, Carlos E.P. and others: GIS erosion risk assessment of the Piracicaba River Basin, southeastern Brazil. In: Mapping sciences and remote sensing. 38, 2001, p.157-171, 6 ill., 2 tab. ISSN 0749-3878

1630
Chen, Binfei: Semi-automated modeling approaches to route selection in GIS. - Morgantown, WV: West Virginia University 1999 [Master's thesis]

1631
Clark, Larry: Pictures at a conflagration : remote sensing and GIS techniques for mapping and analyzing prescribed fire in the Madrean Archipelago. - Tucson, AZ: University of Arizona 2000 [Master's thesis]

1632
Computergestützte Raumplanung : Beiträge zum 6. Symposium zur Rolle der Informationstechnologie in der und für die Raumplanung, Februar 14-16, 2001 [Tagungsband] = Computer aided spatial planning. Hrsg. von Manfred Schrenk. - Wien: Institut für EDV-Gestützte Methoden in Architektur u. Raumplanung d. Techn. Univ. Wien 2001, Bd. 1. 229 p., ill. ; Bd. 2. p.231-444, ill. [Bd.1.2.]

1633
Copeland, Holly E.: An online GIS Internet site for the Laramie County Habitat Conservation Plan Initiative : a planning and community resource tool. - Laramie, WY: University of Wyoming 1999 [Master's thesis]

1634
Cussigh, Frédéric; Ogier, Sylvain; Schutz, Lionel: Le SIG au service d'une étude nationale sur l'impact des mines antipersonnel. In: XYZ : revue de l'Association Française de Topographie. 23, 2001, p.53-58, 5 ill. [French] ISSN 0290-9057

1635
Dai, Xiping: Uncertainty in temporal GIS. - Minneapolis, MN: University of Minnesota 2000/2001 [Master's paper]

1636
Decker, Drew: GIS data sources. - New York [u.a.]: Wiley 2001, X, 193 p., ill. ISBN 0-471-35505-4

1637
Delaney, Julie: Geographical information systems : an introduction. - South Melbourne: Oxford University Press 2001, XXII, 194 p., ill., mp. [Reprinted] ISBN 0-19-550789

1638
Devanthéry, Daniel; Fopp, Martin: 3D-GIS im Internet : [Bern <Region>]. - Zürich: ETHZ, Institut für Geodäsie und Photogrammetrie 2001 [Semesterarbeit]

1639
Doytsher, Yerahmiel; Filin, Sagi; Ezra, Eti: Transformation of datasets in a linear-based map conflation framework. In: Surveying and land information systems. 61, 2001, p.165-175, 11 ill., 2 tab. ISSN 1052-2905

1640
Duhovnik, Marjana; Mlinar, Jurij; Podobnikar, Marjan: Topografska baza. In: Geodetski vestnik. 45, 2001, p.466-472. [Topographic base.] [Sloven.] ISSN 0351-0271

1641
Durand, Hélène: Apport d'un SIG nomade pour cartographier la végétation naturelle de l'île de la Réunion. In: XYZ : revue de l'Association Française de Topographie. 23, 2001, p.43-46, 5 ill. [French with Engl. rés.] ISSN 0290-9057

1642
The ESRI Press dictionary of GIS terminology. Ed. by Heather Kennedy. - Redlands, Calif.: ESRI Press 2001, 116 p., ill. ISBN 1-87910-278-1

1643
Easterbrook, Richard: GIS analysis of Civil War fortifications at Peterburg, VA. - Blacksburg, VA: Virginia Tech 1999 [Master's thesis]

1644
Egli, Christine; Keller, August: Aargauisches Geografisches Informationssystem (AGIS) : 10 Jahre AGIS - ein Fazit. In: Vermessung, Photogrammetrie, Kulturtechnik = Mensuration, Photogrammétrie, Génie rural. 99, 2001, 5, p.283-287, 6 ill. [With French and Ital. rés.]

1645
Ehrler, Cornel and others: GIS in der Raumplanung im Kanton Graubünden. In: Vermessung, Photogrammetrie, Kulturtechnik = Mensuration, Photogrammétrie, Génie rural. 99, 2001, 5, p.292-297, 4 ill. [With French and Ital. rés.]

1646
The European soil Information System : proceedings of a Technical Consultation, Rome, Italy, 2-3 September 1999, sponsored by FAO and the European Commission ; Food and Agriculture Organization of the United Nations. - Rome 2000, VII, 150 p., ill., mp. (World soil resources reports ; 91) ISBN 92-5-104454-6

1647
Feinen, Jörg; Kuprion, Markus: Schritt für Schritt : Die Entwicklung des kommunalen GIS im Landkreis Offenbach. In: GeoBIT : das Magazin für raumbezogene Informationstechnologie. 6, 2001, p.34-36, 3 ill. ISSN 1430-3663

1648
Feix, Claudia; Stirl, Axel: Kurze Wege : Filialnetz- und Vertriebsoptimierung bei der Deutschen Post. In: GeoBIT : das

Magazin für raumbezogene Informationstechnologie. 6, 2001, 1, p.22-24, 3 ill.

1649
Ferris, Scott: Web based geographic information systems (GIS); digital mapping toy or "real" GIS? - Long Beach, CA: California State University 1999 [Master's thesis]

1650
Forer, Pip: Taking care of business : map libraries and the new 'mapping' industry. In: The map library in the new millenium. Ed. Robert Brian Parry and C.R. Perkins. - London: Library Assoc. Publ. 2001, p.188-206. ISBN 1-85604-397-5

1651
Fowler, Matthew E.: GIS for emergency management. - College Park, MD: University of Maryland at College Park 2000/2001 [Master's paper]

1652
Freckmann, Peter: Online-Routing im Geomarketing. In: Web Mapping 1 : raumbezogene Information und Kommunikation im Internet [Karlsruher-Symposium "Web Mapping"]. Christian Herrmann, Hartmut Asche (Hrsg.). - Heidelberg: Wichmann 2001, p.138-151, 12 ill.
ISBN 3-87907-353-8

1653
Fritsch, Dieter: Geo-Informationssysteme im Spannungsfeld von Mobilität und Gesellschaft. In: Geo-Informations-Systeme : GIS. 14, 2001, p.8-12, 8 ill.
ISSN 1430-3663

1654
Fritzsche, Andreas; Spring, Markus: Free-Software Lösung zur medienüber-greifenden Präsentation von Raum- und Umweltinformationen mit WebMapping und XML - realisiert im Digitalen REgional Atlas München DREAM : Beiträge zum 6. Symposium zur Rolle der Informationstechnologie in der und für die Raumplanung, Februar 14-16, 2001 [Tagungsband] = Computer aided spatial planning. In: Computergestützte Raumplanung : Beiträge zum 6. Symposium zur Rolle der Informationstechnologie in der und für die Raumplanung, Februar 14-16, 2001 [Tagungsband] = Computer aided spatial planning. Hrsg. von Manfred Schrenk. - Wien: Institut für EDV-Gestützte Methoden in Architektur u. Raumplanung d. Techn. Univ. Wien 2001, Bd.1, p.83-86, 3 ill. [Bd.1.2.]

1655
GIS : a sourcebook for schools. Edited by David R. Green. - London: Taylor & Francis 2001, XXII, 228 p., ill. (GIS for beginners) ISBN 0-7484-0270-5

1656
GIS and remote sensing applications in biogeography and ecology. Ed. by Andrew C. Millington... - Boston, Mass. [u.a.]: Kluwer 2001, VII, 333 p., ill., mp. + 1 CD-ROM. (The Kluwer international series in engineering and computer science ; 626)
ISBN 0-7923-7454-1

1657
GIS und Kartographie im Umweltbereich. Gabriele Braun, Reiner Buzien, Theodor Wintges (Hrsg.). - Heidelberg: Wichmann 2001, XVI, 209 p., ill., mp. + 1 CD-ROM.
ISBN 3-87907-356-2

1658
Gadem, Abu-Elgassim Yousif: Land resources evaluation : an approach for soil quality assessment and mapping of riparian areas using GIS. - Lincoln, NE: University of Nebraska-Lincoln 2000/2001 [Master's thesis]

1659
Gentizon, Caterina and others: GIS and geomorphological mapping as management tools in Alpine periglacial areas. In: High mountain cartography 2000 : proceedings of the Second Symposium of the Commission on Mountain Cartography of the International Cartographic Association held at the Alpine Centre, Rudolfshütte 2315 m, Austria from 29 March to 2 April 2000. Ed. by Manfred F. Buchroithner. - Dresden: Inst. for Cartography, Dresden Univ. of Technology [u.a.] 2000, p.215-228, 8 ill. (Kartographische Bausteine ; 18) ISBN 3-86005-265-9

1660
Geographical data acquisition. Young-Qi Chen, Yuk-Cheung Lee (eds.). - Wien [u.a.]: Springer 2001, XIV, 265 p., ill., mp. ISBN 3-211-83472-9

1661
Geographical information and planning : with 113 figures and 43 tables. John Stillwell, Stan Geertman, Stan Openshaw (Eds.). - Berlin [u.a.]: Springer 1999, IX, 454 p., ill., mp. (Advances in spatial science) ISBN 3-540-65902-1

1662
Gillam, Holly: GIS and cultural resource management distributing digital information on archaeological sites through a secure dynamic Internet mapping application. - Columbia, SC: University of South Carolina 2000 [Master's thesis]

1663
Glatthard, Thomas; Michelon, Roger: Ortsinformationssystem der Region Luzern im Internet. In: Vermessung, Photogrammetrie, Kulturtechnik = Mensuration, Photogrammétrie, Génie rural. 99, 2001, 5, p.301-303, 2 ill. [With French and Ital. rés.]

1664
Glatthard, Thomas: Umweltmanagement : geografische Informationssysteme : Daten online abrufen. In: Umwelt-Focus. 2001, p.25-27, ill. [Inventar der Metainformationen der kantonalen GIS-Daten unter www.kogis.ch]

1665
Gleixner, Heinrich: Geo Online : Geodaten in der High-Tech-Offensive der Bayerischen Staatsregierung. In: 15. Informationsveranstaltung 2001 der Bayerischen Vermessungsverwaltung am Mittwoch, dem 04. April 2001 in der Technischen Universität München. Hrsg. vom Bayerischen Landesvermessungsamt... - [München] 2001, p.53-61, 7 ill.

1666
Gloss, Bernd: Location-Based Services with NEXUS. In: Geo-Informations-Systeme : GIS. 14, 2001, p.14-17, 2 ill. [With Germ. and Engl. rés.] ISSN 1430-3663

1667
Goodchild, Michael F.: Metrics of scale in remote sensing and GIS. In: International journal of applied earth observation and geoinformation. 3, 2001, p.114-120. ISSN 0303-2434

1668
Gröger, Gerhard: Modellierung raumbezogener Objekte und Datenintegrität in GIS. - Heidelberg: Wichmann 2000, IX, 188 p., ill. ISBN 3-87907-345-6 [Zugl.: Vechta, Hochschule, Diss. u.d.T.: Geometrisch-topologische Konsistenz in Geo-Informationssystemen]

1669
Grolig, Bernd; Schenk, Andreas; Waldik, Dirk: Stand und Tendenzen zur Visualisierung von Geoinformationssystemen.

In: Web Mapping 1 : raumbezogene Information und Kommunikation im Internet [Karlsruher-Symposium "Web Mapping"]. Christian Herrmann, Hartmut Asche (Hrsg.). - Heidelberg: Wichmann 2001, p.46-67, 11 ill. ISBN 3-87907-353-8

1670
Grütter, Thomas; Barandun, Stefan: Die Datendrehscheibe der Werke der Stadt Zürich. In: Vermessung, Photogrammetrie, Kulturtechnik = Mensuration, Photogrammétrie, Génie rural. 99, 2001, 5, p.298-300, 4 ill. [With French and Ital. rés.]

1671
Grütter, Thomas: Erdgasnetz im Überblick. In: GeoBIT : das Magazin für raumbezogene Informationstechnologie. 6, 2001, 2, p.18-19, 2 ill.

1672
Günther, Gisbert; Feldhaus, Dieter: GeoSABIS - Das Bodeninformations-system für Sachsen-Anhalt. In: Das Geologische Landesamt Sachsen-Anhalt : 10 Jahre Partner von Behörden, der Wirtschaft und Öffentlichkeit für geowissenschaftliche Fragestellungen : Tätigkeitsbericht 2000. - Halle: Geologisches Landesamt Sachsen-Anhalt 2000, p.23-31, 7 ill., 1 tab. (Mitteilungen zur Geologie von Sachsen-Anhalt, Beiheft ; 4)

1673
Gurtner, Martin; Opizzi, Daniele: The new national toponymic database Swissnames". In: Second International Symposium on Geographical Names, GeoNames 2000, Frankfurt am Main, 28-30 March 2000. Ed. by the Ständiger Ausschuss für Geographische Namen (StAGN), comp. by Jörn Sievers. - Frankfurt am Main: Verl. d. Bundesamtes für Kartographie u. Geodäsie 2000, p.65-70, 4 ill. (Mitteilungen des Bundesamtes für Kartographie und Geodäsie ; 19) ISBN 3-88648-292-8

1674
Haklay, Mordechay E.: Virtual reality and GIS : applications, trends and directions. In: Virtual reality in geography. Ed. by Peter Fisher and David Unwin. - London [u.a.]: Taylor & Francis 2000, p.47-57, 3 ill. ISBN 0-7484-0905-X

1675
Haller, Thomas: Der digitale Hydrologische Atlas der Schweiz : das Online-Archiv sowie Überlegungen zum Einsatz der Informatik im Dienste der Hydrologie. - Bern: Universität 2001, IV, 95 p., ill. + 1 CD-ROM.

1676
Hardegen, Marion and others: La cartographie des habitats terrestres du réseau Natura 2000 en Bretagne. In: Mappemonde. 2001, p.19-23, 4 ill. [French with Engl., and Span. rés.] ISSN 0764-3470

1677
He, Tiancheng: Issues of implementing universal GIS operations. - Toledo, OH: University of Toledo 1999 [Master's thesis]

1678
Hecht, Horst and others: Die elektronische Seekarte : Grundlagen, Möglichkeiten und Grenzen eines neuen Navigationssystems. - Hamburg: Wichmann 1999, 262 p., ill. ISBN 3-87907-303-1

1679
Heere, Elger; Storms, Martijn: Selectie van kaartprojecties binnen GIS. In: Kartografisch tijdschrift. 27, 2001, 1, p.44-48, 2 ill., 2 tab. [Selection of map projections in GIS environment.] [Dutch with Engl. and French rés.]

1680
Hehl.-Lange, Sigrid: GIS-gestützte Habitatmodellierung und 3D-Visualisierung räumlich-funktionialer Beziehungen in der Landschaft : [Steinen SZ <Region>]. - Zürich: vdf, Hochschulverlag AG an der ETH Zürich 2001, 164 p., ill. (ORL-Bericht ; 108/2001)

1681
Heyl, Enriko; Klarner, Robert: Im Osten viel Neues : Die Treuhand Liegenschaftsgesellschaft baut auf GIS. In: GeoBIT : das Magazin für raumbezogene Informationstechnologie. 6, 2001, 4, p.14-16, 4 ill.

1682
Heyn, Gudrun; Richter, Brigitte; Skala, Wolf-dietrich: Hinter den Polygonen : Inhalte des Erläuterungstextes einer geologischen Karte aufbereitet in Datenbanken und in Konzepten für GIS. In: Angewandte geographische Informationsverarbeitung XIII : Beiträge zum AGIT- Symposium Salzburg 2001. Strobl, Blaschke, Griesebner. - Heidelberg: Wichmann 2001, p.251-256, 1 tab. ISBN 3-87907-361-9

1683
Hofstee, Paul: Vuurwerkramp in Enschede: luchtfoto's, kaarten en GIS. In: Kartografisch tijdschrift. 27, 2001, 2, p.69-73, 5 ill., 1 photo. [Fireworks disaster in Enschede, aerial photographs ,maps and GIS.] [Dutch with Engl. and French rés.]

1684
Hootsmans, Rob M.: Brongegevens voor geo-informatie in Nederland. In: Kartografisch tijdschrift. 27, 2001, 2, p.9-12, 4 ill. [Data sources for geoinformation in The Netherlands - a set of national databases.] [Dutch with Engl. and French rés.]

1685
Hou, Xiaohong: Experimenting with migration flow representation using GIS component software. - Seattle, WA: University of Washington 1999/2000 [Master's thesis]

1686
Hubert, Frédéric: Help to specify user needs in geographic information on the web. In: Bulletin du Comité Français de Cartographie. 169-170, 2001, p.15-20, 3 ill. ISSN 0755-7647

1687
Huet, Michel: Elektronische navigatiekaarten (ENC) : Huidige status van hun productie wereldwijd. In: Kartografisch tijdschrift. 27, 2001, 1, p.17-23, 10 ill., 1 tab. [The electronic navigational chart (ENC): the present state of production worldwide.] [Dutch with Engl. and French rés.]

1688
Irmer, U.; Blondzik, K.: Anforderungen an den Gewässerschutz : Karten der EG-Wasserrahmenrichtlinie. In: Wasserbewirtschaftung im neuen Jahrtausend : Grundwasser - Oberflächenwasser - Geoinformationssysteme. Hrsg.: H.-H. Diersch, S. Kaden, T. Michels. - Berlin: Verl. für Bauwesen 2001, p.241-245, 1 ill., 1 tab. [Tagungsband] ISBN 3-345-00789-4

1689
Jeansson, Eric: 3D-GIS och virtual reality inom projektet Götatunneln - hjälpmedel för enkel och snabb informationsförmedling i större infrastrukturprojekt. In: Kartbladet. 16, 2001, p.6-9, 4 ill. [3D-GIS and virtual reality in the Götatunnel project - tool for simple and quick transmission of information in a bigger infrastructure project.] [Swed.] ISSN 0283-0418

1690
Jeffress, Gary: The present stage of evolution of the geographic information science profession. In: Surveying and Land Information Systems. 61, 2001, 1, p.37-38.

1691
Joachim, Alexander; Speicher, Markus: GIS-based mapping of air-directing tracks : Relevant to the urban climate. In: Geo-Informationssysteme : GIS ; Zeitschrift für raumbezogene Informationen und Entscheidungen = Geo-information-systems. 14, 2001, 3, p.14-19, 3 ill., 5 tab.

1692
Joao, Elsa M.: Measuring scale effects caused by map generalization and the importance of displacement. In: Modelling scale in geographical information science. Ed. by Nicholas J. Tate and Peter M. Atkinson. - Chichester [u.a.]: Wiley 2001, p.161-179, 3 ill., 5 tab.
ISBN 0-471-98546-5

1693
Joffe, Bruce A.: Surveyors and GIS professionals reach accord. In: Surveying and Land Information Systems. 61, 2001, 1, p.35-36.

1694
Johnson, Patrick: Mapping disrupted surfaces in the Mojave Desert using remote sensing and GIS, Fort Irwin National Training Center,California. - Long Beach, CA: California State University 1999 [Master's thesis]

1695
Kadri-Dahmani, Hakima: Updating data in GIS : towards a more generic approach. In: Bulletin du Comité Français de Cartographie. 169-170, 2001, p.52-57, 4 ill.
ISSN 0755-7647

1696
Kelnhofer, Fritz: Digitales "Atlas-Informationssystem" von Österreich : Abschlussbericht über das FWF-Projekt "Geoinformationssysteme und EDV-Kartographie". In: VGI : österreichische Zeitschrift für Vermessung & Geoinformation. 89, 2001, p.91-101, 3 ill., 6 mp [suppl.].
ISSN 0029-9650

1697
Kern, F.-J.; Leibundgut, Ch.: GIS für den Hydrologischen Atlas von Deutschland. In: Wasserbewirtschaftung im neuen Jahrtausend : Grundwasser - Oberflächenwasser - Geoinformationssysteme. Hrsg.: H.- H. Diersch, S. Kaden, T. Michels. - Berlin: Verl. für Bauwesen 2001, p.234-240, 2 ill. [Tagungsband] ISBN 3-345-00789-4

1698
Kias, Ulrich; Demel, Walter; Schüpferling, Ralf: Zur Homogenisierung und Automatisierung von Biotoptypen- und Nutzungskartierungen im Alpenraum. In: Angewandte geographische Informationsverarbeitung XIII : Beiträge zum AGIT-Symposium Salzburg 2001. Strobl, Blaschke, Griesebner. - Heidelberg: Wichmann 2001, p.267-273, 2 ill., 2 tab.
ISBN 3-87907-361-9

1699
Kittelberger, Carmen; Heinrich, Uwe: Aktualisierung und Anpassung von Geobasisdaten - am Beispiel des Umweltinformationssystems von Berlin. In: Geo-Informations-Systeme : GIS. 14, 2001, p.28-32, 6 ill. [With Germ. and Engl. rés.]
ISSN 1430-3663

1700
Kolk, E.; Bakker, N.J.: Naar een tweede generatie TOPvector-producten. In: Geodesia : tijdschrift voor geodesie en geoinformatie. 43, 2001, 6, p.288-294, 5 ill.,

4 tab. [A new generation of TOP10Vector Data in the Netherlands.] [Dutch with Engl. rés.]

1701
Koll, Karin: Denkmale geschützt - Wirtschaft unterstützt. In: GeoBI'T : das Magazin für raumbezogene Informationstechnologie. 6, 2001, p.19-21, 3 ill. ISSN 1430-3663

1702
Koll, Karin: Energie freigesetzt : Modernisierung der Planauskunft bei den Stadtwerken Garbsen. In: GeoBIT : das Magazin für raumbezogene Informationstechnologie. 6, 2001, 2, p.22-23, 1 ill.

1703
Konrad, Christoph; Hoffmann, Klaus; Kück, Jens: Gewusst wo. : Ein Standortinformationssystem für die Region Nordschwarzwald. In: GeoBIT : das Magazin für raumbezogene Informationstechnologie. 6, 2001, 1, p.15-17, 3 ill.

1704
Korte, George B.: The GIS book : [how to implement, manage, and assess the value of Geographic Information Systems]. - New York: OnWord Press 2001, XI, 387 p., ill.,. [5. ed., updated and expanded] ISBN 0-7668-2820-4

1705
Kraak, Menno-Jan: Access to GDI and the function of visualization tools. In: Geospatial data infrastructure : concepts, cases, and good practice. Ed. by Richard Groot... - Oxford [u.a.]: Oxford Univ. Press 2000, p.217-231, 8 ill. (Spatial information systems) ISBN 0-19-823381-7

1706
Kraemer, Justin: The feasibility of offering a Web-based GIS course through distance education. - Waterloo, ON: University of Waterloo and Wilfrid Laurier University 2000 [Master's thesis]

1707
Kramer, Manfred: Die Ableitung von Bodenfunktionskarten aus dem Fachinformationssystem Boden auf der Grundlage der Bodenkarte 1 : 50 000 des Freistaates Sachsen. - Dresden: Techn. Univ., Inst. für Geographie 2001, 109 p., mp. + 2 mp.-suppl. (Dresdener geographische Beiträge ; 8)

1708
Krauss, Elke; Ruschmaritsch, Nicole: Konzeption eines Online-Routing-Systems. In: Web Mapping 1 : raumbezogene Informa-tion und Kommunikation im Internet [Karlsruher-Symposium "Web Mapping"]. Christian Herrmann, Hartmut Asche (Hrsg.). - Heidelberg: Wichmann 2001, p.125-137, 3 ill. ISBN 3-87907-353-8

1709
Krijnders, J.J.: Kaart en klant - wie begint? In: Kartografisch tijdschrift. 27, 2001, 2, p.30-35, 12 ill. [Map and client: who begins?] [Dutch with Engl. and French rés.]

1710
Kuipers, Jasper: Het Cambodian Genocide Programma : De 'Killling Fields' in kaart gebracht. In: Kartografisch tijdschrift. 27, 2001, p.44-49, 7 ill. [The Cambodian Genocide Programme : mapping the 'Killing Fields'.] [Dutch with Engl., and French rés.]

1711
Kulakowski, Michael W.: The nature of GIS work in local government organiza-

tions. - Eugene, OR: University of Oregon 2000/2001 [Master's thesis]

1712
Lam, Steve Y.W.; Tang, Conrad H.W.: An overwiew of surveying techniques for the construction of highway tunnels in Hong Kong. In: Geomatica. 55, 2001, p.325-332, 7 ill., 2 tab. [Engl. with French rés.] ISSN 1195-1036

1713
Lammerts, Christine: Nederlands plansysteem functioneert beter met uitwisselbare ruimtelijke plannen. In: Kartografisch tijdschrift. 27, 2001, p. 25-28, 2 ill. [The planning system of the Netherlands functions better with exchangeable spatial plans.] [Dutch with Engl., and French rés.] ISSN 0167-5788

1714
Legeard, Benoît; Forest, Richard: Application à la cartographie d'un réseau. In: XYZ : revue de l'Association Française de Topographie. 23, 2001, p.43-46, 5 ill. [French with Engl. rés.] ISSN 0290-9057

1715
Lemarié, Cécile; Badard, Thierry: Cartographic database updating. In: Bulletin du Comité Français de Cartographie. 169-170, 2001, p.58-65, 8 ill., 1 tab. ISSN 0755-7647

1716
Leppig, B.; Neumann, D.; Schetelig, K.: Modellierung der Schutzfunktion der Grundwasserüberdeckung mit GIS - zwei Ansätze im Vergleich. In: Wasserbewirtschaftung im neuen Jahrtausend : Grundwasser - Oberflächenwasser - Geoinformationssysteme. Hrsg.: H.-H. Diersch, S. Kaden, T. Michels. - Berlin: Verl. für Bauwesen 2001,p.310-314, 3 ill. [Tagungsband] ISBN 3-345-00789-4

1717
Leuenberger, Rudolf: Intranet-Projekt ZUGIS2000 der GIS-Fachstelle des Kantons Zug. In: Vermessung, Photogrammetrie, Kulturtechnik = Mensuration, Photogrammétrie, Génie rural. 99, 2001, 5, p.288-291, 6 ill. [With French and Ital. rés.]

1718
Leymüller, Martin: GIS-gestützte Erstellung mittelmaßstäbiger Klimakarten. - Wien 2001, 139 p., 29 ill., 43 tab, 12 mp. [Dipl.-Arb.]

1719
Liang, Shumin: The use of a geographic information system in locating and interpreting contemporary urban growth of Chicago's urban fringe. - DeKalb, IL: Northern Illinois University 2000/2001 [Master's thesis]

1720
Lineare Objekte. Lothar Gründig (Red.). - Stuttgart: Wittwer 1992-, 75 p., ill. (Schriftenreihe des DVW ; Bd. 40) ISBN 3-87919-275-8

1721
Liu, Hongxing: Generation and refinement of a continental-scale digital elevation model by integrating cartographic and remotely-sensed data : a GIS-based approach. - Columbus, OH: Ohio State University 1999 [Doct. diss.]

1722
Liu, Qian: GIS-based decision support system for abandoned coal mine site reclamation. - Terre Haute, IN: Indiana State University 2000 [Doct. diss.]

1723
Longley, Paul A. and others: Geographic information systems and science [GIS].

- Chichester [u.a.]: Wiley 2001, 454 p., ill., mp. ISBN 0-471-49521-2

1724
Lonsdorfer, Klaus; Morawietz, Toni: Erfassung, Fortführung und Präsentation von ATKIS-Daten beim LKVK Saarland. In: ATKIS - Stand und Fortführung : Beiträge zum 51. DVW-Seminar am 25. und 26. September 2000 an der Unversität Rostock. Red. u. Seminarleiter: Ralf Bill u. Frank Schmidt. - Stuttgart: Wittwer 2000, p.93-102, 2 tab. (Schriftenreihe des DVW ; 39) ISBN 3-87919-273

1725
Ludvigsson, Johan; Olsson, Mårten: GIS i mjuk förvaltning. In: Kartbladet. 16, 2001, 1, p.10-17, 6 ill. [GIS in flexible administration.] [Swed.]

1726
Lynden, Godert W.J.; Mantel, Stephan:The role of GIS and remote sensing in land degradation assessment and conservation mapping : some user experiences and expectations. In: International journal of applied earth observation and geoinformation. 3, 2001, p.61-68,9 ill. ISSN 0303-2434

1727
Makowski, Andrzej: Trójdzielna jedność mapy na tle idei systemu informacji przestrzennej. In: Polski przegląd kartograficzny. 33, 2001, 1, p.38-42, 1 ill. [Threefold unity of the map - against a background of land information systems.] [Pol.]

1728
Marcil, Diane C.: The integration of GIS and environmental process models : an oil spill trajectory study. - Columbus, OH: Ohio State University 1999 [Master's thesis]

1729
Marine and coastal geographical information systems. Ed. by Dawn J. Wright. - London [u.a.]: Taylor & Francis 2001, XXVIII, 320 p., ill., mp. (Research monographs in geographic information systems) [Reprinted] ISBN 0-7484-0862

1730
Markus, Frank: Zwischen Tradition und Moderne : Das Internet-GIS der Stadt Sindelfingen. In: GeoBIT : das Magazin für raumbezogene Informationstechnologie. 6, 2001, 4, p.20-21, 3 ill.

1731
Martí i Domèmech, Glòria and others: The avalanche paths cartography in the Catalan Pyrenees. In: High mountain cartography 2000 : proceedings of the Second Symposium of the Commission on Mountain Cartography of the International Cartographic Association held at the Alpine Centre, Rudolfshütte 2315 m, Austria from 29 March to 2 April 2000. Ed. by Manfred F. Buchroithner. - Dresden: Inst. for Cartography, Dresden Univ. of Technology [u.a.] 2000, p.255-258, 3 ill., 1 tab. (Kartographische Bausteine ; 18) ISBN 3-86005-265-9

1732
Martin, Frank: Protecting the Florida Keys : an Internet GIS/IMS strategy for benthic habitat management. - Morgantown, WV: West Virginia University 2000/2001 [Master's thesis]

1733
Mattox, Nathan E.: Using GIS as a querying tool for Oklahoma sites listed in the National Register of Historic Places. - Stillwater, OK: Oklahoma State University 2000 [Master's thesis]

1734
Mauro Conti, Antonio and others: La cartografia automatica e i G.I.S. nel geomarketing. In: Cultura cartografica e culture del territorio : atti del convegno nazionale (Sassari, 12-13 dicembre 2000). A cura di Giuseppe Scanu. - Genova: Brigati 2001, p.299-306. (Bollettino della Associazione Italiana di Cartografia No. 111-113 = 38. 2001) [Ital.]

1735
Mauro Conti, Antonio and others: SOL (System On Line), Studio propedeutico alla progettazione del SIT della Regione Sardegna. In: Cultura cartografica e culture del territorio : atti del convegno nazionale (Sassari, 12-13 dicembre 2000). A cura di Giuseppe Scanu. - Genova: Brigati 2001, p.283-297, 3 ill. (Bollettino della Associazione Italiana di Cartografia No. 111-113 = 38. 2001) [Ital.]

1736
McAdam-Ferrarotto, Heather; Welch, Grace: Inter-library cooperation for GIS services : a road to success. In: Bulletin / Association of Canadian Map Libraries and Archives. 2001, p.13-18, 1 ill. ISSN 0840-9331

1737
McAdoo, Brian G.: Mapping submarine slope failures. In: Marine and coastal geographical information systems. Ed. by Dawn J. Wright. - London: Taylor & Francis 2001, p.189-204, 9 ill. (Research monographs in geographic information systems) ISBN 0-7484-0862-2 [Reprinted]

1738
Meijers, P.G.; Venemans, B. Albert: Rijkswaterstaat en de toegankelijkheid van geo-informatie : Huidige status van hun productie wereldwijd. In: Kartografisch tijdschrift. 27, 2001, 2, p.23-28, 3 ill. [The Directorate-General of Public Works and Water Management and the accessibility of geoinformation.] [Dutch with Engl. and French rés.]

1739
Mlinar, Jurij; Pogorelčnik, Ema: Register of geographical names. In: Second International Symposium on Geographical Names, GeoNames 2000, Frankfurt am Main, 28-30 March 2000. Ed. by the Ständiger Ausschuss für Geographische Namen (StAGN), comp. by Jörn Sievers. - Frankfurt am Main: Verl. d. Bundesamtes für Kartographie u. Geodäsie 2000, p.119-123. (Mitteilungen des Bundesamtes für Kartographie und Geodäsie ; 19) ISBN 3-88648-292-8

1740
Montanarella, Luca; Nègre, Thierry: The development of the Alpine Soil Information System. In: International journal of applied earth observation and geoinformation. 3, 2001, p.18-24, 4 ill. ISSN 0303-2434

1741
Moravec, Dalibor: Geoinformatické modelování s topologickým generalizačním algoritmem. In: Geodetický a kartografický obzor. 47, 2001, p.165-174, 9 ill., 2 tab. [Geoinformatic modelling with topological generalisation algorithm.] [Czech. with Engl. rés.] ISSN 0016-7096

1742
Morgan, Drusilla: The use of GIS to create models for the management and protection of migratory songbirds breeding within the Ohio River valley ecosystem. - Terre Haute, IN: Indiana State University 1999/2000 [Master's thesis]

1743
Morrison, Susan: Using geographic information systems (GIS) overlay analysis for locating sensitive areas within the upper Pecos River watershed, New Mexico. - Albuquerque, NM: University of New Mexico 1999 [Master's thesis]

1744
Müller, A. and others: Einsatz von GIS zur Erstellung bundesweiter hydrogeologischer Kartenwerke im "Hydrologischen Atlas von Deutschland". In: Wasserbewirtschaftung im neuen Jahrtausend : Grundwasser - Oberflächenwasser - Geoinformationssysteme. Hrsg.: H.- H. Diersch, S. Kaden, T. Michels. - Berlin: Verl. für Bauwesen 2001, p.246-254, 6 ill., 1 tab. [Tagungsband] ISBN 3-345-00789-4

1745
Müller, Bernd; Pazmandy, Mark: GIS à la carte : Digitalisierung analoger Bestandspläne als Basis eines Abwasserkatasters. In: GeoBIT : das Magazin für raumbezogene Informationstechnologie. 6, 2001, 1, p.28-29, 2 ill.

1746
Müllern, Carl-Fredrik; Åsman, Magnus: SGU:s kommunala grundvattenkarta : en GIS-produkt. In: Kartbladet. 16, 2001, p.6-13, 10 ill., 2 tab. [SGU: a communal ground water map : a GIS product.] [Swed.] ISSN 0283-0418

1747
Mulders, Michael A.: Advances in the application of of remote sensing and GIS for surveying mountainous land. In: International journal of applied earth observation and geoinformation. 3, 2001, p.3-10, 1 ill. ISSN 0303-2434

1748
Mundle, Heiko; Hurni, Lorenz: Methana 3D : kartographische Online-3-D-Plattform mit Datenbankanbindung der Halbinsel Methana (GR). In: Web Mapping 1 : raumbezogene Information und Kommunikation im Internet [Karlsruher-Symposium "Web Mapping"]. Christian Herrmann, Hartmut Asche (Hrsg.). - Heidelberg: Wichmann 2001, p.68-79, 10 ill., 1 tab. ISBN 3-87907-353-8

1749
Nagel, Erich: Ausbildung im Fachbereich "Geoinformationswesen" and der Fachhochschule München. In: 200 Jahre Bayerische Vermessungsverwaltung : 1801-2001 ; es ist ein Maß in allen Dingen. [Hrsg.: Bayer. Staatsministerium der Finanzen, Abt. Vermessung, Informations-u. Kommunikationstechnik...Red.: Karlheinz Goller, Josef Klapf]. - München: Bayer. Landesvermessungsamt 2001, p.380-389, 1 ill., 4 tab. ISBN 3-935612-01-X

1750
Nagel, Günter: Vermessung und Ortung in hochauflösenden Geoinformationssystemen. In: Geo-Informationssysteme : GIS ; Zeitschrift für raumbezogene Informationen und Entscheidungen = Geo- information-systems. 14, 2001, 3, p.14-19, 3 ill., 5 tab.

1751
Nanninga, Martijn: Het Geography Network, toegang tot een wereld van informatie. In: Kartografisch tijdschrift. 27, 2001, 2, p.48-54, 10 ill. [The Geography Network, access to a world of information.] [Dutch with Engl. and French rés.]

1752
Nattenberg, Olaf: Filiale am richtigen Platz : Vielfältige Möglichkeiten für die Standortplanung und -optimierung. In: GeoBIT :

das Magazin für raumbezogene Informationstechnologie. 6, 2001, 1, p.18-20, 2 ill.

1753
Ngo, Viban: GIS, cartography, designation, and Kuhn. In: The Bulletin of the Society of Cartographers. 35, 2001, p.19-35. ISSN 0036-1984

1754
Nicklas, Daniela and others: Architecture and Data Model of NEXUS. In: Geo-Informations-Systeme : GIS. 14, 2001, p.20-24, 4 ill. ISSN 1430-3663

1755
Nikšová, Nadežda: Koncepčné zámery tvorby, aktualizácie a poskytovania výstupov zo ZB GIS na roky 2001 až 2005. In: Geodetický a kartografický obzor. 47, 2001, p.186-191, 3 tab. [Draft of expected creation, updating and data providing from fundamental base of GIS from 2001 to 2005.] [Slovak. with Engl. rés.]

1756
Nilsson, Susann: Geography network : framtidens vision om distribution av geodata och GIS-applikationer på Internet. In: Kartbladet. 16, 2001, p.14-16, 2 ill. [Geography network : future vision on distribution of geodata and GIS-applications via internet.] [Swed.] ISSN 0283-0418

1757
Nommel, Jens Ulrich: Das geografische Muster der Kriminalität : Eine GIS-Analyse zur Identifizierung kriminogener Faktoren. In: GeoBIT : das Magazin für raumbezogene Informationstechnologie. 6, 2001, p.29-31, 4 ill. ISSN 1430-3663

1758
Oberbichler, Michaela; Heller, Armin: Geographische Informationssysteme in der Namenforschung : der FlurnamenATLAS. In: Angewandte geographische Informationsverarbeitung XIII : Beiträge zum AGIT-Symposium Salzburg 2001. Strobl, Blaschke, Griesebner. - Heidelberg: Wichmann 2001, p.348-355, 6 ill. ISBN 3-87907-361-9

1759
On-Screen-Digitalisierung, Modellierung von Netzwerken und Oberflächen, Verarbeitung von Rasterdaten in ARC/INFO. Norbert de Lange u. Thorger Stapenhorst (Hrsg.) Grundlagen von Geo-Informationssystemen : Theoretische Grundlagen und Einführung in ARC/INFO anhand einer Projektaufgabe, hrsg. vom Fachgebiet Geographie, Fachbereich Kultur-u. Geo-wissenschaften, Universität Osnabrück...; 2. - Osnabrück: Univ., Fachgebiet Geographie 2000, 92 p., ill., mp. (OSG-Materialien ; 46)

1760
Oosterom, Peter J.M. van: Een generieke geografische querytool (deel 2). In: Geodesia : tijdschrift voor geodesie en geoinformatie. 43, 2001, 5, p.236-244, 9 ill. [A generic geographic query tool (part 2).] [Dutch with Engl. rés.]

1761
Oosterom, Peter J.M. van: Een generieke geografische querytool. In: Geodesia : tijdschrift voor geodesie en geo-informatie. 43, 2001, 4, p.176-184, 7 ill., 2 tab. [A generic geographic query tool.] [Dutch with Engl. rés.]

1762
Ormeling, Ferjan: Mondiale initiatieven betreffende de verstrekking van ruimtelijke gegevens. In: Kartografisch tijdschrift. 27,

2001, 2, p.13-17, 5 ill. [Worldwide initiatives concerning the supply of spatial data.] [Dutch with Engl. and French rés.]

1763
Ormsby, Tim: Getting to know ArcGIS desktop : basics of ArcView, ArcEditor, and ArcInfo. - Redlands, Calif.: ESRI Press: ESRI Press 2001, XII, 541 p., ill. + 1 CD-ROM + 1 Installations-CD-ROM. [2. printing] ISBN 1-87910-289-7

1764
Oskarsson, Anita; Egelstig, Christer: GIS-stöd vid marksanering. In: Kartbladet. 16, 2001, p.9-13, 4 ill. [GIS-aided far-reaching terrain- restructuring.] [Swed.] ISSN 0283-0418

1765
Ott, Thomas; Swiaczny, Frank: Time-integrative geographic information systems : Management and analysis of spatio-temporal data. - Berlin [u.a.]: Springer 2001, XIII, 234 p., ill., mp. + 1 CD-ROM. ISBN 3-540-41016-3

1766
Ottoson, Patrik: ScanGIS - en vetenskaplig GIS-konferens i Norden. In: Kartbladet. 16, 2001, p.14-15, 1 ill. [Scan-GIS - a scientific GIS-conference in the North.] [Swed.] ISSN 0283-0418

1767
Paskó, Attila: A DTA50 részleges felújitása és hasznosítása (a NATO elëírásoknak megfelelë) 1:50 000 méretarányú topográfia térképek elëállításánál. In: Geodézia és kartográfia. 53, 2001, p.32-34. [The partial update and use of DTA50 in the creation process of topographic map in scale 1:50 000 based on NATO standards.] [Hung. with Engl. rés.] ISSN 0016-7118

1768
Payne, Roger: The Geographical Names Information System (GNIS) of the United States : design, development, and implementation. In: Second International Symposium on Geographical Names, GeoNames 2000, Frankfurt am Main, 28-30 March 2000. Ed. by the Ständiger Ausschuss für Geographische Namen (StAGN), comp. by Jörn Sievers. - Frankfurt am Main: Verl. d. Bundesamtes für Kartographie u. Geodäsie 2000, p.141-146. (Mitteilungen des Bundesamtes für Kartographie und Geodäsie ; 19) ISBN 3-88648-292-8

1769
Peng, Hu and others: Research on system space mathematical base of large-scale GIS and the digital earth. In: Geomatics and information science of Wuhan University. 26, 2001, 4, p.296-302. [Chin. with Engl. rés.]

1770
Pereira Tenedório, José António: Télédétection en milieu péri-urbain : détéction et localisation du changement de l'occupation du sol par intégration des données-satellite SPOT HRV dans un système d'information géographique. Présenté et soutenue par José António Pereira Tenedório. - Paris: Univ. 1998, 254 Bl., ill., mp. [Mikrofiche-Ausg.]

1771
Pichler, Günther: Die Bedeutung von interoperablen, offenen Geoinformationssystemen im Umweltbereich. In: GIS und Kartographie im Umweltbereich. Gabriele Braun,Reiner Buzien, Theodor Wintges (Hrsg.). - Heidelberg: Wichmann 2001, p.196-203, 1 ill. ISBN 3-87907-356-2

1772
Prechtel, Nikolas: Selected problems and solutions for drainage modelling and handling in a GIS. In: Diskussionsbeiträge zur Kartosemiotik und zur Theorie der Kartographie ; 4. Alexander Wolodtschenko und Hansgeorg Schlichtmann. - Dresden 2001, p.29-38, 3 ill. [With Germ., and Russ. rés.] ISBN 3-86005-300-0

1773
Principles of remote sensing and geographic information systems. - [Enschede]: ITC (International Institute for Aerospace Survey and Earth Sciences) 2001 (ITC educational textbook series ; [1/2]) ISBN 90-6164-183-7 / 90-6164-184-5 [elektr. Ressource]

1774
Qian, Liujian: A visual query language for GIS. - University Park, PA: Pennsylvania State University 2000 [Doct. diss.]

1775
Read, Jane M.: Land-cover change detection for the Tropics using remote sensing and geographic information systems. - Baton Rouge, LA: Louisiana State University-Baton Rouge 1999 [Doct. diss.]

1776
Reyes, Dan: Between county and state data : nuances of archaelogical database consolidation for GIS modeling. - Seattle, WA: University of Washington 1999/2000 [Master's thesis]

1777
Režek, Jurij; Šuntar, Aleš: Upravljanje s prostorom in geoinformacijska infrastruktura - GII. In: Geodetski vestnik. 45, 2001, p.291-301, 3 ill. [Spatial management and geoinformation infrastructure.] [Sloven. with Engl. rés.] ISSN 0351-0271

1778
Rossi, Annarita: Cartografia storica e GIS : proposte per la pianificazione del territorio. In: Cultura cartografica e culture del territorio : atti del convegno nazionale (Sassari, 12-13 dicembre 2000). A cura di Giuseppe Scanu. - Genova: Brigati 2001, p.477-492, 8 ill. (Bollettino della Associazione Italiana di Cartografia No. 111-113 = 38. 2001) [Ital.]

1779
Rouse, Jesse: Data points or cultural entities : a GIS-based archaeological predictive model in a post-positivist framework. - Morgantown, WV: West Virginia University 2000/2001 [Master's thesis]

1780
Rowley, Adrian Manning: Cyber-geography, mapping the Internet. - Hattiesburg, MS: University of Southern Mississippi 1999 [Master's thesis]

1781
Schatz, Rodney: Integrating a desktop geographic information system (GIS) with a location-allocation model. - Edmonton, AB: University of Alberta 2000 [Master's thesis]

1782
Scheele, Theo and others: Geodesie is meer dan GIS. In: Geodesia : tijdschrift voor geodesie en geo-informatie. 43, 2001, 1, p.4-9, 10 ill. [Geodesy is more than GIS.] [Dutch with Engl. rés.]

1783
Scherfke, Michael: Auswertungs- und Darstellungsmöglichkeiten der CIR-Biotoptypen- und Landnutzungskartierung mittels Geographischer Informationssysteme. In: Die Nutzung der Biotoptypen- und Landnutzungskartierung aus Color-

Infrarot-(CIR) Luftbildern : Anwendungsmöglichkeiten und Beispiele. Mit Beiträgen von Claudia Neugebauer...Hrsg.: Sächsisches Landesamt für Umwelt und Geologie. - Dresden: Sächsisches Landesvermessungsamt für Umwelt u. Geologie 2001, p.11-19, 9 ill., 6 tab. (Materialien zu Naturschutz und Landschaftspflege ; 2001)

1784
Schilcher, Matthäus; Roschlaub, Robert; Liebscher, Jan: Ein 3D-Stadtmodell für die Stadt München auf Basis eines 2D-GIS. In: Mitteilungsblatt / Deutscher Verein für Vermessungswesen (DVW), Landesverein Bayern e.V. 53, 2001, p.463-477, 13 ill., 2 tab. ISSN 0723-6336

1785
Schöpper, Horst; Voigt, Jens: Das Ruhrgebiet im Internet : Neue Wege der Bereitstellung von Geoinformationen. In: GeoBIT : das Magazin für raumbezogene Informationstechnologie. 6, 2001, 4, p.28-30, 3 ill.

1786
Schuurman, Nadine C.: Critical GIS : theorizing an emerging science. - Vancouver, BC: University of British Columbia 2000 [Doct. diss.]

1787
Seeger, Michaela: The use of geographical information systems for environment. - Portland, OR: Portland State University 2000/2001[Master's thesis]

1788
Seger, Martin: Rauminformationssystem Österreich - ein digitaler thematischer Datensatz des Staatsgebietes. In: VGI : österreichische Zeitschrift für Vermessung & Geoinformation. 89, 2001, p.101-110, 2 ill., 5 mp. [suppl.]. ISSN 0029-9650

1789
Shepard, Alex: Accuracy of interpolations for geologic mapping made from 3-D seismic models using a geographic information system. - Columbia, SC: University of South Carolina 1999 [Master's thesis]

1790
Shrestha, Dhruba Pikha; Zinck, J. Alfred: Land use classification in mountainous areas: integration of image processing, digital elevation data and field knowledge (application to Nepal) : some user experiences and expectations. In: International journal of applied earth observation and geoinformation. 3, 2001, p.78-85, 10 ill., 4 tab. ISSN 0303-2434

1791
Siebold, Joachim; Börner, Georg: Die Landschaft in der Datenbank : Verwaltung von Biotopkatasterdaten mit objektrelationaler Datenbanktechnologie. In: GeoBit : das Magazin für raumbezogene Informationstechnologie. 6, 2001, 7, p.27-29, 3 ill.

1792
Siemer, Julia; Pfaff, Anita; Asche, Hartmut: Geoinformationssysteme zur Bekämpfung, Frühwarnung und Prävention von Naturgefahren. In: Kartographische Nachrichten. 51, 2001, 2, p.77-82, 3 ill.

1793
Škraba, Tilen; Vešligaj, Staško; Šuntar, Aleš: URBAN - podatkovno jedro prostorskega informacijskega sistema Mestne občine maribor. In: Geodetski vestnik. 45, 2001, p.427-439, 4 ill., 1 tab. [URBAN -Data base for the spatial and municipal information system of Maribor.] [Sloven. with Engl. rés.] ISSN 0351-0271

1794
Soru, Anna Maria; Incollu, Giampiero: Applicazione del GIS nella valutazione del rischio di erosione in ambito di pianificazione di area vasta (il caso del P.U.P. di Nuoro). In: Cultura cartografica e culture del territorio : atti del convegno nazionale (Sassari, 12-13 dicembre 2000). A cura di Giuseppe Scanu. - Genova: Brigati 2001, p.253-282, 22 ill. (Bollettino della Associazione Italiana di Cartografia No. 111-113 = 38. 2001) [Ital.]

1795
Spatial information theory : foundations of geographic information science ; International conference COSIT 2001, Morro Bay, CA, USA, September 19-23, 2001 ; proceedings. Daniel R. Montello (ed.). - Berlin: Springer 2001, XIV, 502 p., ill, mp. (Lecture notes in computer science ; 2205) ISBN 3-540-42613-2

1796
Spicer, Jessica: Grassroots organizations and GIS : assessing the role of geographic information and GIS in grassroots watershed organizations in West Virginia. - Morgantown, WV: West Virginia University 2000/2001 [Master's thesis]

1797
Spiegel, Elisabeth; Klarner, Robert: Historisches Erbe modern verwaltet : Der Digitale Archäologische Schichtenatlas des Römisch-Germanischen Museums. In: GeoBIT : das Magazin für raumbezogene Informationstechnologie. 6, 2001, p.22-23, 2 ill. ISSN 1430-3663

1798
Spies, Karl-Heinz and others: Eine kleine Revolution : Das erste deutsche Web Mapping Specification-Praxisprojekt mit Systemen verschiedener Hersteller. In: GeoBIT : das Magazin für raumbezogene Informationstechnologie. 6, 2001, p.26-28, 3 ill. ISSN 1430-3663

1799
Spiller, Lothar: Erfolg im Voraus planen : Standortanalyse und -planung ermöglicht Auswertung und Darstellung der Erfolgsfaktoren. In: GeoBIT : das Magazin für raumbezogene Informationstechnologie. 6, 2001, 4, p.22-24, 3 ill.

1800
Stähler, Patrick: Von Geographischen Informationssystemen zu Webmapping-Applikationen : eine ökonomische Analyse. In: Web Mapping 1 : raumbezogene Information und Kommunikation im Internet [Karlsruher-Symposium "Web Mapping"]. Christian Herrmann, Hartmut Asche (Hrsg.). - Heidelberg: Wichmann 2001, p.155-166, 3 ill. ISBN 3-87907-353-8

1801
Stanger, Mark C.: An integrated geographic information system database for modflow groundwater modeling. - Salt Lake City, UT: University of Utah 2000/2001 [Master's thesis]

1802
Stegger, Ulrich: Die digitale Herstellung der Bodenübersichtskarte 1 : 200 000 (BÜK 200) mit Hilfe des Geographischen Informationssystems ArcInfo. In: Tagung 2000 : Arbeitsgruppe Automation in der Kartographie / Bundesanstalt für Kartographie und Geodäsie. - Frankfurt am Main: Verl. d. Bundesamtes für Kartographie u. Geodäsie 2001, p. 131-136, 4 ill. (Mitteilungen des Bundesamtes für Kartographie und Geodäsie ; 20) ISBN 3-88648-306-1

1803
Steinfort, Marc; Wohlgemuth, Frank: Die Stadt auf dem Pencomputer : Mobile Datenauskunft bei den Stadtwerken Neuss.

In: GeoBIT : das Magazin für raumbezogene Informationstechnologie. 6, 2001, 4, p.25-27, 3 ill.

1804
Stone Muilenburg, Jennifer: The changing role of GIS in the map room. In: The map library in the new millenium. Ed. Robert Brian Parry and C.R. Perkins. - London: Library Assoc. Publ. 2001, p.56-71, 3 ill., 1 tab. ISBN 1-85604-397-5

1805
Strobl, Josef: Online-GIS : das WWW als GIS-Plattform. In: Web Mapping 1 : raumbezogene Information und Kommunikation im Internet [Karlsruher-Symposium "Web Mapping"]. Christian Herrmann, Hartmut Asche (Hrsg.). - Heidelberg: Wichmann 2001, p.18-29, 5 ill. ISBN 3-87907-353-8

1806
Stromberg, Elizabeth: Viewsheds and the visual impact of rural landscapes : a GIS-based study of Afton, MN. - Minneapolis, MN: University of Minnesota 1999/2000 [Master's thesis]

1807
Sulebak, Jan Rasmus: Photorealistic terrain visualization. In: Kart og plan. 94, 2001, 1, p.19-26, 5 ill.

1808
Šumrada, Radoš: Prehod od osrednje k porazdeljeni uporabi tehnologije GIS-ov. In: Geodetski vestnik. 45, 2001, p.560-571, 6 ill., 1 tab. [Progress and state of the GIS technology on the internet.] [Sloven. with Engl. rés.] ISSN 0351-0271

1809
Svekla, Walter: Representation in GIS-based simulation model integration : a case study of earthquake loss estimation and mitigation. - Seattle, WA: University of Washington 2000/2001 [Master's thesis]

1810
Tagung 2000 : Arbeitsgruppe Automation in der Kartographie / Bundesanstalt für Kartographie und Geodäsie. - Frankfurt am Main: Verl. d. Bundesamtes für Kartographie u. Geodäsie 2001, 136 p., ill., mp. (Mitteilungen des Bundesamtes für Kartographie und Geodäsie ; 20) ISBN 3-88648-306-1

1811
Tao, Benzao; Lan, Yueming: The statistical estimation method of GIS overlay uncertainty. In: Geomatics and information science of Wuhan University. 26, 2001, 2, p.101-104, 3 tab. [Chin. with Engl. rés.]

1812
Tate, Nicholas J.: Modelling scale in geographical information science. Ed. by Nicholas J. Tate and Peter M. Atkinson. - Chichester [u.a.]: Wiley 2001, XIV, 227 p., ill. ISBN 0-471-98546-5

1813
Tong, Xiaohua; Liu, Dajie; Peng, Minghua: The principle and methodology to process digital cadastral areas in GIS. In: Geomatics and information science of Wuhan University. 26, 2001, 2, p.105-111, 3 ill., 2 tab. [Chin. with Engl. rés.]

1814
Tong, Xiaohua; Liu, Dajie: Combined adjustment models of road curve digitization in GIS. In: Geomatics and information science of Wuhan University. 26, 2001, 1, p.64-69, 3 ill. [Chin. with Engl. rés.]

1815
Treffler, Peter: Das Geographische Informationssystem Umwelt (GISU). In: GIS

und Kartographie im Umweltbereich. Gabriele Braun, Reiner Buzien, Theodor Wintges (Hrsg.). - Heidelberg: Wichmann 2001, p.148-156, 5 ill.
ISBN 3-87907-356-2

1816
Turner, Erin: Undergraduate cartographic (and geomatics/GIscience) education at North American universities. - Ottawa, ON: Carleton University 2000
[Master's thesis]

1817
Ugolini, Gian Marco: La cartografia delle aree percorse dal fuoco : procedure e metodi per la realizzazione di un GIS. In: Cultura cartografica e culture del territorio : atti del convegno nazionale (Sassari, 12-13 dicembre 2000). A cura di Giuseppe Scanu. - Genova: Brigati 2001, p.331-352, 2 ill. (Bollettino della Associazione Italiana di Cartografia No. 111-113 = 38. 2001) [Ital.]

1818
Umfrage Bodenkartierung : Bedarfsabklärung, Bodenkarten und Bodeninformationen ; Aufgaben im Zusammenhang mit der Bodenkartierung ; Ideen zu einer Bodeninformationsstelle ; Arbeitsgruppe Bodenkartierung der Bodenkundlichen Gesellschaft der Schweiz. Red.: M. Müller. - Dietikon: Juris-Dr. u. Verl. 2000, 50 p., ill. (BGS-Dokument ; 10)
ISBN 3-260-05440-5

1819
Umweltmonitoring und Umweltmodellierung : GIS und Fernerkundung als Werkzeuge einer nachhaltigen Entwicklung. Thomas Blaschke. - Heidelberg: Wichmann 1999, 278 p., ill. ISBN 3-87907-335-X

1820
Včkovski, Andrej: Interoperable and distributed processing in GIS. - London: Taylor & Francis 1998, XVII, 230 p., ill.[Bibliogr. p.213-228] ISBN 0-7484-0793-6

1821
Ven, Marc van de; Bijtelaar, Bas; Köbben, Barend: I-kaarten bij de provincie Gelderland. In: Kartografisch tijdschrift. 27, 2001, p.35-43, 2 ill. [I-maps for Gelderland province.] [Dutch with Engl., and French rés.] ISSN 0167-5788

1822
Verbree, Edward; Maren, Gert van: 'Virtual reality' als gereedschap bij planentwikkeling. In: Kartografisch tijdschrift. 27, 2001, 1, p.10-15, 5 ill. [Virtual reality as a planning tool.] [Dutch with Engl. and French rés.]

1823
Veverka, Bohuslav: Souřadncové transformace v GIS a digitální kartografii. In: Geodetický a kartografický obzor. 47, 2001, p.175-180, 2 ill., 2 tab. [Coordinate transformation in GIS and in digital cartography.] [Czech. with Engl. rés.]
ISSN 0016-7096

1824
Virtual reality in geography. Ed. by Peter Fisher and David Unwin. - London [u.a.]: Taylor & Francis 2000, X, 404 p., ill. + 1 CD-ROM. ISBN 0-7484-0905-X

1825
Visser, Richard Henry: Utilizing remotely sensed imagery and GIS to monitor and research salmon spawning : a case study of the Hanford Reach Fall chinook (Oncorhynchos Tshawytscha). - Ellensburg, WA: Central Washington University 1999
[Master's thesis]

1826
Vogel, Steven: The evolution of geography and GIS : what it means. In: The Portolan. 2001, p.14-18. ISSN 1096-1925

1827
Vogt, Molly: Data tiles in a checkerboard forest : challenges of data integration with GIS. - Seattle, WA: University of Washington 1999/2000 [Master's thesis]

1828
Voženílek, Vít: Integrace GPS a GIS při tvorbě digitální geomorfologické mapy. In: Geodetický a kartografický obzor. 47, 2001, p.191-195, 3 ill., 1 tab. [Integration of GPS and GIS while creating the digital geomorphologic map.] [Czech. with Engl. rés.] ISSN 0016-7096

1829
Wandinger, Marcus: GIS vernetzt Europa : internationale Zusammenarbeit unter besonderer Berücksichtigung von CERCO/ MEGRIN bzw. EuroGeographics. In: Mitteilungsblatt / Deutscher Verein für Vermessungswesen (DVW), Landesverein Bayern e.V. 53, 2001, p.443-462, 10 ill., 1 tab. ISSN 0723-6336

1830
Wang, Xinzhou; Liu, Zongwei; Chen, Shunqing: Some issues on urban census GIS designing. In: Geo-spatial information science. 4, 2001, p.25-31, 9 ill. [Engl.] ISSN 1009-5020

1831
Wasserbewirtschaftung im neuen Jahrtausend : Grundwasser - Oberflächenwasser - Geoinformationssysteme. Hrsg.: H.-J. Diersch, S. Kaden, T. Michels. - Berlin: Verl. für Bauwesen 2001, 414 p., ill. [Tagungsband] ISBN 3-345-00789-4

1832
Wegner, Harald: Metainformationssysteme für Geodaten in der kommunalen räumlichen Planung. - Berlin: VWF 2000, XIX, 174 p., ill., mp. (Akademische Abhandlungen zur Raum-und Umweltforschung) ISBN 3-89700-273-6

1833
Wenderlein, Werner: Das Informationssystem-System. In: Allgemeine Vermessungs-Nachrichten. 108, 2001, 2, p.50-53.

1834
Williams, Jonathan: GIS processing of geocoded satellite data. - London [u.a.]: Springer 2001, XIV, 327 p. ill., mp. (Springer praxis books in geophysical sciences) ISBN 1-85233-368-5

1835
Wimmer, Guido and others: Das Hydrologische Kartenwerk Nordrhein-Westfalen auf dem Weg zum Fachinformationssystem Grundwasser. In: Angewandte geographische Informationsverarbeitung XIII : Beiträge zum AGIT-Symposium Salzburg 2001. Strobl, Blaschke, Griesebner. - Heidelberg: Wichmann 2001, p.524-533, 6 ill. ISBN 3-87907-361-9

1836
Wit, Cor de: Toegankelijkheid van geoinformatie bij provincies. In: Kartografisch tijdschrift. 27, 2001, 2, p.5-8. [Accessibility of provincial geoinformation.] [Dutch with Engl. and French rés.]

1837
Xiao, Lebin; Zhong, Ershun; Liu, Jiyuan: Spatial conceptual data model of GIS. In: Geomatics and information science of Wuhan University. 26, 2001, p.387-392, 3 ill. [Chin. with Engl. rés.] ISSN 1000-050X

1838
Xiong, Hanjiang; Gong, Jianya; Zhu, Qing: Spatial data model and visualization for digital city. In: Geomatics and information science of Wuhan University. 26, 2001, p.393-398, 4 ill. [Chin. with Engl. rés.] ISSN 1000-050X

1839
Xu, Zhihong; Bian, Fuling; Meng, Lingkui: GIS functional component library and function integration. In: Geomatics and information science of Wuhan University. 26, 2001, p.303-309, 6 ill., 1 tab. [Chin. with Engl. rés.] ISSN 1000-050X

1840
Yen, Gar-on and others: Design and implementation of dynamic symbols in dynamic GIS. In: Geo-spatial information science. 4, 2001, p.32-36, 4 ill. [Engl.] ISSN 1009-5020

1841
Young, Melinda: An evaluation of non-point source pollution models integrated with GIS. - Columbia, SC: University of South Carolina 2000 [Master's thesis]

1842
Yu, Jiang: Intelligent visualization and automated processing for large scale geographic information systems. - Terre Haute, IN: Indiana State University 2000 [Doct. diss.]

1843
Yuan, May: Representing complex geographic phenomena in GIS. In: Cartography and geographic information science. 28, 2001, 2, p.83-96, 8 ill., 2 tab.

1844
Žalik, Borut; Podgorelec, David: Geografski informacijski sistemi : integrativna informacijska paradigma. In: Geodetski vestnik. 45, 2001, p.320-326, 3 ill. [Geographic information systems : integrative paradigm of information.] [Sloven. with Engl. rés.]

1845
Zavodnik, Alma and others: Prostorsko planiranje za potrebe obrambe. In: Geodetski vestnik. 46, 2001, p.406-416, 1 ill., 3 tab. [Spatial planning for the need of defense.] [Sloven. with Engl. rés.] ISSN 0351-0271

1846
Zhang, Aining: The role of geomatics in supporting sustainable development policy-making 2000 [Doct. diss.]

1847
Zhang, Lan: A review of the history of geographic information system Atlanta, GA: Georgia State University 2000 [Master's thesis]

1848
Zhu, Qing and others: The design and implementation of CyberCity GIS. In: Geomatics and information science of Wuhan University. 26, 2001, 1, p.8-11, 1 ill. [Chin. with Engl. rés.]

1849
Zinck, J. Alfred and others: Mapping and modelling mass movements and gullies in mountainous areas using remote sensing and GIS techniques. In: International journal of applied earth observation and geoinformation. 3, 2001, p.43-53. 9 ill., 3 tab.

1850
Zipf, Alexander; Krüger, Sven: Flexible Modellierung und Verwaltung temporaler 3D-Geodaten. In: Geo-Informations-Systeme : GIS. 14, 2001, p.20-27, 10 ill. [With Germ. and Engl. rés.] ISSN 1430-3663

3. Land Information Systems (LIS) Landinformationssysteme Systèmes d'informations du territoire

1851
Christ, Andreas: ALKIS in Niedersachsen. In: Nachrichten der Niedersächsischen Vermessungs- und Katasterverwaltung : VKV. 51, 2001, 1, p.9-15, 1 tab.

1852
Cordes, Volker: Die ALK-Berlin - von der Datensammlung zum Informationssystem. In: 125 Jahre Berliner Vermessungsverwaltung 1876-2001. [Hrsg.: Senatsverwaltung für Stadtentwicklung, Abt. III, Geoinformation, Vermessung, Wertermittlung. Red.: Anette Blaser. - Berlin: Senatsverwaltung für Stadtentwicklung 2001, p.49-53, 3 ill.

1853
Danielski, Aleksander: Historical, folkloric and geographical names as the toponymic objects of GEO-INFO Land Information System. In: Second International Symposium on Geographical Names, GeoNames 2000, Frankfurt am Main, 28-30 March 2000. Ed. by the Ständiger Ausschuss für Geographische Namen (StAGN), comp. by Jörn Sievers. - Frankfurt am Main: Verl. d. Bundesamtes für Kartographie u. Geodäsie 2000, p.45-49, 1 ill., 2 tab. (Mitteilungen des Bundesamtes für Kartographie und Geodäsie ; 19) ISBN 3-88648-292-8

1854
Ebner, Carola; Knab, Jürgen; Rabe, Hans Dieter: Punktverwaltung in den hessischen Katasterämtern. In: Allgemeine Vermessungs-Nachrichten. 108, 2001, 1, p.16-21, 9 ill. [With Engl. rés.]

1855
Felus, Yaron; Lida, Oded: On-line expert system for the Israeli cadastral system. In: Geomatica. 55, 2001, 1, p.39-46, 5 ill.

1856
Günthardt, Jakob: Digitaler Zonenplan des Kantons Zug in INTERLIS. In: Vermessung, Photogrammetrie, Kulturtechnik. 99, 2001, p.594-597, 6 ill. [Germ. with French, and Ital. rés] ISSN 0252-9424

1857
Gupta, Ashwani K.: The Missouri MapNet - assembling a GIS for cadastral mapping on the Web. - Stillwater, OK: Oklahoma State University 2000 [Master's thesis]

1858
Hartmann, Jens; Heil, Christian; Seuß, Robert: Pilothafte Realisierung des ALKIS/ ATKIS-Datenmodells zur Abbildung bestehender und zukünftiger Anforderungen der Geodatenhaltung in der Hessischen Kataster- und Vermessungsverwaltung - Teil II. In: Allgemeine Vermessungs-Nachrichten. 108, 2001, 4, p.138-149, 8 ill., 4 tab.

1859
Kupic, Anton; Mivšek, Edvard: Smernice nadaljnjega posodabljanja nepremičninskih evidenc GURS. In: Geodetski vestnik. 45, 2001, p.246-254, 2 ill. [Guidelines of further surveying and mapping authority of the republic of Slovenia real estate records updating.] [Sloven.with Engl. rés.] ISSN 0351-0271

1860
Kupic, Anton; Mivšek, Edvard; Kogovšek, Anton: Pregled razvoja digitalnih baz zemljiškega katastra v zadnjem desetletju. In: Geodetski vestnik. 46, 2001, p.191-201. [Land cadastre digital databases development rewiew in the last decade.] [Sloven. with Engl. rés.] ISSN 0351-0271

1861
Ludwig, Robert: Das Liegenschaftskataster auf dem Weg zum Geoinformationssystem. In: 200 Jahre Bayerische Vermessungsverwaltung : 1801-2001 ; es ist ein Maß in allen Dingen. [Hrsg.: Bayer. Staatsministerium der Finanzen, Abt. Vermessung, Informations-u. Kommunikationstechnik... Red.: Karlheinz Goller, Josef Klapf]. - München: Bayer. Landesvermessungsamt 2001, p.200-211, 5 ill.
ISBN 3-935612-01-X

1862
Omaszta, Sándor: A TAKAROS-rendszer térképi fogadókészségének kérdései. In: Geodézia és kartográfia. 53, 2001, 2, p.9-16, 1 ill., 1 tab. [On the cartographic receptibility of the TAKAROS system.] [Hung.]

1863
Osskó, András: Az egységes, többcélú ingatlan-nyilvántartás elönyei. In: Geodézia es kartográfia. 53, 2001, 5, p.6-11. [Advantages of the Unified Multipurpose Land Registry System.] [Hung. with Engl. rés.]

1864
Osskó, András; Szilvay, Gergely: A digitális földmérési alaptérképek forgalomba adásának tapasztalatai a Fëlvárosi Földhivatalban. In: Geodézia és kartográfia. 53, 2001, p.3-7. [Experiences of introducing digital cadastral maps in Budapest Land Office.] [Hung.]
ISSN 0016-7118

1865
Roux, Lani; Barry, Michael: Using video imagery in land tenure information systems: a study of a communal property association in the village of Algeria, South Africa. In: Geomatica. 55, 2001, 1, p.47-55, 4 ill.

1866
Schäfer, V.: Auf dem Weg zu ALKIS, dem integrierten Informationssystems des Liegenschaftskatasters. In: Mitteilungen / Deutscher Verein für Vermessungswesen, Landesverein Baden-Württemberg. 48, 2001, 1, p.5-30, 8 ill.

1867
Strasser, Michael: Erstellung und Gestaltung von Ortsplänen aus der Digitalen Katastralmappe im Hinblick auf eine Nutzung im World Wide Web. - Wien: Universität Wien 2001, 87 p., 18 ill., 13 tab. [Dipl.-Arb.]

1868
Wright, Caroline: Land-based information systems at the county level : the potential for a comprehensive LIS in Mecklenburg County, NC. - Charlotte, NC: University of North Carolina at Charlotte 1999/2000 [Master's thesis]

H. Topographic Cartography
Topographische Kartographie
Cartographie topographique

1. General Features, Map Specifications
Allgemeines und Zeichenvorschriften
Généralités et spécifications

1869
Duhovnik, Marjana; Mlinar, Jurij; Podobnikar, Marjan: Topografska baza. In: Geodetski vestnik. 45, 2001, p.466-472. [Topographic base.] [Sloven.] ISSN 0351-0271

1870
Geographische Interpretation topographischer Karten. - Berlin [u.a.]: Borntraeger 2001, 205 p., ill., mp. (Karteninterpretation in Stichworten / von Armin Hüttermann ; Teil 1) ISBN 3-443-03110-2

1871
Introduction to topographic maps : MacIntosh & Windows multimedia CD-ROM. Written by Kenneth Pinzke, illustrated by Dennis Tasa, computer production by Leon McNeill. - Taos, NM: Tasa Graphic Arts 1998, 1 CD-ROM, multi-col., 1 mp.

1872
Jaurand, Emmanuel: Les géographes français et la carte topographique sous la IIIe République (1870-1940). In: Bulletin du Comité Français de Cartographie. 167, 2001, p.44-56, 6 ill.

1873
Kellie, Andrew C.: Boundary retracement based on maps, plats and surveys. In: Surveying and land information systems. 61, 2001, p.193-200, 3 ill.
ISSN 1052-2905

1874
Luckhardt, Thomas: Herstellung und Herausgabe der Landeskartenwerke - eine öffentliche Aufgabe. In: 125 Jahre Berliner Vermessungsverwaltung 1876-2001[Hrsg.: Senatsverwaltung für Stadt-entwicklung, Abt. III, Geoinforma-tion, Vermessung, Wertermittlung. Red.: Anette Blaser. - Berlin: Senatsverwaltung für Stadtentwicklung 2001, p.49-53, 3 ill.

1875
Neudeck, Stefan: Zur Gestaltung topographischer Karten für die Bildschirmvisualisierung. - Neubiberg: Univ. d. Bundeswehr, Fak. f. Bauingenieur- u. Vermessungswesen, Studiengang Geodäsie u. Geoinformation 2001, 132 p., ill., mp. + 1 CD-ROM. (Studiengang Geodäsie und Geoinformation, Universität der Bundeswehr München /Schriftenreihe ; 74)

1876
Schallenberg, Henk: Topografie van Rotterdam binnen ieders bereik. In: Geodesia : tijdschrift voor geodesie en geo-informatie. 43, 2001, 6, p.312-314, 3 ill. [Dutch]

1877
Terribilini, Andrea: Entwicklung von Arbeitsabläufen zur automatischen Erstellung von interaktiven, vektorbasierten topographischen 3D-Karten. - Zürich: ETH Zürich 2001, 192 p., ill. [Diss. Nr. 14387 techn. Wiss. ETH Zürich]

2. Maps Grouped According to Scale
Maßstabsbestimmte Kartengruppen
Cartes groupées d'après les échelles

a. Map Scales larger than 1:10 000
Karten bis 1:10 000
Cartes jusqu'à l'échelle 1:10 000

1878
Asmus, Ivo: Die Zusammenzeichnung der Matrikelkarten als wissenschaftliche Methode für eine Rekonstruktion der Kulturlandschaft vor 300 Jahren. In: Historische Geographie und Kulturlandschaftsforschung : Beiträge zum Gedenkkolloqium für Dr. Eginhard Wegner am 4. Mai 2001 in Greifswald. Hrsg. von Reinhard Zölitz-Möller. - Greifswald: Ernst-Moritz-Arndt-Univ. 2001, p.71-79, 4 ill. (Greifswalder geographische Arbeiten ; 22)
ISBN 3-86006-177-X

1879
Bakker, N.J.; Kolk, E.: Een nieuwe generatie TOP 10vector dat in Nederland. In: Kartografisch tijdschrift. 27, 2001, p.16-22, 6 ill., 2 tab. [A new generation TOP 10vector data in the Netherlands.] [Dutch with Engl. and French rés.]
ISSN 0167-5788

1880
Benning, Wilhelm; Schindler, Roland: Wissensbasierte Analyse von Vermessungsrissen. In: Zeitschrift für Vermessungswesen. 126, 2001, 2, p.65-73, 9 ill.

1881
Blasi, Francesco: Roma 2000 e la nuova serie cartografica 25 DB. In: Eventi e documenti diacronici delle principali attività geotopografiche in Roma. Andrea Cantile. - Firenze: Ist. Geografico Militare 2000, p.178-192, suppl.: 3 p., 16 ill., 2 tab, 1 mp. (L'Universo ; 80.2000, 6, Suppl.) [Rome 2000 and the new cartographic series 25 DB.] [Ital.]

1882
Bonorden, Rainer: Steuerungsinstrumente in Niedersachsen : Eine Chance auch für das Liegenschaftskataster. In: Nachrichten der Niedersächsischen Vermessungs- und Katasterverwaltung : VKV. 51, 2001, 1, p.16-23, 6 ill.

1883
Capurso, Claudia; Parigi, Adriano; Ronconi, Rosalba: Cartografia storica del territorio di Rozzano : le immagini del mutamento dal '700 ad oggi / Comune di Rozzano. - [Rozzano (Milano)]: CIEDS [1998], 1. 146 p., ill., mp. [Historical cartography of the territory of Rozzano : images of the change from 700 to today.] [Ital.]

1884
Christ, Andreas: ALKIS in Niedersachsen. In: Nachrichten der Niedersächsischen Vermessungs- und Katasterverwaltung : VKV. 51, 2001, 1, p.9-15, 1 tab.

1885
Cordes, Volker: Die ALK-Berlin - von der Datensammlung zum Informationssystem. In: 125 Jahre Berliner Vermessungsverwaltung 1876-2001. [Hrsg.: Senatsverwaltung für Stadtentwicklung, Abt. III, Geoinformation, Vermessung, Wertermittlung. Red.: Anette Blaser. - Berlin: Senatsverwaltung für Stadtentwicklung 2001, p.49-53, 3 ill.

1886
Dijk, H. van; Vries, J. de: Waar voor je geld? In: Geodesia. 43, 2001, p.418-422, 6 ill. [Value for money?] [Dutch with Engl. rés.] ISSN 1385-7515

1887
Divényi, Pál: Topográfiai térkép - a háromdimenziós valóság. In: Geodézia és kartográfia. 53, 2001, p.22-27, 4 tab. [Topographic maps the threedimensional reality.] [Hung. with Engl. rés.]

1888
Erlbruch, Klaus: Fortführung der DGK 5 beim Ennepe-Ruhr-Kreis mit dem Programm RoSy Geo Editor : ein Erfahrungsbericht. In: Kartographische Nachrichten. 51, 2001, p.248-250, 2 ill. ISSN 0022-9164

1889
Gläßl, Helmut: Flurkarte 98 : Rasterdaten der Flurkarte flächendeckend für Bayern. In: 15. Informationsveranstaltung 2001 der Bayerischen Vermessungsverwaltung am Mittwoch, dem 04. April 2001 in der Technischen Universität München. Hrsg. vom Bayerischen Landesvermessungsamt... - [München] 2001, p.109-114, ill.

1890
Grabar, Jože Kos: Občinski prostorski plan od ozalida do Interneta : Prikaz spremembe tehnologije izdelave kartografske dokumentacije kot dela prostorskega plana Mastne občine Maribor. In: Geodetski vestnik. 45, 2001, p.417-426, 2 ill., 1 tab. [Community spatial plan from diazo contact copy to internet.] [Sloven. with Engl. rés.]
ISSN 0351-0271

1891
Gränitz, Frauke: Die Flurkrokis/Flurcroqis (Flurübersichtskarten) in Sachsen, dargestellt am Beispiel Großzschocher. In: Leipzig im Kartenbild. Hrsg. von der Stadt Leipzig, der Oberbürgermeister, Stadtarchiv [Red. Beate Berger...]. - Leipzig: Leipziger Univ.-Verl. 2001, p.73-79, 3 ill. (Leipziger Kalender, Sonderband, 2001 ;1) ISBN 3-935693-10-2

1892
Gupta, Ashwani K.: The Missouri MapNet - assembling a GIS for cadastral mapping on the Web. - Stillwater, OK: Oklahoma State University 2000 [Master's thesis]

1893
Hampp, Dieter; Lindenthal, Franz: Die Flurkarte erobert den PC : der Einsatz der interaktiven Grafik bei der Bayerischen Vermessungsverwaltung. In: 200 Jahre Bayerische Vermessungsverwaltung : 1801-2001 ; es ist ein Maß in allen Dingen. [Hrsg.: Bayer. Staatsministerium der Finanzen, Abt. Vermessung, Informations- u. Kommunikationstechnik... Red.: Karlheinz Goller, Josef Klapf]. - München: Bayer. Landesvermessungsamt 2001, p.238-245, 8 ill. ISBN 3-935612-01-X

1894
Hartmann, Jens; Heil, Christian; Seuß, Robert: Pilothafte Realisierung des ALKIS/ATKIS-Datenmodells zur Abbildung bestehender und zukünftiger Anforderungen der Geodatenhaltung in der Hessischen Kataster- und Vermessungsverwaltung - Teil II. In: Allgemeine Vermessungs-Nachrichten. 108, 2001, 4, p.138-149, 8 ill., 4 tab.

1895
Kolk, E.; Bakker, N.J.: Naar een tweede generatie TOPvector-producten. In: Geodesia : tijdschrift voor geodesie en geoinformatie. 43, 2001, 6, p.288-294, 5 ill., 4 tab. [A new generation of TOP10Vector Data in the Netherlands.] [Dutch with Engl. rés.]

1896
Ludwig, Robert: Das Liegenschaftskataster auf dem Weg zum Geoinformationssystem.

In: 200 Jahre Bayerische Vermessungsverwaltung : 1801-2001 ; es ist ein Maß in allen Dingen. [Hrsg.: Bayer. Staatsministerium der Finanzen, Abt. Vermessung, Informations-u. Kommunikationstechnik... Red.: Karlheinz Goller, Josef Klapf]. - München: Bayer. Landesvermessungsamt 2001, p.200-211, 5 ill.
ISBN 3-935612-01-X

1897
Matzke, Wilfried; Schmauß, Harald: Bestseller Stadtplan : Die Stadt Augsburg vermarktet ein amtliches Kartenwerk. In: GeoBIT : das Magazin für raumbezogene Informationstechnologie. 6, 2001, 5, p.16-18, 3 ill.

1898
Meerkerk, J.C.; Grunsven, J.W.F.M. van: GBKN, van aanbodnaar vraaggericht. In: Geodesia : tijdschrift voor geodesie en geo-informatie. 43, 2001, 3, p.116-121, 11 ill. [Large scale basemap, a change from product oriented to customer oriented.] [Dutch with Engl. rés.]

1899
Niepagen, Sibyll: Die Ableitung der Digitalen Topographischen Karte im Maßstab 1 : 10 000 (DTK 10) aus ATKIS-DLM Basis2 und -DGM 25. In: ATKIS - Stand und Fortführung : Beiträge zum 51. DVW-Seminar am 25. und 26. September 2000 an der Unversität Rostock. Red. u. Seminarleiter: Ralf Bill u. Frank Schmidt. - Stuttgart: Wittwer 2000, p.117-123. (Schriftenreihe des DVW ; 39)
ISBN 3-87919-273

1900
Osskó, András; Szilvay, Gergely: A digitális földmérési alaptérképek forgalomba adásának tapasztalatai a Fëlvárosi Földhivatalban. In: Geodézia és kartográfia. 53, 2001, p.3-7. [Experiences of introducing digital cadastral maps in Budapest Land Office.] [Hung.]
ISBN 0016-7118

1901
Ruggero, Adriano; Londei, Luigi: Il Catasto Urbano di Roma (1818-1824). In: Eventi e documenti diacronici delle principali attività geotopografiche in Roma. Andrea Cantile. - Firenze: Ist. Geografico Militare 2000, p.102-137, 20 ill. (L'Universo ; 80.2000,6, Suppl.) [The City Cadastre of Rome.] [Ital.]

1902
Salaba, Marie; Schenk, Gisela: Gemarkungspläne im Generallandesarchiv Karlsruhe : Inventar. - Stuttgart: Kohlhammer 2001, 1513 p., ill. (Veröffentlichungen der Staatlichen Archivverwaltung Baden-Württemberg ; Bd. 52) [2 Bände]
ISBN 3-17-015530-x

1903
Scheele, Theo: Geo-Informatie Eindhoven en de drie GBK's. In: Geodesia. 43, 2001, p.528-530, 5 ill. [Dutch] ISSN 1385-7515

1904
Scheele, Theo: Geo-Informatie in Beverwijk: een speciaal geval. In: Geodesia. 43, 2001, p.536-539, 5 ill. [Dutch]
ISSN 1385-7515

1905
Schleinert, Dirk: Die geometrische Aufmessung des Dorfes Rustow bei Demmin in Vorpommern im Jahre 1603 : ein Beitrag zur Vermessungsgeschichte. In: Historische Geographie und Kulturlandschaftsforschung : Beiträge zum Gedenkkolloqium für Dr. Eginhard Wegner am 4. Mai 2001 in Greifswald. Hrsg. von Reinhard Zölitz-Möller. - Greifswald: Ernst-Moritz-Arndt-Univ. 2001, p.61-70, 2 ill. (Greifswalder geographische Arbeiten ; 22)
ISBN 3-86006-177-X

1906
Schoebel, Martin: Steuer, Landesaufnahme und Kartierung im frühneuzeitlichen Pommern : quellenkundliche Annotationen zur historischen Landesforschung. In: Historische Geographie und Kulturlandschaftsforschung : Beiträge zum Gedenkkolloqium für Dr. Eginhard Wegner am 4. Mai 2001 in Greifswald. Hrsg. von Reinhard Zölitz-Möller. - Greifswald: Ernst-Moritz-Arndt-Univ. 2001, p.41-50, 4 ill. (Greifswalder geographische Arbeiten ; 22)
ISBN 3-86006-177-X

1907
Schoustra, Simon: De precisiebepaling van digitaal kaartmateriaal bij het Kadaster. In: Geodesia. 43, 2001, p.470-473, 3 ill., 1 tab. [The precision of digital cadastral maps.] [Dutch with Engl. rés.]
ISSN 1385-7515

1908
Serrano Martínez, Fernando: Cartografia Catastral: Presente y futuro. In: Topografia y Cartografia. 103, 2001, p.19-22, 2 tab.

1909
Technologiebeschreibung : Umsetzung der analogen Liegenschaftskarten in die digitale Liegenschaftskarte im ländlichen Raum. Landesvermessungsamt Brandenburg ; [Stand] 30.Juni 1999. - Potsdam: Landesvermessungsamt 1999, 79 p., ill., mp.

1910
Verfahren zur Behandlung von Gewässern im Liegenschaftskataster (Gewässererlass) : Runderlass III Nr. 9/1997 des Ministeriums des Innern - III/2 -70-01, Land Brandenburg. [Hrsg.: Ministerium d. Innern d. Landes Brandenburg]. - [Potsdam]: Ministerium d. Innern d. Landes Brandenburg 2001, 26 p., ill., mp. [Stand Juli 2001]

1911
Verkettete Transformation, Mustertechnologie : Landesvermessungsamt Brandenburg ; [Stand] 22. November 1999. - Potsdam: Landesvermessungsamt 1999, 22, 15, [2] Bl.

1912
Zeichenvorschrift für Vermessungsrisse : (ZV-RISS) ; Runderlass: III Nr. 2/1999 vom 7. Juni 1999, Az.: III/2-64-03. Hrsg.: Ministerium d. Innern. - Frankfurt (Oder): Landesvermessungsamt d. Landes Brandenburg, Kartenvertrieb 1999, 31, 3 Bl., ill.

1913
Zweckerl, Karl-Heinz: Geobasisdaten bayernweit : digitale Flurkarte - neue Nutzungsmöglichkeiten durch landkreisweite Flächendeckung. In: 15. Informationsveranstaltung 2001 der Bayerischen Vermessungsverwaltung am Mittwoch, dem 04. April 2001 in der Technischen Universität München. Hrsg. vom Bayerischen Landesvermessungsamt... - [München] 2001, p.99-107, 4 ill.

b. Map Scales from 1:10 000 to 1:300 000
Karten von 1:10 000 bis 1:300 000
Cartes de l'échelle 1:10 000 à l'échelle 1:300 000

1914
Bořkuvková, Jaroslava; Křížek, Milan: Vektorová Základní mapa čR 1 : 50 000 odvozená ze ZABAGED. In: Geodetický a kartografický obzor. 47, 2001, p.180-186, 5 ill. [Vectorial base map of the Czech Republic at 1 : 50 000 derived from ZABAGED.] [Czech. with Engl. rés.]
ISSN 0016-7096

1915
Buchroithner, Manfred F.; Brunner, Kurt; Penzkofer, Markus: Investigation into the accuracy of the topographical maps of the Alpenverein. In: High mountain cartography 2000 : proceedings of the Second Symposium of the Commission on Mountain Cartography of the International Cartographic Association held at the Alpine Centre, Rudolfshütte 2315 m, Austria from 29 March to 2 April 2000. Ed. by Manfred F. Buchroithner. - Dresden: Inst. for Cartography, Dresden Univ. of Technology [u.a.] 2000, p.99-104, 3 tab. (Kartographische Bausteine ; 18) ISBN 3-86005-265-9

1916
Falkensteiner, Regina: Gestaltungsmethoden für großmaßstäbige Winterausgaben topographischer Spezialkarten : Fallstudie Schladming 1:50.000. - Wien: Universität Wien 2001, 103 p., 38 ill., 1 mp-suppl. [Dipl-Arb.]

1917
Forrest, David; Kinninment, Ewen: Experiments in the design of 1:100 000 scale topographic mapping for Great Britain. In: The cartographic journal. 38, 2001, p.25-40, 12 ill. ISSN 0008-7041

1918
Fuchs, Achim: Wie alles begann. In: 200 Jahre Bayerische Vermessungsverwaltung : 1801-2001 ; es ist ein Maß in allen Dingen. [Hrsg.: Bayer. Staatsministerium der Finanzen, Abt. Vermessung, Informations-u. Kommunikationstechnik...Red.: Karlheinz Goller, Josef Klapf]. - München: Bayer. Landesvermessungsamt 2001, p.26-37, 6 ill. ISBN 3-935612-01-X

1919
Jeanrichard, Francis: Le développement du Service topographique suisse. In: Vermessung, Photogrammetrie, Kulturtechnik = Mensuration, Photogrammétrie, Génie rural. 99, 2001, 4, p.233-236.

1920
Kriz, Karel: Conceptual aspects for large-scale topographic winter maps. In: High mountain cartography 2000 : proceedings of the Second Symposium of the Commission on Mountain Cartography of the International Cartographic Association held at the Alpine Centre, Rudolfshütte 2315 m, Austria from 29 March to 2 April 2000. Ed. by Manfred F. Buchroithner. - Dresden: Inst. for Cartography, Dresden Univ. of Technology [u.a.] 2000, p.71-77, 4 ill. (Kartographische Bausteine ; 18) ISBN 3-86005-265-9

1921
Lieb, Gerhard Karl; Sulzer, Wolfgang:Geographische Anmerkungen zum Satellitenbild und zur Karte "Schladminger Tauern". In: Mitteilungen aus dem Institut für Geographie und Raumforschung der Karl-Franzens-Universität Graz. 28, 2001, p,13.

1922
Łucziński, Jarosław: Analiza dokłandności mapy Wielkiego Księstwa Litewskiego Tomasza Makowskiego z 1613 r., tzw radziwiłłowskiej na podstawie siatki zniekształceń. In: Polski przegląd kartograficzny. 33, 2001, p.365-371, 1 mp. [Analysis of the accuracy of the 1613 map of the Grand Duchy of Lithuania by Tomasz Makowski (so called "Radziwiłł map") by using a distortion grid.] [Pol. with Engl., and Russ. rés.] ISBN 0324-8321

1923
Mikšovský, Miroslav: Topografické mapování území české republiky ve 20. století. In: Geodetický a kartografický obzor. 47, 2001, p.216-223, 8 ill. [Topographic mapping of the territory of the

Czech Republic in the 20th Century.] [Czech. with Engl. rés.] ISSN 0016-7096

1924
Moser, Gerhart; Georges, Christian; Schirmer, Herbert: Die neue Karte der Cordillera Blanca, Nord. In: Jahrbuch des Deutschen Alpenvereins. 125, 2001, p.48- 52, 11 ill.

1925
Muggli, Cornelia: Automatisierter Arbeitsablauf zur Erstellung einer topografischen Karte 1 : 25.000 aus VECTOR25-Daten. - Zürich: Geographisches Institut der Universität 2000, 153 p., ill. [Diplomarbeit]

1926
Musterblatt für die Topographische Karte 1 : 50.000 : Gemeinsames zivil-militärisches Kartenwerk. Landesvermessungsamt Baden-Württemberg i. Auftr. d. Arbeitsgemeinschaft d. Länder d. Bundesrepublik Deutschland. - Stuttgart 2001, 62, IV, 6 p., ill., mp. + 2 suppl. [Nebent.: Musterblatt Topographische Karte 1 : 50.000]

1927
Oliver, Richard: A guide to the Ordnance Survey one-inch fifth edition. - London: Charles Close Soc. 2000, 48 p., mp. [Previous ed. 1989] [3. ed.] ISBN 1-87059-817-2

1928
Oliver, Richard: A guide to the Ordnance Survey one-inch new popular edition. - London: Charles Close Soc. 2000, 60 p., mp. ISBN 1-87059-815-0 [A substantial part of this work was published in 1987 as A guide to the Ordnance Survey one-inch New Popular Edition and Scottish Popular Edition with National Grid, with a second edition in 1989]

1929
Oliver, Richard: A guide to the Ordnance Survey one-inch popular edition of Scotland. - London: Charles Close Soc. 2000, 44 p., mp. ISBN 1-87059-816-4

1930
Ottoson, Lars: Generalstabskartan 1805-1979 : författarens vedermödor. In: Kartbladet. 16, 2001, p.27-30, 2 ill. [Ordnance maps 1805-1979 : author's efforts.] [Swed.] ISSN 0283-0418

1931
Paskó, Attila: A DTA50 részleges felújitása és hasznosítása (a NATO eleírásoknak megfelelë) 1:50 000 méretarányú topográfia térképek eleállításánál. In: Geodézia és kartográfia. 53, 2001, p.32-34. [The partial update and use of DTA50 in the creation process of topographic map in scale 1:50 000 based on NATO standards.] [Hung. with Engl. rés.] ISSN 0016-7118

1932
Pelletier, Monique: Les ingénieurs géographes au lendemain du traité de Paris (1763) : Le travail en temps de paix. In: Bulletin du Comité Français de Cartographie. 167, 2001, p.37-43, 1 mp.

1933
Penzkofer, Markus and others: Untersuchungen zur Genauigkeitsanalyse von Alpenvereinskarten. In: Zeitschrift für Vermessungswesen. 126, 2001, 1, p.5-10, 1 ill., 1 tab.

1934
Rogalla, Thomas: Landschaft nur für den Dienstgebrauch : Die DDR ließ topographische Landkarten systematisch verfälschen. Bevölkerung und Wirtschaft wurden in die Irre geführt. In: Berliner Zeitung. Mittwoch, 14. März 2001, p.3, 2 ill.

1935
Shimizu, Nobuo and others: 1 : 50.000 topographic map production by spot images in Republic of Mali. In: Map : journal of the Japan Cartographers Association. 39, 2001, p. 53-61, 8 ill., 1 mp. [Jap.] ISSN 0009-4897

1936
Stein, Wolfgang Hans: Die französischen Anfänge der Bayerischen Vermessungsverwaltung: "Bureau topographique de Bavière" (1801-1807) und "Carte der la Bavière" (1807-1818). In: Mitteilungsblatt /Deutscher Verein für Vermessungswesen, Landesverein Bayern. 53, 2001, 2, p.137-191, 5 ill.

1937
Szabó, Gyula: A Magyar Honvédség topográfiai térképrendszerének átalakítása. In: Geodézia és kartográfia. 53, 2001, p.16-19. [Conversion of the topographic map system in the Hungarian Army.] [Hung.] ISSN 0016-7118

1938
Thiry, Christopher J.J.: Librarians respond to The National Map. In: Information bulletin / Western Association of Map Libraries. 33, 2001, p.17-19. ISSN 0049-7282

1939
Zahn, Johann: Top50-3D - die erste dreidimensionale Landkarte von Bayern. In: 15. Informationsveranstaltung 2001 der Bayerischen Vermessungsverwaltung am Mittwoch, dem 04. April 2001 in der Technischen Universität München. Hrsg. vom Bayerischen Landesvermessungsamt... - [München] 2001, p.63-71, 10 ill., 1 tab.

c. Map Scales smaller than 1:300 000 Karten kleiner als 1:300 000 Cartes à une échelle de moins de 1:300 000

1940
Une, Hiroshi: Development and current state of global mapping. In: Map : journal of the Japan Cartographers Association. 39, 2001, p.20-30, 7 ill. [Jap. with Engl. rés.] ISSN 0009-4897

3. Content of Topographic Maps Inhaltselemente topographischer Karten Eléments du contenu des cartes topographiques

1941
Koch, Andreas: Genauigkeitsanalyse Digitaler Geländemodelle für die Shuttle Radar Topography Mission (SRTM). In: Rauminformationen für das 21. Jahrhundert : Vorträge ; 20. wissenschaftlich-technische Jahrestagung der DGPF im Rahmen der Intergeo 2000, 11.-13. Oktober 2000, Kongress-Zentrum ICC, Berlin. Hrsg.: Jörg Albertz. - Berlin: DGPF 2001, p.237-244, 3 ill., 1 tab. (Publikationen der Deutschen Gesellschaft für Photogrammetrie und Fernerkundung ; 9)

1942
Niederöst, Markus: 3-D-Gebäuderekonstruktion mittels Bildanalyse zur Nachführung topographischer Karten. In: Rauminformationen für das 21. Jahrhundert : Vorträge ; 20. wissenschaftlich-technische Jahrestagung der DGPF im Rahmen der Intergeo 2000, 11.-13. Oktober 2000, Kongress-Zentrum ICC, Berlin. Hrsg.: Jörg Albertz. - Berlin: DGPF 2001, p.211-218, 8 ill. (Publikationen der Deutschen Gesellschaft für Photogrammetrie und Fernerkundung ; 9)

1943
Petrovič, Dušan: How to represent mountain tracks. In: High mountain cartography 2000 : proceedings of the Second Symposium of the Commission on Mountain Cartography of the International Cartographic Association held at the Alpine Centre, Rudolfshütte 2315 m, Austria from 29 March to 2 April 2000. Ed. by Manfred F. Buchroithner. - Dresden: Inst. for Cartography, Dresden Univ. of Technology [u.a.] 2000, p.79-83, 3 ill. (Kartographische Bausteine ; 18) ISBN 3-86005-265-9

a. Planimetry
Situation
Planimétrie

1944
Kanani, Entela; Carosio, Alessandro: Automatische Vektorisierung von flächenhaften Objekten mit robuster Schätzung. In: Vermessung, Photogrammetrie, Kulturtechnik = Mensuration, Photogrammétrie, Génie rural. 99, 2001, 3, p.156-160, 9 ill. 1 tab.

1945
Meer, A.J. van der: Weten we wel waar de gemeente-grens ligt? In: Geodesia : tijdschrift voor geodesie en geo-informatie. 43, 2001, 7/8, p.340-346, 7 ill. [Do we know where the municipal boundary lies?] [Dutch with Engl. rés.]

1946
Tong, Xiaohua; Liu, Dajie: Combined adjustment models of road curve digitization in GIS. In: Geomatics and information science of Wuhan University. 26, 2001, 1, p.64-69, 3 ill. [Chin. with Engl. rés.]

1947
Verfahren zur Behandlung von Gewässern im Liegenschaftskataster (Gewässererlass) : Runderlass III Nr. 9/1997 des Ministeriums des Innern - III/2 -70-01, Land Brandenburg. [Hrsg.: Ministerium d. Innern d. Landes Brandenburg]. - [Pots-dam]: Ministerium d. Innern d. Landes Brandenburg 2001, 26 p., ill., mp. [Stand Juli 2001]

b. Relief
Gelände
Terrain

1948
Baella, Blanca; Pla, Maria: Some generalization practices on relief representation derived from the Topographic Database of Catalonia at scale 1 : 5000. In: High mountain cartography 2000 : proceedings of the Second Symposium of the Commission on Mountain Cartography of the International Cartographic Association held at the Alpine Centre, Rudolfshütte 2315 m, Austria from 29 March to 2 April 2000. Ed. by Manfred F. Buchroithner. - Dresden: Inst. for Cartography, Dresden Univ. of Technology [u.a.] 2000, p.7-16, 9 ill. (Kartographische Bausteine ; 18)
ISBN 3-86005-265-9

1949
Brunner, Kurt: Die Kartographie im Deutschen Alpenverein. In: Kartographische Nachrichten. 51, 2001, 1, p.17-22.

1950
Casas Santiuste, Benito Javier: Generación automática de curvas de nivel (isolíneas) suavizadas. In: Topografia y Cartografia. 102, 2001, p.34-38, 10 ill.

1951
Damoiseaux, Thomas: Possible uses of InSAR data in high-mountain cartography. In: High mountain cartography 2000 : proceedings of the Second Symposium of the Commission on Mountain Cartography of the International Cartographic Association held at the Alpine Centre, Rudolfs-

hütte 2315 m, Austria from 29 March to 2 April 2000. Ed. by Manfred F. Buchroithner. - Dresden: Inst. for Cartography, Dresden Univ. of Technology [u.a.] 2000, p.17-28, 30 ill., 1 tab. (Kartographische Bausteine ; 18) ISBN 3-86005-265-9

1952
Divényi, Pál: Topográfiai térkép - a háromdimenziós valóság. In: Geodézia és kartográfia. 53, 2001, p.22-27, 4 tab. [Topographic maps the threedimensional reality.] [Hung. with Engl. rés.]

1953
Döllner, Jürgen: Informationsvisualisierung mit dynamischen, interaktiven 3D-Karten. In: Kartographische Nachrichten. 51, 2001, p.180-185, 6 ill. ISSN 0022-9164

1954
Dorrer, Egon; Piechullek, Christian; Zhou, Xiugang: Integration von DHM in SFS (Shape from Shading) zur Reliefdarstellung in Mars-Bildkarten. In: Rauminformationen für das 21. Jahrhundert : Vorträge ; 20. wissenschaftlich-technische Jahrestagung der DGPF im Rahmen der Intergeo 2000, 11.-13. Oktober 2000, Kongress-Zentrum ICC, Berlin. Hrsg.: Jörg Albertz. - Berlin: DGPF 2001, p.174-186, 10 ill. (Publikationen der Deutschen Gesellschaft für Photogrammetrie und Fernerkundung ; 9)

1955
Fischer, Johannes: Digitale Aktualisierung der Alpenvereinskarten. In: Kartographische Nachrichten. 51, 2001, 1, p.22-26, 4 ill.

1956
Guo, Bingxuan; Li, Deren; Lei, Zhen: Numeric annotation abstraction from map based to contour shaped analysis. In: Geomatics and information of Wuhan University. 26, 2001, 3, p.275-278, 2 ill. [Chin. with Engl. rés.]

1957
Gwinner, Klaus: Anwendungspotential hochauflösender digitaler Stereobilder als topographische Datengrundlage - Fallstudie zur Geologie von Vulcano (Italien). In: Rauminformationen für das 21. Jahrhundert : Vorträge ; 20. wissenschaftlich-technische Jahrestagung der DGPF im Rahmen der Intergeo 2000, 11.-13. Oktober 2000, Kongress-Zentrum ICC, Berlin. Hrsg.: Jörg Albertz. - Berlin: DGPF 2001, p.302-311, 4 ill., 3 tab. (Publikationen der Deutschen Gesellschaft für Photogrammetrie und Fernerkundung ; 9)

1958
Haubner, Ernst and others: The airborne High Resolution Stereo Camera (HRSC-A) as a tool for high mountain cartography. In: High mountain cartography 2000 : proceedings of the Second Symposium of the Commission on Mountain Cartography of the International Cartographic Association held at the Alpine Centre, Rudolfshütte 2315 m, Austria from 29 March to 2 April 2000. Ed. by Manfred F. Buchroithner. - Dresden: Inst. for Cartography, Dresden Univ. of Technology [u.a.] 2000, p.29-38, 7 ill., 2 tab. (Kartographische Bausteine ; 18) ISBN 3-86005-265-9

1959
Hauser, Markus: Aufbau einer Pamir- Datenbank. In: High mountain cartography 2000 : proceedings of the Second Symposium of the Commission on Mountain Cartography of the International Cartographic Association held at the Alpine Centre, Rudolfshütte 2315 m, Austria from 29 March to 2 April 2000. Ed. by

Manfred F. Buchroithner. - Dresden: Inst. for Cartography, Dresden Univ. of Technology [u.a.] 2000, p.39-52, 17 ill. (Kartographische Bausteine ; 18) ISBN 3-86005-265-9

1960
Heyde, Herbert: Die Höhennullpunkte der amtlichen Kartenwerke europäischer Staaten und ihre Lage zum Normal-Null. Neu hrsg. u. mit e. Nachwort versehen durch Manfred Spata. - Dortmund: Vermessungstechnisches Museum 1999, 43 p., ill. (Schriften des Förderkreises Vermessungstechnisches Museum e.V. ; 28) ISBN 3-00-004699-2

1961
High mountain cartography 2000 : proceedings of the Second Symposium of the Commission on Mountain Cartography of the International Cartographic Association held at the Alpine Centre, Rudolfshütte 2315 m, Austria from 29 March to 2 April 2000. Ed. by Manfred F. Buchroithner. - Dresden: Inst. for Cartography, Dresden Univ. of Technology [u.a.] 2000, 269 p., ill., mp. (Kartographische Bausteine ; 18) ISBN 3-86005-265-9

1962
Holmes, Karen: Calculation of error in a USGS 30-meter digital elevation model and its effects on terrain attributes and environmental modeling. - Santa Barbara, CA: University of California-Santa Barbara 1999 [Master's thesis]

1963
Huang, Peizhi: A new method for extracting terrain feature lines from digitized data. In: Geomatics and information of Wuhan University. 26, 2001, 3, p.247-252, 6 ill. [Chin. with Engl. rés.]

1964
Hurni, Lorenz; Kriz, Karel: Kartographie europäischer Hochgebirge. In: Kartographische Nachrichten. 51, 2001, p.83-91, ill., mp. ISSN 0022-9164

1965
Hurni, Lorenz: The new "Atlas of Switzerland - interactiv" : applications in mountain cartography. In: High mountain cartography 2000 : proceedings of the Second Symposium of the Commission on Mountain Cartography of the International Cartographic Association held at the Alpine Centre, Rudolfshütte 2315 m, Austria from 29 March to 2 April 2000. Ed. by Manfred F. Buchroithner. - Dresden: Inst. for Cartography, Dresden Univ. of Technology [u.a.] 2000, p.53-59, 7 ill. (Kartographische Bausteine ; 18) ISBN 3-86005-265-9

1966
Jenny, Bernhard: Computergestützte Schattierung. In: High mountain cartography 2000 : proceedings of the Second Symposium of the Commission on Mountain Cartography of the International Cartographic Association held at the Alpine Centre, Rudolfshütte 2315 m, Austria from 29 March to 2 April 2000. Ed. by Manfred F. Buchroithner. - Dresden: Inst. for Cartography, Dresden Univ. of Technology [u.a.] 2000, p.61-69, 4 ill. (Kartographische Bausteine ; 18) ISBN 3-86005-265-9

1967
Kennelly, Patrick; Kimerling, A. Jon: Modifications of Tanaka's illuminated contour method. In: Cartography and geographic information science. 28, 2001, 2, p.113-123, 16 ill., 1 tab.

1968
Köbben, Barend: Kartografische hoogtevoorstelling : Deel I: Theorie en traditio-

nele methoden. In: Kartografisch tijdschrift. 27, 2001, 2, p.62-64, 12 ill., 1 tab. (Kernkatern 16). [Dutch]

1969
Köbben, Barend: Kartografische hoogtevoorstelling : Deel 2: Stereovisie, reliëfmodellen en digitale methoden. In: Kartografisch tijdschrift. 27, 2001, p.69-72, 8 ill. (Kernkatern 18, herausnehmbarer Mittelteil). ISSN 0167-5788

1970
Kostka, Robert: Ein Beitrag zur Entwicklung der Satellitenbild-Fernerkundung : Karte einer Hochgebirgsregion. In: Mitteilungen aus dem Institut für Geographie und Raumforschung der Karl-Franzens-Universität Graz. 28, 2001, p.12-13, , 2 ill.2 ill.

1971
Kriz, Karel: Conceptual aspects for large-scale topographic winter maps. In: High mountain cartography 2000 : proceedings of the Second Symposium of the Commission on Mountain Cartography of the International Cartographic Association held at the Alpine Centre, Rudolfshütte 2315 m, Austria from 29 March to 2 April 2000. Ed. by Manfred F. Buchroithner. - Dresden: Inst. for Cartography, Dresden Univ. of Technology [u.a.] 2000, p.71-77, 4 ill. (Kartographische Bausteine ; 18) ISBN 3-86005-265-9

1972
Loubrieux, Benoît; Satra, Catherine: Cartographie par sondeur multifaisceaux de la ride méditerranéenne et des domaines voisins. In: Bulletin du Comité Français de Cartographie. 168, 2001, p.15-21, 6 ill.

1973
Müller, Markus: Verfahren der digitalen Reliefanalyse und Satellitenbildauswertung für die Bodenkartierung des Zielmaßstabes 1: 50000 am Beispiel des Blattes Könnern. In: Photogrammetrie, Fernerkundung, Geoinformation. 2001, 2, p.91-105, 7 ill., 4 tab.

1974
Oster, Manfred: Wie lässt sich die Wiedergabe der dritten Dimension in den topographischen Landeskartenwerken fortschreiben? In: Kartographische Nachrichten. 51, 2001, p.244-248, 3 ill. ISSN 0022-9164

1975
Prechtel, Nikolas: Operational analytical hill shading within an advanced image processing system. In: High mountain cartography 2000 : proceedings of the Second Symposium of the Commission on Mountain Cartography of the International Cartographic Association held at the Alpine Centre, Rudolfshütte 2315 m, Austria from 29 March to 2 April 2000. Ed. by Manfred F. Buchroithner. - Dresden: Inst. for Cartography, Dresden Univ. of Technology [u.a.] 2000, p.85-98, 8 ill., 1 tab. (Kartographische Bausteine ; 18) ISBN 3-86005-265-9

1976
Price, Wendy: Relief presentation : manual airbrushing combined with computer technology. In: The cartographic journal. 38, 2001, p.107-112, 6 ill. ISSN 0008-7041

1977
Reeves, Rob; Elder, James; Laidler, Gita: Accuracy of the Canadian digital terrain data in the Gatineau region of Quebec. In: Geomatica. 55, 2001, 1, p.57-64, 4 ill., 6 tab.

1978
Schiewe, Jochen: Ein regionen-basiertes Verfahren zur Extraktion der Geländeoberfläche aus Digitalen Oberflächen-Modellen.

In: Photogrammetrie, Fernerkundung, Geoinformation. 2001, 2, p.81-90, 9 ill.

1979
Sulebak, Jan Rasmus: Photorealistic terrain visualization. In: Kart og plan. 94, 2001, 1, p.19-26, 5 ill.

1980
Thrower, Norman J.W.: Lay of the land : Relief representation in the United States in the nineteenth and twentieth centuries. In: Mercator's world. 6, 2001, 3, p.28-35, 8 ill. ISSN 1086-6728

1981
Thrower, Norman J.W.: Lay of the land : Twentieth-century relief representation in the United States. In: Mercator's world. 6, 2001, 4, p.18-23, 7 ill. ISSN 1086-6728

1982
Wintges, Theodor; Saenger, Karsten: Transformation of a topographic map in 2 D representation into a 3D representation by 3D Studio Max Software. In: High mountain cartography 2000 : proceedings of the Second Symposium of the Commission on Mountain Cartography of the International Cartographic Association held at the Alpine Centre, Rudolfshütte 2315 m, Austria from 29 March to 2 April 2000. Ed. by Manfred F. Buchroithner. - Dresden: Inst. for Cartography, Dresden Univ. of Technology [u.a.] 2000, p.189-196, 10 ill. (Kartographische Bausteine ; 18) ISBN 3-86005-265-9

1983
Wu, Fan; Zhu, Guorui: Multi-scale representation and automatic generalization of relief based on wavelet analysis. In: Geomatics and information science of Wuhan University. 26, 2001, 2, p.170-176, 3 ill. [Chin. with Engl. rés.]

1984
Wu, Yanlan; Hu, Peng: The new method for quickly generating DEM based on raster contour - CSE. In: Geomatics and information science of Wuhan University. 26, 2001, 1, p.86-90, 6 ill. [Chin. with Engl. rés.]

1985
Zahn, Johann: Top50-3D - die erste dreidimensionale Landkarte von Bayern. In: 15. Informationsveranstaltung 2001 der Bayerischen Vermessungsverwaltung am Mittwoch, dem 04. April 2001 in der Technischen Universität München. Hrsg. vom Bayerischen Landesvermessungsamt... - [München] 2001, p.63-71, 10 ill., 1 tab.

1986
Zmudka, Thomas: An analysis of terrain mapping techniques for improving recreational trail maps. - San Diego, CA: San Diego State University 1999/2000 [Master's thesis]

I. Thematic Cartography Thematische Kartographie Cartographie thématique

1. General Features, Map Specifications Allgemeines und Zeichenvorschriften Généralités et feuilles types

1987
Bernardi, Roberto: Strumenti per l'organizzazione territoriale : la cartografia tematica e quella operativa. In: Cultura cartografica e culture del territorio : atti del convegno nazionale (Sassari, 12-13 dicembre 2000). A cura di Giuseppe Scanu. - Genova: Brigati 2001, p.45-49. (Bollettino della Associazione Italiana di Cartografia No. 111-113 = 38. 2001) [Ital.]

1988
Dangl, Roman: Visualisierung dynamischer Sachverhalte durch interaktive Animation. - Wien: Universität Wien 2001, 115 p., 35 ill., 1 CD. [Dipl.-Arb.]

1989
Degennaro, Michael B.: Mapping with chorodots : an examination of methods and their effects on geographic data interpretation. - University Park, PA: Pennsylvania State University 2000 [Master's thesis]

1990
Döllner, Jürgen: Informationsvisualisierung mit dynamischen, interaktiven 3D-Karten. In: Kartographische Nachrichten. 51, 2001, p.180-185, 6 ill. ISSN 0022-9164

1991
Edwards, Laura: The display of data uncertainty using bivariate graduated symbols. - San Diego, CA: San Diego State University 1999/2000 [Master's thesis]

1992
Eicher, Cory L.; Brewer, Cynthia A.: Dasymetric mapping and areal interpolation: Implementation and evaluation. In: Cartography and geographic information science. 28, 2001, 2, p.125-138, 6 ill., 3 tab.

1993
Eicher, Cory: Implementation and evaluation of dasymetric mapping methods. - University Park, PA: Pennsylvania State University 1999 [Master's thesis]

1994
Fürpasz, Christian: Mapserver als Hilfsmittel zur Datenvisualisierung im Internet : erläutert anhand desInternetprojektes AtOS, der Internetversion des "Atlas Ost- und Südosteuropa". - Wien 2001, 109 p., 27 ill., 7 tab. [Dipl.-Arb. Univ. Wien]

1995
Gatalsky, Peter and others: Visualisierung und interaktive Analyse. In: Kartographische Nachrichten. 51, 2001, p.175-180, 5 ill. ISSN 0022-9164

1996
Gwinner, Klaus: Anwendungspotential hochauflösender digitaler Stereobilder als topographische Datengrundlage - Fallstudie zur Geologie von Vulcano (Italien). In: Rauminformationen für das 21. Jahrhundert : Vorträge ; 20. wissenschaftlich-technische Jahrestagung der DGPF im Rahmen der Intergeo 2000, 11.-13. Oktober 2000, Kongress-Zentrum ICC, Berlin. Hrsg.: Jörg Albertz. - Berlin: DGPF 2001, p.302-311, 4 ill., 3 tab. (Publikationen der Deutschen Gesellschaft für Photogrammetrie und Fernerkundung ; 9)

1997
High mountain cartography 2000 : proceedings of the Second Symposium of the Commission on Mountain Cartography of the International Cartographic Association held at the Alpine Centre, Rudolfshütte 2315 m, Austria from 29 March to 2 April 2000. Ed. by Manfred F. Buchroithner. - Dresden: Inst. for Cartography, Dresden Univ. of Technology [u.a.] 2000, 269 p., ill., mp. (Kartographische Bausteine ; 18) ISBN 3-86005-265-9

1998
Hou, Xiaohong: Experimenting with migration flow representation using GIS component software. - Seattle, WA: University of Washington 1999/2000 [Master's thesis]

1999
Kelley, Elizabeth Jacoby: Comparing readability of cartograms and graduated circle maps. - Lawrence, KS: University of Kansas 2000 [Master's thesis]

2000
Lacroix, Pierre: Cartographie des drapeaux à travers le monde. In: Bulletin du Comité Français de Cartographie. 168, 2001, p.22-31, 8 mp.

2001
Malić, Brankica: Analyse zum Klassenbildungsverfahren am Bildschirm. In: Kartographische Nachrichten. 51, 2001, p.239-244, 2 ill., 2 tab. ISSN 0022-9164

2002
Meksuła, Mirosław W.: Kartograficzne sposoby prezentowania dynamiki zjawisk. In: Polski przegląd kartograficzny. 33, 2001, p.328-338, 5 ill. [Cartographic presentation methods of dynamic phenomena.] [Pol. with Engl., and Russ. rés.] ISSN 0324-8321

2003
Ostrowski, Wiesław: Nowe mapy tematyczne w atlasach szkolnych PPWK. In: Polski przegląd kartograficzny. 33, 2001, p.231-234. [New thematic maps in PPWK school atlases.] [Pol.] ISSN 0324-8321

2004
Pödör, Andrea: Különleges célú tematikus térképek ábrázolási módszereinek vizsgálata. In: Geodézia és kartográfia. 53, 2001, 2, p.36-39. [Testing the symbolization methods of special purpose thematic maps.] [Hung. with Engl. rés.]

2005
Spradlin, Kevon L.: An evaluation of user attitudes toward classed and unclassed choropleth maps. - Lawrence, KS: University of Kansas 2000 [Master's thesis]

2006
Wakonigg, Herwig: Struktur und Wesen von Isolinienkarten. In: Mitteilungen aus dem Institut für Geographie und Raumforschung der Karl-Franzens-Universität Graz. 29, 2001, p.11-13.

2007
Wentz, Elisabeth A.; Kuby, Michael; Vogt, Brandon J.: Extracting high points from statistical surfaces : a case study using digital elevation models. In: Cartography and geographic information science. 28, 2001, p.259-271, 10 ill. ISSN 1523-0406

2008
Werner, Piotr: Jeszcze o interpretacji typogramu F. Uhorczaka jako narzędzia prezentacji i typologii zjawisk wielocechowych. In: Polski przegląd kartograficzny. 33, 2001, 2, p.137-142, 7 ill. [A few remarks on the interpretation of Uhorczak's Typograms as tools for

presentation and typology of multi-role phenomena.] [Pol. with Engl. and Russ. rés.]

3. Maps Grouped According to Content Inhaltsbestimmte Kartengruppen Cartes groupées d'après leur contenu

2009
Châtelet-Lange, Liliane: Strasbourg en 1548 : Le plan de Conrad Morant. Préface de Francis Rapp. - Strasbourg: Pr. Univ. de Strasbourg 2001, 163 p., ill., 1 mp.-suppl. ISBN 2-86820-149-0

2010
Ludvigsson, Johan; Olsson, Mårten: GIS i mjuk förvaltning. In: Kartbladet. 16, 2001, 1, p.10-17, 6 ill. [GIS in flexible administration.] [Swed.]

2011
Piacente, Sandra: La cartografia come strumento di percezione e di gestione dinamica dei beni geologici. In: Cultura cartografica e culture del territorio : atti del convegno nazionale (Sassari, 12-13 dicembre 2000). A cura di Giuseppe Scanu. - Genova: Brigati 2001, p.401-407, 3 ill. (Bollettino della Associazione Italiana di Cartografia No. 111-113 = 38. 2001) [Ital.]

2012
Rase, Wolf-Dieter: Kartographische Anamorphosen und andere nichtlineare Darstellungen. In: Theorie 2000 : Vorträge des Kartographischen Symposiums am 17./18. November 2000 an der TU Dresden. Hrsg. von Günther Koch [Technische Universität Dresden, Institut für Kartographie]. -Dresden: Institut für Kartographie 2001, p.31-38, 4 ill. (Kartographische Bausteine ; Bd. 16)

Administration / Verwaltung / Administration

2013
Bellanger, François: SIG : intérźt pour une commune. In: XYZ : revue de l'Association Française de Topographie. 23, 2001, p.23-26, 3 ill. [French] ISSN 0290-9057

2014
Feinen, Jörg; Kuprion, Markus: Schritt für Schritt : Die Entwicklung des kommunalen GIS im Landkreis Offenbach. In: GeoBI'T : das Magazin für raumbezogene Informationstechnologie. 6, 2001, p.34-36, 3 ill. ISSN 1430-3663

2015
Kulakowski, Michael W.: The nature of GIS work in local government organizations. - Eugene, OR: University of Oregon 2000/2001 [Master's thesis]

2016
Markus, Frank: Zwischen Tradition und Moderne : Das Internet-GIS der Stadt Sindelfingen. In: GeoBIT : das Magazin für raumbezogene Informationstechnologie. 6, 2001, 4, p.20-21, 3 ill.

2017
Mellinger, Johannes: Atlas des Fürstentums Lüneburg um 1600 : [Ernst Schubert zum 60. Geburtstag] = Lunæburgici Ducatus accurata et exquisita descriptio chorographica. In: Atlas des Fürstentums Lüneburg um 1600 : [Ernst Schubert zum 60. Geburtstag] = Lunæburgici Ducatus accurata et exquisita descriptio chorographica. Hrsg. u. komm. von Peter Aufgebauer... - Bielefeld: Verl. für Regionalgeschichte 2001, 105, 46 p., ill., 2 mp. (Veröffentlichungen des Instituts für Historische Landesforschung der Universität Göttingen ; 41) ISBN 3-89534-391-9

2018
Moravec, Dalibor: Geoinformatické modelování s topologickým generalizačním algoritmem. In: Geodetický a kartografický obzor. 47, 2001, p.165-174, 9 ill., 2 tab. [Geoinformatic modelling with topological generalisation algorithm.] [Czech. with Engl. rés.] ISBN 0016-7096

2019
Neitzert, Dieter: Die Darstellung des Fürstentums Lüneburg im Atlas des Johannes Mellinger. In: Atlas des Fürstentums Lüneburg um 1600 : [Ernst Schubert zum 60. Geburtstag] = Lunæburgici Ducatus accurata et exquisita descriptio chorographica. Hrsg. u. komm. von Peter Aufgebauer... Bielefeld: Verl. für Regionalgeschichte 2001, p.45-49, 1 ill. (Veröffentlichungen des Instituts für Historische Landesforschung der Universität Göttingen ; 41) ISBN 3-89534-391-9

2020
Petrella, Marco: Regioni amministrative e identità regionali, un approccio cartografico al caso della Borgogna e dell'Emilia-Romagna. In: Cultura cartografica e culture del territorio : atti del convegno nazionale (Sassari, 12-13 dicembre 2000). A cura di Giuseppe Scanu. - Genova: Brigati 2001, p.611-624, 3 ill. (Bollettino della Associazione Italiana di Cartografia No. 111-113 = 38. 2001) [Ital.]

2021
Steinfort, Marc; Wohlgemuth, Frank: Die Stadt auf dem Pencomputer : Mobile Datenauskunft bei den Stadtwerken Neuss. In: GeoBIT : das Magazin für raumbezogene Informationstechnologie. 6, 2001, 4, p.25-27, 3 ill.

Agriculture / Landwirtschaft / Agriculture

2022
Aulig, Günther; Bäuml, Norbert: Ländliche Entwicklung geht neue Wege : computergestütztes Kartiersystem beschleunigt die Flurneuordnung in Bayern. In: Fachbeiträge zur Dorferneuerung und Flurneuordnung. [Hrsg.: Bayerisches Staatsministerium für Landwirtschaft und Forsten, Abteilung Ländliche Entwicklun, Josef Atterberger]. -München 2001, p.67-69, 2 ill.

2023
Bareth, Georg: Integration einer IRS-1C-Landnutzungsklassifikation in ATKIS zur Verbesserung der Information zur landwirtschaftlichen Nutzfläche am Beispiel des württembergischen Allgäus. In: Geo-Informationssysteme : GIS; Zeitschrift für raumbezogene Informationen und Entscheidungen. 14, 2001, 6, p.40-45, 6 ill., 4 tab. [With Engl. rés]

2024
Bareth, Georg: Integration einer IRS- 1C-Landnutzungsklassifikation in ATKIS zur Verbesserung der Information zur landwirtschaftlichen Nutzfläche am Beispiel des württembergischen Allgäus. In: Geo-Informations-Systeme : GIS. 14, 2001, p.40-45, 6 ill., 4 tab. ISBN 1430-3663

2025
Caron, Patrick: Modélisation graphique et chorèmes : La gestion des parcours collectifs à Massaroca (Brésil du nordeste). In: Mappemonde. 62, 2001, 2, p.17-21, 4 ill. [With French, Engl. and Port. rés.]

2026
Depuydt, Frans: De 'voedselzekerheid van alle landen' in een dynamisch kaartbeeld. In: Kartografisch tijdschrift. 27, 2001, 1, p.5-9,

1 ill. [The 'food security of all nations' in a dynamic map.][Dutch with Engl. and French rés.]

2027
Kennedy, Sarah S.: Spectral discrimination of irrigated / non-irrigated crop types using Landsat Thematic Mapper imagery in Haskell County, Kansas. - Lawrence, KS: University of Kansas 1999 [Master's thesis]

2028
Lovett, Andrew and others: Visualizing sustainable agricultural landscapes. In: Virtual reality in geography. Ed. by Peter Fisher and David Unwin. - London [u.a.]: Taylor & Francis 2000, p.102-130, 11 ill., 2 tab. ISBN 0-7484-0905-X

Archaeology / Archäologie / Archéologie

2029
Bonnafé, Annie; Decourt, Jean-Claude; Helly, Bruno: Textes, cartes et territoires : présentation. In: L'Espace et ses représentations. Edité par Annie Bonnafé, Jean-Claude Decourt et Bruno Helly. - Lyon: Maison de l'Orient Méditerranéen-Jean Pouilloux 2000, p.13-23. (Travaux de la Maison de l'Orient Méditerranéen ; 32)

2030
Gillam, Holly: GIS and cultural resource management distributing digital information on archaeological sites through a secure dynamic Internet mapping applica-tion. - Columbia, SC: University of South Carolina 2000 [Master's thesis]

2031
Koll, Karin: Denkmale geschützt - Wirtschaft unterstützt. In: GeoBIT : das Magazin für raumbezogene Informationstechnologie. 6, 2001, p.19-21, 3 ill. ISBN 1430-3663

2032
Melis, Paolo: Carta del danno e del rischio dei monumenti archeologici del comune di Florinas. In: Cultura cartografica e culture del territorio : atti del convegno nazionale (Sassari, 12-13 dicembre 2000). A cura di Giuseppe Scanu. - Genova: Brigati 2001, p.503-521, 6 ill., 4 tab. (Bollettino della Associazione Italiana di Cartografia No. 111-113 = 38. 2001) [Ital.]

2033
Nagy, Patrick and others: Flug in die Vergangenheit : die Luftbildprospektion im Dienste der Archäologie : [mit Beispielen aus der Schweiz]. In: Helvetia archaeologica. 32, 2001, p.2-77. ISBN 0018-0173

2034
Reyes, Dan: Between county and state data : nuances of archaelogical database consolidation for GIS modeling. - Seattle, WA: University of Washington 1999/2000 [Master's thesis]

2035
Rouse, Jesse: Data points or cultural entities : a GIS-based archaeological predictive model in a post-positivist framework. - Morgantown, WV: West Virginia University 2000/2001 [Master's thesis]

2036
Spiegel, Elisabeth; Klarner, Robert: Historisches Erbe modern verwaltet : Der Digitale Archäologische Schichtenatlas des Römisch-Germanischen Museums. In: GeoBIT : das Magazin für raumbezogene Informationstechnologie. 6, 2001, p.22-23, 2 ill. ISBN 1430-3663

2037
Spies, Karl-Heinz and others: Eine kleine Revolution : Das erste deutsche Web Mapping Specification-Praxisprojekt mit Systemen verschiedener Hersteller. In: GeoBIT :

das Magazin für raumbezogene Informationstechnologie. 6, 2001, p.26-28, 3 ill.
ISBN 1430-3663

2038
Suárez García, José Antonio; Gonzáles-Pumariega Solís, Pelayo: Cartografía y patrimonio: Cartas arqueológicos. In: Topografía y Cartografía. 104, 2001, p.35-40. [Span.]

Biology / Biologie / Biologie

2039
Andrews, Mary: Use of AVIRIS hyperspectral remote sensing to map mustard (Brassica nigra) and fennel (Foeniculum vulgare). - Davis, CA: University of California 2000/2001 [Master's thesis]

2040
Burne, Alan: A GIS-based habitat suitability model to support the recovery program for the federally endangered red-cockaded woodpecker. - Charlotte, NC: University of North Carolina at Charlotte 1999/2000 [Master's thesis]

2041
Callahan, Brady: Development of a GIS for the Marys River watershed for fish and wildlife analysis. - Corvallis, OR: Oregon State University 1999 [Master's thesis]

2042
Color-Infrarot-Biotoptypen- und Landnutzungskartierung : Freistaat Sachsen, Landesamt für Umwelt und Geologie. Bearb.: Günter Frietsch. - Dresden: Sächsisches Landesamt für Umwelt u. Geologie 2000, 1 CD-ROM. (Materialien zu Naturschutz und Landschaftspflege) [Elektronische Ressource]

2043
GIS and remote sensing applications in biogeography and ecology. Ed. by Andrew C. Millington... - Boston, Mass. [u.a.]: Kluwer 2001, VII, 333 p., ill., mp. + 1 CD-ROM. (The Kluwer international series in engineering and computer science ; 626)
ISBN 0-7923-7454-1

2044
Günther-Diringer, Detlef; Döpke, Martin: Die Online-Version des Oder-Auen-Atlas. In: Angewandte geographische Informationsverarbeitung XIII : Beiträge zum AGIT-Symposium Salzburg 2001. Strobl, Blaschke, Griesebner. - Heidelberg: Wichmann 2001, p.215-220, 4 ill.
ISBN 3-87907-361-9

2045
Hehl.-Lange, Sigrid: GIS-gestützte Habitatmodellierung und 3D-Visualisierung räumlich-funktionialer Beziehungen in der Landschaft : [Steinen SZ <Region>]. - Zürich: vdf, Hochschulverlag AG an der ETH Zürich 2001, 164 p., ill. (ORL-Bericht ; 108/2001)

2046
Kias, Ulrich; Demel, Walter; Schüpferling, Ralf: Zur Homogenisierung und Automatisierung von Biotoptypen- und Nutzungskartierungen im Alpenraum. In: Angewandte geographische Informationsverarbeitung XIII : Beiträge zum AGIT-Symposium Salzburg 2001. Strobl, Blaschke, Griesebner. - Heidelberg: Wichmann 2001, p.267-273, 2 ill., 2 tab.
ISBN 3-87907-361-9

2047
Lippert, Kathrin: Informationsgewinnung für Naturschutz und Biotopkartierung : Luftbild kontra Satellit. In: Naturschutz und Fernerkundung : Referate der gleichnamigen Tagung des Arbeitskreises "Inter-

pretation von Fernerkundungsdaten" der DGPF und des Bundesamtes für Naturschutz 11.-12. Mai 2000, INA, Insel Vilm. Cornelia Gläßer (Bearb.). - Bonn: BFN 2001, p.33-42, 3 ill., 1 tab. (BfN-Skripten ; 42)

2048
Makala, Michael: Die CIR-Biotoptypen- und Landnutzungskartierung in der kommunalen Landschaftsplanung. In: Die Nutzung der Biotoptypen-und Landnutzungskartierung aus Color-Infrarot-(CIR) Luftbildern : Anwendungsmöglichkeiten und Beispiele. Mit Beiträgen von Claudia Neugebauer...Hrsg.: Sächsisches Landesamt für Umwelt un. Geologie. - Dresden: Sächsisches Landesvermessungsamt für Umwelt u. Geologie 2001, p.58-68, 7 ill., 2 tab. (Materialien zu Naturschutz und Landschaftspflege ; 2001)

2049
Martin, Frank: Protecting the Florida Keys : an Internet GIS/IMS strategy for benthic habitat management. - Morgantown, WV: West Virginia University 2000/2001 [Master's thesis]

2050
Morgan, Drusilla: The use of GIS to create models for the management and protection of migratory songbirds breeding within the Ohio River valley ecosystem. - Terre Haute, IN: Indiana State University 1999/2000 [Master's thesis]

2051
Die Nutzung der Biotoptypen- und Landnutzungskartierung aus Color-Infrarot-(CIR) Luftbildern : Anwendungsmöglichkeiten und Beispiele. Mit Beiträgen von Claudia Neugebauer...Hrsg.: Sächsisches Landesamt für Umwelt und Geologie. - Dresden: Sächsisches Landesvermessungsamt für Umwelt u. Geologie 2001, 78 p., ill., mp. (Materialien zu Naturschutz und Landschaftspflege ; 2001)

2052
Roe, Russell: Mapping cover classes of Baccharis pilularis with LANSDAT TM imagery. - San Francisco, CA: San Francisco State University 2000/2001 [Master's thesis]

2053
Rolfe, Allison: Mapping the MSCP process : habitat conservation planning in the San Diego region. California State University. - San Diego, CA: San Diego State University 2000 or 2001 [Master's thesis]

2054
Scherfke, Michael: Auswertungs- und Darstellungsmöglichkeiten der CIR- Biotoptypen- und Landnutzungskartierung mittels Geographischer Informationssysteme. In: Die Nutzung der Biotoptypen- und Landnutzungskartierung aus Color-Infrarot-(CIR) Luftbildern :Anwendungsmöglichkeiten und Beispiele. Mit Beiträgen von Claudia Neugebauer...Hrsg.: Sächsisches Landesamt für Umwelt und Geologie. - Dresden: Sächsisches Landesvermessungsamt für Umwelt u. Geologie 2001, p.11-19, 9 ill., 6 tab. (Materialien zu Naturschutz und Landschaftspflege ; 2001)

2055
Siebold, Joachim; Börner, Georg: Die Landschaft in der Datenbank : Verwaltung von Biotopkatasterdaten mit objektrelationaler Datenbanktechnologie. In: GeoBit : das Magazin für raumbezogene Informationstechnologie. 6, 2001, 7, p.27-29, 3 ill.

2056
Trofimova, Ye.: A cartographic approach for assessment of the climato-ecological state of ecosystems in the southern Baykal

region. In: Mapping sciences and remote sensing. 38, 2001, 1, p.39-49, 2 ill.

2057
Tschach, Eberhard: Biotopkartierung unter Nutzung von Satellitendaten. In: Naturschutz und Fernerkundung : Referate der gleichnamigen Tagung des Arbeitskreises "Interpretation von Fernerkundungsdaten" der DGPF und des Bundesamtes für Naturschutz 11.-12. Mai 2000, INA, Insel Vilm. Cornelia Gläßer (Bearb.). - Bonn: BFN 2001, p.29-31. (BfN-Skripten ; 42)

2058
Visser, Richard Henry: Utilizing remotely sensed imagery and GIS to monitor and research salmon spawning : a case study of the Hanford Reach Fall chinook (Oncorhynchos Tshawytscha). - Ellensburg, WA: Central Washington University 1999 [Master's thesis]

Climatology and Meteorology / Klimatologie und Meteorologie / Climatologie et météorologie

2059
Blok, Connie: Web maps and weather. In: Web cartography : developments and prospects. Ed. by Menno-Jan Kraak and Allan Brown. - London: Taylor & Francis 2001, p.141-157, 8 ill., 1 tab.
ISBN 0-7484-0868-1

2060
Boer, Eric P.J.; Beurs, Kirsten M. de; Hartkamp, A. Dewi: Kriging and thin plate splines for mapping climate variables. In: International journal of applied earth observation and geoinformation. 3, 2001, p.146-145, 4 ill., 2 tab. ISBN 0303-2434

2061
Bryan, Brett A.; Adams, Jonathan M.: Quantitive and qualitive assessment of the accuracy of neurointerpolated annual mean precipitation and temperature surfaces for China. In: Cartography : journal of the Mapping Sciences Institute, Australia. 30, 2001, p.1-14, 10 ill.
ISBN 0069 0805

2062
Detwiler, James E.: Air mass mapping for use in environmental analysis. - Newark, DE: University of Delaware 1999 [Master's thesis]

2063
Faulstroh, Karin: Alle Wetter : Großformatdrucke von Satellitenbildern unterstützen den Deutschen Wetterdienst. In: GeoBIT : das Magazin für raumbezogene Informationstechnologie. 6, 2001, 1, p.30-31, 2 ill.

2064
Joachim, Alexander; Speicher, Markus: GIS-based mapping of air-directing tracks : Relevant to the urban climate. In: Geo-Informationssysteme : GIS ; Zeitschrift für raumbezogene Informationen und Entscheidungen = Geo-information-systems. 14, 2001, 3, p.14-19, 3 ill., 5 tab.

2065
Leymüller, Martin: GIS-gestützte Erstellung mittelmaßstäbiger Klimakarten. - Wien 2001, 139 p., 29 ill., 43 tab, 12 mp. [Dipl.-Arb.]

2066
Mair, Rudi: Meteorological causes of the catastrophic avalanche at Galtuer. In: High mountain cartography 2000 : proceedings of the Second Symposium of the Commission on Mountain Cartography of the International Cartographic Association held at the Alpine Centre, Rudolfshütte 2315 m, Austria from 29 March to 2 April 2000. Ed. by Manfred F. Buchroithner. - Dres-

den: Inst. for Cartography, Dresden Univ. of Technology [u.a.] 2000, p.255-258, 3 ill., 1 tab. (Kartographische Bausteine ; 18) ISBN 3-86005-265-9

2067
Schaper, Jesko: Fernerkundungsbasierte Kartierung von Schnee- und Eisflächen hochalpiner Gebiete : ein Beitrag zur Abflussmodellierung und Bewertung der Auswirkungen potentieller Klimaänderungen. - Zürich: RSL 2000, VIII, 99 p., ill.,mp. (Remote sensing series ; vol. 34) ISBN 3-03-703000-3

2068
Schulz, Georg: Fernerkundung und ihre Nutzung zur Korrektur aktueller Themenkarten pleistozäner Klimaelemente und Vereisungsgrenzen. In: Rauminformationen für das 21. Jahrhundert : Vorträge ; 20. wissenschaftlich-technische Jahrestagung der DGPF im Rahmen der Intergeo 2000, 11.-13. Oktober 2000, Kongress-Zentrum ICC, Berlin. Hrsg.: Jörg Albertz. - Berlin: DGPF 2001, p.275-285, 9 ill. (Publikationen der Deutschen Gesellschaft für Photogrammetrie und Fernerkundung ; 9)

2069
Smith, Jessica: The applicability of smooth pycnophylactic interpolation to the mapping of tornado frequency : a GIS-based approach. - Toledo, OH: University of Toledo 1999 [Master's thesis]

2070
Trofimova, Ye.: A cartographic approach for assessment of the climato-ecological state of ecosystems in the southern Baykal region. In: Mapping sciences and remote sensing. 38, 2001, 1, p.39-49, 2 ill.

Culture / Kultur / Culture

2071
Donato, Carlo: Suggerimenti cartografici per un turismo religioso-culturale dei nostri giorni attraverso la riscoperta degli antichi cammini della devozione nella Regione Friuli-Venezia Giulia. In: Cultura cartografica e culture del territorio : atti del convegno nazionale (Sassari, 12-13 dicembre 2000). A cura di Giuseppe Scanu. - Genova: Brigati 2001, p.359-386, 3 ill. (Bollettino della Associazione Italiana di Cartografia No. 111-113 = 38. 2001) [Ital.]

2072
Madau, Caterina: Turismo culturale e cultura della carta : l'agriturismo e il nuovo mercato delle rappresentazioni a tema. In: Cultura cartografica e culture del territorio : atti del convegno nazionale (Sassari, 12-13 dicembre 2000). A cura di Giuseppe Scanu. - Genova: Brigati 2001, p.387-400. (Bollettino della Associazione Italiana di Cartografia No. 111-113 = 38. 2001) [Ital.]

2073
McClean, Robert: Power/knowledge and space : the creation and alienation of the "reserve" at Porirua. In: New Zealand Map Society journal. 14, 2001, p.1-5, 1 ill. ISBN 0113-2458

2074
Ogleby, Cliff: Virtual world heritage cities : the ancient Thai city of Ayutthaya reconstructed. In: Virtual reality in geography. Ed. by Peter Fisher and David Unwin. - London [u.a.]: Taylor & Francis 2000, p.220-238, 4 ill. ISBN 0-7484-0905-X

2075
Palsky, Gilles: Emmanuel de Martonne et la cartographie ethnographique de l'Europe centrale (1917-1920). In: Bulletin du

Comité Français de Cartographie. 169-170, 2001, p.76-85, 6 ill. ISBN 0755-7647

Demography / Demographie / Démographie

2076
Brewer, Cynthia A.: Reflections on Mapping Census 2000. In: Cartography and geographic information science. 28, 2001, p.213-235, 7 ill., 4 tab. ISBN 1523-0406

2077
Cassi, Laura; Meini, Monica: Geografia della populazione e didattica : per una cartografia dell'immigrazione in Italia. In: Cultura cartografica e culture del territorio : atti del convegno nazionale (Sassari, 12-13 dicembre 2000). A cura di Giuseppe Scanu. - Genova: Brigati 2001, p.133-147, 8 ill. (Bollettino della Associazione Italiana di Cartografia No. 111-113 = 38. 2001) [Ital.]

2078
Comenetz, Joshua: Quality and the cartographic visualization of demographic data. - Minneapolis, MN: University of Minnesota 1999/2000 [Doct. diss.]

2079
Friolo, Riccardo: La documentazione fotocartografica di supporto allo studio della dinamica migratoria interna negli Stati Uniti del Messico. In: Cultura cartografica e culture del territorio : atti del convegno nazionale (Sassari, 12-13 dicembre 2000). A cura di Giuseppe Scanu. - Genova: Brigati 2001, p.549-572, 1 ill. (Bollettino della Associazione Italiana di Cartografia No. 111-113 = 38. 2001) [Ital.]

2080
Koepp, Joel: The mapping of population change and traffic volume in Minnesota's regional center : an application of Artur Robinson's cartographic principles. - Minneapolis, MN: University of Minnesota 2000/2001 [Master's paper]

2081
Kuipers, Jasper: Het Cambodian Genocide Programma : De 'Killling Fields' in kaart gebracht. In: Kartografisch tijdschrift. 27, 2001, p.44-49, 7 ill. [The Cambodian Genocide Programme : mapping the 'Killing Fields'.] [Dutch with Engl., and French rés.]

2082
Stanford, James: An analysis of demographic change in Menoufia, Egypt using remote sensing and geographic information systems. - San Diego, CA: San Diego State University 2000/2001 [Master's thesis]

Ecology / Ökologie / Ecologie

2083
Badmayev, N.B. and others: An informational-cartometric analysis of the soil- environment system. In: Mapping sciences and remote sensing. 38, 2001, 1, p.50-53, 1 ill.

2084
Ballo, Moïse M; Champaud, Jacques: La cartographie de l'environnement urbain. In: Villes du sud et environnement. Ed. scientifiques Daniel Bley... - Châteauneuf del Grasse: Ed. de Bergier 1998, p.131-138. (Traveaux de la Société d'Ecologie Humaine)

2085
Bosma, H.M; Ras, A.: Natuur- en milieueducatieve centra in Nederland open voor publiek: totstandkoming en bespreking van de kaart. In: Kartografisch tijdschrift. 27, 2001, 1, p.54-55, 1 ill., 1 mp. [Dutch]

2086
Douville, Michelle: North American ecological zone classification for the UN Food and Agricultural Organization's Forest Resource Assessment 2000 Project : map compilation and validation. - Montreal, QC: McGill University 1999/2000 [Master's thesis]

2087
GIS and remote sensing applications in bio-geography and ecology. Ed. by Andrew C. Millington... - Boston, Mass. [u.a.]: Kluwer 2001, VII, 333 p., ill., mp. + 1 CD-ROM. (The Kluwer international series in engineering and computer science ; 626) ISBN 0-7923-7454-1

2088
Hardegen, Marion and others: La cartographie des habitats terrestres du réseau Natura 2000 en Bretagne. In: Mappemonde. 2001, p.19-23, 4 ill. [French with Engl., and Span. rés.] ISBN 0764-3470

2089
Khlebovich, I.A.; Rotanova, Irina: Cartographic support in regional medical- ecological studies: The example of Altay Kray, Russia. In: Mapping Sciences and Remote Sensing. 38, 2001, 2, p.115-129, 3 ill., 1 tab.

2090
Kolomyts, E.G.; Yunina, V.P.: Predictive landscape-ecological mapping of a boreal ecotone on the Russian Plain. In: Mapping sciences and remote sensing. 38, 2001, p.222-231, 2 ill., 2 tab. ISBN 0749-3878

2091
Lippert, Kathrin: Informationsgewinnung für Naturschutz und Biotopkartierung : Luftbild kontra Satellit. In: Naturschutz und Fernerkundung : Referate der gleichnamigen Tagung des Arbeitskreises "Interpretation von Fernerkundungsdaten" der DGPF und des Bundesamtes für Naturschutz 11.-12. Mai 2000, INA, Insel Vilm. Cornelia Gläßer (Bearb.). - Bonn: BFN 2001, p.33-42, 3 ill., 1 tab. (BfN-Skripten ; 42)

2092
Reithmaier, Tina: Maps and photographs. In: The historical ecology handbook : a restorationist's guide to reference ecosystems. Society for Ecological Restoration, ed. by Dave Egan and Evelyn A. Howell. - Washington, DC [u.a.]: Island Press 2001, p.121-146, 2 ill.

2093
Rolfe, Allison: Mapping the MSCP process : habitat conservation planning in the San Diego region. California State University. - San Diego, CA: San Diego State University 2000/2001 [Master's thesis]

2094
Rotanova, Irina: Information formalization under territory landscape ecological mapping as a subject of cartographic semiotics. In: The selected problems of theoretical cartography 2000 : proceedings of a seminar of the Commission on Theoretical Cartography (Dresden, Germany, October 14-15, 2000). Alexander Wolodtschenko. - Dresden: International Cartographic Association 2001, p.40-44.

2095
Rotanova, Irina; Wolodtschenko, Alexander: O kartosemiotičeskom issledovanii ėkologičeskich atlasov. In: Diskussionsbeiträge zur Kartosemiotik und zur Theorie der Kartographie ; 4. Alexander Wolodtschenko und Hansgeorg Schlichtmann.

- Dresden 2001, p.39-44, 4 tab. [On the cartosemiotic study of ecological atlases.] [Russ. with Engl., and Russ. rés.]
ISBN 3-86005-300-0

2096
Trofimova, Ye.: A cartographic approach for assessment of the climato-ecological state of ecosystems in the southern Baykal region. In: Mapping sciences and remote sensing. 38, 2001, 1, p.39-49, 2 ill.

2097
Vostokova, Elizaveta A.; Suščenja, Vladimir A.; Ševčenko, Liana A.: Ekologičeskoe kartografirovanie na osnove kosmičeskoj informacii. - Moskva: Nedra 1988, 221 p. [Ecological mapping on base of satellite information.] [Russ.]
ISBN 5-247-00219-9

2098
Whitney, Gordon; De Cant, Joseph P.: Government Land Office Surveys and other early surveys. In: The historical ecology handbook : a restorationist's guide to reference ecosystems. Society for Ecological Restoration, ed. by Dave Egan and Evelyn A. Howell. - Washington, DC [u.a.]: Island Press 2001, p.147-172, 4 ill.

Economics / Wirtschaft / Economie

2099
Burke, Derrick: Development and dissemination of a geographically referenced employment database for Mecklenburg County. - Charlotte, NC: University of North Carolina at Charlotte 1999/2000 [Master's thesis]

2100
Greiner, Piotr: Mapa gospodorcza : Andreasa Hindenberga i Johannesa Harnischa. In: Zimia pszczyńska : rozwój gospodarczy od Piastów do Hochbergów / Jerzy Polak. - Pszczyna: Bractwo Gospodarcze Związku Górnośląskiego 2000, p.55-65, 6 ill., 6 mp. [Pol.]

2101
Grütter, Thomas: Erdgasnetz im Überblick. In: GeoBIT : das Magazin für raumbezogene Informationstechnologie. 6, 2001, 2, p.18-19, 2 ill.

2102
Hochmuth, Enrico: Die Industrie- und Gewerbeausstellung 1897 und ausgewählte kartographische Quellen. In: Leipzig im Kartenbild. Hrsg. von der Stadt Leipzig, der Oberbürgermeister, Stadtarchiv [Red. Beate Berger...]. - Leipzig: Leipziger Univ.-Verl. 2001, p. 89-94, 2 ill. (Leipziger Kalender, Sonderband, 2001 ; 1)
ISBN 3-935693-10-2

2103
Koll, Karin: Energie freigesetzt : Modernisierung der Planauskunft bei den Stadtwerken Garbsen. In: GeoBIT : das Magazin für raumbezogene Informationstechnologie. 6, 2001, 2, p.22-23, 1 ill.

2104
Konrad, Christoph; Hoffmann, Klaus; Kück, Jens: Gewusst wo. : Ein Standortinformationssystem für die Region Nordschwarzwald. In: GeoBIT : das Magazin für raumbezogene Informationstechnologie. 6, 2001, 1, p.15-17, 3 ill.

2105
Nattenberg, Olaf: Filiale am richtigen Platz : Vielfältige Möglichkeiten für die Standortplanung und -optimierung. In: GeoBIT : das Magazin für raumbezogene Informationstechnologie. 6, 2001, 1, p.18-20, 2 ill.

2106
Németh, András: Digitális térképek a Paksi Atomerĕmåben. In: Geodézia és kartográfia. 53, 2001, p.16-21. [Digital maps in the Hungarian nuclear power station (Paks).] [Hung.] ISSN 0016-7118

2107
Pasta, Giovanni: Il ruolo della carta nel dumping territoriale. In: Cultura cartografica e culture del territorio : atti del convegno nazionale (Sassari, 12-13 dicembre 2000). A cura di Giuseppe Scanu. - Genova: Brigati 2001, p.647-661, 3 ill. (Bollettino della Associazione Italiana di Cartografia No. 111-113 = 38. 2001) [Ital.]

2108
Spiller, Lothar: Erfolg im Voraus planen : Standortanalyse und - planung ermöglicht Auswertung und Darstellung der Erfolgsfaktoren. In: GeoBIT : das Magazin für raumbezogene Informationstechnologie. 6, 2001, 4, p.22-24, 3 ill.

2109
Wyczałek, Ireneusz: The cartographic development of the decision charts technique. In: Geodezja i kartografia. 50, 2001, p.149-157, 7 ill., 4 tab. [Engl. with Pol. and Russ. rés.] ISSN 0016-7134

Environment / Umwelt / Entourage

2110
Abraham, Joseph S.: Enhanced real-time air pollution mapping : regression-based spatio-temporal modeling of ground level ozone in Tucson, Arizona. University of Arizona. - Tucson, AZ: University of Arizona 2001 [Master's thesis]

2111
Bernsdorf, Bodo: Die Zukunft ist WEB : Internet-Lösungen im Umweltbereich. In: GIS und Kartographie im Umweltbereich. Gabriele Braun, Reiner Buzien, Theodor Wintges (Hrsg.). - Heidelberg: Wichmann 2001, p.189-195, 2 ill. ISBN 3-87907-356-2

2112
Bock, Mathias: Integration heterogener GIS-Datenbestände in einem Umweltinformationssystem. In: GIS und Kartographie im Umweltbereich. Gabriele Braun, Reiner Buzien, Theodor Wintges (Hrsg.). - Heidelberg: Wichmann 2001, p.139-147, 1 ill. ISBN 3-87907-356-2

2113
Bosma, H.M; Ras, A.: Natuur- en milieueducatieve centra in Nederland open voor publiek: totstandkoming en bespreking van de kaart. In: Kartografisch tijdschrift. 27, 2001, 1, p.54-55, 1 ill., 1 mp. [Dutch]

2114
Braun, Gabriele; Houy, Patrik; Pfannkuche, Ralph: Kostenbewusst und innovativ zum UIS im Intranet : das Datennavigations- und Zugriffssystem "WuNDa". In: GIS und Kartographie im Umweltbereich. Gabriele Braun, Reiner Buzien, Theodor Wintges (Hrsg.). - Heidelberg: Wichmann 2001, p.130-138, 2 ill. ISBN 3-87907-356-2

2115
Buzin, Reiner and others: Karten als Darstellungsmedium zur Visualisierung von Fragestellungen der Radioaktivität. In: GIS und Kartographie im Umweltbereich. Gabriele Braun,Reiner Buzien, Theodor Wintges (Hrsg.). - Heidelberg: Wichmann 2001, p.108-120. ISBN 3-87907-356-2

2116
Buzin, Reiner: Visualisierung von Messdaten am Beispiel des "Integrierten Mess-und Informationssystem zur Überwachung der Umweltradioaktivität - IMIS". In: GIS und Kartographie im Umweltbereich. Gabriele

Braun,Reiner Buzien, Theodor Wintges (Hrsg.). - Heidelberg: Wichmann 2001, p.157-179, 13 ill., 2 tab.
ISBN 3-87907-356-2

2117
Carpenter, Stephen: Agricultural non-point source (AGNPS) waterquality modeling in a GIS environment. - Morgantown, WV: WestVirginia University 2000/2001 [Master's thesis]

2118
Clark, Larry: Pictures at a conflagration : remote sensing and GIS techniques for mapping and analyzing prescribed fire in the Madrean Archipelago. - Tucson, AZ: University of Arizona 2000 [Master's thesis]

2119
Copeland, Holly E.: An online GIS Internet site for the Laramie County Habitat Conservation Plan Initiative : a planning and community resource tool. - Laramie, WY: University of Wyoming 1999 [Master's thesis]

2120
Endrullis, Manfred; Hoppe, Achim: Geobasisdaten vom Geodatenzentrum des Bundesamtes für Kartographie und Geodäsie als Grundlage von Umweltprojekten. In: GIS und Kartographie im Umweltbereich. Gabriele Braun, Reiner Buzien, Theodor Wintges (Hrsg.). - Heidelberg: Wichmann 2001, p.3-8, 1 tab.
ISBN 3-87907-356-2

2121
Engnath, Viktoria; Koch, Wolf Günther: Lärmkarten. In: GIS und Kartographie im Umweltbereich. Gabriele Braun,Reiner Buzien, Theodor Wintges (Hrsg.). - Heidelberg: Wichmann 2001, p.89-107, 2 ill.
ISBN 3-87907-356-2

2122
Fowler, Matthew E.: GIS for emergency management. - College Park, MD: University of Maryland at College Park 2000/2001 [Master's paper]

2123
Fritzsche, Andreas; Spring, Markus: Free-Software Lösung zur medienübergreifenden Präsentation von Raum- und Umweltinformationen mit WebMapping und XML - realisiert im Digitalen REgional Atlas München DREAM : Beiträge zum 6. Symposium zur Rolle der Informationstechnologie in der und für die Raumplanung, Februar 14-16, 2001 [Tagungsband] = Computer aided spatial planning. In: Computergestützte Raumplanung : Beiträge zum 6. Symposium zur Rolle der Informationstechnologie in der und für die Raumplanung, Februar 14-16, 2001 [Tagungsband] = Computer aided spatial planning. Hrsg. von Manfred Schrenk. - Wien: Institut für EDV-Gestützte Methoden in Architektur u. Raumplanung d. Techn. Univ. Wien 2001, Bd.1, p.83-86, 3 ill. [Bd.1.2.]

2124
GIS und Kartographie im Umweltbereich. Gabriele Braun, Reiner Buzien, Theodor Wintges (Hrsg.). - Heidelberg: Wichmann 2001, XVI, 209 p., ill., mp. + 1 CD-ROM.
ISBN 3-87907-356-2

2125
Glatthard, Thomas: Umweltmanagement : geografische Informationssysteme : Daten online abrufen. In: Umwelt-Focus. 2001, p.25-27, ill. [Inventar der Metainformationen der kantonalen GIS-Daten unter www.kogis.ch]

2126
Hofstee, Paul: Vuurwerkramp in Enschede: luchtfoto's, kaarten en GIS. In: Kartogra-

fisch tijdschrift. 27, 2001, 2, p.69-73, 5 ill., 1 photo. [Fireworks disaster in Enschede, aerial photographs , maps and GIS.] [Dutch with Engl. and French rés.]

2127
Irmer, U.; Blondzik, K.: Anforderungen an den Gewässerschutz : Karten der EG-Wasserrahmenrichtlinie. In: Wasserbewirtschaftung im neuen Jahrtausend : Grundwasser - Oberflächenwasser - Geoinformationssysteme. Hrsg.: H.-H. Diersch, S. Kaden, T. Michels. - Berlin: Verl. für Bauwesen 2001, p.241-245, 1 ill., 1 tab. [Tagungsband] ISBN 3-345-00789-4

2128
Kittelberger, Carmen; Heinrich, Uwe: Aktualisierung und Anpassung von Geobasisdaten - am Beispiel des Umweltinformationssystems von Berlin. In: Geo-Informations-Systeme : GIS. 14, 2001, p.28-32, 6 ill. [With Germ. and Engl. rés.] ISSN 1430-3663

2129
Kosmatin Fras, Mojca: Vloga Fotogrametrije in prostorskih podatkovpri dokumentiranju naravnih katastrof - primer plazu pod Mangrtom. In: Geodetski vestnik. 45, 2001, p.62-71, 10 ill. [The role of photogrammetry and spatial data in documentation of natural disasters - example on landslide under Mangrt mountain.] [Sloven. with Engl. rés.] ISSN 0351-0271

2130
Kucha, Stephen: The dynamics of flood plain mapping in assessing risk for the National Flood Insurance Program. - Binghamton, NY: Binghamton University - State University of New York 2000/2001 [Master's thesis]

2131
Lynden, Godert W.J.; Mantel, Stephan: The role of GIS and remote sensing in land degradation assessment and conservation mapping : some user experiences and expectations. In: International journal of applied earth observation and geoinformation. 3, 2001, p.61-68, 9 ill. ISBN 0303-2434

2132
Marcil, Diane C.: The integration of GIS and environmental process models : an oil spill trajectory study. - Columbus, OH: Ohio State University 1999 [Master's thesis]

2133
Morgan, Drusilla: The use of GIS to create models for the management and protection of migratory songbirds breeding within the Ohio River valley ecosystem. - Terre Haute, IN: Indiana State University 1999/2000 [Master's thesis]

2134
Morrison, Susan: Using geographic information systems (GIS) overlay analysis for locating sensitive areas within the upper Pecos River watershed, New Mexico. - Albuquerque, NM: University of New Mexico 1999 [Master's thesis]

2135
Müller, Jean-Claude: Der Weg zu einer akustischen Kartographie. In: Kartographische Nachrichten. 51, 2001, 1, p.26-40, 8 ill.

2136
Neugebauer, Claudia: Einsatz von CIR-Luftbilddaten bei der Gewässerstrukturgütekartierung. In: Die Nutzung der Biotoptypen- und Landnutzungskartierung aus Color-Infrarot-(CIR) Luftbildern : Anwendungsmöglichkeiten und Beispiele. Mit Bei-

trägen von Claudia Neugebauer...Hrsg.: Sächsisches Landesamt für Umwelt un. Geologie. - Dresden: Sächsisches Landesvermessungsamt für Umwelt u. Geologie 2001, p.69-78, 7 ill., 1 tab. (Materialien zu Naturschutz und Landschaftspflege ; 2001)

2137
Ohlen, Donald O.: National vegetation mapping for fire applications. - Brookings, SD: South Dakota State University 2000/2001 [Master's thesis]

2138
Pichler, Günther: Die Bedeutung von interoperablen, offenen Geoinformationssystemen im Umweltbereich. In: GIS und Kartographie im Umweltbereich. Gabriele Braun,Reiner Buzien, Theodor Wintges (Hrsg.). - Heidelberg: Wichmann 2001, p.196-203, 1 ill. ISBN 3-87907-356-2

2139
Riedl, Leopold; Kalasek, Robert: WebMap = ArcView + 3 Mausklicks Schnelles Publizieren interaktiver Web-Karten im Fachinformationssystem der MA22-Umweltschutz der Stadt Wien. In: Computergestützte Raumplanung : Beiträge zum 6. Symposium zur Rolle der Informationstechnologie in der und für die Raumplanung, Februar 14-16, 2001 [Tagungsband] = Computer aided spatial planning. Hrsg. von Manfred Schrenk. - Wien: Institut für EDV-Gestützte Methoden in Architektur u. Raumplanung d. Techn. Univ. Wien 2001, Bd.1, p.121-127, 12 ill. [Bd.1.2.]

2140
Roberts, Shirley Kae: ArcView coverage and maps of 1998 Wetland Reserve Program tracts. - Stillwater, OK: Oklahoma State University 1999 [Master's thesis]

2141
Seeger, Michaela: The use of geographical information systems for environment. - Portland, OR: Portland State University 2000/2001 [Master's thesis]

2142
Svekla, Walter: Representation in GIS-based simulation model integration : a case study of earthquake loss estimation and mitigation. - Seattle, WA: University of Washington 2000/2001[Master's thesis]

2143
Toloczyki, Markus and others: Umweltgeologische Karte des Gebietes Puerto Montt (Chile) im Maßstab 1 : 100 000. In: GIS und Kartographie im Umweltbereich. Gabriele Braun,Reiner Buzien, Theodor Wintges (Hrsg.). - Heidelberg: Wichmann 2001, p.33-44. ISBN 3-87907-356-2

2144
Treffler, Peter: Das Geographische Informationssystem Umwelt (GISU). In: GIS und Kartographie im Umweltbereich. Gabriele Braun, Reiner Buzien, Theodor Wintges (Hrsg.). - Heidelberg: Wichmann 2001, p.148-156, 5 ill. ISBN 3-87907-356-2

2145
Umweltmonitoring und Umweltmodellierung : GIS und Fernerkundung als Werkzeuge einer nachhaltigen Entwicklung. Thomas Blaschke. - Heidelberg: Wichmann 1999, 278 p., ill. ISBN 3-87907-335-X

2146
Wahed, Rehan: Temporal factors in mapping the green experience : a case study of Costa Rica. - Toledo, OH: University of Toledo 1999 [Master's thesis]

2147
Young, Melinda: An evaluation of non-point source pollution models integrated with GIS. - Columbia, SC: University of South Carolina 2000 [Master's thesis]

Forestry / Forstwirtschaft / Sylviculture

2148
Burden, Eugene: Hunting maps published in English periodicals. In: Journal of the International Map Collectors' Society. 84, 2001, p.27-30, 3 ill.

2149
Douville, Michelle: North American ecological zone classification for the UN Food and Agricultural Organization's Forest Resource Assessment 2000 Project : map compilation and validation. - Montreal, QC: McGill University 1999/2000 [Master's thesis]

2150
Granica, Klaus and others: Monitoring and visualisation of protection forests in high-alpine terrain using satellite data. In: High mountain cartography 2000 : proceedings of the Second Symposium of the Commission on Mountain Cartography of the International Cartographic Association held at the Alpine Centre, Rudolfshütte 2315 m, Austria from 29 March to 2 April 2000. Ed. by Manfred F. Buchroithner. - Dresden: Inst. for Cartography, Dresden Univ. of Technology [u.a.] 2000, p.229-238, 5 ill., 5 tab. (Kartographische Bausteine ; 18) ISBN 3-86005-265-9

2151
Grégoire, Jean-Marie and others: Forest fire monitoring and mapping for GOFC : current products and information networks based on NOAA-AVHRR-ATSR, and SPOT-VGT systems. In: Global and regional vegetation fire monitoring from space : planning a coordinated international effort. Ed. by Frank J. Ahern, Johann G. Goldammer and Christopher O. Justice. - The Hague: SPB Academic Publ. 2001, p.105-124, 7 ill., 2 tab.

2152
Janeczek, Deborah: Detection and measurement of Amazon tropical forest logging using remote sensing data. - East Lansing, MI: Michigan State University 1999 [Master's thesis]

2153
Karmazin, A.U.: Tomsk Affiliate, Forestry Institute, Siberian Section, Russian Academy of Sciences, Tomsk, Russia. In: Mapping sciences and remote sensing. 38, 2001, p.306-308, 3 tab. ISSN 0749-3878

2154
Maudie, Alan John: Forest inventory classification using aerial image texture in the New Brunswick Acadian Forsest Region. - Calgary, AB: University of Calgary 1999 [Master's thesis]

2155
Sandner, Eberhard: Die ältesten Standortskarten. In: Kartographische Nachrichten. 51, 2001, 1, p.47-52, 1 ill., 4 tab.

2156
Ugolini, Gian Marco: La cartografia delle aree percorse dal fuoco : procedure e metodi per la realizzazione di un GIS. In: Cultura cartografica e culture del territorio : atti del convegno nazionale (Sassari, 12-13 dicembre 2000). A cura di Giuseppe Scanu. - Genova: Brigati 2001, p.331-352, 2 ill. (Bollettino della Associazione Italiana di Cartografia No. 111-113 = 38. 2001) [Ital.]

2157
Vogt, Molly: Data tiles in a checkerboard forest : challenges of data integration with GIS. - Seattle, WA: University of Washington 1999/2000 [Master's thesis]

Geology / Geologie / Géologie

2158
Dartnell, Peter: Applying remote sensing techniques to map seafloor geology/habitat relationships. - San Francisco, CA: San Francisco State University 2000/2001 [Master's thesis]

2159
Ellenberg, Karl-Heinz: Geologische Landesaufnahme am Beispiel der vulkanologischen Spezialkarte der Wasserkuppenrhön 1 : 15 000. In: Jahresbericht 2000 des Hessischen Landesamtes für Umwelt und Geologie. - Wiesbaden 2001, p.89-95, 7 ill.

2160
Heyn, Gudrun; Richter, Brigitte; Skala, Wolfdietrich: Hinter den Polygonen : Inhalte des Erläuterungstextes einer geologischen Karte aufbereitet in Datenbanken und in Konzepten für GIS. In: Angewandte geographische Informationsverarbeitung XIII : Beiträge zum AGIT-Symposium Salzburg 2001. Strobl, Blaschke, Griesebner. - Heidelberg: Wichmann 2001, p.251-256, 1 tab. ISBN 3-87907-361-9

2161
Joó, István: Uj kéregmozgás-vizsgálati vonalak. In: Geodézia és kartográfia. 53, 2001, p.19-22, 2 ill. [New lines for RVCM investigation.] [Hung. with Engl. rés.] ISSN 0016-7118

2162
Lebel, Daniel: Comparison of high-resolution digital photogrammetry methods for geological mapping, Moose Mountain gas field, Alberta. In: Geomatica. 55, 2001, p.523-538, 9 ill., 1 tab. [Engl. with French rés.] ISSN 1195-1036

2163
Manson, Connie: Something to make your life easier : Bibliography of Highway Geologic maps. In: Information bulletin / Western Association of Map Libraries. 33, 2001, p.32-34. ISSN 0049-7282

2164
Müller, A. and others: Einsatz von GIS zur Erstellung bundesweiter hydrogeologischer Kartenwerke im "Hydrologischen Atlas von Deutschland". In: Wasserbewirtschaftung im neuen Jahrtausend : Grundwasser - Oberflächenwasser - Geoinformationssysteme. Hrsg.: H.-H. Diersch, S. Kaden, T. Michels. - Berlin: Verl. für Bauwesen 2001, p.246-254, 6 ill., 1 tab. [Tagungsband] ISBN 3-345-00789-4

2165
Müllern, Carl-Fredrik; Åsman, Magnus: SGU:s kommunala grundvattenkarta : en GIS-produkt. In: Kartbladet. 16, 2001, p.6-13, 10 ill., 2 tab. [SGU: a communal ground water map : a GIS product.] [Swed.] ISSN 0283-0418

2166
Piacente, Sandra: La cartografia come strumento di percezione e di gestione dinamica dei beni geologici. In: Cultura cartografica e culture del territorio : atti del convegno nazionale (Sassari, 12-13 dicembre 2000). A cura di Giuseppe Scanu. - Genova: Brigati 2001, p.401-407, 3 ill. (Bollettino della Associazione Italiana di Cartografia No. 111-113 = 38. 2001) [Ital.]

2167
Sauerzopf, Franz: Notizen zum Blatt 167 Güssing der Geologischen Karte 1 : 50 000 der Republik Österreich. In: Zur Landes-

kunde des Burgenlandes : Festschrift Hanns Schmidt. - Eisenstadt: Burgenländisches Landesmuseum 1998, p.71-73. (Wissenschaftliche Arbeiten aus dem Burgenland ; Bd. 100)

2168
Savaton, Pierre: La carte géologique dans l'enseignement secondaire : bilan historique et didactique; réflections et propositions d'apprentissages. - Paris: Univ. Diss. 1998, 315 Bl., ill., mp.

2169
Schulz, Georg: Fernerkundung und ihre Nutzung zur Korrektur aktueller Themenkarten pleistozäner Klimaelemente und Vereisungsgrenzen. In: Rauminformationen für das 21. Jahrhundert : Vorträge ; 20. wissenschaftlich-technische Jahrestagung der DGPF im Rahmen der Intergeo 2000, 11.-13. Oktober 2000, Kongress-Zentrum ICC, Berlin. Hrsg.: Jörg Albertz. - Berlin: DGPF 2001, p.275-285, 9 ill. (Publikationen der Deutschen Gesellschaft für Photogrammetrie und Fernerkundung ; 9)

2170
Shepard, Alex: Accuracy of interpolations for geologic mapping made from 3-D seismic models using a geographic information system. - Columbia, SC: University of South Carolina 1999 [Master's thesis]

2171
Svekla, Walter: Representation in GIS-based simulation model integration : a case study of earthquake loss estimation and mitigation. - Seattle, WA: University of Washington 2000/2001 [Master's thesis]

2172
Toloczyki, Markus and others: Umweltgeologische Karte des Gebietes Puerto Montt (Chile) im Maßstab 1 : 100 000. In: GIS und Kartographie im Umweltbereich. Gabriele Braun, Reiner Buzien, Theodor Wintges (Hrsg.). - Heidelberg: Wichmann 2001, p.33-44. ISBN 3-87907-356-2

2173
Wansa, Stefan: Die Geologische Karte - Kernprodukt der Landesaufnahme. In: Das Geologische Landesamt Sachsen-Anhalt : 10 Jahre Partner von Behörden, der Wirtschaft und Öffentlichkeit für geowissenschaftliche Fragestellungen : Tätigkeitsbericht 2000. - Halle: Geologisches Landesamt Sachsen-Anhalt 2000, p.13-21, 5 ill., 1 tab. (Mitteilungen zur Geologie von Sachsen-Anhalt, Beiheft ; 4)

2174
Winchester, Simon: The map that changed the world : William Smith and the birth of modern geology. - New York: Harper-Collins 2001, XIX, 329 p., ill., mp. [1. ed.] ISBN 0-06-019361-1

Geomorphology / Geomorphologie / Géomorphologie

2175
Bolch, Tobias; Schröder, Hilmar: Geomorphologische Kartierung und Diversitätsbestimmung der Periglazialform am Cerro Sillajhuay (Chile suppl. (Erlanger geographische Arbeiten : Sonderband ; 28) ISBN 3-920405-88-9

2176
Cobb, Michelle: Mapping gradients on Santa Cruz Island, California, from remotely sensed and ground sample data. - Santa Barbara, CA: University of California-Santa Barbara 1999 [Master's thesis]

2177
Gentizon, Caterina and others: GIS and geomorphological mapping as management

tools in Alpine periglacial areas. In: High mountain cartography 2000 : proceedings of the Second Symposium of the Commission on Mountain Cartography of the International Cartographic Association held at the Alpine Centre, Rudolfshütte 2315 m, Austria from 29 March to 2 April 2000. Ed. by Manfred F. Buchroithner. - Dresden: Inst. for Cartography, Dresden Univ. of Technology [u.a.] 2000, p.215-228, 8 ill. (Kartographische Bausteine ; 18) ISBN 3-86005-265-9

2178
Gewässerstrukturgüte in Nordrhein- Westfalen : Anleitung für die Kartierung mittelgroßer bis großer Fließgewässer. [Erarb. von Günther Friedrich...]. - Essen 2001, 152 p., ill., mp. (Landesumweltamt Nordrhein-Westfalen / Merkblätter ; 26)

2179
Giusti, Cecilia: Il modello digitale del terreno (DTM) come supporto alla cartografia geomorfologica : l'esempio della Pianura Modenense (Pianura Padana, Italia Settentrionale). In: Cultura cartografica e culture del territorio : atti del convegno nazionale (Sassari, 12-13 dicembre 2000). A cura di Giuseppe Scanu. - Genova: Brigati 2001, p.409-417, 4 ill. (Bollettino della Associazione Italiana di Cartografia No. 111-113 = 38. 2001) [Ital.]

2180
Häberling, Christian: A digital cartographic workflow for glaciomorphological map series : evaluating MACROMEDIA Free Hand as educational tool. In: Computers & Geosciences. 26, 2000, p.29-35. ISSN 0098-3004

2181
Krawczak, Peter A.: Assessment of geomorphic maps derived from airborne scanner imagery of the Tortalita Mountains. University of Arizona. - Tucson, AZ: University of Arizona 2000 [Master's thesis]

2182
Neugebauer, Claudia: Einsatz von CIR-Luftbilddaten bei der Gewässerstrukturgütekartierung. In: Die Nutzung der Biotoptypen- und Landnutzungskartierung aus Color-Infrarot-(CIR) Luftbildern : Anwendungsmöglichkeiten und Beispiele. Mit Beiträgen von Claudia Neugebauer...Hrsg.: Sächsisches Landesamt für Umwelt und Geologie. - Dresden: Sächsisches Landesvermessungsamt für Umwelt u. Geologie 2001, p.69-78, 7 ill., 1 tab. (Materialien zu Naturschutz und Landschaftspflege ; 2001)

2183
Oya, Kazutaka: Geomorphological survey map of the upper reaches of the Kizu River basin showing classification of flood stricken areas : on the characteristics of the erosion plain found in Japan. In: Map : journal of the Japan Cartographers Association. 39, 2001, p.18-23, 1 ill., 1 mp. [Jap.] ISSN 0009-4897

2184
Voženílek, Vít: Integrace GPS a GIS při tvorbě digitální geomorfologické mapy. In: Geodetický a kartografický obzor. 47, 2001, p.191-195, 3 ill., 1 tab. [Integration of GPS and GIS while creating the digital geomorphologic map.] [Czech. with Engl. rés.] ISSN 0016-7096

Geophysics / Geophysik / Géophysique

2185
Casas Santiuste, Benito Javier: Cartografía y observatorio geomagnéticos en Isla Livingston, Antártida (1990-2000). In: Topografía y Cartografía. 102, 2001, p.4-16, 13 ill., 3 tab.

2186
Grapes, Rodney: Archival maps relating to the 1848 and 1855 earthquakes, New Zealand. In: New Zealand Map Society journal. 14, 2001, p.19-32, 11 ill.
ISSN 0113-2458

2187
Kostelecký, Jakub: Odhad p|resnosti modelu Bouguerových anomálií. In: Geodetický a cartografický obzor. 47, 2001, 6, p.117-123, 6 ill., 2 tab. [Accuracy estimates of Bouguer anomaly model.] [Slovak. with Engl. rés.]

2188
Zehner, Björn; Kümpel, Hans-Joachim: Immersive Visualisierungstechniken bei der geophysikalischen Erkundung des Untergrundes. In: Kartographische Nachrichten. 51, 2001, p.196-200, 4 ill.
ISSN 0022-9164

Geoscience / Geowissenschaften / Science de la terre

2189
Bandy, Stephen; Wallace, Darren: GeoBASE.WA : Geoscientific Data Online in WA. In: Cartography : journal of the Mapping Sciences Institute, Australia. 30, 2001, p.31-39, 5 ill. ISSN 0069 0805

2190
Butwilowski, Wladimir: Über den kartographischen Ansatz in den Geowissenschaften : Überlegungen des Kartennutzers. In: Diskussionsbeiträge zur Kartosemiotik und zur Theorie der Kartographie. Alexander Wolodtschenko und Hansgeorg Schlichtmann. - Dresden 2000, p.5-12. [With Engl., and Russ. rés.]
ISBN 3-00-007305-1

2191
Cerri, Carlos E.P. and others: GIS erosion risk assessment of the Piracicaba River Basin, southeastern Brazil. In: Mapping sciences and remote sensing. 38, 2001, p.157-171, 6 ill., 2 tab. ISSN 0749-3878

2192
Kienholz, Hans; Graf, Christoph: Vom Gelände zur Karte der Phänomene : Kompendium. Hrsg.: Nationales Plattform Naturgefahren (PLANAT) ... - Bern: BBL, EDMZ 2000, 53 p., ill., mp. (Naturgefahren)

2193
Kriz, Karel: Lawinen-Kartographie - Visualisierung von dynamisch-temporären Phänomenen im Gebirge. In: GIS und Kartographie im Umweltbereich. Gabriele Braun,Reiner Buzien, Theodor Wintges (Hrsg.). - Heidelberg: Wichmann 2001, p.45-79, 29 ill., 5 tab.
ISBN 3-87907-356-2

2194
Mauro Conti, Antonio and others: SOL (System On Line), Studio propedeutico alla progettazione del SIT della Regione Sardegna. In: Cultura cartografica e culture del territorio : atti del convegno nazionale Sassari, 12-13 dicembre 2000). A cura di Giuseppe Scanu. - Genova: Brigati 2001, p.283-297, 3 ill. (Bollettino della Associazione Italiana di Cartografia No. 111-113 = 38. 2001) [Ital.]

2195
McAdoo, Brian G.: Mapping submarine slope failures. In: Marine and coastal geographical information systems. Ed. by Dawn J. Wright. - London: Taylor & Francis 2001, p.189-204, 9 ill. (Research monographs in geographic information systems)[Reprinted] ISBN 0-7484-0862-2

2196
Neumann, Andreas: Contributions to computer-assisted cave mapping and 3D-visualization of cave systems. In: High mountain cartography 2000 : proceedings of the Second Symposium of the Commission on Mountain Cartography of the International Cartographic Association held at the Alpine Centre, Rudolfshütte 2315 m, Austria from 29 March to 2 April 2000. Ed. by Manfred F. Buchroithner. - Dresden: Inst. for Cartography, Dresden Univ. of Technology [u.a.] 2000, p.121-130, 7 ill. (Kartographische Bausteine ; 18) ISBN 3-86005-265-9

2197
Siemer, Julia; Pfaff, Anita; Asche, Hartmut: Geoinformationssysteme zur Bekämpfung, Frühwarnung und Prävention von Naturgefahren. In: Kartographische Nachrichten. 51, 2001, 2, p.77-82, 3 ill.

2198
Siwek, Jerzy: Niektóre problemy kartografii srodowiska przyrodniczego Polski. In: Polski przeglad kartograficzny. 33, 2001, 2, p.106-113, 4 ill. [Certain problems in mapping the natural environment in Poland.] [Pol. with Engl. and Russ. rés.]

2199
Soru, Anna Maria; Incollu, Giampiero: Applicazione del GIS nella valutazione del rischio di erosione in ambito di pianificazione di area vasta (il caso del P.U.P. di Nuoro). In: Cultura cartografica e culture del territorio : atti del convegno nazionale (Sassari, 12-13 dicembre 2000). A cura di Giuseppe Scanu. - Genova: Brigati 2001, p.253-282, 22 ill. (Bollettino della Associazione Italiana di Cartografia No. 111-113 = 38. 2001) [Ital.]

2200
Wintges, Theodor; Hörner, Eduard: Animation von 3-D-Darstellungen im Hochgebirge. In: GIS und Kartographie im Umweltbereich. Gabriele Braun, Reiner Buzien, Theodor Wintges (Hrsg.). - Heidelberg: Wichmann 2001, p.80-88, 8 ill. ISBN 3-87907-356-2

2201
Zinck, J. Alfred and others: Mapping and modelling mass movements and gullies in mountainous areas using remote sensing and GIS techniques. In: International journal of applied earth observation and geoinformation. 3, 2001, p.43-53. 9 ill., 3 tab.

Glaciology / Glaziologie / Glaciologie

2202
Atwood, Nathan N.: Mapping glacier flow on the Juneau Icefield, Alaska-Canada. - Corvallis, OR: Oregon State University 1999 [Master's thesis]

2203
Galanda, Martin: Online (cartographic) visualization of the avalanche bulletin. In: High mountain cartography 2000 : proceedings of the Second Symposium of the Commission on Mountain Cartography of the International Cartographic Association held at the Alpine Centre, Rudolfshütte 2315 m, Austria from 29 March to 2 April 2000. Ed. by Manfred F. Buchroithner. - Dresden: Inst. for Cartography, Dresden Univ. of Technology [u.a.] 2000, p.207-214, 5 ill. (Kartographische Bausteine ; 18) ISBN 3-86005-265-9

2204
Kaufmann, Viktor; Plösch, Reinhard: Reconstruction and visualization of the retreat of two small cirque glaciers in the Austrian Alps since 1850 : from static maps towards dynamic computer animation. In: High

mountain cartography 2000 : proceedings of the Second Symposium of the Commission on Mountain Cartography of the International Cartographic Association held at the Alpine Centre, Rudolfshütte 2315 m, Austria from 29 March to 2 April 2000. Ed. by Manfred F. Buchroithner. - Dresden: Inst. for Cartography, Dresden Univ. of Technology [u.a.] 2000, p.239-253, 9 ill., 3 tab. (Kartographische Bausteine ; 18) ISBN 3-86005-265-9

2205
Mair, Rudi: Meteorological causes of the catastrophic avalanche at Galtuer. In: High mountain cartography 2000 : proceedings of the Second Symposium of the Commission on Mountain Cartography of the International Cartographic Association held at the Alpine Centre, Rudolfshütte 2315 m, Austria from 29 March to 2 April 2000. Ed. by Manfred F. Buchroithner. - Dresden: Inst. for Cartography, Dresden Univ. of Technology [u.a.] 2000, p.255-258, 3 ill., 1 tab. (Kartographische Bausteine ; 18) ISBN 3-86005-265-9

2206
Martí i Domèmech, Glòria and others: The avalanche paths cartography in the Catalan Pyrenees. In: High mountain cartography 2000 : proceedings of the Second Symposium of the Commission on Mountain Cartography of the International Cartographic Association held at the Alpine Centre, Rudolfshütte 2315 m, Austria from 29 March to 2 April 2000. Ed. by Manfred F. Buchroithner. - Dresden: Inst. for Cartography, Dresden Univ. of Technology [u.a.] 2000, p.255-258, 3 ill., 1 tab. (Kartographische Bausteine ; 18) ISBN 3-86005-265-9

2207
Schaper, Jesko: Fernerkundungsbasierte Kartierung von Schnee- und Eisflächen hochalpiner Gebiete : ein Beitrag zur Abflussmodellierung und Bewertung der Auswirkungen potentieller Klimaänderungen. - Zürich: RSL 2000, VIII, 99 p., ill., mp. (Remote sensing series ; vol. 34) ISBN 3-03-703000-3

2208
Schulz, Georg: Fernerkundung und ihre Nutzung zur Korrektur aktueller Themenkarten pleistozäner Klimaelemente und Vereisungsgrenzen. In: Rauminformationen für das 21. Jahrhundert : Vorträge ; 20. wissenschaftlich-technische Jahrestagung der DGPF im Rahmen der Intergeo 2000, 11.-13. Oktober 2000, Kongress-Zentrum ICC, Berlin. Hrsg.: Jörg Albertz. - Berlin: DGPF 2001, p.275-285, 9 ill. (Publikationen der Deutschen Gesellschaft für Photogrammetrie und Fernerkundung ; 9)

History / Geschichte / Histoire

2209
Casti, Emanuela: The analogical and digital systems in Euclidean cartography : the colonisation and iconisation of Africa. In: Diskussionsbeiträge zur Kartosemiotik und zur Theorie der Kartographie ; 4. Alexander Wolodtschenko und Hansgeorg Schlichtmann. - Dresden 2001, p.15-28, 5 ill. [With Germ., and Russ. rés.] ISBN 3-86005-300-0

2210
Copeaux, Étienne: Une version turque du monde à travers les cartes de 1931 à nos jours. - Paris: CNRS ed. 2000, 240 p., ill., mp. ISBN 2-271-05700-0

2211
Kanok, Jaromír: Vývoj hranice českého Slezska převedené do mapy 1: 200 000. In: Geodetický a kartografický obzor. 47, 2001, p.237-242, 1 ill., 3 tab. [Evolution

of boundaries of the Czech Silesia transferred in a map at 1 : 200 000.] [Czech. with Engl. rés.] ISSN 0016-7096

2212
Kuipers, Jasper: Het Cambodian Genocide Programma : De 'Killling Fields' in kaart gebracht. In: Kartografisch tijdschrift. 27, 2001, p.44-49, 7 ill. [The Cambodian Genocide Programme : mapping the 'Killing Fields'.] [Dutch with Engl., and French rés.]

2213
Mattox, Nathan E.: Using GIS as a querying tool for Oklahoma sites listed in the National Register of Historic Places. - Stillwater, OK: Oklahoma State University 2000 [Master's thesis]

2214
Sales, Pierre: Afryqah (Africa) : The E-Book and the history. In: The Portolan. 2001, p.30-41, 7 ill. ISSN 1096-1925

2215
Simms, Anngret; Opll, Ferdinand: List of the European atlases of historic towns. - Brussels: Archives et Bibliotèques de Belgique 1998, 48 p. (Archives et bibliothèques de Belgique ABB, Numéro spécial ; 56)

2216
Vogel, Steven: The Classical Atlas Project - mapping the Greek and Roman world: "Barrington Atlas of the Greek and Roman World". In: The Portolan. 2001, p.37-40, 2 ill. ISSN 1096-1925

Hydrography / Hydrographie / Hydrographie

2217
Ammann, Gerhard; Hilfiker, Ronni; Schaub, Daniel: Friedrich Mühlberg : 100 Jahre "Quellenkarte des Kantons Aargau". - Aarau: Abt. Umweltschutz 2001, 70 p., ill., mp. (Umwelt Aargau ; Sondernummer 11: Wasser, Gewässer)

2218
Baule, Francesco: La carta forestale della Sardegna. In: Cultura cartografica e culture del territorio : atti del convegno nazionale (Sassari, 12-13 dicembre 2000). A cura di Giuseppe Scanu. - Genova: Brigati 2001, p.189-196. (Bollettino della Associazione Italiana di Cartografia No. 111-113 = 38. 2001) [Ital.]

2219
Berkner, Andreas: Die Pläne der "Gewäßer um Leipzig" von 1748 und 1775 und der "Leipziger Wasserknoten" im Wandel der Zeiten. In: Leipzig im Kartenbild. Hrsg. von der Stadt Leipzig, der Oberbürgermeister, Stadtarchiv [Red. Beate Berger...]. - Leipzig: Leipziger Univ.-Verl. 2001, p.51-61, 2 ill. (Leipziger Kalender, Sonderband, 2001 ; 1) ISBN 3-935693-10-2

2220
Brockmann, Herbert; Mandlburger, Gottfried: Aufbau eines digitalen Geländemodells vom Wasserlauf der Grenzoder. In: Photogrammetrie - Fernerkundung - Geoinformation : Geodaten schaffen Verbindungen ; Vorträge ; 21. wissenschaftlich-technische Jahrestagung d. DGPF, 4.-7. September 2001. Hrsg.: Eckhardt Seyfert. - Berlin: DGPF 2001, p.199-208, 8 ill. (Publikationen der Deutschen Gesellschaft für Photogrammetrie und Fernerkundung ; 10)

2221
Carpenter, Stephen: Agricultural non-point source (AGNPS) water quality modeling in a GIS environment. - Morgantown, WV: West Virginia University 2000/2001 [Master's thesis]

2222
Gadem, Abu-Elgassim Yousif: Land resources evaluation : an approach for soil quality assessment and mapping of riparian areas using GIS. - Lincoln, NE: University of Nebraska-Lincoln 2000/2001 [Master's thesis]

2223
Gewässerstrukturgüte in Nordrhein-Westfalen : Anleitung für die Kartierung mittel großer bis großer Fließgewässer. [Erarb. von Günther Friedrich...]. - Essen 2001, 152 p., ill., mp. (Landesumweltamt Nordrhein-Westfalen / Merkblätter ; 26) [1. Aufl.]

2224
Günther-Diringer, Detlef; Döpke, Martin: Die Online-Version des Oder- Auen-Atlas. In: Angewandte geographische Informationsverarbeitung XIII : Beiträge zum AGIT-Symposium Salzburg 2001. Strobl, Blaschke, Griesebner. - Heidelberg: Wichmann 2001, p.215-220, 4 ill. ISBN 3-87907-361-9

2225
Haller, Thomas: Der digitale Hydrologische Atlas der Schweiz : das Online-Archiv sowie Überlegungen zum Einsatz der Informatik im Dienste der Hydrologie. - Bern: Universität 2001, IV, 95 p., ill. + 1 CD-ROM.

2226
Irmer, U.; Blondzik, K.: Anforderungen an den Gewässerschutz : Karten der EG-Wasserrahmenrichtlinie. In: Wasserbewirtschaftung im neuen Jahrtausend : Grundwasser - Oberflächenwasser - Geoinformationssysteme. Hrsg.: H.-H. Diersch, S. Kaden, T. Michels. - Berlin: Verl. für Bauwesen 2001, p.241-245, 1 ill., 1 tab. [Tagungsband] ISBN 3-345-00789-4

2227
Jansa, Josef: Die Klassifizierung der Schneebedeckung aus Satellitenaufnahmen im kleinräumigen alpinen Bereich in Theorie und Praxis. In: VGI : österreichische Zeitschrift für Vermessung & Geoinformation. 89, 2001, p.50-63, 13 ill. ISSN 0029-9650

2228
Kern, F.-J.; Leibundgut, Ch.: GIS für den Hydrologischen Atlas von Deutschland. In: Wasserbewirtschaftung im neuen Jahrtausend : Grundwasser - Oberflächenwasser - Geoinformationssysteme. Hrsg.: H.-H. Diersch, S. Kaden, T. Michels. - Berlin: Verl. für Bauwesen 2001, p.234-240, 2 ill. [Tagungsband] ISBN 3-345-00789-4

2229
Kolcsár, Imre: Arvízvédelmi célú domborzatmodell a Tisza folyó egy szakaszára. In: Geodézia es kartográfia. 53, 2001, 5, p.17-23, 4 ill. [Digital terrain model (DTM) at a given part of the river Tisza, in order to the flood protection design.] [Hung. with Engl. rés.]

2230
Kostecki, Stanisław: Opracowywanie map potencjalnych stref zalewowych na podstawie numerycznego modelu terenu. In: Polski przegląd kartograficzny. 33, 2001, 1, p.24-34, 4 ill., 1 tab. [Preparation of a DTM-based potential backwater zone map.] [Pol. with Engl. and Russ. rés.]

2231
Kucha, Stephen: The dynamics of flood plain mapping in assessing risk for the National Flood Insurance Program. - Binghamton, NY: Binghamton University - State University of New York 2000/2001 [Master's thesis]

2232
Leppig, B.; Neumann, D.; Schetelig, K.: Modellierung der Schutzfunktion der Grundwasserüberdeckung mit GIS - zwei Ansätze im Vergleich. In: Wasserbewirtschaftung im neuen Jahrtausend : Grundwasser - Oberflächenwasser - Geoinformationssysteme. Hrsg.: H.-H. Diersch, S. Kaden, T. Michels. - Berlin: Verl. für Bauwesen 2001, p.310-314, 3 ill. [Tagungsband] ISBN 3-345-00789-4

2233
Magnuszewski, Artur: Cartographic analysis of the Vistula river channel development near the village of Wyszogrod (Poland). In: Floodplain pollution control management Vistula river, Poland. [Hrsg.: Deutsches Nationalkomitee für das Internationale Hydrologische Programm (IHP) der UNESCO und das Operationelle Hydrologische Programm (OHP) der WMO]. - Koblenz: Bundesanstalt für Gewässerkunde IHP / OHP-Sekretariat 2000, p.65-69, 3 ill. (IHP-OHP-Berichte / Sonderheft ; 11)

2234
Magnuszewski, Artur: Digital Terrain Model : a means of floodplain process evaluation. In: Floodplain pollution control management Vistula river, Poland. [Hrsg.: Deutsches Nationalkomitee für das Internationale Hydrologische Programm (IHP) der UNESCO und das Operationelle Hydrologische Programm (OHP) der WMO]. - Koblenz: Bundesanstalt für Gewässerkunde IHP / OHP-Sekretariat 2000, p.41-50, 5 ill. (IHP-OHP-Berichte / Sonderheft ; 11)

2235
McMaster, Kevin: The effects of D.E.M. resolution on derived hydrologic network accuracy. - London, ON: University of Western Ontario 2000 [Master's thesis]

2236
Meijers, P.G.; Venemans, B. Albert: Rijkswaterstaat en de toegankelijkheid van geoinformatie : Huidige status van hun productie wereldwijd. In: Kartografisch tijdschrift. 27, 2001, 2, p.23-28, 3 ill. [The Directorate-General of Public Works and Water Management and the accessibility of geoinformation.] [Dutch with Engl. and French rés.]

2237
Michels, U.; Pufe, Ch.: DV-gestützte Erarbeitung von Gewässerpflege-und -entwicklungsplänen. In: Wasserbewirtschaftung im neuen Jahrtausend : Grundwasser - Oberflächenwasser - Geoinformationssysteme. Hrsg.: H.-H. Diersch, S. Kaden, T. Michels. - Berlin: Verl. für Bauwesen 2001, p.246-261, 7 ill., 1 tab. [Tagungsband] ISBN 3-345-00789-4

2238
Müller, Bernd; Pazmandy, Mark: GIS à la carte : Digitalisierung analoger Bestandspläne als Basis eines Abwasserkatasters. In: GeoBIT : das Magazin für raumbezogene Informationstechnologie. 6, 2001, 1, p.28-29, 2 ill.

2239
Müllern, Carl-Fredrik; Åsman, Magnus: SGU:s kommunala grundvattenkarta : en GIS-produkt. In: Kartbladet. 16, 2001, p.6-13, 10 ill., 2 tab. [SGU: a communal ground water map : a GIS product.] [Swed.] ISSN 0283-0418

2240
Neugebauer, Claudia: Einsatz von CIR-Luftbilddaten bei der Gewässerstrukturgütekartierung. In: Die Nutzung der Biotoptypen- und Landnutzungskartierung aus Color-Infrarot-(CIR) Luftbildern : Anwendungsmöglichkeiten und Beispiele. Mit Beiträgen von Claudia Neugebauer...

Hrsg.: Sächsisches Landesamt für Umwelt un. Geologie. - Dresden: Sächsisches Landesvermessungsamt für Umwelt u. Geologie 2001, p.69-78, 7 ill., 1 tab. (Materialien zu Naturschutz und Landschaftspflege ; 2001)

2241
Noseda, Irma: Die große Landnahme zu Lasten der Gewässer im 19. Jahrhundert : am Beispiel der Linth-Korrektion. In: Cartographica Helvetica. 23, 2001, p.27-34, ill., mp. ISSN 1015-8480

2242
Prechtel, Nikolas: Selected problems and solutions for drainage modelling and handling in a GIS. In: Diskussionsbeiträge zur Kartosemiotik und zur Theorie der Kartographie ; 4. Alexander Wolodtschenko und Hansgeorg Schlichtmann. - Dresden 2001, p.29-38, 3 ill. [With Germ., and Russ. rés.] ISBN 3-86005-300-0

2243
Roberts, Shirley Kae: ArcView coverage and maps of 1998 Wetland Reserve Program tracts. - Stillwater, OK: Oklahoma State University 1999 [Master's thesis]

2244
Rossi, Annarita: Cartografia storica e GIS : proposte per la pianificazione del territorio. In: Cultura cartografica e culture del territorio : atti del convegno nazionale (Sassari, 12-13 dicembre 2000). A cura di Giuseppe Scanu. - Genova: Brigati 2001, p.477-492, 8 ill. (Bollettino della Associazione Italiana di Cartografia No. 111-113 = 38. 2001) [Ital.]

2245
Scheele, Theo: Een dagje... : Hoe nat is het DTB-Nat van Rijkswaterstaat? In: Geodesia : tijdschrift voor geodesie en geoinformatie. 43, 2001, 6, p.316-321, 9 ill. [How wet is the 'DTB-Wet'system of Rijkswaterstaat?] [Dutch with Engl. rés.]

2246
Speich, Daniel: Das Planarchiv der Eidgenössischen Linthkommission. In: Cartographica Helvetica. 23, 2001, p.35-38, 6 ill.

2247
Stanger, Mark C.: An integrated geographic information system database for modflow groundwater modeling. - Salt Lake City, UT: University of Utah 2000/2001 [Master's thesis]

2248
Töyrä, Jessika K.C.: Flood mapping in the Peace-Athabasca delta, Canada, using Radarsat and Spot imagery. - Saskatoon, SK: University of Saskatchewan 1999/2000 [Master's thesis]

2249
Wimmer, Guido and others: Das Hydrologische Kartenwerk Nordrhein-Westfalen auf dem Weg zum Fachinformationssystem Grundwasser. In: Angewandte geographische Informationsverarbeitung XIII : Beiträge zum AGIT-Symposium Salzburg 2001. Strobl, Blaschke, Griesebner. - Heidelberg: Wichmann 2001, p.524-533, 6 ill. ISBN 3-87907-361-9

2250
Wolodtschenko, Alexander: Die syntaktischen Besonderheiten von Zeichen hydrographischer Objekte in prähistorischen und frühgeschichtlichen Karten. In: Kartosemiotische und konzeptionelle Aspekte der 90er Jahre. Hrsg. von Alexander Wolodtschenko und Hansgeorg Schlichtmann. - Dresden 1999, p.119-124, 4 ill. (Diskussionsbeiträge zur Kartosemiotik und zur Theorie der Kartographie ; Bd. 2) [Internationales Korrespondens-Seminar]

2251
Wyczałek, Ireneusz: The cartographic development of the decision charts technique. In: Geodezja i kartografia. 50, 2001, p.149-157, 7 ill., 4 tab. [Engl. with Pol. and Russ. rés.] ISSN 0016-7134

Land use / Landnutzung / Utilisation

2252
Bareth, Georg: Integration einer IRS-1C-Landnutzungsklassifikation in ATKIS zur Verbesserung der Information zur landwirtschaftlichen Nutzfläche am Beispiel des württembergischen Allgäus. In: Geo-Informationssysteme : GIS; Zeitschrift für raumbezogene Informationen und Entscheidungen. 14, 2001, 6, p.40-45, 6 ill., 4 tab. [With Engl. rés]

2253
Bauer, Thomas; Steinnocher, Klaus: Perparcel land use classification in urban areas applying a rule-based technique. In: Geo-Informationssysteme : GIS; Zeitschrift für raumbezogene Informationen und Entscheidungen. 14, 2001, 6, p.24-27, 3 ill. [With Germ. rés.]

2254
Candura, Anna Rosa: La carta della utilizzazione del suolo d'Italia e la Lombardia : dalla tradizione al futuro. In: Cultura cartografica e culture del territorio : atti del convegno nazionale (Sassari, 12-13 dicembre 2000). A cura di Giuseppe Scanu. - Genova: Brigati 2001, p.587-609, 4 ill. (Bollettino della Associazione Italiana di Cartografia No. 111-113 = 38. 2001) [Ital.]

2255
Color-Infrarot-Biotoptypen- und Landnutzungskartierung : Freistaat Sachsen, Landesamt für Umwelt und Geologie. Bearb.: Günter Frietsch. - Dresden: Sächsisches Landesamt für Umwelt u. Geologie 2000, 1 CD-ROM. (Materialien zu Naturschutz und Landschaftspflege) [Elektronische Ressource]

2256
Feranec, Ján and others: Výsledky porovnania národných štatistík česka, Mad'arska, Rumunska a Slovenska s údajmi CORINE land cover. In: Geodetický a kartografický obzor. 47, 2001, p.208-213, 2 ill., 3 tab. [Results of comparing the national statistics of the Czech Republic, Hungary, Rumania and Slovakia with CORINE land cover data.] [Slovak. with Engl. rés.] ISSN 0016-7096

2257
Huang, Chengquan: Improved land cover characterization from satellite remote sensing. - College Park, MD: University of Maryland at College Park 1999 [Doct. diss.]

2258
Hurni, Lorenz; Schneider, Barbara: Kartographische Visualisierung von Geodaten : [Beispiel: Landnutzung Rafzerfeld]. In: Tagungsband GIS / SIT 2000. ed.: L. Hurni. In: Tagungsband GIS / SIT 2000. - Fribourg, 6 p.

2259
Husak, Greg: The impact of Landsat Thematic Mapper positional accuracy on the validation of the DISCover global land cover database. - Santa Barbara, CA: University of California-Santa Barbara 1999 [Master's thesis]

2260
Jong, Steven M. de; Hornstra, Tom; Maas, Hans-Gerd: An integrated spatial and spectral approach to the classification of Mediterranean land cover types : the SSC method. In: International journal of

applied earth observation and geoinformation. 3, 2001, p.176-183, 7 ill., 2 tab. ISSN 0303-2434

2261
Kahle, David Christopher: Implementing a web-based cartographic interface for the Center for Land Use Interpretation : a methodological study. - Atlanta, GA: Giorgia State University 1999 [Master's thesis]

2262
Kias, Ulrich; Demel, Walter; Schüpferling, Ralf: Zur Homogenisierung und Automatisierung von Biotoptypen- und Nutzungskartierungen im Alpenraum. In: Angewandte geographische Informationsverarbeitung XIII : Beiträge zum AGIT-Symposium Salzburg 2001. Strobl, Blaschke, Griesebner. - Heidelberg: Wichmann 2001, p.267-273, 2 ill., 2 tab. ISBN 3-87907-361-9

2263
Leiss, Ivo: Einsatz der Satellitenfernerkundung für die Bodennutzungsstatistik : Methoden und Resultate eines Forschungsprojektes. - Neuchâtel: Bundesamt für Statistik 2000, 64 p., ill. (Statistik der Schweiz ; 2, Raum und Umwelt) [Engl. ed.: Application of satellite remote sensing for land use statistics] ISBN 3-303-02059-0

2264
Liu, Qian: GIS-based decision support system for abandoned coal mine site reclamation. - Terre Haute, IN: Indiana State University 2000 [Doct. diss.]

2265
Makala, Michael: Die CIR-Biotoptypen- und Landnutzungskartierung in der kommunalen Landschaftsplanung. In: Die Nutzung der Biotoptypen- und Landnutzungskartierung aus Color-Infrarot-(CIR) Luftbildern : Anwendungsmöglichkeiten und Beispiele. Mit Beiträgen von Claudia Neugebauer...Hrsg.: Sächsisches Landesamt für Umwelt un. Geologie. - Dresden: Sächsisches Landesvermessungsamt für Umwelt u. Geologie 2001, p.58-68, 7 ill., 2 tab. (Materialien zu Naturschutz und Landschaftspflege ; 2001)

2266
Manzi, Elio: Land use and land cover change, global change e paesaggio : una carta d'Italia e del Mediterraneo. In: Cultura cartografica e culture del territorio : atti del convegno nazionale (Sassari, 12-13 dicembre 2000). A cura di Giuseppe Scanu. - Genova: Brigati 2001, p.123-132, 2 ill. (Bollettino della Associazione Italiana di Cartografia No. 111-113 = 38. 2001) [Ital.]

2267
Masour, Janna: Land use / land cover changes in the Chornobyl area : 1975-1995. - Athens, GA: Giorgia State University 1999 [Master's thesis]

2268
Die Nutzung der Biotoptypen- und Landnutzungskartierung aus Color- Infrarot-(CIR) Luftbildern : Anwendungsmöglichkeiten und Beispiele. Mit Beiträgen von Claudia Neugebauer...Hrsg.: Sächsisches Landesamt für Umwelt un. Geologie. - Dresden: Sächsisches Landesvermessungsamt für Umwelt u. Geologie 2001, 78 p., ill., mp. (Materialien zu Naturschutz und Landschaftspflege ; 2001)

2269
Pereira Tenedório, José António: Télédétection en milieu péri-urbain : détéction et localisation du changement de l'occupation du sol par intégration des donnéessatellite SPOT HRV dans un système d'information géographique. Présenté et soutenue par José António Pereira

Tenedório. - Paris: Univ. 1998, 254 Bl., ill., mp. [Mikrofiche-Ausg.]

2270
Ramspott, Matthew E.: A frequency-based content-UAL classification approach to thematic land cover mapping using panchromatic satellite image data. - San Marcos, TX: South West Texas State University 1999/2000 [Master's thesis]

2271
Read, Jane M.: Land-cover change detection for the Tropics using remote sensing and geographic information systems. - Baton Rouge, LA: Louisiana State University-Baton Rouge 1999 [Doct. diss.]

2272
Scherfke, Michael: Auswertungs- und Darstellungsmöglichkeiten der CIR-Biotoptypen- und Landnutzungskartierung mittels Geographischer Informationssysteme. In: Die Nutzung der Biotoptypen- und Landnutzungskartierung aus Color-Infrarot-(CIR) Luftbildern : Anwendungsmöglichkeiten und Beispiele. Mit Beiträgen von Claudia Neugebauer...Hrsg.: Sächsisches Landesamt für Umwelt und Geologie. - Dresden: Sächsisches Landesvermessungsamt für Umwelt u. Geologie 2001, p.11-19, 9 ill., 6 tab. (Materialien zu Naturschutz und Landschaftspflege ; 2001)

2273
Seger, Martin: Rauminformationssystem Österreich - ein digitaler thematischer Datensatz des Staatsgebietes. In: VGI : österreichische Zeitschrift für Vermessung & Geoinformation. 89, 2001, p.101-110, 2 ill., 5 mp. [suppl.]. ISSN 0029-9650

2274
Shrestha, Dhruba Pikha; Zinck, J. Alfred: Land use classification in mountainous areas: integration of image processing, digital elevation data and field knowledge (application to Nepal) : some user experiences and expectations. In: International journal of applied earth observation and geoinformation. 3, 2001, p.78-85, 10 ill., 4 tab. ISSN 0303-2434

2275
Spina, Giovanni: La carta dell'uso potenziale dei suoli : un importante strumento nello studio sulla distribuzione geografica dei Nuraghi. In: Cultura cartografica e culture del territorio : atti del convegno nazionale (Sassari, 12-13 dicembre 2000). A cura di Giuseppe Scanu. - Genova: Brigati 2001, p.523-536, 2 ill. (Bollettino della Associazione Italiana di Cartografia No. 111-113 = 38. 2001) [Ital.]

2276
Tatem, Andrew J. and others: Multiple-class land-cover mapping at the sub-pixel scale using a Hopfield neural network : the SSC method. In: International journal of applied earth observation and geoinformation. 3, 2001, p.184-190, 6 ill., 3 tab. ISSN 0303-2434

Landscape / Landschaft / Paysage

2277
Battles, Bruce Lee: Using GIS as a query tool for managing the cultural landscape at Chickasaw National Recreation Area. - Stillwater, OK: Oklahoma State University 1999 [Master's thesis]

2278
Bayduss, Brett: Driving time potential mapping for site location analysis. - Charlotte, NC: University of North Carolina at Charlotte 1999/2000 [Master's thesis]

2279
Brown, Iain M.: Virtual landscapes : introduction. In: Virtual reality in geography.

Ed. by Peter Fisher and David Unwin. - London [u.a.]: Taylor & Francis 2000, p.95-105. ISBN 0-7484-0905-X

2280
Jünemann, Peter; Paar, Philip; Rekittke, Jörg: Landschaftsplanung : Verbreitung und Einsatz von 3D-Visualisierungswerkzeugen in der Planungspraxis. In: Kartographische Nachrichten. 51, 2001, p.200-204, 4 tab. ISSN 0022-9164

2281
Koch, Barbara; Harm, Jürgen: Remote sensing and spatial data for the establishment and visualisation of 3D computer landscape models as basis for visual impact assessment. In: Geo-Informations-Systeme : GIS. 14, 2001, p.41-48, 11 ill. [With Germ. and Engl. rés.] ISSN 1430-3663

2282
Kolomyts, E.G.; Yunina, V.P.: Predictive landscape-ecological mapping of a boreal ecotone on the Russian Plain. In: Mapping sciences and remote sensing. 38, 2001, p.222-231, 2 ill., 2 tab. ISSN 0749-3878

2283
Lovett, Andrew and others: Visualizing sustainable agricultural landscapes. In: Virtual reality in geography. Ed. by Peter Fisher and David Unwin. - London [u.a.]: Taylor & Francis 2000, p.102-130, 11 ill., 2 tab. ISBN 0-7484-0905-X

2284
Morrison, Susan: Using geographic information systems (GIS) overlay analysis for locating sensitive areas within the upper Pecos River watershed, New Mexico. - Albuquerque, NM: University of New Mexico 1999 [Master's thesis]

2285
Ot'ahel', Jan and others: Mapa prírodnej krajiny. In: Geodetický a kartografický obzor. 47, 2001, p.204-208, 2 ill. [Natural lands and land cover of Slovakia.] [Slovak. with Engl. rés.] ISSN 0016-7096

2286
Pelfini, Manuela; Diolaiuti, Guglielmina; Smiraglia, Claudio: L'utilizzo della cartografia storica per lo studio delle variazioni ambientali e antropiche dell'Alta Montagna Alpina. In: Cultura cartografica e culture del territorio : atti del convegno nazionale (Sassari, 12-13 dicembre 2000). A cura di Giuseppe Scanu. - Genova: Brigati 2001, p-443-464, 12 ill. (Bollettino della Associazione Italiana di Cartografia No. 111-113 = 38. 2001) [Ital.]

2287
Stromberg, Elizabeth: Viewsheds and the visual impact of rural landscapes : a GIS-based study of Afton, MN. - Minneapolis, MN: University of Minnesota 1999/2000 [Master's thesis]

2288
Wood, Jo: Visualizing the structure and scale dependency of landscapes. In: Virtual reality in geography. Ed. by Peter Fisher and David Unwin. - London [u.a.]: Taylor & Francis 2000, p.163-174, 6 ill. ISBN 0-7484-0905-X

Law / Recht / Loi

2289
Nommel, Jens Ulrich: Das geografische Muster der Kriminalität : Eine GIS-Analyse zur Identifizierung kriminogener Faktoren. In: GeoBIT : das Magazin für raumbezogene Informationstechnologie. 6, 2001, p.29-31, 4 ill. ISSN 1430-3663

Medicine / Medizin / Medicine

2290
Beckel, Julia: Methoden der Fernerkundung für die Geomedizin : Datenverknüpfung unter Einsatz der GIS-Technologie. - Wien: Universität Wien 2001, 131 p., 44 ill., 6 tab. mp.-suppl. [Dipl.-Arb.]

2291
Cussigh, Frédéric; Ogier, Sylvain; Schutz, Lionel: Le SIG au service d'une étude nationale sur l'impact des mines antipersonnel. In: XYZ : revue de l'Association Française de Topographie. 23, 2001, p.53-58, 5 ill. [French] ISSN 0290-9057

2292
Giesbers, Henriette; Veen, André van der: Nationale Atlas Volksgezondheit. In: Kartografisch tijdschrift. 27, 2001, p.29-34, 7 ill. [National Public Health Atlas.] [Dutch with Engl., and French rés.]
ISSN 0167-5788

2293
Khlebovich, I.A.; Rotanova, Irina: Cartographic support in regional medical-ecological studies: The example of Altay Kray, Russia. In: Mapping Sciences and Remote Sensing. 38, 2001, 2, p.115-129, 3 ill., 1 tab.

Military Cartography / Militärkartographie / Cartographie militaire

2294
Batten, Kit: Military School : A German schoolchild's cartographic timetable. In: Mercator's world. 6, 2001, p.44-47, 4 ill. ISSN 1086-6728

2295
Bergaglio, Maristella: L'impiego dell'aero nella rilevazione cartografica coloniale : la cartografia di guerra durante il conflitto Italo-Etiopico. In: Cultura cartografica e culture del territorio : atti del convegno nazionale (Sassari, 12-13 dicembre 2000). A cura di Giuseppe Scanu. - Genova: Brigati 2001, p.573-584. (Bollettino della Associazione Italiana di Cartografia No. 111-113 = 38. 2001) [Ital.]

2296
Corvisier-de-Villèle, Anne-Marie: Les fonds cartographiques conservés au service historique de l'armée de terre. In: Bulletin du Comité Français de Cartographie. 167, 2001, p.6-7.

2297
Cussigh, Frédéric; Ogier, Sylvain; Schutz, Lionel: Le SIG au service d'une étude nationale sur l'impact des mines antipersonnel. In: XYZ: revue de l'Association Française de Topographie. 23, 2001, p.53-58, 5 ill. [French] ISSN 0290-9057

2298
Desbrières, Michel: La cartographie de la Meuse entre Verdun et Sedan entre la première moitié du XVIIIe siècle : Lecture militaires d'un fleuve. In: Bulletin du Comité Français de Cartographie. 167, 2001, p.27-36, 10 ill.

2299
Easterbrook, Richard: GIS analysis of Civil War fortifications at Peterburg, VA. - Blacksburg, VA: Virginia Tech 1999 [Master's thesis]

2300
Ewaldson, Otto A.: "Mapping was our mission" : the military history of the 650th Engineer Topographic Battalion during World War II, August 1942 to April 1946, from Camp White, Oregon to Japan. - Port Ludlow, Wa: Alden Publ. 1996, XVI, 702 p., ill., mp. [1. ed.] ISBN 0-9654542-0-7

2301
Ferrari, Daniela: La città fortificata : Mantova nelle mappe ottocentesche del Kriegsarchiv di Vienna. - Modena: Il Bulino 2000, XXV, 277 p. ill., mp. (Il giardino delle Esperidi) [The fortified city : Mantua in the nineteenth-century maps of the Kriegsarchiv in Vienna.] [Ital.]
ISBN 88-86251-36-X

2302
Fleming, Paula L.: Serious cartography at play : Creating maps for historical games. In: Mercator's world. 6, 2001, 4, p.38-43, 7 ill. ISSN 1086-6728

2303
Foramitti, Paolo: Anton von Zach e la Kriegskarte del Friuli Venezia Giulia. In: I fiumi del Friuli Venezia Giulia : risalendo la storia / Antonio de Cilla. - Udine: P.Gaspari 2000, p.19-22, 1 ill., 1 portr. (Collezione storica ; 12) [Ital.]

2304
Fuchs, Achim: Wie alles begann. In: 200 Jahre Bayerische Vermessungsverwaltung : 1801-2001 ; es ist ein Maß in allen Dingen. [Hrsg.: Bayer. Staatsministerium der Finanzen, Abt. Vermessung, Informations- u. Kommunikationstechnik...Red.: Karlheinz Goller, Josef Klapf]. - München: Bayer. Landesvermessungsamt 2001, p.26-37, 6 ill. ISBN 3-935612-01-X

2305
Jauslin, Xaver: L'oeuvre des ingénieurs géographes français en Allemagne, de la guerre de succession d'Autriche à la guerre de sept ans (1741-1763). In: Bulletin du Comité Français de Cartographie. 167, 2001, p.19-26, 4 ill.

2306
Maggetti, Marino: Drei Manöverkarten von 1873 : der See- und der untere Sensebezirk vor 130 Jahren. In: Freiburger Geschichtsblätter. 78, 2001, p.141-164, ill., mp. ISSN 0259-3955

2307
McElfresh, Earl: Rapid field sketching : making maps for American Civil War Armies. In: The Portolan. 1998, p.28-32, 3 ill. ISSN 1096-1925

2308
Myers, James P.: Political mythology in the John Potts Manuscript Map (1758) showing Brigadier-General John Forbes's route to Fort Duquesne. In: The Portolan. 1998, p.35-46, 3 ill. ISSN 1096-1925

2309
Orgeix, Emilie d'; Warmoes, Isabelle: Une "visite" militaire des places de Franche-Comté durant la première conquźte de Louis XIV (1668). In: Bulletin du Comité Français de Cartographie. 167, 2001, p.8-11, 11 ill., 1 mp.

2310
Ottoson, Lars: Generalstabskartan 1805-1979 : författarens vedermödor. In: Kartbladet. 16, 2001, p.27-30, 2 ill. [Ordnance maps 1805-1979 : author's efforts.] [Swed.] ISSN 0283-0418

2311
Palaschewski, Thomas: Die Militärgeographische Stelle Wehrbereich VII. In: Leipzig im Kartenbild. Hrsg. von der Stadt Leipzig, der Oberbürgermeister, Stadtarchiv [Red. Beate Berger...]. - Leipzig: Leipziger Univ.-Verl. 2001, p.129-133, 3 ill. (Leipziger Kalender, Sonderband, 2001 ; 1) ISBN 3-935693-10-2

2312
Rill, Robert: Die Anfänge der Militärkartographie in den habsburgischen Erblanden : die Josephinische Landesaufnahme von

Böhmen und Mähren nach hofkriegsrätlichen Quellen. In: Quellen zur Militärgeschichte : 2000 Jahre Kriegsarchiv. - Wien 2001, p.183-202. (Mitteilungen des Österreichischen Staatsarchivs ; Bd. 49)

2313
Rubli, Markus F.: Vor Staunen fassungslos : das Murtenschlacht-Panorama - ein Kunstwerk von nationaler Bedeutung : [erstellt vom Historien- und Schlachtenmaler Louis Braun, München, 1836-1916]. In: Alpenhorn-Kalender [Ausg. Schweiz]. 76, 2001, p.128-139, ill.

2314
Squarcina, Enrico: Tra informazione, persuasione e spettacolarizzazione : l'utilizzo delle carte da parte del Corriere della Sera in occasione della guerra del Kosovo. In: Cultura cartografica e culture del territorio : atti del convegno nazionale (Sassari, 12-13 dicembre 2000). A cura di Giuseppe Scanu. - Genova: Brigati 2001, p.625-646, 14 ill. (Bollettino della Associazione Italiana di Cartografia No. 111-113 = 38. 2001) [Ital.]

2315
Stein, Wolfgang Hans: Die französischen Anfänge der Bayerischen Vermessungsverwaltung: "Bureau topographique de Bavière" (1801-1807) und "Carte der la Bavière" (1807-1818). In: Mitteilungsblatt /Deutscher Verein für Vermessungswesen, Landesverein Bayern. 53, 2001, 2, p.137-191, 5 ill.

2316
Szabó, Gyula: A Magyar Honvédség topográfiai térképrendszerének átalakítása. In: Geodézia és kartográfia. 53, 2001, p.16-19. [Conversion of the topographic map system in the Hungarian Army.] [Hung.] ISSN 0016-7118

2317
Zavodnik, Alma and others: Prostorsko planiranje za potrebe obrambe. In: Geodetski vestnik. 46, 2001, p.406-416, 1 ill., 3 tab. [Spatial planning for the need of defense.] [Sloven. with Engl. rés.]
ISSN 0351-0271

Mining / Bergbau / Mines

2318
Greiner, Piotr: Kartografia górnicza na Śląskuod XVI do pieerwszej poloxy XIX wieku : Zarys historyczny, katalog map, bibliografia. - Wroclaw: Uniwersytet Wroclanski Centrum Badań, Śląskoznawczych i Bohemistycznych 1997, 127 p., ill., mp. [Kartographie des Bergbaus in Schlesien vom 16. bis Mitte des 19. Jahrhunderts.] [Pol. with Germ. rés.]
ISBN 83-90-24-72-3

2319
Liu, Qian: GIS-based decision support system for abandoned coal mine site reclamation. - Terre Haute, IN: Indiana State University 2000 [Doct. diss.]

2320
Parker, S.; Verardo, C.: Broken Hill Mapping : a cartographic milestone. In: Cartography : journal of the Mapping Sciences Institute, Australia. 30, 2001, p.41-47, 7 ill. ISSN 0069 0805

Oceanography / Ozeanographie / Océanographie

2321
Marine and coastal geographical information systems. Ed. by Dawn J. Wright. - London [u.a.]: Taylor & Francis 2001, XXVIII, 320 p., ill., mp. (Research monographs in geographic information systems) [Reprinted] ISSN 0-7484-0862

2322
McAdoo, Brian G.: Mapping submarine slope failures. In: Marine and coastal geographical information systems. Ed. by Dawn J. Wright. - London: Taylor & Francis 2001, p.189-204, 9 ill. (Research monographs in geographic information systems) [Reprinted] ISBN 0-7484-0862-2

Pedology / Pedologie / Pédologie

2323
Avwunudiogba, Augustine: A GIS approach to soil erosion hazard assessment in Holiday Lake watershed. - Edwardsville, IL: Southern Illinois University-Edwardsville 2000/2001 [Master's thesis]

2324
Badmayev, N.B. and others: An informational-cartometric analysis of the soil-environment system. In: Mapping sciences and remote sensing. 38, 2001, 1, p.50-53, 1 ill.

2325
Claußen, Ute; Goedecke, Manfred; Metzlaff, Gabriele: Bodengesellschaftskarte Berlin. In: GIS und Kartographie im Umweltbereich. Gabriele Braun,Reiner Buzien, Theodor Wintges (Hrsg.). - Heidelberg: Wichmann 2001, p.28-32. ISBN 3-87907-356-2

2326
Comolli, Roberto; Previtali, Franco: Il paradigma suoli-paesaggio nel rilevamento e nella cartografia pedologica. In: Studi geografici e geologici in onore de Severino Belloni. A cura di Giuseppe Orombelli. - Genova: Glauco Brigati 1999, p.207-222, 5 ill. [The paradigm ground-landscape in survey and in pedologic cartography.] [Ital. with Engl., and Ital. rés.]

2327
Demattź, José Alexandre M. and others: Remote sensing in the recognition and mapping of tropical soils developed on topographic sequences. In: Mapping Sciences and Remote Sensing. 38, 2001, 2, p.79-102, 7 ill., 9 tab.

2328
Dobos, Endre and others: A regional scale soil mapping approach using integrated AVHRR and DEM data. In: International journal of applied earth observation and geoinformation. 3, 2001, p.30-42, 6 ill., 5 tab. ISSN 0303-2434

2329
Eckelmann, Wolf and others; Hoppe, Achim: Bodenübersichtskarten der Bundesrepublik Deutschland. In: GIS und Kartographie im Umweltbereich. Gabriele Braun, Reiner Buzien, Theodor Wintges (Hrsg.). - Heidelberg: Wichmann 2001, p.9-27, 1 tab. ISBN 3-87907-356-2

2330
The European soil Information System : proceedings of a Technical Consultation, Rome, Italy, 2-3 September 1999, sponsored by FAO and the European Commission ; Food and Agriculture Organization of the United Nations. - Rome 2000, VII, 150 p., ill., mp. (World soil resources reports ; 91) ISBN 92-5-104454-6

2331
Gadem, Abu-Elgassim Yousif: Land resources evaluation : an approach for soil quality assessment and mapping of riparian areas using GIS. - Lincoln, NE: University of Nebraska-Lincoln 2000/2001 [Master's thesis]

2332
Graham, Jennifer: Soil spatial variability : the process of mapping soil as a continuum.

- DeKalb, IL: Northern Illinois University 2000/2001 [Master's thesis]

2333
Günther, Gisbert; Feldhaus, Dieter: Geo-SABIS - DasBodeninformationssystem für Sachsen-Anhalt. In: Das Geologische Landesamt Sachsen-Anhalt : 10 Jahre Partner von Behörden, der Wirtschaft und Öffentlichkeit für geowissenschaftliche Fragestellungen : Tätigkeitsbericht 2000. - Halle: Geologisches Landesamt Sachsen-Anhalt 2000, p.23-31, 7 ill., 1 tab. (Mitteilungen zur Geologie von Sachsen-Anhalt, Beiheft ; 4)

2334
Kramer, Manfred: Die Ableitung von Bodenfunktionskarten aus dem Fachinformationssystem Boden auf der Grundlage der Bodenkarte 1 : 50 000 des Freistaates Sachsen. - Dresden: Techn. Univ., Inst. fürGeographie 2001, 109 p., mp. + 2 mp.-suppl. (Dresdener geographische Beiträge ; 8)

2335
Möbes, Andreas: Die Kartierung von Bergbau- und Siedlungsböden in Sachsen-Anhalt (Stand und Perspektiven). In: Das Geologische Landesamt Sachsen-Anhalt : 10 Jahre Partner von Behörden, der Wirtschaft und Öffentlichkeit für geowissenschaftliche Fragestellungen : Tätigkeitsbericht 2000. - Halle: Geologisches Landesamt Sachsen-Anhalt 2000, p.65-74, 18 ill. (Mitteilungen zur Geologie von Sachsen-Anhalt, Beiheft ; 4)

2336
Montanarella, Luca; Nègre, Thierry: The development of the Alpine Soil Information System. In: International journal of applied earth observation and geoinformation. 3, 2001, p.18-24, 4 ill.
ISSN 0303-2434

2337
Müller, Markus: Verfahren der digitalen Reliefanalyse und Satellitenbildauswertung für die Bodenkartierung des Zielmaßstabes 1: 50000 am Beispiel des Blattes Könnern. In: Photogrammetrie, Fernerkundung, Geoinformation. 2001, 2, p.91-105, 7 ill., 4 tab.

2338
Mulè, Paolo; Deroma, Mario; Baldaccini, Paolo: Rilevamento pedologico e valutazione dell'idoneità all'irrigazione : un esempio di cartografia tematica. In: Cultura cartografica e culture del territorio : atti del convegno nazionale (Sassari, 12-13 dicembre 2000). A cura di Giuseppe Scanu. - Genova: Brigati 2001, p.419-432, 5 ill. (Bollettino della Associazione Italiana di Cartografia No. 111-113 = 38. 2001) [Ital.]

2339
Oskarsson, Anita; Egelstig, Christer: GIS-stöd vid marksanering. In: Kartbladet. 16, 2001, p.9-13, 4 ill. [GIS-aided far-reaching terrain-restructuring.] [Swed.]
ISSN 0283-0418

2340
Prietzsch, C.C,; Wenkel, K.O.: Methoden der Kartierung des Bodenwassergehalts aus Fernerkundungsdaten : aktive oder passive Radardaten zur Ableitung des Bodenwassergehalts? In: Einsatzmöglichkeiten der Fernerkundung für Fragen des Bodenschutzes : Dokumentation eines Arbeitsgespräches im Umweltbundesamt am 25. November 1999 : Materialiensammlung. - Berlin: Umweltbundesamt FG II 5.2, Arbeitskreis Fernerkundung Berlin-Brandenburg e.V. 2000, p.42-51, 5 ill., 2 tab.

2341
Soares, Richard: Early soil maps of California, 1900-1940 : a bibliography with indexes. In: Information bulletin / Western

Association of Map Libraries. 32, 2001, p.189-195. ISSN 0049-7282

2342
Stegger, Ulrich: Die digitale Herstellung der Bodenübersichtskarte 1: 200 000 (BÜK 200) mit Hilfe des Geographischen Informationssystems ArcInfo. In: Tagung 2000 : Arbeitsgruppe Automation in der Kartographie / Bundesanstalt für Kartographie und Geodäsie. - Frankfurt am Main: Verl. d. Bundesamtes für Kartographie u. Geodäsie 2001, p. 131-136, 4 ill. (Mitteilungen des Bundesamtes für Kartographie und Geodäsie ; 20) ISBN 3-88648-306-1

2343
Umfrage Bodenkartierung : Bedarfsabklärung, Bodenkarten und Bodeninformationen ; Aufgaben im Zusammenhang mit der Bodenkartierung ; Ideen zu einer Bodeninformationsstelle ; Arbeitsgruppe Bodenkartierung der Bodenkundlichen Gesellschaft der Schweiz. Red.: M. Müller. - Dietikon: Juris-Dr. u. Verl. 2000, 50 p., ill. (BGS-Dokument ; 10) ISBN 3-260-05440-5

Planning / Planung / Planification

2344
Aulig, Günther; Bäuml, Norbert: Ländliche Entwicklung geht neue Wege Computergestütztes Kartiersystem beschleunigt die Flurneuordnung in Bayern. In: Fachbeiträge zur Dorferneuerung und Flurneuordnung. [Hrsg.: Bayerisches Staatsministerium für Landwirtschaft und Forsten, Abteilung Ländliche Entwicklun, Josef Atterberger]. - München 2001, p.67-69, 2 ill.

2345
Cartwright, William; Gartner, Georg; Riedl, Andreas: GeoMultimedia and Multimedia Cartography. In: Computergestützte Raumplanung : Beiträge zum 6. Symposium zur Rolle der Informationstechnologie in der und für die Raumplanung, Februar 14-16, 2001 [Tagungsband] = Computer aided spatial planning. Hrsg. von Manfred Schrenk. - Wien: Institut für EDV-Gestützte Methoden in Architektur u. Raumplanung d. Techn. Univ. Wien 2001, Bd.2, p.245-251, 3 ill., 1 tab. [Bd.1.2.]

2346
Computergestützte Raumplanung : Beiträge zum 6. Symposium zur Rolle der Informationstechnologie in der und für die Raumplanung, Februar 14-16, 2001 [Tagungsband] = Computer aided spatial planning. Hrsg. von Manfred Schrenk. - Wien: Institut für EDV-Gestützte Methoden in Architektur u. Raumplanung d. Techn. Univ. Wien 2001, Bd. 1. 229 p., ill. ; Bd. 2. p.231-444, ill. [Bd.1.2.]

2347
Ehrler, Cornel and others: GIS in der Raumplanung im Kanton Graubünden. In: Vermessung, Photogrammetrie, Kulturtechnik =Mensuration, Photogrammétrie, Génie rural. 99, 2001, 5, p.292-297, 4 ill. [With French and Ital. rés.]

2348
Fritzsche, Andreas; Spring, Markus: Free-Software Lösung zur medienübergreifenden Präsentation von Raum- und Umweltinformationen mit WebMapping und XML - realisiert im Digitalen REgional Atlas München DREAM : Beiträge zum 6. Symposium zur Rolle der Informationstechnologie in der und für die Raumplanung, Februar 14-16, 2001 [Tagungsband] = Computer aided spatial planning. In: Computergestützte Raumplanung : Beiträge zum 6. Symposium zur Rolle der Informationstechnologie in der und für die Raumplanung, Februar 14-16, 2001 [Tagungsband] = Computer aided spatial

planning. Hrsg. von Manfred Schrenk. - Wien: Institut für EDV-Gestützte Methoden in Architektur u. Raumplanung d. Techn. Univ. Wien 2001, Bd.1, p.83-86, 3 ill. [Bd.1.2.]

2349
Geographical information and planning : with 113 figures and 43 tables. John Stillwell, Stan Geertman, Stan Openshaw (Eds.). - Berlin [u.a.]: Springer 1999, IX, 454 p., ill., mp. (Advances in spatial science) ISBN 3-540-65902-1

2350
Grabar, Jože Kos: Občinski prostorski plan od ozalida do Interneta : Prikaz spremembe tehnologije izdelave kartografske dokumentacije kot dela prostorskega plana Mastne občine Maribor. In: Geodetski vestnik. 45, 2001, p.417-426, 2 ill., 1 tab. [Community spatial plan from diazo contact copy to internet.] [Sloven. with Engl. rés.] ISSN 0351-0271

2351
Günthardt, Jakob: Digitaler Zonenplan des Kantons Zug in INTERLIS. In: Vermessung, Photogrammetrie, Kulturtechnik. 99, 2001, p.594-597, 6 ill. [Germ. with French, and Ital. rés] ISSN 0252-9424

2352
Jünemann, Peter; Paar, Philip; Rekittke, Jörg: Landschaftsplanung : Verbreitung und Einsatz von 3D-Visualisierungswerkzeugen in der Planungspraxis. In: Kartographische Nachrichten. 51, 2001, p.200-204, 4 tab. ISSN 0022-9164

2353
Lammerts, Christine: Nederlands plansysteem functioneert beter met uitwisselbare ruimtelijke plannen. In: Kartografisch tijdschrift. 27, 2001, p. 25-28, 2 ill. [The planning system of the Netherlands functions better with exchangeable spatial plans.] [Dutch with Engl., and French rés.] ISSN 0167-5788

2354
Michels, U.; Pufe, Ch.: DV-gestützte Erarbeitung von Gewässerpflege-und -entwicklungsplänen. In: Wasserbewirtschaftung im neuen Jahrtausend : Grundwasser - Oberflächenwasser - Geoinformationssysteme. Hrsg.: H.-H. Diersch, S. Kaden, T. Michels. - Berlin: Verl. für Bauwesen 2001, p.246-261, 7 ill., 1 tab.[Tagungsband] ISBN 3-345-00789-4

2355
Schildwächter, Ralph; Besser, Thomas: Der multimediale Flächennutzungsplan für die Stadt Mainz. In: Computergestützte Raumplanung : Beiträge zum 6. Symposium zur Rolle der Informationstechnologie in der und für die Raumplanung, Februar 14-16, 2001 [Tagungsband] = Computer aided spatial planning. Hrsg. von Manfred Schrenk. - Wien: Institut für EDV-gestützte Methoden in Architektur u. Raumplanung d. Techn. Univ. Wien 2001, Bd.1, p.107-110, ill. [Bd.1.2.]

2356
Schlanker und effektiver Regionalplan : Praxisuntersuchung und Expertise zur Harmonisierung von Festlegungen in regionalen Raumordnungsplänen auf Grundlage des Raumordnungsgesetzes. - Stuttgart: Fraunhofer-IRB-Verl. 2000, [254] p. (Bauforschung ; T. 2932) [Forschungsprojekt im Auftr. d. BMVBW 1998-2000 ; Endbericht] [Arbeitsgemeinschaft Forschungsgruppe Prof. Dr. Dr. hc. Kistenmacher, Planungsgruppe Ökologie u. Umwelt, Prof. Dr. Erbguth] ISBN 3-8167-5772-3

2357
Vešligaj, Staško; Bizjak, Bojan: Predstavitev občinskega prostorskega plana na Internetu kot del izvjanja projekta Maribor e-mesto. In: Geodetski vestnik. 45, 2001, p.440-448, 4 ill. [Presentation of the municipal physical plan on the internet as a part of the project Maribor e-city.] [Sloven. with Engl. rés.] ISSN 0351-0271

2358
Wegner, Harald: Metainformationssysteme für Geodaten in der kommunalen räumlichen Planung. - Berlin: VWF 2000, XIX, 174 p., ill., mp. (Akademische Abhandlungen zur Raum-und Umweltforschung) ISBN 3-89700-273-6

2359
Zavodnik, Alma and others: Prostorsko planiranje za potrebe obrambe. In: Geodetski vestnik. 46, 2001, p.406-416, 1 ill., 3 tab. [Spatial planning for the need of defense.] [Sloven. with Engl. rés.] ISSN 0351-0271

Politics / Politik / Politique

2360
Monmonier, Mark S.: Bushmanders & bullwinkles : how politicians manipulate electronic maps and census data to win elections. - Chicago [u.a.]: University of Chicago Press 2001, XII, 208 p., ill., mp. ISBN 0-226-53424-3

2361
Palsky, Gilles: Emmanuel de Martonne et la cartographie ethnographique de l'Europe centrale (1917-1920). In: Bulletin du Comité Français de Cartographie. 169-170, 2001, p.76-85, 6 ill. ISSN 0755-7647

2362
Pasta, Giovanni: Il ruolo della carta nel dumping territoriale. In: Cultura cartografica e culture del territorio : atti del convegno nazionale (Sassari, 12-13 dicembre 2000). A cura di Giuseppe Scanu. - Genova: Brigati 2001, p.647-661, 3 ill. (Bollettino della Associazione Italiana di Cartografia No. 111-113 = 38. 2001) [Ital.]

2363
Rebert, Paula: La Gran Línea : mapping the United States - Mexico boundary. - Austin, Texas: Univ. of Texas Press 2001, XV, 259 p., mp. ISBN 0-292-77110-X

2364
Suba, János: A trianoni hatar kitüzése és térképei, III. rész. : A jugozláv határszakasz. In: Geodézia és kartográfia. 53, 2001, 3, p.6-9. [Set out and maps of the Hungary's frontier after Trianon peace-treaty (third part).] [Hung.]

2365
Suba, János: A trianoni hatar kitüzése és térképei, II. rész. : A magyar-román határszakasz. In: Geodézia és kartográfia. 53, 2001, 2, p.6-9. [Set out and maps of the Hungary's frontier after Trianon peace-treaty (second part).] [Hung.]

Religion / Religion / Religion

2366
Cartografia religiosa : organizzazione, codificazione e simbologia dello spazio nei sistemi religiosi. A cure di Daria Pezzoli-Olgiati, Fritz Stolz. - Bern [u.a.]: Lang 2000, 326 p., ill. (Studia religiosa Helvetica / Series altera ; 4) [Organisation, Darstellung und Symbolik des Raumes in religiösen Symbolsystemen.] [Ital. and Germ.] ISBN 3-906765-49-0

2367
Dietl, Hans: Kloster Steinheim Generalplan : unbekannter Klosterplan aufgetaucht. In: Hie gut Württemberg. 49, 1998, p.11-14.

2368
Gengnagel, Jörg: Visualisierung religiöser Räume : zur Kartographie von Benares. In: Cartografia religiosa : organizzazione, codificazione e simbologia dello spazio nei sistemi religiosi. A cure di Daria Pezzoli-Olgiati, Fritz Stolz. - Bern [u.a.]: Lang 2000, p.217-234, 2 ill. (Studia religiosa Helvetica / Series altera ; 4) [Organisation, Darstellung und Symbolik des Raumes in religiösen Symbolsystemen.] [Ital. and Germ.] ISBN 3-906765-49-0

2369
Heijden, Henk A.M. van der: Heinrich Büntings Itinerarium Sacrae Scripturae, 1581 : Ein Kapitel der biblischen Geographie. In: Cartographica Helvetica. 23, 2001, p.5-14, 15 ill.

2370
Kostelnick, John Christian: Visualizing geographic time : mapping the diffusion of the Catholic and Methodist Churches across the Iowa frontier, 1833-1891. - Lincoln, NE: University of Nebraska-Lincoln 2000/2001 [Master's thesis]

2371
Kupčík, Ivan: Pilgerroutenkarten nach Rom : Unterwegs in die Ewige Stadt. In: Damals : das aktuelle Magazin für Geschichte und Kultur. 33, 2001, 3, p.74-79, 4 ill.

2372
Michaels, Axel: Konstruktionen von Translokalität und Zentralität : eine religiöse Karte von Benares. In: Cartografia religiosa : organizzazione, codificazione e simbologia dello spazio nei sistemi religiosi. A cure di Daria Pezzoli-Olgiati, Fritz Stolz. - Bern [u.a.]: Lang 2000, p.187-216, 6 ill. (Studia religiosa Helvetica /Series altera ; 4) [Organisation, Darstellung und Symbolik des Raumes in religiösen Symbol-systemen.] [Ital. and Germ.] ISBN 3-906765-49-0

Settlement / Siedlung / Habitat

2373
Al Sahhaf, Nasr: The use of remote sensing and geographic information systems technologies to detect, monitor, and model urban change in Riyadh, Saudi Arabia. - Santa Barbara, CA: University of California, Santa Barbara 2000 [Doct. diss.]

2374
Balistreri-Trincanato, Corrado; Zanverdiani, Dario: Jacopo de Barbari : il raconto di una città. - Venezia: Cetid, 374 p., ill. + 1 portfolio. (Serie di disegno e rilievo) [The story of a town.] [Ital.] [Beil. u.d.T.: Pianta prospettica di Jacopo de Barbari]

2375
Ballo, Moïse M; Champaud, Jacques: La cartographie de l'environnement urbain. In: Villes du sud et environnement. Ed. scientifiques Daniel Bley... - Châteauneuf del Grasse: Ed. de Bergier 1998, p.131-138. (Traveaux de la Société d'Ecologie Humaine)

2376
Batty, Michael; Smith, Andy: Virtuality and cities : definitions, geographies, designs. In: Virtual reality in geography. Ed. by Peter Fisher and David Unwin. - London [u.a.]: Taylor & Francis 2000, p.270-291, 12 ill., 1 tab. ISBN 0-7484-0905-X

2377
Bauer, Thomas; Steinnocher, Klaus: Per-parcel land use classification in urban areas applying a rule-based technique. In: Geo-Informationssysteme : GIS; Zeitschrift für raumbezogene Informationen und Entscheidungen. 14, 2001, 6, p.24-27, 3 ill. [With Germ. rés.]

2378
Beale, Linda and others: Urban access for wheelchair users : an interactive mapping system. In: The Bulletin of the Society of Cartographers. 35, 2001, p.13-18, 5 ill. ISSN 0036-1984

2379
Beck, Michael; Steidler, Franz: CyberCity Modeler und Terrain View - Werkzeuge zur Visualisierung von 3D-Stadt-und Werksmodellen. In: Vermessung, Photogrammetrie, Kulturtechnik. 99, 2001, p.472-476, 8 ill. [Germ. with French and Ital. rés] ISSN 0252-9424

2380
Briese, Christian; Belada, Peter; Pfeifer, Norbert: Digitale Geländemodelle im Stadtgebiet aus Laser-Scanner-Daten. In: Photogrammetrie - Fernerkundung - Geoinformation : Geodaten schaffen Verbindungen ; Vorträge ; 21. wissenschaftlich-technische Jahrestagung d. DGPF, 4.-7. September 2001. Hrsg.: Eckhardt Seyfert. - Berlin: DGPF 2001, p.165-172, 6 ill. (Publikationen der Deutschen Gesellschaft für Photogrammetrie und Fernerkundung ; 10)

2381
Briese, Christian; Belada, Peter; Pfeifer, Norbert: Digitale Geländemodelle im Stadtgebiet aus Laser-Scanner-Daten. In: VGI : österreichische Zeitschrift für Vermessung & Geoinformation. 89, 2001, p.83-91, 10 ill., 1 tab. ISSN 0029-9650

2382
Casti, Emanuela: The analogical and digital systems in Euclidean cartography : the colonisation and iconisation of Africa. In: Diskussionsbeiträge zur Kartosemiotik und zur Theorie der Kartographie ; 4. Alexander Wolodtschenko und Hansgeorg Schlichtmann. - Dresden 2001, p.15-28, 5 ill. [With Germ., and Russ. rés.] ISBN 3-86005-300-0

2383
Cohen, Paul E.; Augustyn, Robert T.: Manhattan in maps, 1527 - 1995. In: The Portolan. 1998, p.27-34, 4 ill. ISSN 1096-1925

2384
Conti, Simonetta: L'immagine di Roma dal Medioevo al XVI secolo. In: Eventi e documenti diacronici delle principali attività geotopografiche in Roma. Andrea Cantile. - Firenze: Ist. Geografico Militare 2000, p.30-45, 9 ill. (L'Universo ; 80.2000,6, Suppl.) [The image of Rome from the Middle Ages to the XVI century.] [Ital.]

2385
Dolz, Wolfram: Beschreibung des Erdglobus von Willem Janszoon Blaeu im Stadtgeschichtlichen Museum Leipzig. In: Leipzig im Kartenbild. Hrsg. von der Stadt Leipzig, der Oberbürgermeister, Stadtarchiv [Red. Beate Berger...]. - Leipzig: Leipziger Univ.-Verl. 2001, p.47-49. (Leip-ziger Kalender, Sonderband, 2001 ; 1) ISBN 3-935693-10-2

2386
Easterbrook, Richard: GIS analysis of Civil War fortifications at Peterburg, VA. - Blacksburg, VA: Virginia Tech 1999 [Master's thesis]

2387
Ebner, Walter: Ortsplan von Altshausen : verkleinerter Ausschnitt der Stemmerschen Karte von 1766. In: Beiträge zur Kulturgeschichte von Altshausen und Umgebung. 22, 1999, p.25-[32].

2388
Fairbairn, David; Taylor, George: Data collection issues in virtual reality for urban geographical representation and modelling. In: Virtual reality in geography. Ed. by Peter Fisher and David Unwin. - London [u.a.]: Taylor & Francis 2000, p.220-238, 4 ill. ISBN 0-7484-0905-X

2389
Ferrari, Daniela: La città fortificata : Mantova nelle mappe ottocentesche del Kriegsarchiv di Vienna. - Modena: Il Bulino 2000, XXV, 277 p. ill., mp. (Il giardino delle Esperidi) [The fortified city : Mantua in the nineteenth-century maps of the Kriegsarchiv in Vienna.] [Ital.] ISBN 88-86251-36-X

2390
Gordon, Andrew: Performing London : the map and the city in ceremony. In: Literature, mapping, and the politics of space in early modern Britain. Ed. by Andrew Gordon and Bernhard Klein. - Cambridge [u.a.]: Cambridge Univ. Press 2001, p.69-88, 2 ill. ISBN 0-521-80377-2

2391
Gräf, Holger Th.: Eine unbekannte Ansicht von Leipzig aus dem Jahre 1633. In: Leipzig im Kartenbild. Hrsg. von der Stadt Leipzig, der Oberbürgermeister, Stadtarchiv [Red. Beate Berger...]. - Leipzig: Leipziger Univ.-Verl. 2001, p.17-22, 1 ill. (Leipziger Kalender, Sonderband, 2001 ; 1) ISBN 3-935693-10-2

2392
Haala, Norbert: Anwendungspotential virtueller Stadtmodelle. In: Rauminformationen für das 21. Jahrhundert : Vorträge ; 20. wissenschaftlich-technische Jahrestagung der DGPF im Rahmen der Intergeo 2000, 11.-13. Oktober 2000, Kongress-Zentrum ICC, Berlin. Hrsg.: Jörg Albertz. - Berlin: DGPF 2001, p.98-105, 5 ill. (Publikationen der Deutschen Gesellschaft für Photogrammetrie und Fernerkundung ; 9)

2393
Hartley, Sarah: Mrs P's journey : the remarkable story of the woman who created the A-Z map. - London: Simon Schuster 2001, XI, 334 p., ill. ISBN 0-7432-0801-3

2394
Hecht, Alice: Vorstellung historischer Garten- und Vogelschaupläne aus dem Bestand der Karten-und Stadtplansammlung des Stadtgeschichtlichen Museums Leipzig. In: Leipzig im Kartenbild. Hrsg. von der Stadt Leipzig, der Oberbürgermeister, Stadtarchiv [Red. Beate Berger...]. - Leipzig: Leipziger Univ.-Verl. 2001, p.51-61, 2 ill. (Leipziger Kalender, Sonderband, 2001 ; 1) ISBN 3-935693-10-2

2395
Hofmann, Peter; Kušan, Vladimir; Špirić, Zdravko: Monitoring of beaver (Castor fiber L) population wide-spreading in Lonjsko polje by means of GIS. In: Preceddings. GIS Croatia 2000. Zagreb, Osijek and Lonjsko Polje 27-29 September 2000. GIS Forum INA. In: Geo-Informationssysteme : GIS; Zeitschrift für raumbezogene Informationen und Entscheidungen. 14, 2001, 6, 2000, p.28-33, 6 ill., 1 tab. [With Germ. rés.]

2396
Jacob, Frank-Dietrich: Die älteste Ansicht der Stadt Leipzig von 1536/37. In: Leipzig im Kartenbild. Hrsg. von der Stadt Leipzig, der Oberbürgermeister, Stadtarchiv [Red. Beate Berger...]. - Leipzig: Leipziger Univ.-Verl. 2001, p.5-15, 1 ill. (Leipziger Kalender, Sonderband, 2001 ; 1) ISBN 3-935693-10-2

2397
Johnson, Jenny Marie: The cities of Blaeu's world. In: Mercator's world. 6, 2001, 2, p.24-31, 10 ill. ISSN 1086-6728

2398
Kałamucki, Krzysztof: Kształtowanie się treści i formy planów miast wydawanych przez Polskie Przedsiębiorstwo Wydawnictw Kartograficznych. In: Polski przegląd kartograficzny. 33, 2001, p.213-225, 6 ill., 1 tab. [The development of content and graphic design of city maps published by the Polskie Przedsiębiorstwo Wydawnictw Kartograficznych (Polish Cartographic Publishing House).] [Pol. with Engl., and Russ. rés.]
ISSN 0324-8321

2399
Klemp, Egon: Historische Pläne und Grundrisse von Städten und Ortschaften in Polen : ein deutsch-polnischer Katalog. Bearb. von Egon Klemp, hrsg. von Antonius Jammers. - Wiesbaden: Harassowitz 2000, XXIV, 497 p., mp., 6 mp.-suppl. ISBN 3-447-04332-6 [Parallelt: Dawne plany i rzuty pozione miast i innych miejscowości w Polsce]

2400
Koll, Karin: Energie freigesetzt : Modernisierung der Planauskunft bei den Stadtwerken Garbsen. In: GeoBIT : das Magazin für raumbezogene Informationstechnologie. 6, 2001, 2, p.22-23, 1 ill.

2401
Landshut ins Bild gesetzt : Karten und Ansichten vom 16. bis zum 20. Jahrhundert [Eine Ausstellung der Museen der Stadt Landshut im Museum im Kreuzgang vom 12. Mai bis 28. Oktober 2001]. - Landshut: Museen der Stadt Landshut 2001, 293 p., ill., mp. (Schriften aus den Museen der Stadt Landshut ; 9) ISBN 3-924943-26-5

2402
Leberl, Franz: Digitalisieren von Luftbildern. In: Österreichische Zeitschrift für Vermessung und Geoinformation. - Wien: Universität Wien 89, 2001, p.2-12, 11 ill. ISSN 0029-9650

2403
Leonardi, Sandra: Il progetto iconografico più ambizioso del Settecento romano : la pianta di Roma realizzata da Giovan Battista Nolli. In: Eventi e documenti diacronici delle principali attività geotopografiche in Roma. Andrea Cantile. - Firenze: Ist. Geografico Militare 2000, p.68-77, 4 ill. (L'Universo ; 80.2000,6, Suppl.) [The most ambitious iconographic project of the roman 18th century : the map of Rome realized by Giovan Battista Nolli.] [Ital.]

2404
Liang, Shumin: The use of a geographic information system in locating and interpreting contemporary urban growth of Chicago's urban fringe. - DeKalb, IL: Northern Illinois University 2000/2001 [Master's thesis]

2405
Madrid en sus planos 1622-2001 : Centro mesonero romanos. - Madrid: Ayuntamiento de Madrid, Area de Urbanismo, Vivienda e Infrastructuras [u.a.] [2001], 301 p., ill., mp. [Exposición con motivo del XIX Congreso Internacional de Historia de la Cartografia, Madrid 2001]
ISBN 84-7812-516-7

2406
Mangin, Claude: D'Angelinopolis à Postmetropolis, ou l'exception devenant paradigme: un modèle pour la ville mondiale? In: Mappemonde. 61, 2001, 1, p.5-8, 2 ill. [With French, Engl. and Span. rés.]

2407
Matsuaka, Masao: Visualizing sister cities : potential of sister city comparison atlases in sister cities programs in Oregon. - Eugene, OR: University of Oregon 1999 [Master's thesis]

2408
Mattox, Nathan E.: Using GIS as a querying tool for Oklahoma sites listed in the National Register of Historic Places. - Stillwater, OK: Oklahoma State University 2000 [Master's thesis]

2409
Matzke, Wilfried; Schmauß, Harald: Bestseller Stadtplan : Die Stadt Augsburg vermarktet ein amtliches Kartenwerk. In: GeoBIT : das Magazin für raumbezogene Informationstechnologie. 6, 2001, 5, p.16-18, 3 ill.

2410
Monmonier, Mark S.: Map traps : The changing landscape of cartographic copyright. In: Mercator's world. 6, 2001, 4, p.50-52, 3 ill. ISSN 1068-6728

2411
Moore, Kate E.: Visualizing data components of the urban scene. In: Virtual reality in geography. Ed. by Peter Fisher and David Unwin. - London [u.a.]: Taylor & Francis 2000, p.257-269, 5 ill. ISBN 0-7484-0905-X

2412
Müller, Hartmut: 3D-Stadtmodelle - Technik und Anwendungen. In: Rauminformationen für das 21. Jahrhundert : Vorträge ; 20. wissenschaftlich-technische Jahrestagung der DGPF im Rahmen der Intergeo 2000, 11.-13. Oktober 2000, Kongress-Zentrum ICC, Berlin. Hrsg.: Jörg Albertz. - Berlin: DGPF 2001, p.113-120, 7 ill. (Publikationen der Deutschen Gesellschaft für Photogrammetrie und Fernerkundung ; 9)

2413
Ogleby, Cliff: Virtual world heritage cities : the ancient Thai city of Ayutthaya reconstructed. In: Virtual reality in geography. Ed. by Peter Fisher and David Unwin. - London [u.a.]: Taylor & Francis 2000, p.220-238, 4 ill. ISBN 0-7484-0905-X

2414
Ono, Kunihiko and others: Color design of city map based on "Kansei"(visibility) test. In: Map : journal of the Japan Cartographers Association. 39, 2001, p.13-19, 7 ill., 7 tab. [Jap. with Engl. rés.] ISSN 0009-4897

2415
Osch, Berry van: De gemeenten en internet : Geo-informatie op het web? ...een quickscan. In: Geodesia. 43, 2001, p.550-552, 7 ill. [Dutch] ISSN 1385-7515

2416
Pereira Tenedório, José António: Télédétection en milieu péri-urbain : détéction et localisation du changement de l'occupation du sol par intégration des donnéessatellite SPOT HRV dans un système d'information géographique. Présenté et soutenue par José António Pereira Tenedório. - Paris: Univ. 1998, 254 Bl., ill., mp. [Mikrofiche-Ausg.]

2417
Petzold, Bettina: Der "Bergische Städteatlas" - ein gemeinsames Vektordatenprodukt der Städte Remscheid, Solingen und Wuppertal. In: Tagung 2000 : Arbeitsgruppe Automation in der Kartographie / Bundesanstalt für Kartographie und Geodäsie. - Frankfurt am Main: Verl. d. Bundesamtes für Kartographie u. Geodäsie

2001, p. 99-106, 4 ill. (Mitteilungen des Bundesamtes für Kartographie und Geodäsie ; 20) ISBN 3-88648-306-1

2418
Radovan, Dalibor; Janežič, Miran: Automatska kontrola logične konsistence 3D baze mestnega jedra. In: Geodetski vestnik. 45, 2001, p.54-61, 3 ill. [Logical consistency checking in a city 3D base.] [Sloven. with Engl. rés.] ISSN 0351-0271

2419
Rombai, Leonardo: Il progetto della pianta albertina di Roma e sua influenza sulla nascità di una cartografia umanistica fatta di <elevazioni e, soprattutto, modelli>, piuttosto che di <trucchi prospettivi adottati dai pittori>. In: Eventi e documenti diacronici delle principali attività geotopografiche in Roma. Andrea Cantile. - Firenze: Ist. Geografico Militare 2000, p.46-67, 11 ill. (L'Universo ; 80.2000,6, Suppl.) [The project of the Albertina Map of Rome and its' influence on the beginning of a humanistic cartography made of <elevations and, before all, models>, rather than <perspective tricks adopted of painters>.][Ital.]

2420
Rottensteiner, Franz: Halbautomatische Gebäudeauswertung durch Integration von hybrider Ausgleichung und 3D Objektmodellierung. In: Photogrammetrie, Fernerkundung, Geoinformation. 2001, p.289-301, 7 ill. ISSN 1432-8364

2421
Scheele, Theo: Geo-Informatie Eindhoven en de drie GBK's. In: Geodesia. 43, 2001, p.528-530, 5 ill. [Dutch] ISSN 1385-7515

2422
Scheele, Theo: Geo-Informatie in Beverwijk: een speciaal geval. In: Geodesia. 43, 2001, p.536-539, 5 ill. [Dutch] ISSN 1385-7515

2423
Schiermeier, Franz: "Relief der Haupt- und Residenzstadt München" : das Stadtmodell von Johann Baptist Seitz, 1841-1863. Hrst. von Renate Eikelmann. - München: Bayerisches Nationalmuseum 2000, 64 p., ill., mp. (Monographien zu den Sammlungen des Bayerischen Nationalmuseums ; Bd. 2) ISBN 3-925058-45-1

2424
Schilcher, Matthäus; Roschlaub, Robert; Liebscher, Jan: Ein 3D-Stadtmodell für die Stadt München auf Basis eines 2D-GIS. In: Mitteilungsblatt / Deutscher Verein für Vermessungswesen (DVW), Landesverein Bayern e.V. 53, 2001, p.463-477, 13 ill., 2 tab. ISSN 0723-6336

2425
Schildwächter, Ralph; Besser, Thomas: Der multimediale Flächennutzungsplan für die Stadt Mainz. In: Computergestützte Raumplanung : Beiträge zum 6. Symposium zur Rolle der Informationstechnologie in der und für die Raumplanung, Februar 14-16, 2001 [Tagungsband] = Computer aided spatial planning. Hrsg. von Manfred Schrenk. - Wien: Institut für EDV-gestützte Methoden in Architektur u. Raumplanung d. Techn. Univ. Wien 2001, Bd.1, p.107-110, ill. [Bd.1.2.]

2426
Simms, Anngret; Opll, Ferdinand: List of the European atlases of historic towns. - Brussels: Archives et Bibliotèques de Belgique 1998, 48 p. (Archives et bibliothèques de Belgique ABB, Numéro spécial ; 56)

2427
Spina, Giovanni: La carta dell'uso potenziale dei suoli : un importante strumento nello studio sulla distribuzione geografica dei Nuraghi. In: Cultura cartografica e

culture del territorio : atti del convegno nazionale (Sassari, 12-13 dicembre 2000). A cura di Giuseppe Scanu. - Genova: Brigati 2001, p.523-536, 2 ill. (Bollettino della Associazione Italiana di Cartografia No. 111-113 = 38. 2001) [Ital.]

2428
Steidler, Franz; Beck, Michael: 3D-Stadtmodelle mit dem CyberCity Modeler - Generierung und Echtzeitbegehung. In: Photogrammetrie - Fernerkundung - Geoinformation : Geodaten schaffen Verbindungen ; Vorträge ; 21. wissenschaftlich-technische Jahrestagung d. DGPF, 4.-7. September 2001. Hrsg.: Eckhardt Seyfert. - Berlin: DGPF 2001, p.181-190, 8 ill. (Publikationen der Deutschen Gesellschaft für Photogrammetrie und Fernerkundung ; 10)

2429
Steinnocher, Klaus: Beobachtung von Stadtentwicklung mit Fernerkundung - Applikationen und Innovationen. In: VGI : österreichische Zeitschrift für Vermessung & Geoinformation. 89, 2001, p.145-149, 2 ill. ISSN 0029-9650

2430
Strasser, Michael: Erstellung und Gestaltung von Ortsplänen aus der Digitalen Katastralmappe im Hinblick auf eine Nutzung im World Wide Web. - Wien: Universität Wien 2001, 87 p., 18 ill., 13 tab. [Dipl.-Arb.]

2431
Tanaka, Sotaro and others: An experimental edition of high resolution satellite image map using IKONOS data. In: Map : journal of the Japan Cartographers Association. 39, 2001, p.20-27, 3 ill., 1 mp. [Jap. with Engl. rés.] ISSN 0009-4897

2432
Tateishi, Tomoo; Watabe, Hitoshi: The Land System of Colonial Plan and Militia (Tondenhei) Settlement in Yubetsu-plain, Hokkaido. In: Map : journal of the Japan Cartographers Association. 39, 2001, p.26-30, 1 ill., 1 tab., 1 mp. [Jap.]
ISSN 0009-4897

2433
Thalmann, Daniel; Farenc, Daniel: Simulation de la vie dans une ville virtuelle. In: Vermessung, Photogrammetrie, Kulturtechnik. 99, 2001, p.477-479, 4 ill. [French with Germ., and Ital, rés.]
ISSN 0252-9424

2434
Théry, Hervé; Velut, Sébastien: Les "très grandes villes" dans le monde : Étude cartographique. In: Mappemonde. 61, 2001, 1, p.1-4, 4 ill. [With French, Engl. and Span. rés.]

2435
Uggeri, Giovanni: Forma Urbis Romae : la grande pianta marmorea di Roma antica. In: Eventi e documenti diacronici delle principali attività geotopografiche in Roma. Andrea Cantile. - Firenze: Ist. Geografico Militare 2000, p.12-29, 10 ill. (L'Universo ; 80.2000, 6, Suppl.) [Forma Urbis Romae : the great marble map of ancient Rome.] [Ital.]

2436
Vögtle, Thomas; Steinle, Eberhard: Erfahrungen mit Laserscanner-Daten zur automatisierten 3D-Modellierung von Gebäuden. In: Mitteilungsblatt / Deutscher Verein für Vermessungswesen (DVW), Landesverein Baden-Württemberg. 48, 2001, p.78-91, 15 ill. ISSN 0940-2942

2437
Wang, Xinsheng; Jiang, Youhua; Tu, Chao: The application of genetic algorithms in designing urban road's elevation. In: Geomatics and information science of Wuhan University. 26, 2001, 1, p.82-85, 1 ill., 1 tab. [Chin. with Engl. rés.]

2438
Wang, Xinzhou; Liu, Zongwei; Chen, Shunqing: Some issues on urban census GIS designing. In: Geo-spatial information science. 4, 2001, p.25-31, 9 ill. [Engl.] ISSN 1009-5020

2439
Wyczałek, Ireneusz: The cartographic development of the decision charts technique. In: Geodezja i kartografia. 50, 2001, p.149-157, 7 ill., 4 tab. [Engl. with Pol. and Russ. rés.] ISSN 0016-7134

2440
Xiong, Hanjiang; Gong, Jianya; Zhu, Qing: Spatial data model and visualization for digital city. In: Geomatics and information science of Wuhan University. 26, 2001, p.393-398, 4 ill. [Chin. with Engl. rés.] ISSN 1000-050X

2441
Zhu, Qing and others: The design and implementation of CyberCity GIS. In: Geomatics and information science of Wuhan University. 26, 2001, 1, p.8-11, 1 ill. [Chin. with Engl. rés.]

2442
Zipf, Alexander; Krüger, Sven: Flexible Modellierung und Verwaltung temporaler 3D-Geodaten. In: Geo-Informations-Systeme : GIS. 14, 2001, p.20-27, 10 ill. [With Germ. and Engl. rés.] ISSN 1430-3663

Sociology / Soziologie / Sociologie

2443
Nommel, Jens Ulrich: Das geografische Muster der Kriminalität : Eine GIS-Analyse zur Identifizierung kriminogener Faktoren. In: GeoBIT : das Magazin für raumbezogene Informationstechnologie. 6, 2001, p.29-31, 4 ill. ISSN 1430-3663

2444
Pasta, Giovanni: Il ruolo della carta nel dumping territoriale. In: Cultura cartografica e culture del territorio : atti del convegno nazionale (Sassari, 12-13 dicembre 2000). A cura di Giuseppe Scanu. - Genova: Brigati 2001, p.647-661, 3 ill. (Bollettino della Associazione Italiana di Cartografia No. 111-113 = 38. 2001) [Ital.]

2445
Russell-Chamberlin, June: Where the bad guys are : Software on crime. In: Mercator's world. 6, 2001, 1, p.34-37, 9 ill. ISSN 1086-6728

Statistics / Statistik / Statistique

2446
Brewer, Cynthia A.: Reflections on Mapping Census 2000. In: Cartography and geographic information science. 28, 2001, p.213-235, 7 ill., 4 tab. ISSN 1523-0406

2447
Feranec, Ján and others: Výsledky porovnania národných štatistík česka, Mad'arska, Rumunska a Slovenska s údajmi CORINE land cover. In: Geodetický a kartografický obzor. 47, 2001, p.208-213, 2 ill., 3 tab. [Results of comparing the national statistics of the Czech Republic, Hungary, Rumania and Slovakia with CORINE land cover data.] [Slovak. with Engl. rés.] ISSN 0016-7096

2448
Hayes, Justin; Carter, Jackie: Web-mapping the census : developing interactive interfaces for learning and teaching. In: The Bulletin of the Society of Cartographers. 35, 2001, p.5.9, 3 ill.
ISSN 0036-1984

2449
Leiss, Ivo: Einsatz der Satellitenfernerkundung für die Bodennutzungsstatistik : Methoden und Resultate eines Forschungsprojektes. - Neuchâtel: Bundesamt für Statistik 2000, 64 p., ill. (Statistik der Schweiz ; 2, Raum und Umwelt) [Engl. ed.: Application of satellite remote sensing for land use statistics]
ISBN 3-303-02059-0

2450
Wang, Xinzhou; Liu, Zongwei; Chen, Shunqing: Some issues on urban census GIS designing. In: Geo-spatial information science. 4, 2001, p.25-31, 9 ill. [Engl.]
ISSN 1009-5020

Tourism / Tourismus / Tourisme

2451
Barbour, David: Maps for fun and profit : one small company's experience. In: The cartographic journal. 38, 2001, p.81-85, 4 ill. ISSN 0008-7041

2452
Bosma, H.M.; Omme, Gerrit van: Overzichtskaart Gelderse Poort : totstandkoming en bespreking. In: Kartografisch tijdschrift. 27, 2001, p.23-26, 6 ill. [A new generation TOP 10vector data in the Netherlands.] [Dutch] ISSN 0167-5788

2453
Brown, Allan; Emmer, Nicoline; Worm, Jeroen van den: Cartographic design and production in the internet era : the example of tourist web maps. In: The cartographic journal. 38, 2001, p.61-72, 9 ill., 1 tab.
ISSN 0008-7041

2454
Brown, Allan: Web maps and tourists. In: Web cartography : developments and prospects. Ed. by Menno-Jan Kraak and Allan Brown. - London: Taylor & Francis 2001, p.123-133, 8 ill.
ISBN 0-7484-0868-1

2455
Calder, Simon: Making sense of the maps. In: The Bulletin of the Society of Cartographers. 35, 2001, p.19-20.
ISSN 0036-1984

2456
Capacci, Alberto: La rappresentazione cartografica del turismo. In: Cultura cartografica e culture del territorio : atti del convegno nazionale (Sassari, 12-13 dicembre 2000). A cura di Giuseppe Scanu. - Genova: Brigati 2001, p.353-358. (Bollettino della Associazione Italiana di Cartografia No. 111-113 = 38. 2001) [Ital.]

2457
Dodt, Jürgen: 50 Jahre Städte-Verlag. In: Kartographische Nachrichten. 51, 2001, p.172, 1 ill. ISSN 0022-9164

2458
Donato, Carlo: Suggerimenti cartografici per un turismo religioso-culturale dei nostri giorni attraverso la riscoperta degli antichi cammini della devozione nella Regione Friuli-Venezia Giulia. In: Cultura cartografica e culture del territorio : atti del convegno nazionale (Sassari, 12-13 dicembre 2000). A cura di Giuseppe Scanu. - Genova: Brigati 2001, p.359-386, 3 ill. (Bollettino della Associazione Italiana di Cartografia No. 111-113 = 38. 2001) [Ital.]

2459
Edwards, Dave: Maps for anglers. In: The cartographic journal. 38, 2001, p.103-106, 2 ill. ISSN 0008-7041

2460
Falkensteiner, Regina: Gestaltungsmethoden für großmaßstäbige Winterausgaben topographischer Spezialkarten : Fallstudie Schladming 1:50.000. - Wien: Universität Wien 2001, 103 p., 38 ill., 1 mp-suppl. [Dipl-Arb.]

2461
Feller, Manfred: Auf Tour mit Kompass und Karte und anderen Hilfsmitteln zur Orientierung. Dargestellt von Manfred Feller. - Stuttgart [u.a.]: Deutscher Wanderverlag 2000, 123 p., ill., mp. (Kompass-Wegweiser) ISBN 3-8134-0-200-2

2462
Florence, Ted: Cartography helps Olympic bid. In: The Bulletin of the Society of Cartographers. 35, 2001, p.11-13, 2 ill. ISSN 0036-1984

2463
Franklin, Paul: Maps for the reluctant. In: The cartographic journal. 38, 2001, p.87-90, 2 ill. ISSN 0008-7041

2464
Fuhrmann, Sven; Kraak, Menno-Jan: Geovisualisierung : Einführung in das Thema. In: Kartographische Nachrichten. 51, 2001, p.173-175. ISSN 0022-9164

2465
Gurtner, Martin; Kappenberger, Giovanni: Carte des randonnées à ski de Swiss-Ski /S+T. In: Les Alpes. 77, 2001, p.28-29, mp. ISSN 0002-6336

2466
Gurtner, Martin; Kappenberger, Giovanni: Skitourenkarten Swiss-Ski/L+T. In: Die Alpen. 77, 2001, p.28-29, mp. ISSN 0002-6336

2467
Hartley, Sarah: Mrs P's journey : the remarkable story of the woman who created the A-Z map. - London: Simon Schuster 2001, XI, 334 p., ill. ISBN 0-7432-0801-3

2468
Harvey, Robin: Harveys and walking maps. In: The cartographic journal. 38, 2001, p.73-80, 8 ill. ISSN 0008-7041

2469
Hodgson, Michael: Compass & map navigator : the complete guide to staying found. Illustrated by John Cox, foreword by Lou Whittacker. - Guilford, Conn.: Globe Pequot Press 2000, XVI, 141 p., ill, mp. [New rev. ed., 3. print.] ISBN 0-7627-0488-8

2470
Hoffmann, Hilko and others: Computergenerierte Landschaftsansichten für Planung und Tourismus. In: Vermessung, Photogrammetrie, Kulturtechnik. 99, 2001, p.67-70, ill. ISSN 0252-9424

2471
Hopp, Stéphane: La nouvelle Carte Michelin de Thaïlande. In: XYZ : revue de l'Association Française de Topographie. 86, 2001, 1, p.49-52, 6 ill.

2472
Kupčík, Ivan: Pilgerroutenkarten nach Rom : Unterwegs in die Ewige Stadt. In: Damals : das aktuelle Magazin für Geschichte und Kultur. 33, 2001, 3, p.74-79, 4 ill.

2473
Leeuwen, A.Willemijn Simon van; Elzakker, Corné P.J.M. van; Massop, Edwin: Investigations into the use of Dutch cycling maps and their results. In: The cartographic journal. 38, 2001, p.41-47, 8 ill., 1tab. ISSN 0008-7041

2474
Madau, Caterina: Turismo culturale e cultura della carta : l'agriturismo e il nuovo mercato delle rappresentazioni a tema. In: Cultura cartografica e culture del territorio : atti del convegno nazionale (Sassari, 12-13 dicembre 2000). A cura di Giuseppe Scanu. - Genova: Brigati 2001, p.387-400. (Bollettino della Associazione Italiana di Cartografia No. 111-113 = 38. 2001) [Ital.]

2475
Oliver, Richard: Mapping for cycle touring in Britain; past, present, and possible future. In: The cartographic journal. 38, 2001, p.48-60, 2 ill. ISSN 0008-7041

2476
Petrie, Gordon: John Keates and recreation mapping : personal recollections. In: The cartographic journal. 38, 2001, p.7-17, 5 ill. ISSN 0008-7041

2477
Petrovič, Dušan: How to represent mountain tracks. In: High mountain cartography 2000 : proceedings of the Second Symposium of the Commission on Mountain Cartography of the International Cartographic Association held at the Alpine Centre, Rudolfshütte 2315 m, Austria from 29 March to 2 April 2000. Ed. by Manfred F. Buchroithner. - Dresden: Inst. for Cartography, Dresden Univ. of Technology [u.a.] 2000, p.79-83, 3 ill. (Kartographische Bausteine ; 18) ISBN 3-86005-265-9

2478
Spence, Mary: Mapping the waterways. In: The cartographic journal. 38, 2001, p.91-102, 21 ill. ISSN 0008-7041

2479
Suzuki, Koshiro: A cross-cultural comparison of cartographic communication with maps in tourist guide books. In: Map : journal of the Japan Cartographers Association. 39, 2001, p.10-14, 4 ill., 1 tab. [Jap.] ISSN 0009-4897

2480
Tatlock, David: Wishful thinking : A Nazi tourism map. In: Mercator's world. 6, 2001, 3, p.36-39, 4 ill. ISSN 1086-6728

2481
Zmudka, Thomas: An analysis of terrain mapping techniques for improving recreational trail maps. - San Diego, CA: San Diego State University 1999/2000 [Master's thesis]

Traffic / Verkehr / Transports

2482
Aspila, Christopher: Weighted linear combination and ideal point multi-criteria methods in a GIS environment : a case study of identifying suitable sites for a railroad yard. - London, ON: University of Western Ontario 2000 [Master's thesis]

2483
Berkner, Andreas: Die Pläne der "Gewäßer um Leipzig" von 1748 und 1775 und der "Leipziger Wasserknoten" im Wandel der Zeiten. In: Leipzig im Kartenbild. Hrsg. von der Stadt Leipzig, der Oberbürgermeister, Stadtarchiv [Red. Beate Berger...]. - Leipzig: Leipziger Univ.-Verl. 2001, p.51-61, 2 ill. (Leipziger Kalender, Sonderband, 2001 ; 1) ISBN 3-935693-10-2

2484
Boncompagni, Ilaria; Ulivieri, Denise: La Versilia dei cartografi. - Ospedaletto (Pisa): Pacini 2000, 143 p., ill. (Ecostoria ; 10) [Cartographers' Versilia : road maps of the leopoldinian period.] [Ital.]
ISBN 88-7781-352-0

2485
Borruso, Giuseppe: Carta digitale per i sistemi di navigazione automobilistici : problemi e prospettive. In: Cultura cartografica e culture del territorio : atti del convegno nazionale (Sassari, 12-13 dicembre 2000). A cura di Giuseppe Scanu. - Genova: Brigati 2001, p.331-352, 2 ill. (Bollettino della Associazione Italiana di Cartografia No. 111-113 = 38. 2001) [Ital.]

2486
Damiano, Richard; Balestrini, Pierre: FLI-MAP - système d'imagerie géographique héliporté pour une nouvelle cartographie en 3 D. In: XYZ : revue de l'Association Française de Topographie. 86, 2001, 1, p.32-36, 9 ill.

2487
Duchźne, Cécile; Barrault, Mathieu; Haire, Kelvin: Road network generalization : a multi agent system approach. In: Bulletin du Comité Français de Cartographie. 169-170, 2001, p.33-41,12 ill.
ISSN 0755-7647

2488
Emmer, Nicoline: Web maps and road traffics. In: Web cartography : developments and prospects. Ed. by Menno-Jan Kraak and Allan Brown. - London: Taylor & Francis 2001, p.159-170, 4 ill.
ISBN 0-7484-0868-1

2489
Feix, Claudia; Stirl, Axel: Kurze Wege : Filialnetz- und Vertriebsoptimierung bei der Deutschen Post. In: GeoBIT : das Magazin für raumbezogene Informationstechnologie. 6, 2001, 1, p.22-24, 3 ill.

2490
Franjković, Davor; Bajić, Milan; Gold, Hrvoje: Usage-characteristic of the airborne remote sensing system developed at the faculty of transport and traffic engineering. In: Proceedings of the 2nd International Symposium on Image and Signal Processing and Analysis. Pula, Croatia, June 19-21, 2001. - University Computing Center, Zagreb 2001, p. 388-393, 10 ill., 2 tab.

2491
Freckmann, Peter: Online-Routing im Geomarketing. In: Web Mapping 1: raumbezogene Information und Kommunikation im Internet [Karlsruher-Symposium "Web Mapping"]. Christian Herrmann, Hartmut Asche (Hrsg.). - Heidelberg: Wichmann 2001, p.138-151, 12 ill.
ISBN 3-87907-353-8

2492
Gallo, Alessandro: Mapping the net. In: Cultura cartografica e culture del territorio : atti del convegno nazionale (Sassari, 12-13 dicembre 2000). A cura di Giuseppe Scanu. - Genova: Brigati 2001, p.433-442, 6 ill. (Bollettino della Associazione Italiana di Cartografia No. 111-113 = 38. 2001) [Ital.]

2493
Hofmann, Peter; Kušan, Vladimir; Špirić, Zdravko: Monitoring of beaver (Castor fiber L) population wide-spreading in Lonjsko polje by means of GIS. In: Preceddings. GIS Croatia 2000. Zagreb, Osijek and Lonjsko Polje 27-29 September

2000. GIS Forum INA. In: Geo-Informationssysteme : GIS; Zeitschrift für raumbezogene Informationen und Entscheidungen. 14, 2001, 6, 2000, p.28-33, 6 ill., 1 tab. [With Germ. rés.]

2494
Hopp, Stéphane: La nouvelle Carte Michelin de Thaïlande. In: XYZ : revue de l'Association Française de Topographie. 86, 2001, 1, p.49-52, 6 ill.

2495
Jeansson, Eric: 3D-GIS och virtual reality inom projektet Götatunneln - hjälpmedel för enkel och snabb informationsförmedling i större infrastrukturprojekt. In: Kartbladet. 16, 2001, p.6-9, 4 ill. [3D-GIS and virtual reality in the Götatunnel project - tool for simple and quick transmission of information in a bigger infrastructure project.] [Swed.] ISSN 0283-0418

2496
Kanne, Rolf: Online-Nutzung der Datenbank Tele Atlas. In: Web Mapping 1 : raumbezogene Information und Kommunikation im Internet [Karlsruher-Symposium "Web Mapping"]. Christian Herrmann, Hartmut Asche (Hrsg.). - Heidelberg: Wichmann 2001, p.103-113, 12 ill. ISBN 3-87907-353-8

2497
Kikuti, Siniti: Cartographic development of international electronic charts. In: Map : journal of the Japan Cartographers Association. 39, 2001, p.1-12, 5 ill., 3 tab. [Jap. with Engl. rés.]

2498
Krauss, Elke; Ruschmaritsch, Nicole: Konzeption eines Online-Routing-Systems. In: Web Mapping 1 : raumbezogene Information und Kommunikation im Internet [Karlsruher-Symposium "Web Mapping"]. Christian Herrmann, Hartmut Asche (Hrsg.). - Heidelberg: Wichmann 2001, p.125-137, 3 ill. ISBN 3-87907-353-8

2499
Linder, Walter: Ein alter Berner Straßenplan aus dem Jahr 1787 : [Carte topographique de la grande route de Berne à Zurich [ct] Zurzach / Pierre Bel] : [Ab-schnitt Aargau]. In: Jahresschrift der Vereinigung für Heimatkunde Suhrental, Schöftland. 52, 2000, p.25-32, mp.

2500
Nicholson, Tim: Major Philip road maps c.1855-1939 : Part I. In: Journal of the International Map Collectors' Society. 84, 2001, p.17-25, 5 ill.

2501
Poppe, Eddie: Op weg met de routeplanner. In: Kartografisch tijdschrift. 27, 2001, p.16-20, 4 ill. [On the road with the route planner.] [Dutch with Engl., and French rés.] ISSN 0167-5788

2502
Scheele, Theo: Een dagje... : Hoe nat is het DTB-Nat van Rijkswaterstaat? In: Geodesia : tijdschrift voor geodesie en geo-informatie. 43, 2001, 6, p.316-321, 9 ill. [How wet is the 'DTB-Wet'system of Rijkswaterstaat?] [Dutch with Engl. rés.]

2503
Spence, Mary: Mapping the waterways. In: The cartographic journal. 38, 2001, p.91-102, 21 ill. ISSN 0008-7041

2504
Tong, Xiaohua; Liu, Dajie: Combined adjustment models of road curve digitization in GIS. In: Geomatics and information science of Wuhan University. 26, 2001, 1, p.64-69, 3 ill. [Chin. with Engl. rés.]

2505
Traganou, Jilly: Geographic representations of the Tôkaidô from Edo to Meiji Japan. In: The Portolan. 2000, p.12-31, 6 ill. ISSN 1096-1925

2506
Wang, Xinsheng; Jiang, Youhua; Tu, Chao: The application of genetic algorithms in designing urban road's elevation. In: Geomatics and information science of Wuhan University. 26, 2001, 1, p.82-85, 1 ill., 1 tab. [Chin. with Engl. rés.]

Vegetation / Vegetation / Végétation

2507
Arino, Olivier and others: Methods of mapping burned surfaces in vegetation fires. In: Global and regional vegetation fire monitoring from space : planning a coordinated international effort. Ed. by Frank J. Ahern, Johann G. Goldammer and Christopher O. Justice. - The Hague: SPB Academic Publ. 2001, p.227-255, 7 ill.

2508
Durand, Hélène: Apport d'un SIG nomade pour cartographier la végétation naturelle de l'île de la Réunion. In: XYZ : revue de l'Association Française de Topographie. 23, 2001, p.43-46, 5 ill. [French with Engl. rés.] ISSN 0290-9057

2509
Hardegen, Marion and others: La cartographie des habitats terrestres du réseau Natura 2000 en Bretagne. In: Mappemonde. 2001, p.19-23, 4 ill. [French with Engl., and Span. rés.] ISSN 0764-3470

2510
Huang, Chengquan: Improved land cover characterization from satellite remote sensing. - College Park, MD: University of Maryland at College Park 1999 [Doct. diss.]

2511
Husak, Greg: The impact of Landsat Thematic Mapper positional accuracy on the validation of the DISCover global land cover database. - Santa Barbara, CA: University of California-Santa Barbara 1999 [Master's thesis]

2512
Koukal, Tatjana; Schneider, Werner: Kartierung und Monitoring von Baumressourcen außerhalb des Waldes in Zentralamerika. In: VGI : österreichische Zeitschrift für Vermessung & Geoinformation. 89, 2001, p.153-157, 6 ill., 2 tab. ISSN 0029-9650

2513
Miller, Michael R.: Identification of high quality tallgrass prairie in eastern Kansas using multitemporal Landsat imagery. - Lawrence, KS: University of Kansas 1999 [Master's thesis]

2514
Ohlen, Donald O.: National vegetation mapping for fire applications. - Brookings, SD: South Dakota State University 2000/2001 [Master's thesis]

2515
Ramspott, Matthew E.: A frequency-based content-UAL classification approach to thematic land cover mapping using panchromatic satellite image data. - San Marcos, TX: South West Texas State University 1999/2000 [Master's thesis]

2516
Read, Jane M.: Land-cover change detection for the Tropics using remote sensing and geographic information systems. - Baton Rouge, LA: Louisiana State University-Baton Rouge 1999 [Doct. diss.]

2517
Spina, Anna Maria; Sau, Ignazio: La cartografia della vegetazione e della naturalità come instrumento identificativo della vocazione di un territorio, l'esempio di Gonnesa (Sardegna Sud-Occidentale). In: Cultura cartografica e culture del territorio : atti del convegno nazionale (Sassari, 12-13 dicembre 2000). A cura di Giuseppe Scanu. - Genova: Brigati 2001, p.663-670, 2 ill. (Bollettino della Associazione Italiana di Cartografia No. 111-113 = 38. 2001) [Ital.]

2518
Stewart, Aimée M.: Approaches to discrimination of grassland types in Douglas County, Kansas, using remotely sensed data. - Lawrence, KS: University of Kansas 1999 [Master's thesis]

2519
Walker, Richard: Investigations in vegetation map rectification, and the remotely sensed detection and measurement of natural vegetation changes. - Santa Barbara, CA: University of California 2000 [Doct. diss]

2520
Whitney, Gordon; De Cant, Joseph P.: Government Land Office Surveys and other early surveys. In: The historical ecology handbook : a restorationist's guide to reference ecosystems. Society for Ecological Restoration, ed. by Dave Egan and Evelyn A. Howell. - Washington, DC [u.a.]: Island Press 2001, p.147-172, 4 ill.

J. Atlas Cartography
Atlas-Kartographie
Cartographie relative à la réalisation des atlas

1. General Features
Allgemeines
Généralités

2521
Buzin, Reiner: Multimedia-Kartographie : [eine Untersuchung zur Nutzer-Orientierung kartomedialer Atlanten]. - Osnabrück: Der Andere Verlag 2001, 268 p., ill., + 1 CD-ROM [CD-ROM fehlt]. [Zugl.: Dresden, Techn. Univ., Diss. 2001]
ISBN 3-935316-79-8

2522
Kraak, Menno-Jan: Web maps and atlases. In: Web cartography : developments and prospects. Ed. by Menno-Jan Kraak and Allan Brown. - London: Taylor & Francis 2001, p.135-140, 2 ill.
ISBN 0-7484-0868-1

2523
Ormeling, Ferjan: Consequences of the production of electronic atlases. In: Festcolloqium Ulrich Freitag : Beiträge zum Festcolloquium am 5. Juli 1999 anlässlich der Emeritierung von Prof. Dr. Ulrich Freitag. Hrsg. von Wolfgang Scharfe, Freie Universität Berlin, Fachbereich Geowissen-schaften, Fachrichtung Kartographie. - Berlin: Fachrichtung Kartographie, Inst. für Geograph Wiss. 2000, p.23-31, 5 ill. (Berliner Manuskripte zur Kartographie)

2524
Rankin, Kathy: Atlas and book reviews. In: Information bulletin /Western Association of Map Libraries. 32, 2001, p.204-207.
ISSN 0049-7282

2525
Wolodtschenko, Alexander: Einige Aspekte der kartosigmatischen Untersuchungen von Atlanten. In: Kartosemiotische und konzeptionelle Aspekte der 90er Jahre. Hrsg. von Alexander Wolodtschenko und Hansgeorg Schlichtmann. - Dresden 1999, p.65-72, 6 ill., 2 tab. (Diskussionsbeiträge zur Kartosemiotik und zur Theorie der Kartographie ; Bd. 2) [Internationales Korrespondens-Seminar]

2. World Atlases, Reference Atlases
Weltatlanten
Atlas mondiaux, atlas de référence

2526
Atlas minor : Atlanti tascabili dal XVI al XVIII secolo [Catalogo della Collezione Pagliani]. A cura di Marina Bonomelli. - Milano: Libri Scheiwiller 2001, XXVIII, 219 p., ill., mp. [Pocket atlases from the XVI to the XVIII century.] [Engl. and Ital.] ISBN 88-7644-299-5

2527
Golcc, Michal; Sirko, Mieczysław: Mapy w Nowej encyklopedii powszechnej PWN. In: Polski przegląd kartograficzny. 33, 2001, 2, p.143-145. [Maps in the "Nowa encyklopedia powszechna PWN (New PWN Encyclopedia)".] [Pol.]

2528
Groot, Erlend Petrus Jacobus M. de: De Atlas Blaeu-Van der Hem : de verzamelde wereld van een 17de-eeuwse liefhebber. - Nijmegen 2001, XVII, 402 p., 8 Bl., ill., mp. [Dutch with Engl. rés.] [Nijmegen Univ. Diss.]

2529
Lourie, Ira S.: The atlases of A.J. Johnson. In: The Portolan. 2001, p.7-18, 6 ill., 4 tab. ISSN 1096-1925

4. Thematic Atlases, Planning Atlases Thematische Atlanten, Planungsatlanten Atlas thématiques, atlas de planification

2530
Boogert, André van den: De Internet Atlas van Nederland. In: Kartografisch tijdschrift. 27, 2001, p.21-24, 2 ill. [The Internet Atlas of The Netherlands.] [Dutch with Engl., and French rés.]
ISSN 0167-5788

2531
Breitfeld, Klaus: Atlas zur Geschichte und Landeskunde von Sachsen. In: Leipzig im Kartenbild. Hrsg. von der Stadt Leipzig, der Oberbürgermeister, Stadtarchiv [Red. Beate Berger...]. - Leipzig: Leipziger Univ.-Verl. 2001, p.161-168, 1 ill. (Leipziger Kalender, Sonderband, 2001 ; 1)
ISBN 3-935693-10-2

2532
Brewer, Cynthia A.: Reflections on Mapping Census 2000. In: Cartography and geographic information science. 28, 2001, p.213-235, 7 ill., 4 tab. ISSN 1523-0406

2533
Bruno, Louise: Le Minas Gerais: Un miroir du Brésil : Propositions d'un nouvel atlas. In: Mappemonde. 2001, p.29-34, 7 ill. [French with Engl., and Span. rés.]
ISSN 0764-3470

2534
Friedlein, Günter: Leipziger Wissenschaftspreis für den deutschen Nationalatlas. In: Kartographische Nachrichten. 51, 2001, 3, p.158.

2535
Giesbers, Henriette; Veen, André van der: Nationale Atlas Volksgezondheit. In: Kartografisch tijdschrift. 27, 2001, p.29-34, 7 ill. [National Public Health Atlas.] [Dutch with Engl., and French rés.]
ISSN 0167-5788

2536
Günther-Diringer, Detlef; Döpke, Martin: Die Online-Version des Oder-Auen-Atlas. In: Angewandte geographische Informationsverarbeitung XIII : Beiträge zum AGIT-Symposium Salzburg 2001. Strobl, Blaschke, Griesebner. - Heidelberg: Wichmann 2001, p.215-220, 4 ill.
ISBN 3-87907-361-9

2537
Haller, Thomas: Der digitale Hydrologische Atlas der Schweiz : das Online-Archiv sowie Überlegungen zum Einsatz der Informatik im Dienste der Hydrologie. - Bern: Universität 2001, IV, 95 p., ill. + CD-ROM.

2538
Hurni, Lorenz: The new "Atlas of Switzerland - interactiv" : applications in mountain cartography. In: High mountain cartography 2000 : proceedings of the Second Symposium of the Commission on Mountain Cartography of the International Cartographic Association held at the Alpine Centre, Rudolfshütte 2315 m, Austria from 29 March to 2 April 2000. Ed. by Manfred F. Buchroithner. - Dresden: Inst. for Cartography, Dresden Univ. of Technology [u.a.] 2000, p.53-59, 7 ill. (Kartographische Bausteine ; 18) ISBN 3-86005-265-9

2539
Kelnhofer, Fritz: Digitales "Atlas-Informationssystem" von Österreich : Abschluss-

bericht über das FWF-Projekt "Geoinformationssysteme und EDV-Kartographie". In: VGI : österreichische Zeitschrift für Vermessung & Geoinformation. 89, 2001, p.91-101, 3 ill., 6 mp [suppl.]. ISSN 0029-9650

2540
Kern, F.-J.; Leibundgut, Ch.: GIS für den Hydrologischen Atlas von Deutschland. In: Wasserbewirtschaftung im neuen Jahrtausend : Grundwasser - Oberflächenwasser - Geoinformationssysteme. Hrsg.: H.-H. Diersch, S. Kaden, T. Michels. - Berlin: Verl. für Bauwesen 2001, p.234-240, 2 ill. [Tagungsband] ISBN 3-345-00789-4

2541
Kraak, Menno-Jan; Ormeling, Ferjan; Smits, Jan: De nationale atlas als organisatiemedium voor de toegang tot geo-informatie. In: Kartografisch tijdschrift. 27, 2001, 2, p.42-47, 3 ill. [The national atlas as organisation medium for access to geoinformation.] [Dutch with Engl. and French rés.]

2542
Mayr, Alois: Der Nationalatlas Bundesrepublik Deutschland : ein Großprojekt des Instituts für Länderkunde. In: Leipzig im Kartenbild. Hrsg. von der Stadt Leipzig, der Oberbürgermeister, Stadtarchiv [Red. Beate Berger...]. - Leipzig: Leipziger Univ.-Verl. 2001, p.149-160, 2 ill. (Leipziger Kalender, Sonderband, 2001 ; 1) ISBN 3-935693-10-2

2543
Müller, A. and others: Einsatz von GIS zur Erstellung bundesweiter hydrogeologischer Kartenwerke im "Hydrologischen Atlas von Deutschland". In: Wasserbewirtschaftung im neuen Jahrtausend : Grundwasser - Oberflächenwasser-Geoinformationssysteme. Hrsg.: H.-H. Diersch, S. Kaden, T. Michels. - Berlin: Verl. für Bauwesen 2001, p.246-254, 6 ill., 1 tab. [Tagungsband] ISBN 3-345-00789-4

2544
Ormeling, Ferjan: Das Bändigen von Multimedia-Konzepten für den Online-Atlas der Niederlande. In: Web Mapping 1 : raumbezogene Information und Kommunikation im Internet [Karlsruher-Symposium "Web Mapping"]. Christian Herrmann, Hartmut Asche (Hrsg.). - Heidelberg: Wichmann 2001, p.178-189, 5 ill. ISBN 3-87907-353-8

2545
Ott, Thomas: Atlas der Schweiz - interaktiv. In: Petermanns Geographische Mitteilungen. 145, 2001, p.30-31, ill.

2546
Pawlakowie, Janina and Władysław: O inicjatywie opracowania i realizacji "Atlasu Śląska Dolnego i Opolskiego". In: Polski przegląd kartograficzny. 33, 2001, 2, p.114-126, 1 mp. [Remarks on the initiative of preparation of the "Atlas of Lower and Opole Silesia".] [Pol. with Engl. and Russ. rés.]

2547
Poppe, Eddie: De Atlas van Nederland op internet. In: Kartografisch tijdschrift. 27, 2001, p.55-57, 2 ill. [The Atlas of the Netherlands on the Internet.] [Dutch with Engl., and French rés.]

2548
Richard, Daniel: Development of an internet atlas of Switzerland. In: Computers & Geosciences. 26, 2000, p.45-50. ISSN 0098-3004

2549
Rotanova, Irina; Wolodtschenko, Alexander: O kartosemiotičeskom issledovanii ėkologičeskich atlasov. In: Diskussionsbeiträge zur Kartosemiotik und zur Theorie

der Kartographie ; 4. Alexander Wolodtschenko und Hansgeorg Schlichtmann. - Dresden 2001, p.39-44, 4 tab. [On the cartosemiotic study of ecological atlases.] [Russ. with Engl., and Russ. rés.] ISBN 3-86005-300-0

2550
Russell-Chamberlin, June: Canada by the numbers. In: Mercator's world. 6, 2001, p.56-57, 2 ill. ISSN 1086-6728

2551
Sieber, René; Oberholzer, Clemens; Terribilini, Andrea: Animation im interaktiven Atlas der Schweiz. In: Dynamische Visualisierung : Grundlagen und Anwendungsbeispiele kartographischer Animationen. ed.: G. Buziek et al. - Berlin: Springer 2000, p.141-158. ISBN 3-540-66327-4

2552
Simms, Anngret; Opll, Ferdinand: List of the European atlases of historic towns. - Brussels: Archives et Bibliotèques de Belgique 1998, 48 p. (Archives et bibliothèques de Belgique ABB, Numéro spécial ; 56)

2553
Tzschaschel, Sabine: Institut für Länderkunde, Leipzig : Fortschritte beim Nationalatlas. In: Rundbrief Geographie. 166, 2001, p.13.

2554
Vogel, Steven: The Classical Atlas Project - mapping the Greek and Roman world: "Barrington Atlas of the Greek and Roman World". In: The Portolan. 2001, p.37-40, 2 ill. ISSN 1096-1925

5. School Atlases
Schulatlanten
Atlas scolaires

2555
Ostrowski, Jerzy: Mało znana jednotomowa wersja edytorska nie dokończonego narodowego Atlasu Polski. In: Polski przegląd kartograficzny. 33, 2001, p.226-227. [Little known version of the uncompleted national Atlas of Poland.] [Pol.] ISSN 0324-8321

2556
Ostrowski, Wiesław: Nowe mapy tematyczne w atlasach szkolnych PPWK. In: Polski przegląd kartograficzny. 33, 2001, p.231-234. [New thematic maps in PPWK school atlases.] [Pol.] ISSN 0324-8321

6. Regional Atlases
Regionalatlanten
Atlas régionaux

2557
Boogert, André van den: De Internet Atlas van Nederland. In: Kartografisch tijdschrift. 27, 2001, p.21-24, 2 ill. [The Internet Atlas of The Netherlands.] [Dutch with Engl., and French rés.] ISSN 0167-5788

2558
Breitfeld, Klaus: Atlas zur Geschichte und Landeskunde von Sachsen. In: Leipzig im Kartenbild. Hrsg. von der Stadt Leipzig, der Oberbürgermeister, Stadtarchiv [Red. Beate Berger...]. - Leipzig: Leipziger Univ.-Verl. 2001, p.161-168, 1 ill. (Leipziger Kalender, Sonderband, 2001 ; 1) ISBN 3-935693-10-2

2559
Bruno, Louise: Le Minas Gerais: Un miroir du Brésil : Propositions d'un nouvel atlas. In: Mappemonde. 2001, p.29-34, 7 ill. [French with Engl., and Span. rés.]
ISSN 0764-3470

2560
Friedlein, Günter: Leipziger Wissenschaftspreis für den deutschen Nationalatlas. In: Kartographische Nachrichten. 51, 2001, 3, p.158.

2561
Giesbers, Henriette; Veen, André van der: Nationale Atlas Volksgezondheit. In: Kartografisch tijdschrift. 27, 2001, p.29-34, 7 ill. [National Public Health Atlas.] [Dutch with Engl., and French rés.]
ISSN 0167-5788

2562
Haller, Thomas: Der digitale Hydrologische Atlas der Schweiz : das Online-Archiv sowie Überlegungen zum Einsatz der Informatik im Dienste der Hydrologie. - Bern: Universität 2001, IV, 95 p., ill. + 1 CD-ROM.

2563
Hurni, Lorenz: The new "Atlas of Switzerland - interactiv" : applications in mountain cartography. In: High mountain cartography 2000 proceedings of the Second Symposium of the Commission on Mountain Cartography of the International Cartographic Association held at the Alpine Centre, Rudolfshütte 2315 m, Austria from 29 March to 2 April 2000. Ed. by Manfred F. Buchroithner. - Dresden: Inst. for Cartography, Dresden Univ. of Technology [u.a.] 2000, p.53-59, 7 ill. (Kartographische Bausteine ; 18) ISBN 3-86005-265-9

2564
Kelnhofer, Fritz: Digitales"Atlas-Informationssystem" von Österreich : Abschlussbericht über das FWF-Projekt "Geoinformationssysteme und EDV-Kartographie". In: VGI : österreichische Zeitschrift für Vermessung & Geoinformation. 89, 2001, p.91-101, 3 ill., 6 mp [suppl.].
ISSN 0029-9650

2565
Kern, F.-J.; Leibundgut, Ch.: GIS für den Hydrologischen Atlas von Deutschland. In: Wasserbewirtschaftung im neuen Jahrtausend : Grundwasser - Oberflächenwasser - Geoinformationssysteme. Hrsg.: H.-H. Diersch, S. Kaden, T. Michels. - Berlin: Verl. für Bauwesen 2001, p.234-240, 2 ill. [Tagungsband] ISBN 3-345-00789-4

2566
Kraak, Menno-Jan; Ormeling, Ferjan; Smits, Jan: De nationale atlas als organisatiemedium voor de toegang tot geo-informatie. In: Kartografisch tijdschrift. 27, 2001, 2, p.42-47, 3 ill. [The national atlas as organisation medium for access to geoinformation.] [Dutch with Engl. and French rés.]

2567
Matsuaka, Masao: Visualizing sister cities : potential of sister city comparison atlases in sister cities programs in Oregon. - Eugene, OR: University of Oregon 1999
[Master's thesis]

2568
Mayr, Alois: Der Nationalatlas Bundesrepublik Deutschland : ein Großprojekt des Instituts für Länderkunde. In: Leipzig im Kartenbild. Hrsg. von der Stadt Leipzig, der Oberbürgermeister, Stadtarchiv [Red. Beate Berger...]. - Leipzig: Leipziger Univ.-Verl. 2001, p.149-160, 2 ill. (Leipziger Kalender, Sonderband, 2001 ; 1)
ISBN 3-935693-10-2

2569
Mellinger, Johannes: Atlas des Fürstentums Lüneburg um 1600 : [Ernst Schubert zum 60. Geburtstag] = Lunæburgici Ducatus accurata et exquisita descriptio chorographica. In: Atlas des Fürstentums Lüneburg um 1600 : [Ernst Schubert zum 60. Geburtstag] = Lunæburgici Ducatus accurata et exquisita descriptio chorographica. Hrsg. u. komm. von Peter Aufgebauer... - Bielefeld: Verl. für Regionalgeschichte 2001, 105, 46 p., ill., 2 mp. (Veröffentlichungen des Instituts für Historische Landesforschung der Universität Göttingen ; 41) ISBN 3-89534-391-9

2570
Müller, A. and others: Einsatz von GIS zur Erstellung bundesweiter hydrogeologischer Kartenwerke im "Hydrologischen Atlas von Deutschland". In: Wasserbewirtschaftung im neuen Jahrtausend : Grundwasser - Oberflächenwasser - Geoinformationssysteme. Hrsg.: H.-H. Diersch, S. Kaden, T. Michels. - Berlin: Verl. für Bauwesen 2001, p.246-254, 6 ill., 1 tab. [Tagungsband] ISBN 3-345-00789-4

2571
Ohainski, Uwe: Die Ausfertigung des Ämteratlasses von Johannes Mellinger. In: Atlas des Fürstentums Lüneburg um 1600 : [Ernst Schubert zum 60. Geburtstag] = Lunæburgici Ducatus accurata et exquisita descriptio chorographica. Hrsg. u. komm. von Peter Aufgebauer... - Bielefeld: Verl. für Regionalgeschichte 2001, p.51-54. (Veröffentlichungen des Instituts für Historische Landesforschung der Universität Göttingen ; 41)
ISBN 3-89534-391-9

2572
Ormeling, Ferjan: Das Bändigen von Multimedia-Konzepten für den Online-Atlas der Niederlande. In: Web Mapping 1 : raumbezogene Information und Kommunikation im Internet [Karlsruher-Symposium "Web Mapping"]. Christian Herrmann, Hartmut Asche (Hrsg.). - Heidelberg: Wichmann 2001, p.178-189, 5 ill.
ISBN 3-87907-353-8

2573
Ott, Thomas: Atlas der Schweiz - interaktiv. In: Petermanns Geographische Mitteilungen. 145, 2001, p.30-31, ill.

2574
Pawlakowie, Janina and Władysław: O inicjatywie opracowania i realizacji "Atlasu Śląska Dolnego i Opolskiego". In: Polski przegląd kartograficzny. 33, 2001, 2, p.114-126, 1 mp. [Remarks on the initiative of preparation of the "Atlas of Lower and Opole Silesia".] [Pol. with Engl. and Russ. rés.]

2575
Petzold, Bettina: Der "Bergische Städteatlas" - ein gemeinsames Vektordatenprodukt der Städte Remscheid, Solingen und Wuppertal. In: Tagung 2000 : Arbeitsgruppe Automation in der Kartographie / Bundesanstalt für Kartographie und Geodäsie. - Frankfurt am Main: Verl. d. Bundesamtes für Kartographie u. Geodäsie 2001, p. 99-106, 4 ill. (Mitteilungen des Bundesamtes für Kartographie und Geodäsie ; 20)
ISBN 3-88648-306-1

2576
Poppe, Eddie: De Atlas van Nederland op internet. In: Kartografisch tijdschrift. 27, 2001, p.55-57, 2 ill. [The Atlas of the Netherlands on the Internet.] [Dutch with Engl., and French rés.]

2577
Richard, Daniel: Development of an internet atlas of Switzerland. In: Computers & Geosciences. 26, 2000, p.45-50.
ISSN 0098-3004

2578
Russell-Chamberlin, June: Canada by the numbers. In: Mercator's world. 6, 2001, p.56-57, 2 ill. ISSN 1086-6728

2579
Sieber, René; Oberholzer, Clemens; Terribilini, Andrea: Animation im interaktiven Atlas der Schweiz. In: Dynamische Visualisierung : Grundlagen und Anwendungsbeispiele kartographischer Animationen. ed.: G. Buziek et al. - Berlin: Springer 2000, p.141-158. ISBN 3-540-66327-4

2580
Simms, Anngret; Opll, Ferdinand: List of the European atlases of historic towns. - Brussels: Archives et Bibliotèques de Belgique 1998, 48 p. (Archives et bibliothèques de Belgique ABB, Numéro spécial ; 56)

2581
Spring, Markus; Fritzsche, Andreas: Webmapping und XML Content Server mit Free Software : Portalkonzept Digitaler REgionalatlas München DREAM. In: Angewandte geographische Informationsverarbeitung XIII : Beiträge zum AGIT-Symposium Salzburg 2001. Strobl, Blaschke, Griesebner. - Heidelberg: Wichmann 2001, p.461-470, 5 ill. ISBN 3-87907-361-9

2582
Tzschaschel, Sabine: Institut für Länderkunde, Leipzig : Fortschritte beim Nationalatlas. In: Rundbrief Geographie. 166, 2001, p.13.

K. Tactile Maps, Maps for the Blind
Taktile Karten, Blindenkarten
Cartes tactiles, cartes pour aveugles

2583
Cheesman, Jo; Perkins, Chris: Virtual reality : an explanatory tool for investigating the cognitive mapping and navigational skills of visually-impaired people. In: Virtual reality in geography. Ed. by Peter Fisher and David Unwin. - London [u.a.]: Taylor & Francis 2000, p.362-381. ISBN 0-7484-0905-X

2584
Jacobson, Daniel R.; Kitchin, Rob; Golledge, Reginald: Multi-modal virtual reality for presenting geographic information. In: Virtual reality in geography. Ed. by Peter Fisher and David Unwin. - London [u.a.]: Taylor & Francis 2000, p.382-400, 2 ill., 1 tab. ISBN 0-7484-0905-X

2585
Offenberg, K.C.: Temporal tactile mapping and the visually handicapped : a study revisited. - Long Beach, CA: California State University 2000 [Master's thesis]

L. Film and Computer Screen Maps
Film- und Bildschirmkarten
Cartes cinématographiques et cartes écran

2586
ARGO : das elektronische Fahrrinnen-Informationssystem. In: Mitteilungsblatt / Deutscher Verein für Vermessungswesen (DVW), Landesverein Rheinland-Pfalz und Saarland. 49, 2000, p.6-12, 3 ill.

2587
Abraham, Joseph S.: Enhanced real-time air pollution mapping : regression-based spatio-temporal modeling of ground level ozone in Tucson, Arizona. University of Arizona. - Tucson, AZ: University of Arizona 2001 [Master's thesis]

2588
Al-Nakib, Nuri: Kartenproduktion auf Radardaten. In: Rauminformationen für das 21. Jahrhundert : Vorträge ; 20. wissenschaftlich-technische Jahrestagung der DGPF im Rahmen der Intergeo 2000, 11.-13. Oktober 2000, Kongress-Zentrum ICC, Berlin. Hrsg.: Jörg Albertz. - Berlin: DGPF 2001, p.257-264, 10 ill., 1 tab. (Publikationen der Deutschen Gesellschaft für Photogrammetrie und Fernerkundung ; 9)

2589
Andrienko, Gennady; Andrienko, Natalia: Computer cartography and cartographic knowledge. In: Diskussionsbeiträge zur Kartosemiotik und zur Theorie der Kartographie ; 4. Alexander Wolodtschenko und Hansgeorg Schlichtmann. - Dresden 2001, p.7-14, 4 ill. [With Germ., and Russ. rés.] ISBN 3-86005-300-0

2590
Andrienko, Natalia and others: Exploratory analysis of spatial data using interactive maps and data mining. In: Cartography and geographic information science. 28, 2001, p.151-165, 12 ill., 1 tab. ISSN 1523-0406

2591
Antle, Alissa N.: Interactive visualization tools for spatial data and metadata. - Vancouver, BC: University of British Columbia 2000 [Doct. diss.]

2592
Appelt, Gerfried: Aktuelle Aspekte zum Urheberrecht bei konventionellen und elektronischen Kartenprodukten. In: Kartographische Nachrichten. 51, 2001, 2, p.91-96.

2593
ArcView GIS : GIS-Arbeitsbuch. Wolfgang Liebig, Jörg Schaller (Hrsg.). - Heidelberg: Wichmann 2000, 445 p., ill., mp. + 1 CD-ROM. [2., völlig neu bearb. u. erw. Aufl.] ISBN 3-87907-346-5

2594
Asche, Hartmut: Kartographische Informationsverarbeitung in Datennetzen : Prinzipien, Produkte, Perspektiven. In: Web Mapping 1: raumbezogene Information und Kommunikation im Internet [Karlsruher-Symposium "Web Mapping"]. Christian Herrmann, Hartmut Asche (Hrsg.). - Heidelberg: Wichmann 2001, p.3-17, 16 ill. ISBN 3-87907-353-8

2595
Aulig, Günther; Bäuml, Norbert: Ländliche Entwicklung geht neue Wege Computergestütztes Kartiersystem beschleunigt die Flurneuordnung in Bayern. In: Fachbeiträge zur Dorferneuerung und Flurneuordnung. [Hrsg.: Bayerisches Staatsministerium für Landwirtschaft und Forsten, Abteilung

Ländliche Entwicklun, Josef Atterberger]. - München 2001, p.67-69, 2 ill.

2596
Bakker, N.J.; Kolk, E.: Een nieuwe generatie TOP 10vector dat in Nederland. In: Kartografisch tijdschrift. 27, 2001, p.16-22, 6 ill., 2 tab. [A new generation TOP 10vector data in the Netherlands.] [Dutch with Engl. and French rés.] ISSN 0167-5788

2597
Batty, Michael; Smith, Andy: Virtuality and cities : definitions, geographies, designs. In: Virtual reality in geography. Ed. by Peter Fisher and David Unwin. - London [u.a.]: Taylor & Francis 2000, p.270-291, 12 ill., 1 tab. ISBN 0-7484-0905-X

2598
Beck, Michael; Steidler, Franz: CyberCity Modeler und Terrain View - Werkzeuge zur Visualisierung von 3D-Stadt-und Werksmodellen. In: Vermessung, Photogrammetrie, Kulturtechnik. 99, 2001, p.472-476, 8 ill. [Germ. with French and Ital. rés] ISSN 0252-9424

2599
Blok, Connie: Web maps and weather. In: Web cartography : developments and prospects. Ed. by Menno-Jan Kraak and Allan Brown. - London: Taylor & Francis 2001, p.141-157, 8 ill., 1 tab. ISBN 0-7484-0868-1

2600
Boesch, Matthias; Tribelhorn, Christian; Lange, Eckart: Lawinenschutz und Landschaftsbild: Beurteilung der Auswirkungen alternativer Maßnahmen mit Hilfe der 3D-Visualisierung. In: Vermessung, Photogrammetrie, Kulturtechnik. 99, 2001, p.480-485, 8 ill. [Germ. with French, and Ital. rés.] ISSN 0252-9424

2601
Boogert, André van den: De Internet Atlas van Nederland. In: Kartografisch tijdschrift. 27, 2001, p.21-24, 2 ill. [The Internet Atlas of The Netherlands.] [Dutch with Engl., and French rés.] ISSN 0167-5788

2602
Bořkuvková, Jaroslava; Křížek, Milan: Vektorová Základní mapa čR 1 : 50 000 odvozená ze ZABAGED. In: Geodetický a kartografický obzor. 47, 2001, p.180-186, 5 ill. [Vectorial base map of the Czech Republic at 1 : 50 000 derived from ZABAGED.] [Czech. with Engl. rés.] ISSN 0016-7096

2603
Brodlie, Ken and others: Geography in VR : context. In: Virtual reality in geography. Ed. by Peter Fisher and David Unwin. - London [u.a.]: Taylor & Francis 2000, p.7-16, 4 ill. ISBN 0-7484-0905-X

2604
Brown, Allan; Feringa, Wim: Kleurenruimten en kleuren op het Web. In: Kartografisch tijdschrift. 27, 2001, p.32-38, 15 ill., 1 tab. [Colour spaces and colours on the Web.] [Dutch with Engl., and French rés.] ISSN 0167-5788

2605
Brown, Allan; Emmer, Nicoline; Worm, Jeroen van den: Cartographic design and production in the internet era : the example of tourist web maps. In: The cartographic journal. 38, 2001, p.61-72, 9 ill., 1 tab. ISSN 0008-7041

2606
Brown, Allan: Web maps and tourists. In: Web cartography : developments and prospects. Ed. by Menno-Jan Kraak and Allan Brown. - London: Taylor & Francis 2001, p.123-133, 8 ill. ISBN 0-7484-0868-1

2607
Brown, Iain M.: Virtual landscapes : introduction. In: Virtual reality in geography. Ed. by Peter Fisher and David Unwin. - London [u.a.]: Taylor & Francis 2000, p.95-105. ISBN 0-7484-0905-X

2608
Brown, Iain M.; Kidner, David B.; Ware, J.Mark: Multi-resolution virtual environments as a visualization front-end to GIS. In: Virtual reality in geography. Ed. by Peter Fisher and David Unwin. - London [u.a.]: Taylor & Francis 2000, p.144-162, 9 ill., 1 tab. ISBN 0-7484-0905-X

2609
Brunner, Kurt: Kartengestaltung für elektronische Bildanzeigen. In: Theorie 2000 : Vorträge des Kartographischen Symposiums am 17./18. November 2000 an der TU Dresden. Hrsg. von Günther Koch [Technische Universität Dresden, Institut für Kartographie]. - Dresden: Institut für Kartographie 2001, p.76-88, 6 ill., 5 tab. (Kartographische Bausteine ; Bd. 16)

2610
Brunner, Kurt: Kartengraphik am Bild schirm - Einschränkungen und Probleme. In: Kartographische Nachrichten. 51, 2001, p.233-239, 5 ill., 3 tab. ISSN 0022-9164

2611
Brunner-Friedrich, Beatrix and others: Visualisierungskonzepte für die Entwicklung kartenbasierter Routing-Applikationen im UMTS-Bereich. In: Angewandte geographische Informationsverarbeitung XIII : Beiträge zum AGIT-Symposium Salzburg 2001. Strobl, Blaschke, Griesebner. - Heidelberg: Wichmann 2001, p.72-77, 3 ill. ISBN 3-87907-361-9

2612
Bruno, Louise: Le Minas Gerais: Un miroir du Brésil : Propositions d'un nouvel atlas. In: Mappemonde. 2001, p.29-34, 7 ill. [French with Engl., and Span. rés.] ISSN 0764-3470

2613
Buchroithner, Manfred F.; Schenkel, Robert: 3D-Visualisierung von Geodaten - perzeptionstheoretische und präsentationstechnische Grundlagen. In: Theorie 2000 : Vorträge des Kartographischen Symposiums am 17./18. November 2000 an der TU Dresden. Hrsg. von Günther Koch [Technische Universität Dresden, Institut für Kartographie]. - Dresden: Institut für Kartographie 2001, p.113-120, 8 tab. (Kartographische Bausteine ; Bd. 16)

2614
Buzin, Reiner: Multimedia-Kartographie : [eine Untersuchung zur Nutzer-Orientierung kartomedialer Atlanten]. - Osnabrück: Der Andere Verlag 2001, 268 p., ill., + 1 CD-ROM [CD-ROM fehlt]. [Zugl.: Dresden, Techn. Univ., Diss. 2001] ISBN 3-935316-79-8

2615
Buzin, Reiner: Visualisierung von Messdaten am Beispiel des "Integrierten Mess- und Informationssystem zur Überwachung der Umweltradioaktivität - IMIS". In: GIS und Kartographie im Umweltbereich. Gabriele Braun,Reiner Buzien, Theodor Wintges (Hrsg.). - Heidelberg: Wichmann 2001, p.157-179, 13 ill., 2 tab. ISBN 3-87907-356-2

2616
Cai, Zhongliang and others: Electronic map-based hypermedia data model. In: Geomatics and information science of Wuhan University. 26, 2001, p.459-464, 3 ill. [Chin. with Engl. rés.] ISSN 1000-050X

2617
Cartwright, William and others: Geospatial information visualization user interface issues. In: Cartography and geographic information science. 28, 2001, 1, p.45-60, 6 ill.

2618
Cartwright, William: Future cartographies : where to now? In: The Bulletin of the Society of Cartographers. 35, 2001, p.1-12, 12 ill. ISSN 0036-1984

2619
Cartwright, William; Gartner, Georg; Riedl, Andreas: GeoMultimedia and Multimedia Cartography. In: Computer-gestützte Raumplanung : Beiträge zum 6. Symposium zur Rolle der Informationstechnologie in der und für die Raumplanung, Februar 14-16, 2001 [Tagungsband] = Computer aided spatial planning. Hrsg. von Manfred Schrenk. - Wien: Institut für EDV-gestützte Methoden in Architektur u. Raumplanung d. Techn. Univ. Wien 2001, Bd.2, p.245-251, 3 ill., 1 tab. [Bd.1.2.]

2620
Cavallotti, Paolo: Il cyberspazio : mappe e viaggi in un nuovo spazio sospeso tra il reale e il virtuale. In: Segni e sogni della terra : il disegno del mondo dal mito di Atlante alla geografia delle reti. [Catalogo: testi di Peter Barber ...]. - Novara: De Agostini 2001, p.262-269, 11 ill. [The cyberspace : maps and journeys in a new space suspended between the real and the virtual.] [Ital.] ISBN 88-415-9715-1

2621
Cecconi, Alessandro; Galanda, Martin: Mehrfachskalierte Datenbanken und kartographische Generalisierung als Elemente guter Internetkartographie. In: Angewandte geographische Informationsverarbeitung XIII : Beiträge zum AGIT-Symposium Salzburg 2001. Strobl, Blaschke, Griesebner. - Heidelberg: Wichmann 2001, p.78-83, 3 ill., 2 tab. ISBN 3-87907-361-9

2622
Cheesman, Jo; Perkins, Chris: Virtual reality : an explanatory tool for investigating the cognitive mapping and navigational skills of visually-impaired people. In: Virtual reality in geography. Ed. by Peter Fisher and David Unwin. - London [u.a.]: Taylor & Francis 2000, p.362-381. ISBN 0-7484-0905-X

2623
Comenetz, Joshua: Quality and the cartographic visualization of demographic data. - Minneapolis, MN: University of Minnesota 1999/2000 [Doct. diss.]

2624
Dangl, Roman: Visualisierung dynamischer Sachverhalte durch interaktive Animation. - Wien: Universität Wien 2001, 115 p., 35 ill., 1 CD. [Dipl.-Arb.]

2625
Dangl, Roman; Riedl, Andreas: Die Eignung interaktiver Animationen zur Präsentation dynamischer Phänomene unter besonderer Berücksichtigung von FLASH. In: Angewandte geographische Informationsverarbeitung XIII : Beiträge zum AGIT-Symposium Salzburg 2001. Strobl, Blaschke, Griesebner. - Heidelberg: Wichmann 2001, p.96-101, 2 ill. ISBN 3-87907-361-9

2626
Dickmann, Frank: Implications of technical restrictions for modern web mapping : problems and solutions. In: Diskussionsbeiträge zur Kartosemiotik und zur Theorie der Kartographie. Alexander Wolodtschenko und Hansgeorg Schlichtmann. - Dresden 2000, p.13-22, 3 ill. [With Germ., and Russ. rés.] ISBN 3-00-007305-1

2627
Dickmann, Frank: Vektorgrafik vor dem Durchbruch - XML-basierte 2D-Vektorformate visualisieren Geodaten im WWW. In: Kartographische Nachrichten. 51, 2001, p.286-291, 5 ill. ISSN 0022-9164

2628
Döllner, Jürgen: Informationsvisualisierung mit dynamischen, interaktiven 3D-Karten. In: Kartographische Nachrichten. 51, 2001, p.180-185, 6 ill. ISSN 0022-9164

2629
Drager, Timothy R.: An interactive digital archive for imagery. - Albuquerque, NM: University of New Mexico 2000 [Master's thesis]

2630
Dransch, Doris: Theorien, Methoden und Modelle der kartographischen Animation. In: Theorie 2000 : Vorträge des Kartographischen Symposiums am 17./18. November 2000 an der TU Dresden. Hrsg. von Günther Koch [Technische Universität Dresden, Institut für Kartographie]. - Dresden: Institut für Kartographie 2001, p.68-75, 4 ill. (Kartographische Bausteine ; Bd. 16)

2631
Duchźne, Cécile; Barrault, Mathieu; Haire, Kelvin: Road network generalization : a multi agent system approach. In: Bulletin du Comité Français de Cartographie. 169-170, 2001, p.33-41,12 ill. ISSN 0755-7647

2632
Dykes, Jason: Creating information-rich virtual environments with georeferenced digital panoramic imagery. In: Virtual reality in geography. Ed. by Peter Fisher and David Unwin. - London [u.a.]: Taylor & Francis 2000, p.68-92, 7 ill. ISBN 0-7484-0905-X

2633
Egli, Christine; Keller, August: Aargauisches Geografisches Informationssystem (AGIS) : 10 Jahre AGIS - ein Fazit. In: Vermessung, Photogrammetrie, Kulturtechnik = Mensuration, Photogrammétrie, Génie rural. 99, 2001, 5, p.283-287, 6 ill. [With French and Ital. rés.]

2634
Elzakker, Corné P.J.M. van: Use of maps on the Web. In: Web cartography : developments and prospects. Ed. by Menno-Jan Kraak and Allan Brown. - London: Taylor & Francis 2001, p.21-36, 5 ill. ISBN 0-7484-0868-1

2635
Elzakker, Corné P.J.M. van: Users of maps on the Web. In: Web cartography : developments and prospects. Ed. by Menno-Jan Kraak and Allan Brown. - London: Taylor & Francis 2001, p.37-52, 4 ill. ISBN 0-7484-0868-1

2636
Emmer, Nicoline: Web maps and road traffics. In: Web cartography : developments and prospects. Ed. by Menno-Jan Kraak and Allan Brown. - London: Taylor & Francis 2001, p.159-170, 4 ill. ISBN 0-7484-0868-1

2637
Engelbrecht, Bernhard: Kartenredaktion gestern, heute, morgen. In: Kartographische Nachrichten. 51, 2001, p.296-299, 2 ill., ISSN 0022-9164

2638
Fairbairn, David and others: Representation and its relationship with cartographic visualization. In: Cartography and geographic information science. 28, 2001, 1, p.13-28, 3 ill.

2639
Fairbairn, David: Perspectives on map use and map users in the digital era. In: The map library in the new millenium. Ed. Robert Brian Parry and C.R. Perkins. - London: Library Assoc. Publ. 2001, p.218-231, 1 ill. ISBN 1-85604-397-5

2640
Fairbairn, David; Taylor, George: Data collection issues in virtual reality for urban geographical representation and modelling. In: Virtual reality in geography. Ed. by Peter Fisher and David Unwin. - London [u.a.]: Taylor & Francis 2000, p.220-238, 4 ill. ISBN 0-7484-0905-X

2641
Feringa, Wim: Uitvoer van digitale kaartbestanden naar beeldscherm en papier : Deel I : wat er aan vooraf gaat... In: Kartografisch tijdschrift. 27, 2001, p.65-68,3 ill. (Kernkatern 17, herausnehmbarer Mittelteil). [Dutch]

2642
Ferris, Scott: Web based geographic information systems (GIS); digital mapping toy or "real" GIS? - Long Beach, CA: California State University 1999 [Master's thesis]

2643
Fischer, Johannes: Digitale Aktualisierung der Alpenvereinskarten. In: Kartographische Nachrichten. 51, 2001, 1, p.22-26, 4 ill.

2644
Forer, Pip: Taking care of business : map libraries and the new 'mapping' industry. In: The map library in the new millenium. Ed. Robert Brian Parry and C.R. Perkins. - London: Library Assoc. Publ. 2001, p.188-206. ISBN 1-85604-397-5

2645
Frangeš, Stanislav; Župan, Robert: New encouragement on cartographic visualisation. In: Proceedings of the 2nd International Symposium on Image and Signal Processing and Analysis. Pula, Croatia, June 19-21, 2001. - University Computing Center, Zagreb 2001, p. 368-372, 5 ill.

2646
Fritzsche, Andreas; Spring, Markus: Free-Software Lösung zur medienüber-greifenden Präsentation von Raum- und Umweltinformationen mit WebMapping und XML - realisiert im Digitalen REgional Atlas München DREAM : Beiträge zum 6. Symposium zur Rolle der Informationstechnologie in der und für die Raumplanung, Februar 14-16, 2001 [Tagungsband] = Computer aided spatial planning. In: Computergestützte Raumplanung : Beiträge zum 6. Symposium zur Rolle der Informationstechnologie in der und für die Raumplanung, Februar 14-16, 2001 [Tagungsband] = Computer aided spatial planning. Hrsg. von Manfred Schrenk. - Wien: Institut für EDV-Gestützte Methoden in Architektur u. Raumplanung d. Techn. Univ. Wien 2001, Bd.1, p.83-86, 3 ill. [Bd.1.2.]

2647
Fürpasz, Christian: Mapserver als Hilfsmittel zur Datenvisualisierung im Internet : erläutert anhand des Internetprojektes AtOS, der Internetversion des "Atlas Ost- und Südosteuropa". - Wien 2001, 109 p., 27 ill., 7 tab. [Dipl.-Arb. Univ. Wien]

2648
Fuhrmann, Sven; MacEachren, Alan M.: Navigation in desktop-basierten geo-virtuellen Welten. In: Kartographische Nachrichten. 51, 2001, 3, p.132-142, 1 ill.

2649
Fuhrmann, Sven and others; Brewer, Isaac: Anforderungen an 3D-Interaktionen in geo-virtuellen Visualisierungsumgebungen. In: Kartographische Nachrichten. 51, 2001, p.191-195. ISSN 0022-9164

2650
Fuhrmann, Sven; Kraak, Menno-Jan: Geovisualisierung : Einführung in das Thema. In: Kartographische Nachrichten. 51, 2001, p.173-175. ISSN 0022-9164

2651
GIS und Kartographie im Umweltbereich. Gabriele Braun, Reiner Buzien, Theodor Wintges (Hrsg.). - Heidelberg: Wichmann 2001, XVI, 209 p., ill., mp. + 1 CD-ROM. ISBN 3-87907-356-2

2652
Gahegan, Marc and others: The integration of geographic visualization with knowledge discovery in databases and geocomputation. In: Cartography and geographic information science. 28, 2001, 1, p.29-44, 3 ill.

2653
Galanda, Martin: Online (cartographic) visualization of the avalanche bulletin. In: High mountain cartography 2000 : proceedings of the Second Symposium of the Commission on Mountain Cartography of the International Cartographic Association held at the Alpine Centre, Rudolfshütte 2315 m, Austria from 29 March to 2 April 2000. Ed. by Manfred F. Buchroithner. - Dresden: Inst. for Cartography, Dresden Univ. of Technology [u.a.] 2000, p.207-214, 5 ill. (Kartographische Bausteine ; 18) ISBN 3-86005-265-9

2654
Gatalsky, Peter and others: Visualisierung und interaktive Analyse. In: Kartographische Nachrichten. 51, 2001, p.175-180, 5 ill. ISSN 0022-9164

2655
Gerber, Thomas: Landkarten auf Abruf [im Internet]. In: Bildung Schweiz : Zeitschrift des LCH. 146, 2001, p.33, ill.

2656
Giesbers, Henriette; Veen, André van der: Nationale Atlas Volksgezondheit. In: Kartografisch tijdschrift. 27, 2001, p.29-34, 7 ill. [National Public Health Atlas.] [Dutch with Engl., and French rés.]
ISSN 0167-5788

2657
Gillings, Mark: Virtual archaeologies and the hyper-real : or, what does it mean to describe someting as virtually real? In: Virtual reality in geography. Ed. by Peter Fisher and David Unwin. - London [u.a.]: Taylor & Francis 2000, p.17-23, 1 tab. ISBN 0-7484-0905-X

2658
Gläßl, Helmut: Flurkarte 98 : Rasterdaten der Flurkarte flächendeckend für Bayern. In: 15. Informationsveranstaltung 2001 der Bayerischen Vermessungsverwaltung am Mittwoch, dem 04. April 2001 in der Technischen Universität München. Hrsg. vom Bayerischen Landesvermessungsamt... - [München] 2001, p.109-114, ill.

2659
Glatthard, Thomas; Michelon, Roger: Ortsinformationssystem der Region Luzern im Internet. In: Vermessung, Photogrammetrie, Kulturtechnik = Mensuration, Photogrammétrie, Génie rural. 99, 2001,5, p.301-303, 2 ill. [With French and Ital. rés.]

2660
Gower, Rob: Workshop on National Mapping Agencies and the Internet : developing strategies for geospatial data in the New E-Age [Held at Ordnance Survey GB, Southampton, 8-10 March 2000]. - Frankfurt am Main: Bundesanstalt für Kartographie und Geodäsie 2000, p.11-35, 2 ill., 8 tab., 3 suppl, 1 CD-ROM. (European Organization for Experimental Photogrammetric Research / Official publication ; No. 38) ISBN 3-88648-104-2

2661
Greene, Wilmot: Using sound variables to expedite topographic map reading. - Athens, GA: University of Georgia 2000/2001 [Master's thesis]

2662
Grolig, Bernd; Schenk, Andreas; Waldik, Dirk: Stand und Tendenzen zur Visualisierung von Geoinformationssystemen. In: Web Mapping 1 : raumbezogene Information und Kommunikation im Internet [Karlsruher-Symposium "Web Mapping"]. Christian Herrmann, Hartmut Asche (Hrsg.). - Heidelberg: Wichmann 2001, p.46-67, 11 ill. ISBN 3-87907-353-8

2663
Grütter, Thomas; Barandun, Stefan: Die Datendrehscheibe der Werke der Stadt Zürich. In: Vermessung, Photogrammetrie, Kulturtechnik = Mensuration, Photogrammétrie, Génie rural. 99, 2001, 5, p.298-300, 4 ill. [With French and Ital. rés.]

2664
Günther-Diringer, Detlef; Döpke, Martin: Die Online-Version des Oder-Auen-Atlas. In: Angewandte geographische Informationsverarbeitung XIII : Beiträge zum AGIT-Symposium Salzburg 2001. Strobl, Blaschke, Griesebner. - Heidelberg: Wich-mann 2001, p.215-220, 4 ill. ISBN 3-87907-361-9

2665
Haala, Norbert: Anwendungspotential virtueller Stadtmodelle. In: Rauminformationen für das 21. Jahrhundert : Vorträge ; 20. wissenschaftlich-technische Jahrestagung der DGPF im Rahmen der Intergeo 2000, 11.-13. Oktober 2000, Kongress-Zentrum ICC, Berlin. Hrsg.: Jörg Albertz. - Berlin: DGPF 2001, p.98-105, 5 ill. (Publikationen der Deutschen Gesellschaft für Photogrammetrie und Fernerkundung ; 9)

2666
Häberling, Christian: A digital cartographic workflow for glaciomorphological map series : evaluating MACROMEDIA Free Hand as educational tool. In: Computers & Geosciences. 26, 2000, p.29-35. ISSN 0098-3004

2667
Haklay, Mordechay E.: Virtual reality and GIS : applications, trends and directions. In: Virtual reality in geography. Ed. by Peter Fisher and David Unwin. - London [u.a.]: Taylor & Francis 2000, p.47-57, 3 ill. ISBN 0-7484-0905-X

2668
Haller, Thomas: Der digitale Hydrologische Atlas der Schweiz : das Online-Archiv sowie Überlegungen zum Einsatz der Informatik im Dienste der Hydrologie. - Bern: Universität 2001, IV, 95 p., ill. + 1 CD-ROM.

2669
Hampp, Dieter; Lindenthal, Franz: Die Flurkarte erobert den PC : der Einsatz der interaktiven Grafik bei der Bayerischen Vermessungsverwaltung. In: 200 Jahre Bayerische Vermessungsverwaltung : 1801-2001 ; es ist ein Maß in allen Dingen. [Hrsg.: Bayer. Staatsministerium der Finanzen, Abt. Vermessung, Informations-u. Kommunikationstechnik...Red.: Karlheinz

Goller, Josef Klapf]. - München: Bayer. Landesvermessungsamt 2001, p.238-245, 8 ill. ISBN 3-935612-01-X

2670
Hayes, Justin; Carter, Jackie: Web-mapping the census : developing interactive interfaces for learning and teaching. In: The Bulletin of the Society of Cartographers. 35, 2001, p.5.9, 3 ill. ISSN 0036-1984

2671
Hecht, Horst and others: Die elektronische Seekarte : Grundlagen, Möglichkeiten und Grenzen eines neuen Navigationssystems. - Hamburg: Wichmann 1999, 262 p., ill. ISBN 3-87907-303-1

2672
Hehl.-Lange, Sigrid: GIS-gestützte Habitatmodellierung und 3D-Visualisierung räumlich-funktionialer Beziehungen in der Landschaft : [Steinen SZ <Region>]. - Zürich: vdf, Hochschulverlag AG an der ETH Zürich 2001, 164 p., ill. (ORL-Bericht ; 108/2001)

2673
Herrmann, Christian M.: Webmapping - Thesen, Beispiele und Tendenzen. In: Kartographische Nachrichten. 51, 2001, p.279-285. 6 ill. ISSN 0022-9164

2674
Hootsmans, Rob M.: Web maps and National Mapping Organisations. In: Web cartography : developments and prospects. Ed. by Menno-Jan Kraak and Allan Brown. - London: Taylor & Francis 2001, p.109-122, 5 ill., 1 tab. ISBN 0-7484-0868-1

2675
Hubert, Frédéric: Help to specify user needs in geographic information on the web. In: Bulletin du Comité Français de Cartographie. 169-170, 2001, p.15-20, 3 ill. ISSN 0755-7647

2676
Huet, Michel: Elektronische navigatiekaarten (ENC) : Huidige status van hun productie wereldwijd. In: Kartografisch tijdschrift. 27, 2001, 1, p.17-23, 10 ill., 1 tab. [The electronic navigational chart (ENC): the present state of production worldwide.] [Dutch with Engl. and French rés.]

2677
Huggler, Andreas; Zeppenfeld, Günter: Modellgeneralisierung von DLM hoher Auflösung zum DLM niedriger Auflösung am Beispiel des Übergangs ATKIS-DLM 25 zu ATKIS-DLM 200. In: ATKIS - Stand und Fortführung : Beiträge zum 51. DVW-Seminar am 25. und 26. September 2000 an der Unversität Rostock. Red. u. Seminarleiter: Ralf Bill u. Frank Schmidt. - Stuttgart: Wittwer 2000, p.197-206, 7 ill. (Schriftenreihe des DVW ; 39) ISBN 3-87919-273

2678
Hurni, Lorenz; Schneider, Barbara: Kartographische Visualisierung von Geodaten : [Beispiel: Landnutzung Rafzerfeld]. In: Tagungsband GIS / SIT 2000. ed.: L. Hurni. In: Tagungsband GIS / SIT 2000. - Fribourg, 6 p.

2679
Hurni, Lorenz: The new "Atlas of Switzerland - interactiv" : applications in mountain cartography. In: High mountain cartography 2000 : proceedings of the Second Symposium of the Commission on Mountain Cartography of the International Cartographic Association held at the Alpine Centre, Rudolfshütte 2315 m, Austria from 29 March to 2 April 2000. Ed. by Manfred

F. Buchroithner. - Dresden: Inst. for Cartography, Dresden Univ. of Technology [u.a.] 2000, p.53-59, 7 ill. (Kartographische Bausteine ; 18) ISBN 3-86005-265-9

2680
Jacobson, Daniel R.; Kitchin, Rob; Golledge, Reginald: Multi-modal virtual reality for presenting geographic information. In: Virtual reality in geography. Ed. by Peter Fisher and David Unwin. - London [u.a.]: Taylor & Francis 2000, p.382-400, 2 ill., 1 tab. ISBN 0-7484-0905-X

2681
Jeansson, Eric: 3D-GIS och virtual reality inom projektet Götatunneln - hjälpmedel för enkel och snabb informationsförmedling i större infrastrukturprojekt. In: Kartbladet. 16, 2001, p.6-9, 4 ill. [3D-GIS and virtual reality in the Götatunnel project - tool for simple and quick transmission of information in a bigger infrastructure project.] [Swed.] ISSN 0283-0418

2682
Jiang, Bin; Ormeling, Ferjan: Het karteren van Cyberspace : het visualisieren, analyseren en ontdekken van virtuele werelden. In: Kartografisch tijdschrift. 27, 2001, p.5-11, 5 ill. [Mapping Cyberspace : visualizing, analysing and exploring virtual worlds.] [Dutch with Engl., and French rés.] ISSN 0167-5788

2683
Jünemann, Peter; Paar, Philip; Rekittke, Jörg: Landschaftsplanung : Verbreitung und Einsatz von 3D-Visualisierungswerkzeugen in der Planungspraxis. In: Kartographische Nachrichten. 51, 2001, p.200-204, 4 tab. ISSN 0022-9164

2684
Kahle, David Christopher: Implementing a web-based cartographic interface for the Center for Land Use Interpretation : a methodological study. - Atlanta, GA: Giorgia State University 1999 [Master's thesis]

2685
Kaufmann, Viktor; Plösch, Reinhard: Reconstruction and visualization of the retreat of two small cirque glaciers in the Austrian Alps since 1850 : from static maps towards dynamic computer animation. In: High mountain cartography 2000 : proceedings of the Second Symposium of the Commission on Mountain Cartography of the International Cartographic Association held at the Alpine Centre, Rudolfshütte 2315 m, Austria from 29 March to 2 April 2000. Ed. by Manfred F. Buchroithner. - Dresden: Inst. for Cartography, Dresden Univ. of Technology [u.a.] 2000, p.239-253, 9 ill., 3 tab. (Kartographische Bausteine ; 18) ISBN 3-86005-265-9

2686
Kelnhofer, Fritz: Digitales "Atlas-Informationssystem" von Österreich : Abschlussbericht über das FWF-Projekt Geoinformationssysteme und EDV-Kartographie". In: VGI : österreichische Zeitschrift für Vermessung & Geoinformation. 89, 2001, p.91-101, 3 ill., 6 mp [suppl.]. ISSN 0029-9650

2687
Kelnhofer, Fritz: Interaktive Informationserschließung aus der Sicht kartographischer Visualisierungsmethoden. In: Theorie 2000 : Vorträge des Kartographischen Symposiums am 17./18. November 2000 an der TU Dresden. Hrsg. von Günther Koch [Technische Universität Dresden, Institut für Kartographie]. - Dresden: Institut für Kartographie 2001, p.95-112, 8 ill. (Kartographische Bausteine ; Bd. 16)

2688
Kelnhofer, Fritz: User defined maps - cartography without cartographers? In: The selected problems of theoretical cartography 2000 : proceedings of a seminar of the Commission on Theoretical Cartography (Dresden, Germany, October 14-15, 2000). Alexander Wolodtschenko. - Dresden: International Cartographic Association 2001, p.5-10, 2 ill.

2689
Kennelly, Patrick; Kimerling, A. Jon: Modifications of Tanaka's illuminated contour method. In: Cartography and geographic information science. 28, 2001, 2, p.113-123, 16 ill., 1 tab.

2690
Király, Tibor,: Földügyi Információs Szolgáltatások Hálózaton (FISH). In: Geodézia és kartográfia. 53, 2001, 2, p.23-31, 4 ill. [Hungarian lands and mapping services on network.] [Hung. with Engl. rés.]

2691
Koch, Barbara; Harm, Jürgen: Remote sensing and spatial data for the establishment and visualisation of 3D computer landscape models as basis for visual impact assessment. In: Geo-Informations-Systeme : GIS. 14, 2001, p.41-48, 11 ill. [With Germ. and Engl. rés.]
ISSN 1430-3663

2692
Köbben, Barend: Kartografische hoogtevoorstelling : Deel 2: Stereovisie, reliëfmodellen en digitale methoden. In: Kartografisch tijdschrift. 27, 2001, p.69-72, 8 ill. (Kernkatern 18, herausnehmbarer Mittelteil). ISSN 0167-5788

2693
Köbben, Barend: Publishing maps on the Web. In: Web cartography : developments and prospects. Ed. by Menno-Jan Kraak and Allan Brown. - London: Taylor & Francis 2001, p.73-86, 8 ill., 1 tab.
ISBN 0-7484-0868-1

2694
Kolk, E.; Bakker, N.J.: Naar een tweede generatie TOPvector-producten. In: Geodesia : tijdschrift voor geodesie en geoinformatie. 43, 2001, 6, p.288-294, 5 ill., 4 tab. [A new generation of TOP10Vector Data in the Netherlands.] [Dutch with Engl. rés.]

2695
Korydka-Skorupa, Jolanta: From data to cartographic presentation forms. In: The selected problems of theoretical cartography 2000 : proceedings of a seminar of the Commission on Theoretical Cartography (Dresden, Germany, October 14-15, 2000). Alexander Wolodtschenko. - Dresden: International Cartographic Association 2001, p.22-30, 5 ill.

2696
Kosmatin Fras, Mojca: Vloga Fotogrametrije in prostorskih podatkovpri dokumentiranju naravnih katastrof - primer plazu pod Mangrtom. In: Geodetski vestnik. 45, 2001, p.62-71, 10 ill. [The role of photogrammetry and spatial data in documentation of natural disasters - example on landslide under Mangrt mountain.] [Sloven. with Engl. rés.]
ISSN 0351-0271

2697
Kozieł, Zenon: Geokompozycje jako ujęcia wideograficzne. In: Polski przegląd kartograficzny. 33, 2001, p.315-327, 1 ill., 15 tab. [Geocompositions as videographic presentations.] [Pol. with Engl., and Russ. rés.] ISSN 0324-8321

2698
Kraak, Menno-Jan: Access to GDI and the function of visualization tools. In: Geospatial data infrastructure : concepts, cases, and good practice. Ed. by Richard Groot... - Oxford [u.a.]: Oxford Univ. Press 2000, p.217-231, 8 ill. (Spatial information systems) ISBN 0-19-823381-7

2699
Kraak, Menno-Jan: Cartographic principles. In: Web cartography : developments and prospects. Ed. by Menno-Jan Kraak and Allan Brown. - London: Taylor & Francis 2001, p.53-71, 14 ill., 2 tab. ISBN 0-7484-0868-1

2700
Kraak, Menno-Jan; Ormeling, Ferjan; Smits, Jan: De nationale atlas als organisatiemedium voor de toegang tot geoinformatie. In: Kartografisch tijdschrift. 27, 2001, 2, p.42-47, 3 ill. [The national atlas as organisation medium for access to geoinformation.] [Dutch with Engl. and French rés.]

2701
Kraak, Menno-Jan: Een interactieve webanimatie van de ontwikkeling van de bevolking van Overijsselse gemeenten. In: Kartografisch tijdschrift. 27, 2001, p.5-10, 5 ill., 1 tab. [Visualize Overijssel's past, interactive animations on the WWW.] [Dutch with Engl., and French rés.] ISSN 0167-5788

2702
Kraak, Menno-Jan: Setting and needs for web cartography. In: Web cartography : developments and prospects. Ed. by Menno-Jan Kraak and Allan Brown. - London: Taylor & Francis 2001, p.1-7, 3 ill. ISBN 0-7484-0868-1

2703
Kraak, Menno-Jan: Trends in cartography. In: Web cartography : developments and prospects. Ed. by Menno-Jan Kraak and Allan Brown. - London: Taylor & Francis 2001, p.9-19, 3 ill. ISBN 0-7484-0868-1

2704
Kraak, Menno-Jan: Visual exploration of virtual environments. In: Virtual reality in geography. Ed. by Peter Fisher and David Unwin. - London [u.a.]: Taylor & Francis 2000, p.58-67, 4 ill. ISBN 0-7484-0905-X

2705
Kraak, Menno-Jan: Web maps and atlases. In: Web cartography : developments and prospects. Ed. by Menno-Jan Kraak and Allan Brown. - London: Taylor & Francis 2001, p.135-140, 2 ill. ISBN 0-7484-0868-1

2706
Kraak, Menno-Jan: Web resources and the map library. In: The map library in the new millenium. Ed. Robert Brian Parry and C.R. Perkins. - London: Library Assoc. Publ. 2001, p.103-116, 4 ill., 1 tab. ISBN 1-85604-397-5

2707
Kraak, Menno-Jan: Webmapping - Webdesign. In: Web Mapping 1 : raumbezogene Information und Kommunikation im Internet [Karlsruher-Symposium "Web Mapping"]. Christian Herrmann, Hartmut Asche (Hrsg.). - Heidelberg: Wichmann 2001, p.33-45, 7 ill. ISBN 3-87907-353-8

2708
Krauss, Elke; Ruschmaritsch, Nicole: Konzeption eines Online-Routing-Systems. In: Web Mapping 1 : raumbezogene Information und Kommunikation im Internet [Karlsruher-Symposium "Web Mapping"]. Christian Herrmann, Hartmut Asche

(Hrsg.). - Heidelberg: Wichmann 2001, p.125-137, 3 ill. ISBN 3-87907-353-8

2709
Lanoue, Kristin K.: Visualizing uncertainty in geographic data using animation. - New York, NY: University of New York 2000 [Master's thesis]

2710
Lechthaler, Mirjanka: Konzept eines "maßstabslosen" Kartenraumes - am Beispiel GeoInfo Austria®. In: Fachvorträge : XI. Internationale Geodätische Woche Obergurgl 2001. - Innsbruck: Institut für Geodäsie d. Univ. Innsbruck 2001, p.201-204, 8 ill. (Institut für Geodäsie, Leopold-Franzens-Universität Innsbruck / Institutsmitteilungen ; 19)

2711
Leuenberger, Rudolf: Intranet-Projekt ZUGIS2000 der GIS-Fachstelle des Kantons Zug. In: Vermessung, Photogrammetrie, Kulturtechnik = Mensuration, Photogrammétrie, Génie rural. 99, 2001, 5, p.288-291, 6 ill. [With French and Ital. rés.]

2712
Lexikon der Kartographie und Geomatik in zwei Bänden. Hrsg.: Jürgen Bollmann, Wolf Günter Koch. - Heidelberg [u.a.]: Spektrum Akademischer Verlag 2001-2002, Bd. 1 A-Karti. 2001. XV, 453 p. / Bd.2 Karto-Z. 2002. VIII, 455 p. ISBN 3-8274-1055-X / 3-8274-1056-8

2713
Leymüller, Martin: GIS-gestützte Erstellung mittelmaßstäbiger Klimakarten. - Wien 2001, 139 p., 29 ill., 43 tab, 12 mp. [Dipl.-Arb.]

2714
Lonsdorfer, Klaus; Morawietz, Toni: Erfassung, Fortführung und Präsentation von ATKIS-Daten beim LKVK Saarland. In: ATKIS - Stand und Fortführung : Beiträge zum 51. DVW-Seminar am 25. und 26. September 2000 an der Unversität Rostock. Red. u. Seminarleiter: Ralf Bill u. Frank Schmidt. - Stuttgart: Wittwer 2000, p.93-102, 2 tab. (Schriftenreihe des DVW ; 39) ISBN 3-87919-273

2715
Lovett, Andrew and others: Visualizing sustainable agricultural landscapes. In: Virtual reality in geography. Ed. by Peter Fisher and David Unwin. - London [u.a.]: Taylor & Francis 2000, p.102-130, 11 ill., 2 tab. ISBN 0-7484-0905-X

2716
MacEachren, Alan M.; Brewer, Isaac: Kollaborative Geovisualisierung zur Wissensgenerierung und Entscheidungsunterstützung. In: Kartographische Nachrichten. 51, 2001, p.185-191, 1 ill. ISSN 0022-9164

2717
MacEachren, Alan M.; Kraak, Menno-Jan: Research challenges in geovisualization. In: Kartographische Nachrichten. 51, 2001, p.204-207. ISSN 0022-9164

2718
MacEachren, Alan; Kraak, Menno-Jan: Research challenges in geovisualization. In: Cartography and geographic information science. 28, 2001, 1, p.3-12, 1 ill.

2719
Malić, Brankica: Analyse zum Klassenbildungsverfahren am Bildschirm. In: Kartographische Nachrichten. 51, 2001, p.239-244, 2 ill., 2 tab. ISSN 0022-9164

2720
Marcotte, Thomas A.: Cartographic design and desktop mapping, a historic perspec-

tive. - Missoula, MT: University of Montana 2000 [Master's thesis]

2721
Matsuaka, Masao: Visualizing sister cities : potential of sister city comparison atlases in sister cities programs in Oregon. - Eugene, OR: University of Oregon 1999 [Master's thesis]

2722
Matzke, Wilfried; Schmauß, Harald: Bestseller Stadtplan : Die Stadt Augsburg vermarktet ein amtliches Kartenwerk. In: GeoBIT : das Magazin für raumbezogene Informationstechnologie. 6, 2001, 5, p.16-18, 3 ill.

2723
Mauro Conti, Antonio and others: La cartografia automatica e i G.I.S. nel geomarketing. In: Cultura cartografica e culture del territorio : atti del convegno nazionale (Sassari, 12-13 dicembre 2000). A cura di Giuseppe Scanu. - Genova: Brigati 2001, p.299-306. (Bollettino della Associazione Italiana di Cartografia No. 111-113 = 38. 2001) [Ital.]

2724
McCutcheon, Ernest: MapInfo-Online Tools und die NavTech-AND Datenbanken. In: Web Mapping 1 : raumbezogene Information und Kommunikation im Internet [Karlsruher-Symposium "Web Mapping"]. Christian Herrmann, Hartmut Asche (Hrsg.). - Heidelberg: Wichmann 2001, p.114-122, 11 ill.
ISBN 3-87907-353-8

2725
Moellering, Harold: Theoretical concepts in analytical cartography. In: Map : journal of the Japan Cartographers Association. 39, 2001, p.34-67. [Engl.] [Jap. rés. by Hiroshi Ota, p.68-71] ISSN 0009-4897

2726
Monmonier, Mark S.: Bushmanders & bullwinkles : how politicians manipulate electronic maps and census data to win elections. - Chicago [u.a.]: University of Chicago Press 2001, XII, 208 p., ill., mp. ISBN 0-226-53424-3

2727
Monmonier, Mark S.: Current and seamless : The U.S. Geological Survey's National Map Project. In: Mercator's world. 6, 2001, p.52-54. ISSN 1086-6728

2728
Moore, Kate E.: Visualizing data components of the urban scene. In: Virtual reality in geography. Ed. by Peter Fisher and David Unwin. - London [u.a.]: Taylor & Francis 2000, p.257-269, 5 ill.
ISBN 0-7484-0905-X

2729
Müller, Hartmut: 3D-Stadtmodelle - Technik und Anwendungen. In: Rauminformationen für das 21. Jahrhundert : Vorträge ; 20. wissenschaftlich-technische Jahrestagung der DGPF im Rahmen der Intergeo 2000, 11.-13. Oktober 2000, Kongress-Zentrum ICC, Berlin. Hrsg.: Jörg Albertz. - Berlin: DGPF 2001, p.113-120, 7 ill. (Publikationen der Deutschen Gesellschaft für Photogrammetrie und Fernerkundung ; 9)

2730
Müller, Jean-Claude: Der Weg zu einer akustischen Kartographie. In: Kartographische Nachrichten. 51, 2001, 1, p.26-40, 8 ill.

2731
Muggli, Cornelia: Automatisierter Arbeitsablauf zur Erstellung einer topografischen Karte 1 : 25.000 aus VECTOR25-Daten. - Zürich: Geographisches Institut der

Universität 2000, 153 p., ill. [Diplomarbeit]

2732
Nagy, István: A digitális térképkészítés helyzete Vas megyében. In: Geodézia és kartográfia. 53, 2001, p.28-34, 3 tab. [Situation of digital mapping in Vas county.] [Hung.] ISSN 0016-7118

2733
Németh, András: Digitális térképek a Paksi Atomerëmåben. In: Geodézia és kartográfia. 53, 2001, p.16-21. [Digital maps in the Hungarian nuclear power station (Paks).] [Hung.] ISSN 0016-7118

2734
Neudeck, Stefan: Zur Gestaltung topographischer Karten für die Bildschirmvisualisierung. - Neubiberg: Univ. d. Bundeswehr, Fak. f. Bauingenieur- u. Vermessungswesen, Studiengang Geodäsie u. Geoinformation 2001, 132 p., ill., mp. + 1 CD-ROM. (Studiengang Geodäsie und Geoinformation, Universität der Bundeswehr München / Schriftenreihe ; 74)

2735
Neudeck, Stefan; Brunner, Kurt: Anforderungen an die kartografische Visualisierung von Geodaten am Bildschirm. In: Angewandte geographische Informationsverarbeitung XIII : Beiträge zum AGIT-Symposium Salzburg 2001. Strobl, Blaschke, Griesebner. - Heidelberg: Wichmann 2001, p.342-347, 3 ill. ISBN 3-87907-361-9

2736
Neumann, Andreas: Contributions to computer-assisted cave mapping and 3D-visualization of cave systems. In: High mountain cartography 2000 : proceedings of the Second Symposium of the Commission on Mountain Cartography of the International Cartographic Association held at the Alpine Centre, Rudolfshütte 2315 m, Austria from 29 March to 2 April 2000. Ed. by Manfred F. Buchroithner. - Dresden: Inst. for Cartography, Dresden Univ. of Technology [u.a.] 2000, p.121-130, 7 ill. (Kartographische Bausteine ; 18) ISBN 3-86005-265-9

2737
Niederöst, Markus: Projekt ATOMI: Automatische Detektion und Rekonstruktion von Gebäuden für das topographische Landschaftsmodell der Schweiz. In: Vermessung, Photogrammetrie, Kulturtechnik. 99, 2001, p.520-524, 8 ill. [Germ. with French, and Ital. rés]

2738
Ogleby, Cliff: Virtual world heritage cities : the ancient Thai city of Ayutthaya reconstructed. In: Virtual reality in geography. Ed. by Peter Fisher and David Unwin. - London [u.a.]: Taylor & Francis 2000, p.220-238, 4 ill. ISBN 0-7484-0905-X

2739
On-Screen-Digitalisierung, Modellierung von Netzwerken und Oberflächen, Verarbeitung von Rasterdaten in ARC/INFO. Norbert de Lange u. Thorger Stapenhorst (Hrsg.) Grundlagen von Geo-Informationssystemen : Theoretische Grundlagen und Einführung in ARC/INFO anhand einer Projektaufgabe, hrsg. vom Fachgebiet Geographie, Fachbereich Kultur-u. Geowissenschaften, Universität Osnabrück...; 2. - Osnabrück: Univ., Fachgebiet Geographie 2000, 92 p., ill., mp. (OSG-Materialien ;46)

2740
Ormeling, Ferjan: Consequences of the production of electronic atlases. In: Festcolloqium Ulrich Freitag : Beiträge zum Festcolloquium am 5. Juli 1999 anlässlich

der Emeritierung von Prof. Dr. Ulrich Freitag. Hrsg. von Wolfgang Scharfe, Freie Universität Berlin, Fachbereich Geowissenschaften, Fachrichtung Kartographie. - Berlin: Fachrichtung Kartographie, Inst. für Geograph Wiss. 2000, p.23-31, 5 ill. (Berliner Manuskripte zur Kartographie)

2741
Ormeling, Ferjan: Das Bändigen von Multimedia-Konzepten für den Online-Atlas der Niederlande. In: Web Mapping 1 : raumbezogene Information und Kommunikation im Internet [Karlsruher-Symposium "Web Mapping"]. Christian Herrmann, Hartmut Asche (Hrsg.). - Heidelberg: Wichmann 2001, p.178-189, 5 ill. ISBN 3-87907-353-8

2742
Ormsby, Tim: Getting to know ArcGIS desktop : basics of ArcView, ArcEditor, and ArcInfo. - Redlands, Calif.: ESRI Press: ESRI Press 2001, XII, 541 p., ill. + 1 CD-ROM + 1 Installations-CD-ROM. [2. printing] ISBN 1-87910-289-7

2743
Osch, Berry van: De gemeenten en internet : Geo-informatie op het web? ...een quickscan. In: Geodesia. 43, 2001, p.550-552, 7 ill. [Dutch] ISSN 1385-7515

2744
Ota, Hiroshi: Theoretical concepts in analytical cartography (summary). In: Map : the journal of the Japan Cartographers Association. 39, 2001, p.68-71. [Jap.] ISSN 0009-4897

2745
Ot'ahel', Jan and others: Mapa prírodnej krajiny. In: Geodetický a kartografický obzor. 47, 2001, p.204-208, 2 ill. [Natural lands and land cover of Slovakia.] [Slovak. with Engl. rés.] ISSN 0016-7096

2746
Ott, Thomas: Atlas der Schweiz - interaktiv. In: Petermanns Geographische Mitteilungen. 145, 2001, p.30-31, ill.

2747
Parry, Bob: Offline digital maps. In: The map library in the new millenium. Ed. Robert Brian Parry and C.R. Perkins. - London: Library Assoc. Publ. 2001, p.72-87. ISBN 1-85604-397-5

2748
Perchermeier, Georg: Ohne EDV geht nichts mehr : Innendienst am Vermessungsamt - gestern, heute und morgen. In: 200 Jahre Bayerische Vermessungsverwaltung : 1801-2001 ; es ist ein Maß in allen Dingen. [Hrsg.: Bayer. Staatsministerium der Finanzen, Abt. Vermessung, Informations-u. Kommunikationstechnik...Red.: Karlheinz Goller, Josef Klapf]. - München: Bayer. Landesvermessungsamt 2001, p.224-237, 10 ill. ISBN 3-935612-01-X

2749
Peterson, Michael P.: Maps and the Internet. In: The map library in the new millennium. Ed. Robert Brian Parry and C.R. Perkins. - London: Library Assoc. Publ. 2001, p.88-102, 3 ill., 1 tab. ISBN 1-85604-397-5

2750
Poppe, Eddie: De Atlas van Nederland op internet. In: Kartografisch tijdschrift. 27, 2001, p.55-57, 2 ill. [The Atlas of the Netherlands on the Internet.] [Dutch with Engl., and French rés.]

2751
Price, Wendy: Relief presentation : manual airbrushing combined with computer technology. In: The cartographic journal. 38, 2001, p.107-112, 6 ill. ISSN 0008-7041

2752
Pucher, Alexander: Datenbankgestützte kartographische Visualisierung im Internet : Anwendungen im großen Maßstab mittels Mapserver-Systemen. - Wien: Universität Wien 2001, 146 p., 26 ill., 6 tab. [Dipl.-Arb.]

2753
Puszkarska, Joanna: Influence of white point colour temperature set-up on cartographic pictures appeareance displayed on CRT monitor. In: Geodezja i kartografia. 50, 2001, p.99-118,24 ill., 5 tab. [Engl. with Pol. and Russ. rés.] ISSN 0016-7134

2754
Radovan, Dalibor; Janežič, Miran: Automatska kontrola logične konsistence 3D baze mestnega jedra. In: Geodetski vestnik. 45, 2001, p.54-61, 3 ill. [Logical consistency checking in a city 3D base.] [Sloven. with Engl. rés.] ISSN 0351-0271

2755
Richard, Daniel: Development of an internet atlas of Switzerland. In: Computers & Geosciences. 26, 2000, p.45-50. ISSN 0098-3004

2756
Riedl, Leopold; Kalasek, Robert: WebMap = ArcView + 3 Mausklicks Schnelles Publizieren interaktiver Web-Karten im Fachinformationssystem der MA22-Umweltschutz der Stadt Wien. In: Computergestützte Raumplanung : Beiträge zum 6. Symposium zur Rolle der Informationstechnologie in der und für die Raumplanung, Februar 14-16, 2001 [Tagungsband] = Computer aided spatial planning. Hrsg. von Manfred Schrenk. - Wien: Institut für EDV-Gestützte Methoden in Architektur u. Raumplanung d. Techn. Univ. Wien 2001, Bd.1, p.121-127, 12 ill. [Bd.1.2.]

2757
Ritz, Thomas: Toward improving the paper map : exploring and implementing design issues for digital and virtual campus maps for West Virginia University. - Morgantown, WV: West Virginia University 2000/2001 [Master's thesis]

2758
Rottensteiner, Franz: Halbautomatische Gebäudeauswertung durch Integration von hybrider Ausgleichung und 3D Objektmodellierung. In: Photogrammetrie, Fernerkundung, Geoinformation. 2001, p.289-301, 7ill. ISSN 1432-8364

2759
Rowley, Adrian Manning: Cyber-geography, mapping the Internet. - Hattiesburg, MS: University of Southern Mississippi 1999 [Master's thesis]

2760
Russell-Chamberlin, June: Canada by the numbers. In: Mercator's world. 6, 2001, p.56-57, 2 ill. ISSN 1086-6728

2761
Russell-Chamberlin, June: Where the bad guys are : Software on crime. In: Mercator's world. 6, 2001, 1, p.34-37, 9 ill. ISSN 1086-6728

2762
Scheele, Theo: Geo-Informatie Eindhoven en de drie GBK's. In: Geodesia. 43, 2001, p.528-530, 5 ill. [Dutch] ISSN 1385-7515

2763
Scheele, Theo: Geo-Informatie in Beverwijk: een speciaal geval. In: Geodesia. 43, 2001, p.536-539, 5 ill. [Dutch] ISSN 1385-7515

2764
Schenkel, Robert: A cartographic systematisation of 3D display technologies. In: High mountain cartography 2000 : proceedings of the Second Symposium of the Commission on Mountain Cartography of the International Cartographic Association held at the Alpine Centre, Rudolfshütte 2315 m, Austria from 29 March to 2 April 2000. Ed. by Manfred F. Buchroithner. - Dresden: Inst. for Cartography, Dresden Univ. of Technology [u.a.] 2000, p.157-166, 5 tab. (Kartographische Bausteine ; 18) ISBN 3-86005-265-9

2765
Schilcher, Matthäus; Roschlaub, Robert; Liebscher, Jan: Ein 3D-Stadtmodell für die Stadt München auf Basis eines 2D-GIS. In: Mitteilungsblatt / Deutscher Verein für Vermessungswesen (DVW), Landesverein Bayern e.V. 53, 2001, p.463-477, 13 ill., 2 tab. ISSN 0723-6336

2766
Schildwächter, Ralph; Besser, Thomas: Der multimediale Flächennutzungsplan für die Stadt Mainz. In: Computergestützte Raumplanung : Beiträge zum 6. Symposium zur Rolle der Informationstechnologie in der und für die Raumplanung, Februar 14-16, 2001 [Tagungsband] = Computer aided spatial planning. Hrsg. von Manfred Schrenk. - Wien: Institut für EDV-gestützte Methoden in Architektur u. Raumplanung d. Techn. Univ. Wien 2001, Bd.1, p.107-110, ill. [Bd.1.2.]

2767
Schmidt, Dirk; Rinner, Claus: Intelligent, interaktiv, internetfähig die neue Karten-Generation. In: Web Mapping 1 : raumbezogene Information und Kommunikation im Internet [Karlsruher-Symposium "Web Mapping"]. Christian Herrmann, Hartmut Asche (Hrsg.). - Heidelberg: Wichmann 2001, p.90-99, 5 ill. ISBN 3-87907-353-8

2768
Schulz, Siegmund: Bericht vom Workshop "Internet und Kartographie". In: Kartographische Nachrichten. 51, 2001, 1, p.54-57.

2769
Seger, Martin: Rauminformationssystem Österreich - ein digitaler thematischer Datensatz des Staatsgebietes. In: VGI : österreichische Zeitschrift für Vermessung & Geoinformation. 89, 2001, p.101-110, 2 ill., 5 mp. [suppl.]. ISSN 0029-9650

2770
Shears, Jonathan: Harnessing the internet for geographic image applications. In: The Bulletin of the Society of Cartographers. 35, 2001, p.1-4, 3 ill. ISSN 0036-1984

2771
Sieber, René; Oberholzer, Clemens; Terribilini, Andrea: Animation im interaktiven Atlas der Schweiz. In: Dynamische Visualisierung : Grundlagen und Anwendungsbeispiele kartographischer Animationen. ed.: G. Buziek et al. - Berlin: Springer 2000, p.141-158. ISBN 3-540-66327-4

2772
Simonis, Ingo; Streit, Ulrich: Mobile computing techniques coupled with distributed simulation and visualization systems to optimize the field data management. In: The Bulletin of the Society of Cartographers. 35, 2001, p.15-17, 3 ill. ISSN 0036-1984

2773
Slocum, Terry A. and others: Cognitive and usability issues in geovisualization. In: Cartography and geographic information science. 28, 2001, 1, p.61-75, 3 ill., 1 tab.

2774
Söderberg, Mats: Kartographie 2001 : multidisziplinär undmultidimensional. In:

Kartbladet. 16, 2001, p.31-32. [Swed.] ISSN 0283-0418

2775
Sollberger, Alexander: Vom Kartografieverlag zum Medienunternehmen am Beispiel der Kartografischen-Online-Plattform. In: Web Mapping 1 : raumbezogene Information und Kommunikation im Internet [Karlsruher-Symposium "Web Mapping"]. Christian Herrmann, Hartmut Asche (Hrsg.). - Heidelberg: Wichmann 2001, p.169-177, 10 ill. ISBN 3-87907-353-8

2776
Soukup, Petr; Votoček, Michal: Vyhledávání lokakit v digitální katastrální mapě. In: Geodetický a kartografický obzor. 47, 2001, p.232-236, 4 ill., 1 tab. [Searching for locations in a cadastral map.] [Czech. with Engl. rés.] ISSN 0016-7096

2777
Spee, B.A.P.; Elzakker, Corné P.J.M. van; Ormeling, Ferjan: Toegankelijkheid tot op buurtniveau: Buurt in Beeld van het CBS. In: Kartografisch tijdschrift. 27, 2001, 2, p.36-41, 9 ill. [Accessibility to local level: the neighbourhood pictured by the CBS.] [Dutch with Engl. and French rés.]

2778
Spring, Markus; Fritzsche, Andreas: Webmapping und XML Content Server mit Free Software : Portalkonzept Digitaler REgionalatlas München DREAM. In: Angewandte geographische Informationsverarbeitung XIII : Beiträge zum AGIT-Symposium Salzburg 2001. Strobl, Blaschke, Griesebner. - Heidelberg: Wichmann 2001, p.461-470, 5 ill. ISBN 3-87907-361-9

2779
Stähler, Patrick: Von Geographischen Informationssystemen zu Webmapping-Applikationen : eine ökonomische Analyse. In: Web Mapping 1 : raumbezogene Information und Kommunikation im Internet [Karlsruher-Symposium "Web Mapping"]. Christian Herrmann, Hartmut Asche (Hrsg.). - Heidelberg: Wichmann 2001, p.155-166, 3 ill. ISBN 3-87907-353-8

2780
Stegger, Ulrich: Die digitale Herstellung der Bodenübersichtskarte 1: 200 000 (BÜK 200) mit Hilfe des Geographischen Informationssystems ArcInfo. In: Tagung 2000 : Arbeitsgruppe Automation in der Kartographie / Bundesanstalt für Kartographie und Geodäsie. - Frankfurt am Main: Verl. d. Bundesamtes für Kartographie u. Geodäsie 2001, p. 131-136, 4 ill. (Mitteilungen des Bundesamtes für Kartographie und Geodäsie ; 20) ISBN 3-88648-306-1

2781
Steidler, Franz; Beck, Michael: 3D-Stadtmodelle mit dem CyberCity Modeler - Generierung und Echtzeitbegehung. In: Photogrammetrie - Fernerkundung - Geoinformation : Geodaten schaffen Verbindungen ; Vorträge ; 21. wissenschaftlich-technische Jahrestagung d. DGPF, 4.-7. September 2001. Hrsg.: Eckhardt Seyfert. - Berlin: DGPF 2001, p.181-190, 8 ill. (Publikationen der Deutschen Gesellschaft für Photogrammetrie und Fernerkundung ; 10)

2782
Stockmar, Christian: Aufbau und Nutzen eines Online-Informationspools für die Kartenredaktion. In: Web Mapping 1 : raumbezogene Information und Kommunikation im Internet [Karlsruher-Symposium "Web Mapping"]. Christian Herrmann, Hartmut Asche (Hrsg.). - Heidelberg: Wichmann 2001, p.80-89, 1 ill. ISBN 3-87907-353-8

2783
Strasser, Michael: Erstellung und Gestaltung von Ortsplänen aus der Digitalen Katastralmappe im Hinblick auf eine Nutzung im World Wide Web. - Wien: Universität Wien 2001, 87 p., 18 ill., 13 tab. [Dipl.-Arb.]

2784
Stromberg, Elizabeth: Viewsheds and the visual impact of rural landscapes : a GIS-based study of Afton, MN. - Minneapolis, MN: University of Minnesota 1999/2000 [Master's thesis]

2785
Sulebak, Jan Rasmus: Photorealistic terrain visualization. In: Kart og plan. 94, 2001, 1, p.19-26, 5 ill.

2786
Tagung 2000 : Arbeitsgruppe Automation in der Kartographie / Bundesanstalt für Kartographie und Geodäsie. - Frankfurt am Main: Verl. d. Bundesamtes für Kartographie u. Geodäsie 2001, 136 p., ill., mp. (Mitteilungen des Bundesamtes für Kartographie und Geodäsie ; 20) ISBN 3-88648-306-1

2787
Technologiebeschreibung : Umsetzung der analogen Liegenschaftskarten in die digitale Liegenschaftskarte im ländlichen Raum. Landesvermessungsamt Brandenburg ; [Stand] 30.Juni 1999. - Potsdam: Landesvermessungsamt 1999, 79 p., ill., mp.

2788
Terribilini, Andrea: Entwicklung von Arbeitsabläufen zurautomatischen Erstellung von interaktiven, vektorbasierten topographischen 3D-Karten. - Zürich: ETH Zürich 2001, 192 p., ill. [Diss. Nr. 14387 techn. Wiss. ETH Zürich]

2789
Thalmann, Daniel; Farenc, Daniel: Simulation de la vie dans une ville virtuelle. In: Vermessung, Photogrammetrie, Kulturtechnik. 99, 2001, p.477-479, 4 ill. [French with Germ., and Ital, rés.] ISSN 0252-9424

2790
Turner, Erin: Undergraduate cartographic (and geomatics/GIscience) education at North American universities. - Ottawa, ON: Carleton University 2000 [Master's thesis]

2791
Ven, Marc van de; Bijtelaar, Bas; Köbben, Barend: I-kaarten bij de provincie Gelderland. In: Kartografisch tijdschrift. 27, 2001, p.35-43, 2 ill. [I-maps for Gelderland province.] [Dutch with Engl., and French rés.] ISSN 0167-5788

2792
Verbree, Edward; Maren, Gert van: 'Virtual reality' als gereedschap bij planontwikkeling. In: Kartografisch tijdschrift. 27, 2001, 1, p.10-15, 5 ill. [Virtual reality as a planning tool.] [Dutch with Engl. and French rés.]

2793
Verkettete Transformation, Mustertechnologie : Landesvermessungsamt Brandenburg ; [Stand] 22. November 1999. - Potsdam: Landesvermessungsamt 1999, 22, 15, [2] Bl.

2794
Vešligaj, Staško; Bizjak, Bojan: Predstavitev občinskega prostorskega plana na Internetu kot del izvjanja projekta Maribor e-mesto. In: Geodetski vestnik. 45, 2001, p.440-448, 4 ill. [Presentation of the municipal physical plan on the internet

as a part of the project Maribor e-city.] [Sloven. with Engl. rés.] ISSN 0351-0271

2795
Virtual reality in geography. Ed. by Peter Fisher and David Unwin. - London [u.a.]: Taylor & Francis 2000, X, 404 p., ill. + 1 CD-ROM. ISBN 0-7484-0905-X

2796
Vögtle, Thomas; Steinle, Eberhard: Erfahrungen mit Laserscanner-Daten zur automatisierten 3D-Modellierung von Gebäuden. In: Mitteilungsblatt / Deutscher Verein für Vermessungswesen (DVW), Landesverein Baden-Württemberg. 48, 2001, p.78-91, 15 ill. ISSN 0940-2942

2797
Ward, Robert; Roberts, Chris; Furness, Ronald: Electronic Chart Display and Information Systems (ECDIS) : state-of- the-art in nautical charting. In: Marine and coastal geographical information systems. Ed. by Dawn J. Wright. - London: Taylor & Francis 2001, p.149-161, 2 ill. (Research monographs in geographic information systems) [Reprinted] ISBN 0-7484-0862-2

2798
Web Mapping 1 : raumbezogene Information und Kommunikation im Internet [Karlsruher-Symposium "Web Mapping"]. Christian Herrmann, Hartmut Asche (Hrsg.). - Heidelberg: Wichmann 2001, VIII, 189 p., ill., mp. ISBN 3-87907-353-8

2799
Web cartography : developments and prospects. Ed. by Menno-Jan Kraak and Allan Brown. - London [u.a.]: Taylor & Francis 2001, IX, 213 p., ill., mp. ISBN 0-7484-0868-1

2800
Welch, Grace; Larsgaard, Mary; Parker, Velma: Report on the Cataloguing Workshop on digital catographic material : Edmonton, Alberta, May 2000. In: Bulletin / Association of Canadian Map Libraries and Archives. 2001, p.8-21. ISSN 0840-9331

2801
Wintges, Theodor; Hörner, Eduard: Animation von 3-D-Darstellungen im Hochgebirge. In: GIS und Kartographie im Umweltbereich. Gabriele Braun, Reiner Buzien, Theodor Wintges (Hrsg.). - Heidelberg: Wichmann 2001, p.80-88, 8 ill. ISBN 3-87907-356-2

2802
Wodtke, Klaus-Peter: Die georeferenzierte Adresse : gemeinsame Nutzung von ATKIS - und ALK-Daten in Internet- und CD-ROM-basierten Anwendungen. In: ATKIS - Stand und Fortführung : Beiträge zum 51. DVW-Seminar am 25. und 26. September 2000 an der Unversität Rostock. Red. u. Seminarleiter: Ralf Bill u. Frank Schmidt. - Stuttgart: Wittwer 2000, p.139-145. (Schriftenreihe des DVW ; 39) ISBN 3-87919-273

2803
Wood, Alberta Auringer: Symposium on maps and the internet ICA (International Cartographic Association) : and NACIS (North American Cartographic Information Society) twentieth anniversary conference : Knoxville Tennessee October 11-14, 2000. In: Bulletin / Association of Canadian Map Libraries and Archives. 2001, p.49-55, 4 ill. ISSN 0840-9331

2804
Wood, Jo: Visualizing the structure and scale dependency of landscapes. In: Virtual reality in geography. Ed. by Peter Fisher

and David Unwin. - London [u.a.]: Taylor & Francis 2000, p.163-174, 6 ill.
ISBN 0-7484-0905-X

2805
Worm, Jeroen van den: Web map design in practice. In: Web cartography : developments and prospects. Ed. by Menno-Jan Kraak and Allan Brown. - London: Taylor & Francis 2001, p.87-107, 17 ill.
ISBN 0-7484-0868-1

2806
Wronski, Ulrich: Die digitale Herstellung der Landeskartenwerke. In: 125 Jahre Berliner Vermessungsverwaltung 1876-2001. [Hrsg.: Senatsverwaltung für Stadtentwicklung, Abt. III, Geoinformation, Vermessung, Wertermittlung. Red.: Anette Blaser. - Berlin: Senatsverwaltung für Stadtentwicklung 2001, p.65-67, 7 ill.

2807
Wyczałek, Ireneusz: The cartographic development of the decision charts technique. In: Geodezja i kartografia. 50, 2001, p.149-157, 7 ill., 4 tab. [Engl. with Pol. and Russ. rés.] ISSN 0016-7134

2808
Xiong, Hanjiang; Gong, Jianya; Zhu, Qing: Spatial data model and visualization for digital city. In: Geomatics and information science of Wuhan University. 26, 2001, p.393-398, 4 ill. [Chin. with Engl. rés.]
ISSN 1000-050X

2809
Yu, Jiang: Intelligent visualization and automated processing for large scale geographic information systems. - Terre Haute, IN: Indiana State University 2000 [Doct. diss.]

2810
Yuan, May: Representing complex geographic phenomena in GIS. In: Cartography and geographic information science. 28, 2001, 2, p.83-96, 8 ill., 2 tab.

2811
Zahn, Johann: Top50-3D - die erste dreidimensionale Landkarte von Bayern. In: 15. Informationsveranstaltung 2001 der Bayerischen Vermessungsverwaltung am Mittwoch, dem 04. April 2001 in der Technischen Universität München. Hrsg. vom Bayerischen Landesvermessungsamt... - [München] 2001, p.63-71, 10 ill., 1 tab.

2812
Zehner, Björn; Kümpel, Hans-Joachim: Immersive Visualisierungstechniken bei der geophysikalischen Erkundung des Untergrundes. In: Kartographische Nachrichten. 51, 2001, p.196-200, 4 ill.
ISSN 0022-9164

2813
Zhang, Aining: The role of geomatics in supporting sustainable development policy-making 2000 [Doct. diss.]

2814
Zhu, Qing and others: The design and implementation of CyberCity GIS. In: Geomatics and information science of Wuhan University. 26, 2001, 1, p.8-11, 1 ill. [Chin. with Engl. rés.]

2815
Zhu, Xuan: Developing web-based mapping applications through distributed object technology. In: Cartography and geographic information science. 28, 2001, p.249-258, 5 ill. ISSN 1523-0406

2816
Zölitz-Möller, Reinhard: Schwedische Matrikelkarten von Vorpommern im Internet : Der Greifswalder Beitrag zum EU-Projekt "Digital Historical Maps". In: Historische Geographie und Kulturlandschaftsfor-

schung : Beiträge zum Gedenkkolloqium für Dr. Eginhard Wegner am 4. Mai 2001 in Greifswald. Hrsg. von Reinhard Zölitz-Möller. - Greifswald: Ernst-Moritz-Arndt-Univ. 2001, p.85-97, 4 ill., 1 tab. (Greifswalder geographische Arbeiten ; 22)
ISBN 3-86006-177-X

2817
Zweckerl, Karl-Heinz: Geobasisdaten bayernweit : digitale Flurkarte - neue Nutzungs-möglichkeiten durch landkreisweite Flächendeckung. In: 15. Informationsveranstaltung 2001 der Bayerischen Vermessungsverwaltung am Mittwoch, dem 04. April 2001 in der Technischen Universität München. Hrsg. vom Bayerischen Landesvermessungsamt...
- [München] 2001, p.99-107, 4 ill.

M. Map-like Representations Kartenverwandte Darstellungen Représentation paracartographiques

1. General Features Allgemeines Généralités

2818
Cartwright, William; Gartner, Georg; Riedl, Andreas: GeoMultimedia and Multimedia Cartography. In: Computergestützte Raumplanung : Beiträge zum 6. Symposium zur Rolle der Informationstechnologie in der und für die Raumplanung, Februar 14-16, 2001 [Tagungsband] = Computer aided spatial planning. Hrsg. von Manfred Schrenk. - Wien: Institut für EDV-gestützte Methoden in Architektur u. Raumplanung d. Techn. Univ. Wien 2001, Bd.2, p.245-251, 3 ill., 1 tab. [Bd.1.2.]

2819
Jacobson, Daniel R.; Kitchin, Rob; Golledge, Reginald: Multi-modal virtual reality for presenting geographic information. In: Virtual reality in geography. Ed. by Peter Fisher and David Unwin. - London [u.a.]: Taylor & Francis 2000, p.382-400, 2 ill., 1 tab. ISBN 0-7484-0905-X

2820
Kozieł, Zenon: Geokompozycje jako ujęcia wideograficzne. In: Polski przegląd kartograficzny. 33, 2001, p.315-327, 1 ill., 15 tab. [Geocompositions as videographic presentations.] [Pol. with Engl., and Russ. rés.] ISSN 0324-8321

2821
Visnovcova, Jana: 3D-Rekonstruktion und Visualisierung des Reliefs der Innerschweiz von Franz Ludwig Pfyffer. In: Vermessung, Photogrammetrie, Kulturtechnik. 99, 2001, p.486-489, 7 ill. [Germ. with French, and Ital. rés.] ISSN 0252-9424

2. Three-Dimensional Representations Dreidimensionale Darstellungen Représentations tridimensionelles

2822
Blunck, Jürgen: Ein vierzig Jahre alter Präzisionsglobus des Mars. In: Mitteilungen / Freundeskreis für Cartographica in der Stiftung Preußischer Kulturbesitz. 14, 2000, p.54-55.

2823
Burrell, Carolyn: Bekenntnisse einer Globensammlerin. In: News / Internationale Coronelli-Gesellschaft für Globenkunde. 2001, p.12-14, 1 ill., 1 portr. [Engl. and German]

2824
Engel, Patricia: Globenrestaurierung an der Fachhochschule Hildesheim/Holzminden/Göttingen (Deutschland). In: News / Internationale Coronelli-Gesellschaft für Globenkunde. 2001, p.15-16. [Engl. and German]

2825
Imhof, Viola: Die Bergmodelle von Charles-François Exchaquet in Görlitz : [Mont Blanc; Kanton Waadt; St. Gotthard; Saline von Bex]. In: Neues Lausitzisches Magazin. 4, 2001, p.24-32, ill.

2826
Imhof, Viola: Die Gebirgsmodelle des Charles-François Exchaquet in Görlitz. In: Mitteilungen / Freundeskreis für Cartographica in der Stiftung Preußischer Kulturbesitz. 14, 2000, p.22-25, 1 ill.

2827
Jones, David L.: The Stewart Museum Globe Symposium : The Stewart Museum, Ile Sainte-Hélène, Montreal October 19-22, 2000. In: Bulletin / Association of Canadian Map Libraries and Archives. 2001, p.56-62, 2 ill. ISSN 0840-9331

2828
Köbben, Barend: Kartografische hoogtevoorstelling : Deel 2: Stereovisie, reliëfmodellen en digitale methoden. In: Kartografisch tijdschrift. 27, 2001, p.69-72, 8 ill. (Kernkatern 18, herausnehmbarer Mittelteil). ISSN 0167-5788

2829
Kraml, Amand: Die Globen der Sternwarte Kremsmünster. - Kremsmünster: Sternwarte Kremsmünster 2000, 1 CD-ROM. [Erg. zur Buchausg.: Sternwarte <Kremsmünster>: Die Globen der Sternwarte Kremsmünster]

2830
Mokre, Jan: Neuer Präsident der Internationalen Coronelli-Gesellschaft für Globenkunde. In: Kartographische Nachrichten. 51, 2001, 3, p.151-152.

2831
Oechslin, Ludwig: Der Bürgi-Globus, Technik und Kultur. Red. : Sigrid Pallmert. - Zürich: Schweizer Landesmuseum 2000, 63 p., ill. (Bildbände des Schweizerischen Landesmuseums / Bildband ; 7)
ISBN 3-980025-27-3

2832
Oechslin, Ludwig: Jost Bürgi : [1552-1632] : [Himmelsglobus]. - Luzern: Ineichen 2001, 108 p., 1 Bl.

2833
Riedl, Andreas: Globenjagd im Internet. In: News / Internationale Coronelli-Gesellschaft für Globenkunde. 2001, p.11. [Engl. and German]

2834
Schmidt, Rudolf: Il ruolo dei Globi nella conoscenza della Terra. In: Segni e sogni della terra : il disegno del mondo dal mito di Atlante alla geografia delle reti. [Catalogo: testi di Peter Barber ...]. - Novara: De Agostini 2001, p.192-219, 24 ill. [The role of the globes within the knowledge of the earth.] [Ital.] ISBN 88-415-9715-1

2835
Szymanek, Antoni: Mapy globusowe Oddziału PPWK we Wrocławiu. In: Polski przegląd kartograficzny. 33, 2001, p.234-237, 3 ill. [Globe maps published by the PPWK - Wroclaw Branch.] [Pol.]

2836
Wohlschläger, Heide: Globes at auctions. In: News / Internationale Coronelli-Gesellschaft für Globenkunde. 2001, p.22-27.

2837
Zögner, Gudrun K.; Zögner, Lothar: Globen in Berlin. In: Kartographische Sammlungen in Berlin : Geschichte, Standorte, Informationen. Hrsg. von Lothar Zögner. - Gotha: Perthes 2001, p.69-90, 2 ill. (Kartensammlung und Kartendokumentation ; 12)
ISBN 3-623-00436-7

3. Two-Dimensional Representations
Zweidimensionale Darstellungen
Représentations bidimensionnelles

2838
Augenreisen : das Panorama in der Schweiz : [Ausstellung, Schweizerisches Alpines Museum, Bern, 23.11.2001-1.5.2002]. Red.: Susanne Grieder. - Bern: Schweize-

risches Alpines Museum : Schweizer Alpenclub SAC 2001, 191 p., ill. ISBN 3-9526873-6

2839
Balistreri-Trincanato, Corrado; Zanverdiani, Dario: Jacopo de Barbari : il raconto di una città. - Venezia: Cetid, 374 p., ill. + 1 portfolio. (Serie di disegno e rilievo) [The story of a town.] [Ital.] [Beil. u.d.T.: Pianta prospettica di Jacopo de Barbari]

2840
Beck, Michael; Steidler, Franz: CyberCity Modeler und Terrain View - Werkzeuge zur Visualisierung von 3D-Stadt-und Werksmodellen. In: Vermessung, Photogrammetrie, Kulturtechnik. 99, 2001, p.472-476, 8 ill. [Germ. with French and Ital. rés] ISSN 0252-9424

2841
Boesch, Matthias; Tribelhorn, Christian; Lange, Eckart: Lawinenschutz und Landschaftsbild: Beurteilung der Auswirkungen alternativer Maßnahmen mit Hilfe der 3D-Visualisierung. In: Vermessung, Photogrammetrie, Kulturtechnik. 99, 2001, p.480-485, 8 ill. [Germ. with French, and Ital. rés.] ISSN 0252-9424

2842
Brooks, Randall C.: A problem of provenance: A technical analysis of the "Champlain " astrolabe. In: Geomatica. 55, 2001, 2, p.161-177, 10 ill., 4 tab.

2843
Buchroithner, Manfred F.; Schenkel, Robert: 3D-Visualisierung von Geodaten - perzeptionstheoretische und präsentationstechnische Grundlagen. In: Theorie 2000 : Vorträge des Kartographischen Symposiums am 17./18. November 2000 an der TU Dresden. Hrsg. von Günther Koch [Technische Universität Dresden, Institut für Kartographie]. - Dresden: Institut für Kartographie 2001, p.113-120, 8 tab. (Kartographische Bausteine ; Bd. 16)

2844
Caron, Patrick: Modélisation graphique et chorèmes : La gestion des parcours collectifs à Massaroca (Brésil du nordeste). In: Mappemonde. 62, 2001, 2, p.17-21, 4 ill. [With French, Engl. and Port. rés.]

2845
Damiano, Richard; Balestrini, Pierre: FLI-MAP - système d'imagerie géographique héliporté pour une nouvelle cartographie en 3 D. In: XYZ : revue de l'Association Française de Topographie. 86, 2001, 1, p.32-36, 9 ill.

2846
Devanthéry, Daniel; Fopp, Martin: 3D-GIS im Internet : [Bern <Region>]. - Zürich: ETHZ, Institut für Geodäsie und Photogrammetrie 2001 [Semesterarbeit]

2847
Döllner, Jürgen: Informationsvisualisierung mit dynamischen, interaktiven 3D-Karten. In: Kartographische Nachrichten. 51, 2001, p.180-185, 6 ill. ISSN 0022-9164

2848
Drager, Timothy R.: An interactive digital archive for imagery. - Albuquerque, NM: University of New Mexico 2000 [Master's thesis]

2849
Dykes, Jason: Creating information-rich virtual environments with georeferenced digital panoramic imagery. In: Virtual reality in geography. Ed. by Peter Fisher and David Unwin. - London [u.a.]: Taylor & Francis 2000, p.68-92, 7 ill. ISBN 0-7484-0905-X

2850
Fuhrmann, Sven and others; Brewer, Isaac: Anforderungen an 3D-Interaktionen in geo-virtuellen Visualisierungsumgebungen. In: Kartographische Nachrichten. 51, 2001, p.191-195. ISSN 0022-9164

2851
Germann, Thomas: Der Aussichts-Berg : von der Umrissdarstellung zum Computer-panorama : [Titlis]. In: Titlis : Spielplatz der Schweiz. hrsg. von Daniel Anker. - Zürich: AS-Verlag & Buchkonzept 2001, p.166-179, ill. (Bergmonografie ; 7)

2852
Gräf, Holger Th.: Eine unbekannte Ansicht von Leipzig aus dem Jahre 1633. In: Leipzig im Kartenbild. Hrsg. von der Stadt Leipzig, der Oberbürgermeister, Stadtarchiv [Red. Beate Berger...]. - Leipzig: Leipziger Univ.-Verl. 2001, p.17-22, 1 ill. (Leipziger Kalender, Sonderband, 2001 ; 1) ISBN 3-935693-10-2

2853
Haala, Norbert: Anwendungspotential virtueller Stadtmodelle. In: Rauminformationen für das 21. Jahrhundert : Vorträge ; 20. wissenschaftlich-technische Jahrestagung der DGPF im Rahmen der Intergeo 2000, 11.-13. Oktober 2000, Kongress-Zentrum ICC, Berlin. Hrsg.: Jörg Albertz. - Berlin: DGPF 2001, p.98-105, 5 ill. (Publikationen der Deutschen Gesellschaft für Photogrammetrie und Fernerkundung ; 9)

2854
Hehl.-Lange, Sigrid: GIS-gestützte Habitatmodellierung und 3D-Visualisierung räumlich-funktionialer Beziehungen in der Landschaft : [Steinen SZ <Region>]. - Zürich: vdf, Hochschulverlag AG an der ETH Zürich 2001, 164 p., ill. (ORL-Bericht ; 108/2001)

2855
Höhle, Joachim; Potuckova, Marketa: Towards the full automatic production of orthoimages. In: Photogrammetrie, Fernerkundung, Geoinformation. 2001, p.397-404, 5 ill., 1 tab. ISSN 1432-8364

2856
Hoffmann, Hilko and others: Computergenerierte Landschaftsansichten für Planung und Tourismus. In: Vermessung, Photogrammetrie, Kulturtechnik. 99, 2001, p.67-70, ill. ISSN 0252-9424

2857
Holzer, Anton: Les Alpes : [panoramas]. In: L'Alpe. 14, p.83-98, ill.

2858
Huet, Michel: Elektronische navigatiekaarten (ENC) : Huidige status van hun productie wereldwijd. In: Kartografisch tijdschrift. 27, 2001, 1, p.17-23, 10 ill., 1 tab. [The electronic navigational chart (ENC): the present state of production worldwide.] [Dutch with Engl. and French rés.]

2859
Huml, Milan: 3D katastr nemovitostí - základní aspekty nové vize. In: Geodetický a kartografický obzor. 47, 2001, p.228-232, 1 ill., 2 tab. [The 3D Cadastre of Real Estates - Basic aspects of a new vision.] [Czech. with Engl. rés.] ISSN 0016-7096

2860
Jackson, David M.; Visentin, Terry I.: An atlas of the smaller maps in orientable and nonorientable surfaces. - Boca Raton, Fla. [u.a.]: Chapman and Hall / CRC 2001, 279 p., ill. (CRC Press series on discrete mathematics and its applications)

2861
Jacob, Frank-Dietrich: Die älteste Ansicht der Stadt Leipzig von 1536/37. In: Leipzig im Kartenbild. Hrsg. von der Stadt Leipzig, der Oberbürgermeister, Stadtarchiv [Red. Beate Berger...]. - Leipzig: Leipziger Univ.-Verl. 2001, p.5-15, 1 ill. (Leipziger Kalender, Sonderband, 2001 ; 1) ISBN 3-935693-10-2

2862
Jeansson, Eric: 3D-GIS och virtual reality inom projektet Götatunneln - hjälpmedel för enkel och snabb informationsförmedling i större infrastrukturprojekt. In: Kartbladet. 16, 2001, p.6-9, 4 ill. [3D-GIS and virtual reality in the Götatunnel project - tool for simple and quick transmission of information in a bigger infrastructure project.] [Swed.] ISSN 0283-0418

2863
Johnson, Patrick: Mapping disrupted surfaces in the Mojave Desert using remote sensing and GIS, Fort Irwin National Training Center, California. - Long Beach, CA: California State University 1999 [Master's thesis]

2864
Jünemann, Peter; Paar, Philip; Rekittke, Jörg: Landschaftsplanung : Verbreitung und Einsatz von 3D-Visualisierungswerkzeugen in der Planungspraxis. In: Kartographische Nachrichten. 51, 2001, p.200-204, 4 tab. ISSN 0022-9164

2865
Käser, Christoph and others: SWISSIMAGE - das flächendeckende, hochaufgelöste Farborthophoto des Bundesamtes für Landestopographie. In: Vermessung, Photogrammetrie, Kulturtechnik. 99, 2001, p.532-536, 7 ill. [Germ. with French, and Ital. rés] ISSN 0252-9424

2866
Kaldenbach, Kees: Digitale Vlucht boven Amsterdam; een schitterende mislukking? In: Geodesia : tijdschrift voor geodesie en geo-informatie. 43, 2001, 3, p.122-125, 2 ill. [Dutch with Engl. rés.]

2867
Kelley, Elizabeth Jacoby: Comparing readability of cartograms and graduated circle maps. - Lawrence, KS: University of Kansas 2000 [Master's thesis]

2868
Kneubühl, Urs: Panoramas = yeux en voyage : 22e exposition d'art alpin du CAS. In: Les Alpes. 77, 2001, p.46-47.

2869
Kneubühl, Urs: Panoramen - Augenreisen : 22. Ausstellung alpiner Kunst des SAC. In: Die Alpen. 77, 2001, p.46-47.

2870
Kroll, Renate: Die Topographische Sammlung im Kupferstichkabinett der Staatlichen Museen zu Berlin - Preußischer Kulturbesitz. In: Kartographische Sammlungen in Berlin : Geschichte, Standorte, Informationen. Hrsg. von Lothar Zögner. - Gotha: Perthes 2001, p.63-67, 1 ill. (Kartensammlung und Kartendokumentation ; 12) ISBN 3-623-00436-7

2871
Landshut ins Bild gesetzt : Karten und Ansichten vom 16. bis zum 20. Jahrhundert [Eine Ausstellung der Museen der Stadt Landshut im Museum im Kreuzgang vom 12. Mai bis 28. Oktober 2001]. - Landshut: Museen der Stadt Landshut 2001, 293 p., ill., mp. (Schriften aus den Museen der Stadt Landshut ; 9) ISBN 3-924943-26-5

2872
Leberl, Franz; Kalliany, Rainer: 3D Objekterfassung mittels Fernerkundung. In: VGI : österreichische Zeitschrift für Vermessung & Geoinformation. 89, 2001, p.172-177, 8 ill. ISSN 0029-9650

2873
Li, Zhilin: Orthoimage generation and measurement from single images. In: Geographical data acquisition. Young-Qi Chen, Yuk-Cheung Lee (eds.). - Wien: Springer 2001, p.173-192, 13 ill.
ISBN 3-211-83472-9

2874
Luftbilder und Satellitenbilder : Katalog. - Bern: Eidg. Vermessungsdirektion 2000-2001, 46 p. + mp. "Luftbilder der Schweiz 2000" + mp. "Lothar 2000" ; 35 p. + mp. "Luftbilder der Schweiz 2001".

2875
Mangin, Claude: D'Angelinopolis à Postmetropolis, ou l'exception devenant paradigme: un modèle pour la ville mondiale? In: Mappemonde. 61, 2001, 1, p.5-8, 2 ill. [With French, Engl. and Span. rés.]

2876
Monmonier, Mark S.: Perfectly flat : Orthophotos and orthophotoquad maps. In: Mercator's world. 6, 2001, 1, p.50-53, 6 ill. ISSN 1086-6728

2877
Müller, Hartmut: 3D-Stadtmodelle - Technik und Anwendungen. In: Rauminformationen für das 21. Jahrhundert : Vorträge ; 20. wissenschaftlich-technische Jahrestagung der DGPF im Rahmen der Intergeo 2000, 11.-13. Oktober 2000, Kongress-Zentrum ICC, Berlin. Hrsg.: Jörg Albertz. - Berlin: DGPF 2001, p.113-120, 7 ill. (Publikationen der Deutschen Gesellschaft für Photogrammetrie und Fernerkundung ; 9)

2878
Mundle, Heiko; Hurni, Lorenz: Methana 3D : kartographische Online-3-D-Plattform mit Datenbankanbindung der Halbinsel Methana (GR). In: Web Mapping 1 : raumbezogene Information und Kommunikation im Internet [Karlsruher-Symposium "Web Mapping"]. Christian Herrmann, Hartmut Asche (Hrsg.). - Heidelberg: Wichmann 2001, p.68-79, 10 ill., 1 tab.
ISBN 3-87907-353-8

2879
Niederöst, Markus: Projekt ATOMI: Automatische Detektion und Rekonstruktion von Gebäuden für das topographische Landschaftsmodell der Schweiz. In: Vermessung, Photogrammetrie, Kulturtechnik. 99, 2001, p.520-524, 8 ill. [Germ. with French, and Ital. rés]

2880
On-Screen-Digitalisierung, Modellierung von Netzwerken und Oberflächen, Verarbeitung von Rasterdaten in ARC/INFO. Norbert de Lange u. Thorger Stapenhorst (Hrsg.) Grundlagen von Geo-Informationssystemen : Theoretische Grundlagen und Einführung in ARC/INFO anhand einer Projektaufgabe, hrsg. vom Fachgebiet Geographie, Fachbereich Kultur-u. Geowissenschaften, Universität Osna-brück...; 2. - Osnabrück: Univ., Fachgebiet Geographie 2000, 92 p., ill., mp. (OSG-Materialien ; 46)

2881
Patterson, Tom: A view from on high : Heinrich Berann's panoramas and landscape visualization techniques for the U.S. National Park Service. In: High mountain cartography 2000 : proceedings of the Second Symposium of the Commission on Mountain Cartography of the International Cartographic Association held at the Alpine Centre, Rudolfshütte 2315 m, Austria from

29 March to 2 April 2000. Ed. by Manfred F. Buchroithner. - Dresden: Inst. for Cartography, Dresden Univ. of Technology [u.a.] 2000, p.131-156, 28 ill. (Kartographische Bausteine ; 18)
ISBN 3-86005-265-9

2882
Radovan, Dalibor; Janežič, Miran: Automatska kontrola logične konsistence 3D baze mestnega jedra. In: Geodetski vestnik. 45, 2001, p.54-61, 3 ill. [Logical consistency checking in a city 3D base.] [Sloven. with Engl. rés.] ISSN 0351-0271

2883
Rase, Wolf-Dieter: Kartographische Anamorphosen und andere nichtlineare Darstellungen. In: Theorie 2000 : Vorträge des Kartographischen Symposiums am 17./18. November 2000 an der TU Dresden. Hrsg. von Günther Koch [Technische Universität Dresden, Institut für Kartographie]. - Dresden: Institut für Kartographie 2001, p.31-38, 4 ill. (Kartographische Bausteine ; Bd. 16)

2884
Rickenbacher, Martin: Weltrekord! Das DIGIRAMA der Schweizer Alpen. In: Vermessung, Photogrammetrie, Kulturtechnik. 99, 2001, p.544-549, 12 ill. [Germ. with French, and Ital. rés]
ISSN 0252-9424

2885
Rombai, Leonardo: Il progetto della pianta albertina di Roma e sua influenza sulla nascità di una cartografia umanistica fatta di <elevazioni e, soprattutto, modelli>, piuttosto che di <trucchi prospettivi adottati dai pittori>. In: Eventi e documenti diacronici delle principali attività geotopografiche in Roma. Andrea Cantile. - Firenze: Ist. Geografico Militare 2000, p.46-67, 11 ill. (L'Universo ; 80.2000,6, Suppl.) [The project of the Albertina Map of Rome and its' influence on the beginning of a humanistic cartography made of <elevations and, before all, models>, rather than <perspective tricks adopted of painters>.] [Ital.]

2886
Rubli, Markus F.: Vor Staunen fassungslos : das Murtenschlacht-Panorama - ein Kunstwerk von nationaler Bedeutung : [erstellt vom Historien- und Schlachtenmaler Louis Braun, München, 1836-1916]. In: Alpenhorn-Kalender [Ausg. Schweiz]. 76, 2001, p.128-139, ill.

2887
Schenkel, Robert: A cartographic systematisation of 3D display technologies. In: High mountain cartography 2000 : proceedings of the Second Symposium of the Commission on Mountain Cartography of the International Cartographic Association held at the Alpine Centre, Rudolfshütte 2315 m, Austria from 29 March to 2 April 2000. Ed. by Manfred F. Buchroithner. - Dresden: Inst. for Cartography, Dresden Univ. of Technology [u.a.] 2000, p.157-166, 5 tab. (Kartographische Bausteine ; 18) ISBN 3-86005-265-9

2888
Schiermeier, Franz: "Relief der Haupt- und Residenzstadt München" : das Stadtmodell von Johann Baptist Seitz, 1841-1863. Hrsg. von Renate Eikelmann. - München: Bayerisches Nationalmuseum 2000, 64 p., ill., mp. (Monographien zu den Sammlungen des Bayerischen Nationalmuseums ; Bd. 2) ISBN 3-925058-45-1

2889
Schilcher, Matthäus; Roschlaub, Robert; Liebscher, Jan: Ein 3D- Stadtmodell für die Stadt München auf Basis eines 2D-GIS. In: Mitteilungsblatt / Deutscher Verein für

Vermessungswesen (DVW), Landesverein Bayern e.V. 53, 2001, p.463-477, 13 ill., 2 tab. ISSN 0723-6336

2890
Shears, Jonathan: Harnessing the internet for geographic image applications. In: The Bulletin of the Society of Cartographers. 35, 2001, p.1-4, 3 ill. ISSN 0036-1984

2891
Shepard, Alex: Accuracy of interpolations for geologic mapping made from 3-D seismic models using a geographic information system. - Columbia, SC: University of South Carolina 1999 [Master's thesis]

2892
Steidler, Franz; Beck, Michael: 3D-Stadtmodelle mit dem CyberCity Modeler - Generierung und Echtzeitbegehung. In: Photogrammetrie - Fernerkundung - Geoinformation : Geodaten schaffen Verbindungen ; Vorträge ; 21. wissenschaftlich-technische Jahrestagung d. DGPF, 4.-7. September 2001. Hrsg.: Eckhardt Seyfert. - Berlin: DGPF 2001, p.181-190, 8 ill. (Publikationen der Deutschen Gesell-schaft für Photogrammetrie und Fernerkundung ; 10)

2893
Sulebak, Jan Rasmus: Photorealistic terrain visualization. In: Kart og plan. 94, 2001, 1, p.19-26, 5 ill.

2894
Tanaka, Sotaro and others: An experimental edition of high resolution satellite image map using IKONOS data. In: Map : journal of the Japan Cartographers Association. 39, 2001, p.20-27, 3 ill., 1 mp. [Jap. with Engl. rés.] ISSN 0009-4897

2895
Terribilini, Andrea: Entwicklung von Arbeitsabläufen zur automatischen Erstellung von interaktiven, vektorbasierten topographischen 3D-Karten. - Zürich: ETH Zürich 2001, 192 p., ill. [Diss. Nr. 14387 techn. Wiss. ETH Zürich]

2896
Thalmann, Daniel; Farenc, Daniel: Simulation de la vie dans une ville virtuelle. In: Vermessung, Photogrammetrie, Kulturtechnik. 99, 2001, p.477-479, 4 ill. [French with Germ., and Ital, rés.] ISSN 0252-9424

2897
Trüb, Ulrich: Gedruckte Ansichten der Stadt Aarau aus dem 19. Jahrhundert und ältere. - Küttigen: Trüb 2001, 47 p., ill.

2898
Verbree, Edward; Maren, Gert van: 'Virtual reality' als gereedschap bij planontwikkeling. In: Kartografisch tijdschrift. 27, 2001, 1, p.10-15, 5 ill. [Virtual reality as a planning tool.] [Dutch with Engl. and French rés.]

2899
Wang, Xinsheng; Jiang, Youhua; Tu, Chao: The application of genetic algorithms in designing urban road's elevation. In: Geomatics and information science of Wuhan University. 26, 2001, 1, p.82-85, 1 ill., 1 tab. [Chin. with Engl. rés.]

2900
Winkler, Péter: Magyarorszag légifényképezése 2000. In: Geodézia és kartográfia. 53, 2001, p.17-23, 1 tab. [Aerial photography of Hungary 2000.] [Hung. with Engl. rés.] ISSN 0016-7118

2901
Wintges, Theodor; Hörner, Eduard: Animation von 3-D-Darstellungen im Hochgebirge. In: GIS und Kartographie im Umweltbereich. Gabriele Braun, Reiner Buzien, Theodor Wintges (Hrsg.). - Heidelberg: Wichmann 2001, p.80-88, 8 ill.
ISBN 3-87907-356-2

2902
Wood, Michael: Professional Heinrich C. Berann and his methods - a past student's memories and reflections. In: High mountain cartography 2000 : proceedings of the Second Symposium of the Commission on Mountain Cartography of the International Cartographic Association held at the Alpine Centre, Rudolfshütte 2315 m, Austria from 29 March to 2 April 2000. Ed. by Manfred F. Buchroithner. - Dresden: Inst. for Cartography, Dresden Univ. of Technology [u.a.] 2000, p.197-205, 10 ill. (Kartographische Bausteine ; 18)
ISBN 3-86005-265-9

2903
Xiong, Hanjiang; Gong, Jianya; Zhu, Qing: Spatial data model and visualization for digital city. In: Geomatics and information science of Wuhan University. 26, 2001, p.393-398, 4 ill. [Chin. with Engl. rés.]
ISSN 1000-050X

2904
Zahn, Johann: Top50-3D - die erste dreidimensionale Landkarte von Bayern. In: 15. Informationsveranstaltung 2001 der Bayerischen Vermessungsverwaltung am Mittwoch, dem 04. April 2001 in der Technischen Universität München. Hrsg. vom Bayerischen Landesvermessungsamt... - [München] 2001, p.63-71, 10 ill., 1 tab.

2905
Ziegler, Michaela and others: Hochauflösende Gelände- und Oberflächenmodelle aus Lasescannerdaten : Ein Anwendungsbeispiel aus der Forstinventur. In: Österreichische Zeitschrift für Vermessung & Geoinformation. 89, 2001, 1, p.18-25, 6 ill., 3 tab.

N. Use of Maps
Kartennutzung
Utilisation des cartes

1. General Features, Accessories for Map Use
Allgemeines, Hilfsmittel des Kartengebrauchs
Généralités, accessoires pour l'utilisation des cartes

2906
Andrienko, Natalia and others: Exploratory analysis of spatial data using interactive maps and data mining. In: Cartography and geographic information science. 28, 2001, p.151-165, 12 ill., 1 tab.
ISSN 1523-0406

2907
Beale, Linda and others: Urban access for wheelchair users : an interactive mapping system. In: The Bulletin of the Society of Cartographers. 35, 2001, p.13-18, 5 ill.
ISSN 0036-1984

2908
Bernardi, Roberto: Strumenti per l'organizzazione territoriale : la cartografia tematica e quella operativa. In: Cultura cartografica e culture del territorio : atti del convegno nazionale (Sassari, 12-13 dicembre 2000). A cura di Giuseppe Scanu. - Genova: Brigati 2001, p.45-49. (Bollettino della Associazione Italiana di Cartografia No. 111-113 = 38. 2001) [Ital.]

2909
Bucher, Bénédicte: Structuring and enriching metadata to enable users' access to geographic information ressources. In: Bulletin du Comité Français de Cartographie. 169-170, 2001, p.27-32, 6 ill.
ISSN 0755-7647

2910
Buzin, Reiner: Multimedia-Kartographie : [eine Untersuchung zur Nutzer-Orientierung kartomedialer Atlanten]. - Osnabrück: Der Andere Verlag 2001, 268 p., ill., + 1 CD-ROM [CD-ROM fehlt].[Zugl.: Dresden, Techn. Univ., Diss. 2001]
ISBN 3-935316-79-8

2911
Calder, Simon: Making sense of the maps. In: The Bulletin of the Society of Cartographers. 35, 2001, p.19-20.
ISSN 0036-1984

2912
Campbell, John: Map use & analysis. - Boston, Mass [u.a.]: McGraw-Hill 2001, XI, 372 p., ill., mp. [4. ed.]
ISBN 0-07-303748-6

2913
Cantile, Andrea: Importanza, valorizzazione ed uso dei documenti geotopografici storici. In: Eventi e documenti diacronici delle principali attività geotopografiche in Roma. Andrea Cantile. - Firenze: Ist. Geografico Militare 2000, p.9-11. (L'Universo ; 80.2000,6, Suppl.) [Importance, valorization and use of historical geotopographic documents.] [Ital.]

2914
Cartwright, William and others: Geospatial information visualization user interface issues. In: Cartography and geographic information science. 28, 2001, 1, p.45-60, 6 ill.

2915
Cartwright, William: Future cartographies : where to now? In: The Bulletin of the

Society of Cartographers. 35, 2001, p.1-12, 12 ill. ISSN 0036-1984

2916
Chilton, Steve (ed.): Computers in cartography. In: The Bulletin of the Society of Cartographers. 35, 2001, p.21-32. ISSN 0036-1984

2917
Dijk, H. van; Vries, J. de: Waar voor je geld? In: Geodesia. 43, 2001, p.418-422, 6 ill. [Value for money?] [Dutch with Engl. rés.] ISSN 1385-7515

2918
Doroszlaï, Alexandre: Ptolémée et l'hippogriffe : la géographie de l'Arioste soumise à l'épreuve des cartes. - Alessandria: Edizioni dell'Orso 1998, 270 p., mp. (Gillo Menagio ; 1) ISBN 88-7694-306-4

2919
Dreyer-Eimbcke, Oswald: Waldseemüller's world map to go to USA. In: Journal of the International Map Collectors' Society. 84, 2001, p.5-7.

2920
Elzakker, Corné P.J.M. van: Use of maps on the Web. In: Web cartography : developments and prospects. Ed. by Menno-Jan Kraak and Allan Brown. - London: Taylor & Francis 2001, p.21-36, 5 ill. ISBN 0-7484-0868-1

2921
Elzakker, Corné P.J.M. van: Users of maps on the Web. In: Web cartography : developments and prospects. Ed. by Menno-Jan Kraak and Allan Brown. - London: Taylor & Francis 2001, p.37-52, 4 ill. ISBN 0-7484-0868-1

2922
Fairbairn, David and others: Representation and its relationship with cartographic visualization. In: Cartography and geographic information science. 28, 2001, 1, p.13-28, 3 ill.

2923
Fairbairn, David: Perspectives on map use and map users in the digital era. In: The map library in the new millenium. Ed. Robert Brian Parry and C.R. Perkins. - London: Library Assoc. Publ. 2001, p.218-231, 1 ill. ISBN 1-85604-397-5

2924
Federzoni, Laura: Lo sviluppo storico della pianura ferrarese : analisi di alcune carte geografiche. In: Scritti geografici in ricordo di Mario Ortolani. a cura di Piero Dagradi. - Roma: Società geografica Italiana 1999, p.223-238, 5 ill. (Memorie della Società Geografica Italiana ; 61) [The historical development of the Ferrara plain : analyses of some geographical maps.] [Ital.]

2925
Feller, Manfred: Auf Tour mit Kompass und Karte und anderen Hilfsmitteln zur Orientierung. Dargestellt von Manfred Feller. - Stuttgart [u.a.]: Deutscher Wanderverlag 2000, 123 p., ill., mp. (Kompass-Wegweiser) ISBN 3-8134-0-200-2

2926
Fleming, Paula L.: Serious cartography at play : Creating maps for historical games. In: Mercator's world. 6, 2001, 4, p.38-43, 7 ill. ISSN 1086-6728

2927
Fuhrmann, Sven; MacEachren, Alan M.: Navigation in desktop-basierten geo-virtuellen Welten. In: Kartographische Nachrichten. 51, 2001, 3, p.132-142, 1 ill.

2928
Godfrey, Alan: A map user's perspective. In: The map library in the new millenium.

Ed. Robert Brian Parry and C.R. Perkins. - London: Library Assoc. Publ. 2001, p.207-217. ISBN 1-85604-397-5

2929
Guo, Bingxuan; Li, Deren; Lei, Zhen: Numeric annotation abstraction from map based to contour shaped analysis. In: Geomatics and information of Wuhan University. 26, 2001, 3, p.275-278, 2 ill. [Chin. with Engl. rés.]

2930
Haala, Norbert: Anwendungspotential virtueller Stadtmodelle. In: Rauminformationen für das 21. Jahrhundert : Vorträge ; 20. wissenschaftlich-technische Jahrestagung der DGPF im Rahmen der Intergeo 2000, 11.-13. Oktober 2000, Kongress-Zentrum ICC, Berlin. Hrsg.: Jörg Albertz. - Berlin: DGPF 2001, p.98-105, 5 ill. (Publikationen der Deutschen Gesellschaft für Photogrammetrie und Fernerkundung ; 9)

2931
Harvey, Miles: Gestohlene Welten : eine Kriminalgeschichte der Kartographie. Aus d. Amerikan. von Andrea Ott. - München: Blessing 2001, 351 p., ill., mp. [2. Aufl.] ISBN 3-89667-079-4

2932
Hindle, Paul: Maps for historians. - Chichester: Phillimore 1998, XI, 148 p., mp. ISBN 0-85033-934-0

2933
Hodgson, Michael: Compass & map navigator : the complete guide to staying found. Illustrated by John Cox, foreword by Lou Whittacker. - Guilford, Conn.: Globe Pequot Press 2000, XVI, 141 p., ill, mp. [New rev. ed., 3. print.] ISBN 0-7627-0488-8

2934
Höh, Rainer: GPS Outdoor-Navigation. - Bielefeld: Reise-Know-How-Verl. Rump 2001, 160 p., ill. (Reise-Know-how : Praxis) [2., aktualisierte Aufl.] ISBN 3-89416-762-9

2935
Hubert, Frédéric: Help to specify user needs in geographic information on the web. In: Bulletin du Comité Français de Cartographie. 169-170, 2001, p.15-20, 3 ill. ISSN 0755-7647

2936
Johnson, Bert: The cartographic community : through a glass, oddly. In: The Portolan. 2001, p.44-48, 1 ill. ISSN 1096-1925

2937
Kain, Roger J.P.; Prince, Hugh C.: Tithe surveys for historians. - Chichester: Phillimore 2000, XIV, 146 p., ill., mp. ISBN 1-860077-125-4

2938
Kelnhofer, Fritz: Interaktive Informationserschließung aus der Sicht kartographischer Visualisierungsmethoden. In: Theorie 2000 : Vorträge des Kartographischen Symposiums am 17./18. November 2000 an der TU Dresden. Hrsg. von Günther Koch [Technische Universität Dresden, Institut für Kartographie]. - Dresden: Institut für Kartographie 2001, p.95-112, 8 ill. (Kartographische Bausteine ; Bd. 16)

2939
Kelnhofer, Fritz: User defined maps - cartography without cartographers? In: The selected problems of theoretical cartography 2000 : proceedings of a seminar of the Commission on Theoretical Cartography (Dresden, Germany, October 14-15, 2000). Alexander Wolodtschenko. - Dresden: International Cartographic Association 2001, p.5-10, 2 ill.

2940
Kraak, Menno-Jan: Access to GDI and the function of visualization tools. In: Geospatial data infrastructure : concepts, cases, and good practice. Ed. by Richard Groot... - Oxford [u.a.]: Oxford Univ. Press 2000, p.217-231, 8 ill. (Spatial information systems)
ISBN 0-19-823381-7

2941
Kummer, Reinhard: Karte, Kompass, GPS. - Struckum: Stein [2000], 99 p., ill. (Outdoor-Handbuch : Basiswissen für draußen ; Bd. 4) [3., überarb. Aufl.]
ISBN 3-89392-304-7

2942
Leeuwen, A.Willemijn Simon van; Elzakker, Corné P.J.M. van; Massop, Edwin: Investigations into the use of Dutch cycling maps and their results. In: The cartographic journal. 38, 2001, p.41-47, 8 ill., 1tab. ISSN 0008-7041

2943
Liu, Hongxing: Generation and refinement of a continental-scale digital elevation model by integrating cartographic and remotely-sensed data : a GIS-based approach. - Columbus, OH: Ohio State University 1999 [Doct. diss.]

2944
Lobben, Amy: The impact of cognitive map-reading tasks on the ability to navigate with a map. - East Lansing, MI: Michigan State University 1999 [Doct. diss.]

2945
Lyman, Eric J.: More than meets the eye : The secret life of maps. In: Mercator's world. 6, 2001, p.46-51, 7 ill.
ISSN 1086-6728

2946
Makala, Michael: Die CIR-Biotoptypen- und Landnutzungskartierung in der kommunalen Landschaftsplanung. In: Die Nutzung der Biotoptypen-und Landnutzungskartierung aus Color-Infrarot-(CIR) Luftbildern : Anwendungsmöglichkeiten und Beispiele. Mit Beiträgen von Claudia Neugebauer...Hrsg.: Sächsisches Landesamt für Umwelt un. Geologie. - Dresden: Sächsisches Landesvermessungsamt für Umwelt u. Geologie 2001, p.58-68, 7 ill., 2 tab. (Materialien zu Naturschutz und Landschaftspflege ; 2001)

2947
The map library in the new millenium. Ed. by Robert B.Parry and C.R.Perkins. - London: Library Assoc. Publ. 2001, XII, 267 p., ill., mp. ISBN 1-85604-397-5

2948
Marley, Carol: The changing profile of the map user. In: The map library in the new millenium. Ed. Robert Brian Parry and C.R. Perkins. - London: Library Assoc. Publ. 2001, p.12-27. ISBN 1-85604-397-5

2949
Mauro Conti, Antonio and others: La cartografia automatica e i G.I.S. nel geomarketing. In: Cultura cartografica e culture del territorio : atti del convegno nazionale (Sassari, 12-13 dicembre 2000). A cura di Giuseppe Scanu. - Genova: Brigati 2001, p.299-306. (Bollettino della Associazione Italiana di Cartografia No. 111-113 = 38. 2001) [Ital.]

2950
Meerkerk, J.C.; Grunsven, J.W.F.M. van: GBKN, van aanbodnaar vraaggericht. In: Geodesia : tijdschrift voor geodesie en geo-

informatie. 43, 2001, 3, p.116-121, 11 ill. [Large scale basemap, a change from product oriented to customer oriented.] [Dutch with Engl. rés.]

2951
Meessemann, James: Géographie - cartographie : démarches et représentations. - Lille: CRDP du Nord-Pas-de-Calais 2000, 177 p., ill., mp. (Méthodes en pratique) ISBN 2-86623-401-4

2952
Minutes of the Cartographic Users Advisory Council (CUAC) : April 17-18, 2001 ; Library of Congress ; Geography & Map Division ; Washington, D.C. In: Information bulletin / Western Association of Map Libraries. 32, 2001, p.168-178. ISSN 0049-7282

2953
Moffat, Riley: Genealogy and maps. In: Information bulletin /Western Association of Map Libraries. 33, 2001, p.22-25. ISSN 0049-7282

2954
Monmonier, Mark S.: Bushmanders & bullwinkles : how politicians manipulate electronic maps and census data to win elections. - Chicago [u.a.]: University of Chicago Press 2001, XII, 208 p., ill., mp. ISBN 0-226-53424-3

2955
Müller, Hartmut: 3D-Stadtmodelle - Technik und Anwendungen. In: Rauminformationen für das 21. Jahrhundert : Vorträge ; 20. wissenschaftlich-technische Jahrestagung der DGPF im Rahmen der Intergeo 2000, 11.-13. Oktober 2000, Kongress-Zentrum ICC, Berlin. Hrsg.: Jörg Albertz. - Berlin: DGPF 2001, p.113-120, 7 ill. (Publikationen der Deutschen Gesellschaft für Photogrammetrie und Fernerkundung ; 9)

2956
Nanninga, Martijn: Het Geography Network, toegang tot een wereld van informatie. In: Kartografisch tijdschrift. 27, 2001, 2, p.48-54, 10 ill. [The Geography Network, access to a world of information.] [Dutch with Engl. and French rés.]

2957
Newsletter : Brussels International Map Collectors' Circle (BIMCC). - Brussels: Circle 10 2001

2958
Ormeling, Ferjan: Mondiale initiatieven betreffende de verstrekking van ruimtelijke gegevens. In: Kartografisch tijdschrift. 27, 2001, 2, p.13-17, 5 ill. [Worldwide initiatives concerning the supply of spatial data.] [Dutch with Engl. and French rés.]

2959
Owen, J. Victor: Seller be fair, buyer beware! : Trouble on the internet. In: Mercator's world. 6, 2001, 3, p.10-11, 1 ill. ISSN 1086-6728

2960
Patterson, Tom: A view from on high : Heinrich Berann's panoramas and landscape visualization techniques for the U.S. National Park Service. In: High mountain cartography 2000 : proceedings of the Second Symposium of the Commission on Mountain Cartography of the International Cartographic Association held at the Alpine Centre, Rudolfshütte 2315 m, Austria from 29 March to 2 April 2000. Ed. by Manfred F. Buchroithner. - Dresden: Inst. for Cartography, Dresden Univ. of Technology [u.a.] 2000, p.131-156, 28 ill. (Kartographische Bausteine ; 18) ISBN 3-86005-265-9

2961
Pelfini, Manuela; Diolaiuti, Guglielmina; Smiraglia, Claudio: L'utilizzo della carto-

grafia storica per lo studio delle variazioni ambientali e antropiche dell'Alta Montagna Alpina. In: Cultura cartografica e culture del territorio : atti del convegno nazionale (Sassari, 12-13 dicembre 2000). A cura di Giuseppe Scanu. - Genova: Brigati 2001, p-443-464, 12 ill. (Bollettino della Associazione Italiana di Cartografia No. 111-113 = 38. 2001) [Ital.]

2962
Pelletier, Monique: Carte e potere. In: Segni e sogni della terra : il disegno del mondo dal mito di Atlante alla geografia delle reti. [Catalogo: testi di Peter Barber ...]. - Novara: De Agostini 2001, p.80-129, 66 ill. [Maps and power.] [Ital.] ISBN 88-415-9715-1

2963
Penzkofer, Markus and others: Untersuchungen zur Genauigkeitsanalyse von Alpenvereinskarten. In: Zeitschrift für Vermessungswesen. 126, 2001, 1, p.5-10, 1 ill., 1 tab.

2964
Pödör, Andrea: Különleges célú tematikus térképek ábrázolási módszereinek vizsgálata. In: Geodézia és kartográfia. 53, 2001, 2, p.36-39. [Testing the symbolization methods of special purpose thematic maps.] [Hung. with Engl. rés.]

2965
Rogalla, Thomas: Landschaft nur für den Dienstgebrauch : Die DDR ließ topographische Landkarten systematisch verfälschen. Bevölkerung und Wirtschaft wurden in die Irre geführt. In: Berliner Zeitung. Mittwoch, 14.März 2001, p.3, 2 ill.

2966
Ross, Robert: Jambo - from Africa : Gary Clarke's passion for Africa launches a collection. In: Mercator's world. 6, 2001, 4, p.12-16, 10 ill., 1 portr. ISSN 1086-6728

2967
Safier, Neil: Mapping myths : the cartographic boundaries between science and speculation on La Condamine's Amazon, 1743-44. In: The Portolan. 2000, p.8-27, 7 ill. ISSN 1096-1925

2968
Schöpper, Horst; Voigt, Jens: Das Ruhrgebiet im Internet : Neue Wege der Bereitstellung von Geoinformationen. In: GeoBIT : das Magazin für raumbezogene Informationstechnologie. 6, 2001, 4, p.28-30, 3 ill.

2969
Simley, Jeff: Improving the quality of mass produced maps. In: Cartography and geographic information science. 28, 2001, 2, p. 97-110, 8 ill., 2 tab.

2970
Slocum, Terry A. and others: Cognitive and usability issues in geovisualization. In: Cartography and geographic information science. 28, 2001, 1, p.61-75, 3 ill., 1 tab.

2971
Soddu, Ottaviana: La cartografia nella ricostruzione storica di un territorio : un esempio in una zona della Sardegna meridionale. In: Cultura cartografica e culture del territorio : atti del convegno nazionale (Sassari, 12-13 dicembre 2000). A cura di Giuseppe Scanu. - Genova: Brigati 2001, p.493-502, 3 ill. (Bollettino della Associazione Italiana di Cartografia No. 111-113 = 38. 2001) [Ital.]

2972
Spina, Anna Maria; Sau, Ignazio: La cartografia della vegetazione e della naturalità come instrumento identificativo della vocazione di un territorio, l'esempio di Gonnesa (Sardegna Sud-Occidentale). In: Cultura cartografica e culture del territorio : atti

del convegno nazionale (Sassari, 12-13 dicembre 2000). A cura di Giuseppe Scanu. - Genova: Brigati 2001, p.663-670, 2 ill. (Bollettino della Associazione Italiana di Cartografia No. 111-113 = 38. 2001) [Ital.]

2973
Tatlock, David: Wishful thinking : A Nazi tourism map. In: Mercator's world. 6, 2001, 3, p.36-39, 4 ill. ISSN 1086-6728

2974
Vindt, Gérard: La planisphère d'Alberto Cantino, Lisbonne 1502. - Paris: Ed. Autre-ment 1998, 153 p., ill., mp. ISBN 2-86260-809-2

2975
Wentz, Elisabeth A.; Kuby, Michael; Vogt, Brandon J.: Extracting high points from statistical surfaces : a case study using digital elevation models. In: Cartography and geographic information science. 28, 2001, p.259-271, 10 ill. ISSN 1523-0406

2976
Wit, Cor de: Toegankelijkheid van geo-informatie bij provincies. In: Kartografisch tijdschrift. 27, 2001, 2, p.5-8. [Accessibility of provincial geoinformation.] [Dutch with Engl. and French rés.]

2977
Zölitz-Möller, Reinhard: Das ATKIS-DLM 25/1 aus der Sicht der Nutzer im Umweltbereich. In: ATKIS - Stand und Fortführung : Beiträge zum 51. DVW-Seminar am 25. und 26. September 2000 an der Universität Rostock. Red. u. Seminarleiter: Ralf Bill u. Frank Schmidt. - Stuttgart: Wittwer 2000, p.153-167, 3 ill. (Schriftenreihe des DVW ; 39) ISBN 3-87919-273

2. Perception, Cognitive Maps Wahrnehmung, kognitive Karten Perception, cartes cognitives

2978
Bonnafé, Annie; Decourt, Jean-Claude; Helly, Bruno: Textes, cartes et territoires : présentation. In: L'Espace et ses représentations. Edité par Annie Bonnafé, Jean-Claude Decourt et Bruno Helly. - Lyon: Maison de l'Orient Méditerranéen-Jean Pouilloux 2000, p.13-23. (Travaux de la Maison de l'Orient Méditerranéen ; 32)

2979
Buchroithner, Manfred F.; Schenkel, Robert: 3D-Visualisierung von Geodaten ; perzeptionstheoretische und präsentationstechnische Grundlagen. In: Theorie 2000 : Vorträge des Kartographischen Symposiums am 17./18. November 2000 an der TU Dresden. Hrsg. von Günther Koch [Technische Universität Dresden, Institut für Kartographie]. - Dresden: Institut für Kartographie 2001, p.113-120, 8 tab. (Kartographische Bausteine ; Bd. 16)

2980
Bunch, Ricky: Spatial cognition and geographic information system. - Columbia, SC: University of South Carolina 2000 [Doct. diss.]

2981
Bunin, John: A study of the relationship between current event knowledge and the ability to construct a mental map of the world. - Blacksburg, VA: Virginia Tech 2000 [Master's thesis]

2982
Cheesman, Jo; Perkins, Chris: Virtual reality : an explanatory tool for investigating the cognitive mapping and navigational skills of visually-impaired people. In: Virtual reality in geography. Ed. by Peter

Fisher and David Unwin. - London [u.a.]: Taylor & Francis 2000, p.362-381. ISBN 0-7484-0905-X

2983
Faith, Shaun: Effective monochromatic maps and graphics : perceptual grayscales, ruling and xerographic reproduction. - University Park, PA: Pennsylvania State University 1999 [Master's thesis]

2984
Jefferies, M.E.; Yeap, W.K.: The utility of global representations in a cognitive map. In: Spatial information theory : foundations of geographic information science ; International conference COSIT 2001, Morro Bay, CA, USA, September 19-23, 2001 ; proceedings. Daniel R. Montello (ed.). - Berlin: Springer 2001, p.233-246, 6 ill. (Lecture notes in computer science ; 2205) ISBN 3-540-42613-2

2985
Köbben, Barend: Kartografische hoogtevoorstelling : Deel I: Theorie en traditionele methoden. In: Kartografisch tijdschrift. 27, 2001, 2, p.62-64, 12 ill., 1 tab. (Kernkatern 16). [Dutch]

2986
Rurup, Freek: Typografische mental maps. In: Kartografisch tijdschrift. 27, 2001, 1, p.38-41, 4 ill. [Typographic mental maps.] [Dutch with Engl. and French rés.]

2987
Steinhauer, Joe Heike and others: Recognition of abstract regions in cartographic maps. In: Spatial information theory : foundations of geographic information science ; International conference COSIT 2001, Morro Bay, CA, USA, September 19-23, 2001 ; proceedings. Daniel R. Montello (ed.). - Berlin: Springer 2001, p.306-321,14 ill. (Lecture notes in computer science ; 2205) ISBN 3-540-42613-2

3. Map Reading and Map Interpretation, Cartometry Kartenlesen, Karteninterpretation, Kartometrie Lecture des cartes et interprétation des cartes, cartométrie

2988
Badmayev, N.B. and others: An informational-cartometric analysis of the soil-environment system. In: Mapping sciences and remote sensing. 38, 2001, 1, p.50-53, 1 ill.

2989
Beineke, Dieter: Verfahren zur Genauigkeitsanalyse für Altkarten. - Neubiberg: Univ. d. Bundeswehr München, Fak. f. Bauingenieur-u. Vermessungswesen 2001, IV, 155 p., ill. (Schriftenreihe / Studiengang Geodäsie und Geoinformation. Universität der Bundeswehr München ; 71) [Zugl.: München, Univ. d. Bundeswehr, Diss. 2000]

2990
Campbell, John: Map use & analysis. - Boston, Mass [u.a.]: McGraw-Hill 2001, XI, 372 p., ill., mp. [4. ed.] ISBN 0-07-303748-6

2991
Degennaro, Michael B.: Mapping with chorodots : an examination of methods and their effects on geographic data interpretation. - University Park, PA: Pennsylvania State University 2000 [Master's thesis]

2992
Desbrières, Michel: La cartographie de la Meuse entre Verdun et Sedan entre la première moitié du XVIIIe siècle : Lecture militaires d'un fleuve. In: Bulletin du

Comité Français de Cartographie. 167, 2001, p.27-36, 10 ill.

2993
Earl, Christine Elizabeth: Cartography and the geometry of space : re-imagining the legacy of Claudius Ptolemy. - Ottawa, ON: Carleton University 1999 [Master's thesis]

2994
Feller, Manfred: Auf Tour mit Kompass und Karte und anderen Hilfsmitteln zur Orientierung. Dargestellt von Manfred Feller. - Stuttgart [u.a.]: Deutscher Wanderverlag 2000, 123 p., ill., mp. (Kompass-Wegweiser) ISBN 3-8134-0-200-2

2995
Geographische Interpretation topographischer Karten. - Berlin [u.a.]: Borntraeger 2001, 205 p., ill., mp. (Karteninterpretation in Stichworten / von Armin Hüttermann ; Teil 1) ISBN 3-443-03110-2

2996
Greene, Wilmot: Using sound variables to expedite topographic map reading. - Athens, GA: University of Georgia 2000 or 2001 [Master's thesis]

2997
Grek, Jennifer Marie: Representing the in-between : interpreting cartographic images of Hungary in Dutch seventeenth-century atlases. - Madison, WI: University of Wisconsin-Madison 2000 [Master's thesis]

2998
Hodgson, Michael: Compass & map navigator : the complete guide to staying found. Illustrated by John Cox, foreword by Lou Whittacker. - Guilford, Conn.: Globe Pequot Press 2000, XVI, 141 p., ill, mp. ISBN 0-7627-0488-8 [New rev. ed., 3. print.]

2999
Hüttermann, Armin: Topographische Karten - lesen und verstehen. In: Kartographische Nachrichten. 51, 2001, p.251-254. ISSN 0022-9164

3000
Kelley, Elizabeth Jacoby: Comparing readability of cartograms and graduated circle maps. - Lawrence, KS: University of Kansas 2000 [Master's thesis]

3001
Lu, Yi and others: Recognition, measurement and generalization for point cluster features in digital nautical chart. In: Geomatics and information science of Wuhan University. 26, 2001, 2, p.133-139, 10 ill. [Chin. with Engl. rés.]

3002
Pravda, Ján: Kartografická gramotnost', čítanie máp a generovanie poznatkov z máp. In: Geodetický a kartografický obzor. 47, 2001, p.213-216. [Cartographic literacy, map reading and generation of knowledge from maps.] [Slovak. with Engl. rés.] ISSN 0016-7096

3003
Rivera, Julio: Cartographic interpretation : differences based on epistemological beliefs, expertise and spatial ability. - Milwaukee, WI: University of Wisconsin- Milwaukee 1999, XIV, 218 p., 46 ill., 18 tab. [Doct. diss.]

3004
Steinhauer, Joe Heike and others: Recognition of abstract regions in cartographic maps. In: Spatial information theory : foundations of geographic information science ; International conference COSIT 2001, Morro Bay, CA, USA, September 19-23, 2001 ; proceedings. Daniel R. Montello (ed.). - Berlin: Springer 2001,

p.306-321,14 ill.(Lecture notes in computer science ; 2205) ISBN 3-540-42613-2

3005
Thiry, Christopher J.J.: Librarians respond to The National Map. In: Information bulletin / Western Association of Map Libraries. 33, 2001, p.17-19.
ISSN 0049-7282

3006
Tiffou, Jacky: Commenter la carte topographique aux examens et concours.
- Paris: Colin 2000, 187 p., ill., mp.
(Collection U: Géographie)
ISBN 2-200-01879-7

3007
Wolodtschenko, Alexander: Zur Interpretation von prähistorischen Karten. In: Kartosemiotische und konzeptionelle Aspekte der 90er Jahre. Hrsg. von Alexander Wolodtschenko und Hansgeorg Schlichtmann. - Dresden 1999, p.113-118, 3 ill. (Diskussionsbeiträge zur Kartosemiotik und zur Theorie der Kartographie ; Bd. 2) [Internationales Korrespondens-Seminar]

3008
Meessemann, James: Géographie - cartographie : démarches et représentations. - Lille: CRDP du Nord-Pas-de-Calais 2000, 177p., ill., mp. (Méthodes en pratique)
ISBN 2-86623-401-4

4. Functions of Maps
Funktionsbereiche der Kartographie
Domaines de fonction des cartes

Cadastral Mapping / Katasterkartographie / Cartographie cadastrale

3009
Asmus, Ivo: Die Zusammenzeichnung der Matrikelkarten als wissenschaftliche Methode für eine Rekonstruktion der Kulturlandschaft vor 300 Jahren. In: Historische Geographie und Kulturlandschaftsforschung : Beiträge zum Gedenkkolloqium für Dr. Eginhard Wegner am 4. Mai 2001 in Greifswald. Hrsg. von Reinhard Zölitz-Möller. - Greifswald: Ernst-Moritz-Arndt-Univ. 2001, p.71-79, 4 ill. (Greifswalder geographische Arbeiten ; 22)
ISBN 3-86006-177-X

3010
Ballantyne, Brian; Dobbin, James; Hunter, Andrew: Options for land registration and survey systems on aboriginal lands in Canada. In: Geomatica. 55, 2001, 1, p.23-38.

3011
Bonorden, Rainer: Steuerungsinstrumente in Niedersachsen : Eine Chance auch für das Liegenschaftskataster. In: Nachrichten der Niedersächsischen Vermessungs- und Katasterverwaltung : VKV. 51, 2001, 1, p.16-23, 6 ill.

3012
Brubach, Egon; Hinkel, Alwin: Katasteramt Landau in der Pfalz im neuen Dienstgebäude. In: Nachrichtenblatt der Vermessungs- und Katasterverwaltung Rheinland-Pfalz. 44, 2001, 1, p.3-8, 3 ill.

3013
Capurso, Claudia; Parigi, Adriano; Ronconi, Rosalba: Cartografia storica del territorio di Rozzano : le immagini del mutamento dal '700 ad oggi / Comune di Rozzano. - [Rozzano (Milano)]: CIEDS [1998], 1. 146 p., ill., mp. [Historical cartography of the territory of Rozzano : images of the change from 700 to today.] [Ital.]

3014
Christ, Andreas: ALKIS in Niedersachsen. In: Nachrichten der Niedersächsischen Vermessungs- und Katasterverwaltung : VKV. 51, 2001, 1, p.9-15, 1 tab.

3015
Cordes, Volker: Die ALK-Berlin - von der Datensammlung zum Informationssystem. In: 125 Jahre Berliner Vermessungsverwaltung 1876-2001. [Hrsg.: Senatsverwaltung für Stadtentwicklung, Abt. III, Geoinformation, Vermessung, Wertermittlung. Red.: Anette Blaser. - Berlin: Senatsverwaltung für Stadtentwicklung 2001, p.49-53, 3 ill.

3016
Ehrler, Cornel and others: GIS in der Raumplanung im Kanton Graubünden. In: Vermessung, Photogrammetrie, Kulturtechnik = Mensuration, Photogrammétrie, Génie rural. 99, 2001, 5, p.292-297, 4 ill. [With French and Ital. rés.]

3017
Felus, Yaron; Lida, Oded: On-line expert system for the Israeli cadastral system. In: Geomatica. 55, 2001, 1, p.39-46, 5 ill.

3018
Fičor, Dušan: Katastrálne územie - významný prvok obsahu štátnych mapových diel. In: Geodetický a kartografický obzor. 47, 2001, p.223-227, 2 tab. [Cadastral unit - an important element in the content of state map series.] [Slovak. with Engl. rés.] ISSN 0016-7096

3019
Gerloff, Ingo: 125 Jahre preußische Katasterämter in Niedersachsen : Jubiläumstage vom 4. bis 18. Mai 12001 in Göttingen und Northeim. In: Nachrichten der Niedersächsischen Vermessungs- und Katasterverwaltung. 51, 2001, p.4-7, 2 ill.

3020
Gläßl, Helmut: Flurkarte 98 : Rasterdaten der Flurkarte flächendeckend für Bayern. In: 15. Informationsveranstaltung 2001 der Bayerischen Vermessungsverwaltung am Mittwoch, dem 04. April 2001 in der Technischen Universität München. Hrsg. vom Bayerischen Landesvermessungsamt... - [München] 2001, p.109-114, ill.

3021
Grabar, Jože Kos: Občinski prostorski plan od ozalida do Interneta : Prikaz spremembe tehnologije izdelave kartografske dokumentacije kot dela prostorskega plana Mastne občine Maribor. In: Geodetski vestnik. 45, 2001, p.417-426, 2 ill., 1 tab. [Community spatial plan from diazo contact copy to internet.] [Sloven. with Engl. rés.] ISSN 0351-0271

3022
Gränitz, Frauke: Die Flurkrokis/Flurcroqis (Flurübersichtskarten) in Sachsen, dargestellt am Beispiel Großzschocher. In: Leipzig im Kartenbild. Hrsg. von der Stadt Leipzig, der Oberbürgermeister, Stadtarchiv [Red. Beate Berger...]. - Leipzig: Leipziger Univ.-Verl. 2001, p.73-79, 3 ill. (Leipziger Kalender, Sonderband, 2001 ; 1) ISBN 3-935693-10-2

3023
Gupta, Ashwani K.: The Missouri MapNet - assembling a GIS for cadastral mapping

on the Web. - Stillwater, OK: Oklahoma State University 2000 [Master's thesis]

3024
Hampp, Dieter; Lindenthal, Franz: Die Flurkarte erobert den PC : der Einsatz der interaktiven Grafik bei der Bayerischen Vermessungsverwaltung. In: 200 Jahre Bayerische Vermessungsverwaltung : 1801-2001 ; es ist ein Maß in allen Dingen. [Hrsg.: Bayer. Staatsministerium der Finanzen, Abt. Vermessung, Informations-u. Kommunikationstechnik...Red.: Karlheinz Goller, Josef Klapf]. - München: Bayer. Landesvermessungsamt 2001, p.238-245, 8 ill. ISBN 3-935612-01-X

3025
Hartmann, Jens; Heil, Christian; Seuß, Robert: Pilothafte Realisierung des ALKIS/ ATKIS-Datenmodells zur Abbildung bestehender und zukünftiger Anforderungen der Geodatenhaltung in der Hessischen Kataster- und Vermessungsverwaltung - Teil II. In: Allgemeine Vermessungs-Nachrichten. 108, 2001, 4, p.138-149, 8 ill., 4 tab.

3026
Heyl, Enriko; Klarner, Robert: Im Osten viel Neues : Die Treuhand Liegenschaftsgesellschaft baut auf GIS. In: GeoBIT : das Magazin für raumbezogene Informationstechnologie. 6, 2001, 4, p.14-16, 4 ill.

3027
Historische Geographie und Kulturlandschaftsforschung : Beiträge zum Gedenkkolloqium für Dr. Eginhard Wegner am 4. Mai 2001 in Greifswald. Hrsg. von Reinhard Zölitz-Möller. - Greifswald: Ernst-Moritz-Arndt-Univ. 2001, 109 p., ill., mp. (Greifswalder geographische Arbeiten ; 22) ISBN 3-86006-177-X

3028
Hornanský, Imrich; Kočan, Juraj: Rozširovanie obsahu katastra nehnutel'ností. In: Geodetický a kartografický obzor. 47, 2001, 3, p.63-67. [Cadastre of real estates - extension of its content.] [Slov. with Czech. and Engl. rés.]

3029
Hornanský, Imrich; Višniar, Július: Postup tvorby a spravovania vektorových katastrálnych máp. In: Geodetický a kartografický obzor. 47, 2001, 2, p.31-37, 1 ill., 4 tab. [Production and maintenance procedures of vectorial cadastral maps.] [Slov. with Czech. and Engl. rés.]

3030
Hübner, Wolfgang: Umsetzung und Fortführung von Daten der bayerischen Flurkarte. In: Fachvorträge : XI. Internationale Geodätische Woche Obergurgl 2001. - Innsbruck: Institut für Geodäsie d. Univ. Innsbruck 2001, p.187-189. (Institut für Geodäsie, Leopold-Franzens- Universität Innsbruck / Institutsmitteilungen ; 19)

3031
Huml, Milan: 3D katastr nemovitostí - základní aspekty nové vize. In: Geodetický a kartografický obzor. 47, 2001, p.228-232, 1 ill., 2 tab. [The 3D Cadastre of Real Estates - Basic aspects of a new vision.] [Czech. with Engl. rés.] ISSN 0016-7096

3032
Kain, Roger J.P.; Prince, Hugh C.: Tithe surveys for historians. - Chichester: Phillimore 2000, XIV, 146 p., ill., mp. ISBN 1-860077-125-4

3033
Kellie, Andrew C.: Boundary retracement based on maps, plats and surveys. In: Surveying and land information systems. 61, 2001, p.193-200, 3 ill. ISSN 1052-2905

3034
Kozári, Agnes; Gergely, Szilvay: A DAT állományok forgalomba adásának tapasztalatai a Fövárosi Kerületek Földhivatalában. In: Geodézia es kartográfia. 53, 2001, 5, p.12-16. [Experiences of the legal acceptance of digital cadastral maps and DAT database in the Budapest Land Office INFOCAM LIS system.] [Hung. with Engl. rés.]

3035
Kupic, Anton; Mivšek, Edvard; Kogovšek, Anton: Pregled razvoja digitalnih baz zemljiškega katastra v zadnjem desetletju. In: Geodetski vestnik. 46, 2001, p.191-201. [Land cadastre digital databases development rewiew in the last decade.] [Sloven. with Engl. rés.] ISSN 0351-0271

3036
Ludwig, Robert: Das Liegenschaftskataster auf dem Weg zum Geoinformationssystem. In: 200 Jahre Bayerische Vermessungsverwaltung : 1801-2001 ; es ist ein Maß in allen Dingen. [Hrsg.: Bayer. Staatsministerium der Finanzen, Abt. Vermessung, Informations-u. Kommunikationstechnik...Red.: Karlheinz Goller, Josef Klapf]. - München: Bayer. Landesvermessungsamt 2001, p.200-211, 5 ill. ISBN 3-935612-01-X

3037
Omaszta, Sándor: A TAKAROS-rendszer térképi fogadókészségének kérdései. In: Geodézia és kartográfia. 53, 2001, 2, p.9-16, 1 ill., 1 tab. [On the cartographic receptibility of the TAKAROS system.] [Hung.]

3038
Oosterom, Peter J.M. van: Een generieke geografische querytool (deel 2). In: Geodesia : tijdschrift voor geodesie en geo-informatie. 43, 2001, 5, p.236-244, 9 ill. [A generic geographic query tool (part 2).] [Dutch with Engl. rés.]

3039
Oosterom, Peter J.M. van: Een generieke geografische querytool. In: Geodesia : tijdschrift voor geodesie en geo-informatie. 43, 2001, 4, p.176-184, 7 ill., 2 tab. [A generic geographic query tool.] [Dutch with Engl. rés.]

3040
Osskó, András; Szilvay, Gergely: A digitális földmérési alaptérképek forgalomba adásának tapasztalatai a Fëlvárosi Földhivatalban. In: Geodézia és kartográfia. 53, 2001, p.3-7. [Experiences of introducing digital cadastral maps in Budapest Land Office.] [Hung.] ISSN 0016-7118

3041
Perchermeier, Georg: Ohne EDV geht nichts mehr : Innendienst am Vermessungsamt - gestern, heute und morgen. In: 200 Jahre Bayerische Vermessungsverwaltung : 1801-2001 ; es ist ein Maß in allen Dingen. [Hrsg.: Bayer. Staatsministerium der Finanzen, Abt. Vermessung, Informations-u. Kommunikationstechnik... Red.: Karlheinz Goller, Josef Klapf]. - München: Bayer. Landesvermessungsamt 2001, p.224-237, 10 ill. ISBN 3-935612-01-X

3042
Refaussé, Raimond; Clark, Mary: A catalogue of maps of the estates of the archbishops of Dublin, 1564-1850. With a historical essay by Raymond Gillespie. - Dublin [u.a.]: Four Courts Press 2000, 112 p., ill., mp. ISBN 1-85182-595-9

3043
Rolincová, Dobromila: Hodnotendie výsledkov ROEP z hľadiska ich využívania pri aktualizácii katastra nehnuteľností. In: Geodetický a kartografický obzor. 47, 2001, 5, p.107-111,

3 ill. [Evaluation of updated land registry regarding their applicability to updating of the cadastre of real estates.] [Slov. with Czech. and Engl. rés]

3044
Roux, Lani; Barry, Michael: Using video imagery in land tenure information systems: a study of a communal property association in the village of Algeria, South Africa. In: Geomatica. 55, 2001, 1, p.47-55, 4 ill.

3045
Ruggero, Adriano; Londei, Luigi: Il Catasto Urbano di Roma (1818-1824). In: Eventi e documenti diacronici delle principali attività geotopografiche in Roma. Andrea Cantile. - Firenze: Ist. Geografico Militare 2000, p.102-137, 20 ill. (L'Universo ; 80. 2000,6, Suppl.) [The City Cadastre of Rome.] [Ital.]

3046
Schäfer, V.: Auf dem Weg zu ALKIS, dem integrierten Informationssystems des Liegenschaftskatasters. In: Mitteilungen /Deutscher Verein für Vermessungswesen, Landesverein Baden-Württemberg. 48, 2001, 1, p.5-30, 8 ill.

3047
Schleinert, Dirk: Die geometrische Aufmessung des Dorfes Rustow bei Demmin in Vorpommern im Jahre 1603 : ein Beitrag zur Vermessungsgeschichte. In: Historische Geographie und Kulturlandschaftsforschung : Beiträge zum Gedenkkolloqium für Dr. Eginhard Wegner am 4. Mai 2001 in Greifswald. Hrsg. von Reinhard Zölitz-Möller. - Greifswald: Ernst-Moritz-Arndt-Univ. 2001, p.61-70, 2 ill. (Greifswalder geographische Arbeiten ; 22) ISBN 3-86006-177-X

3048
Schmidt, Klaus-Jürgen: 125 Jahre Katasterämter in Hannover : Festvortrag am 4.5.2001 in der Stadthalle Northeim. In: Nachrichten der Niedersächsischen Vermessungs- und Katasterverwaltung. 51, 2001, p.7-11, 2 ill.

3049
Schoebel, Martin: Steuer, Landesaufnahme und Kartierung im frühneuzeitlichen Pommern : quellenkundliche Annotationen zur historischen Landesforschung. In: Historische Geographie und Kulturlandschaftsforschung : Beiträge zum Gedenkkolloqium für Dr. Eginhard Wegner am 4. Mai 2001 in Greifswald. Hrsg. von Reinhard Zölitz-Möller. - Greifswald: Ernst-Moritz-Arndt-Univ. 2001, p.41-50, 4 ill. (Greifswalder geographische Arbeiten ; 22)
ISBN 3-86006-177-X

3050
Schoustra, Simon: De precisiebepaling van digitaal kaartmateriaal bij het Kadaster. In: Geodesia. 43, 2001, p.470-473, 3 ill., 1 tab. [The precision of digital cadastral maps.] [Dutch with Engl. rés.]
ISSN 1385-7515

3051
Serrano Martínez, Fernando: Cartografia Catastral: Presente y futuro. In: Topografia y Cartografia. 103, 2001, p.19-22, 2 tab.

3052
Škraba, Tilen; Vešligaj, Staško; Šuntar, Aleš: URBAN - podatkovno jedro prostorskega informacijskega sistema Mestne občine maribor. In: Geodetski vestnik. 45, 2001, p.427-439, 4 ill., 1 tab. [URBAN - Data base for the spatial and municipal information system of Maribor.] [Sloven. with Engl. rés.] ISSN 0351-0271

3053
Soukup, Petr; Votoček, Michal: Vyhledávání lokakit v digitální

katastrální mapě. In: Geodetický a kartografický obzor. 47, 2001, p.232-236, 4 ill., 1 tab. [Searching for locations in a cadastral map.] [Czech. with Engl. rés.]
ISSN 0016-7096

3054
Strasser, Michael: Erstellung und Gestaltung von Ortsplänen aus der Digitalen Katastralmappe im Hinblick auf eine Nutzung im World Wide Web. - Wien: Universität Wien 2001, 87 p., 18 ill., 13 tab. [Dipl.-Arb.]

3055
Technologiebeschreibung : Umsetzung der analogen Liegenschaftskarten in die digitale Liegenschaftskarte im ländlichen Raum. Landesvermessungsamt Brandenburg ; [Stand] 30.Juni 1999. - Potsdam: Landesvermessungsamt 1999, 79 p., ill., mp.

3056
Tong, Xiaohua; Liu, Dajie; Peng, Minghua: The principle and methodology to process digital cadastral areas in GIS. In: Geomatics and information science of Wuhan University. 26, 2001, 2, p.105-111, 3 ill., 2 tab. [Chin. with Engl. rés.]

3057
Verkettete Transformation, Mustertechnologie : Landesvermessungsamt Brandenburg ; [Stand] 22. November 1999. - Potsdam: Landesvermessungsamt 1999, 22, 15, [2] Bl.

3058
Vešligaj, Staško; Bizjak, Bojan: Predstavitev občinskega prostorskega plana na Internetu kot del izvjanja projekta Maribor e-mesto. In: Geodetski vestnik. 45, 2001, p.440-448, 4 ill. [Presentation of the municipal physical plan on the internet as a part of the project Maribor e-city.] [Sloven. with Engl. rés.]
ISSN 0351-0271

3059
Zweckerl, Karl-Heinz: Geobasisdaten bayernweit : digitale Flurkarte - neue Nutzungsmöglichkeiten durch landkreisweite Flächendeckung. In: 15. Informationsveranstaltung 2001 der Bayerischen Vermessungsverwaltung am Mittwoch, dem 04. April 2001 in der Technischen Universität München. Hrsg. vom Bayerischen Landesvermessungsamt... - [München] 2001, p.99-107, 4 ill.

3060
Übersicht zur Verfügbarkeit geotopographischer Daten und digitaler Daten der Liegenschaftskarten der Arbeitsgemeinschaft der Vermessungsverwaltungen der Länder der Bundesrepublik (AdV). - [Stuttgart]: Landesvermessungsamt Baden-Württemberg 1999, 72 p.

3061
Hecht, Horst: Stand der Entwicklung der Elektronischen Seekarte. In: Information. Deutsche Hydrographische Gesellschaft. 30, 1993, p.9-18.

Journalistic Cartography / Medienkartographie / Cartographie journalistique

3062
Monmonier, Mark S.: Pressing ahead : Journalistic cartography's continued rise. In: Mercator's world. 6, 2001, 2, p.50-53, 5 ill. ISSN 1086-6728

3063
Squarcina, Enrico: Tra informazione, persuasione e spettacolarizzazione :

l'utilizzo delle carte da parte del Corriere della Sera in occasione della guerra del Kosovo. In: Cultura cartografica e culture del territorio : atti del convegno nazionale (Sassari, 12-13 dicembre 2000). A cura di Giuseppe Scanu. - Genova: Brigati 2001, p.625- 646, 14 ill. (Bollettino della Associazione Italiana di Cartografia No. 111-113 = 38. 2001) [Ital.]

Navigational Mapping / Navigationskartographie / Cartographie de navigation

3064
ARGO : das elektronische Fahrrinnen-Informationssystem. In: Mitteilungsblatt / Deutscher Verein für Vermessungswesen (DVW), Landesverein Rheinland-Pfalz und Saarland. 49, 2000, p.6-12, 3 ill.

3065
Borruso, Giuseppe: Carta digitale per i sistemi di navigazione automobilistici : problemi e prospettive. In: Cultura cartografica e culture del territorio : atti del convegno nazionale (Sassari, 12-13 dicembre 2000). A cura di Giuseppe Scanu. - Genova: Brigati 2001, p.331-352, 2 ill. (Bollettino della Associazione Italiana di Cartografia No. 111-113 = 38. 2001) [Ital.]

3066
Caterino, Aldo: La cartografia nautica portoghese nell'età delle scoperte geo-grafiche. In: I contorni della terra e del mare : la geografia tra rappresentazione e invenzione della realtà. A cura di Claudio Tugnoli, saggi di S. Bianchetti ... - Bologna: Pitagora 1997, p.93-118, 1 ill. (Storia delle idee : sezione saggi e monografie) [The Portuguese nautical cartography in the age of geographical discoveries.] [Ital.]
ISBN 88-371-0935-0

3067
Chang, Stephen Tsen-hsin: The Portuguese maritime discoveries along the south-east coast of China in the first half of the sixteenth century : a cartographic view 1513 - 1550. In: The Portolan. 1998, p.7-19, 4 ill. ISSN 1096-1925

3068
Chen, Binfei: Semi-automated modeling approaches to route selection in GIS. - Morgantown, WV: West Virginia University 1999 [Master's thesis]

3069
Dalché, Patrick Gautier: Cartes marines, représentation du littoral et perception de lèspace au Moyen Age : un état de la question. In: Zones côtières littorales dans le monde méditerranéen au Moyen Age : défense, peuplement, mise en valeur ; actes du colloque international organisé par l'Ecole française de Rome et la Casa de Velázquez, en collab. avec le Collège de France et le Centre intrauniversitaire d'histoire et d'archéologie médiévales UMR 5648 - Université Lyon II - C.N.R. S. - E.H.E.S.S., Rome, 23-26 octobre 1996. Ed. par Jean-Marie Martin. - Rome: Ecole française de Rome 2001, p.9-32, 7 ill., (Collection de l'Ecole française de Rome ; 105,7) [zugl.: - Madrid: Casa de Velázquez 2001 (Collection de la Casa de Velázquez ; 76)]

3070
Edwards, Roger William: Creating air navigation charts with Landsat Thematic Mapper. - College Park, MD: University of Maryland at College Park 1999 [Master's project]

3071
Hecht, Horst and others: Die elektronische Seekarte : Grundlagen, Möglichkeiten und

Grenzen eines neuen Navigationssystems. - Hamburg: Wichmann 1999, 262 p., ill. ISBN 3-87907-303-1

3072
Hecimovic, Zeljko: Parametri definiranja performansi navigacijskih sustava. In: Geodetski list. 55, 2001, 1, p.33-48, 1 tab. [Parameters of defining the performances of navigation systems.] [Croat. with Engl. rés.]

3073
Janni, Pietro: Cartographie et art nautique dans le monde ancien. Textes réunis par Pascal Arnaud et Patrick Counillon. - Bordeaux [u.a.]: Ausonius 1998, p.41-53. (Ausonius-publications / études ; 2)

3074
Kanne, Rolf: Online-Nutzung der Datenbank Tele Atlas. In: Web Mapping 1 : raumbezogene Information und Kommunikation im Internet [Karlsruher-Symposium "Web Mapping"]. Christian Herrmann, Hartmut Asche (Hrsg.). - Heidelberg: Wichmann 2001, p.103-113, 12 ill. ISBN 3-87907-353-8

3075
Kikuti, Siniti: Cartographic development of international electronic charts. In: Map : journal of the Japan Cartographers Association. 39, 2001, p.1-12, 5 ill., 3 tab. [Jap. with Engl. rés.]

3076
Lu, Yi and others: Recognition, measurement and generalization for point cluster features in digital nautical chart. In: Geomatics and information science of Wuhan University. 26, 2001, 2, p.133-139, 10 ill. [Chin. with Engl. rés.]

3077
Matsumura, Koichi: Origami style marin chart along seashore on Japan Aomori Prefecture. In: Map : journal of the Japan Cartographers Association. 39, 2001, p.31-33, 4 ill. [Jap.] ISSN 0009-4897

3078
Molander, Arne B.: Juan de la Cosa's mapping of the Columbus landfall. In: The Portolan. 1998, p.12-20, 5 ill. ISSN 1096-1925

3079
Novak, Drago: The coast of Spain and the Western Mediterranean on the portolan charts of Vincentius Demetrius Volcius Raguseus 1563-1607 : a portolan maker from Dubrovnik. - Zagreb (HR) 2001, 10, [4] Bl., mp.

3080
Øvstedal, Stig: Pilottest av laserteknologi for sjømåling langs norskekysten. In: Kart og plan. 94, 2001, p.144-152, 13 ill., 3 tab. [Pilot test of laser technology for surveying in Norwegian waters.] [Norw. with Engl. rés.] ISSN 0047-3278

3081
Poppe, Eddie: Op weg met de routeplanner. In: Kartografisch tijdschrift. 27, 2001, p.16-20, 4 ill. [On the road with the route planner.] [Dutch with Engl., and French rés.] ISSN 0167-5788

3082
Racetin, Ivana; Lapaine, Miljenko: Suvremena pomorska kartografija u izvaneuropskim državama. In: Geodetski list. 55, 2001, 2, p.121-135, 5 ill. [Contemporary marine cartography in noneuropean countries.] [Croat. with Engl. rés.]

3083
Reinders, Clemens: 1569 vollendete Gerhard Mercator seine neue Weltkarte für Seeleute. In: Der Mann, der Manhattan kaufte und andere Geschichten vom Niederrhein. - Duisburg: Mercator-Verl.

2000, p.40-43, 1 portr., 6 ill.
ISBN 3-87463-286-5

3084
Reinders, Clemens: 1569 vollendete Gerhard Mercator seine neue Weltkarte für Seeleute. In: Der Mann, der Manhattan kaufte, und andere Geschichten vom Niederrhein. - Duisburg: Mercator-Verl. 2000, p.40-43, 6 ill., 1 portr.

3085
Schäfer, Christof and others: Das europäische Satellitennavigationssystem Galileo : Status und Konzepte der Systemarchitekturdefinition. In: Mitteilungsblatt / Deutscher Verein für Vermessungswesen (DVW), Landesverein Baden-Württemberg. 48, 2001, p.32-51, 8 ill.
ISSN 0940-2942

3086
Tørresen, Tor: Innføring av nytt sjøkartnull i Norge. In: Kart og plan. 94, 2001, 1, p.27- 33, 7 ill. [Introduction of new chart datum in Norway.] [Norw. with Engl. rés.]

3087
Ward, Robert; Roberts, Chris; Furness, Ronald: Electronic Chart Display and Information Systems (ECDIS) : state-of-the-art in nautical charting. In: Marine and coastal geographical information systems. Ed. by Dawn J. Wright. - London: Taylor & Francis 2001, p.149-161, 2 ill. (Research monographs in geographic information systems) ISBN 0-7484-0862-2

Planning Cartography / Planungskartographie / Cartographie en aménagement

3088
Cartwright, William; Gartner, Georg; Riedl, Andreas: GeoMultimedia and Multimedia Cartography. In: Computergestützte Raumplanung : Beiträge zum 6. Symposium zur Rolle der Informationstechnologie in der und für die Raumplanung, Februar 14-16, 2001 [Tagungsband] = Computer aided spatial planning. Hrsg. von Manfred Schrenk. - Wien: Institut für EDV-Gestützte Methoden in Architektur u. Raumplanung d. Techn. Univ. Wien 2001, Bd.2, p.245-251, 3 ill., 1 tab. [Bd.1.2.]

3089
Hoffmann, Hilko and others: Computergenerierte Landschaftsansichten für Planung und Tourismus. In: Vermessung, Photogrammetrie, Kulturtechnik. 99, 2001, p.67-70, ill. ISSN 0252-9424

3090
Huet, Michel: Elektronische navigatiekaarten (ENC) : Huidige status van hun productie wereldwijd. In: Kartografisch tijdschrift. 27, 2001, 1, p.17-23, 10 ill., 1 tab. [The electronic navigational chart (ENC): the present state of production worldwide.] [Dutch with Engl. and French rés.]

3091
Lammerts, Christine: Nederlands plansysteem functioneert beter met uitwisselbare ruimtelijke plannen. In: Kartografisch tijdschrift. 27, 2001, p. 25-28, 2 ill. [The planning system of the Netherlands functions better with exchangeable spatial plans.] [Dutch with Engl., and French rés.] ISSN 0167-5788

3092
Rossi, Annarita: Cartografia storica e GIS : proposte per la pianificazione del territorio. In: Cultura cartografica e culture del territorio : atti del convegno nazionale (Sassari, 12-13 dicembre 2000). A cura di Giuseppe Scanu. - Genova: Brigati 2001, p.477-492, 8 ill. (Bollettino della Associazione Italiana di Cartografia No. 111-113 = 38. 2001) [Ital.]

3093
Schildwächter, Ralph; Besser, Thomas: Der multimediale Flächennutzungsplan für die Stadt Mainz. In: Computergestützte Raumplanung : Beiträge zum 6. Symposium zur Rolle der Informationstechnologie in der und für die Raumplanung, Februar 14-16, 2001 [Tagungsband] = Computer aided spatial planning. Hrsg. von Manfred Schrenk. - Wien: Institut für EDV-gestützte Methoden in Architektur u. Raumplanung d. Techn. Univ. Wien 2001, Bd.1, p.107-110, ill. [Bd.1.2.]

3094
Verbree, Edward; Maren, Gert van: 'Virtual reality' als gereedschap bij planontwikkeling. In: Kartografisch tijdschrift. 27, 2001, 1, p.10-15, 5 ill. [Virtual reality as a planning tool.] [Dutch with Engl. and French rés.]

School Cartography / Schulkartographie / Cartographie scolaire

3095
Batten, Kit: Military School : A German schoolchild's cartographic timetable. In: Mercator's world. 6, 2001, p.44-47, 4 ill. ISSN 1086-6728

3096
Copeaux, Étienne: Une version turque du monde à travers les cartes de 1931 à nos jours. - Paris: CNRS ed. 2000, 240 p., ill., mp. ISBN 2-271-05700-0

3097
Hüttermann, Armin: Topographische Karten - lesen und verstehen. In: Kartographische Nachrichten. 51, 2001, p.251-254. ISSN 0022-9164

3098
Savaton, Pierre: La carte géologique dans l'enseignement secondaire : bilan historique et didactique; réflections et propositions d'apprentissages. - Paris: Univ., Diss. 1998, 315 Bl., ill., mp.

3099
Schee, J.A. van der; Dijk, H. van: Een kart zegt meer dan duizend woorden. In: Geodesia : tijdschrift voor geodesie en geoinformatie. 43, 2001, 1, p.20-24, 4 ill., 2 tab. [Teaching high school students to use maps as information source.] [Dutch with Engl. rés.]

3100
Thémines, Jean-François: Pratiques cartographiques et discours géographiques chez les professeurs de l'enseignement secondaire. In: Mappemonde. 61, 2001, 1, p.9-14, 6 ill. [With French, Engl. and Span. rés.]

5. Maps in Other Media / Verwendung von Karten in anderen Medien / Utilisation des cartes dans d'autres médias

3101
Gole, Susan: Grave maps. In: Journal of the International Map Collectors' Society. 84, 2001, p.9-15, 3 ill.

3102
Kaprowski, Wiesław: Nowości kartograficzne w polskiej filatelistyce. In: Polski przegląd kartograficzny. 33, 2001, 1, p.55-56, 4 ill. [Cartographic novelties in Polish philately.] [Pol.]

3103
Kaprowski, Wiesław: Polskie znaczki kartograficzne z lat 1952-1959. In: Polski przegląd kartograficzny. 33, 2001, p.379-381, 15 ill. [Pol.] ISSN 0324-8321

3104
Post, J.B.: A map by any other name. In: Mercator's world. 6, 2001, p.36-37, 13 ill. ISSN 1086-6728

3105
Scheele, Theo: De 'genus world' van kartografisch kunstenaar Urbain Mulkers: gestolde onrust. In: Geodesia : tijdschrift voor geodesie en geo-informatie. 43, 2001, 6, p.308-309, 2 ill. [Dutch]

3106
Tyner, Judith: Following the thread : The origins and diffusion of embroidered maps. In: Mercator's world. 6, 2001, 2, p.36-41, 8 ill. ISSN 1086-6728

3107
Uggeri, Giovanni: Forma Urbis Romae : la grande pianta marmorea di Roma antica. In: Eventi e documenti diacronici delle principali attività geotopografiche in Roma. Andrea Cantile. - Firenze: Ist. Geografico Militare 2000, p.12-29, 10 ill. (L'Universo ; 80.2000, 6, Suppl.) [Forma Urbis Romae : the great marble map of ancient Rome.] [Ital.]

O. Regional Cartography
Regionale Kartographie
Cartographie régionale

2. Regions
Regionen
Régions

a. The World
Welt
Le monde

3108
Ballo, Moïse M; Champaud, Jacques: La cartographie de l'environnement urbain. In: Villes du sud et environnement. Ed. scientifiques Daniel Bley... - Châteauneuf del Grasse: Ed. de Bergier 1998, p.131-138. (Traveaux de la Société d'Ecologie Humaine)

3109
Bunin, John: A study of the relationship between current event knowledge and the ability to construct a mental map of the world. - Blacksburg, VA: Virginia Tech 2000 [Master's thesis]

3110
Depuydt, Frans: De 'voedselzekerheid van alle landen' in een dynamisch kaartbeeld. In: Kartografisch tijdschrift. 27, 2001, 1, p.5-9, 1 ill. [The 'food security of all nations' in a dynamic map.] [Dutch with Engl. and French rés.]

3111
Golcc, Michal; Sirko, Mieczysław: Mapy w Nowej encyklopedii powszechnej PWN. In: Polski przegląd kartograficzny. 33, 2001, 2, p.143-145. [Maps in the "Nowa encyklopedia powszechna PWN (New PWN Encyclopedia)".] [Pol.]

3112
Kuhar, Miran and others: The use of artificial neural network in geoid surface approximation. In: Allgemeine Vermessungs-Nachrichten. 108, 2001, 1, p.22-27, 9 ill., 2 tab. [With Germ., and Engl. rés.]

3113
Lacroix, Pierre: Cartographie des drapeaux à travers le monde. In: Bulletin du Comité Français de Cartographie. 168, 2001, p.22-31, 8 mp.

3114
Ormeling, Ferjan: Mondiale initiatieven betreffende de verstrekking van ruimtelijke gegevens. In: Kartografisch tijdschrift. 27, 2001, 2, p.13-17, 5 ill. [Worldwide initiatives concerning the supply of spatial data.] [Dutch with Engl. and French rés.]

3115
Pác, Regina: Dornröschenschlaf beendet : Ein neues Bild der Erde entsteht. In: GeoBI'T : das Magazin für raumbezogene Informationstechnologie. 6, 2001, p.21-23, 4 ill. ISSN 1430-3663

3116
Racicot, André: List of names for countries, capitals, and inhabitants. - Ottawa: Translation Bureau 2000, Getr. Zählung. [Engl.-French] ISBN 0-660-61328-X

3117
Smirnov, Leonid E.; Kuroshev, G.D.: Some aspects of the geographic-geodetic monitoring of the earth. In: Diskussionsbeiträge zur Kartosemiotik und zur Theorie der Kartographie ; 3. Alexander Wolodtschenko und Hansgeorg Schlichtmann. - Dresden 2000, p.23-30. [With Germ., and Russ. rés.] ISBN 3-00-007305-1

3118
Stani-Fertl, Roman: Exonyme und Kartographie : Weltweites Register deutscher geographischer Namen, klassifiziert nach Gebräuchlichkeit, und ihrer ortsüblichen Entsprechungen ; Arbeitsmittel für Redakteure. Hrsg. von Ingrid Kretschmert und Karel Kriz. - Wien: Institut für Geographie und Regionalforschung der Universität Wien 2001, 368 p., 22 ill, tab. (Wiener Schriften zur Geographie und Kartographie ; Bd. 14)

3119
Théry, Hervé; Velut, Sébastien: Les "très grandes villes" dans le monde : Étude cartographique. In: Mappemonde. 61, 2001, 1, p.1-4, 4 ill. [With French, Engl. and Span. rés.]

3120
Une, Hiroshi: Development and current state of global mapping. In: Map : journal of the Japan Cartographers Association. 39, 2001, p.20-30, 7 ill. [Jap. with Engl. rés.] ISSN 0009-4897

3121
Zych, Maciew: Polskie nazewnictwo geograficzne świata a praktyka kartograficzna. In: Polski przegląd kartograficzny. 33, 2001, 1, p.10-23, 5 ill. [Polish geographic names of the world and the cartographic practice.] [Pol. with Engl. and Russ. rés.]

b. Oceans and Seas
Ozeane und Meere
Les océans et les mers

3122
Caterino, Aldo: La cartografia nautica portoghese nell'età delle scoperte geografiche. In: I contorni della terra e del mare : la geografia tra rappresentazione e invenzione della realtà. A cura di Claudio Tugnoli, saggi di S. Bianchetti ... - Bologna: Pitagora 1997, p.93-118, 1 ill. (Storia delle idee : sezione saggi e monografie) [The Portuguese nautical cartography in the age of geographical discoveries.] [Ital.] ISBN 88-371-0935-0

3123
Chen, Junyong and others: A new Chinese geoid with high resolution and high accuracy. In: Geomatics and information science of Wuhan University. 26, 2001, p.283-289, 1 tab. [Chin. with Engl. rés.] ISSN 1000-050X

3124
Dartnell, Peter: Applying remote sensing techniques to map seafloor geology/habitat relationships. - San Francisco, CA: San Francisco State University 2000/2001 [Master's thesis]

3125
Duvall, Gillien N.: Metadata for the Oregon Coast GeospatialClearinghouse : concept, implementation, and maintenance. - Corvallis, OR: Oregon State University 2000/2001 [Master's thesis]

3126
Inda, G.S.: Need for modern hydrographic surveying. In: Indian Surveyor. 55, 2001, p.161-164. ISSN 0970-3470

3127
Kikuti, Siniti: Cartographic development of international electronic charts. In: Map : journal of the Japan Cartographers Association. 39, 2001, p.1-12, 5 ill., 3 tab. [Jap. with Engl. rés.]

3128
Kopacz, Zdisław; Morgaś, Wacław; Urbański, Józef: The maritime hydrography : a kind of human activity and special maritime service ; the maritime

profession and field of higher education and branch of science. In: Geodezja i kartografia. 50, 2001, p. 99-118,24 ill., 5 tab. [Engl. with Pol. and Russ. rés.] ISSN 0016-7134

3129
Loubrieux, Benoît; Satra, Catherine: Cartographie par sondeur multifaisceaux de la ride méditerranéenne et des domaines voisins. In: Bulletin du Comité Français de Cartographie. 168, 2001, p.15-21, 6 ill.

3130
Lu, Yi and others: Recognition, measurement and generalization for point cluster features in digital nautical chart. In: Geomatics and information science of Wuhan University. 26, 2001, 2, p.133-139, 10 ill. [Chin. with Engl. rés.]

3131
Marine and coastal geographical information systems. Ed. by Dawn J. Wright. - London [u.a.]: Taylor & Francis 2001, XXVIII, 320 p., ill., mp. (Research monographs in geographic information systems) ISBN 0-7484-0862 [Reprinted]

3132
Martin, Frank: Protecting the Florida Keys : an Internet GIS/IMS strategy for benthic habitat management. - Morgantown, WV: West Virginia University 2000/2001 [Master's thesis]

3133
Matsumura, Koichi: Origami style marin chart along seashore on Japan Aomori Prefecture. In: Map : journal of the Japan Cartographers Association. 39, 2001, p.31-33, 4 ill. [Jap.] ISSN 0009-4897

3134
McAdoo, Brian G.: Mapping submarine slope failures. In: Marine and coastal geographical information systems. Ed. by Dawn J. Wright. - London: Taylor & Francis 2001, p.189-204, 9 ill. (Research monographs in geographic information systems) [Reprinted] ISBN 0-7484-0862-2

3135
Novak, Drago: The coast of Spain and the Western Mediterranean on the portolan charts of Vincentius Demetrius Volcius Raguseus 1563-1607 : a portolan maker from Dubrovnik. - Zagreb (HR) 2001, 10, [4]Bl., mp.

3136
Øvstedal, Stig: Pilottest av laserteknologi for sjømåling langs norskekysten. In: Kart og plan. 94, 2001, p.144-152, 13 ill., 3 tab. [Pilot test of laser technology for surveying in Norwegian waters.] [Norw. with Engl. rés.] ISSN 0047-3278

3137
Poutanen, Markku: Sea surface topography and vertical datums using space geodetic techniques. - Krikkonummi: Geodeettinen Laitos 2000, 312 p., ill., mp. (Suomen Geodeetisen Laitoksen julkaisuja ; 128) ISBN 951-711-235-1 [Zugl. Diss.]

3138
Racetin, Ivana; Lapaine, Miljenko: Suvremena pomorska kartografija u izvaneuropskim državama. In: Geodetski list. 55, 2001, 2, p.121-135, 5 ill. [Contemporary marine cartography in noneuropean countries.] [Croat. with Engl. rés.]

3139
Sheppard, Jerome: New Zealand's Continental Shelf Project. In: New Zealand Map Society journal. 14, 2001, p.7-17, 4 ill.

3140
Tørresen, Tor: Innføring av nytt sjøkartnull i Norge. In: Kart og plan. 94, 2001, 1, p.27-33, 7 ill. [Introduction of new chart datum in Norway.] [Norw. with Engl. rés.]

3141
Ward, Robert; Roberts, Chris; Furness, Ronald: Electronic Chart Display and Information Systems (ECDIS) : state-of-the-art innautical charting. In: Marine and coastal geographical information systems. Ed. by Dawn J. Wright. - London: Taylor & Francis 2001, p.149-161, 2 ill. (Research monographs in geographic information systems) ISBN 0-7484-0862-2 [Reprinted]

c. Africa
Afrika
L'Afrique

3142
Casti, Emanuela: The analogical and digital systems in Euclidean cartography : the colonisation and iconisation of Africa. In: Diskussionsbeiträge zur Kartosemiotik und zur Theorie der Kartographie ; 4. Alexander Wolodtschenko und Hansgeorg Schlichtmann. - Dresden 2001, p.15-28, 5 ill. [With Germ., and Russ. rés.] ISBN 3-86005-300-0

3143
Danielson, Jeffrey: Verification of sink features from the one-kilometer African digital elevation model. - Brookings, SD: SouthDakota State University 2000 [Master's thesis]

3144
Jong, Steven M. de; Hornstra, Tom; Maas, Hans-Gerd: An integratedspatial and spectral approach to the classification of Mediterranean land cover types : the SSC method. In: International journal of applied earth observation and geoinformation. 3, 2001, p.176-183, 7 ill., 2 tab. ISSN 0303-2434

3145
Prechtel, Nikolas: Selected problems and solutions for drainage modelling and handling in a GIS. In: Diskussionsbeiträge zur Kartosemiotik und zur Theorie der Kartographie ; 4. AlexanderWolodtschenko und Hansgeorg Schlichtmann. - Dresden 2001, p.29-38, 3 ill. [With Germ., and Russ. rés.] ISBN 3-86005-300-0

3146
Sales, Pierre: Afryqah (Africa) : The E-Book and the history. In: The Portolan. 2001, p.30-41, 7 ill. ISSN 1096-1925

Chad / Tschad / Tchad

3147
Cussigh, Frédéric; Ogier, Sylvain; Schutz, Lionel: Le SIG au service d'une étude nationale sur l'impact des mines antipersonnel. In: XYZ : revue de l'Association Française de Topographie. 23, 2001, p.53-58, 5 ill. [French] ISSN 0290-9057

Egypt / Ägypten / Egypte

3148
Minow, Helmut: Messwerkzeuge und Längenmaße im Alten Ägypten. In: Vermessung, Photogrammetrie, Kulturtechnik = Mensuration, Photogrammétrie, Génie rural. 99, 2001, 4, p.242-247, 16 ill., 2 tab.

3149
Rohl, David: Opener of the ways : Egypt's oldest maps discovered in the Eastern Desert. In: Mercator's world. 6, 2001, p.40-45, 8 ill. ISSN 1086-6728

3150
Stanford, James: An analysis of demographic change in Menoufia, Egypt using

remote sensing and geographic information systems. - San Diego, CA: San Diego State University 2000/2001 [Master's thesis]

Ethiopia / Äthiopien / Ethiopie

3151
Bergaglio, Maristella: L'impiego dell'aero nella rilevazione cartografica coloniale : la cartografia di guerra durante il conflitto Italo-Etiopico. In: Cultura cartografica e culture del territorio : atti del convegno nazionale (Sassari, 12-13 dicembre 2000). A cura di Giuseppe Scanu. - Genova: Brigati 2001, p.573-584. (Bollettino della Associazione Italiana di Cartografia No. 111-113 =38. 2001) [Ital.]

Mali / Mali / Mali

3152
Shimizu, Nobuo and others: 1 : 50.000 topographic map production by spot images in Republic of Mali. In: Map : journal of the Japan Cartographers Association. 39, 2001, p. 53-61, 8 ill., 1 mp. [Jap.] ISSN 0009-4897

Republic of South Africa / Südafrikanische Republik /République d'Afrique du Sud

3153
Roux, Lani; Barry, Michael: Using video imagery in land tenure information systems: a study of a communal property as-sociation in the village of Algeria, South Africa. In: Geomatica. 55, 2001, 1, p.47-55, 4 ill.

d. The Americas
Amerika
L'Amérique

3154
Burnett, David Graham: Masters of all they surveyed : exploration, geography, and a British El Dorado. - Chicago, Ill. [u.a.]: Univ. of Chicago Press 2000, XV, 298 p., ill., mp. ISBN 0-226-08120-6

3155
Koukal, Tatjana; Schneider, Werner: Kartierung und Monitoring von Baumressourcen außerhalb des Waldes in Zentralamerika. In: VGI : österreichische Zeitschrift für Vermessung & Geoinformation. 89, 2001, p.153-157, 6 ill., 2 tab.
ISSN 0029-9650

Bahamas / Bahamas / Bahamas

3156
Molander, Arne B.: Juan de la Cosa's mapping of the Columbus landfall. In: The Portolan. 1998, p.12-20, 5 ill.
ISSN 1096-1925

Bolivia / Bolivien / Bolivie

3157
Bolch, Tobias; Schröder, Hilmar: Geomorphologische Kartierung und Diversitätsbestimmung der Periglazialform am Cerro Sillajhuay (Chile suppl. (Erlanger geographische Arbeiten : Sonderband ; 28)
ISBN 3-920405-88-9

Brazil / Brasilien / Bresil

3158
Bruno, Louise: Le Minas Gerais: Un miroir du Brésil : Propositions d'un nouvel atlas. In: Mappemonde. 2001, p.29-34, 7 ill. [French with Engl., and Span. rés.]
ISSN 0764-3470

3159
Caron, Patrick: Modélisation graphique et chorèmes : La gestion des parcours collectifs à Massaroca (Brésil du nordeste). In: Mappemonde. 62, 2001, 2, p.17-21, 4 ill. [With French, Engl. and Port. rés.]

3160
Cerri, Carlos E.P. and others: GIS erosion risk assessment of the Piracicaba River Basin, southeastern Brazil. In: Mapping sciences and remote sensing. 38, 2001, p.157-171, 6 ill., 2 tab. ISSN 0749-3878

3161
Demattź, José Alexandre M. and others: Remote sensing in the recognition and mapping of tropical soils developed on topographic sequences. In: Mapping Sciences and Remote Sensing. 38, 2001, 2, p.79-102, 7 ill., 9 tab.

3162
Hardegen, Marion and others: La cartographie des habitats terrestres du réseau Natura 2000 en Bretagne. In: Mappemonde. 2001, p.19-23, 4 ill. [French with Engl., and Span. rés.] ISSN 0764-3470

3163
Janeczek, Deborah: Detection and measurement of Amazon tropical forest logging using remote sensing data. - East Lansing, MI: Michigan State University 1999 [Master's thesis]

Canada / Kanada / Canada

3164
ACMLA Bibliographic Control Committe: Core level cataloguing for non-serial cartographic materials : examples. In: Bulletin / Association of Canadian Map Libraries and Archives. 2001, p.14-17.

3165
Atwood, Nathan N.: Mapping glacier flow on the Juneau Icefield, Alaska-Canada. - Corvallis, OR: Oregon State University 1999 [Master's thesis]

3166
Ballantyne, Brian; Dobbin, James; Hunter, Andrew: Options for land registration and survey systems on aboriginal lands in Canada. In: Geomatica. 55, 2001, 1, p.23-38.

3167
Beard, Colleen: The three 'old' lock ones : a history in maps. In: Bulletin / Association of Canadian Map Libraries and Archives. 2001, p.3-6, 7 ill. ISSN 0840-9331

3168
Bown, Stephen R.: The astonishing astronomer of the great Northwest : David Thompson's remarkable survey. In: Mercator's world : the magazine of maps, exploration and discovery. 6, 2001, 2, p.42-49, 8 ill. ISSN 1086-6728

3169
Brodeur, Jean; Massé, François; Laidler, Gita: Standardization and geomatics: in Canada and in ISO/TC 211. In: Geomatica. 55, 2001, 1, p.91-106, 14 ill., 4 tab.

3170
Building, maintaining and using the canadian geospatial data infrastructure: Summaries of recent geoinnovations projects. GeoConnections Secretariat Ottawa, Ontario. In: Geomatica. 55, 2001, 2, p.200-207.

3171
CGDI Architecture Working Group: Canadian geospatial data infrastructure target vision. In: Geomatica. 55, 2001, 2, p.181-185, 2 ill., 1 tab.; frz. Fassung p.186-190. [Engl. and French]

3172
Dawson, Nelson-Martin: L'Atelier Delisle : L'Amérique du Nord sur la table à dessin. Avec la collab. de Charles Vincent. - Sillery, Québec: Septentrion 2000, 306 p., ill.,

mp.[zugl.: Saint-Laurent: Diffusion Dimedia 2000] ISBN 2-89448-173-X

3173
Douville, Michelle: North American ecological zone classification for the UN Food and Agricultural Organization's Forest Resource Assessment 2000 Project : map compilation and validation. - Montreal, QC: McGill University 1999/2000 [Master's thesis]

3174
Florence, Ted: Cartography helps Olympic bid. In: The Bulletin of the Society of Cartographers. 35, 2001, p.11-13, 2 ill. ISSN 0036-1984

3175
Hughes, Alun: Augustus Jones : the life and loves of a pioneer surveyor. In: Bulletin / Association of Canadian Map Libraries and Archives. 2001, p.3-12, 5 ill. ISSN 0840-9331

3176
Hughes, Stuart: The early mapping of Canada : an idiosyncratic history. In: The Portolan. 1998, p.27-34, 4 ill. ISSN 1096-1925

3177
Lebel, Daniel: Comparison of high-resolution digital photogrammetry methods for geological mapping, Moose Mountain gas field, Alberta.In: Geomatica. 55, 2001, p.523-538, 9 ill., 1 tab. [Engl. with French rés.] ISSN 1195-1036

3178
Maudie, Alan John: Forest inventory classification using aerial image texture in the New Brunswick Acadian Forest Region. - Calgary, AB: University of Calgary 1999 [Master's thesis]

3179
McAdam-Ferrarotto, Heather; Welch, Grace: Inter-library cooperation for GIS services : a road to success. In: Bulletin / Association of Canadian Map Libraries and Archives. 2001, p.13-18, 1 ill. ISSN 0840-9331

3180
Owen, J. Victor: Carving up America : Mapping the land grab in North America. In: Mercator's world. 6, 2001, 3, p.22-27, 7 ill. ISSN 1086-6728

3181
Rayburn, Alan: Naming Canada : stories about Canadian place names. - Toronto [u.a.]: University of Toronto Press 2001, XIV, 360 p. ISBN 0-8020-4725-4 [Rev. and expanded ed.]

3182
Reeves, Rob; Elder, James; Laidler, Gita: Accuracy of the Canadian digital terrain data in the Gatineau region of Quebec. In: Geomatica. 55, 2001, 1, p.57-64, 4 ill., 6 tab.

3183
Reithmaier, Tina: Maps and photographs. In: The historical ecology handbook : a restorationist's guide to reference ecosystems. Society for Ecological Restoration, ed. by Dave Egan and Evelyn A. Howell. - Washington, DC [u.a.]: Island Press 2001, p.121-146, 2 ill.

3184
Rockwell, Ken: New mapping of Western North America. In: Information bulletin / Western Association of Map Libraries. 33, 2001, p.41-47. ISSN 0049-7282

3185
Russell-Chamberlin, June: Canada by the numbers. In: Mercator's world. 6, 2001, p.56-57, 2 ill. ISSN 1086-6728

3186
Sears, Garry: Geospatial data policy study. In: Geomatica. 55, 2001, 2, p.208-222, 2 ill., 4 tab.

3187
Töyrä, Jessika K.C.: Flood mapping in the Peace-Athabasca delta, Canada, using Radarsat and Spot imagery. - Saskatoon, SK: University of Saskatchewan 1999/2000 [Master's thesis]

3188
Whitney, Gordon; De Cant, Joseph P.: Government Land Office Surveys and other early surveys. In: The historical ecology handbook : a restorationist's guide to reference ecosystems. Society for Ecological Restoration, ed. by Dave Egan and Evelyn A. Howell. - Washington, DC [u.a.]: Island Press 2001, p.147-172, 4 ill.

Chile / Chile / Chili

3189
Bolch, Tobias; Schröder, Hilmar: Geomorphologische Kartierung und Diversitätsbestimmung der Periglazialform am Cerro Sillajhuay (Chile suppl. (Erlanger geographische Arbeiten : Sonderband ; 28) ISBN 3-920405-88-9

3190
Clark, Larry: Pictures at a conflagration : remote sensing and GIS techniques for mapping and analyzing prescribed fire in the Madrean Archipelago. - Tucson, AZ: University of Arizona 2000 [Master's thesis]

3191
Toloczyki, Markus and others: Umweltgeologische Karte des Gebietes Puerto Montt (Chile) im Maßstab 1 : 100 000. In: GIS und Kartographie im Umweltbereich. Gabriele Braun, Reiner Buzien, Theodor Wintges (Hrsg.). - Heidelberg: Wichmann 2001, p.33-44. ISBN 3-87907-356-2

Costa Rica / Costa Rica / Costa Rica

3192
Wahed, Rehan: Temporal factors in mapping the green experience : a case study of Costa Rica. - Toledo, OH: University of Toledo 1999 [Master's thesis]

Cuba / Kuba / Cuba

3193
Cueto, Emilio: Old maps of Cuba. In: The Portolan. 2001, p.30-36, 6 ill. ISSN 1096-1925

Mexico / Mexiko / Mexique

3194
Boer, Eric P.J.; Beurs, Kirsten M. de; Hartkamp, A. Dewi: Kriging and thin plate splines for mapping climate variables. In: International journal of applied earth observation and geoinformation. 3, 2001, p.146-145, 4 ill., 2 tab. ISSN 0303-2434

3195
Friolo, Riccardo: La documentazione foto-cartografica di supporto allo studio della dinamica migratoria interna negli Stati Uniti del Messico. In: Cultura cartografica e culture del territorio : atti del convegno nazionale (Sassari, 12-13 dicembre 2000). A cura di Giuseppe Scanu. - Genova: Brigati 2001, p.549-572, 1 ill. (Bollettino della Associazione Italiana di Cartografia No. 111-113 = 38. 2001) [Ital.]

3196
Mapas antiguos de Mexico = Early maps of Mexico = Mexico in oude kaarten. Comm. Joost Depuydt, Pref. Ingeborg Jongbloet. - Antwerpen: Centrum voor Mexicaanse

Studiën (UFSIA) 2000, [7,3] p., 12 mp. [Engl., Span., and Dutch] [Nebent.: Hispania nova] [Este portafolio se editò ... del décimo aniversario del Centro de Estudios Mexicanos de la UFSIA]

3197
Rebert, Paula: La Gran Línea : mapping the United States - Mexico boundary. - Austin, Texas: Univ. of Texas Press 2001, XV, 259 p., mp. [1. ed.] ISBN 0-292-77110-X

3198
Warren, Bill: When California was an island : Glen McLaughlin's cartographic landmarks. In: Mercator's world. 6, 2001, 3, p.14-21, 9 ill. ISSN 1086-6728

Peru / Peru / Pérou

3199
Moser, Gerhart; Georges, Christian; Schirmer, Herbert: Die neue Karte der Cordillera Blanca, Nord. In: Jahrbuch des Deutschen Alpenvereins. 125, 2001, p.48-52, 11 ill.

United States of America / USA / Etats-Unis d'Amerique

3200
Abraham, Joseph S.: Enhanced real-time air pollution mapping : regression-based spatio-temporal modeling of ground level ozone in Tucson, Arizona. University of Arizona. - Tucson, AZ: University of Arizona 2001 [Master's thesis]

3201
Atwood, Nathan N.: Mapping glacier flow on the Juneau Icefield, Alaska-Canada. - Corvallis, OR: Oregon State University 1999 [Master's thesis]

3202
Battles, Bruce Lee: Using GIS as a query tool for managing the cultural landscape at Chickasaw National Recreation Area. - Stillwater, OK: Oklahoma State University 1999 [Master's thesis]

3203
Beatty, Michael A.: County name origins of the United States. - Jefferson, NC [u.a.]: McFarland, V, 665 p. ISBN 0-7864-1025-6

3204
Bedini, Silvio A.: With compass and chain : early American surveyors and their instruments. - Frederick, Md: Professional Surveyors Publ. Comp. 2001, XXVII, 774 p. ill., mp. ISBN 0-9665120-0-6

3205
Brewer, Cynthia A.: Reflections on Mapping Census 2000. In: Cartography and geographic information science. 28, 2001, p.213-235, 7 ill., 4 tab. ISSN 1523-0406

3206
Burke, Derrick: Development and dissemination of a geographically referenced employment database for Mecklenburg County. - Charlotte, NC: University of North Carolina at Charlotte 1999/2000 [Master's thesis]

3207
Burne, Alan: A GIS-based habitat suitability model to support the recovery program for the federally endangered red-cockaded woodpecker. - Charlotte, NC: University of North Carolina at Charlotte 1999/2000 [Master's thesis]

3208
Callahan, Brady: Development of a GIS for the Marys River watershed for fish and

wildlife analysis. - Corvallis, OR: Oregon State University 1999 [Master's thesis]

3209
Cobb, Michelle: Mapping gradients on Santa Cruz Island, California, from remotely sensed and ground sample data. - Santa Barbara, CA: University of California-Santa Barbara 1999 [Master's thesis]

3210
Cohen, Paul E.; Augustyn, Robert T.: Manhattan in maps, 1527-1995. In: The Portolan. 1998, p.27-34, 4 ill. ISSN 1096-1925

3211
Copeland, Holly E.: An online GIS Internet site for the Laramie County Habitat Conservation Plan Initiative : a planning and community resource tool. - Laramie, WY: University of Wyoming 1999 [Master's thesis]

3212
Dawson, Nelson-Martin: L'Atelier Delisle : L'Amérique du Nord sur la table à dessin. Avec la collab. de Charles Vincent. - Sillery, Québec: Septentrion 2000, 306 p., ill., mp. ISBN 2-89448-173-X [zugl.: Saint-Laurent: Diffusion Dimedia 2000]

3213
Docktor, John W.: Maps of Independence Hall. In: Journal of the International Map Collectors' Society. 84, 2001, p.41-45, 3 ill.

3214
Docktor, John W.: Maps of Independence : Cartography at Independence Hall. In: Mercator's world. 6, 2001, 2, p.32-35, 4 ill. ISSN 1086-6728

3215
Douville, Michelle: North American ecological zone classification for the UN Food and Agricultural Organization's Forest Resource Assessment 2000 Project : map compilation and validation. - Montreal, QC: McGill University 1999/2000 [Master's thesis]

3216
Duvall, Gillien N.: Metadata for the Oregon Coast Geospatial Clearinghouse : concept, implementation, and maintenance. - Corvallis, OR: Oregon State University 2000/2001 [Master's thesis]

3217
Easterbrook, Richard: GIS analysis of Civil War fortifications at Peterburg, VA. - Blacksburg, VA: Virginia Tech 1999 [Master's thesis]

3218
Ewaldson, Otto A.: "Mapping was our mission" : the military history of the 650th Engineer Topographic Battalion during World War II, August 1942 to April 1946, from Camp White, Oregon to Japan. - Port Ludlow, Wa: Alden Publ. 1996, XVI, 702 p., ill., mp. [1. ed.] ISBN 0-9654542-0-7

3219
Gupta, Ashwani K.: The Missouri MapNet - assembling a GIS for cadastral mapping on the Web. - Stillwater, OK: Oklahoma State University 2000 [Master's thesis]

3220
Heading West, touring West : mapmakers, performing artists, and the American frontier. Alice C. Hudson and Barbara Cohen-Stratyner. - New York: New York Public Library 2001, 80 p., ill., mp. ISBN 0-87104-451-X

3221
Jeffress, Gary: The present stage of evolution of the geographic information science profession. In: Surveying and Land Information Systems. 61, 2001, 1, p.37-38.

3222
Joffe, Bruce A.: Surveyors and GIS professionals reach accord. In: Surveying and Land Information Systems. 61, 2001, 1, p.35-36.

3223
Johnson, Bert: The cartographic community : through a glass, oddly. In: The Portolan. 2001, p.44-48, 1 ill.
ISSN 1096-1925

3224
Johnson, Patrick: Mapping disrupted surfaces in the Mojave Desert using remote sensing and GIS, Fort Irwin National Training Center, California. - Long Beach, CA: California State University 1999
[Master's thesis]

3225
Kennedy, Sarah S.: Spectral discrimination of irrigated / non- irrigated crop types using Landsat Thematic Mapper imagery in Haskell County, Kansas. - Lawrence, KS: University of Kansas 1999
[Master's thesis]

3226
Knapp, Emerson: The Kanawha : New River on mid eighteengh century maps. In: The Portolan. 2000, p.12-24, 12 ill., 1 tab.

3227
Koepp, Joel: The mapping of population change and traffic volume in Minnesota's regional center : an application of Artur Robinson's cartographic principles. - Minneapolis, MN: University of Minnesota 2000/2001 [Master's paper]

3228
Kostelnick, John Christian: Visualizing geographic time : mapping the diffusion of the Catholic and Methodist Churches across the Iowa frontier, 1833-1891.
- Lincoln, NE: University of Nebraska-Lincoln 2000/2001 [Master's thesis]

3229
Krawczak, Peter A.: Assessment of geomorphic maps derived from airborne scanner imagery of the Tortalita Mountains. University of Arizona. - Tucson, AZ: University of Arizona 2000
[Master's thesis]

3230
Kucha, Stephen: The dynamics of flood plain mapping in assessing risk for the National Flood Insurance Program. - Binghamton, NY: Binghamton University - State University of New York 2000/2001
[Master's thesis]

3231
Liang, Shumin: The use of a geographic information system in locating and interpreting contemporary urban growth of Chicago's urban fringe. - DeKalb, IL: Northern Illinois University 2000/2001
[Master's thesis]

3232
Mangin, Claude: D'Angelinopolis à Post-metropolis, ou l'exception devenant paradigme: un modèle pour la ville mondiale? In: Mappemonde. 61, 2001, 1, p.5-8, 2 ill.
[With French, Engl. and Span. rés.]

3233
Manson, Connie: Something to make your life easier : Bibliography of Highway Geologic maps. In: Information bulletin / Western Association of Map Libraries. 33, 2001, p.32-34. ISSN 0049-7282

3234
Martin, Frank: Protecting the Florida Keys : an Internet GIS/IMS strategy for benthic habitat management. - Morgantown, WV: West Virginia University 2000/2001 [Master's thesis]

3235
Matsuaka, Masao: Visualizing sister cities : potential of sister city comparison atlases in sister cities programs in Oregon. - Eugene, OR: University of Oregon 1999 [Master's thesis]

3236
Mattox, Nathan E.: Using GIS as a querying tool for Oklahoma sites listed in the National Register of Historic Places. - Stillwater, OK: Oklahoma State University 2000 [Master's thesis]

3237
McElfresh, Earl: Rapid field sketching : making maps for American Civil War Armies. In: The Portolan. 1998, p.28-32, 3 ill. ISSN 1096-1925

3238
McNaughton, Douglas: A re-discovered plan map of Henrico Virginia, 1613. In: The Portolan. 1998/99, p.14-15, 1 ill. ISSN 1096-1925

3239
Miller, Michael R.: Identification of high quality tallgrass prairie in eastern Kansas using multitemporal Landsat imagery. - Lawrence, KS: University of Kansas 1999 [Master's thesis]

3240
Moffat, Riley: Genealogy and maps. In: Information bulletin /Western Association of Map Libraries. 33, 2001, p.22-25. ISSN 0049-7282

3241
Molen van Ee, Patricia: Conservation from the curator's and collector's point of view. In: The Portolan. 2001, p.7-12, 4 ill. ISSN 1096-1925

3242
Monmonier, Mark S.: Bushmanders & bullwinkles : how politicians manipulate electronic maps and census data to win elections. - Chicago [u.a.]: University of Chicago Press 2001, XII, 208 p., ill., mp. ISBN 0-226-53424-3

3243
Monmonier, Mark S.: Current and seamless : The U.S. Geological Survey's National Map Project. In: Mercator's world. 6, 2001, p.52-54. ISSN 1086-6728

3244
Monmonier, Mark S.: Map traps : The changing landscape of cartographic copyright. In: Mercator's world. 6, 2001, 4, p.50-52, 3 ill. ISSN 1068-6728

3245
Monmonier, Mark S.: Originality bites : Copyright registration and map history. In: Mercator's world. 6, 2001, p.50-52, 3 ill. ISSN 1086-6728

3246
Morgan, Drusilla: The use of GIS to create models for the management and protection of migratory songbirds breeding within the Ohio River valley ecosystem. - Terre Haute, IN: Indiana State University 1999/2000 [Master's thesis]

3247
Morrison, Susan: Using geographic information systems (GIS) overlay analysis for locating sensitive areas within the upper Pecos River watershed, New Mexico.

- Albuquerque, NM: University of New Mexico 1999 [Master's thesis]

3248
Myers, James P.: Political mythology in the John Potts Manuscript Map (1758) showing Brigadier-General John Forbes's route to Fort Duquesne. In: The Portolan. 1998, p.35-46, 3 ill. ISSN 1096-1925

3249
National Council of Examiners for Engineering and Surveying: Model law. In: Surveying and Land Information Systems. 61, 2001, 1, p.5-23.

3250
New England in early printed maps, 1513 to 1800 : an illustrated carto-bibliography. Comp. by Barbara Backus McCorkle, forew. by Edward H. Dahl. - Providence: John Carter Brown Library 2001, 354 p., mp. ISBN 0-916617-53-X

3251
Ohlen, Donald O.: National vegetation mapping for fire applications. - Brookings, SD: South Dakota State University 2000/2001 [Master's thesis]

3252
Patterson, Tom: A view from on high : Heinrich Berann's panoramas and landscape visualization techniques for the U.S. National Park Service. In: High mountain cartography 2000 : proceedings of the Second Symposium of the Commission on Mountain Cartography of the International Cartographic Association held at the Alpine Centre, Rudolfshütte 2315 m, Austria from 29 March to 2 April 2000. Ed. by Manfred F. Buchroithner. - Dresden: Inst. for Cartography, Dresden Univ. of Technology [u.a.] 2000, p.131-156, 28 ill. (Kartographische Bausteine ; 18)
ISBN 3-86005-265-9

3253
Payne, Roger: The Geographical Names Information System (GNIS) of the United States : design, development, and implementation. In: Second International Symposium on Geographical Names, GeoNames 2000, Frankfurt am Main, 28-30 March 2000. Ed. by the Ständiger Ausschuss für Geographische Namen (StAGN), comp. by Jörn Sievers. - Frankfurt am Main: Verl. d. Bundesamtes für Kartographie u. Geodäsie 2000, p.141-146. (Mitteilungen des Bundesamtes für Kartographie und Geodäsie ; 19)
ISBN 3-88648-292-8

3254
Rebert, Paula: La Gran Línea : mapping the United States - Mexico boundary. - Austin, Texas: Univ. of Texas Press 2001, XV, 259 p., mp. ISBN 0-292-77110-X [1. ed.]

3255
Redmond, Ed: The George Washington Map Collection in the Library of Congress. In: The Portolan. 1999, p.40-51, 4 ill. ISSN 1096-1925

3256
Reithmaier, Tina: Maps and photographs. In: The historical ecology handbook : a restorationist's guide to reference ecosystems. Society for Ecological Restoration, ed. by Dave Egan and Evelyn A. Howell. - Washington, DC [u.a.]: Island Press 2001, p.121-146, 2 ill.

3257
Ritz, Thomas: Toward improving the paper map : exploring and implementing design issues for digital and virtual campus maps for West Virginia University. - Morgantown, WV: West Virginia University 2000/2001 [Master's thesis]

3258
Roberts, Shirley Kae: ArcView coverage and maps of 1998 Wetland Reserve Program tracts. - Stillwater, OK: Oklahoma State University 1999 [Master's thesis]

3259
Rockwell, Ken: New mapping of Western North America. In: Information bulletin / Western Association of Map Libraries. 33, 2001, p.41-47. ISSN 0049-7282

3260
Rockwell, Ken: New mapping of Western North America. In: Information bulletin / Western Association of Map Libraries. 32, 2001, p.208-212. ISSN 0049-7282

3261
Roe, Russell: Mapping cover classes of Baccharis pilularis with LANSDAT TM imagery. - San Francisco, CA: San Francisco State University 2000/2001 [Master's thesis]

3262
Rolfe, Allison: Mapping the MSCP process : habitat conservation planning in the San Diego region. California State University. - San Diego, CA: San Diego State University 2000/2001 [Master's thesis]

3263
Russell-Chamberlin, June: Where the bad guys are : Software on crime. In: Mercator's world. 6, 2001, 1, p.34-37, 9 ill. ISSN 1086-6728

3264
Scheel, Eugene M.: Modern-day historical mapping of rural Virginia and Maryland. In: The Portolan. 1998/99, p.44-45. ISSN 1096-1925

3265
Scheel, Eugene M.: Sex, lies, and old maps : observations on early maps of Virginia. In: The Portolan. 2000, p.34-39, 3 ill. ISSN 1096-1925

3266
Schwartz, Seymour I.: The land, the survey, the maps : Phelps and Gorham's Purchase in Western New York. In: Mercator's world. 6, 2001, p.34-39, 6 ill., 2 portr. ISSN 1086-6728

3267
Short, John Rennie: Representing the Republic : mapping the United States, 1600-1900. - London: Reaktion Books 2001, 256 p., ill., mp. (Picturing history) ISBN 1-86189-086-9

3268
Smith, Dru A.; Roman, Daniel R.: A new high resolution DEM for the northwest United States. In: Surveying and land information systems. 61, 2001, p.103-112, 13 ill., 2 tab. ISSN 1052-2905

3269
Soares, Richard: Early soil maps of California, 1900-1940 : a bibliography with indexes. In: Information bulletin / Western Association of Map Libraries. 32, 2001, p.189-195. ISSN 0049-7282

3270
Spicer, Jessica: Grassroots organizations and GIS : assessing the role of geographic information and GIS in grassroots watershed organizations in West Virginia. - Morgantown, WV: West Virginia University 2000/2001 [Master's thesis]

3271
Stark, Peter L.: New citations/additions/corrections to a cartobibliography of separately published U.S. Geological Survey special maps and river surveys (WAML Occasional Paper Number 12-1989). In: Information bulletin /

Western Association of Map Libraries. 32, 2001, 2, p.106-111.

3272
Stewart, Aimée M.: Approaches to discrimination of grassland types in Douglas County, Kansas, using remotely sensed data. - Lawrence, KS: University of Kansas 1999 [Master's thesis]

3273
Stromberg, Elizabeth: Viewsheds and the visual impact of rural landscapes : a GIS-based study of Afton, MN. - Minneapolis, MN: University of Minnesota 1999/2000 [Master's thesis]

3274
Thiry, Christopher J.J.: Librarians respond to The National Map. In: Information bulletin / Western Association of Map Libraries. 33, 2001, p.17-19. ISSN 0049-7282

3275
Thrower, Norman J.W.: Lay of the land : Twentieth-century relief representation in the United States. In: Mercator's world. 6, 2001, 4, p.18-23, 7 ill. ISSN 1086-6728

3276
Thrower, Norman J.W.: Lay of the land : Relief representation in the United States in the nineteenth and twentieth centuries. In: Mercator's world. 6, 2001, 3, p.28-35, 8 ill. ISSN 1086-6728

3277
Thurow, Glen; Frank, Steven: Coming to terms with the model law: The search for a definition of surveying in New Mexico. In: Surveying and Land Information Systems. 61, 2001, 1, p.39-43.

3278
Visser, Richard Henry: Utilizing remotely sensed imagery and GIS to monitor and research salmon spawning : a case study of the Hanford Reach Fall chinook (Oncorhynchos Tshawytscha). - Ellensburg, WA: Central Washington University 1999 [Master's thesis]

3279
Warren, Bill: When California was an island : Glen McLaughlin's cartographic landmarks. In: Mercator's world. 6, 2001, 3, p.14-21, 9 ill. ISSN 1086-6728

3280
Whitney, Gordon; De Cant, Joseph P.: Government Land Office Surveys and other early surveys. In: The historical ecology handbook : a restorationist's guide to reference ecosystems. Society for Ecological Restoration, ed. by Dave Egan and Evelyn A. Howell. - Washington, DC [u.a.]: Island Press 2001, p.147-172, 4 ill.

3281
Wright, Caroline: Land-based information systems at the county level : the potential for a comprehensive LIS in Mecklenburg County, NC. - Charlotte, NC: University of North Carolina at Charlotte 1999/2000 [Master's thesis]

e. Asia
Asien
L'Asie

3282
Tong, Xiaohua; Liu, Dajie; Peng, Minghua: The principle and methodology to process digital cadastral areas in GIS. In: Geomatics and information science of Wuhan University. 26, 2001, 2, p.105-111, 3 ill., 2 tab. [Chin. with Engl. rés.]

Bangladesh / Bangladesch / Bangladesh

3283
Desbuisson, David: Modernisation du "Survey of Bangladesh" : Un projet de IGN

France International. In: XYZ : revue de l'Association Française de Topographie. 23, 2001, p.51-55, 4 ill. [French]
ISSN 0290-9057

China / China / Chine

3284
Baoquan, Liu: Establishment of Chinese standard system of geographical names and promotion of national standardization of Geographical names. In: Second International Symposium on Geographical Names, GeoNames 2000, Frankfurt am Main, 28-30 March 2000. Ed. by the Ständiger Ausschuss für Geographische Namen (StAGN), comp. by Jörn Sievers. - Frankfurt am Main: Verl. d. Bundesamtes für Kartographie u. Geodäsie 2000, p.111-117, 2 ill. (Mitteilungen des Bundesamtes für Kartographie und Geodäsie ; 19)
ISBN 3-88648-292-8

3285
Bryan, Brett A.; Adams, Jonathan M.: Quantitive and qualitive assessment of the accuracy of neurointerpolated annual mean precipitation and temperature surfaces for China. In: Cartography : journal of the Mapping Sciences Institute, Australia. 30, 2001, p.1-14, 10 ill. ISSN 0069 0805

3286
Chen, Junyong and others: A new Chinese geoid with high resolution and high accuracy. In: Geomatics and information science of Wuhan University. 26, 2001, p.283-289, 1 tab. [Chin. with Engl. rés.]
ISBN 1000-050X

3287
Chen, Junyong; Wen, Hanjiang; Cheng, Pengfei: On the development of geodesy in China. In: Geomatics and information science of Wuhan University. 26, 2001, p.475-482. [Chin. with Engl. rés.]
ISSN 1000-050X

3288
Hostetler, Laura: Quing colonial enterprise : ethnography and cartography in early modern China. - Chicago [u.a.]: University of Chicago Press 2001, XX, 16, 257 p., ill., mp. ISBN 0-226-35420

3289
Lam, Steve Y.W.; Tang, Conrad H.W.: An overwiew of surveying techniques for the construction of highway tunnels in Hong Kong. In: Geomatica. 55, 2001, p.325-332, 7 ill., 2 tab. [Engl. with French rés.]
ISSN 1195-1036

3290
Sun, Xiudong: The romanization of China's geographical names. In: Second International Symposium on Geographical Names, GeoNames 2000,Frankfurt am Main, 28-30 March 2000. Ed. by the Ständiger Ausschuss für Geographische Namen (StAGN), comp. by Jörn Sievers. - Frankfurt am Main: Verl. d. Bundesamtes für Kartographie u. Geodäsie 2000, p.161-163. (Mitteilungen des Bundesamtes für Kartographie und Geodäsie ; 19)
ISBN 3-88648-292-8

3291
Wang, Xinzhou; Liu, Zongwei; Chen, Shunqing: Some issues on urban census GIS designing. In: Geo-spatial information science. 4, 2001, p.25-31, 9 ill. [Engl.]
ISSN 1009-5020

Federation of Russia / Russische Föderation / Fédération de Russie

3292
Badmayev, N.B. and others: An informational-cartometric analysis of the soil-environment system. In: Mapping sciences and remote sensing. 38, 2001, 1, p.50-53, 1 ill.

3293
Khlebovich, I.A.; Rotanova, Irina: Cartographic support in regional medical-ecological studies: The example of Altay Kray, Russia. In: Mapping Sciences and Remote Sensing. 38, 2001, 2, p.115-129, 3 ill., 1 tab.

3294
Postnikov, Alexei V.: Outline of the history of Russian cartography. In: Regions : a prism to view the Slavic-Eurasian world : towards a discipline of "regionology". Ed. by Kimitaka Matsuzato. - Sapporo, Japan: Slavic Research Center, Hokkaido University 2000, p.1-49, 40 ill.
ISBN 4-938637-19-7

3295
Trofimova, Ye.: A cartographic approach for assessment of the climato-ecological state of ecosystems in the southern Baykal region. In: Mapping sciences and remote sensing. 38, 2001, 1, p.39-49, 2 ill.

India / Indien / Inde

3296
Gengnagel, Jörg: Visualisierung religiöser Räume : zur Kartographie von Benares. In: Cartografia religiosa : organizzazione, codificazione e simbologia dello spazio nei sistemi religiosi. A cure di Daria Pezzoli-Olgiati, Fritz Stolz. - Bern [u.a.]: Lang 2000, p.217-234, 2 ill. (Studia religiosa Helvetica / Series altera ; 4) [Organisation, Darstellung und Symbolik des Raumes in religiösen Symbolsystemen.] [Ital. and Germ.] ISBN 3-906765-49-0

3297
Issar, D.P.: Need for redefinition of Indian geodetic datum. In: Indian Surveyor. 55, 2001, p143-149. ISSN 0970-3470

3298
Lynden, Godert W.J.; Mantel, Stephan: The role of GIS and remote sensing in land degradation assessment and conservation mapping : some user experiences and expectations. In: International journal of applied earth observation and geoinformation. 3, 2001, p.61-68,9 ill.
ISSN 0303-2434

3299
Michaels, Axel: Konstruktionen von Translokalität und Zentralität : eine religiöse Karte von Benares. In: Cartografia religiosa : organizzazione, codificazione e simbologia dello spazio nei sistemi religiosi. A cure di Daria Pezzoli-Olgiati, Fritz Stolz. - Bern [u.a.]: Lang 2000, p.187-216, 6 ill. (Studia religiosa Helvetica / Series altera ; 4) [Organisation, Darstellung und Symbolik des Raumes in religiösen Symbolsystemen.] [Ital. and Germ.] ISBN 3-906765-49-0

3300
Ormeling, Ferjan: Focus on future cartographic education - message from ICA : XX Indian National Cartographic Association Congress, 2001. In: Indian Surveyor. 55, 2001, p.131-137.
ISSN 0970-3470

3301
Srinivasan, K.R.: Cartographic challenges of the new millennium. In: Indian Surveyor. 55, 2001, p.138-142. ISSN 0970-3470

Indonesia / Indonesien / Indonésie

3302
Abeydeera, Ananda: The Portuguese quest for Taprobane. In: Mapline. 93, 2001, p.1-4, 1 ill. ISSN 0196-881

3303
Smith, Andrew: Borneo mysteries : Dom Manuel de Lima and the disappearance of

Lawei. In: Mercator's world. 6, 2001, 3, p.40-43, 3 ill. ISSN 1086-6728

Israel / Israel / Israël

3304
Bendt, Vera: Karten und Ansichten des Heiligen Landes. In: Kartographische Sammlungen in Berlin : Geschichte, Standorte, Informationen. Hrsg. von Lothar Zögner. - Gotha: Perthes 2001, p.59-62, 1 ill. (Kartensammlung und Kartendokumentation ; 12) ISBN 3-623-00436-7

3305
Brodsky, Harold: The Hebrew Holy Land Map of Avraham Bar Ya'acov, Amsterdam 1695. In: The Portolan. 2001, p.15-21, 4 ill. ISSN 1096-1925

3306
Felus, Yaron; Lida, Oded: On-line expert system for the Israeli cadastral system. In: Geomatica. 55, 2001, 1, p.39-46, 5 ill.

Japan / Japan / Japon

3307
Ewaldson, Otto A.: "Mapping was our mission" : the military history of the 650th Engineer Topographic Battalion during World War II, August 1942 to April 1946, from Camp White, Oregon to Japan. - Port Ludlow, Wa: Alden Publ. 1996, XVI, 702 p., ill., mp. ISBN 0-9654542-0-7 [1. ed.]

3308
Matsumura, Koichi: Origami style marin chart along seashore on Japan Aomori Prefecture. In: Map : journal of the Japan Cartographers Association. 39, 2001, p.31-33, 4 ill. [Jap.] ISSN 0009-4897

3309
Oya, Kazutaka: Geomorphological survey map of the upper reaches of the Kizu River basin showing classification of flood stricken areas : on the characteristics of the erosion plain found in Japan. In: Map : journal of the Japan Cartographers Association. 39, 2001, p.18-23, 1 ill., 1 mp. [Jap.] ISSN 0009-4897

3310
Paasch, Jesper: Japanska kartor. In: Kartbladet. 16, 2001, 1, p.30-32, 3 ill. [Japanese maps.] [Swed.]

3311
Tanaka, Sotaro and others: An experimental edition of high resolution satellite image map using IKONOS data. In: Map : journal of the Japan Cartographers Association. 39, 2001, p.20-27, 3 ill., 1 mp. [Jap. with Engl. rés.] ISSN 0009-4897

3312
Tateishi, Tomoo; Watabe, Hitoshi: The Land System of Colonial Plan and Militia (Tondenhei) Settlement in Yubetsu-plain, Hokkaido. In: Map : journal of the Japan Cartographers Association. 39, 2001, p.26-30, 1 ill., 1 tab., 1 mp. [Jap.] ISSN 0009-4897

3313
Traganou, Jilly: Geographic representations of the Tôkaidô from Edo to Meiji Japan. In: The Portolan. 2000, p.12-31, 6 ill. ISSN 1096-1925

3314
Unno, Kazutaka: Administration inspections and cartographical projects by the Shogunate in the Kan'ei Era. In: Map : journal of the Japan Cartographers Association. 39, 2001, p.1-17. [Jap. with Engl. rés.] ISSN 0009-4897

3315
Watanabe, Ichiro; Nagai, Nobuo; Suzuki, Junko: Ino's large scale maps of Japan

found in the United States of America. In: Map : journal of the Japan Cartographers Association. 39, 2001, p.18-25, 3 ill., 1 tab. [Jap.] ISSN 0009-4897

Kambodscha / Kambodscha / Cambodge

3316
Kuipers, Jasper: Het Cambodian Genocide Programma : De 'Killling Fields' in kaart gebracht. In: Kartografisch tijdschrift. 27, 2001, p.44-49, 7 ill. [The Cambodian Genocide Programme : mapping the 'Killing Fields'.] [Dutch with Engl., and French rés.]

Malaysia / Malaysia / Malaisie

3317
Smith, Andrew: Borneo mysteries : Dom Manuel de Lima and the disappearance of Lawei. In: Mercator's world. 6, 2001, 3, p.40-43, 3 ill. ISSN 1086-6728

Nepal / Nepal / Népal

3318
Shrestha, Dhruba Pikha; Zinck, J. Alfred: Land use classification in mountainous areas: integration of image processing, digital elevation data and field knowledge (application to Nepal) : some user experiences and expectations. In: International journal of applied earth observation and geoinformation. 3, 2001, p.78-85, 10 ill., 4 tab. ISSN 0303-2434

Russia / Russland / Russie

3319
Karmazin, A.U.: Tomsk Affiliate, Forestry Institute, Siberian Section, Russian Academy of Sciences, Tomsk, Russia. In: Mapping sciences and remote sensing. 38, 2001, p.306-308, 3 tab. ISSN 0749-3878

Saudi-Arabia / Saudi-Arabien / Arabie Saoudite

3320
Al Sahhaf, Nasr: The use of remote sensing and geographic information systems technologies to detect, monitor, and model urban change in Riyadh, Saudi Arabia. - Santa Barbara, CA: University of California, Santa Barbara 2000 [Doct. diss.]

3321
La péninsule arabique dans les cartes européennes anciennes : fin XVe - début XIXe siècle ; exposition [à l'Institut du Monde Arabe, Paris], du 15 septembre - 28 octobre 2001. - Paris: Institut du Monde Arabe 2001, 431 p., ill, mp. [The Arabian Peninsula in old European maps ; from the end of the 15th century to the beginning of the 19th century ; exhibition from September 15th to October 28th 2001...] ISBN 2-8430-6080-X

Sri Lanka / Sri Lanka / Sri Lanka

3322
Abeydeera, Ananda: The Portuguese quest for Taprobane. In: Mapline. 93, 2001, p.1-4, 1 ill. ISSN 0196-881

3323
Pasta, Giovanni: Il ruolo della carta nel dumping territoriale. In: Cultura cartografica e culture del territorio : atti del convegno nazionale (Sassari, 12-13 dicembre 2000). A cura di Giuseppe Scanu. - Genova: Brigati 2001, p.647-661, 3 ill. (Bollettino della Associazione Italiana di Cartografia No. 111-113 = 38. 2001) [Ital.]

Tajikistan / Tadschikistan / Tadjikistan

3324
Hauser, Markus: Aufbau einer Pamir-Datenbank. In: High mountain carto-

graphy 2000 : proceedings of the Second Symposium of the Commission on Mountain Cartography of the International Cartographic Association held at the Alpine Centre, Rudolfshütte 2315 m, Austria from 29 March to 2 April 2000. Ed. by Manfred F. Buchroithner. - Dresden: Inst. for Cartography, Dresden Univ. of Technology [u.a.] 2000, p.39-52, 17 ill. (Kartographische Bausteine ; 18) ISBN 3-86005-265-9

Thailand / Thailand / Thailande

3325
Hopp, Stéphane: La nouvelle Carte Michelin de Thaïlande. In: XYZ : revue de l'Association Française de Topographie. 86, 2001, 1, p.49-52, 6 ill.

3326
Ogleby, Cliff: Virtual world heritage cities : the ancient Thai city of Ayutthaya reconstructed. In: Virtual reality in geography. Ed. by Peter Fisher and David Unwin. - London [u.a.]: Taylor & Francis 2000, p.220-238, 4 ill. ISBN 0-7484-0905-X

Vietnam / Vietnam / Vietnam

3327
National scientific seminar on Vietnam maps history on the anniversary of the 500-year Hong-Duc-Atlas. Hôi-Trač-Dia-B'an Dô-Viźn-Thám Viźt-Nam. - Hanôi 1990, 205 p., ill., mp.

Yemen / Jemen / Yemen

3328
La péninsule arabique dans les cartes européennes anciennes : fin XVe - début XIXe siècle ; exposition [à l'Institut du Monde Arabe, Paris], du 15 septembre - 28 octobre 2001. - Paris: Institut du Monde Arabe 2001, 431 p., ill, mp. [The Arabian Peninsula in old European maps ; from the end of the 15th century to the beginning of the 19th century ; exhibition from September 15th to October 28th 2001...] ISBN 2-8430-6080-X

f. Australia and the Pacific Islands Australien und Ozeanien L'Australie et l'Océanie

Australia / Australien / Australie

3329
Bandy, Stephen; Wallace, Darren: GeoBASE.WA : Geoscientific Data On-line in WA. In: Cartography : journal of the Mapping Sciences Institute, Australia. 30, 2001, p.31-39, 5 ill. ISSN 0069 0805

3330
Parker, S.; Verardo, C.: Broken Hill Mapping : a cartographic milestone. In: Cartography : journal of the Mapping Sciences Institute, Australia. 30, 2001, p.41-47, 7 ill. ISSN 0069 0805

New Zealand / Neuseeland / Nouvelle Zélande

3331
Grapes, Rodney: Archival maps relating to the 1848 and 1855 earthquakes, New Zealand. In: New Zealand Map Society journal. 14, 2001, p.19-32, 11 ill. ISSN 0113-2458

3332
Land Information New Zealand's maps and land records : the current situation. In: New Zealand Map Society journal. 14, 2001, p.33-35. ISSN 0113-2458

3333
McClean, Robert: Power/knowledge and space : the creation and alienation of the "reserve" at Porirua. In: New Zealand Map Society journal. 14, 2001, p.1-5, 1 ill. ISSN 0113-2458

3334
Sheppard, Jerome: New Zealand's Continental Shelf Project. In: New Zealand Map Society journal. 14, 2001, p.7-17, 4 ill.

g. Europe
Europa
L'Europe

3335
Brunner, Kurt: Die Kartographie im Deutschen Alpenverein. In: Kartographische Nachrichten. 51, 2001, 1, p.17-22.

3336
Carosio, Alessandro: Internationale faktische Standards und Normen im GIS-Bereich : Hat Europa noch Chancen? In: Mitteilungsblatt /Deutscher Verein für Vermessungswesen (DVW), Landesverein Bayern e.V. 53, 2001, 1, p.75-83.

3337
Dietl, Hans: Kloster Steinheim Generalplan : unbekannter Klosterplan aufgetaucht. In: Hie gut Württemberg. 49, 1998, p.11-14.

3338
The European soil Information System : proceedings of a Technical Consultation, Rome, Italy, 2-3 September 1999, sponsored by FAO and the European Commission ; Food and Agriculture Organization of the United Nations. - Rome 2000, VII, 150 p., ill., mp. (World soil resources reports ; 91) ISBN 92-5-104454-6

3339
Feranec, Ján and others: Výsledky porovnania národných štatistík česka, Mad'arska, Rumunska a Slovenska s údajmi CORINE land cover. In: Geodetický a kartografický obzor. 47, 2001, p.208-213, 2 ill., 3 tab. [Results of comparing the national statistics of the Czech Republic, Hungary, Rumania and Slovakia with CORINE land cover data.] [Slovak. with Engl. rés.] ISSN 0016-7096

3340
Fischer, Johannes: Digitale Aktualisierung der Alpenvereinskarten. In: Kartographische Nachrichten. 51, 2001, 1, p.22-26, 4 ill.

3341
Fürpasz, Christian: Mapserver als Hilfsmittel zur Datenvisualisierung im Internet : erläutert anhand des Internetprojektes AtOS, der Internetversion des "Atlas Ost- und Südosteuropa". - Wien 2001, 109 p., 27 ill., 7 tab. [Dipl.-Arb. Univ. Wien]

3342
Gurtner, Martin; Kappenberger, Giovanni: Skitourenkarten Swiss-Ski/L+T. In: Die Alpen. 77, 2001, p.28-29, mp. ISSN 0002-6336

3343
Heyde, Herbert: Die Höhennullpunkte der amtlichen Kartenwerke europäischer Staaten und ihre Lage zum Normal-Null. Neu hrsg. u. mit e. Nachwort versehen durch Manfred Spata. - Dortmund: Vermessungstechnisches Museum 1999, 43 p., ill. (Schriften des Förderkreises Vermessungstechnisches Museum e.V. ; 28) ISBN 3-00-004699-2

3344
Holzer, Anton: Les Alpes : [panoramas]. In: L'Alpe. 14, p.83-98, ill.

3345
Hurni, Lorenz; Kriz, Karel: Kartographie europäischer Hochgebirge. In: Kartographische Nachrichten. 51, 2001, p.83-91, ill., mp. ISSN 0022-9164

3346
Irmer, U.; Blondzik, K.: Anforderungen an den Gewässerschutz : Karten der EG-Wasserrahmenrichtlinie. In: Wasserbewirtschaftung im neuen Jahrtausend : Grundwasser - Oberflächenwasser - Geoinformations-systeme. Hrsg.: H.-H. Diersch, S. Kaden, T. Michels. - Berlin: Verl. für Bauwesen 2001, p.241-245, 1 ill., 1 tab. [Tagungsband] ISBN 3-345-00789-4

3347
Jansa, Josef: Die Klassifizierung der Schneebedeckung aus Satellitenaufnahmen im kleinräumigen alpinen Bereich in Theorie und Praxis. In: VGI : österreichische Zeitschrift für Vermessung & Geoinformation. 89, 2001, p.50-63, 13 ill. ISSN 0029-9650

3348
Jong, Steven M. de; Hornstra, Tom; Maas, Hans-Gerd: An integrated spatial and spectral approach to the classification of Mediterranean land cover types : the SSC method. In: International journal of applied earth observation and geoinformation. 3, 2001, p.176-183, 7 ill., 2 tab. ISSN 0303-2434

3349
Kias, Ulrich; Demel, Walter; Schüpferling, Ralf: Zur Homogenisierung und Automatisierung von Biotoptypen- und Nutzungskartierungen im Alpenraum. In: Angewandte geographische Informationsverarbeitung XIII : Beiträge zum AGIT-Symposium Salzburg 2001. Strobl, Blaschke, Griesebner. - Heidelberg: Wichmann 2001, p.267-273, 2 ill., 2 tab. ISBN 3-87907-361-9

3350
Leonard, John: Organismos Cartográficos Nacionales Europeos : Quo vadis? In: Topografia y cartografia. 18, 2001, p.36-44, 1 tab. [European National Map Agencies : Quo vadis.] [Span. with Span., and Engl. rés.] ISSN 0212-9280

3351
Montanarella, Luca; Nègre, Thierry: The development of the Alpine Soil Information System. In: International journal of applied earth observation and geoinformation. 3, 2001, p.18-24, 4 ill. ISSN 0303-2434

3352
Müller, Anett: Die Anfänge des Leipziger Vermessungsamtes. In: Leipzig im Kartenbild. Hrsg. von der Stadt Leipzig, der Oberbürgermeister, Stadtarchiv [Red. Beate Berger...]. - Leipzig: Leipziger Univ.-Verl. 2001, p.117-127, 2 ill. (Leipziger Kalender, Sonderband, 2001 ; 1) ISBN 3-935693-10-2

3353
Ohainski, Uwe: Die Ausfertigung des Ämteratlasses von Johannes Mellinger. In: Atlas des Fürstentums Lüneburg um 1600 : [Ernst Schubert zum 60. Geburtstag] = Lunæburgici Ducatus accurata et exquisita descriptio chorographica. Hrsg. u. komm. von Peter Aufgebauer... - Bielefeld: Verl. für Regionalgeschichte 2001, p.51-54. (Veröffentlichungen des Instituts für Historische Landesforschung der Universität Göttingen ; 41) ISBN 3-89534-391-9

3354
Ottoson, Lars: Generalstabskartan 1805-1979 : författarens vedermödor. In: Kartbladet. 16, 2001, p.27-30, 2 ill. [Ordnance maps 1805-1979 : author's efforts.] [Swed.] ISSN 0283-0418

3355
Pelfini, Manuela; Diolaiuti, Guglielmina; Smiraglia, Claudio: L'utilizzo della cartografia storica per lo studio delle variazioni ambientali e antropiche dell'Alta Montagna

Alpina. In: Cultura cartografica e culture del territorio : atti del convegno nazionale (Sassari, 12-13 dicembre 2000). A cura di Giuseppe Scanu. - Genova: Brigati 2001, p-443-464, 12 ill. (Bollettino della Associazione Italiana di Cartografia No. 111-113 = 38. 2001) [Ital.]

3356
Sánchez-Sobrino, José A. and others: Red Nacional de Estaciones de Referencia GPS (ERGPS). In: Topografia y Cartografia. 103, 2001, p.3-6, 8 ill.

3357
Schäfer, Christof and others: Das europäische Satellitennavigationssystem Galileo : Status und Konzepte der Systemarchitekturdefinition. In: Mitteilungsblatt / Deutscher Verein für Vermessungswesen (DVW), Landesverein Baden-Württemberg. 48, 2001, p.p.32-51, 8 ill. ISSN 0940-2942

3358
Schmidt, Jürgen: Oldenburger Kataster im Fürstentum Birkenfeld. In: Nachrichtenblatt der Vermessungs- und Katasterverwaltung Rheinland-Pfalz. 44, 2001, p.163-189, 9 ill. ISSN 0939-2378

3359
Simek, Jaroslav; Kostelecky, Jan: Datum y Red Geodésica europeos modernos. In: Topografia y Cartografia. 103, 2001, p.30-40, 5 ill., 2 tab.

3360
Simms, Anngret; Opll, Ferdinand: List of the European atlases of historic towns. - Brussels: Archives et Bibliotèques de Belgique 1998, 48 p. (Archives et bibliothèques de Belgique ABB, Numéro spécial ; 56)

3361
Spata, Manfred; Fröhlich, Hans: Kartendatum-Shiftparameter. In: Allgemeine Vermessungs-Nachrichten. 108, 2001, 4, p.132-133, 5 tab.

3362
Wandinger, Marcus: GIS vernetzt Europa : internationale Zusammenarbeit unter besonderer Berücksichtigung von CERCO/ MEGRIN bzw. EuroGeographics. In: Mitteilungsblatt / Deutscher Verein für Vermessungswesen (DVW), Landesverein Bayern e.V. 53, 2001, p.443-462, 10 ill., 1 tab. ISSN 0723-6336

3363
Wobek, Bettina: Deutsche Exonyme in Reiseangeboten : Beispiel Ostmitteleuropa. - Wien: Universität Wien 2001, 112 p., 23 ill., 10 tab. [Dipl.-Arb.]

3364
Wolodtschenko, Alexander: Kartosemiotische Systeme und Konzeptionen in Osteuropa. In: Theorie 2000 : Vorträge des Kartographischen Symposiums am 17./18. November 2000 an der TU Dresden. Hrsg. von Günther Koch [Technische Universität Dresden, Institut für Kartographie]. - Dresden: Institut für Kartographie 2001, p.89-94, 1 ill., 5 portr. (Kartographische Bausteine ; Bd. 16)

3365
Zikmund, Hans: Deutsche Allonyme geographischer Namen des Baltikum und der Gemeinschaft Unabhängiger Staaten. In: Second International Symposium on Geographical Names, GeoNames 2000, Frankfurt am Main, 28-30 March 2000. Ed. by the Ständiger Ausschuss für Geographische Namen (StAGN), comp. by Jörn Sievers. - Frankfurt am Main: Verl. d. Bundesamtes für Kartographie u. Geodäsie 2000, p.175-179. (Mitteilungen des Bundesam-

tes für Kartographie und Geodäsie ; 19)
ISBN 3-88648-292-8

Austria / Österreich / Autriche

3366
Bauer, Thomas; Steinnocher, Klaus: Per-parcel land use classification in urban areas applying a rule-based technique. In: Geo-Informationssysteme : GIS; Zeitschrift für raumbezogene Informationen und Entscheidungen. 14, 2001, 6, p.24-27, 3 ill. [With Germ. rés.]

3367
Buchroithner, Manfred F.; Brunner, Kurt; Penzkofer, Markus: Investigation into the accuracy of the topographical maps of the Alpenverein. In: High mountain cartography 2000 : proceedings of the Second Symposium of the Commission on Mountain Cartography of the International Cartographic Association held at the Alpine Centre, Rudolfshütte 2315 m, Austria from 29 March to 2 April 2000. Ed. by Manfred F. Buchroithner. - Dresden: Inst. for Cartography, Dresden Univ. of Technology [u.a.] 2000, p.99-104, 3 tab. (Kartographische Bausteine ; 18)
ISBN 3-86005-265-9

3368
Falkensteiner, Regina: Gestaltungsmethoden für großmaßstäbige Winterausgaben topographischer Spezialkarten : Fallstudie Schladming 1:50.000. - Wien: Universität Wien 2001, 103 p., 38 ill., 1 mp-suppl. [Dipl-Arb.]

3369
Granica, Klaus and others: Monitoring and visualisation of protection forests in high-alpine terrain using satellite data. In: High mountain cartography 2000 : proceedings of the Second Symposium of the Commission on Mountain Cartography of the International Cartographic Association held at the Alpine Centre, Rudolfshütte 2315 m, Austria from 29 March to 2 April 2000. Ed. by Manfred F. Buchroithner. - Dres-den: Inst. for Cartography, Dresden Univ. of Technology [u.a.] 2000, p.229-238, 5 ill., 5 tab. (Kartographische Bausteine ; 18) ISBN 3-86005-265-9

3370
Haubner, Ernst and others: The airborne High Resolution Stereo Camera (HRSC-A) as a tool for high mountain cartography. In: High mountain cartography 2000 : proceedings of the Second Symposium of the Commission on Mountain Cartography of the International Cartographic Association held at the Alpine Centre, Rudolfshütte 2315 m, Austria from 29 March to 2 April 2000. Ed. by Manfred F. Buchroithner. - Dresden: Inst. for Cartography, Dresden Univ. of Technology [u.a.] 2000, p.29-38, 7 ill., 2 tab. (Kartographische Bausteine ; 18) ISBN 3-86005-265-9

3371
Kaufmann, Viktor; Plösch, Reinhard: Reconstruction and visualization of the retreat of two small cirque glaciers in the Austrian Alps since 1850 : from static maps towards dynamic computer animation. In: High mountain cartography 2000 : proceedings of the Second Symposium of the Commission on Mountain Cartography of the International Cartographic Association held at the Alpine Centre, Rudolfshütte 2315 m, Austria from 29 March to 2 April 2000. Ed. by Manfred F. Buchroithner. - Dresden: Inst. for Cartography, Dresden Univ. of Technology [u.a.] 2000, p.239-253, 9 ill., 3 tab. (Kartographische Bausteine ; 18) ISBN 3-86005-265-9

3372
Kelnhofer, Fritz: Digitales "Atlas-Informationssystem" von Österreich : Abschlussbericht über das FWF-Projekt "Geoinfor-

mationssysteme und EDV-Kartographie". In: VGI : österreichische Zeitschrift für Vermessung & Geoinformation. 89, 2001, p.91-101, 3 ill., 6 mp. [suppl.].
ISSN 0029-9650

3373
Kostka, Robert: Ein Beitrag zur Entwicklung der Satellitenbild-Fernerkundung : Karte einer Hochgebirgsregion. In: Mitteilungen aus dem Institut für Geographie und Raumforschung der Karl-Franzens-Universität Graz. 28, 2001, p.12-13, 2 ill.

3374
Kriz, Karel: Conceptual aspects for large-scale topographic winter maps. In: High mountain cartography 2000 : proceedings of the Second Symposium of the Commission on Mountain Cartography of the International Cartographic Association held at the Alpine Centre, Rudolfshütte 2315 m, Austria from 29 March to 2 April 2000. Ed. by Manfred F. Buchroithner. - Dresden: Inst. for Cartography, Dresden Univ. of Technology [u.a.] 2000, p.71-77, 4 ill. (Kartographische Bausteine ; 18)
ISBN 3-86005-265-9

3375
Lechthaler, Mirjanka: Konzept eines "maßstabslosen" Kartenraumes - am Beispiel GeoInfo Austria®. In: Fachvorträge : XI. Internationale Geodätische Woche Obergurgl 2001. - Innsbruck: Institut für Geodäsie d. Univ. Innsbruck 2001, p.201-204, 8 ill. (Institut für Geodäsie, Leopold-Franzens-Universität Innsbruck/Institutsmitteilungen ; 19)

3376
Lieb, Gerhard Karl; Sulzer, Wolfgang: Geographische Anmerkungen zum Satellitenbild und zur Karte "Schladminger Tauern". In: Mitteilungen aus dem Institut für Geographie und Raumforschung der Karl-Franzens-Universität Graz. 28, 2001, p. 13.

3377
Mair, Rudi: Meteorological causes of the catastrophic avalanche at Galtuer. In: High mountain cartography 2000 : proceedings of the Second Symposium of the Commission on Mountain Cartography of the International Cartographic Association held at the Alpine Centre, Rudolfshütte 2315 m, Austria from 29 March to 2 April 2000. Ed. by Manfred F. Buchroithner. - Dresden: Inst. for Cartography, Dresden Univ. of Technology [u.a.] 2000, p.255-258, 3 ill., 1 tab. (Kartographische Bausteine ; 18)
ISBN 3-86005-265-9

3378
Oberbichler, Michaela; Heller, Armin: Geographische Informationssysteme in der Namenforschung : der FlurnamenATLAS. In: Angewandte geographische Informationsverarbeitung XIII : Beiträge zum AGIT-Symposium Salzburg 2001. Strobl, Blaschke, Griesebner. - Heidelberg: Wichmann 2001, p.348-355, 6 ill.
ISBN 3-87907-361-9

3379
Paul, Gerhard: Aufbau eines digitalen Landschaftsmodells von Österreich. In: ATKIS - Stand und Fortführung : Beiträge zum 51. DVW-Seminar am 25. und 26. September 2000 an der Unversität Rostock. Red. u. Seminarleiter: Ralf Bill u. Frank Schmidt. - Stuttgart: Wittwer 2000, p.65-73. (Schriftenreihe des DVW ; 39)

3380
Penzkofer, Markus and others: Untersuchungen zur Genauigkeitsanalyse von Alpenvereinskarten. In: Zeitschrift für Vermessungswesen. 126, 2001, 1, p.5-10, 1 ill., 1 tab.

3381
Prechtel, Nikolas: Operational analytical hill shading within an advanced image processing system. In: High mountain cartography 2000 : proceedings of the Second Symposium of the Commission on Mountain Cartography of the International Cartographic Association held at the Alpine Centre, Rudolfshütte 2315 m, Austria from 29 March to 2 April 2000. Ed. by Manfred F. Buchroithner. - Dresden: Inst. for Cartography, Dresden Univ. of Technology [u.a.] 2000, p.85-98, 8 ill., 1 tab. (Kartographische Bausteine ; 18) ISBN 3-86005-265-9

3382
Riedl, Leopold; Kalasek, Robert: WebMap = ArcView + 3 Mausklicks Schnelles Publizieren interaktiver Web-Karten im Fachinformationssystem der MA22- Umweltschutz der Stadt Wien. In: Computergestützte Raumplanung : Beiträge zum 6. Symposium zur Rolle der Informationstechnologie in der und für die Raumplanung, Februar 14-16, 2001 [Tagungsband] = Computer aided spatial planning. Hrsg. von Manfred Schrenk. - Wien: Institut für EDV-Gestützte Methoden in Architektur u. Raumplanung d. Techn. Univ. Wien 2001, Bd.1, p.121-127, 12 ill. [Bd.1.2.]

3383
Sauerzopf, Franz: Notizen zum Blatt 167 Güssing der Geologischen Karte 1 : 50 000 der Republik Österreich. In: Zur Landeskunde des Burgenlandes : Festschrift Hanns Schmidt. - Eisenstadt: Burgenländisches Landesmuseum 1998, p.71-73. (Wissenschaftliche Arbeiten aus dem Burgenland ; Bd. 100)

3384
Seger, Martin: Rauminformationssystem Österreich - ein digitaler thematischer Datensatz des Staatsgebietes. In: VGI : österreichische Zeitschrift für Vermessung & Geoinformation. 89, 2001, p.101-110, 2 ill., 5 mp. [suppl.]. ISSN 0029-9650

3385
Steinnocher, Klaus: Beobachtung von Stadtentwicklung mit Fernerkundung - Applikationen und Innovationen. In: VGI : österreichische Zeitschrift für Vermessung & Geoinformation. 89, 2001, p.145-149, 2 ill. ISSN 0029-9650

3386
Völgyesi, Lajos; Varga, József: Vetületi átszámítások ausztria és Magyarország között GPS alkalmazásával. In: Geodézia és kartográfia. 53, 2001, 2, p.31-36, 1 ill., 1 ill., 1 tab. [Conversion between Hungarian and Austrian map projection system using GPS.] [Hung. with Engl. rés.]

3387
Vorderösterreich in alten Karten und Plänen : eine Ausstellung des Hauptstaatsarchives Stuttgart ; Ausstellungsverzeichnis ; [17.6.-18.9.1998]. bearb. von Petra Schön und Bernhard Theil. - Stuttgart: Hauptstaatsarchiv 1998, 52 p., mp.

3388
Winter, S. and others: Situation und Trends der Geodäsie-Ausbildung in Österreich. In: Photogrammetrie - Fernerkundung - Geoinformation : Geodaten schaffen Verbindungen ; Vorträge ; 21. wissenschaftlich-technische Jahrestagung d. DGPF, 4.-7. September 2001. Hrsg.: Eckhardt Seyfert. - Berlin: DGPF 2001, p.95-100. (Publikationen der Deutschen Gesellschaft für Photogrammetrie und Fernerkundung ; 10)

3389
Wintges, Theodor; Hörner, Eduard: Animation von 3-D-Darstellungen im Hoch-

gebirge. In: GIS und Kartographie im Umweltbereich. Gabriele Braun,Reiner Buzien, Theodor Wintges (Hrsg.). - Heidelberg: Wichmann 2001, p.80-88, 8 ill.
ISBN 3-87907-356-2

Belgium / Belgien / Belgique

3390
Boer, Adri den: 150 jaar landmeetkunde en cartografie in België. In: Geodesia : tijdschrift voor geodesie en geo-informatie. 43, 2001, 5, p.234-235, 4 ill. [Dutch]

3391
Kinds, Karel; Franssen, Mathieu: 'Carte Belgica Arnout petitte' : Een nieuwe kijk op een vroege kaart van de Nederlanden. In: Caert-Thresoor. 20, 2001, p.57-62, 6 ill., 1 tab. ['Carte Belgica Arnout petitte' : a new look at an early map of the Seventeen Provinces.] [Dutch with Engl. rés.]
ISSN 0167-4994

Bulgaria / Bulgarien / Bulgarie

3392
Nanova, Milka: Romanization of the Bulgarian alphabet - variations in Roman characters applied in transliteration of the Bulgarian geographical names into Roman alphabet. In: Second International Symposium on Geographical Names, GeoNames 2000, Frankfurt am Main, 28-30 March 2000. Ed. by the Ständiger Ausschuss für Geographische Namen (StAGN), comp. by Jörn Sievers. - Frankfurt am Main: Verl. d. Bundesamtes für Kartographie u. Geodäsie 2000, p.119-123. (Mitteilungen des Bundesamtes für Kartographie und Geodäsie ; 19) ISBN 3-88648-292-8

Croatia / Kroatien / Croatie

3393
Brkić, Mario: Korekcija reljefa uz prostorni model gustoće. In: Geodetski list. 55, 2001, 1, p.3-18, 6 ill., 6 tab. [Relief correction with spatial density model.] [Croat. with Engl. rés.]

Czech Republic / Tschechische Republik / Tchéquie

3394
Bořkuvková, Jaroslava; Křížek, Milan: Vektorová Základní mapa čR 1 : 50 000 odvozená ze ZABAGED. In: Geodetický a kartografický obzor. 47, 2001, p.180-186, 5 ill. [Vectorial base map of the Czech Republic at 1 : 50 000 derived from ZABAGED.] [Czech. with Engl. rés.]
ISSN 0016-7096

3395
Hánek, Pavel: Tradition geodätischer Instrumente in Tschechien. In: Vermessung, Photogrammetrie, Kulturtechnik = Mensuration, Photogrammétrie, Génie rural. 99, 2001, 4, p.237-241, 7 ill.

3396
Kanok, Jaromír: Vývoj hranice českého Slezska převedené do mapy 1: 200 000. In: Geodetický a kartografický obzor. 47, 2001, p.237-242, 1 ill., 3 tab. [Evolution of boundaries of the Czech Silesia transferred in a map at 1 : 200 000.] [Czech. with Engl. rés.] ISSN 0016-7096

3397
Konias, Andrzej: Kartografia topogaficzna Śląska Cieszyńskiego i zaboru austriackiego od II połowy XVIII wieku do początku XX wieku : wyd. 1.
- Katowice: Wydawn Uniwersytetu Śląskiego, 259 p., ill., mp. + 8 mp.-suppl. (Prace naukowe Uniwersytetu Śląskiego w Katowicach 1866. Seria Nauki o Ziemi) [Topographic cartography of Teschen-Silesia and the Austrian annexion from the

second part of the 18th century until the beginning of the 20th century.] [Pol. with Engl., and Germ. rés.]
ISBN 88-226-0969-8

3398
Kostelecký, Jakub: Odhad presnosti modelu Bouguerových anomálií. In: Geodetický a cartografický obzor. 47, 2001, 6, p.117-123, 6 ill., 2 tab. [Accuracy estimates of Bouguer anomaly model.] [Slovak. with Engl. rés.]

3399
Mikšovský, Miroslav: Topografické mapování území české republiky ve 20. století. In: Geodetický a kartografický obzor. 47, 2001, p.216-223, 8 ill. [Topographic mapping of the territory of the Czech Republic in the 20th Century.] [Czech. with Engl. rés.]
ISSN 0016-7096

3400
Moravec, Dalibor: Geoinformatické modelování s topologickým generalizačním algoritmem. In: Geodetický a kartografický obzor. 47, 2001, p.165-174, 9 ill., 2 tab. [Geoinformatic modelling with topological generalisation algorithm.] [Czech. with Engl. rés.] ISSN 0016-7096

3401
Rill, Robert: Die Anfänge der Militärkartographie in den habsburgischen Erblanden : die Josephinische Landesaufnahme von Böhmen und Mähren nach hofkriegsrätlichen Quellen. In: Quellen zur Militärgeschichte : 2000 Jahre Kriegsarchiv. - Wien 2001, p.183-202. (Mitteilungen des Österreichischen Staatsarchivs ; Bd. 49)

Federation of Russia / Russische Föderation / Fédération de Russie

3402
Kolomyts, E.G.; Yunina, V.P.: Predictive landscape-ecological mapping of a boreal ecotone on the Russian Plain. In: Mapping sciences and remote sensing. 38, 2001, p.222-231, 2 ill., 2 tab.
ISSN 0749-3878

3403
Postnikov, Alexei V.: Outline of the history of Russian cartography. In: Regions : a prism to view the Slavic-Eurasian world : towards a discipline of "regionology". Ed. by Kimitaka Matsuzato. - Sapporo, Japan: Slavic Research Center, Hokkaido University 2000, p.1-49, 40 ill.
ISBN 4-938637-19-7

3404
Wolodtschenko, Alexander: Cartosemiotics and map language in the Russian-language literature. In: Kartosemiotische und konzeptionelle Aspekte der 90er Jahre. Hrsg. von Alexander Wolodtschenko und Hansgeorg Schlichtmann. - Dresden 1999, p.83-97, 3 ill. (Diskussionsbeiträge zur Kartosemiotik und zur Theorie der Kartographie ; Bd. 2) [Internationales Korrespondens-Seminar]

Finland / Finnland / Finlande

3405
Leskinen, Teemu: The Finnish National Geographic Names Register. In: Second International Symposium on Geographical Names, GeoNames 2000, Frankfurt am Main, 28-30 March 2000. Ed. by the Ständiger Ausschuss für Geographische Namen (StAGN), comp. by Jörn Sievers. - Frankfurt am Main: Verl. d. Bundesamtes für

Kartographie u. Geodäsie 2000, p.105-109.(Mitteilungen des Bundesamtes für Karto-graphie und Geodäsie ; 19)
ISBN 3-88648-292-8

France / Frankreich / France

3406
Bellanger, François: SIG : intérźt pour une commune. In: XYZ : revue de l'Association Française de Topographie. 23, 2001, p.23-26, 3 ill. [French] ISSN 0290-9057

3407
Châtelet-Lange, Liliane: Strasbourg en 1548 : Le plan de Conrad Morant. Préface de Francis Rapp. - Strasbourg: Pr. Univ. de Strasbourg 2001, 163 p., ill., 1 mp.-suppl.
ISBN 2-86820-149-0

3408
Desbrières, Michel: La cartographie de la Meuse entre Verdun et Sedan entre la première moitié du XVIIIe siècle : Lecture militaires d'un fleuve. In: Bulletin du Comité Français de Cartographie. 167, 2001, p.27-36, 10 ill.

3409
Desbuisson, David: Modernisation du "Survey of Bangladesh" : Un projet de IGN France International. In: XYZ : revue de l'Association Française de Topographie. 23, 2001, p.51-55, 4 ill. [French]
ISSN 0290-9057

3410
Durand, Hélène: Apport d'un SIG nomade pour cartographier la végétation naturelle de l'île de la Réunion. In: XYZ : revue de l'Association Française de Topographie. 23, 2001, p.43-46, 5 ill. [French with Engl. rés.] ISSN 0290-9057

3411
Gambin, M.T.: Histoire d'une présidence à la commission de formation des cartographes. In: Bulletin du Comité Français de Cartographie. 168, 2001, p.7-9.

3412
Jaurand, Emmanuel: Les géographes français et la carte topographique sous la IIIe République (1870-1940). In: Bulletin du Comité Français de Cartographie. 167, 2001, p.44-56, 6 ill.

3413
Jauslin, Xaver: L'oeuvre des ingénieurs géographes français en Allemagne, de la guerre de succession d'Autriche à la guerre de sept ans (1741-1763). In: Bulletin du Comité Français de Cartographie.
167, 2001, p.19-26, 4 ill.

3414
Orgeix, Emilie d'; Warmoes, Isabelle: Une "visite" militaire des places de Franche-Comté durant la première conquźte de Louis XIV (1668). In: Bulletin du Comité Français de Cartographie. 167, 2001, p.8-11, 11 ill., 1 mp.

3415
Pelletier, Monique: Les ingénieurs géographes au lendemain du traité de Paris (1763) : Le travail en temps de paix. In: Bulletin du Comité Français de Cartographie. 167, 2001, p.37-43, 1 mp.

3416
Petrella, Marco: Regioni amministrative e identità regionali, un approccio cartografico al caso della Borgogna e dell' Emilia-Romagna. In: Cultura cartografica e culture del territorio : atti del convegno nazionale (Sassari, 12-13 dicembre 2000). A cura di Giuseppe Scanu. - Genova: Brigati 2001, p.611-624, 3 ill. (Bollettino della Associazione Italiana di Cartografia No. 111-113 = 38. 2001) [Ital.]

3417
Savaton, Pierre: La carte géologique dans l'enseignement secondaire : bilan historique et didactique; réflections et propositions d'apprentissages. - Paris: Univ., Diss. 1998, 315 Bl., ill., mp.

Germany / Deutschland / Allemagne

3418
125 Jahre Berliner Vermessungsverwaltung 1876-2001. [Hrsg.: Senatsverwaltung für Stadtentwicklung, Abt. III, Geoinformation, Vermessung, Wertermittlung. Red.: Anette Blaser ...]. - Berlin: Senatsverwaltung für Stadtentwicklung 2001, 115 p., ill., mp.

3419
200 Jahre Bayerische Vermessungsverwaltung : 1801-2001 ; es ist ein Maß in allen Dingen. Hrsg.: Bayerisches Staatsministerium d. Finanzen, Abt. Vermessung, Informations-u.Kommunikationstechnik.Red.: Karlheinz Goller, Josef Klapf. - München: Bayerisches Landesvermessungsamt 2001, 432 p., ill., mp. ISBN 3-935612-01-X

3420
ARGO : das elektronische Fahrrinnen- Informationssystem. In: Mitteilungsblatt / Deutscher Verein für Vermessungswesen (DVW), Landesverein Rheinland-Pfalz und Saarland. 49, 2000, p.6-12, 3 ill.

3421
ATKIS - Stand und Fortführung : Beiträge zum 51. DVW-Seminar am 25. und 26. September 2000 an der Unversität Rostock. Red. u. Seminarleiter: Ralf Bill u. Frank Schmidt. - Stuttgart: Wittwer 2000, 212 p., ill., mp. (Schriftenreihe des DVW ; 39) ISBN 3-87919-273

3422
Albertz, Jörg: Photogrammetrie und Fernerkundung in Berlin - 140 Jahre technologische Entwicklung. In: Rauminformationen für das 21. Jahrhundert : Vorträge ; 20. wissenschaftlich-technische Jahrestagung der DGPF im Rahmen der Intergeo 2000, 11.-13. Oktober 2000, Kongress-Zentrum ICC, Berlin. Hrsg.: Jörg Albertz. - Berlin: DGPF 2001, p.11-22, 20 ill. (Publikationen der Deutschen Gesellschaft für Photogrammetrie und Fernerkundung ; 9)

3423
Asmus, Ivo: Die Zusammenzeichnung der Matrikelkarten als wissenschaftliche Methode für eine Rekonstruktion der Kulturlandschaft vor 300 Jahren. In: Historische Geographie und Kulturlandschaftsforschung : Beiträge zum Gedenkkolloqium für Dr. Eginhard Wegner am 4. Mai 2001 in Greifswald. Hrsg. von Reinhard Zölitz-Möller. - Greifswald: Ernst-Moritz-Arndt-Univ. 2001, p.71-79, 4 ill. (Greifswalder geographische Arbeiten ; 22)
ISBN 3-86006-177-X

3424
Aulig, Günther; Bäuml, Norbert: Ländliche Entwicklung geht neue Wege Computergestütztes Kartiersystem beschleunigt die Flurneuordnung in Bayern. In: Fachbeiträge zur Dorferneuerung und Flurneuordnung. [Hrsg.: Bayerisches Staatsministerium für Landwirtschaft und Forsten, Abteilung Ländliche Entwicklun, Josef Atterberger]. - München 2001, p.67-69, 2 ill.

3425
Ausstellung "Leipzig im Kartenbild". In: Leipzig im Kartenbild. Hrsg. von der Stadt Leipzig, der Oberbürgermeister, Stadtarchiv [Red. Beate Berger...]. - Leipzig: Leipziger Univ.-Verl. 2001, p.169-206, 22 ill. (Leipziger Kalender, Sonderband, 2001 ; 1)
ISBN 3-935693-10-2

3426
Bähr, H.-P.: Bachelor/Master-Modell - Katastrophe oder Chance für die geodätische Ausbildung in Deutschland? In: Photogrammetrie - Fernerkundung - Geoinformation : Geodaten schaffen Verbindungen ; Vorträge ; 21. wissenschaftlich-technische Jahrestagung d. DGPF, 4.-7. September 2001. Hrsg.: Eckhardt Seyfert. - Berlin: DGPF 2001, p.63-72, 2 ill. (Publikationen der Deutschen Gesellschaft für Photogrammetrie und Fernerkundung ; 10)

3427
Bareth, Georg: Integration einer IRS-1C-Landnutzungsklassifikation in ATKIS zur Verbesserung der Information zur landwirtschaftlichen Nutzfläche am Beispiel des württembergischen Allgäus. In: Geo-Informationssysteme : GIS; Zeitschrift für raum-bezogene Informationen und Entscheidungen. 14, 2001, 6, p.40-45, 6 ill., 4 tab. [With Engl. rés]

3428
Batten, Kit: Military School : A German schoolchild's cartographic timetable. In: Mercator's world. 6, 2001, p.44-47, 4 ill. ISSN 1086-6728

3429
Baumann, E.: Bohnenberger und seine Messungen für die württembergische Urtriangulation. In: Mitteilungen / Deutscher Verein für Vermessungswesen, Landesverein Baden-Württemberg. 48, 2001, 1, p.83-107, 3 ill., 1 tab.

3430
Becker, Hans-Gerd: Das Vermessungsamt und seine Aufgaben. In: 125 Jahre Berliner Vermessungsverwaltung 1876-2001. [Hrsg.: Senatsverwaltung für Stadtentwicklung, Abt. III, Geoinformation, Vermessung, Wertermittlung. Red.: Anette Blaser. - Berlin: Senatsverwaltung für Stadtentwicklung 2001, p.86-91, 6 ill.

3431
Berkner, Andreas: Die Pläne der "Gewäßer um Leipzig" von 1748 und 1775 und der "Leipziger Wasserknoten" im Wandel der Zeiten. In: Leipzig im Kartenbild. Hrsg. von der Stadt Leipzig, der Oberbürgermeister, Stadtarchiv [Red. Beate Berger...]. - Leipzig: Leipziger Univ.-Verl. 2001, p.51-61, 2 ill. (Leipziger Kalender, Sonderband, 2001 ; 1) ISBN 3-935693-10-2

3432
Bill, Ralf; Teichert, Bernd; Zimmermann, Albert: ATKIS - Stand und Fortführung : Beiträge zum 51. DVW-Seminar am 25. und 26. September 2000 an der Unversität Rostock. In: ATKIS - Stand und Fortführung. Red. u. Seminarleiter: Ralf Bill u. Frank Schmidt. - Stuttgart: Wittwer 2000, p.1-8. (Schriftenreihe des DVW ; 39) ISBN 3-87919-273

3433
Bindig, Siegfried: Das Vermessungs- und Kartenwesen der DDR. In: 125 Jahre Berliner Vermessungsverwaltung 1876-2001. [Hrsg.: Senatsverwaltung für Stadtentwicklung, Abt. III, Geoinformation, Vermessung, Wertermittlung. Red.: Anette Blaser. - Berlin: Senatsverwaltung für Stadtentwicklung 2001, p.10-16, 1 ill.

3434
Bobrich, Joachim: Zur Integration von ALK-Gebäudedaten in ATKIS-Datenbestände. In: Tagung 2000 : Arbeitsgruppe Automation in der Kartographie / Bundesanstalt für Kartographie und Geodäsie. - Frankfurt am Main: Verl. d. Bundesamtes für Kartographie u. Geodäsie 2001, p. 7-18, 9 ill., 2 tab. (Mitteilungen des Bundesamtes für Kartographie und Geodäsie ; 20) ISBN 3-88648-306-1

3435
Bock, Mathias: Integration heterogener GIS-Datenbestände in einem Umwelt-

informationssystem. In: GIS und Kartographie im Umweltbereich. Gabriele Braun, Reiner Buzien, Theodor Wintges (Hrsg.). - Heidelberg: Wichmann 2001, p.139-147, 1 ill. ISBN 3-87907-356-2

3436
Bonorden, Rainer: Steuerungsinstrumente in Niedersachsen : Eine Chance auch für das Liegenschaftskataster. In: Nachrichten der Niedersächsischen Vermessungs- und Katasterverwaltung : VKV. 51, 2001, 1, p.16-23, 6 ill.

3437
Borgmann, Horst; Hoffmann, Helmut: Sind die Vermessungs- und Katastergesetze der Länder noch zeitgemäß? In: Zeitschrift für Vermessungswesen. 117, 1992, 6, p.307-316.

3438
Braun, Gabriele; Houy, Patrik; Pfannkuche, Ralph: Kostenbewusst und innovativ zum UIS im Intranet : das Datennavigations- und Zugriffssystem „WuNDa". In: GIS und Kartographie im Umweltbereich. Gabriele Braun, Reiner Buzien, Theodor Wintges (Hrsg.). - Heidelberg: Wichmann 2001, p.130-138, 2 ill. ISBN 3-87907-356-2

3439
Breitfeld, Klaus: Atlas zur Geschichte und Landeskunde von Sachsen. In: Leipzig im Kartenbild. Hrsg. von der Stadt Leipzig, der Oberbürgermeister, Stadtarchiv [Red. Beate Berger...]. - Leipzig: Leipziger Univ.-Verl. 2001, p.161-168, 1 ill. (Leipziger Kalender, Sonderband, 2001 ; 1) ISBN 3-935693-10-2

3440
Brockmann, Herbert; Mandlburger, Gottfried: Aufbau eines digitalen Geländemodells vom Wasserlauf der Grenzoder. In: Photogrammetrie - Fernerkundung - Geoinformation : Geodaten schaffen Verbindungen ; Vorträge ; 21. wissenschaftlich-technische Jahrestagung d. DGPF, 4.-7. September 2001. Hrsg.: Eckhardt Seyfert. - Berlin: DGPF 2001, p.199-208, 8 ill. (Publikationen der Deutschen Gesellschaft für Photogrammetrie und Fernerkundung ; 10)

3441
Brüggemann, Heinz: Eine Geodaten-Infrastruktur für Nordrhein-Westfalen. In: Zeitschrift für Vermessungswesen. 126, 2001, 4, p.181-186, 8 ill.

3442
Brunner, Kurt: Das Berchtesgadener Land in alten Karten. In: Kartographische Nachrichten. 51, 2001, p.221-225, 4 ill. ISSN 0022-9164

3443
Bucher, Robert; Schleyer, Andreas; Vielsack, Siegfried: Objektstrukturierte Felddatenerfassung für ATKIS mit mobilem GIS. In: Mitteilungsblatt / Deutscher Verein für Vermessungswesen (DVW), Landesverein Baden-Württemberg. 48, 2001, p.5-22, 10 ill. ISSN 0940-2942

3444
Buzin, Reiner: Visualisierung von Messdaten am Beispiel des "Integrierten Mess- und Informationssystem zur Überwachung der Umweltradioaktivität - IMIS". In: GIS und Kartographie im Umweltbereich. Gabriele Braun,Reiner Buzien, Theodor Wintges (Hrsg.). - Heidelberg: Wichmann 2001, p.157-179, 13 ill., 2 tab. ISBN 3-87907-356-2

3445
Casemir, Kirstin; Ohainski, Uwe: Verzeichnis der in den Ämteratlanten von Johannes Mellinger vorkommenden Orts-, Gewässer-

und Flurnamen. In: Atlas des Fürstentums Lüneburg um 1600 : [Ernst Schubert zum 60. Geburtstag] = Lunæburgici Ducatus accurata et exquisita descriptio chorographica. Hrsg. u. komm. von Peter Aufgebauer... - Bielefeld: Verl. für Regionalgeschichte 2001, p.65-97, tab. (Veröffentlichungen des Instituts für Historische Landesforschung der Universität Göttingen ; 41) ISBN 3-89534-391-9

3446
Casemir, Kirstin: Sprachlich-binnenstrukturelle Analyse und Untersuchung des Abhängigkeitsverhältnisses der Ämteratlanten von Johannes Mellinger (nebst einem Handschriftenstemma). In: Atlas des Fürstentums Lüneburg um 1600 : [Ernst Schubert zum 60. Geburtstag] = Lunæburgici Ducatus accurata et exquisita descriptio chorographica. Hrsg. u. komm. von Peter Aufgebauer... - Bielefeld: Verl. für Regionalgeschichte 2001, p.55-64, 1 ill. (Veröffentlichungen des Instituts für Historische Landesforschung der Universität Göttingen ; 41) ISBN 3-89534-391-9

3447
Christ, Andreas: ALKIS in Niedersachsen. In: Nachrichten der Niedersächsischen Vermessungs- und Katasterverwaltung : VKV. 51, 2001, 1, p.9-15, 1 tab.

3448
Claußen, Ute; Goedecke, Manfred; Metzlaff, Gabriele: Bodengesellschaftskarte Berlin. In: GIS und Kartographie im Umweltbereich. Gabriele Braun,Reiner Buzien, Theodor Wintges (Hrsg.). - Heidelberg: Wichmann 2001, p.28-32.
ISBN 3-87907-356-2

3449
Color-Infrarot-Biotoptypen- und Landnutzungskartierung : Freistaat Sachsen, Landesamt für Umwelt und Geologie. Bearb.: Günter Frietsch. - Dresden: Sächsisches Landesamt für Umwelt u. Geologie 2000, 1 CD-ROM. (Materialien zu Naturschutz und Landschaftspflege) [Elektronische Ressource]

3450
Cordes, Volker: Die ALK-Berlin - von der Datensammlung zum Informationssystem. In: 125 Jahre Berliner Vermessungsverwaltung 1876-2001. [Hrsg.: Senatsverwaltung für Stadtentwicklung, Abt. III, Geoinformation, Vermessung, Wertermittlung. Red.: Anette Blaser. - Berlin: Senatsverwaltung für Stadtentwicklung 2001, p.49-53, 3 ill.

3451
Corpus der älteren Germania-Karten : ein annotierter Katalog der gedruckten Gesamtkarten des deutschen Raumes von den Anfängen bis um 1650. Peter H. Meurer. - Alphen aan den Rijn: Canaletto 2001, [Karten-Bd.] 156 p., mp. [Text-Bd.] XII, 504 p., ill., mp. ISBN 90-6469-756-6

3452
Damoiseaux, Thomas: Possible uses of InSAR data in high-mountain cartography. In: High mountain cartography 2000 : proceedings of the Second Symposium of the Commission on Mountain Cartography of the International Cartographic Association held at the Alpine Centre, Rudolfshütte 2315 m, Austria from 29 March to 2 April 2000. Ed. by Manfred F. Buchroithner. - Dresden: Inst. for Cartography, Dresden Univ. of Technology [u.a.] 2000, p.17-28, 30 ill., 1 tab. (Kartographische Bausteine ; 18) ISBN 3-86005-265-9

3453
Dietl, Hans: Kloster Steinheim Generalplan : unbekannter Klosterplan aufgetaucht. In: Hie gut Württemberg. 49, 1998, p.11-14.

3454
Dinter, Georg; Illner, Michael: Höhenbestimuung mit GPS am Beispiel von Pilotprojekten aus Baden-Württemberg. In: GPS-Trends und Realtime-Anwendungen : Beiträge zum 52. DVW-Seminar am 5. und 6. Juni 2000 an der Fachhochschule Stuttgart. Red.: Wolfgang Huep. - Stuttgart: Wittwer 2001, p.88-110, 4 ill., 3 tab. (Schriftenreihe des DVW ; 41) ISBN 3-87919-276-6

3455
Dodt, Jürgen: 50 Jahre Deutsche Gesellschaft für Kartographie - Persistenz und Wandel. In: Kartographische Nachrichten. 51, 2001, 1, p.3-8.

3456
Dodt, Jürgen: 50 Jahre Städte-Verlag. In: Kartographische Nachrichten. 51, 2001, p.172, 1 ill. ISSN 0022-9164

3457
Dolz, Wolfram: Beschreibung des Erdglobus von Willem Janszoon Blaeu im Stadtgeschichtlichen Museum Leipzig. In: Leipzig im Kartenbild. Hrsg. von der Stadt Leipzig, der Oberbürgermeister, Stadtarchiv [Red. Beate Berger...]. - Leipzig: Leipziger Univ.-Verl. 2001, p.47-49. (Leipziger Kalender, Sonderband, 2001 ; 1) ISBN 3-935693-10-2

3458
Ebner, Carola; Knab, Jürgen; Rabe, Hans Dieter: Punktverwaltung in den hessischen Katasterämtern. In: Allgemeine Vermessungs-Nachrichten. 108, 2001, 1, p.16-21, 9 ill. [With Engl. rés.]

3459
Ebner, Walter: Ortsplan von Altshausen : verkleinerter Ausschnitt der Stemmerschen Karte von 1766. In: Beiträge zur Kulturgeschichte von Altshausen und Umgebung. 22, 1999, p.25-[32].

3460
Eckelmann, Wolf and others; Hoppe, Achim: Bodenübersichtskarten der Bundesrepublik Deutschland. In: GIS und Kartographie im Umweltbereich. Gabriele Braun, Reiner Buzien, Theodor Wintges (Hrsg.). - Heidelberg: Wichmann 2001, p.9-27, 1 tab. ISBN 3-87907-356-2

3461
Eggert, Rita: Urheberrechtschutz bei Landkarten. - Baden-Baden: Nomos-Verlags-Gesellschaft 1999, 294 p. (Nomos-Universitätsschriften : Recht ; 328) [1. Aufl.] [Zugl.: Bremen, Univ. Diss., 1998] ISBN 3-7890-6235-9

3462
Ellenberg, Karl-Heinz: Geologische Landesaufnahme am Beispiel der vulkanologischen Spezialkarte der Wasserkuppenrhön 1 : 15 000. In: Jahresbericht 2000 des Hessischen Landesamtes für Umwelt und Geologie. - Wiesbaden 2001, p.89-95, 7 ill.

3463
Endrullis, Manfred: Bundesweite Geodatenbereitstellung durch das Bundesamt für Kartographie und Geodäsie (BKG). In: ATKIS - Stand und Fortführung : Beiträge zum 51. DVW-Seminar am 25. und 26. September 2000 an der Unversität Rostock. Red. u. Seminarleiter: Ralf Bill u. Frank Schmidt. - Stuttgart: Wittwer 2000, p.39-52, 2 tab. (Schriftenreihe des DVW ; 39) ISBN 3-87919-273

3464
Endrullis, Manfred; Hoppe, Achim: Geobasisdaten vom Geodatenzentrum des Bundesamtes für Kartographie und Geodäsie als Grundlage von Umweltprojekten. In: GIS und Kartographie im Umweltbereich. Gabriele Braun, Reiner Buzien, Theodor Wintges (Hrsg.). - Heidelberg: Wichmann 2001, p.3-8, 1 tab. ISBN 3-87907-356-2

3465
Erlbruch, Klaus: Fortführung der DGK 5 beim Ennepe-Ruhr-Kreis mit dem Programm RoSy Geo Editor : ein Erfahrungsbericht. In: Kartographische Nachrichten. 51, 2001, p. 248-250, 2 ill.
ISSN 0022-9164

3466
Feinen, Jörg; Kuprion, Markus: Schritt für Schritt : Die Entwicklung des kommunalen GIS im Landkreis Offenbach. In: GeoBIT : das Magazin für raumbezogene Informationstechnologie. 6, 2001, p.34-36, 3 ill.
ISSN 1430-3663

3467
Finsterwalder, Rüdiger: Genauigkeit und Maßstab der Nürnbergkarte Etzlaubs von 1492. In: Mitteilungsblatt / Deutscher Verein für Vermessungswesen (DVW), Landesverein Bayern e.V. 53, 2001, p.431-435, 2 ill. ISSN 0723-6336

3468
Fischer, Hanspeter: "Viel haimliche Sachen offenbart" : die Wolfegger Landtafel wird jetzt dem Kartografen Daniel Beich zugeschrieben. In: Beiträge zur Landeskunde von Baden-Württemberg. 2000, p.16-19.
ISSN 0408-8492

3469
Frankenberger, Josef: Verantwortung und Subsidiarität - der Bayerische Weg im Vermessungswesen. In: Zeitschrift für Vermessungswesen. 126, 2001, 4, p.214-218, 2 ill.

3470
Friedlein, Günter: Leipziger Wissenschaftspreis für den deutschen Nationalatlas. In: Kartographische Nachrichten. 51, 2001, 3, p.158.

3471
Fritzsche, Andreas; Spring, Markus: Free-Software Lösung zur medienübergreifenden Präsentation von Raum- und Umweltinformationen mit WebMapping und XML - realisiert im Digitalen REgional Atlas München DREAM : Beiträge zum 6. Symposium zur Rolle der Informationstechnologie in der und für die Raumplanung, Februar 14-16, 2001 [Tagungsband] = Computer aided spatial planning. In: Computergestützte Raumplanung : Beiträge zum 6. Symposium zur Rolle der Informationstechnologie in der und für die Raumplanung, Februar 14-16, 2001 [Tagungsband] = Computer aided spatial planning. Hrsg. von Manfred Schrenk. - Wien: Institut für EDV-gestützte Methoden in Architektur u. Raumplanung d. Techn. Univ. Wien 2001, Bd.1, p.83-86, 3 ill. [Bd.1.2.]

3472
Fuchs, Achim: Die Entstehung des Topographischen Büros 1801 in München. In: Zeitschrift für Vermessungswesen : ZfV. 126, 2001, 4, p.218-224, 3 ill.

3473
Fuchs, Achim: Wie alles begann. In: 200 Jahre Bayerische Vermessungsverwaltung : 1801-2001 ; es ist ein Maß in allen Dingen. [Hrsg.: Bayer. Staatsministerium der Finanzen, Abt. Vermessung, Informations-u. Kommunikationstechnik...Red.: Karlheinz Goller, Josef Klapf]. - München: Bayer. Landesvermessungsamt 2001, p.26-37, 6 ill. ISBN 3-935612-01-X

3474
Fuhrmann, Sven; Kraak, Menno-Jan: Geovisualisierung : Einführung in das Thema. In: Kartographische Nachrichten. 51, 2001, p.173-175. ISSN 0022-9164

3475
Gerloff, Ingo: 125 Jahre preußische Katasterämter in Niedersachsen : Jubiläumstage vom 4. bis 18. Mai 12001 in Göttingen und Northeim. In: Nachrichten der Niedersächsischen Vermessungs- und Katasterverwaltung. 51, 2001, p.4-7, 2 ill.

3476
Gewässerstrukturgüte in Nordrhein- Westfalen : Anleitung für die Kartierung mittelgroßer bis großer Fließgewässer. [Erarb. von Günther Friedrich...]. - Essen 2001, 152 p., ill., mp. (Landesumweltamt Nordrhein-Westfalen / Merkblätter ; 26) [1. Aufl.]

3477
Gläßl, Helmut: Flurkarte 98 : Rasterdaten der Flurkarte flächendeckend für Bayern. In: 15. Informationsveranstaltung 2001 der Bayerischen Vermessungsverwaltung am Mittwoch, dem 04. April 2001 in der Technischen Universität München. Hrsg. vom Bayerischen Landesvermessungsamt... - [München] 2001, p.109-114, ill.

3478
Gleixner, Heinrich: Geo Online : Geodaten in der High-Tech-Offensive der Bayerischen Staatsregierung. In: 15. Informationsveranstaltung 2001 der Bayerischen Vermessungsverwaltung am Mittwoch, dem 04. April 2001 in der Technischen Universität München. Hrsg. vom Bayerischen Landesvermessungsamt... - [München] 2001, p.53-61, 7 ill.

3479
Görner, Gunter: Alte Thüringer Landkarten 1550-1750 und das Wirken des Kartographen Adolar Erich. - Bad Langensalza: Rockstuhl 2001, 176 p., ill., mp. ISBN 3-934748-83-X]

3480
Gräf, Holger Th.: Eine unbekannte Ansicht von Leipzig aus dem Jahre 1633. In: Leipzig im Kartenbild. Hrsg. von der Stadt Leipzig, der Oberbürgermeister, Stadtarchiv [Red. Beate Berger...]. - Leipzig: Leipziger Univ.-Verl. 2001, p.17-22, 1 ill. (Leipziger Kalender, Sonderband, 2001 ; 1) ISBN 3-935693-10-2

3481
Gränitz, Frauke: Die Flurkrokis/Flurcroqis (Flurübersichtskarten) in Sachsen, dargestellt am Beispiel Großzschocher. In: Leipzig im Kartenbild. Hrsg. von der Stadt Leipzig, der Oberbürgermeister, Stadtarchiv [Red. Beate Berger...]. - Leipzig: Leipziger Univ.-Verl. 2001, p.73-79, 3 ill. (Leipziger Kalender, Sonderband, 2001 ; 1) ISBN 3-935693-10-2

3482
Gräwer, Horst-Dieter: Höhenfestpunktfeld und Höhenbestimmung in Berlin. In: 125 Jahre Berliner Vermessungsverwaltung 1876-2001. [Hrsg.: Senatsverwaltung für Stadtentwicklung, Abt. III, Geoinformation, Vermessung, Wertermittlung. Red.: Anette Blaser. - Berlin: Senatsverwaltung für Stadtentwicklung 2001, p.39-43, 2 ill.

3483
Grütter, Thomas: Erdgasnetz im Überblick. In: GeoBIT : das Magazin für raumbezogene Informationstechnologie. 6, 2001, 2, p.18-19, 2 ill.

3484
Gültlinger, Manfred; Schleyer, Andreas; Spohrer, Michael: Flächendeckendes, hochgenaues DGM von Baden-Württemberg. In: Mitteilungsblatt / Deutscher Verein für Vermessungswesen (DVW), Landesverein Baden-Württemberg. 48, 2001, p.73-77, 3 ill. ISSN 0940-2942

3485
Günther, Gisbert; Feldhaus, Dieter: Geo-SABIS - Das Bodeninformationssystem für Sachsen-Anhalt. In: Das Geologische Landesamt Sachsen-Anhalt : 10 Jahre Partner von Behörden, der Wirtschaft und Öffentlichkeit für geowissenschaftliche Fragestellungen : Tätigkeitsbericht 2000. - Halle: Geologisches Landesamt Sachsen-Anhalt 2000, p.23-31, 7 ill., 1 tab. (Mitteilungen zur Geologie von Sachsen-Anhalt, Beiheft ; 4)

3486
Günther, Thomas: Aktualisierung des ATKIS-Basislandschaftsmodells mittels GPS und Pentop. In: ATKIS - Stand und Fortführung : Beiträge zum 51. DVW-Seminar am 25. und 26. September 2000 an der Unversität Rostock. Red. u. Seminarleiter: Ralf Bill u. Frank Schmidt. - Stuttgart: Wittwer 2000, p.103-105. (Schriftenreihe des DVW ; 39)
ISBN 3-87919-273

3487
Hampp, Dieter; Lindenthal, Franz: Die Flurkarte erobert den PC : der Einsatz der interaktiven Grafik bei der Bayerischen Vermessungsverwaltung. In: 200 Jahre Bayerische Vermessungsverwaltung : 1801-2001 ; es ist ein Maß in allen Dingen. [Hrsg.: Bayer. Staatsministerium der Finanzen, Abt. Vermessung, Informations- u. Kommunikationstechnik...Red.: Karlheinz Goller, Josef Klapf]. - München: Bayer. Landesvermessungsamt 2001, p.238-245, 8 ill. ISBN 3-935612-01-X

3488
Harbeck, Rolf: Das topographische Geoinformationssystem ATKIS : Stand und Entwicklung aus Sicht der AdV. In: ATKIS - Stand und Fortführung : Beiträge zum 51. DVW-Seminar am 25. und 26. September 2000 an der Unversität Rostock. Red. u. Seminarleiter: Ralf Bill u. Frank Schmidt. - Stuttgart: Wittwer 2000, p.9-21. (Schriftenreihe des DVW ; 39)
ISBN 3-87919-273

3489
Harbeck, Rolf: Datenbasis für Geoanwendungen : Zum Stand des Geoinformationssystems ATKIS aus Sicht der AdV. In: GeoBIT : das Magazin für raumbezogene Informationstechnologie. 6, 2001, 2, p.24-26, 3 ill.

3490
Harneid, Kirsten; Oswald, Manfred: Liegenschaftsvermessung im Land Brandenburg : Erläuterung der Verwaltungsvorschrift zur Durchführung von Liegenschaftsvermessungen (Liegenschaftsvermessungsvorschrift - VVLiegVerm). - Potsdam 2001, Getr. Zählung, ill. [Fassung vom September 2001]

3491
Hartmann, Jens; Heil, Christian; Seuß, Robert: Pilothafte Realisierung des ALKIS/ATKIS-Datenmodells zur Abbildung bestehender und zukünftiger Anforderungen der Geodatenhaltung in der Hessischen Kataster- und Vermessungsverwaltung - Teil II. In: Allgemeine Vermessungs-Nachrichten. 108, 2001, 4, p.138-149, 8 ill., 4 tab.

3492
Hecht, Alice: Vorstellung historischer Garten- und Vogelschaupläne aus dem Bestand der Karten-und Stadtplansammlung des Stadtgeschichtlichen Museums Leipzig. In: Leipzig im Kartenbild. Hrsg. von der Stadt Leipzig, der Oberbürgermeister, Stadtarchiv [Red. Beate Berger...]. - Leipzig: Leipziger Univ.-Verl. 2001, p.51-61, 2 ill. (Leipziger Kalender, Sonderband, 2001 ; 1)
ISBN 3-935693-10-2

3493
Heyl, Enriko; Klarner, Robert: Im Osten viel Neues : Die Treuhand Liegenschaftsgesellschaft baut auf GIS. In: GeoBIT : das Magazin für raumbezogene Informationstechnologie. 6, 2001, 4, p.14-16, 4 ill.

3494
Historische Geographie und Kulturlandschaftsforschung : Beiträge zum Gedenkkolloqium für Dr. Eginhard Wegner am 4. Mai 2001 in Greifswald. Hrsg. von Reinhard Zölitz-Möller. - Greifswald: Ernst-Moritz-Arndt-Univ. 2001, 109 p., ill., mp. (Greifswalder geographische Arbeiten ; 22) ISBN 3-86006-177-X

3495
Historische Karten im Spiegel der Zeit : die Staatlichen Vermessungsämter in Plochingen und Nürtingen geben interessante Einblicke. In: Zwischen Alb und Fildern. 1998, p.33.

3496
Hochmuth, Enrico: Die Industrie- und Gewerbeausstellung 1897 und ausgewählte kartographische Quellen. In: Leipzig im Kartenbild. Hrsg. von der Stadt Leipzig, der Oberbürgermeister, Stadtarchiv [Red. Beate Berger...]. - Leipzig: Leipziger Univ.-Verl. 2001, p. 89-94, 2 ill. (Leipziger Kalender, Sonderband, 2001 ; 1) ISBN 3-935693-10-2

3497
Hoffmann, Klaus; Donath, Siegfried: Erneuerung eines Festpunktfeldes im Bereich der Landesgrenze von Rheinland-Pfalz und Baden-Württemberg. In: Nachrichtenblatt der Vermessungs- und Katasterverwaltung Rheinland-Pfalz. 44, 2001, 1, p.17-27, 3 ill., 3 tab.

3498
Hübner, Wolfgang: Umsetzung und Fortführung von Daten der bayerischen Flurkarte. In: Fachvorträge : XI. Internationale Geodätische Woche Obergurgl 2001. - Innsbruck: Institut für Geodäsie d. Univ. Innsbruck 2001, p.187-189. (Institut für Geodäsie, Leopold-Franzens-Universität Innsbruck / Institutsmitteilungen ; 19)

3499
Illert, Andreas: Die Herstellung des ATKIS-DLM250 am Bundesamt für Kartographie. In: Tagung 2000 : Arbeitsgruppe Automation in der Kartographie / Bundesanstalt für Kartographie und Geodäsie. - Frankfurt am Main: Verl. d. Bundesamtes für Kartographie u. Geodäsie 2001, p. 39-50, 4 ill., 3 tab. (Mitteilungen des Bundesamtes für Kartographie und Geodäsie ; 20) ISBN 3-88648-306-1

3500
Illert, Andreas: The Authoritative German Topographic-Cartographic Information System (Amtliches Topographisch- Kartographisches Informationssystem ATKIS). In: Second International Symposium on Geographical Names, GeoNames 2000, Frankfurt am Main, 28-30 March 2000. Ed. by the Ständiger Ausschuss für Geographische Namen (StAGN), comp. by Jörn Sievers. - Frankfurt am Main: Verl. d. Bundesamtes für Kartographie u. Geodäsie 2000, p.81-85, 3 ill. (Mitteilungen des Bundesamtes für Kartographie und Geodäsie ; 19) ISBN 3-88648-292-8

3501
Jacob, Frank-Dietrich: Die älteste Ansicht der Stadt Leipzig von 1536/37. In: Leipzig im Kartenbild. Hrsg. von der Stadt Leipzig, der Oberbürgermeister, Stadtarchiv [Red. Beate Berger...]. - Leipzig: Leipziger Univ.-Verl. 2001, p.5-15, 1 ill. (Leipziger Kalender, Sonderband, 2001 ; 1) ISBN 3-935693-10-2

3502
Jäger, Ernst: ATKIS - Modell und kartographische Generalisierung. In: ATKIS - Stand und Fortführung : Beiträge zum 51. DVW-Seminar am 25. und 26. September 2000 an der Unversität Rostock. Red. u. Seminarleiter: Ralf Bill u. Frank Schmidt. - Stuttgart: Wittwer 2000, p.23-29. (Schriftenreihe des DVW ; 39)
ISBN 3-87919-273

3503
Jauslin, Xaver: L'oeuvre des ingénieurs géographes français en Allemagne, de la guerre de succession d'Autriche à la guerre de sept ans (1741-1763). In: Bulletin du Comité Français de Cartographie. 167, 2001, p.19-26, 4 ill.

3504
Kahlfuß, Hans-Jürgen: Geschichte der amtlichen Kartographie der Herrschaft Schmalkalden. - Erfurt: Thüringer Landesvermessungsamt 2001, 113 p., ill., mp. (Hessische Forschungen zur geschichtlichen Landes- und Volkskunde ; 38)
ISBN 3-86140-268-8

3505
Karten und Raumbezugsdaten der Stadt Nürnberg. [Hrsg.: Stadt Nürnberg, Arbeitsgruppe Kommunales Rauminformationssystem (AGKRIS)]. - Nürnberg: Stadt Nürnberg, Arbeitsgruppe AGKRIS c/o Amt für Organisation u. Informationsverarbeitung 1999, [46] p. [1. Aufl.]

3506
Kartographische Sammlungen in Berlin : Geschichte, Standorte, Informationen. Hrsg. von Lothar Zögner. - Gotha: Perthes 2001, 127 p., ill., mp. (Kartensammlung und Kartendokumentation ; 12)
ISBN 3-623-00436-7

3507
Kern, F.-J.; Leibundgut, Ch.: GIS für den Hydrologischen Atlas von Deutschland. In: Wasserbewirtschaftung im neuen Jahrtausend : Grundwasser - Oberflächenwasser - Geoinformationssysteme. Hrsg.: H.-H. Diersch, S. Kaden, T. Michels. - Berlin: Verl. für Bauwesen 2001, p.234-240, 2 ill. [Tagungsband] ISBN 3-345-00789-4

3508
Kittelberger, Carmen; Heinrich, Uwe: Aktualisierung und Anpassung von Geobasisdaten - am Beispiel des Umweltinformationssystems von Berlin. In: Geo-Informations-Systeme : GIS. 14, 2001, p.28-32, 6 ill. [With Germ. and Engl. rés.]
ISSN 1430-3663

3509
Kleiner, Carsten; Lipek, Udo W.; Falke, Stephan: Objekt-Relationale Datenbanken zur Verwaltung von ATKIS-Daten. In: ATKIS - Stand und Fortführung : Beiträge zum 51. DVW-Seminar am 25. und 26. September 2000 an der Unversität Rostock. Red. u. Seminarleiter: Ralf Bill u. Frank Schmidt. - Stuttgart: Wittwer 2000, p.153-167, 3 ill. (Schriftenreihe des DVW ; 39) ISBN 3-87919-273

3510
Knips, Udo: Anwendung von ATKIS-Daten : Beispiele aus dem Projekt KRIS bei den Landkreisen Osnabrück und Emsland. In: ATKIS - Stand und Fortführung : Beiträge zum 51. DVW-Seminar am 25. und 26. September 2000 an der Universität Rostock. Red. u. Seminarleiter: Ralf Bill u. Frank Schmidt. - Stuttgart: Wittwer 2000, p.147-152, 3 ill. (Schriftenreihe des DVW ; 39) ISBN 3-87919-273

3511
Koch, Günther: Topographische Kartographie am Bayerischen Landesvermessungs-

amt. In: Mitteilungsblatt / Deutscher Verein für Vermessungswesen, Landesverein Bayern. 53, 2001, 2, p.223-246, 10 ill.

3512
Koch, Wolf Günther: Aktuelle Probleme der kartographischen Teminologie in Deutschland. In: Theorie 2000 : Vorträge des Kartographischen Symposiums am 17./18. November 2000 an der TU Dresden. Hrsg. von Günther Koch [Technische Universität Dresden, Institut für Kartographie]. - Dresden: Institut für Kartographie 2001, p.15-21. (Kartographische Bausteine ; Bd. 16)

3513
Koll, Karin: Denkmale geschützt - Wirtschaft unterstützt. In: GeoBIT : das Magazin für raumbezogene Informationstechnologie. 6, 2001, p.19-21, 3 ill.
ISSN 1430-3663

3514
Koll, Karin: Energie freigesetzt : Modernisierung der Planauskunft bei den Stadtwerken Garbsen. In: GeoBIT : das Magazin für raumbezogene Informationstechnologie. 6, 2001, 2, p.22-23, 1 ill.

3515
Kollmuß, Helmut: Aktualisierung des ATKIS-Basis-DLM in Bayern. In: ATKIS - Stand und Fortführung : Beiträge zum 51. DVW-Seminar am 25. und 26. September 2000 an der Unversität Rostock. Red. u. Seminarleiter: Ralf Bill u. Frank Schmidt. - Stuttgart: Wittwer 2000, p.107-114, 2 ill. (Schriftenreihe des DVW ; 39)
ISBN 3-87919-273

3516
Konrad, Christoph; Hoffmann, Klaus; Kück, Jens: Gewusst wo. : Ein Standortinformationssystem für die Region Nordschwarzwald. In: GeoBIT : das Magazin für raumbezogene Informationstechnologie. 6, 2001, 1, p.15-17, 3 ill.

3517
Kosmann, D. and others: DEM und Radarprodukte des Deutschen Fernerkundungsdatenzentrum der DLR (DFD). In: Tagung 2000 : Arbeitsgruppe Automation in der Kartographie / Bundesanstalt für Kartographie und Geodäsie. - Frankfurt am Main: Verl. d. Bundesamtes für Kartographie u. Geodäsie 2001, p. 51-58, 14 ill., 1 tab. (Mitteilungen des Bundesamtes für Kartographie und Geodäsie ; 20)
ISBN 3-88648-306-1

3518
Kramer, Manfred: Die Ableitung von Bodenfunktionskarten aus dem Fachinformationssystem Boden auf der Grundlage der Bodenkarte 1 : 50 000 des Freistaates Sachsen. - Dresden: Techn. Univ., Inst. für Geographie 2001, 109 p., mp. + 2 mp.-suppl. (Dresdener geographische Beiträge ; 8)

3519
Landshut ins Bild gesetzt : Karten und Ansichten vom 16. bis zum 20. Jahrhundert [Eine Ausstellung der Museen der Stadt Landshut im Museum im Kreuzgang vom 12. Mai bis 28. Oktober 2001]. - Landshut: Museen der Stadt Landshut 2001, 293 p., ill., mp. (Schriften aus den Museen der Stadt Landshut ; 9) ISBN 3-924943-26-5

3520
Leidel, Gerhard: Die amtliche Kartographie in Bayern von 1473-1801. In: 200 Jahre Bayerische Vermessungsverwaltung : 1801-2001 ; es ist ein Maß in allen Dingen. [Hrsg.: Bayer. Staatsministerium der Finanzen, Abt. Vermessung, Informations-u. Kommunikationstechnik...Red.: Karlheinz Goller, Josef Klapf]. - München: Bayer. Landesvermessungsamt 2001, p.108-119, 5 ill. ISBN 3-935612-01-X

3521
Leipzig im Kartenbild. Hrsg. von der Stadt Leipzig, der Oberbürgermeister, Stadtarchiv [Red. Beate Berger...]. - Leipzig: Leipziger Univ.-Verl. 2001, 210 p., ill., mp. (Leipziger Kalender, Sonderband, 2001 ; 1) ISBN 3-935693-10-2

3522
Lippert, Kathrin: Informationsgewinnung für Naturschutz und Biotopkartierung : Luftbild kontra Satellit. In: Naturschutz und Fernerkundung : Referate der gleichnamigen Tagung des Arbeitskreises "Interpretation von Fernerkundungsdaten" der DGPF und des Bundesamtes für Naturschutz 11.-12. Mai 2000, INA, Insel Vilm. Cornelia Gläßer (Bearb.). - Bonn: BFN 2001, p.33-42, 3 ill., 1 tab. (BfN-Skripten ; 42)

3523
Lössin, Rolf; Weber, Jürgen: Arbeitsverfahren zur ATKIS - Datenerfassung in Schleswig-Holstein. In: ATKIS - Stand und Fortführung : Beiträge zum 51. DVW-Seminar am 25. und 26. September 2000 an der Unversität Rostock. Red. u. Seminarleiter: Ralf Bill u. Frank Schmidt. - Stuttgart: Wittwer 2000, p.39-52, 2 tab. (Schriftenreihe des DVW ; 39) ISBN 3-87919-273

3524
Lom, Otto von: Geodatenaktualisierung. In: ATKIS - Stand und Fortführung : Beiträge zum 51. DVW-Seminar am 25. und 26. September 2000 an der Unversität Rostock. Red. u. Seminarleiter: Ralf Bill u. Frank Schmidt. - Stuttgart: Wittwer 2000, p.31-37. (Schriftenreihe des DVW ; 39) ISBN 3-87919-273

3525
Lonsdorfer, Klaus; Morawietz, Toni: Erfassung, Fortführung und Präsentation von ATKIS-Daten beim LKVK Saarland. In: ATKIS - Stand und Fortführung : Beiträge zum 51. DVW-Seminar am 25. und 26. September 2000 an der Unversität Rostock. Red. u. Seminarleiter: Ralf Bill u. Frank Schmidt. - Stuttgart: Wittwer 2000, p.93-102, 2 tab. (Schriftenreihe des DVW ; 39) ISBN 3-87919-273

3526
Luckhardt, Thomas: Das Amtliche Topographisch-Kartographische Informationssystem ATKIS. In: 125 Jahre Berliner Vermessungsverwaltung 1876-2001. [Hrsg.: Senatsverwaltung für Stadtentwicklung, Abt. III, Geoinformation, Vermessung, Wertermittlung. Red.: Anette Blaser. - Berlin: Senatsverwaltung für Stadtentwicklung 2001, p.67-70, 3 ill.

3527
Luckhardt, Thomas: Herstellung und Herausgabe der Landeskartenwerke - eine öffentliche Aufgabe. In: 125 Jahre Berliner Vermessungsverwaltung 1876-2001. [Hrsg.: Senatsverwaltung für Stadtentwicklung, Abt. III, Geoinformation, Vermessung, Wertermittlung. Red.: Anette Blaser. - Berlin: Senatsverwaltung für Stadtentwicklung 2001, p.49-53, 3 ill.

3528
Ludwig, Robert: Das Liegenschaftskataster auf dem Weg zum Geoinformationssystem. In: 200 Jahre Bayerische Vermessungsverwaltung : 1801-2001 ; es ist ein Maß in allen Dingen. [Hrsg.: Bayer. Staatsministerium der Finanzen, Abt. Vermessung, Informations-u. Kommunikationstechnik... Red.: Karlheinz Goller, Josef Klapf]. - München: Bayer. Landesvermessungsamt 2001, p.200-211, 5 ill. ISBN 3-935612-01-X

3529
Markus, Frank: Zwischen Tradition und Moderne : Das Internet-GIS der Stadt

Sindelfingen. In: GeoBIT : das Magazin für raumbezogene Informationstechnologie. 6, 2001, 4, p.20-21, 3 ill.

3530
Matzke, Wilfried; Schmauß, Harald: Bestseller Stadtplan : Die Stadt Augsburg vermarktet ein amtliches Kartenwerk. In: Geo BIT : das Magazin für raumbezogene Informationstechnologie. 6, 2001, 5, p.16-18, 3 ill.

3531
Mayr, Alois: Der Nationalatlas Bundesrepublik Deutschland : ein Großprojekt des Instituts für Länderkunde. In: Leipzig im Kartenbild. Hrsg. von der Stadt Leipzig, der Oberbürgermeister, Stadtarchiv [Red. Beate Berger...]. - Leipzig: Leipziger Univ.-Verl. 2001, p.149-160, 2 ill. (Leipziger Kalender, Sonderband, 2001 ; 1) ISBN 3-935693-10-2

3532
Mayr, Alois: Leipzig - ein Zentrum der Geographie und Kartographie. In: Kartographische Nachrichten. 51, 2001, p.292-295.

3533
Meinel, Gotthard; Reder, Johannes: IKONOS-Satellitenbilddaten - ein erster Erfahrungsbericht. In: Kartographische Nachrichten. 51, 2001, 1, p.40-46, 6 ill., 6 tab.

3534
Mellinger, Johannes: Atlas des Fürstentums Lüneburg um 1600 : [Ernst Schubert zum 60. Geburtstag] = Lunæburgici Ducatus accurata et exquisita descriptio chorographica. In: Atlas des Fürstentums Lüneburg um 1600 : [Ernst Schubert zum 60. Geburtstag] = Lunæburgici Ducatus accurata et exquisita descriptio chorographica. Hrsg. u. komm. von Peter Aufgebauer... - Bielefeld: Verl. für Regionalgeschichte 2001, 105, 46 p., ill., 2 mp. (Veröffentlichungen des Instituts für Historische Landesforschung der Universität Göttingen ; 41) ISBN 3-89534-391-9

3535
Möbes, Andreas: Die Kartierung von Bergbau- und Siedlungsböden in Sachsen-Anhalt (Stand und Perspektiven). In: Das Geologische Landesamt Sachsen-Anhalt : 10 Jahre Partner von Behörden, der Wirtschaft und Öffentlichkeit für geowissenschaftliche Fragestellungen : Tätigkeitsbericht 2000. - Halle: Geologisches Landesamt Sachsen-Anhalt 2000, p.65-74, 18 ill. (Mitteilungen zur Geologie von Sachsen-Anhalt, Beiheft ; 4)

3536
Mohr, Frank; Stentzel, Gregor: Landkarten - Zeitbilder : Rostock und Umgebung im Wandel der Zeit ; Anmerkungen zu Karten aus fünf Jahrhunderten. - Bremen: Ed. Themmen 2001, [63] Bl., ill., mp. ISBN 3-86108-781-2

3537
Müller, A. and others: Einsatz von GIS zur Erstellung bundesweiter hydrogeologischer Kartenwerke im "Hydrologischen Atlas von Deutschland". In: Wasserbewirtschaftung im neuen Jahrtausend : Grundwasser - Ober-flächenwasser - Geoinformationssysteme. Hrsg.: H.-H. Diersch, S. Kaden, T. Michels. - Berlin: Verl. für Bauwesen 2001, p.246-254, 6 ill., 1 tab. [Tagungsband] ISBN 3-345-00789-4

3538
Müller, Bernd; Pazmandy, Mark: GIS à la carte : Digitalisierung analoger Bestandspläne als Basis eines Abwasserkatasters. In: GeoBIT : das Magazin für raumbezogene Informationstechnologie. 6, 2001, 1, p.28-29, 2 ill.

3539
Müller, Markus: Verfahren der digitalen Reliefanalyse und Satellitenbildauswertung für die Bodenkartierung des Zielmaßstabes 1: 50000 am Beispiel des Blattes Könnern. In: Photogrammetrie, Fernerkundung, Geoinformation. 2001, 2, p.91-105, 7 ill., 4 tab.

3540
Musterblatt für die Topographische Karte 1 : 50.000 : Gemeinsames zivil-militärisches Kartenwerk. Landesvermessungsamt Baden-Württemberg i. Auftr. d. Arbeitsgemeinschaft d. Länder d. Bundesrepublik Deutschland. - Stuttgart 2001, 62, IV, 6 p., ill., mp. + 2 suppl. [Nebent.: Musterblatt Topographische Karte 1 : 50.000]

3541
Nagel, Günter: Die Basis von Charles Rigobert Marie Bonne. In: Mitteilungsblatt / Deutscher Verein für Vermessungswesen, Landesverein Bayern. 53, 2001, 2, p.193-207, 3 ill.

3542
Neitzert, Dieter: Die Darstellung des Fürstentums Lüneburg im Atlas des Johannes Mellinger. In: Atlas des Fürstentums Lüneburg um 1600 : [Ernst Schubert zum 60. Geburtstag] = Lunæburgici Ducatus accurata et exquisita descriptio chorographica. Hrsg. u. komm. von Peter Aufgebauer... - Bielefeld: Verl. für Regionalgeschichte 2001, p.45-49, 1 ill. (Veröffentlichungen des Instituts für Historische Landesforschung der Universität Göttingen ; 41) ISBN 3-89534-391-9

3543
Niepagen, Sibyll: Die Ableitung der Digitalen Topographischen Karte im Maßstab 1 : 10 000 (DTK 10) aus ATKIS-DLM-Basis2 und -DGM 25. In: ATKIS - Stand und Fortführung : Beiträge zum 51. DVW-Seminar am 25. und 26. September 2000 an der Unversität Rostock. Red. u. Seminarleiter: Ralf Bill u. Frank Schmidt. - Stuttgart: Wittwer 2000, p.117-123. (Schriftenreihe des DVW ; 39) ISBN 3-87919-273

3544
Nommel, Jens Ulrich: Das geografische Muster der Kriminalität : Eine GIS-Analyse zur Identifizierung kriminogener Faktoren. In: GeoBIT : das Magazin für raumbezogene Informationstechnologie. 6, 2001, p.29-31, 4 ill. ISSN 1430-3663

3545
Ohainski, Uwe: Die Ausfertigung des Änteratlasses von Johannes Mellinger. In: Atlas des Fürstentums Lüneburg um 1600 : [Ernst Schubert zum 60. Geburtstag] = Lunæburgici Ducatus accurata et exquisita descriptio chorographica. Hrsg. u. komm. von Peter Aufgebauer... - Bielefeld: Verl. für Regionalgeschichte 2001, p.51-54. (Veröffentlichungen des Instituts für Historische Landesforschung der Universität Göttingen ; 41) ISBN 3-89534-391-9

3546
Palaschewski, Thomas: Die Militärgeographische Stelle Wehrbereich VII. In: Leipzig im Kartenbild. Hrsg. von der Stadt Leipzig, der Oberbürgermeister, Stadtarchiv [Red. Beate Berger...]. - Leipzig: Leipziger Univ.-Verl. 2001, p.129-133, 3 ill. (Leipziger Kalender, Sonderband, 2001 ; 1) ISBN 3-935693-10-2

3547
Penzkofer, Markus and others: Untersuchungen zur Genauigkeitsanalyse von Alpenvereinskarten. In: Zeitschrift für

Vermessungswesen. 126, 2001, 1, p.5-10, 1 ill., 1 tab.

3548
Perchermeier, Georg: Ohne EDV geht nichts mehr : Innendienst am Vermessungsamt - gestern, heute und morgen. In: 200 Jahre Bayerische Vermessungsverwaltung : 1801-2001 ; es ist ein Maß in allen Dingen. [Hrsg.: Bayer. Staatsministerium der Finanzen, Abt. Vermessung, Informations-u. Kommunikationstechnik... Red.: Karlheinz Goller, Josef Klapf]. -München: Bayer. Landesvermessungsamt 2001, p.224-237, 10 ill. ISBN 3-935612-01-X

3549
Petzold, Bettina: Der "Bergische Städteatlas" - ein gemeinsames Vektordatenprodukt der Städte Remscheid, Solingen und Wuppertal. In: Tagung 2000 : Arbeitsgruppe Automation in der Kartographie / Bundesanstalt für Kartographie und Geodäsie. - Frankfurt am Main: Verl. d. Bundesamtes für Kartographie u. Geodäsie 2001, p. 99-106, 4 ill. (Mitteilungen des Bundesamtes für Kartographie und Geodäsie ; 20) ISBN 3-88648-306-1

3550
Reich, Ulrich: Johann Scheubel und die älteste Landkarte von Württemberg 1559. - Karlsruhe: Fachhochschule Karlsruhe, Fachbereich Geoinformationswesen, 60 p., ill., mp., and mp.-suppl. (Karlsruher geowissenschaftliche Schriften : Reihe C, Alte Karten ; 14) ISBN 3-89063-613-6

3551
Rogalla, Thomas: Landschaft nur für den Dienstgebrauch : Die DDR ließ topographische Landkarten systematisch verfälschen. Bevölkerung und Wirtschaft wurden in die Irre geführt. In: Berliner Zeitung. Mittwoch, 14.März 2001, p.3, 2 ill.

3552
Rohde, Bernd Martin: Landkartendrucke vor 1850 : Die Altkartendatenbank und die Einbeziehung ausgewählter baden-württembergischer Bibliotheken. - Stuttgart: Selbstverl. 2001, 92 p. [Stuttgart, Fachhochschule, Dipl.-Arb.]

3553
Rokahr, Friedrich: Perspektiven des Vermessungswesens in Berlin. In: 125 Jahre Berliner Vermessungsverwaltung 1876-2001. [Hrsg.: Senatsverwaltung für Stadtentwicklung, Abt. III, Geoinformation, Vermessung, Wertermittlung. Red.: Anette Blaser. - Berlin: Senatsverwaltung für Stadtentwicklung 2001, p.98-102.

3554
Rosenthal, Gerd: SAPOS - ein Netzwerk von GNSS-Referenzstationen als Grundinfrastruktur zur Realisierung der geodätischen Bezugssysteme. In: 125 Jahre Berliner Vermessungsverwaltung 1876-2001. [Hrsg.: Senatsverwaltung für Stadtentwicklung, Abt. III, Geoinformation, Vermessung, Wertermittlung. Red.: Anette Blaser. - Berlin: Senatsverwaltung für Stadtentwicklung 2001, p.31-38, 14 ill., 1 tab.

3555
Salaba, Marie; Schenk, Gisela: Gemarkungspläne im Generallandesarchiv Karlsruhe : Inventar. - Stuttgart: Kohlhammer 2001, 1513 p., ill. (Veröffentlichungen der Staatlichen Archivverwaltung Baden-Württemberg ; Bd. 52) [2 Bände] ISBN 3-17-015530-x

3556
Sandner, Eberhard: Die ältesten Standortskarten. In: KartographischeNachrichten. 51, 2001, 1, p.47-52, 1 ill., 4 tab.

3557
Schäfer, V.: Auf dem Weg zu ALKIS, dem integrierten Informationssystems des Liegenschaftskatasters. In: Mitteilungen / Deutscher Verein für Vermessungswesen, Landesverein Baden-Württemberg. 48, 2001, 1, p.5-30, 8 ill.

3558
Schiermeier, Franz: "Relief der Haupt- und Residenzstadt München" : das Stadtmodell von Johann Baptist Seitz, 1841-1863. Hrst. von Renate Eikelmann. - München: Bayerisches Nationalmuseum 2000, 64 p., ill., mp. (Monographien zu den Sammlungen des Bayerischen Nationalmuseums ; Bd. 2) ISBN 3-925058-45-1

3559
Schilcher, Matthäus; Roschlaub, Robert; Liebscher, Jan: Ein 3D-Stadtmodell für die Stadt München auf Basis eines 2D-GIS. In: Mitteilungsblatt / Deutscher Verein für Vermessungswesen (DVW), Landesverein Bayern e.V. 53, 2001, p.463-477, 13 ill., 2 tab. ISSN 0723-6336

3560
Schildwächter, Ralph; Besser, Thomas: Der multimediale Flächennutzungsplan für die Stadt Mainz. In: Computergestützte Raumplanung : Beiträge zum 6. Symposium zur Rolle der Informationstechnologie in der und für die Raumplanung, Februar 14-16, 2001 [Tagungsband] = Computer aided spatial planning. Hrsg. von Manfred Schrenk. - Wien: Institut für EDV-gestützte Methoden in Architektur u. Raumplanung d. Techn. Univ. Wien 2001, Bd.1, p.107-110, ill. [Bd.1.2.]

3561
Schillig, Dietmar: "Augenschein und aigentliche Begreiffung des Bezürkhs Haÿstergavischen Forstß" : eine Landtafel von Waldsee und Umgebung von 1602. In: Im Oberland. 1999, p.32-43. ISSN 0939-8864

3562
Schlanker und effektiver Regionalplan : Praxisuntersuchung und Expertise zur Harmonisierung von Festlegungen in regionalen Raumordnungsplänen auf Grundlage des Raumordnungsgesetzes. - Stuttgart: Fraunhofer-IRB-Verl. 2000, [254] p. (Bauforschung ; T. 2932) [Forschungsprojekt im Auftr. d. BMVBW 1998-2000 ; Endbericht] [Arbeitsgemeinschaft Forschungsgruppe Prof. Dr. Dr. hc. Kistenmacher, Planungsgruppe Ökologie u. Umwelt, Prof. Dr. Erbguth] ISBN 3-8167-5772-3

3563
Schleinert, Dirk: Die geometrische Aufmessung des Dorfes Rustow bei Demmin in Vorpommern im Jahre 1603 : ein Beitrag zur Vermessungsgeschichte. In: Historische Geographie und Kulturlandschaftsforschung : Beiträge zum Gedenkkolloqium für Dr. Eginhard Wegner am 4. Mai 2001 in Greifswald. Hrsg. von Reinhard Zölitz-Möller. - Greifswald: Ernst-Moritz-Arndt-Univ. 2001, p.61-70, 2 ill. (Greifswalder geographische Arbeiten ; 22) ISBN 3-86006-177-X

3564
Schleyer, Andreas: Flächendeckendes, hochgenaues DGM für Baden-Württemberg. In: ATKIS - Stand und Fortführung : Beiträge zum 51. DVW-Seminar am 25. und 26. September 2000 an der Unversität Rostock. Red. u. Seminarleiter: Ralf Bill u. Frank Schmidt. - Stuttgart: Wittwer 2000, p.125-137, 2 ill. (Schriftenreihe des DVW ; 39) ISBN 3-87919-273

3565
Schlögl, Daniel: Die staatliche bayerische Kartographie in der zweiten Hälfte des 18.

Jahrhunderts. In: Mitteilungsblatt / Deutscher Verein für Vermessungswesen, Landesverein Bayern. 53, 2001, 2, p.209-222, 3 ill.

3566
Schmidt, Jürgen: Oldenburger Kataster im Fürstentum Birkenfeld. In: Nachrichtenblatt der Vermessungs- und Katasterverwaltung Rheinland-Pfalz. 44, 2001, p.163-189, 9 ill. ISSN 0939-2378

3567
Schmidt, Klaus-Jürgen: 125 Jahre Katasterämter in Hannover : Festvortrag am 4.5.2001 in der Stadthalle Northeim. In: Nachrichten der Niedersächsischen Vermessungs- und Katasterverwaltung. 51, 2001, p.7-11, 2 ill.

3568
Schoebel, Martin: Steuer, Landesaufnahme und Kartierung im frühneuzeitlichen Pommern : quellenkundliche Annotationen zur historischen Landesforschung. In: Historische Geographie und Kulturlandschaftsforschung : Beiträge zum Gedenkkolloqium für Dr. Eginhard Wegner am 4. Mai 2001 in Greifswald. Hrsg. von Reinhard Zölitz-Möller. - Greifswald: Ernst-Moritz-Arndt-Univ. 2001, p.41-50, 4 ill. (Greifswalder geographische Arbeiten ; 22) ISBN 3-86006-177-X

3569
Schöpper, Horst; Voigt, Jens: Das Ruhrgebiet im Internet : Neue Wege der Bereitstellung von Geoinformationen. In: GeoBIT : das Magazin für raumbezogene Informationstechnologie. 6, 2001, 4, p.28-30, 3 ill.

3570
Schürer, Dietrich: Modellgeneralisierung von DLM hoher Auflösung zum DLM niedriger Auflösung am Beispiel des Übergangs ATKIS-DLM 25 zu ATKIS-DLM 200. In: ATKIS - Stand und Fortführung : Beiträge zum 51. DVW-Seminar am 25. und 26. September 2000 an der Unversität Rostock. Red. u. Seminarleiter: Ralf Bill u. Frank Schmidt. - Stuttgart: Wittwer 2000, p.183-196, 3 ill. (Schriftenreihe des DVW ; 39) ISBN 3-87919-273

3571
Schuster, Ernst Günter: Neues Fachrecht des amtlichen Verrmessungswesens : Auswirkungen auf die vermessungstechnische Praxis. In: Nachrichtenblatt der Vermessungs- und Katasterverwaltung Rheinland-Pfalz. 44, 2001, p.141-162, 11 ill. ISSN 0939-2378

3572
Seeberger, Max: Wie Bayern vermessen wurde : Haus der Bayerischen Geschichte. Unter Mitarb. von Frank Holl [Red.: Eva-Maria Brockhoff, Josef Kirmeier]. - Augsburg: Haus der bayerischen Geschichte 2001, 80 p., ill., mp. + Anaglyphen-Brille. (Hefte zur bayerischen Geschichte und Kultur ; 26) ISBN 3-927233-77-33

3573
Siebold, Joachim; Börner, Georg: Die Landschaft in der Datenbank : Verwaltung von Biotopkatasterdaten mit objektrelationaler Datenbanktechnologie. In: GeoBit : das Magazin für raumbezogene Informationstechnologie. 6, 2001, 7, p.27-29, 3 ill.

3574
Spiegel, Elisabeth; Klarner, Robert: Historisches Erbe modern verwaltet : Der Digitale Archäologische Schichtenatlas des Römisch-Germanischen Museums. In: GeoBI'T : das Magazin für raumbezogene Informationstechnologie. 6, 2001, p.22-23, 2 ill. ISSN 1430-3663

3575
Spies, Karl-Heinz and others: Eine kleine Revolution : Das erste deutsche Web Mapping Specification-Praxisprojekt mit Systemen verschiedener Hersteller. In: GeoBIT : das Magazin für raumbezogene Informationstechnologie. 6, 2001, p.26-28, 3 ill. ISSN 1430-3663

3576
Spring, Markus; Fritzsche, Andreas: Webmapping und XML Content Server mit Free Software : Portalkonzept Digitaler REgionalatlas München DREAM. In: Angewandte geographische Informationsverarbeitung XIII : Beiträge zum AGIT-Symposium Salzburg 2001. Strobl, Blaschke, Griesebner. - Heidelberg: Wichmann 2001, p.461-470, 5 ill.
ISBN 3-87907-361-9

3577
Stams, Werner: Bartholomäus Scultetus - Kartenmacher und Bürgermeister in Görlitz. In: Mitteilungen / Freundeskreis für Cartographica in der Stiftung Preußischer Kulturbesitz. 14, 2000, p.26-35, 2 ill.

3578
Stegger, Ulrich: Die digitale Herstellung der Bodenübersichtskarte 1 : 200 000 (BÜK 200) mit Hilfe des Geographischen Informationssystems ArcInfo. In: Tagung 2000 : Arbeitsgruppe Automation in der Kartographie / Bundesanstalt für Kartographie und Geodäsie. - Frankfurt am Main: Verl. d. Bundesamtes für Kartographie u. Geodäsie 2001, p. 131-136, 4 ill. (Mitteilungen des Bundesamtes für Kartographie und Geodäsie ; 20)
ISBN 3-88648-306-1

3579
Stein, Wolfgang Hans: Die französischen Anfänge der Bayerischen Vermessungsverwaltung: "Bureau topographique de Bavière" (1801-1807) und "Carte de la Bavière" (1807-1818). In: Mitteilungsblatt /Deutscher Verein für Vermessungswesen, Landesverein Bayern. 53, 2001, 2, p.137-191, 5 ill.

3580
Steinfort, Marc; Wohlgemuth, Frank: Die Stadt auf dem Pencomputer : Mobile Datenauskunft bei den Stadtwerken Neuss. In: GeoBIT : das Magazin für raumbezogene Informationstechnologie. 6, 2001, 4, p.25-27, 3 ill.

3581
Stößel, Wolfgang: Neues von ATKIS - die 2. und 3. Erfassungsstufe : 15. Informationsveranstaltung 2001 der Bayerischen Vermessungsverwaltung am Mittwoch, dem 04. April 2001 in der Technischen Universität München. In: 15. Informationsveranstaltung 2001 der Bayerischen Vermessungsverwaltung am Mittwoch, dem 04. April 2001 in der Technischen Universität München. Hrsg. vom Bayerischen Landesvermessungsamt...
- [München] 2001, p.43-52, 7 ill.

3582
Streich, Gerhard: Johannes Mellinger und die Anfänge der Regionalkartographie und der amtlichen Landesaufnahmen in den deutschen Territorien. In: Atlas des Fürstentums Lüneburg um 1600 : [Ernst Schubert zum 60. Geburtstag] = Lunæburgici Ducatus accurata et exquisita descriptio chorographica. Hrsg. u. komm. von Peter Aufgebauer... - Bielefeld: Verl. für Regionalgeschichte 2001, p.27-44. (Veröffentlichungen des Instituts für Historische Landesforschung der Universität Göttingen ; 41) ISBN 3-89534-391-9

3583
Tagung 2000 : Arbeitsgruppe Automation in der Kartographie /Bundesanstalt für Kartographie und Geodäsie. - Frankfurt am

Main: Verl. d. Bundesamtes für Kartographie u. Geodäsie 2001, 136 p., ill., mp. (Mitteilungen des Bundesamtes für Kartographie und Geodäsie ; 20)
ISBN 3-88648-306-1

3584
Tatlock, David: Wishful thinking : A Nazi tourism map. In: Mercator's world. 6, 2001, 3, p.36-39, 4 ill. ISSN 1086-6728

3585
Technologiebeschreibung : Umsetzung der analogen Liegenschaftskarten in die digitale Liegenschaftskarte im ländlichen Raum. Landesvermessungsamt Brandenburg ; [Stand] 30.Juni 1999. - Potsdam: Landesvermessungsamt 1999, 79 p., ill., mp.

3586
Titel, Volker: Leipzig als Herstellungs- und Vermittlungszentrum kartographischer Verlagswerke im 19. und frühen 20. Jahrhundert. In: Leipzig im Kartenbild. Hrsg. von der Stadt Leipzig, der Oberbürgermeister, Stadtarchiv [Red. Beate Berger...]. - Leipzig: Leipziger Univ.-Verl. 2001, p. 89-94, 2 ill. (Leipziger Kalender, Sonderband, 2001 ; 1)
ISBN 3-935693-10-2

3587
Tzschaschel, Sabine: Institut für Länderkunde, Leipzig : Fortschritte beim Nationalatlas. In: Rundbrief Geographie. 166, 2001, p.13.

3588
Verfahren zur Behandlung von Gewässern im Liegenschaftskataster (Gewässererlass) : Runderlass III Nr. 9/1997 des Ministeriums des Innern - III/2 -70-01, Land Brandenburg. [Hrsg.: Ministerium d. Innern d. Landes Brandenburg]. - [Potsdam]: Ministerium d. Innern d. Landes Brandenburg 2001, 26 p., ill., mp. [Stand Juli 2001]

3589
Verkettete Transformation, Mustertechnologie : Landesvermessungsamt Brandenburg ; [Stand] 22. November 1999. - Potsdam: Landesvermessungsamt 1999, 22, 15, [2] Bl.

3590
Vielsack, Siegfried: Erfassung von ATKIS -Daten mit mobilem GIS. In: ATKIS - Stand und Fortführung : Beiträge zum 51. DVW-Seminar am 25. und 26. September 2000 an der Unversität Rostock. Red. u. Seminarleiter: Ralf Bill u. Frank Schmidt. - Stuttgart: Wittwer 2000, p.85-91. (Schriftenreihe des DVW ; 39)
ISBN 3-87919-273

3591
Vorschriftensammlung für das Vermessungswesen: Vorschriftensammlung für das Vermessungswesen : Senatsverwaltung für Stadtentwicklung, Abteilung Geoinformation und Vermessung. - Berlin: Senatsverwaltung für Stadtentwicklung, Abteilung Geoinformation und Vermessung 2000 [Stand: März 2000] [Losebl.-Ausg.]

3592
Walk, Ruppert: Einkaufen rund um die Uhr : neue Wege beim Vertrieb amtlicher Geodaten. In: 200 Jahre Bayerische Vermessungsverwaltung : 1801-2001 ; es ist ein Maß in allen Dingen. [Hrsg.: Bayer. Staatsministerium der Finanzen, Abt. Vermessung, Informations-u. Kommunikationstechnik... Red.: Karlheinz Goller, Josef Klapf]. - München: Bayer. Landesvermessungsamt 2001, p.74-83, 5 ill.
ISBN 3-935612-01-X

3593
Wansa, Stefan: Die Geologische Karte - Kernprodukt der Landesaufnahme. In: Das Geologische Landesamt Sachsen-Anhalt : 10 Jahre Partner von Behörden, der Wirtschaft und Öffentlichkeit für geowissenschaftliche Fragestellungen : Tätigkeitsbericht 2000. - Halle: Geologisches Landesamt Sachsen-Anhalt 2000, p.13-21, 5 ill., 1 tab. (Mitteilungen zur Geologie von Sachsen-Anhalt, Beiheft ; 4)

3594
Wermke, Matthias: Zur Schreibung geographischer Namen im Deutschen. In: Second International Symposium on Geographical Names, GeoNames 2000, Frankfurt am Main, 28-30 March 2000. Ed. by the Ständiger Ausschuss für Geographische Namen (StAGN), comp. by Jörn Sievers. - Frankfurt am Main: Verl. d. Bundesamtes für Kartographie u. Geodäsie 2000, p.165-170. (Mitteilungen des Bundesamtes für Kartographie und Geodäsie ; 19) ISBN 3-88648-292-8

3595
Werneburg, Thomas: Historische Vermessungsschriften - Geschichte(n) nicht nur für Geodäten. In: Allgemeine Vermessungs-Nachrichten. 108, 2001, 1, p.2-15, 31 ill.

3596
Wimmer, Guido and others: Das Hydrologische Kartenwerk Nordrhein-Westfalen auf dem Weg zum Fachinformationssystem Grundwasser. In: Angewandte geographische Informationsverarbeitung XIII : Beiträge zum AGIT-Symposium Salzburg 2001. Strobl, Blaschke, Griesebner. - Heidelberg: Wichmann 2001, p.524-533, 6 ill. ISBN 3-87907-361-9

3597
Wissel, Helmut: Satellitenmesstechnik in der Praxis der Vermessungs- und Katasterbehörde Osnabrück. In: Nachrichten der Niedersächsischen Vermessungs- und Katasterverwaltung. 51, 2001, p.16-20, 4 ill.

3598
Wodtke, Klaus-Peter: Die georeferenzierte Adresse : gemeinsame Nutzung von ATKIS - und ALK-Daten in Internet- und CD-ROM-basierten Anwendungen. In: ATKIS - Stand und Fortführung : Beiträge zum 51. DVW-Seminar am 25. und 26. September 2000 an der Unversität Rostock. Red. u. Seminarleiter: Ralf Bill u. Frank Schmidt. - Stuttgart: Wittwer 2000, p.139-145. (Schriftenreihe des DVW ; 39) ISBN 3-87919-273

3599
Wolodtschenko, Alexander: Cartosemiotic literature in the Federal Republic of Germany, 1969-1996 (with emphasis on Vermessungstechnik, Kartographische Nachrichten and Kartosemiotik / Kartosemiotika). In: Kartosemiotische und konzeptionelle Aspekte der 90er Jahre. Hrsg. von Alexander Wolodtschenko und Hansgeorg Schlichtmann. - Dresden 1999, p.73-84, 2 ill. (Diskussionsbeiträge zur Kartosemiotik und zur Theorie der Kartographie ; Bd. 2) [Internationales Korrespondens-Seminar]

3600
Wronski, Ulrich: Die digitale Herstellung der Landeskartenwerke. In: 125 Jahre Berliner Vermessungsverwaltung 1876-2001. [Hrsg.: Senatsverwaltung für Stadtentwicklung, Abt. III, Geoinformation, Vermessung, Wertermittlung. Red.: Anette Blaser. - Berlin: Senatsverwaltung für Stadtentwicklung 2001, p.65-67, 7 ill.

3601
Zahn, Johann: ATKIS - mit Bits and Bytes zur Karte. In: 200 Jahre Bayerische Vermessungsverwaltung : 1801-2001 ; es ist ein Maß in allen Dingen. [Hrsg.: Bayer.

Staatsministerium der Finanzen, Abt. Vermessung, Informations-u. Kommunikationstechnik...Red.: Karlheinz Goller, Josef Klapf]. - München: Bayer. Landesvermessungsamt 2001, p.170-179, 6 ill.
ISBN 3-935612-01-X

3602
Zahn, Johann: Top50-3D - die erste dreidimensionale Landkarte von Bayern. In: 15. Informationsveranstaltung 2001 der Bayerischen Vermessungsverwaltung am Mittwoch, dem 04. April 2001 in der Technischen Universität München. Hrsg. vom Bayerischen Landesvermessungsamt... - [München] 2001, p.63-71, 10 ill., 1 tab.

3603
Zeichenvorschrift für Vermessungsrisse : (ZV-RISS) ; Runderlass: III Nr. 2/1999 vom 7. Juni 1999, Az.: III/2-64-03. Hrsg.: Ministerium d. Innern. - Frankfurt (Oder): Landesvermessungsamt d. Landes Brandenburg, Kartenvertrieb 1999, 31, 3 Bl., ill.

3604
Zölitz-Möller, Reinhard: Das ATKIS-DLM 25/1 aus der Sicht der Nutzer im Umweltbereich. In: ATKIS - Stand und Fortführung : Beiträge zum 51. DVW-Seminar am 25. und 26. September 2000 an der Universität Rostock. Red. u. Seminarleiter: Ralf Bill u. Frank Schmidt. - Stuttgart: Wittwer 2000, p.153-167, 3 ill. (Schriftenreihe des DVW ; 39) ISBN 3-87919-273

3605
Zölitz-Möller, Reinhard: Schwedische Matrikelkarten von Vorpommern im Internet : Der Greifswalder Beitrag zum EU-Projekt "Digital Historical Maps". In: Historische Geographie und Kulturlandschaftsforschung : Beiträge zum Gedenkkolloqium für Dr. Eginhard Wegner am 4. Mai 2001 in Greifswald. Hrsg. von Reinhard Zölitz-Möller. - Greifswald: Ernst-Moritz-Arndt-Univ. 2001, p.85-97, 4 ill., 1 tab. (Greifswalder geographische Arbeiten ; 22)
ISBN 3-86006-177-X

3606
Zweckerl, Karl-Heinz: Geobasisdaten bayernweit : digitale Flurkarte - neue Nutzungsmöglichkeiten durch landkreisweite Flächendeckung. In: 15. Informationsveranstaltung 2001 der Bayerischen Vermessungsverwaltung am Mittwoch, dem 04. April 2001 in der Technischen Universität München. Hrsg. vom Bayerischen Landesvermessungsamt... - [München] 2001, p.99-107, 4 ill.

3607
Übersicht zur Verfügbarkeit geotopographischer Daten und digitaler Daten der Liegenschaftskarten. der Arbeitsgemeinschaft der Vermessungsverwaltungen der Länder der Bundesrepublik (AdV). - [Stuttgart]: Landesvermessungsamt Baden-Württemberg 1999, 72 p.

Great Britain / Großbritannien / Grande-Bretagne

3608
Albano, Caterina: Visible bodies : cartography and anatomy. In: Literature, mapping, and the politics of space in early modern Britain. Ed. by Andrew Gordon and Bernhard Klein. - Cambridge [u.a.]: Cambridge Univ. Press 2001, p.89-106, 2 ill.
ISBN 0-521-80377-2

3609
Barbour, David: Maps for fun and profit : one small company's experience. In: The cartographic journal. 38, 2001, p.81-85, 4 ill. ISSN 0008-7041

3610
Batten, Kit; Bennett, Francis: The Victorian maps of Devon : printed maps

1838-1901. - Tiverton: Devon Books 2000, XXXVI, 196 p., ill., mp. ISBN 1-85522-756-8

3611
Burden, Eugene: Hunting maps published in English periodicals. In: Journal of the International Map Collectors' Society. 84, 2001, p.27-30, 3 ill.

3612
Burnett, David Graham: Masters of all they surveyed : exploration, geography, and a British El Dorado. - Chicago, Ill. [u.a.]: Univ. of Chicago Press 2000, XV, 298 p., ill., mp. ISBN 0-226-08120-6

3613
Franklin, Paul: Maps for the reluctant. In: The cartographic journal. 38, 2001, p.87-90, 2 ill. ISSN 0008-7041

3614
Gillies, John: The scene of cartography in King Lear. In: Literature, mapping, and the politics of space in early modern Britain. Ed. by Andrew Gordon and Bernhard Klein. - Cambridge [u.a.]: Cambridge Univ. Press 2001, p.109-137. ISBN 0-521-80377-2

3615
Gordon, Andrew: Performing London : the map and the city in ceremony. In: Literature, mapping, and the politics of space in early modern Britain. Ed. by Andrew Gordon and Bernhard Klein. - Cambridge [u.a.]: Cambridge Univ. Press 2001, p.69-88, 2 ill. ISBN 0-521-80377-2

3616
Haft, Adele J.: Maps of memory : The autobiographical maps of J.B. Harley and Denise Levertov. In: Mercator's world. 6, 2001, 4, p.30-37, 7 ill. ISSN 1086-6728

3617
Harvey, Robin: Harveys and walking maps. In: The cartographic journal. 38, 2001, p.73-80, 8 ill. ISSN 0008-7041

3618
Hayes, Justin; Carter, Jackie: Web-mapping the census : developing interactive interfaces for learning and teaching. In: The Bulletin of the Society of Cartographers. 35, 2001, p.5.9, 3 ill. ISSN 0036-1984

3619
Hindle, Paul: Maps for historians. - Chichester: Phillimore 1998, XI, 148 p., mp. ISBN 0-85033-934-0

3620
Kain, Roger J.P.; Prince, Hugh C.: Tithe surveys for historians. - Chichester: Phillimore 2000, XIV, 146 p., ill., mp. ISBN 1-860077-125-4

3621
Klein, Bernhard: Maps and the writing of space in early modern England and Ireland. - Basingstoke [u.a.]: Palgrave 2001, XII, 235 p., ill., mp. ISBN 0-333-77933-9

3622
Literature, mapping, and the politics of space in early modern Britain. Ed. by Andrew Gordon and Bernhard Klein. - Cambridge [u.a.]: Cambridge Univ. Press 2001, XIII, 276 p., ill., mp. ISBN 0-521-80377-2

3623
The nation survey'd : essays on late sixteenth-century Scotland as depicted by Timothy Pont. Ed. by Jan C. Cunningham. - East Linton: Tuckwell [u.a.] 2001, XVIII, 172 p., ill., mp. ISBN 1-86232-198-1

3624
Nicholson, Tim: Major Philip road maps c.1855-1939 : Part I. In: Journal of the

International Map Collectors' Society. 84, 2001, p.17-25, 5 ill.

3625
Oliver, Richard: A guide to the Ordnance Survey one-inch fifth edition. - London: Charles Close Soc. 2000, 48 p., mp. [3. ed.] [Previous ed. 1989] ISBN 1-87059-817-2

3626
Oliver, Richard: A guide to the Ordnance Survey one-inch new popular edition. - London: Charles Close Soc. 2000, 60 p., mp. ISBN 1-87059-815-0 [A substantial part of this work was published in 1987 as A guide to the Ordnance Survey one-inch New Popular Edition and Scottish Popular Edition with National Grid, with a second edition in 1989]

3627
Oliver, Richard: A guide to the Ordnance Survey one-inch popular edition of Scotland. - London: Charles Close Soc. 2000, 44 p., mp. ISBN 1-87059-816-4

3628
Oliver, Richard: Mapping for cycle touring in Britain; past, present, and possible future. In: The cartographic journal. 38, 2001, p.48-60, 2 ill. ISSN 0008-7041

3629
Parkinson, Peter: The history of the United Kingdom Military Survey: 250 years of support for the armed forces. In: The Portolan. 1998, p.21-26, 3 ill. ISSN 1096-1925

3630
Petrie, Gordon: John Keates and recreation mapping : personal recollections. In: The cartographic journal. 38, 2001, p.7-17, 5 ill. ISSN 0008-7041

3631
Schwyzer, Philip: A map of Greater Cambria. In: Literature, mapping, and the politics of space in early modern Britain. Ed. by Andrew Gordon and Bernhard Klein. - Cambridge [u.a.]: Cambridge Univ. Press 2001, p.35-44,1 ill. ISBN 0-521-80377-2

3632
Spence, Mary: Mapping the waterways. In: The cartographic journal. 38, 2001, p.91-102, 21 ill. ISSN 0008-7041

3633
Winchester, Simon: The map that changed the world : William Smith and the birth of modern geology. - New York: HarperCollins 2001, XIX, 329 p., ill., mp. [1. ed.] ISBN 0-06-019361-1

Greece / Griechenland / Grece

3634
Bonnafé, Annie; Decourt, Jean-Claude; Helly, Bruno: Textes, cartes et territoires : présentation. In: L'Espace et ses représentations. Edité par Annie Bonnafé, Jean-Claude Decourt et Bruno Helly. - Lyon: Maison de l'Orient Méditerranéen-Jean Pouilloux 2000, p.13-23. (Travaux de la Maison de l'Orient Méditerranéen ; 32)

3635
Mundle, Heiko; Hurni, Lorenz: Methana 3D : kartographische Online-3-D-Plattform mit Datenbankanbindung der Halbinsel Methana (GR). In: Web Mapping 1 : raumbezogene Information und Kommunikation im Internet [Karlsruher-Symposium "Web Mapping"]. Christian Herrmann, Hartmut Asche (Hrsg.). - Heidelberg: Wichmann 2001, p.68-79, 10 ill., 1 tab. ISBN 3-87907-353-8

Hungary / Ungarn / Hongrie

3636
Alabér, Laszló: A topográfia megújulása és a térinformatikai infrastruktúra. In: Geodézia és kartográfia. 53, 2001, p.26-32. [Renewal of Topography and the Spatial Data Infrastructure.] [Hung. with Engl. rés.] ISSN 0016-7118

3637
Barsi, Arpad: Performing coordinate transformation by artificial neural network. In: Allgemeine Vermessungs-Nachrichten. 108, 2001, 4, p.134-137, 4 ill., 1 tab. [With Germ., and Engl. rés.]

3638
Divényi, Pál: Topográfiai térkép - a háromdimenziós valóság. In: Geodézia és kartográfia. 53, 2001, p.22-27, 4 tab. [Topographic maps the threedimensional reality.] [Hung. with Engl. rés.]

3639
Faragó, Imre: A magyar névhasználat változásai a Kárpát-medencét ábrázoló térképen, II. rész. In: Geodézia és kartográfia. 53, 2001, 2, p.16-23. [Changes in the use of Hungarian names on the maps of the Carpathian Basin.] [Hung. with Engl. rés.]

3640
Grek, Jennifer Marie: Representing the in-between : interpreting cartographic images of Hungary in Dutch seventeenth-century atlases. - Madison, WI: University of Wisconsin-Madison 2000 [Master's thesis]

3641
Jokela, Jorma and others: Remeasurement of the Gödöllö standard baseline. - Krikkonummi: Geodeettinen Laitos 2001, 37 p., ill., mp. (Suomen Geodeetisen Laitoksen julkaisuja ; 131) ISBN 951-711-245-9

3642
Joó, István: A magyar felsöfokú földmérö-érképész képzésröl. In: Geodézia és kartográfia. 53, 2001, 6, p.7-12, 3 tab. [About the Hungarian education on surveying and cartography.] [Hung. with Engl. rés.]

3643
Joó, István: Földmérési-térképészeti-térinformatikai ismeretek oktatása a magyar felsëoktatásban. In: Geodézia és kartográfia. 53, 2001, p.13-17. [Teaching of the subjects on surveying, mapping and GIS in the Hungarian universities and technical colleges.] [Hung. with Engl. rés.] ISSN 0016-7118

3644
Joó, István: Gondolatok a magyar földmérés alakulásáról és a földmérési vállalkozásokrol. In: Geodézia és kartográfia. 53, 2001, 4, p.5-12, 4 ill. [General idea about the variations in Hungarian surveying and in the Hungarian enterprises.] [Hung. with Engl. rés.]

3645
Joó, István: Uj kéregmozgás-vizsgálati vonalak. In: Geodézia és kartográfia. 53, 2001, p.19-22, 2 ill. [New lines for RVCM investigation.] [Hung. with Engl. rés.] ISSN 0016-7118

3646
Király, Tibor,: Földügyi Információs Szolgáltatások Hálózaton (FISH). In: Geodézia és kartográfia. 53, 2001, 2, p.23-31, 4 ill. [Hungarian lands and mapping services on network.] [Hung. with Engl. rés.]

3647
Kolcsár, Imre: Arvízvédelmi célú domborzatmodell a Tisza folyó egy szakaszára. In: Geodézia es kartográfia.

53, 2001, 5, p.17-23, 4 ill. [Digital terrain model (DTM) at a given part of the river Tisza, in order to the flood protection design.] [Hung. with Engl. rés.]

3648
Kozári, Agnes; Gergely, Szilvay: A DAT állományok forgalomba adásának tapasztalatai a Fövárosi Kerületek Földhivatalában. In: Geodézia es kartográfia. 53, 2001, 5, p.12-16. [Experiences of the legal acceptance of digital cadastral maps and DAT database in the Budapest Land Office INFOCAM LIS system.] [Hung. with Engl. rés.]

3649
Nagy, István: A digitális térképkészítés helyzete Vas megyében. In: Geodézia és kartográfia. 53, 2001, p.28-34, 3 tab. [Situation of digital mapping in Vas county.] [Hung.] ISSN 0016-7118

3650
Nelemans, Bert: Eenvoudig 20ste-eeuws onderzoek van oude kaarten van Texel en van Hongarije. In: Caert-Thresoor. 20, 2001, p.63-68, div. ill. [Simple 20th- century research on old maps of Texel and of Hungary.] [Dutch with Engl. rés.] ISSN 0167-4994

3651
Németh, András: Digitális térképek a Paksi Atomerëmåben. In: Geodézia és kartográfia. 53, 2001, p.16-21. [Digital maps in the Hungarian nuclear power station (Paks).] [Hung.] ISSN 0016-7118

3652
Omaszta, Sándor: A TAKAROS-rendszer térképi fogadókészségének kérdései. In: Geodézia és kartográfia. 53, 2001, 2, p.9-16, 1 ill., 1 tab. [On the cartographic receptibility of the TAKAROS system.] [Hung.]

3653
Osskó, András; Szilvay, Gergely: A digitális földmérési alaptérképek forgalomba adásának tapasztalatai a Fëlvárosi Földhivatalban. In: Geodézia és kartográfia. 53, 2001, p.3-7. [Experiences of introducing digital cadastral maps in Budapest Land Office.] [Hung.] ISSN 0016-7118

3654
Paskó, Attila: A DTA50 részleges felújitása és hasznosítása (a NATO elëírásoknak megfelelë) 1:50 000 méretarányú topográfia térképek elëállításánál. In: Geodézia és kartográfia. 53, 2001, p.32-34. [The partial update and use of DTA50 in the creation process of topographic map in scale 1:50 000 based on NATO standards.] [Hung. with Engl. rés.] ISSN 0016-7118

3655
Suba, János: A trianoni hatar kitüzése és térképei, III. rész. : A jugozláv határszakasz. In: Geodézia és kartográfia. 53, 2001, 3, p.6-9. [Set out and maps of the Hungary's frontier after Trianon peace-treaty (third part).] [Hung.]

3656
Suba, János: A trianoni hatar kitüzése és térképei, II. rész. : A magyar-román határszakasz. In: Geodézia és kartográfia. 53, 2001, 2, p.6-9. [Set out and maps of the Hungary's frontier after Trianon peace-treaty (second part).] [Hung.]

3657
Suba, János: A trianoni határ kitüzése és térképei, IV.rész : A magyar osztrák határszakasz. In: Geodézia és kartográfia. 53, 2001, 4, p.5-12, 4 ill. [Set out and maps of the Hungary's frontier after Trianon peace-treaty (fourth part).] [Hung.]

3658
Szabó, Gyula: A Magyar Honvédség topográfiai térképrendszerének átalakítása. In: Geodézia és kartográfia. 53, 2001, p.16-19. [Conversion of the topographic map system in the Hungarian Army.] [Hung.] ISSN 0016-7118

3659
Tamás, Tokos: Kiegyenlítési módszerek összehasonlító vizsgálata a magyar felsërendå szintezési hálozat kiegyenlítésével. In: Geodézia és kartográfia. 53, 2001, p.23-28, 1 ill. 2 tab. [A comparison of six adjustments of the Hungarian First Order Levelling Network.] [Hung. with Engl. rés.] ISSN 0016-7118

3660
Völgyesi, Lajos; Varga, József: Vetületi átszámítások ausztria és Magyarország között GPS alkalmazásával. In: Geodézia és kartográfia. 53, 2001, 2, p.31-36, 1 ill., 1 ill., 1 tab. [Conversion between Hungarian and Austrian map projection system using GPS.] [Hung. with Engl. rés.]

3661
Winkler, Péter: Magyarorszag légifényképezése 2000. In: Geodézia és kartográfia. 53, 2001, p.17-23, 1 tab. [Aerial photography of Hungary 2000.] [Hung. with Engl. rés.] ISSN 0016-7118

Iceland / Island / Islande

3662
Forn Islandskort : Exploring old landscapes ; 19th international symposium Reykjavik, 15-18 September 2000. Ritsjórn: Emilia Sigmarsdóttir... - Reykjavik: Landsbókasafn Islands-Háskólabókasafn 2000, 26 p., mp. [Iceland. and Engl.] ISBN 9979-80058-5

3663
Gylfason, Agúst Gunnar: Stutt yfirlit yfir kortagerd á Islandi á 20. öld. In: Forn Islandskort : Exploring old landscapes ; 19th international symposium Reykjavik, 15-18 September 2000. Ritsjórn: Emilia Sigmarsdóttir... - Reykjavik: Landsbókasafn Islands-Háskólabókasafn 2000, p. 12-14. [An overview of 20th century mapping in Iceland.] [Iceland. and Engl.] ISBN 9979-80058-5

3664
Sigurdsson, Haraldur: Island á landabréfum. In: Forn Islandskort : Exploring old landscapes ; 19th international symposium Reykjavik, 15-18 September 2000. Ritsjórn: Emilia Sigmarsdóttir... - Reykjavik: Landsbókasafn Islands-Háskólabókasafn 2000, p. 6-11 and 16-23, 24 ill. [The changing face of Iceland in a thousand years of maps.] [Iceland. and Engl.] ISBN 9979-80058-5

Ireland / Irland / Irlande

3665
Gilchrist, Elizabeth A.: Inscribing Ireland : place names and the authority of the Ordnance Survey (1824-1846). - Vancouver, BC: University of British Columbia 1999 [Master's thesis]

3666
Refaussé, Raimond; Clark, Mary: A catalogue of maps of the estates of the archbishops of Dublin, 1564-1850. With a historical essay by Raymond Gillespie. - Dublin [u.a.]: Four Courts Press 2000, 112 p., ill., mp. ISBN 1-85182-595-9

Italy / Italien / Italie

3667
Arca, Salvatore: Roma e la rete trigonometrica nazionale. In: Eventi e documenti

diacronici delle principali attività geotopografiche in Roma. Andrea Cantile. - Firenze: Ist. Geografico Militare 2000, p.162-177, 8 ill. 2 portr. (L'Universo ; 80.2000,6, Suppl.) [Rome and the national trigonometric net.] [Ital.]

3668
Balistreri-Trincanato, Corrado; Zanverdiani, Dario: Jacopo de Barbari : il raconto di una città. - Venezia: Cetid, 374 p., ill. + 1 portfolio. (Serie di disegno e rilievo) [The story of a town.] [Ital.] [Beil. u.d.T.: Pianta prospettica di Jacopo de Barbari]

3669
Baule, Francesco: La carta forestale della Sardegna. In: Cultura cartografica e culture del territorio : atti del convegno nazionale (Sassari, 12-13 dicembre 2000). A cura di Giuseppe Scanu. - Genova: Brigati 2001, p.189-196. (Bollettino della Associazione Italiana di Cartografia No. 111-113 = 38. 2001) [Ital.]

3670
Bergaglio, Maristella: L'impiego dell'aero nella rilevazione cartografica coloniale : la cartografia di guerra durante il conflitto Italo-Etiopico. In: Cultura cartografica e culture del territorio : atti del convegno nazionale (Sassari, 12-13 dicembre 2000). A cura di Giuseppe Scanu. - Genova: Brigati 2001, p.573-584. (Bollettino della Associazione Italiana di Cartografia No. 111-113 = 38. 2001) [Ital.]

3671
Bevilaqua, Eugenia: Carte storiche della Laguna di Venezia. In: Scritti geografici in ricordo di Mario Ortolani. a cura di Piero Dagradi. - Roma: Società geografica Italiana 1999, p.69-72. (Memorie della Società Geografica Italiana ; 61) [Historical maps of the Lagoon of Venice.] [Ital.]

3672
Blasi, Francesco: Roma 2000 e la nuova serie cartografica 25 DB. In: Eventi e documenti diacronici delle principali attività geotopografiche in Roma. Andrea Cantile. - Firenze: Ist. Geografico Militare 2000, p.178-192, suppl.: 3 p., 16 ill., 2 tab, 1 mp. (L'Universo ; 80.2000,6, Suppl.) [Rome 2000 and the new cartographic series 25 DB.] [Ital.]

3673
Boncompagni, Ilaria; Ulivieri, Denise: La Versilia dei cartografi. - Ospedaletto (Pisa): Pacini 2000, 143 p., ill. (Ecostoria ; 10) [Cartographers' Versilia : road maps of the leopoldinian period.] [Ital.]
ISBN 88-7781-352-0

3674
Borchi, Emilio; Cantile, Andrea: La nuova base geodetica dell'Appia antica. In: Eventi e documenti diacronici delle principali attività geotopografiche in Roma. Andrea Cantile. - Firenze: Ist. Geografico Militare 2000, p.138-161, 14 ill. (L'Universo ; 80. 2000,6, Suppl.) [The new geodetic base of the ancient Appia.] [Ital.]

3675
Candura, Anna Rosa: La carta della utilizzazione del suolo d'Italia e la Lombardia : dalla tradizione al futuro. In: Cultura cartografica e culture del territorio : atti del convegno nazionale (Sassari, 12-13 dicembre 2000). A cura di Giuseppe Scanu. - Genova: Brigati 2001, p.587-609, 4 ill. (Bollettino della Associazione Italiana di Cartografia No. 111-113 = 38. 2001) [Ital.]

3676
Cantile, Andrea: Importanza, valorizzazione ed uso dei documenti geotopografici storici. In: Eventi e documenti diacronici delle principali attività geotopografiche in Roma. Andrea Cantile. - Firenze: Ist. Geo-

grafico Militare 2000, p.9-11. (L'Universo ; 80.2000,6, Suppl.) [Importance, valorization and use of historical geotopographic documents.] [Ital.]

3677
Capurso, Claudia; Parigi, Adriano; Ronconi, Rosalba: Cartografia storica del territorio di Rozzano : le immagini del mutamento dal '700 ad oggi / Comune di Rozzano. - [Rozzano (Milano)]: CIEDS [1998], 1. 146 p., ill., mp. [Historical cartography of the territory of Rozzano : images of the change from 700 to today.] [Ital.]

3678
Cassi, Laura; Meini, Monica: Geografia della populazione e didattica : per una cartografia dell'immigrazione in Italia. In: Cultura cartografica e culture del territorio : atti del convegno nazionale (Sassari, 12-13 dicembre 2000). A cura di Giuseppe Scanu. - Genova: Brigati 2001, p.133-147, 8 ill. (Bollettino della Associazione Italiana di Cartografia No. 111-113 = 38. 2001) [Ital.]

3679
Conti, Simonetta: L'immagine di Roma dal Medioevo al XVI secolo. In: Eventi e documenti diacronici delle principali attività geotopografiche in Roma. Andrea Cantile. - Firenze: Ist. Geografico Militare 2000, p.30-45, 9 ill. (L'Universo ; 80.2000,6, Suppl.) [The image of Rome from the Middle Ages to the XVI century.] [Ital.]

3680
Dobos, Endre and others: A regional scale soil mapping approach using integrated AVHRR and DEM data. In: International journal of applied earth observation and geoinformation. 3, 2001, p.30-42, 6 ill., 5 tab. ISSN 0303-2434

3681
Donato, Carlo: Suggerimenti cartografici per un turismo religioso-culturale dei nostri giorni attraverso la riscoperta degli antichi cammini della devozione nella Regione Friuli-Venezia Giulia. In: Cultura cartografica e culture del territorio : atti del convegno nazionale (Sassari, 12-13 dicembre 2000). A cura di Giuseppe Scanu. - Genova: Brigati 2001, p.359-386, 3 ill. (Bollettino della Associazione Italiana di Cartografia No. 111-113 = 38. 2001) [Ital.]

3682
Eventi e documenti diacronici delle principali attività geotopografiche in Roma. Andrea Cantile. - Firenze: Ist. Geografico Militare 2000, 208 p., ill., 1 suppl.-mp. (L'Universo ; 80.2000,6, suppl.) [Events and diachronic documents of the main geotopographic activities in Rome.] [Ital.]

3683
Federzoni, Laura: Lo sviluppo storico della pianura ferrarese : analisi di alcune carte geografiche. In: Scritti geografici in ricordo di Mario Ortolani. a cura di Piero Dagradi. - Roma: Società geografica Italiana 1999, p.223-238, 5 ill. (Memorie della Società Geografica Italiana ; 61) [The historical development of the Ferrara plain : analyses of some geographical maps.] [Ital.]

3684
Ferrari, Daniela: La città fortificata : Mantova nelle mappe ottocentesche del Kriegsarchiv di Vienna. - Modena: Il Bulino 2000, XXV, 277 p. ill., mp. (Il giardino delle Esperidi) [The fortified city : Mantua in the nineteenth-century maps of the Kriegsarchiv in Vienna.] [Ital.]
ISBN 88-86251-36-X

3685
Foramitti, Paolo: Anton von Zach e la Kriegskarte del Friuli Venezia Giulia. In: I fiumi del Friuli Venezia Giulia : risalendo la storia / Antonio de Cilla. - Udine: P. Gaspari 2000, p.19-22, 1 ill., 1 portr. (Collezione storica ; 12) [Ital.]

3686
Gagliardo, Piero: Cartografia e amministrazioe dal Ministero dell'Ambiente : un nuovo sistema cartografico di riferimento. In: Cultura cartografica e culture del territorio : atti del convegno nazionale (Sassari, 12-13 dicembre 2000). A cura di Giuseppe Scanu. - Genova: Brigati 2001, p.115-122. (Bollettino della Associazione Italiana di Cartografia No. 111-113 = 38. 2001) [Ital.]

3687
Gambino, Sonia: Un parco storico-cartografico per il recupero dell'identità urbana di Messina. In: Cultura cartografica e culture del territorio : atti del convegno nazionale (Sassari, 12-13 dicembre 2000). A cura di Giuseppe Scanu. - Genova: Brigati 2001, p.465-475. (Bollettino della Associazione Italiana di Cartografia No. 111-113 = 38. 2001) [Ital.]

3688
Gerardo, Massimo; La Nave, Massimo: La produzione cartografica del laboratoria di geografia in tema di polarizzazione. In: Cultura cartografica e culture del territorio : atti del convegno nazionale (Sassari, 12-13 dicembre 2000). A cura di Giuseppe Scanu. - Genova: Brigati 2001, p.149-158, 4 ill. (Bollettino della Associazione Italiana di Cartografia No. 111-113 = 38. 2001) [Ital.]

3689
Giusti, Cecilia: Il modello digitale del terreno (DTM) come supporto alla cartografia geomorfologica : l'esempio della Pianura Modenense (Pianura Padana, Italia Settentrionale). In: Cultura cartografica e culture del territorio : atti del convegno nazionale (Sassari, 12-13 dicembre 2000). A cura di Giuseppe Scanu. - Genova: Brigati 2001, p.409-417, 4 ill. (Bollettino della Associazione Italiana di Cartografia No. 111-113 = 38. 2001) [Ital.]

3690
Gwinner, Klaus: Anwendungspotential hochauflösender digitaler Stereobilder als topographische Datengrundlage - Fallstudie zur Geologie von Vulcano (Italien). In: Rauminformationen für das 21. Jahrhundert : Vorträge ; 20. wissenschaftlich-technische Jahrestagung der DGPF im Rahmen der Intergeo 2000, 11.-13. Oktober 2000, Kongress-Zentrum ICC, Berlin. Hrsg.: Jörg Albertz. - Berlin: DGPF 2001, p.302-311, 4 ill., 3 tab. (Publikationen der Deutschen Gesellschaft für Photogrammetrie und Fernerkundung ; 9)

3691
Immagini della terra dei re : cartografia, vedute e costumi della Basilicata [Potenza, Museo Provinciale, 26 giugno - 31 ottobre]. Ministro per i Beni e le Attività Culturali, Sopraintendenza per i Beni Artistici e Storici della Basilicata...A cura di Salvatore Abita, testi di Ermanno Bellucci, Vladimiro Valerio. - [Napoli]: Paparo 2001, 142 p., ill. ISBN 88-87111-17-0

3692
Leonardi, Sandra: Il progetto iconografico più ambizioso del Settecento romano : la pianta di Roma realizzata da Giovan Battista Nolli. In: Eventi e documenti diacronici delle principali attività geotopografiche in Roma. Andrea Cantile. - Firenze: Ist. Geografico Militare 2000, p.68-77, 4 ill. (L'Universo ; 80.2000,6, Suppl.) [The most ambitious iconographic project of

the roman 18th century : the map of Rome realized by Giovan Battista Nolli.] [Ital.]

3693
Madau, Caterina: Turismo culturale e cultura della carta : l'agriturismo e il nuovo mercato delle rappresentazioni a tema. In: Cultura cartografica e culture del territorio : atti del convegno nazionale (Sassari, 12-13 dicembre 2000). A cura di Giuseppe Scanu. - Genova: Brigati 2001, p.387-400. (Bollettino della Associazione Italiana di Cartografia No. 111-113 = 38. 2001) [Ital.]

3694
Mangani, Giorgio; Mariano, Fabio: Il disegno del territorio : storia della cartografia delle Marche. - Ancona: Lavoro 1998, 251 p., ill., mp. [The design of the territory : history of the cartography of the Marches.] [Ital.] ISBN 88-7663-277-8

3695
Manzi, Elio: Land use and land cover change, global change e paesaggio : una carta d'Italia e del Mediterraneo. In: Cultura cartografica e culture del territorio : atti del convegno nazionale (Sassari, 12-13 dicembre 2000). A cura di Giuseppe Scanu. - Genova: Brigati 2001, p.123-132, 2 ill. (Bollettino della Associazione Italiana di Cartografia No. 111-113 = 38. 2001) [Ital.]

3696
Mauro Conti, Antonio and others: SOL (System On Line), Studio propedeutico alla progettazione del SIT della Regione Sardegna. In: Cultura cartografica e culture del territorio : atti del convegno nazionale (Sassari, 12-13 dicembre 2000). A cura di Giuseppe Scanu. - Genova: Brigati 2001, p.283-297, 3 ill. (Bollettino della Associazione Italiana di Cartografia No. 111-113 = 38. 2001) [Ital.]

3697
Melis, Paolo: Carta del danno e del rischio dei monumenti archeologici del comune di Florinas. In: Cultura cartografica e culture del territorio : atti del convegno nazionale (Sassari, 12-13 dicembre 2000). A cura di Giuseppe Scanu. - Genova: Brigati 2001, p.503-521, 6 ill., 4 tab. (Bollettino della Associazione Italiana di Cartografia No. 111-113 = 38. 2001) [Ital.]

3698
Mulè, Paolo; Deroma, Mario; Baldaccini, Paolo: Rilevamento pedologico e valutazione dell'idoneità all'irrigazione : un esempio di cartografia tematica. In: Cultura cartografica e culture del territorio : atti del convegno nazionale (Sassari, 12-13 dicembre 2000). A cura di Giuseppe Scanu. - Genova: Brigati 2001, p.419-432, 5 ill. (Bollettino della Associazione Italiana di Cartografia No. 111-113 = 38. 2001) [Ital.]

3699
Petrella, Marco: Regioni amministrative e identità regionali, un approccio cartografico al caso della Borgogna e dell' Emilia-Romagna. In: Cultura cartografica e culture del territorio : atti del convegno nazionale (Sassari, 12-13 dicembre 2000). A cura di Giuseppe Scanu. - Genova: Brigati 2001, p.611-624, 3 ill. (Bollettino della Associazione Italiana di Cartografia No. 111-113 = 38. 2001) [Ital.]

3700
Piacente, Sandra: La cartografia come strumento di percezione e di gestione dinamica dei beni geologici. In: Cultura cartografica e culture del territorio : atti del convegno nazionale (Sassari, 12-13 dicembre 2000). A cura di Giuseppe Scanu. - Genova: Brigati 2001, p.401-407, 3 ill. (Bollettino della Associazione Italiana di Cartografia No. 111-113 = 38. 2001) [Ital.]

3701
Pirovano, Carlo: La scoperta del territorio vicino. In: Segni e sogni della terra : il disegno del mondo dal mito di Atlante alla geografia delle reti. [Catalogo: testi di Peter Barber ...]. - Novara: De Agostini 2001, p.166-191, 34 ill. [the discovery of the nearby territory.] [Ital.]
ISBN 88-415-9715-1

3702
Rombai, Leonardo: Il progetto della pianta albertina di Roma e sua influenza sulla nascità di una cartografia umanistica fatta di <elevazioni e, soprattutto, modelli>, piuttosto che di <trucchi prospettivi adottati dai pittori>. In: Eventi e documenti diacronici delle principali attività geotopografiche in Roma. Andrea Cantile. - Firenze: Ist. Geografico Militare 2000, p.46-67, 11 ill. (L'Universo ; 80.2000,6, Suppl.) [The project of the Albertina Map of Rome and its' influence on the beginning of a humanistic cartography made of <elevations and, before all, models>, rather than <perspective tricks adopted by painters>.] [Ital.]

3703
Rossi, Annarita: Cartografia storica e GIS : proposte per la pianificazione del territorio. In: Cultura cartografica e culture del territorio : atti del convegno nazionale (Sassari, 12-13 dicembre 2000). A cura di Giuseppe Scanu. - Genova: Brigati 2001, p.477-492, 8 ill. (Bollettino della Associazione Italiana di Cartografia No. 111-113 = 38. 2001) [Ital.]

3704
Ruggero, Adriano; Londei, Luigi: Il Catasto Urbano di Roma (1818-1824). In: Eventi e documenti diacronici delle principali attività geotopografiche in Roma. Andrea Cantile. - Firenze: Ist. Geografico Militare 2000, p.102-137, 20 ill. (L'Universo ; 80.2000,6, Suppl.)[The City Cadastre of Rome.] [Ital.]

3705
Soddu, Ottaviana: La cartografia nella ricostruzione storica di un territorio : un esempio in una zona della Sardegna meridionale. In: Cultura cartografica e culture del territorio : atti del convegno nazionale (Sassari, 12-13 dicembre 2000). A cura di Giuseppe Scanu. - Genova: Brigati 2001, p.493-502, 3 ill. (Bollettino della Associazione Italiana di Cartografia No. 111-113 = 38. 2001) [Ital.]

3706
Soru, Anna Maria; Incollu, Giampiero: Applicazione del GIS nella valutazione del rischio di erosione in ambito di pianificazione di area vasta (il caso del P.U.P. di Nuoro). In: Cultura cartografica e culture del territorio : atti del convegno nazionale (Sassari, 12-13 dicembre 2000). A cura di Giuseppe Scanu. - Genova: Brigati 2001, p.253-282, 22 ill. (Bollettino della Associazione Italiana di Cartografia No. 111-113 = 38. 2001) [Ital.]

3707
Spina, Anna Maria; Sau, Ignazio: La cartografia della vegetazione e della naturalità come instrumento identificativo della vocazione di un territorio, l'esempio di Gonnesa (Sardegna Sud-Occidentale). In: Cultura cartografica e culture del territorio : atti del convegno nazionale (Sassari, 12-13 dicembre 2000). A cura di Giuseppe Scanu. - Genova: Brigati 2001, p.663-670, 2 ill. (Bollettino della Associazione Italiana di Cartografia No. 111-113 = 38. 2001) [Ital.]

3708
Spina, Giovanni: La carta dell'uso potenziale dei suoli : un importante strumento nello studio sulla distribuzione geografica

dei Nuraghi. In: Cultura cartografica e culture del territorio : atti del convegno nazionale (Sassari, 12-13 dicembre 2000). A cura di Giuseppe Scanu. - Genova: Brigati 2001, p.523-536, 2 ill. (Bollettino della Associazione Italiana di Cartografia No. 111-113 = 38. 2001) [Ital.]

3709
Uggeri, Giovanni: Forma Urbis Romae : la grande pianta marmorea di Roma antica. In: Eventi e documenti diacronici delle principali attività geotopografiche in Roma. Andrea Cantile. - Firenze: Ist. Geografico Militare 2000, p.12-29, 10 ill. (L'Universo ; 80.2000,6, Suppl.) [Forma Urbis Romae : the great marble map of ancient Rome.] [Ital.]

3710
Ugolini, Gian Marco: La cartografia delle aree percorse dal fuoco : procedure e metodi per la realizzazione di un GIS. In: Cultura cartografica e culture del territorio : atti del convegno nazionale (Sassari, 12-13 dicembre 2000). A cura di Giuseppe Scanu. - Genova: Brigati 2001, p.331-352, 2 ill. (Bollettino della Associazione Italiana di Cartografia No. 111-113 = 38. 2001) [Ital.]

Latvia / Lettland / Lettonie

3711
Cekula, Zane; Goba, Zinta: The satellite map, geographical names database and gazetteers of Latvia. In: Second International Symposium on Geographical Names, GeoNames 2000, Frankfurt am Main, 28-30 March 2000. Ed. by the Ständiger Ausschuss für Geographische Namen (StAGN), comp. by Jörn Sievers. - Frankfurt am Main: Verl. d. Bundesamtes für Kartographie u. Geodäsie 2000, p.39-44, 2 ill. (Mitteilungen des Bundesamtes für Kartographie und Geodäsie ; 19) ISBN 3-88648-292-8

Lithuania / Litauen / Lithuanie

3712
Łuczinski, Jarosław: Analiza doklandności mapy Wielkiego Księstwa Litewskiego Tomasza Makowskiego z 1613 r., tzw radziwiłłowskiej na podstawie siatki zniekształceń. In: Polski przegląd kartograficzny. 33, 2001, p.365-371, 1 mp. [Analysis of the accuracy of the 1613 map of the Grand Duchy of Lithuania by Tomasz Makowski (so called "Radziwiłł map") by using a distortion grid.] [Pol. with Engl., and Russ. rés.] ISSN 0324-8321

Moldova / Moldawien / Moldavie

3713
Eremia, Anatol; Cameneva, Zinaida: Toponymic researches and elaborations of the standardization of the Moldovian geographical names. In: Second International Symposium on Geographical Names, GeoNames 2000, Frankfurt am Main, 28-30 March 2000. Ed. by the Ständiger Ausschuss für Geographische Namen (StAGN), comp. by Jörn Sievers. - Frankfurt am Main: Verl. d. Bundesamtes für Kartographie u. Geodäsie 2000, p.51- 54. (Mitteilungen des Bundesamtes für Kartographie und Geodäsie ; 19) ISBN 3-88648-292-8

Netherlands / Niederlande / Pays-Bas

3714
Bakker, N.J.; Kolk, E.: Een nieuwe generatie TOP 10vector dat in Nederland. In: Kartografisch tijdschrift. 27, 2001, p.16-22, 6 ill., 2 tab. [A new generation TOP 10vector data in the Netherlands.] [Dutch with Engl. and French rés.] ISSN 0167-5788

3715
Boogert, André van den: De Internet Atlas van Nederland. In: Kartografisch tijdschrift.

27, 2001, p.21-24, 2 ill. [The Internet Atlas of The Netherlands.] [Dutch with Engl., and French rés.] ISSN 0167-5788

3716
Bosma, H.M; Ras, A.: Natuur- en milieu-educatieve centra in Nederland open voor publiek: totstandkoming en bespreking van de kaart. In: Kartografisch tijdschrift. 27, 2001, 1, p.54-55, 1 ill., 1 mp. [Dutch]

3717
Bosma, H.M.; Omme, Gerrit van: Overzichtskaart Gelderse Poort : totstandkoming en bespreking. In: Kartografisch tijdschrift. 27, 2001, p.23-26, 6 ill. [A new generation TOP 10vector data in the Netherlands.] [Dutch] ISSN 0167-5788

3718
Bun, R.J.G.: Laseraltimetriemeting Betuweroute. In: Geodesia : tijdschrift voor geodesie en geo-informatie. 43, 2001, 2, p.84-89, 5 ill., 3 tab. [Laseraltimetry survey of the Betuweroute.] [Dutch with Engl. rés.]

3719
Davis-Allen, Lisa: The national palette : painting and map-coloring in the seventeenth-century Dutch Republic. In: The Portolan. 1999, p.23-26, 10 ill. ISSN 1096-1925

3720
Dijk, H. van; Vries, J. de: Waar voor je geld? In: Geodesia. 43, 2001, p.418-422, 6 ill. [Value for money?] [Dutch with Engl. rés.] ISSN 1385-7515

3721
Giesbers, Henriette; Veen, André van der: Nationale Atlas Volksgezondheid. In: Kartografisch tijdschrift. 27, 2001, p.29-34, 7 ill. [National Public Health Atlas.] [Dutch with Engl., and French rés.] ISSN 0167-5788

3722
Hofstee, Paul: Vuurwerkramp in Enschede: luchtfoto's, kaarten en GIS. In: Kartografisch tijdschrift. 27, 2001, 2, p.69-73, 5 ill., 1 photo. [Fireworks disaster in Enschede, aerial photographs , maps and GIS.] [Dutch with Engl. and French rés.]

3723
Holsbrink, J.H.: Een Fries driehoeksnet en een Fries coördinatenstelsel. In: Geodesia : tijdschrift voor geodesie en geo-informatie. 43, 2001, 5, p.250-255, 6 ill., 4 tab. [A Frisian triangulation measurement (part 3).] [Dutch with Engl. rés.]

3724
Holsbrink, J.H.: Een Fries driehoeksnet en een Fries coördinatenstelsel. In: Geodesia : tijdschrift voor geodesie en geo-informatie. 43, 2001, 4, p.186-189, 5 ill., 2 tab. [The new Frisian triangle measurement (part 2).] [Dutch with Engl. rés.]

3725
Holsbrink, J.H.: Een Fries driehoeksnet en een Fries coördinatenstelsel. In: Geodesia : tijdschrift voor geodesie en geo-informatie. 43, 2001, 2, p.74-77, 4 ill., 1 tab. [Frisian triangle measurement? (part 1).] [Dutch with Engl. rés.]

3726
Hootsmans, Rob M.: Brongegevens voor geo-informatie in Nederland. In: Kartografisch tijdschrift. 27, 2001, 2, p.9-12, 4 ill. [Data sources for geoinformation in The Netherlands - a set of national databases.] [Dutch with Engl. and French rés.]

3727
Inventory to supplements and indexes complete collection. - Lisse: MMF Publ. [1994] = 1969, [272] p. [Nachdr.] [Orig. u.d.T.: Inventaris der verzameling kaarten berustende in het Algemeen Rijksarchief

zijnde het eerste en tweede supplement op de collectie Hingman. Bewerkt door A.J.H. Rozemond]

3728
Kaldenbach, Kees: Digitale Vlucht boven Amsterdam; een schitterende mislukking? In: Geodesia : tijdschrift voor geodesie en geo-informatie. 43, 2001, 3, p.122-125, 2 ill. [Dutch with Engl. rés.]

3729
Kinds, Karel; Franssen, Mathieu: 'Carte Belgica Arnout petitte' : Een nieuwe kijk op een vroege kaart van de Nederlanden. In: Caert-Thresoor. 20, 2001, p.57-62, 6 ill., 1 tab. ['Carte Belgica Arnout petitte' : a new look at an early map of the Seventeen Provinces.] [Dutch with Engl. rés.] ISSN 0167-4994

3730
Kolk, E.; Bakker, N.J.: Naar een tweede generatie TOPvector-producten. In: Geodesia : tijdschrift voor geodesie en geo-informatie. 43, 2001, 6, p.288-294, 5 ill., 4 tab. [A new generation of TOP10Vector Data in the Netherlands.] [Dutch with Engl. rés.]

3731
Kraak, Menno-Jan: Een interactieve web-animatie van de ontwikkeling van de bevolking van Overijsselse gemeenten. In: Kartografisch tijdschrift. 27, 2001, p.5-10, 5 ill., 1 tab. [Visualize Overijssel's past, interactive animations on the WWW.] [Dutch with Engl., and French rés.] ISSN 0167-5788

3732
Krogt, Peter C.J. van der; Ormeling, Ferjan: 16e- eeuwse legendalandjes als handleiding voor kaartgebruik. In: Kartografisch tijdschrift. 27, 2001, p.27-31, 3 ill. [16th century 'legendmap' as manual for the use of maps.] [Dutch with Engl., and French rés.] ISSN 0167-5788

3733
Lammerts, Christine: Nederlands plan-systeem functioneert beter met uitwisselbare ruimtelijke plannen. In: Kartografisch tijdschrift. 27, 2001, p. 25-28, 2 ill. [The planning system of the Netherlands functions better with exchangeable spatial plans.] [Dutch with Engl., and French rés.] ISSN 0167-5788

3734
Leeuwen, A.Willemijn Simon van; Elzakker, Corné P.J.M. van; Massop, Edwin: Investigations into the use of Dutch cycling maps and their results. In: The cartographic journal. 38, 2001, p.41-47, 8 ill., 1tab. ISSN 0008-7041

3735
Meer, A.J. van der: Weten we wel waar de gemeente-grens ligt? In: Geodesia : tijdschrift voor geodesie en geo-informatie. 43, 2001, 7/8, p.340-346, 7 ill. [Do we know where the municipal boundary lies?] [Dutch with Engl. rés.]

3736
Meerkerk, J.C.; Grunsven, J.W.F.M. van: GBKN, van aanbodnaar vraaggericht. In: Geodesia : tijdschrift voor geodesie en geo-informatie. 43, 2001, 3, p.116-121, 11 ill. [Large scale basemap, a change from product oriented to customer oriented.] [Dutch with Engl. rés.]

3737
Meijers, P.G.; Venemans, B. Albert: Rijkswaterstaat en de toegankelijkheid van geo-informatie : Huidige status van hun productie wereldwijd. In: Kartografisch tijdschrift. 27, 2001, 2, p.23-28, 3 ill. [The Directorate-General of Public Works and Water Management and the accessibility of

geoinformation.] [Dutch with Engl. and French rés.]

3738
Murre, L.M.: De rol van het NCGI als ontmoetingsplaats voor producenten en gebruikers van geo-informatie. In: Kartografisch tijdschrift. 27, 2001, 2, p.18-22, 3 ill. [The role of the NCGI as meeting place for producers and users of geoinformation.] [Dutch with Engl. and French rés.]

3739
Nelemans, Bert: Eenvoudig 20ste-eeuws onderzoek van oude kaarten van Texel en van Hongarije. In: Caert-Thresoor. 20, 2001, p.63-68, div. ill. [Simple 20th- century research on old maps of Texel and of Hungary.] [Dutch with Engl. rés.] ISSN 0167-4994

3740
Oosterom, Peter J.M. van: Een generieke geografische querytool (deel 2). In: Geodesia : tijdschrift voor geodesie en geo-informatie. 43, 2001, 5, p.236-244, 9 ill. [A generic geographic query tool (part 2).] [Dutch with Engl. rés.]

3741
Oosterom, Peter J.M. van: Een generieke geografische querytool. In: Geodesia : tijdschrift voor geodesie en geo-informatie. 43, 2001, 4, p.176-184, 7 ill., 2 tab. [A generic geographic query tool.] [Dutch with Engl. rés.]

3742
Ormeling, Ferjan: Das Bändigen von Multimedia-Konzepten für den Online-Atlas der Niederlande. In: Web Mapping 1 : raumbezogene Information und Kommunikation im Internet [Karlsruher-Symposium "Web Mapping"]. Christian Herrmann, Hartmut Asche (Hrsg.). - Heidelberg: Wichmann 2001, p.178-189, 5 ill. ISBN 3-87907-353-8

3743
Osch, Berry van: De gemeenten en internet : Geo-informatie op het web? ...een quickscan. In: Geodesia. 43, 2001, p.550-552, 7 ill. [Dutch] ISSN 1385-7515

3744
Poppe, Eddie: De Atlas van Nederland op internet. In: Kartografisch tijdschrift. 27, 2001, p.55-57, 2 ill. [The Atlas of the Netherlands on the Internet.] [Dutch with Engl., and French rés.]

3745
Ris, Karien: Complete archief Rijkswaterstaatsdirectie overgebracht naar Rijksarchief Noord-Brabant. In: Geodesia : tijdschrift voor geodesie en geo-informatie. 43, 2001, 6, p.322-324, 3 ill. [Dutch]

3746
Rurup, Freek: Typografische mental maps. In: Kartografisch tijdschrift. 27, 2001, 1, p.38-41, 4 ill. [Typographic mental maps.] [Dutch with Engl. and French rés.]

3747
Schallenberg, Henk: Topografie van Rotterdam binnen ieders bereik. In: Geodesia : tijdschrift voor geodesie en geo-informatie. 43, 2001, 6, p.312-314, 3 ill. [Dutch]

3748
Scheele, Theo: Een dagje... : Hoe nat is het DTB-Nat van Rijkswaterstaat? In: Geodesia : tijdschrift voor geodesie en geo-informatie. 43, 2001, 6, p.316-321, 9 ill. [How wet is the 'DTB-Wet'system of Rijkswaterstaat?] [Dutch with Engl. rés.]

3749
Scheele, Theo: Een dagje... : Landmeters in de Betuweroute. In: Geodesia : tijdschrift voor geodesie en geo-informatie. 43, 2001, 1, p.26-30, 8 ill. [Surveyors and the Betuwe-railway transport route.] [Dutch with Engl. rés.]

3750
Scheele, Theo: Geo-Informatie Eindhoven en de drie GBK's. In: Geodesia. 43, 2001, p.528-530, 5 ill. [Dutch] ISSN 1385-7515

3751
Scheele, Theo: Geo-Informatie in Beverwijk: een speciaal geval. In: Geodesia. 43, 2001, p.536-539, 5 ill. [Dutch] ISSN 1385-7515

3752
Scheele, Theo: Met landmeters onder de Westerscheldebodem. In: Geodesia : tijdschrift voor geodesie en geo-informatie. 43, 2001, 7/8, p.360-365, 4 ill. [A day with surveyors below the river Westerschelde.] [Dutch with Engl. rés.]

3753
Schoustra, Simon: De precisiebepaling van digitaal kaartmateriaal bij het Kadaster. In: Geodesia. 43, 2001, p.470-473, 3 ill., 1 tab. [The precision of digital cadastral maps.] [Dutch with Engl. rés.] ISSN 1385-7515

3754
Schreutelkamp, Frank H.: De geoïde voor Nederland astrometrisch getoetst. In: Geodesia. 43, 2001, p.404-411, 9 ill., 6 tab. [Testing the Netherlands geoid model by astronomical measurements.] [Dutch with Engl. rés.] ISSN 1385-7515

3755
Ven, Marc van de; Bijtelaar, Bas; Köbben, Barend: I-kaarten bij de provincie Gelderland. In: Kartografisch tijdschrift. 27, 2001, p.35-43, 2 ill. [I-maps for Gelderland province.] [Dutch with Engl., and French rés.] ISSN 0167-5788

3756
Wit, Cor de: Toegankelijkheid van geo-informatie bij provincies. In: Kartografisch tijdschrift. 27, 2001, 2, p.5-8.[Accessibility of provincial geoinforma-tion.] [Dutch with Engl. and French rés.]

Norway / Norwegen / Norvège

3757
Øvstedal, Stig: Pilottest av laserteknologi for sjømåling langs norskekysten. In: Kart og plan. 94, 2001, p.144-152, 13 ill., 3 tab. [Pilot test of laser technology for surveying in Norwegian waters.] [Norw. with Engl. rés.] ISSN 0047-3278

3758
Tørresen, Tor: Innføring av nytt sjøkartnull i Norge. In: Kart og plan. 94, 2001, 1, p.27-33, 7 ill. [Introduction of new chart datum in Norway.] [Norw. with Engl. rés.]

Poland / Polen / Pologne

3759
Brockmann, Herbert; Mandlburger, Gottfried: Aufbau eines digitalen Geländemodells vom Wasserlauf der Grenzoder. In: Photogrammetrie - Fernerkundung - Geoinformation : Geodaten schaffen Verbindungen ; Vorträge ; 21. wissenschaftlich-technische Jahrestagung d. DGPF, 4.-7. September 2001. Hrsg.: Eckhardt Seyfert. - Berlin: DGPF 2001, p.199-208, 8 ill. (Publikationen der Deutschen Gesellschaft für Photogrammetrie und Fernerkundung ; 10)

3760
Czerny, Andrzej: W sprawie oceny, weryfikacji i używania egzonimów na mapach. In: Polski przegląd kartograficzny. 33, 2001, p.351-364, 2 ill., 3 tab. [Concerning the evaluation, verification and use of Polish exonims on maps.] [Pol. with Engl., and Russ. rés.] ISSN 0324-8321

3761
Danielski, Aleksander: Historical, folkloric and geographical names as the toponymic objects of GEO-INFO Land Information System. In: Second International Symposium on Geographical Names, GeoNames 2000, Frankfurt am Main, 28-30 March 2000. Ed. by the Ständiger Ausschuss für Geographische Namen (StAGN), comp. by Jörn Sievers. - Frankfurt am Main: Verl. d. Bundesamtes für Kartographie u. Geodäsie 2000, p.45-49, 1 ill., 2 tab. (Mitteilungen des Bundesamtes für Kartographie und Geodäsie ; 19) ISBN 3-88648-292-8

3762
Gołaski, Janusz: Methods and results of toponym collecting for cartographic purposes by local authorities in Poland. In: Second International Symposium on Geographical Names, GeoNames 2000, Frankfurt am Main, 28-30 March 2000. Ed. by the Ständiger Ausschuss für Geographische Namen (StAGN), comp. by Jörn Sievers. - Frankfurt am Main: Verl. d. Bundesamtes für Kartographie u. Geodäsie 2000, p.55-58. (Mitteilungen des Bundesamtes für Kartographie und Geodäsie ; 19) ISBN 3-88648-292-8

3763
Greiner, Piotr: Kartografia górnicza na Śląskuod XVI do pieerwszej poloxy XIX wieku : Zarys historyczny, katalog map, bibliografia. - Wroclaw: Uniwersytet Wroclanski Centrum Badań, Śląskoznawczych i Bohemistycznych 1997, 127 p., ill., mp. [Kartographie des Bergbaus in Schlesien vom 16. bis Mitte des 19. Jahrhunderts.] [Pol. with Germ. rés.] ISBN 83-90-24-72-3

3764
Greiner, Piotr: Mapa gospodorcza : Andreasa Hindenberga i Johannesa Harnischa. In: Zimia pszczyńska : rozwój gospodarczy od Piastów do Hochbergów / Jerzy Polak. - Pszczyna: Bractwo Gospodarcze Związku Górnośląskiego 2000, p.55-65, 6 ill., 6 mp. [Pol.]

3765
Grimm, Frank-Dieter: Zum Gebrauch deutscher Exonyme für den Raum östlich von Oder und Neisse. In: Second International Symposium on Geographical Names, GeoNames 2000, Frankfurt am Main, 28-30 March 2000. Ed. by the Ständiger Ausschuss für Geographische Namen (StAGN), comp. by Jörn Sievers. - Frankfurt am Main: Verl. d. Bundesamtes für Kartographie u. Geodäsie 2000, p.59- 63. (Mitteilungen des Bundesamtes für Kartographie und Geodäsie ; 19) ISBN 3-88648-292-8

3766
Kałamucki, Krzysztof: Kształtowanie się treści i formy planów miast wydawanych przez Polskie Przedsiębiorstwo Wydawnictw Kartograficznych. In: Polski przegląd kartograficzny. 33, 2001, p.213-225, 6 ill., 1 tab. [The development of content and graphic design of city maps published by the Polskie Przedsiębiorstwo Wydawnictw Kartograficznych (Polish Cartographic Publishing House).] [Pol. with Engl., and Russ. rés.] ISSN 0324-8321

3767
Kaprowski, Wiesław: Polskie znaczki kartograficzne z lat 1952-1959. In: Polski przegląd kartograficzny. 33, 2001, p.379-381, 15 ill. [Pol.] ISSN 0324-8321

3768
Klemp, Egon: Historische Pläne und Grundrisse von Städten und Ortschaften in Polen : ein deutsch-polnischer Katalog. Bearb. von Egon Klemp, hrsg. von Anto-

nius Jammers. - Wiesbaden: Harassowitz 2000, XXIV, 497 p., mp., 6 mp.-suppl. ISBN 3-447-04332-6 [Parallelt: Dawne plany i rzuty pozione miast i innych miejscowości w Polsce]

3769
Konias, Andrzej: Kartografia topogaficzna Śląska Cieszyńskiego i zaboru austriackiego od II połowy XVIII wieku do początku XX wieku : wyd. 1. - Katowice: Wydawn Uniwersytetu Śląskiego, 259 p., ill., mp. + 8 mp.-suppl. (Prace naukowe Uniwersytetu Śląskiego w Katowicach 1866. Seria Nauki o Ziemi) [Topographic cartography of Teschen-Silesia and the Austrian annexion from the second part of the 18th century until the beginning of the 20th century.] [Pol. with Engl., and Germ. rés.] ISBN 88-226-0969-8

3770
Kostecki, Stanisław: Opracowywanie map potencjalnych stref zalewowych na podstawie numerycznego modelu terenu. In: Polski przegląd kartograficzny. 33, 2001, 1, p.24-34, 4 ill., 1 tab. [Preparation of a DTM-based potential backwater zone map.] [Pol. with Engl. and Russ. rés.]

3771
Magnuszewski, Artur: Cartographic analysis of the Vistula river channel development near the village of Wyszogrod (Poland). In: Floodplain pollution control management Vistula river, Poland. [Hrsg.: Deutsches Nationalkomitee für das Internationale Hydrologische Programm (IHP) der UNESCO und das Operationelle Hydrologische Programm (OHP) der WMO]. - Koblenz: Bundesanstalt für Gewässerkunde IHP / OHP-Sekretariat 2000, p.65-69, 3 ill. (IHP-OHP-Berichte / Sonderheft ; 11)

3772
Magnuszewski, Artur: Digital Terrain Model : a means of floodplain process evaluation. In: Floodplain pollution control management Vistula river, Poland. [Hrsg.: Deutsches Nationalkomitee für das Internationale Hydrologische Programm (IHP) der UNESCO und das Operationelle Hydrologische Programm (OHP) der WMO]. - Koblenz: Bundesanstalt für Gewässerkunde IHP / OHP-Sekretariat 2000, p.41-50, 5 ill. (IHP-OHP-Berichte / Sonderheft ; 11)

3773
Ostrowski, Jerzy: 35 lat działalności Komisji Kartograficznej Polskiego Towarzystwa Geograficznego (1965-2000). In: Polski przegląd kartograficzny. 33, 2001, 1, p.42-52, 3 tab. [Thirty five years of the cartographic activity of the Cartographic Commission of the Polish Geographic Society.] [Pol.]

3774
Pawlakowie, Janina and Władysław: O inicjatywie opracowania i realizacji "Atlasu Śląska Dolnego i Opolskiego". In: Polski przegląd kartograficzny. 33, 2001, 2, p.114-126, 1 mp. [Remarks on the initiative of preparation of the "Atlas of Lower and Opole Silesia".] [Pol. with Engl. and Russ. rés.]

3775
Siwek, Jerzy: Niektóre problemy kartografii srodowiska przyrodniczego Polski. In: Polski przeglad kartograficzny. 33, 2001, 2, p.106-113, 4 ill. [Certain problems in mapping the natural environment in Poland.] [Pol. with Engl. and Russ. rés.]

3776
Zych, Maciew: Polskie nazewnictwo geograficzne świata a praktyka kartograficzna. In: Polski przegląd kartograficzny. 33,

2001, 1,p.10-23, 5 ill. [Polish geographic names of the world and the cartographic practice.] [Pol. with Engl. and Russ. rés.]

Portugal / Portugal / Portugal

3777
Caterino, Aldo: La cartografia nautica portoghese nell'età delle scoperte geografiche. In: I contorni della terra e del mare : la geografia tra rappresentazione e invenzione della realtà. A cura di Claudio Tugnoli, saggi di S. Bianchetti ... - Bologna: Pitagora 1997, p.93-118, 1 ill. (Storia delle idee : sezione saggi e monografie) [The Portuguese nautical cartography in the age of geographical discoveries.] [Ital.] ISBN 88-371-0935-0

3778
Chang, Stephen Tsen-hsin: The Portuguese maritime discoveries along the south-east coast of China in the first half of the sixteenth century : a cartographic view 1513-1550. In: The Portolan. 1998, p.7-19, 4 ill. ISSN 1096-1925

3779
Hébert, John R.; McMullan, Anthony: The Luso-Hispanic world in maps in the collections of the Library of Congress. In: The Portolan. 2000, p.42-55, 6 ill. ISSN 1096-1925

3780
Manso Porto, Carmen: Cartografía histórica portuguesa : catálogo de manoscritos siglos XVII-XVIII. - Madrid: Real Academia de la Historia, Servicio de Cartografía y Bellas Artes 1999, XL,III, 166 p., mp. [Portuguese historical cartography : catalogues of manuscripts of the XVII-XVIII century.] [Span.] ISBN 84-89512-54-X

Serbia / Serbien / Serbie

3781
Squarcina, Enrico: Tra informazione, persuasione e spettacolarizzazione : l'utilizzo delle carte da parte del Corriere della Sera in occasione della guerra del Kosovo. In: Cultura cartografica e culture del territorio : atti del convegno nazionale (Sassari, 12-13 dicembre 2000). A cura di Giuseppe Scanu. - Genova: Brigati 2001, p.625-646, 14 ill. (Bollettino della Associazione Italiana di Cartografia No. 111-113 = 38. 2001) [Ital.]

Slovak Republic / Slowakische Republik / Slovaquie

3782
Fičor, Dušan: Katastrálne územie - významný prvok obsahu štátnych mapových diel. In: Geodetický a kartografický obzor. 47, 2001, p.223-227, 2 tab. [Cadastral unit - an important element in the content of state map series.] [Slovak. with Engl. rés.] ISSN 0016-7096

3783
Gavliak, Alojz: Návrh číselníkov služieb a v-robkov poskytovaných organizáciami rezortu KK GSR a d'alšími subjektmi. In: Geodetický a cartografický obzor. 47, 2001, 6, p.130-138, 9 tab. [Proposal of code numbers of services and products offered by organisations of the branch of the Office of Geodesy, Cartography and Cadastre of the Slovak Republic and by other subjects.] [Slovak. with Engl. rés.]

3784
Hornanský, Imrich: Orgány štátnej správy na úseku katastra nehnutel'ností súčast'ou siete špecializovanej štátnej správy. In: Geodetický a kartografický obzor. 47, 2001, p.285-289. [Bodies of state administration in the sector of cadastre of real

estates became part of specialized network of state administration.] [Slovak. with Engl. rés.] ISSN 0016-7096

3785
Hornanský, Imrich: Theory and practice of the standardization of exonyms and the policy of their usage. In: Second International Symposium on Geographical Names, GeoNames 2000, Frankfurt am Main, 28-30 March 2000. Ed. by the Ständiger Ausschuss für Geographische Namen (StAGN), comp. by Jörn Sievers. - Frankfurt am Main: Verl. d. Bundesamtes für Kartographie u. Geodäsie 2000, p.73-80. (Mitteilungen des Bundesamtes für Kartographie und Geodäsie ; 19) ISBN 3-88648-292-8

3786
Hornanský, Imrich; Kočan, Juraj: Rozširovanie obsahu katastra nehnutel'ností. In: Geodetický a kartografický obzor. 47, 2001, 3, p.63-67. [Cadastre of real estates - extension of its content.] [Slov. with Czech. and Engl. rés.]

3787
Hornanský, Imrich; Všniar, Július: Postup tvorby a spravovania vektorových katastrálnych máp. In: Geodetický a kartografický obzor. 47, 2001, 2, p.31-37, 1 ill., 4 tab. [Production and maintenance procedures of vectorial cadastral maps.] [Slov. with Czech. and Engl. rés.]

3788
Nikšová, Nadežda: Koncepčné zámery tvorby, aktualizácie a poskytovania výstupov zo ZB GIS na roky 2001 až 2005. In: Geodetický a kartografický obzor. 47, 2001, p.186-191, 3 tab. [Draft of expected creation, updating and data providing from fundamental base of GIS from 2001 to 2005.] [Slovak. with Engl. rés.]

3789
Ot'ahel', Jan and others: Mapa prírodnej krajiny. In: Geodetický a kartografický obzor. 47, 2001, p.204-208, 2 ill. [Natural lands and land cover of Slovakia.] [Slovak. with Engl. rés.] ISSN 0016-7096

Slovenia / Slowenien / Slovénie

3790
Adamič, Milan Orožen: Treatment of geographical names in multilingual areas and the use of foreign names in Slovenia. In: Second International Symposium on Geographical Names, GeoNames 2000, Frankfurt am Main, 28-30 March 2000. Ed. by the Ständiger Ausschuss für Geographische Namen (StAGN), comp. by Jörn Sievers. - Frankfurt am Main: Verl. d. Bundesamtes für Kartographie u. Geodäsie 2000, p.25-33, 8 ill., 1 tab. (Mitteilungen des Bundesamtes für Kartographie und Geodäsie ; 19) ISBN 3-88648-292-8

3791
Grabar, Jože Kos: Občinski prostorski plan od ozalida do Interneta : Prikaz spremembe tehnologije izdelave kartografske dokumentacije kot dela prostorskega plana Mastne občine Maribor. In: Geodetski vestnik. 45, 2001, p.417-426, 2 ill., 1 tab. [Community spatial plan from diazo contact copy to internet.] [Sloven. with Engl. rés.] ISSN 0351-0271

3792
Kosmatin Fras, Mojca: Vloga Fotogrametrije in prostorskih podatkovpri dokumentiranju naravnih katastrof - primer plazu pod Mangrtom. In: Geodetski vestnik. 45, 2001, p.62-71, 10 ill. [The role of photogrammetry and spatial data in documentation of natural disasters - example on landslide under Mangrt mountain.] [Sloven. with Engl. rés.] ISSN 0351-0271

3793
Kupic, Anton; Mivšek, Edvard: Smernice nadaljnjega posodabljanja nepremičninskih evidenc GURS. In: Geodetski vestnik. 45, 2001, p.246-254, 2 ill. [Guidelines of further surveying and mapping authority of the republic of Slovenia real estate records updating.] [Sloven.with Engl. rés.] ISSN 0351-0271

3794
Kupic, Anton; Mivšek, Edvard; Kogovšek, Anton: Pregled razvoja digitalnih baz zemljiškega katastra v zadnjem desetletju. In: Geodetski vestnik. 46, 2001, p.191-201. [Land cadastre digital databases development rewiew in the last decade.] [Sloven. with Engl. rés.] ISSN 0351-0271

3795
Mlinar, Jurij; Pogorelčnik, Ema: Register of geographical names. In: Second International Symposium on Geographical Names, GeoNames 2000, Frankfurt am Main, 28-30 March 2000. Ed. by the Ständiger Ausschuss für Geographische Namen (StAGN), comp. by Jörn Sievers. - Frankfurt am Main: Verl. d. Bundesamtes für Kartographie u. Geodäsie 2000, p.119-123. (Mitteilungen des Bundesamtes für Kartographie und Geodäsie ; 19) ISBN 3-88648-292-8

3796
Petrovič, Dušan: How to represent mountain tracks. In: High mountain cartography 2000 : proceedings of the Second Symposium of the Commission on Mountain Cartography of the International Cartographic Association held at the Alpine Centre, Rudolfshütte 2315 m, Austria from 29 March to 2 April 2000. Ed. by Manfred F. Buchroithner. - Dresden: Inst. for Cartography, Dresden Univ. of Technology [u.a.] 2000, p.79-83, 3 ill. (Kartographische Bausteine ; 18) ISBN 3-86005-265-9

3797
Radovan, Dalibor; Janežič, Miran: Automatska kontrola logične konsistence 3D baze mestnega jedra. In: Geodetski vestnik. 45, 2001, p.54-61, 3 ill. [Logical consistency checking in a city 3D base.] [Sloven. with Engl. rés.] ISSN 0351-0271

3798
Radovan, Dalibor: Državni geodetski sistem v vlogi temeljnega geoinformacijskega servisa. In: Geodetski vestnik. 45, 2001, p.459-465. [State geodetic system in the role of fundamental geoinformation service.] [Sloven. with Engl. rés.] ISSN 0351-0271

3799
Škraba, Tilen; Vešligaj, Staško; Šuntar, Aleš: URBAN - podatkovno jedro prostorskega informacijskega sistema Mestne občine maribor. In: Geodetski vestnik. 45, 2001, p.427-439, 4 ill., 1 tab. [URBAN - Data base for the spatial and municipal information system of Maribor.] [Sloven. with Engl. rés.] ISSN 0351-0271

3800
Stopar, Bojan; Kuhar, Miran: Moderni geodetski koordinatni sistemi in astrogeodetska mreža slovenije. In: Geodetski vestnik. 45, 2001, p.11-26, 7 ill. [Condition of the astrogeodetic network of Slovenia.] [Sloven. with Engl. rés.] ISSN 0351-0271

3801
Vešligaj, Staško; Bizjak, Bojan: Predstavitev občinskega prostorskega plana na Internetu kot del izvjanja projekta Maribor e-mesto. In: Geodetski vestnik. 45, 2001, p.440-448, 4 ill. [Presentation of the municipal physical plan on the internet as a part of the project Maribor e-city.] [Sloven. with Engl. rés.] ISSN 0351-0271

3802
Zavodnik, Alma and others: Prostorsko planiranje za potrebe obrambe. In: Geodetski vestnik. 46, 2001, p.406-416, 1 ill., 3 tab. [Spatial planning for the need of defense.] [Sloven. with Engl. rés.]
ISSN 0351-0271

Spain / Spanien / Espagne

3803
Baella, Blanca; Pla, Maria: Some generalization practices on relief representation derived from the Topographic Database of Catalonia at scale 1 : 5000. In: High mountain cartography 2000 : proceedings of the Second Symposium of the Commission on Mountain Cartography of the International Cartographic Association held at the Alpine Centre, Rudolfshütte 2315 m, Austria from 29 March to 2 April 2000. Ed. by Manfred F. Buchroithner. - Dresden: Inst. for Cartography, Dresden Univ. of Technology [u.a.] 2000, p.7-16, 9 ill. (Kartographische Bausteine ; 18)
ISBN 3-86005-265-9

3804
Foster, Robert W.: El papel de la topografia en el nuevo milenio. In: Topografia y cartografia. 18, 2001, p.42-45. [The role of topography in the new millennium.] [Span.] ISSN 0212-9280

3805
Gonzáles Matesanz, Javier; Dalda Mourón, Adolfo: El proyecto RECORD (Radiodifusión Española de Correcciones Diferenciales) del Instituto Geográfico Nacional. In: Topografia y cartografia. 18, 2001, p.9-23, 13 ill., 5 tab. [Span.]
ISSN 0212-9280

3806
Hébert, John R.; McMullan, Anthony: The Luso-Hispanic world in maps in the collections of the Library of Congress. In: The Portolan. 2000, p.42-55, 6 ill.
ISSN 1096-1925

3807
Inventario cartográfico de Andalucia : Instituto de Cartografia de Andalucia. - Sevilla: Consejería de Obras Públicas y Transportes [1999], 109 p. [Cartographical inventory of Andalucia.] [Span.]
ISBN 84-8095-168-0

3808
Jiménez García, Juan and others: Estudio de la seguridad y salud en la topografía. In: Topografía y cartografía. 18, 2001, p.2-8, 9 ill., 3 tab. [An analysis of the safety and health risk in surveying.] [Span. with Engl. rés.] ISSN 0212-9280

3809
Líter Mayayo, Carmen; Martín Merás, Luisa: Tesoros de la cartografia española. In: Tesoros de la cartografia Española. Editores cientificos: Carmen Líter Mayayo [u.a.]. - Madrid: Biblioteca Nacional [2001], p.35-48. [Span.] [Exposición con motivo del XIX Congreso Internacional de Historia de la Cartografia, Madrid 2001]
ISBN 84-88699-49-2

3810
Madrid en sus planos 1622-2001 : Centro mesonero romanos. - Madrid: Ayuntamiento de Madrid, Area de Urbanismo, Vivienda e Infrastructuras [u.a.] [2001], 301 p., ill., mp. [Exposición con motivo del XIX Congreso Internacional de Historia de la Cartografia, Madrid 2001]
ISBN 84-7812-516-7

3811
Martí i Domèmech, Glòria and others: The avalanche paths cartography in the Catalan Pyrenees. In: High mountain cartography 2000 : proceedings of the Second Sym-

posium of the Commission on Mountain Cartography of the International Cartographic Association held at the Alpine Centre, Rudolfshütte 2315 m, Austria from 29 March to 2 April 2000. Ed. by Manfred F. Buchroithner. - Dresden: Inst. for Cartography, Dresden Univ. of Technology [u.a.] 2000, p.255-258, 3 ill., 1 tab. (Kartographische Bausteine ; 18) ISBN 3-86005-265-9

3812
Martin Lopez, José: Cartografia española. In: Tesoros de la cartografia Española. Editores cientificos: Carmen Líter Mayayo [u.a.]. - Madrid: Biblioteca Nacional [2001], p.17-33. (ö) [Span.] [Exposición con motivo del XIX Congreso Internacional de Historia de la Cartografia, Madrid 2001] ISBN 84-88699-49-2

3813
Martín, Angel: Estado actual de las redes de nivelación en la Comunidad Valenciana. In: Topografia y cartografia. 18, 2001, p.14-23, 3 ill., 4 tab. [The actual state of levelling networks in the Communinity of Valencia.] [Span.] ISSN 0212-9280

3814
Méndez Martínez, Gonzalo: Cartografia antigua di Galicia. - Pontevedra: Disputación Provincial de Pontevedra, Servicio de Publicaciones 1994, 301 p., ill. [Ancient cartography of Galicia.] [Span.] [Zugl.: Santiago de Compostela, Univ., Diss. 1992 u.d.T.: La documentación cartografica sobre Galicia existente en sus archivos] ISBN 84-88363-17-6

3815
Novak, Drago: The coast of Spain and the Western Mediterranean on the portolan charts of Vincentius Demetrius Volcius Raguseus 1563-1607 : a portolan maker from Dubrovnik. - Zagreb (HR) 2001, 10, [4] Bl., mp.

3816
La nueva cartografia en España del siglo XVIII al XX : Junta de Andalucia, Consejeria de Obras Publicas y Transportes... [Coordinación, dir. e introd. de Joaquín Cortés José]. - Sevilla 1998, 207 p., mp. [The new cartography in Spain of the XVIII to the XX century.] [Span.] [enth. 2 Werke] ISBN 84-8095-163-X

3817
Ruiz Lendinez, Juan José; Blazquéz Parra, Elidia Beatriz: Reseña sobre el estado actual de las señales pertenecientes a la Red de Nivelación de Alta Precisión. In: Topografia y Cartografia. 103, 2001, p.8-11, 4 ill.

3818
Serrano Martínez, Fernando: Cartografia Catastral: Presente y futuro. In: Topografia y Cartografia. 103, 2001, p.19-22, 2 tab.

3819
Suárez García, José Antonio; Gonzáles-Pumariega Solís, Pelayo: Cartografia y patrimonio: Cartas arqueológicos. In: Topografia y Cartografia. 104, 2001, p.35-40. [Span.]

3820
Suárez García, José Antonio; González-Pumariega Solís, Pelayo: El deslinde de términos municipales, pervivencia de un rito de mensuración : una aproximación al caso de Asturias. In: Topografia y cartografia. 18, 2001, p.46-59, 7 ill. [Span.] ISSN 0212-9280

3821
Tesoros de la cartografia Española. Editores cientificos: Carmen Líter Mayayo [u.a.]. - Madrid: Biblioteca Nacional 2001, 356 p., ill., mp. [Treasures of Spanish cartography.] [Span.] [Exposición con motivo del XIX Congreso Internacional

de Historia de la Cartografia, Madrid 2001] ISBN 84-88699-49-2

Sweden / Schweden / Suède

3822
Jeansson, Eric: 3D-GIS och virtual reality inom projektet Götatunneln - hjälpmedel för enkel och snabb informationsförmedling i större infrastrukturprojekt. In: Kartbladet. 16, 2001, p.6-9, 4 ill. [3D-GIS and virtual reality in the Götatunnel project - tool for simple and quick transmission of information in a bigger infrastructure project.] [Swed.] ISSN 0283-0418

3823
Lidberg, Martin: SWEREF 99 - Sveriges nya referenssystem. In: Kartbladet. 16, 2001, 1, p.6-10, 5 ill. [SWEREF 99 - Sweden's new reference system.] [Swed.]

3824
Ludvigsson, Johan; Olsson, Mårten: GIS i mjuk förvaltning. In: Kartbladet. 16, 2001, 1, p.10-17, 6 ill. [GIS in flexible administration.] [Swed.]

3825
Müllern, Carl-Fredrik; Åsman, Magnus: SGU:s kommunala grundvattenkarta : en GIS-produkt. In: Kartbladet. 16, 2001, p.6-13, 10 ill., 2 tab. [SGU: a communal ground water map : a GIS product.] [Swed.] ISSN 0283-0418

3826
Ottoson, Lars: Generalstabskartan 1805-1979 : författarens vedermödor. In: Kartbladet. 16, 2001, p.27-30, 2 ill. [Ordnance maps 1805-1979 : author's efforts.] [Swed.] ISSN 0283-0418

Switzerland / Schweiz / Suisse

3827
Aliprandi, Laura; Aliprandi, Giorgio: La découverte du Mont-Blanc par les cartographes 1515-1925 : [Léman <région>; Valais]. - Ivrea: Priuli & Verlucca 2000, 165 p., ill. (Art dans les Alpes) ISBN 88-8068-150-8

3828
Ammann, Gerhard; Hilfiker, Ronni; Schaub, Daniel: Friedrich Mühlberg : 100 Jahre "Quellenkarte des Kantons Aargau". - Aarau: Abt. Umweltschutz 2001, 70 p., ill., mp. (Umwelt Aargau ; Sondernummer 11: Wasser, Gewässer)

3829
Augenreisen : das Panorama in der Schweiz : [Ausstellung, Schweizerisches Alpines Museum, Bern, 23.11.2001-1.5.2002]. Red.: Susanne Grieder. - Bern: Schweizerisches Alpines Museum : Schweizer Alpenclub SAC 2001, 191 p., ill. ISBN 3-9526873-6

3830
Boesch, Matthias; Tribelhorn, Christian; Lange, Eckart: Lawinenschutz und Landschaftsbild: Beurteilung der Auswirkungen alternativer Maßnahmen mit Hilfe der 3D-Visualisierung. In: Vermessung, Photogrammetrie, Kulturtechnik. 99, 2001, p.480-485, 8 ill. [Germ. with French, and Ital. rés.] ISSN 0252-9424

3831
Ebneter, Franz: AlpTransit Gotthard-Basistunnel : oberirdische Schwerpunkte der Vermessungsaufgaben. In: Schweizer Baublatt. 112, 2001, p.38-42, ill., mp. ISSN 0036-7303

3832
Egli, Christine; Keller, August: Aargauisches Geografisches Informationssystem (AGIS) : 10 Jahre AGIS - ein Fazit. In: Vermessung, Photogrammetrie, Kulturtechnik = Mensuration, Photogrammétrie, Génie rural. 99, 2001, 5, p.283-287, 6 ill. [With French and Ital. rés.]

3833
Ehrler, Cornel and others: GIS in der Raumplanung im Kanton Graubünden. In: Vermessung, Photogrammetrie, Kulturtechnik = Mensuration, Photogrammétrie, Génie rural. 99, 2001, 5, p.292-297, 4 ill. [With French and Ital. rés.]

3834
Eröffnung GeoPrint-Shop der Stadt Zürich : sämtliche Geodaten aus einer Hand. In: Schweizer Baublatt. 112, 2001, p.7-8, ill. ISSN 0036-7303

3835
Gentizon, Caterina and others: GIS and geomorphological mapping as management tools in Alpine periglacial areas. In: High mountain cartography 2000 : proceedings of the Second Symposium of the Commission on Mountain Cartography of the International Cartographic Association held at the Alpine Centre, Rudolfshütte 2315 m, Austria from 29 March to 2 April 2000. Ed. by Manfred F. Buchroithner. - Dresden: Inst. for Cartography, Dresden Univ. of Technology [u.a.] 2000, p.215-228, 8 ill. (Kartographische Bausteine ; 18) ISBN 3-86005-265-9

3836
Geomatik für unsere Zukunft : 100 Jahre Geomatik Schweiz. Chefred.: Stephan Ziegler ; Hrsg.: Geomatik Schweiz. - St. Gallen: Polygon Media 2001, 34 p., ill. [Ein Produkt der Frehner-Consulting]

3837
Germann, Thomas: Der Aussichts-Berg : von der Umrissdarstellung zum Computerpanorama : [Titlis]. In: Titlis : Spielplatz der Schweiz. hrsg. von Daniel Anker. - Zürich: AS-Verlag & Buchkonzept 2001, p.166-179, ill. (Bergmonografie ; 7)

3838
Glatthard, Thomas; Michelon, Roger: Ortsinformationssystem der Region Luzern im Internet. In: Vermessung, Photogrammetrie, Kulturtechnik = Mensuration, Photogrammétrie, Génie rural. 99, 2001, 5, p.301-303, 2 ill. [With French and Ital. rés.]

3839
Glatthard, Thomas: Umweltmanagement : geografische Informationssysteme : Daten online abrufen. In: Umwelt-Focus. 2001, p.25-27, ill. [Inventar der Metainformationen der kantonalen GIS-Daten unter www.kogis.ch]

3840
Grütter, Thomas; Barandun, Stefan: Die Datendrehscheibe der Werke der Stadt Zürich. In: Vermessung, Photogrammetrie, Kulturtechnik = Mensuration, Photogrammétrie, Génie rural. 99, 2001, 5, p.298-300, 4 ill. [With French and Ital. rés.]

3841
Günthardt, Jakob: Digitaler Zonenplan des Kantons Zug in INTERLIS. In: Vermessung, Photogrammetrie, Kulturtechnik. 99, 2001, p.594-597, 6 ill. [Germ. with French, and Ital. rés] ISSN 0252-9424

3842
Gurtner, Martin; Opizzi, Daniele: The new national toponymic database "Swissnames". In: Second International Symposium on Geographical Names, GeoNames 2000, Frankfurt am Main, 28-30 March 2000.

Ed. by the Ständiger Ausschuss für Geographische Namen (StAGN), comp. by Jörn Sievers. - Frankfurt am Main: Verl. d. Bundesamtes für Kartographie u. Geodäsie 2000, p.65-70, 4 ill. (Mitteilungen des Bundesamtes für Kartographie und Geodäsie ; 19) ISBN 3-88648-292-8

3843
Gurtner, Martin; Kappenberger, Giovanni: Carte des randonnées à ski de Swiss-Ski /S+T. In: Les Alpes. 77, 2001, p.28-29, mp. ISSN 0002-6336

3844
Hehl.-Lange, Sigrid: GIS-gestützte Habitatmodellierung und 3D-Visualisierung räumlich-funktionialer Beziehungen in der Landschaft : [Steinen SZ <Region>]. - Zürich: vdf, Hochschulverlag AG an der ETH Zürich 2001, 164 p., ill. (ORL-Bericht ; 108/2001)

3845
Hoffmann, Hilko and others: Computergenerierte Landschaftsansichten für Planung und Tourismus. In: Vermessung, Photogrammetrie, Kulturtechnik. 99, 2001, p.67-70, ill. ISSN 0252-9424

3846
Hurni, Lorenz; Schneider, Barbara: Kartographische Visualisierung von Geodaten : [Beispiel: Landnutzung Rafzerfeld]. In: Tagungsband GIS / SIT 2000. ed.: L. Hurni. In: Tagungsband GIS / SIT 2000. - Fribourg, 6 p.

3847
Hurni, Lorenz: The new "Atlas of Switzerland - interactiv" : applications in mountain cartography. In: High mountain cartography 2000 : proceedings of the Second Symposium of the Commission on Mountain Cartography of the International Cartographic Association held at the Alpine Centre, Rudolfshütte 2315 m, Austria from 29 March to 2 April 2000. Ed. by Manfred F. Buchroithner. - Dresden: Inst. for Cartography, Dresden Univ. of Technology [u.a.] 2000, p.53-59, 7 ill. (Kartographische Bausteine ; 18) ISBN 3-86005-265-9

3848
Huser, Meinrad: Schweizer Vermessungsrecht. - Fribourg: Universitätsverlag 2001, XXVI, 149 p. (Beiträge aus dem Institut für Schweizerisches und Internationales Baurecht, Universität Freiburg ; 12) [Semesterarbeit] ISBN 3-7278-1335-0

3849
Imhof, Viola: Die Gebirgsmodelle des Charles-François Exchaquet in Görlitz. In: Mitteilungen / Freundeskreis für Cartographica in der Stiftung Preußischer Kulturbesitz. 14, 2000, p.22-25, 1 ill.

3850
Jeanrichard, Francis: Le développement du Service topographique suisse. In: Vermessung, Photogrammetrie, Kulturtechnik = Mensuration, Photogrammétrie, Génie rural. 99, 2001, 4, p.233-236.

3851
Jeanrichard, Francis: Le développement du Service topographique suisse. In: Vermessung, Photogrammetrie, Kulturtechnik. 99, 2001, p.233-236, mp. ISSN 0252-9424

3852
Jehle, Lorenz: Reise zum Mittelpunkt Liechtensteins : die Alp-Bargälla, Triesenberg : [760 361 / 223 297]. In: Terra plana. 2001, p.17-22, ill.

3853
Käser, Christoph and others: SWISSIMAGE - das flächendeckende, hochaufgelöste Farborthophoto des Bundesamtes für Landestopographie. In: Vermes-

sung, Photogrammetrie, Kulturtechnik. 99, 2001, p.532-536, 7 ill. [Germ. with French, and Ital. rés] ISSN 0252-9424

3854
Kersten, Thomas; O'Sullivan, Willie; Zanini, Marc: Digitale Oberflächenmodelle durch Bildkorrelation : DOM/10 und DOM/2.5 : [Schweiz]. In: Vermessung, Photogrammetrie, Kulturtechnik. 99, 2001, p.60-66, ill., mp., tab. ISSN 0252-9424

3855
Klöti, Thomas: Der Topografen-Berg : vom Triangulationssignal zum GPS- Fixpunkt : [Titlis]. In: Titlis : Spielplatz der Schweiz. hrsg.von Daniel Anker. - Zürich: AS-Verlag & Buchkonzept 2001, p.70-81, ill. mp. (Bergmonografie ; 7)
ISBN 3-905111-62-4

3856
Klöti, Thomas: Stolzer "Ursus Nujthonjcus" : die Karten des bernischen Staatsgebiets im 16. und 17. Jahrhundert. In: Alpenhorn-Kalender [Ausg. Berner Mittelland]. 76, 2001, p.41-51, ill., mp.

3857
Kneubühl, Urs: Panoramas = yeux en voyage : 22e exposition d'art alpin du CAS. In: Les Alpes. 77, 2001, p.46-47.

3858
Kneubühl, Urs: Panoramen - Augenreisen : 22. Ausstellung alpiner Kunst des SAC. In: Die Alpen. 77, 2001, p.46-47.

3859
Leiss, Ivo: Einsatz der Satellitenfernerkundung für die Bodennutzungsstatistik : Methoden und Resultate eines Forschungsprojektes. - Neuchâtel: Bundesamt für Statistik 2000, 64 p., ill. (Statistik der Schweiz ; 2, Raum und Umwelt) [Engl. ed.: Application of satellite remote sensing for land use statistics]
ISBN 3-303-02059-0

3860
Leuenberger, Rudolf: Intranet-Projekt ZUGIS2000 der GIS-Fachstelle des Kantons Zug. In: Vermessung, Photogrammetrie, Kulturtechnik = Mensuration, Photogrammétrie, Génie rural. 99, 2001, 5, p.288-291, 6 ill. [With French and Ital. rés.]

3861
Linder, Walter: Ein alter Berner Straßenplan aus dem Jahr 1787 : [Carte topographique de la grande route de Berne à Zurich [ct] Zurzach / Pierre Bel] : [Abschnitt Aargau]. In: Jahresschrift der Vereinigung für Heimatkunde Suhrental, Schöftland. 52, 2000, p.25-32, mp.

3862
Luftbilder und Satellitenbilder : Katalog. - Bern: Eidg.Vermessungsdirektion 2000-2001, 46 p. + mp. "Luftbilder der Schweiz 2000" + mp. "Lothar 2000" ; 35 p. + mp. "Luftbilder der Schweiz 2001".

3863
Maggetti, Marino: Drei Manöverkarten von 1873 : der See- und der untere Sensebezirk vor 130 Jahren. In: Freiburger Geschichtsblätter. 78, 2001, p.141-164, ill., mp.
ISSN 0259-3955

3864
Meier, Erich H.; Nüesch, Daniel R.: Genauigkeitsanalyse von hochauflösenden Gelände- und Oberflächenmodellen. In: Photogrammetrie, Fernerkundung, Geoinformation. 2001, p.405-416, 6 ill., 1 tab.
ISSN 1432-8364

3865
Müller, Stefan: Wiederentdeckung einer seltenen Karte des Zürich-Sees : ["Geographische oder Grund=richtige Verzeichnus der Statt Zürich, ihres Sees und derselbigen Landschaft..." / Kupferstich von Hans Erhard Escher, 1692]. In: Cartographica Helvetica. 23, 2001, p.16-17, ill. ISSN 1015-8480

3866
Naef, David; Subak, Sasa: Fehleranalyse des Schweizer DHM25. - Zürich: ETHZ, Institut für Geodäsie und Photogrammetrie [Semesterarbeit]

3867
Nagy, Patrick and others: Flug in die Vergangenheit : die Luftbildprospektion im Dienste der Archäologie : [mit Beispielen aus der Schweiz]. In: Helvetia archaeologica. 32, 2001, p.2-77. ISSN 0018-0173

3868
Niederöst, Markus: Projekt ATOMI: Automatische Detektion und Rekonstruktion von Gebäuden für das topographische Landschaftsmodell der Schweiz. In: Vermessung, Photogrammetrie, Kulturtechnik. 99, 2001, p.520-524, 8 ill. [Germ. with French, and Ital. rés]

3869
Noseda, Irma: Die große Landnahme zu Lasten der Gewässer im 19. Jahrhundert : am Beispiel der Linth-Korrektion. In: Cartographica Helvetica. 23, 2001, p.27-34, ill., mp. ISSN 1015-8480

3870
Oswald, Walter; Rolli, Simon: Online-Dienste für Geodaten im Kanton Basel-Stadt. In: Vermessung, Photogrammetrie, Kulturtechnik. 99, 2001, p.589-593, 4 ill. [Germ. with French, and Ital. rés]

3871
Ott, Thomas: Atlas der Schweiz - interaktiv. In: Petermanns Geographische Mitteilungen. 145, 2001, p.30-31, ill.

3872
Paul, Gerhard: Aufbau eines digitalen Landschaftsmodells von Österreich. In: ATKIS - Stand und Fortführung : Beiträge zum 51. DVW-Seminar am 25. und 26. September 2000 an der Unversität Rostock. Red. u. Seminarleiter: Ralf Bill u. Frank Schmidt. - Stuttgart: Wittwer 2000, p.65-73. (Schriftenreihe des DVW ; 39)

3873
Richard, Daniel: Development of an internet atlas of Switzerland. In: Computers & Geosciences. 26, 2000, p.45-50. ISSN 0098-3004

3874
Rickenbacher, Martin: Die ältesten Höhenmessungen in der Basler Landschaft : Daniel Bernoullis Expedition auf die Wannenflue im Mai 1755. In: Basler Zeitschrift für Geschichte und Altertumskunde. 101, 2001, p.87-115, ill., tab., mp. ISSN 0067-4540

3875
Rickenbacher, Martin: Weltrekord! Das DIGIRAMA der Schweizer Alpen. In: Vermessung, Photogrammetrie, Kulturtechnik. 99, 2001, p.544-549, 12 ill. [Germ. with French, and Ital. rés] ISSN 0252-9424

3876
Rubli, Markus F.: Vor Staunen fassungslos : das Murtenschlacht-Panorama - ein Kunstwerk von nationaler Bedeutung : [erstellt vom Historien- und Schlachtenmaler Louis Braun, München, 1836-1916]. In: Alpenhorn-Kalender [Ausg. Schweiz]. 76, 2001, p.128-139, ill.

3877
Schlatter, A. and others: Konzept- und Machbarkeitsstudie zu HFP2-Netzen im heutigen Umfeld. In: Vermessung, Photogrammetrie, Kulturtechnik = Mensuration, Photogrammétrie, Génie rural. 99, 2001, 3, p.169-175, 6 ill., 1 tab.

3878
Schneider, Jean Robert: Deux offres complémentaires de formation d'ingénieurs en géomatique. In: Vermessung, Photogrammetrie, Kulturtechnik = Mensuration, Photogrammétrie, Gènie rural. 99, 2001, 1, p.11-13, 2 ill. [With French, German and Ital. rés.]

3879
Schouler, Valérie: Fournir un service de positionnement en temps réel avec une précision centimétrique: un défi pour Swissat. In: Vermessung, Photogrammetrie, Kulturtechnik. 99, 2001, p.432-434, 6 ill., 2 tab. [French with Germ., and Ital. rés.] ISSN 0252-9424

3880
Schwab, Antoinette: Ein Archiv für Satellitenbilder der Schweiz : bessere Nutzung dank inhaltsorientierter Abfrage. In: Neue Zürcher Zeitung. 222, 2001, p.11.

3881
Sieber, René; Oberholzer, Clemens; Terribilini, Andrea: Animation im interaktiven Atlas der Schweiz. In: Dynamische Visualisierung : Grundlagen und Anwendungsbeispiele kartographischer Animationen. ed.: G. Buziek et al. - Berlin: Springer 2000, p.141-158. ISBN 3-540-66327-4

3882
Spälti, Kurt: Das Topographische Informationssystem der Schweiz. In: ATKIS - Stand und Fortführung : Beiträge zum 51. DVW-Seminar am 25. und 26. September 2000 an der Unversität Rostock. Red. u. Seminarleiter: Ralf Bill u. Frank Schmidt. - Stuttgart: Wittwer 2000, p.53-63, 1 ill., 1 tab. (Schriftenreihe des DVW ; 39) ISBN 3-87919-273

3883
Späni, B.; Grin, F.: Thesen zur Geomatik-Ausbildung Schweiz = Thèses concernants la formation en géomatique en Suisse. In: Vermessung, Photogrammetrie, Kulturtechnik = Mensuration, Photogrammétrie, Génie rural. 99, 2001, 1, p.4-7, 6 ill. (dt.), p.8-10, 4 ill. (frz.).

3884
Speich, Daniel: Das Planarchiv der Eidgenössischen Linthkommission. In: Cartographica Helvetica. 23, 2001, p.35-38, 6 ill.

3885
Speich, Daniel: Papierwelten : eine historische Vermessung der Kartographie im Kanton Zürich des späten 18. und 19. Jahrhunderts. - Zürich: ETH, Institut für Geschichte und Technikgeschichte 1998, 122 Bl. + 12 Bl., ill. (Preprints zur Kulturgeschichte der Technik ; 3) [Zugl.: Lizentiatsarb. Universität Zürich, 19971]

3886
Trüb, Ulrich: Gedruckte Ansichten der Stadt Aarau aus dem 19. Jahrhundert und ältere. - Küttigen: Trüb 2001, 47 p., ill.

3887
Umfrage Bodenkartierung : Bedarfsabklärung, Bodenkarten und Bodeninformationen ; Aufgaben im Zusammenhang mit der Bodenkartierung ; Ideen zu einer Bodeninformationsstelle ; Arbeitsgruppe Bodenkartierung der Bodenkundlichen Gesellschaft der Schweiz. Red.: M. Müller. - Dietikon: Juris-Dr. u. Verl. 2000, 50 p., ill. (BGS-Dokument ; 10)
ISBN 3-260-05440-5

3888
Visnovcova, Jana: 3D-Rekonstruktion und Visualisierung des Reliefs der Innerschweiz von Franz Ludwig Pfyffer. In: Vermessung, Photogrammetrie, Kulturtechnik. 99, 2001, p.486-489, 7 ill. [Germ. with French, and Ital. rés.] ISSN 0252-9424

3889
Wild, Urs and others: swipos(R)-GIS/GEO : real-time Positionierung in der ganzen Schweiz mit cm-Genauigkeit : [automatisches GPS-Netz Schweiz (AGNES)]. In: Vermessung, Photogrammetrie, Kulturtechnik. 99, 2001, p.165-168, ill., mp. [Germ. with French, and Ital. rés.] ISSN 0252-9424

Turkey / Türkei / Turquie

3890
Copeaux, Étienne: Une version turque du monde à travers les cartes de 1931 à nos jours. - Paris: CNRS ed. 2000, 240 p., ill., mp. ISBN 2-271-05700-0

Ukraine / Ukraine / Ukraine

3891
Boplan i Ukraïna : zbirnyk naukovych prac'. [Red.kolehija: Marija Vavryčyn...]. - Lviv 1998, 318 p., ill., mp. [Beauplan and Ukraine.] [Ukrain.] ISBN 966-02-0610-0

3892
Konias, Andrzej: Kartografia topograficzna Śląska Cieszyńskiego i zaboru austriackiego od II połowy XVIII wieku do początku XX wieku : wyd. 1. - Katowice: Wydawn Uniwersytetu Śląskiego, 259 p., ill., mp. + 8 mp.-suppl. (Prace naukowe Uniwersytetu Śląskiego w Katowicach 1866. Seria Nauki o Ziemi) [Topographic cartography of Teschen-Silesia and the Austrian annexion from the second part of the 18th century until the beginning of the 20th century.] [Pol. with Engl., and Germ. rés.] ISBN 88-226-0969-8

3893
Mardak, Nikolaus L.: Aussprachegerechte Transkription ukrainischer Namen. In: Second International Symposium on Geographical Names, GeoNames 2000, Frankfurt am Main, 28-30 March 2000. Ed. by the Ständiger Ausschuss für Geographische Namen (StAGN), comp. by Jörn Sievers. - Frankfurt am Main: Verl. d. Bundesamtes für Kartographie u. Geodäsie 2000, p.119-123. (Mitteilungen des Bundesamtes für Kartographie und Geodäsie ; 19) ISBN 3-88648-292-8

3894
Masour, Janna: Land use / land cover changes in the Chornobyl area : 1975-1995. - Athens, GA: Giorgia State University 1999 [Master's thesis]

h. Polar Regions Polargebiete Les régions polaires

3895
White, David Charles: The Gerald F. Fitzgerald Collection of Polar Books, Maps, and Art in the Newberry Library : a catalogue. Comp. by Cavid C. White and Patrick Morris, ed. by Robert W. Karrow. -Chicago, Ill.: Newberry Library 2000, 227 p., ill. ISBN 0-911028-70-6

Antarctic / Antarktis / Antarctique

3896
Casas Santiuste, Benito Javier: Cartografía y observatorio geomagnéticos en Isla Livingston, Antártida (1990-2000). In: Topografía y Cartografía. 102, 2001, p.4-16, 13 ill., 3 tab.

i. Outer Space
Weltraum
L'espace cosmique

3897
Blunck, Jürgen: Ein vierzig Jahre alter Präzisionsglobus des Mars. In: Mitteilungen / Freundeskreis für Cartographica in der Stiftung Preußischer Kulturbesitz. 14, 2000, p.54-55.

3898
Dorrer, Egon; Piechullek, Christian; Zhou, Xiugang: Integration von DHM in SFS (Shape from Shading) zur Reliefdarstellung in Mars-Bildkarten. In: Rauminformationen für das 21. Jahrhundert : Vorträge ; 20. wissenschaftlich-technische Jahrestagung der DGPF im Rahmen der Intergeo 2000, 11.-13. Oktober 2000, Kongress-Zentrum ICC, Berlin. Hrsg.: Jörg Albertz. - Berlin: DGPF 2001, p.174-186, 10 ill. (Publikationen der Deutschen Gesellschaft für Photogrammetrie und Fernerkundung ; 9)

Index of Authors
Autorenregister
Liste des Auteurs

A

Abeydeera, Ananda 0184,3302,3322
Abita, Salvatore 0275,0735,3691
Abraham, Joseph S. 2110,2587,3200
Abry, Josèphe-Henriette 0105,0376
Ackerberg-Hastings, Amy 1398
Adamič, Milan Orožen 1335,3790
Adams, Jonathan M. 2061,3285
Ahern, Frank J. 1135,1162,2151 2507
Ainsworth, Peter 0115,0386
Al Sahhaf, Nasr 1131,1597,2373 3320
Al-Nakib, Nuri 1132,1405,2588
Alabér, Laszló 0570,0926,1598 3636
Albano, Caterina 0204,0816,3608
Albertz, Jörg 0205,0760,1132 1133,1180,1210 1221,1231,1234 1389,1405,1426 1479,1487,1511 1941,1942,1954 1957,1996,2068 2169,2208,2392 2412,2588,2665 2729,2853,2877 2930,2955,3422 3690,3898
Aliprandi, Giorgio 0206,3827
Aliprandi, Laura 0206,3827
Ammann, Gerhard 0207,0489,2217 3828
Andrews, J.H. 0063,0449,0817
Andrews, Mary 1134,2039
Andrienko, Gennady 1406,2589
Andrienko, Natalia 1406,2589,2590 2906
Anker, Daniel 0252,1024,2851 3837,3855
Anquela Julián, A.B. 0936
Antle, Alissa N. 2591
Appelt, Gerfried 0788,2592
Arca, Salvatore 0208,0927,3667
Arino, Olivier 1135,2507
Arnaud, Pascal 0128,0378,3073
Asche, Hartmut 1792,2197,2594
Åsman, Magnus 1746,2165,2239 3825
Asmus, Ivo 0209,1878,3009 3423
Aspila, Christopher 1601,2482
Atterberger, Josef 1602,2022,2344 2595,3424
Atwood, Nathan N. 2202,3165,3201
Aufgebauer, Peter 0003,0028,0226 0227,0306,0315 0357,0477,0478 0479,0480,0642 1339,1340,2017 2019,2569,2571 3353,3445,3446 3534,3542,3545 3582
Augustyn, Robert T. 0148,2383,3210
Aulig, Günther 1602,2022,2344 2595,3424
Avwunudiogba, Augustine 1603,2323

B

Backus McCorkle, Barbara 0026,0167,3250
Badard, Thierry 0911,1387,1715
Bader, Mathias 1324,1325,1437
Badmayev, N.B. 2083,2324,2988 3292
Bähr, H.-P. 0544,0928,3426
Baella, Blanca 1326,1948,3803
Bäuml, Norbert 1602,2022,2344 2595,3424
Bajić, Milan 1157,2490

Bakker, N.J. 1604,1700,1879 1895,2596,2694 3714,3730
Baldaccini, Paolo 1275,2338,3698
Balestrini, Pierre 0898,2486,2845
Balistreri-Trincanato, Corrado 0211,0411,2374 2839,3668
Ballantyne, Brian 0929,3010,3166
Ballo, Moïse M 2084,2375,3108
Bandy, Stephen 0571,1605,2189 3329
Baoquan, Liu 1336,3284
Barandun, Stefan 1670,2663,3840
Barber, Peter 0107,0385
Barbour, David 0572,2451,3609
Bard, Sylvain 1438
Bareth, Georg 1136,1258,1606 2023,2024,2252 3427
Barillot, Xavier 1327
Barr, Robert 0789,0930,1533
Barrault, Mathieu 1445,2487,2631
Barry, Michael 1226,1865,3044 3153
Barsi, Arpad 0931,3637
Bartos, Ferenc 0714,0932,1137
Baruth, Christopher 0064
Bassett, Thomas J. 0004,0133
Batten, Kit 0005,0212,2294 3095,3428,3610
Battles, Bruce Lee 1607,2277,3202
Batty, Michael 2376,2597
Bauer, Thomas 1138,2253,2377 3366
Baule, Francesco 1608,2218,3669
Baumann, E. 0213,0418,0933 3429
Baxter, Ryan 1609
Bayduss, Brett 2278
Beale, Linda 1610,2378,2907
Beard, Colleen 0140,3167
Beatty, Michael A. 1337,3203
Beck, Michael 2379,2428,2598 2781,2840,2892
Beckel, Julia 1139,1611,2290
Becker, Hans-Gerd 0573,0934,3430
Bedini, Silvio A. 0141,0935,3204
Béghin, M. 0539
Beineke, Dieter 0065,0818,2989
Belada, Peter 1142,1143,1469 1470,2380,2381
Bellanger, François 1612,2013,3406
Bellec, François 0066
Bendt, Vera 0185,0651,3304
Benedict, Ernst 0468
Bennett, Francis 0005,0212,3610
Benning, Wilhelm 1423,1880
Bergaglio, Maristella 0134,1140,2295 3151,3670
Berger, Beate 0210,0214,0236 0256,0257,0265 0269,0277,0295 0311,0363,0491 0508,0598,0644 0661,0686,0687 0713,1034,1052 1069,1891,2102 2219,2311,2385 2391,2394,2396 2483,2531,2542 2558,2568,2852 2861,3022,3352 3425,3431,3439 3457,3480,3481 3492,3496,3501 3521,3531,3546 3586
Berkner, Andreas 0214,2219,2483 3431
Bernardi, Roberto 1987,2908
Berné Valero, José Luis 0936
Bernsdorf, Bodo 1534,2111
Besser, Thomas 2355,2425,2766 3093,3560
Beurs, Kirsten M. de 1440,2060,3194
Beutler, Gerhard 0531,0937
Bevilaqua, Eugenia 0215,3671
Bian, Fuling 1839
Bianchetti, Serena 0377
Bigler, Franz 0574,0938,1535
Bijtelaar, Bas 1821,2791,3755
Bill, Ralf 0569,0575,0582

Bill, Ralf 0594,0617,0710 0966,1003,1025 1037,1038,1039 1095,1114,1124 1383,1386,1388 1431,1435,1449 1458,1483,1490 1505,1508,1512 1514,1525,1532 1536,1554,1561 1565,1566,1585 1724,1899,2677 2714,2802,2977 3379,3421,3432 3463,3486,3488 3502,3509,3510 3515,3523,3524 3525,3543,3564 3570,3590,3598 3604,3872,3882
Bindig, Siegfried 0216,0939,3433
Bitzi, P. 1007
Bizjak, Bojan 2357,2794,3058 3801
Blankenberg, Leif Erik 1141
Blaschke, Thomas 0774,1282,1819 2145
Blaser, Anette 0216,0568,0573 0618,0619,0648 0923,0934,0939 0986,1072,1074 1570,1852,1874 1885,2806,3015 3418,3430,3433 3450,3482,3526 3527,3553,3554 3600
Blasi, Francesco 1881,3672
Blatter, Felix 0492,0666
Blazquéz Parra, Elidia Beatriz 1077,3817
Bley, Daniel 2084,2375,3108
Bliss, Winfried 0652
Blok, Connie 0715,2059,2599
Blondzik, K. 1688,2127,2226 3346
Blunck, Jürgen 2822,3897
Bobrich, Joachim 1537,3434
Bobzien, Matthias 1439,1467
Bock, Mathias 1613,2112,3435
Boellstroff, Darcy Leona 1468
Boer, Adri den 0217,0716,0940 3390
Boer, Eric P.J. 1440,2060,3194
Börner, Georg 1791,2055,3573
Boesch, Matthias 2600,2841,3830
Boháč, Pavel 1338
Bolch, Tobias 3157,3189
Boller, Michael 0941,1614
Bollmann, Jürgen 0812,0912,1569 2712
Boncompagni, Ilaria 0218,2484,3673
Bonnafé, Annie 0219,2029,2978 3634
Bonomelli, Marina 0002,0106,2526
Bonorden, Rainer 0942,1882,3011 3436
Boogert, André van den 2530,2557,2601 3715
Borchi, Emilio 0221,0943,3674
Borgmann, Horst 0790,0944,3437
Bořkuvková, Jaroslava 1407,1914,2602 3394
Borruso, Giuseppe 1615,2485,3065
Bosma, H.M 2085,2113,3716
Bosma, H.M. 2452,3717
Bown, Stephen R. 0142,0514,3168
Boxall, James 0653
Braun, Gabriele 1263,1534,1613 1616,1624,1657 1771,1815,2111 2112,2114,2115 2116,2120,2121 2124,2138,2143 2144,2172,2193 2200,2325,2329 2615,2651,2801 2901,3191,3389 3435,3438,3444 3448,3460,3464
Brazile, Francisco L. 1328,1441

Breitfeld, Klaus 2531,2558,3439
Bretterbauer, Kurt 1300
Brewer, Cynthia A. 1291,1992,2076 2446,2532,3205
Brewer, Isaac 2649,2716,2850
Briese, Christian 1142,1143,1469 1470,2380,2381
Brkić, Mario 0945,1442,1471 3393
Brockmann, Herbert 1472,2220,3440 3759
Brodeur, Jean 0895,1538,3169
Brodlie, Ken 2603
Brodsky, Harold 0186,3305
Brogiato, Heinz Peter 0006
Brooks, Cheri 0067,0654
Brooks, Randall C. 0371,0946,2842
Brown, Allan 0859,2453,2454 2604,2605,2606
Brown, Iain M. 1617,2279,2607 2608
Brubach, Egon 0576,0947,3012
Brüggemann, Heinz 0948,1539,3441
Bruin, S. de 1618
Brunner, Horst 0308
Brunner, Kurt 0222,0819,0834 0860,1284,1915 1949,2609,2610 2735,3335,3367 3442
Brunner-Friedrich, Beatrix 1540,2611
Bruno, Louise 2533,2559,2612 3158
Brunold, Martin 0372,0949
Bruton, Alex M. 0950
Bryan, Brett A. 2061,3285
Bucher, Bénédicte 0896,1619,2909
Bucher, Robert 0951,1620,3443
Buchroithner, Manfred 0414,0415,0567 0733,0819,1104 1149,1161,1164 1268,1326,1556 1659,1731,1915 1920,1943,1948 1951,1958,1959
Buchroithner, Manfred1961,1965,1966 1971,1975,1982 1997,2066,2150 2177,2196,2203 2204,2205,2206 2477,2538,2563 2613,2653,2679 2685,2736,2764 2843,2881,2887 2902,2960,2979 3252,3324,3367 3369,3370,3371 3374,3377,3381 3452,3796,3803 3811,3835,3847
Büttner, Manfred 0108,0119,0482 0483
Bulirsch, Roland 0068,0952
Bun, R.J.G. 0953,1473,3718
Bunch, Ricky 1621,2980
Bunin, John 2981,3109
Burden, Eugene 0223,2148,3611
Burgat, Mika 0454,0954
Burghardt, Dirk 1443
Burke, Derrick 1622,2099,3206
Burne, Alan 1623,2040,3207
Burnett, David Graham 0143,0955,3612
Burrell, Carolyn 0426,0655,2823
Butwilowski, Wladimir 2190
Buziek, Gerd 2551,2579,2771 3881
Buzin, Reiner 1624,2115,2116 2521,2614,2615 2910,3444

C

Cai, Zhongliang 2616
Calder, Simon 2455,2911
Callahan, Brady 1625,2041,3208
Cameneva, Zinaida 1344,3713
Campbell, John 2912,2990
Candura, Anna Rosa 2254,3675
Cantile, Andrea 0076,0208,0221 0224,0231,0239

Cantile, Andrea 0296,0337,0340 0365,0395,0592 0927,0943,1076 1881,1901,2384 2403,2419,2435 2885,2913,3045 3107,3667,3672 3674,3676,3679 3682,3692,3702 3704,3709
Canzler, Armin 1543
Capacci, Alberto 2456
Capurso, Claudia 0225,1883,3013 3677
Carhart, George S. 0144,0145,0434
Caron, Patrick 2025,2844,3159
Carosio, Alessandro 0476,0545,0761 0801,0957,1065 1451,1544,1626 1944,3336
Carpenter, Stephen 1627,2117,2221
Carter, Jackie 2448,2670,3618
Cartwright, William 1393,1526,1628 2345,2617,2618 2619,2818,2914 2915,3088
Casas Santiuste, Benito 1259,1474,1950 2185,3896
Casemir, Kirstin 0226,0227,1339 1340,3445,3446
Cassi, Laura 2077,3678
Casten, Richard 0124,0146
Casti, Emanuela 0861,0862,2209 2382,3142
Caterino, Aldo 0125,3066,3122 3777
Cavallotti, Paolo 2620
Cavelti Hammer, Madlena 0504
Cecconi, Alessandro 1444,1545,2621
Cekula, Zane 1144,1341,3711
Cencini, Carlo 0069
Cerri, Carlos E.P. 1629,2191,3160
Champaud, Jacques 2084,2375,3108
Chan, Amy 0007
Chang, Stephen Tsen-hsin 0126,0228,3067 3778
Chao, Jason 1048
Châtelet-Lange, Liliane 0229,0487,2009 3407
Cheesman, Jo 2583,2622,2982
Chekin, Leonid S. 0187,0230
Chen, Binfei 1630,3068
Chen, Junyong 0958,0959,1475 3123,3286,3287
Chen, Min 1463,1519
Chen, Shunqing 1830,2438,2450 3291
Chen, Young-Qi 0903,0910,0962 1033,1048,1049 1179,1192,1278 1301,1307,1425 1429,1430,1660 2873
Cheng, Pengfei 0959,3287
Chester, Lucy 0147,0188,0577
Chichagov, Alexander 1145,1476
Chilton, Steve 1408,2916
Christ, Andreas 0960,1851,1884 3014,3447
Clark, Larry 1146,1631,2118 3190
Clark, Mary 0030,0331,3042 3666
Claußen, Ute 2325,3448
Cobb, Michelle 1147,2176,3209
Cohen, Paul E. 0148,2383,3210
Comenetz, Joshua 2078,2623
Comolli, Roberto 1260,2326
Conti, Simonetta 0231,2384,3679
Copeaux, Étienne 0189,0232,2210 3096,3890
Copeland, Holly E. 1633,2119,3211
Cordes, Volker 1852,1885,3015 3450
Cortés José, Joaquin 0027,0320,3816
Corvisier-de-Villèle, Anne-Marie 0070,0656,2296
Cosgrove, Denis E. 0109
Cueto, Emilio 0149,3193
Cunningham, Jan C. 0314,0497,3623
Cussigh, Frédéric 1634,2291,2297

Cussigh, Frédéric 3147
Czerny, Andrzej 1342,3760

D

Dagradi, Piero 0215,0241,2924 3671,3683
Dahl, Edward H. 0657
Dai, Xiping 1635
Dalché, Patrick Gautier 0127,3069
Dalda Mourón, Adolfo 0984,3805
Dalrymple, Helen 0110,0518,0658
Damiano, Richard 0898,2486,2845
Damoiseaux, Thomas 1149,1951,3452
Dangl, Roman 1290,1988,2624 2625
Danielski, Aleksander 1343,1853,3761
Danielson, Jeffrey 1477,3143
Dartnell, Peter 1150,2158,3124
Datta, M.M. 0720
Davis-Allen, Lisa 0150,1399,3719
Dawson, Nelson-Martin 0151,0234,0435 3172,3212
De Cant, Joseph P. 0183,2098,2520 3188,3280
De Cilla, Antonio 0247,0524,2303 3685
Decker, Drew 0899,1636
Decker, Rita 0009
Decourt, Jean-Claude 0219,2029,2978 3634
Degennaro, Michael B. 1989,2991
Delaney, Julie 1637
Demattź, José Alexandre M. 2327,3161
Demel, Walter 1698,2046,2262 3349
Depuydt, Frans 2026,3110
Depuydt, Joost 0160,3196
Deroma, Mario 1275,2338,3698
Desbrières, Michel 0235,2298,2992 3408
Desbuisson, David 0578,3283,3409
Detwiler, James E. 2062
Deumlich, Fritz 0055,0961
Devanthéry, Daniel 1638,2846
Dickmann, Frank 0863,1546,1547 2626,2627
Diersch, H.-J. 1414,1688,1697 1716,1744,1831 2127,2164,2226 2228,2232,2237 2354,2540,2543 2565,2570,3346 3507,3537
Dietl, Hans 2367,3337,3453
Dijk, H. van 1886,2917,3099 3720
Ding, Xiao-Li 0962,1301
Dinter, Georg 0963,3454
Diolaiuti, Guglielmina 0327,2286,2961 3355
Divényi, Pál 1887,1952,3638
Dobbin, James 0929,3010,3166
Dobos, Endre 1478,2328,3680
Docktor, John W. 0010,0071,0152 0153,0407,0221 3213,3214
Dodt, Jürgen 0060,0466,0490 0526,0532,0579 2457,3455,3456
Döllner, Jürgen 1953,1990,2628 2847
Döpke, Martin 2044,2224,2536 2664
Dörflinger, Johannes 0154,0389,0504
Dolz, Wolfram 0236,2385,3457
Donath, Siegfried 0995,3497
Donato, Carlo 0237,2071,2458 3681
Doroszlaï, Alexandre 0072,0498,2918
Dorrer, Egon 0546,0964,1479 1954,3898
Douville, Michelle 2086,2149,3173 3215
Doytsher, Yerahmiel 1527,1639
Drager, Timothy R. 0659,2629,2848
Dransch, Doris 2630

Dreyer-Eimbcke, Oswald 0111,0519,2919
Duchźne, Cécile 1445,2487,2631
Duhovnik, Marjana 1640,1869
Durand, Hélène 0900,1641,2508 3410
Duvall, Gillien N. 0580,0901,1548 3125,3216
Dykes, Jason 2632,2849

E

Earl, Christine Elizabeth 0112,0499,2993
Easterbrook, Richard 1643,2299,2386 3217
Ebner, Carola 0965,1854,3458
Ebner, Walter 0238,2387,3459
Ebneter, Franz 1261,3831
Eckelmann, Wolf 2329,3460
Eckstein, Reginald C. 1153,1381
Edelmayer, Friedrich 0154,0389
Edney, Matthew H. 0144,0145,0434
Edwards, Dave 2459
Edwards, Laura 1154,1991
Edwards, Roger William 3070
Egan, Dave 0031,0183,0334 2092,2098,2520 3183,3188,3256 3280
Egelstig, Christer 1764,2339
Eggert, Rita 3461
Egli, Christine 1644,2633,3832
Egmond, Marco van 0057,0058,0059 0401,0581
Ehrensvärd, Ulla 0073,0074
Ehrler, Cornel 1645,2347,3016 3833
Eicher, Cory 1993
Eicher, Cory L. 1291,1992
Eikelmann, Renate 0343,0511,2423 2888,3558
Elder, James 1066,1977,3182
Ellenberg, Karl-Heinz 1262,2159,3462
Elster, Marianne 0011,0113
Elzakker, Corné P.J.M. 2473,2634,2635 2777,2920,2921 2942,3734
Emmer, Nicoline 2453,2488,2605 2636
Endrullis, Manfred 0582,0966,1263 2120,3463,3464
Engel, Patricia 0660,2824
Engelbrecht, Bernhard 1285,2637
Engnath, Viktoria 2121
Enk, Cornelia 0661
Eremia, Anatol 1344,3713
Erlbruch, Klaus 1382,1888,3465
Evard, Maurice 0460
Ewaldson, Otto A. 0155,0190,2300 3218,3307
Ezra, Eti 1527,1639

F

Fabbri, Michael 0810
Fabiankowitsch, Johannes 0968
Fairbairn, David 0662,1264,2388 2638,2639,2640 2922,2923
Faith, Shaun 2983
Falke, Stephan 1565,3509
Falkensteiner, Regina 1394,1916,2460 3368
Faragó, Imre 0240,1345,3639
Farenc, Daniel 2433,2789,2896
Farrell, Barbara 0436,0663
Faulstroh, Karin 1155,2063
Federzoni, Laura 0241,2924,3683
Feinen, Jörg 1647,2014,3466
Fejes, István 0970
Feix, Claudia 1648,2489
Feldhaus, Dieter 1672,2333,3485
Feldmann, Hans-Uli 0437,0438,0439 0440,0533,0534 0583
Feller, Manfred 2461,2925,2994
Felus, Yaron 0971,1855,3017 3306

Feranec, Ján 1265,2256,2447 3339
Feringa, Wim 0859,1528,2604 2641
Ferrari, Daniela 0012,0242,2301 2389,3684
Ferris, Scott 1649,2642
Fičor, Dušan 3018,3782
Filin, Sagi 1527,1639
Fine, Barbara Adele 0584
Finsterwalder, Rüdiger 0243,0442,0820, 3467
Fischer, Gaston 0455,0972
Fischer, H. 0417
Fischer, Hanspeter 0244,0245,0413 0452,3468
Fischer, Johannes 1409,1955,2643 3340
Fisher, Peter 0776,1264,1560 1617,1674,1824 2028,2074,2279 2283,2288,2376 2388,2411,2413 2583,2584,2597 2603,2607,2608 2622,2632,2640 2657,2667,2680 2704,2715,2728 2738,2795,2804 2819,2849,2982 3326
Flatness, James 0664
Fleming, Paula L. 0246,2302,2926
Florence, Ted 2462,3174
Flotron, A. 1156,1266,1480
Fopp, Martin 1638,2846
Foramitti, Paolo 0247,0524,2303 3685
Forer, Pip 0585,0665,1650 2644
Forest, Richard 1452,1714
Forrest, David 1286,1917
Fortin, Marcel 1424
Foster, Robert W. 0973,3804
Fowler, Matthew E. 1651,2122
Frangeš, Stanislav 2645
Franjković, Davor 1157,2490
Frank, Steven 0803,1107,3277
Frankenberger, Josef 0586,0974,3469
Franklin, Paul 2463,3613
Franssen, Mathieu 0285,3391,3729
Freckmann, Peter 1652,2491
Freitag, Ulrich 0821
Friedlein, Günter 0456,2534,2560 3470
Friedrich, Günther 1320,2178,2223 3476
Frieß, Peter 0406,0775,1113
Frietsch, Günter 1148,2042,2255 3449
Friolo, Riccardo 1158,2079,3195
Fritsch, Dieter 1653
Fritzsche, Andreas 1654,2123,2348 2581,2646,2778 3471,3576
Fröhlich, Hans 1096,1316,3361
Frommknecht, Michael 0975
Fuchs, Achim 0249,0250,0587 0902,0976,1918 2304,3472,3473
Fülscher, Peter 0977,1159
Fürpasz, Christian 1994,2647,3341
Fuhrmann, Sven 2464,2648,2649 2650,2850,2927 3474
Furness, Ronald 2797,3087,3141

G

Gadem, Abu-Elgassim Yousif 1658,2222,2331
Gagliardo, Piero 0588,1550,3686
Gahegan, Marc 1529,1551,2652
Galanda, Martin 1444,1545,2203 2621,2653
Gallo, Alessandro 2492
Gamba, Enrico 0075,0979
Gambin, M.T. 0501,0547,3411
Gambino, Sonia 0251,3687
García Cortés, Silverio 0980
Gartner, Georg 1628,2345,2619

Gartner, Georg 2818,3088
Gatalsky, Peter 1995,2654
Gavliak, Alojz 0589,0981,3783
Gengnagel, Jörg 2368,3296
Gentizon, Caterina 1659,2177,3835
Georges, Christian 1924,3199
Gerardo, Massimo 0822,3688
Gerber, Pierre 0492,0666
Gerber, Thomas 2655
Gergely, Szilvay 0796,3034,3648
Gerloff, Ingo 0590,0722,3019 3475
Germann, Thomas 0252,2851,3837
Giesbers, Henriette 2292,2535,2561 2656,3721
Gilchrist, Elizabeth A. 1346,3665
Gillam, Holly 1662,2030
Gillies, John 0253,0823,3614
Gillings, Mark 2657
Giusti, Cecilia 1481,2179,3689
Gläßer, Cornelia 1193,1246,2047 2057,2091,3522
Gläßl, Helmut 1889,2658,3020 3477
Glatthard, Thomas 1267,1663,1664 2125,2659,3838 3839
Gleixner, Heinrich 1665,3478
Gloss, Bernd 1666
Gnaegi, H.R. 0826,1020
Goba, Zinta 1144,1341,3711
Godfrey, Alan 0667,2928
Goedecke, Manfred 2325,3448
Görner, Gunter 0254,0441,3479
Gołaski, Janusz 1347,3762
Golcc, Michal 2527,3111
Gold, Hrvoje 1157,2490
Gole, Susan 0390,3101
Golledge, Reginald 1560,2584,2680 2819
Gong, Jianya 1838,2440,2808 2903
Gonzáles Matesanz, Javier 0984,3805
Gonzáles-Pumariega Solís, Pelayo 1102,2038,3819 0358,3820
Goodchild, Michael F. 0905,1299,1667
Gordon, Andrew 0204,0253,0255 0299,0349,0393 0397,0746,0816 0823,08302390 3608,3614,3615 3622,3631
Gottwald, Reinhard 0985
Gower, Rob 0591,1553,2660
Grabar, Jože Kos 1890,2350,3021 3791
Gräf, Holger Th. 0256,2391,2852 3480
Gränitz, Frauke 0257,1891,3022 3481
Gräwer, Horst-Dieter 0986,3482
Graf, Christoph 2192
Graham, Jennifer 2332
Granica, Klaus 1161,1268,2150 3369
Grapes, Rodney 0201,2186,3331
Green, David, R. 1655
Greene, Wilmot 2661,2996
Grégoire, Jean-Marie 1162,2151
Greiner, Piotr 0013,0258,0259 0451,2100,2318 3763,3764
Grejner-Brzezinska, Dorota 0906,0907
Grek, Jennifer Marie 0260,2997,3640
Grelle Iusco, Anna 0076,0592
Grieder, Susanne 0712,2838,3829
Grimm, Frank-Dieter 1348,3765
Grin, F. 0563,1586,3883
Gröger, Gerhard 1668
Grolig, Bernd 1669,2662
Groot, erlend petrus jacobus 0114,0453,2528
Groot, Richard 0525,0904, 1552 1705,2698,2940,
Grothenn, Dieter 1349
Grün, Armin 0420,0987
Gründig, Lothar 1274,1720

Grünreich, Dietmar 0446
Grütter, Thomas 1670,1671,2101 2663,3483,3840
Grunsven, J.W.F.M. van 1898,2950,3736
Grygorenko, Wiktor 0824,1410
Gültlinger, Manfred 1163,1482,3484
Günthardt, Jakob 1856,2351,3841
Günther, Gisbert 1672,2333,3485
Günther, Thomas 1383,1483,3486
Günther-Diringer, Detlef 2044,2224,2536 2664
Guo, Bingxuan 1446,1956,2929
Guo, Jinyun 0988,1302
Gupta, Ashwani K. 1857,1892,3023 3219
Gurtner, Martin 1350,1673,2465 2466,3342,3842 3843
Guy, Russel 0593
Gwinner, Klaus 1426,1957,1996 3690
Gylfason, Agúst Gunnar 0261,3663

H

Haala, Norbert 2392,2665,2853 2930
Hadsel, Fred L. 0135,0391
Häberling, Christian 0548,2180,2666
Haft, Adele J. 0262,0450,3616
Haire, Kelvin 1445,2487,2631
Haklay, Mordechay E. 1674,2667
Haller, Thomas 1675,2225,2537 2562,2668
Hameleers, Marc 0077,0078,0728 0729
Hampp, Dieter 1893,2669,3024 3487
Hánek, Pavel 0263,3395
Hangouët, Jean-François 1327
Hapgood, Charles H. 0079
Harbeck, Rolf 0594,0595,1554
Harbeck, Rolf 1555,3488,3489
Hardegen, Marion 1676,2088,2509 3162
Harley, John Brian 0080
Harm, Jürgen 1181,1488,2281 2691
Harneid, Kirsten 3490
Harrie, Lars 1329,1447
Hartkamp, A. Dewi 1440,2060,3194
Hartley, Sarah 0495,0596,2393 2467
Hartmann, Jens 1858,1894,3025 3491
Harvey, Miles 0081,2931
Harvey, Robin 2468,3617
Haubner, Ernst 1958,3370
Hauser, Markus 1556,1959,3324
Hayes, Justin 2448,2670,3618
He, Tiancheng 1677
Hébert, John R. 0264,3779,3806
Hecht, Alice 0265,2394,3492
Hecht, Horst 1411,1678,2671 3061,3071
Hecimovic, Zeljko 1557,3072
Heere, Elger 1303,1679
Hehl.-Lange, Sigrid 1680,2045,2672 2854,3844
Heijden, Henk A.M. van der 0392,0423,2369
Heil, Christian 1858,1894,3025 3491
Heinemann, Roland 1351
Heinrich, Uwe 1271,1699,2128 3508
Helgerson, Richard 0393,0397
Hell, Günter 1304,1448
Heller, Armin 1363,1758,3378
Helly, Bruno 0219,2029,2978 3634
Helms, Wendie 0597
Hennemann, Andreas 0448
Hensel, Günter 0508,0598
Herdeg, Eberhard 0507
Herrmann, Christian 0608,1413,1571 1652,1669,1708 1748,1800,1805 2491,2496,2498

Herrmann, Christian	2544,2572,2594 2662,2707,2708 2724,2741,2767 2775,2779,2782 2798,2878,3074 3635,3742 1558,2673
Heyde, Herbert	1960,3343
Heyl, Enriko	1681,3026,3493
Heyn, Gudrun	1682,2160
Hildebrandt, Gerd	0408
Hilfiker, Ronni	0207,0489,2217 3828
Hindle, Paul	0266,2932,3619
Hinkel, Alwin	0576,3012
Hochmuth, Enrico	0269,2102,3496
Hodgson, Michael	2469,2933,2998
Höh, Rainer	2934
Höhener, Hans-Peter	0439,0440
Höhle, Joachim	2855
Hoehn, Phil	0502
Hörner, Eduard	2200,2801,2901 3389
Hoffmann, Christian	1217,1577
Hoffmann, Helmut	3437
Hoffmann, Hilko	2470,2856,3089
Hoffmann, Hilko	3845
Hoffmann, Klaus	1703,2104,3497 3516
Hoffmeister, Hans-Werner	0488
Hofmann, Peter	2395,2493
Hofstee, Paul	1683,2126,3722
Holl, Frank	0350,3572
Holmes, Karen	1484,1962
Holsbrink, J.H.	0270,0271,0272 3723,3724,3725
Holzer, Anton	2857,3344
Hoogvliet, Margriet	0115,0386
Hootsmans, Rob M.	0599,1684,2674 3726
Hopp, Stéphane	2471,2494,3325
Hoppe, Achim	1263,2120,2329 3460,3464
Hornanský, Imrich	0600,1352,3028 3029,3784,3785 3786,3787
Hornstra, Tom	2260,3144,3348
Hostetler, Laura	0191,3288
Hou, Xiaohong	1685,1998
Houy, Patrik	1616,2114,3438
Hu, Peng	1523,1984
Hu, Xiangyun	1256
Huang, Chengquan	2257,2510
Huang, Jiana	1305,1427
Huang, Peizhi	1428,1963
Hubert, Frédéric	1686,2675,2935
Hudson, Alice C.	0156,3220
Hübner, Wolfgang	1384,3030,3498
Hühnel, Helga	0523
Huep, Wolfgang	3454
Huet, Michel	1687,2676,2858 3090
Hüttermann, Armin	2999,3097
Huffman, F. Tyler	1401
Huggler, Andreas	2677
Hughes, Alun	0157,0462,3175
Hughes, Stuart	0158,3176
Hultén, Pontus	0074
Huml, Milan	2859,3031
Hunter, Andrew	3010,3166
Hurni, Lorenz	0540,1748,1964 1965,2258,2538 2563,2678,2679 2878,3345,3635 3846,3847
Husak, Greg	2259,2511
Huser, Meinrad	3848

I

Illert, Andreas	0601,1485,1559 3499,3500
Illner, Michael	3454
Imhof, Viola	0273,0274,0443 0444,2825,2826 3849
Incollu, Giampiero	1794,2199,3706
Inda, G.S.	1269,3126
Irmer, U.	1688,2127,2226 3346
Issar, D.P.	3297

J

Jackson, David M. 1306,2860
Jacob, Frank-Dietrich 0277,2396,2861 3501
Jacobson, Daniel R. 1560,2584,2680 2819
Jäger, Ernst 1449,1561,3502
Jakobsson, Antti 0602,1562
Jammers, Antonius 0018,0287,2399 3768
Janeczek, Deborah 2152,3163
Janežič, Miran 2418,2754,2882 3797
Janni, Pietro 0128,0378,3073
Jansa, Josef 1270,2227,3347
Jaurand, Emmanuel 0278,1872,3412
Jauslin, Xaver 0279,2305,3413 3503
Jeanrichard, Francis 0280,0281,0603 0604,1919,3850 3851
Jeansson, Eric 1689,2495,2681 2862,3822
Jefferies, M.E. 2984
Jeffress, Gary 0549,1690,3221
Jehle, Lorenz 3852
Jenny, Bernhard 1966
Jiang, Bin 2682
Jiang, Youhua 2437,2506,2899
Jiménez García, Juan 0605,3808
Jin, Fengxiang 1302
Joachim, Alexander 1691,2064
Joao, Elsa M. 1330,1450,1692
Joffe, Bruce A. 1693,3222
Johnson, Bert 2936,3223
Johnson, Jenny Marie 0116,0461,2397
Johnson, Patrick 1694,2863,3224
Jokela, Jorma 3641
Jones, David L. 2827
Jong, Steven M. de 2260,3144,3348
Joó, István 0550,0551,1563 2161,3642,3643 3644,3645
Jordan, Peter 1353
Jünemann, Peter 2280,2352,2683 2864

K

Kadmon, Naftali 1354
Kadri-Dahmani, Hakima 1327,1385,1695
Käser, Christoph 2865,3853
Kahle, David Christopher 2261,2684
Kahlfuß, Hans-Jürgen 0282,0606,3504
Kain, Roger J.P. 0283,2937,3032 3620
Kałamucki, Krzysztof 0607,2398,3766
Kalasek, Robert 2139,2756,3382
Kaldenbach, Kees 0284,2866,3728
Kalliany, Rainer 1189,2872
Kanakubo, Tosimoto 0375
Kanani, Entela 1451,1944
Kanne, Rolf 2496,3074
Kanok, Jaromír 2211,3396
Kappenberger, Giovanni 2465,2466,3342 3843
Kaprowski, Wiesław 3102,3103,3767
Karmazin, A.U. 1177,2153,3319
Karrow, Robert W. 0040,3895
Kaufmann, Viktor 2204,2685,3371
Keller, August 1644,2633,3832
Kelley, Elizabeth Jacoby 1999,2867,3000
Kellie, Andrew C. 1873,3033
Kelnhofer, Fritz 1696,2539,2564 2686,2687,2688 2938,2939,3372
Kennedy, Heather 1642
Kennedy, Sarah S. 1178,2027,3225
Kennelly, Patrick 1967,2689
Kenselaar, Frank 0552
Kerfoot, Helen 1355,1356
Kern, F.-J. 1697,2228,2540 2565,3507
Kersten, Thomas 1486,3854
Kertscher, Klaus 0447
Khlebovich, I.A. 2089,2293,3293

Kias, Ulrich 1698,2046,2262 3349
Kidner, David B. 1617,2608
Kienholz, Hans 2192
Kikuti, Siniti 1564,2497,3075 3127
Kimerling, A. Jon 1967,2689
Kinds, Karel 0285,3391,3729
King, Bruce 1179
Kinninment, Ewen 1286,1917
Király, Tibor 2690,3646
Kitchin, Rob 1560,2584,2680 2819
Kittelberger, Carmen 1271,1699,2128 3508
Klarner, Robert 1681,1797,2036 3026,3493,3574
Klaus, Michael 0555
Klein, Bernhard 0286,3621
Kleiner, Carsten 1565,3509
Klemp, Egon 0018,0287,2399 3768
Kline, Karen 0288
Kline, Naomi Reed 0117,0387
Klöti, Thomas 0289,3855,3856
Knab, Jürgen 1854,3458
Knapp, Emerson 0159,3226
Knecht, Marianne 1818,2343,3887
Kneubühl, Urs 2868,2869,3857 3858
Knips, Udo 1566,3510
Kočan, Juraj 3028,3786
Koch, Andreas 1180,1487,1941
Koch, Barbara 1181,1488,2281 2691
Koch, Günther 1284,1331,1332 1455,2012,2609 2613,2630,2687 2843,2883,2938 2979,3364,3511 3512
Koch, Wolf Günther 0061,2121,3512
Köbben, Barend 1821,1968,1969 2692,2693,2791 2828,2985,3755
Koelbl, O. 1266,1480
Koepp, Joel 2080,3227
Kogovšek, Anton 1860,3035,3794
Kolcsár, Imre 1489,2229,3647
Kolk, E. 1604,1700,1879 1895,2596,2694 3714,3730
Koll, Karin 1701,1702,2031 2103,2400,3513 3514
Kollmuß, Helmut 1386,1490,3515
Kolomyts, E.G. 2090,2282,3402
Konias, Andrzej 0290,3397,3769 3892
Konopska, Beata 0046,0402,1292
Konrad, Christoph 1703,2104,3516
Kopacz, Zdisław 0553,1272,3128
Korte, George B. 1704
Korydka-Skorupa, Jolanta 1395,2695
Kosmann, D. 1182,1491,3517
Kosmatin Fras, Mojca 1183,1492,2129 2696,3792
Kostecki, Stanisław 1493,2230,3770
Kostelecký, Jakub 2187,3398
Kostelecky, Jan 3359
Kostelnick, John Christian 2370,3228
Kostka, Robert 1184,1970,3373
Koukal, Tatjana 1185,2512,3155
Kozári, Agnes 3034,3648
Kozieł, Zenon 2697,2820
Kraak, Menno-Jan 0599,1289,1567 1592,1705,2059 2454,2464,2488 2522,2541,2566 2599,2606,2634 2635,2636,2650 2674,2693,2698 2699,2700,2701 2702,2703,2704 2705,2706,2707 2717,2718,2799 2805,2920,2921 2940,3474,3731
Kraemer, Justin 0554,1706
Kramer, Manfred 1707,2334,3518
Kraml, Amand 0019,2829

Kraus, Karl 0409,1186
Krauss, Elke 1708,2498,2708
Krawczak, Peter A. 1187,2181,3229
Kretschmer, Ingrid 0001,0052,1372 1373,3118
Krijnders, J.J. 1709
Krivograd, Sebastian 1568
Kriz, Karel 0001,1373,1920 1964,1971,2193 3345,3374
Křížek, Milan 1407,1914,2602 3394
Krogt, Peter C.J. van der 0291,1321,3732
Kroll, Renate 2870
Krüger, Reinhard 0379,0388
Krüger, Sven 1850,2442
Kuby, Michael 1436,1520,2007 2975
Kucha, Stephen 2130,2231,3230
Kück, Jens 1703,2104,3516
Kümpel, Hans-Joachim 2188,2812
Kuhar, Miran 3112,3800
Kuipers, Jasper 1710,2081,2212 3316
Kulakowski, Michael W. 1711,2015
Kummer, Reinhard 2941
Kupčík, Ivan 0084,0292,2371 2472
Kupic, Anton 1859,1860,3035 3793,3794
Kuprion, Markus 1647,2014,3466
Kuroshev, G.D. 3117
Kušan, Vladimir 2395,2493

L

La Nave, Massimo 3688
Lacroix, Pierre 2000,3113
Laidler, Gita 1538,1977,3169 3182
Lam, Kent 1179
Lam, Steve Y.W. 1273,1712,3289
Lammerts, Christine 1713,2353,3091 3733
Lan, Yueming 1305,1427,1811
Lange, Eckart 2600,2841,3830
Lange, Norbert de 1506,1759,2739 2880
Lanoue, Kristin K. 2709
Lapaine, Miljenko 1465,3082,3138
Larsgaard, Mary 0049,2800
Laxton, Paul 0063,0080,0449
Lebel, Daniel 1188,2162,3177
Leberl, Franz 1189,1190,2402 2872
Lechthaler, Mirjanka 2710,3375
Lee, Yuk-Cheung 1307,1429,1430
Leeuwen, A.W Willemijn Simon van 2473,2942,3734
Legeard, Benoît 1452,1714
Lei, Yongjun 1453
Lei, Zhen 1446,1956,2929
Leibundgut, Ch. 1697,2228,2540 2565,3507
Leidel, Gerhard 0294,3520
Leiss, Ivo 1191,2263,2449 3859
Lemarié, Cécile 1387,1715
Leonard, John 3350
Leonardi, Sandra 0296,2403,3692
Leppig, B. 1716,2232
Leskinen, Teemu 1357,3405
Leuenberger, Rudolf 1717,2711,3860
Lewes, Darby 0085
Leymüller, Martin 1718,2065,2713
Li, Deren 1446,1956,2929
Li, Zhilin 1192,2873
Liang, Shumin 1719,2404,3231
Lida, Oded 1855,3017,3306
Lidberg, Martin 3823
Lieb, Gerhard Karl 1921,3376
Liebig, Wolfgang 1600,2593
Liebscher, Jan 1784,2424,2765 2889,3559
Lindenthal, Franz 1893,2669,3024 3487
Linder, Walter 0297,2499,3861
Lipek, Udo W. 1565,3509

Lippert, Kathrin 1193,2047,2091 3522
Líter Mayayo, Carmen 0039,0298,0305 0362,3809,3812 3821
Liu, Dajie 1434,1813,1814 1946,2504,3056 3282
Liu, Hongxing 1194,1494,1721 2943
Liu, Jiyuan 1837
Liu, Qian 1722,2264,2319
Liu, Zongwei 1830,2438,2450 3291
Lobben, Amy 2944
Lössin, Rolf 1431,3523
Löwenhardt, Werner 0398
Lohr, Uwe 1195,1495
Lom, Otto von 1388,3524
Londei, Luigi 0340,1901,3045 3704
Longley, Paul A. 1723
Lonsdorfer, Klaus 1724,2714,3525
Loubrieux, Benoît 1972,3129
Lourie, Ira S. 0118,2529
Lovett, Andrew 2028,2283,2715
Lu, Yi 1454,3001,3076 3130
Luckhardt, Thomas 1570,1874,3526 3527
Łucziński, Jarosław 0300,1308,1922 3712
Ludvigsson, Johan 1725,2010,3824
Ludwig, Robert 1196,1861,1896 3036,3528
Lyman, Eric J. 0086,2945
Lynden, Godert W.J. 1198,1726,2131 3298

M

Maas, Hans-Gerd 2260,3144,3348
MacEachren, Alan 2718
MacEachren, Alan M. 2648,2716,2717 2927
Madau, Caterina 2072,2474,3693
Magel, Holger 0555
Maggetti, Marino 0302,2306,3863
Magnuszewski, Artur 1496,1497,2233 2234,3771,3772
Mair, Rudi 2066,2205,3377
Makala, Michael 1199,2048,2265 2946
Makowski, Andrzej 1727
Malić, Brankica 2001,2719
Manasek, F.J. 0087,1403
Mandlburger, Gottfried 1472,2220,3440 3759
Mangani, Giorgio 0303,3694
Mangin, Claude 2406,2875,3232
Manso Porto, Carmen 0022,0304,3780
Manson, Connie 0023,2163,3233
Mantel, Stephan 1198,1726,2131 3298
Manzi, Elio 2266,3695
Marcil, Diane C. 1728,2132
Marcotte, Thomas A. 0403,1412,2720
Mardak, Nikolaus L. 1358,3893
Maren, Gert van 1822,2792,2898 3094
Mariano, Fabio 0303,3694
Markus, Frank 1730,2016,3529
Marley, Carol 2948
Martí i Domèmech, Glòria 1731,2206,3811
Martin Lopez, José 0305,3812
Martín Merás, Luisa 0298,3809
Martín, Angel 3813
Martin, Frank 1732,2049,3132 3234
Martin, Jean-Marie 0127,3069
Martinus, H. 0541
Masaharu, Hiroshi 1309
Masour, Janna 2267,3894
Massé, François 1538,3169
Matsuaka, Masao 2407,2567,2721 3235
Matsumura, Koichi 0129,3077,3133 3308
Matsuzato, Kimitaka 0196,0330,3294 3403
Mattox, Nathan E. 1733,2213,2408 3236
Matzke, Wilfried 1897,2409,2722

Matzke, Wilfried 3530
Maudie, Alan John 1200,2154,3178
Mauro Conti, Antonio 1734,1735,2194 2723,2949,3696
Mayr, Alois 0006,0468,0469 0527,2542,2568 3531,3532
McAdam-Ferrarotto, Heather 1736,3179
McAdoo, Brian G. 1737,2195,2322 3134
McClean, Robert 0202,2073,3333
McCutcheon, Ernest 1413,1571,2724
McElfresh, Earl 0161,2307,3237
McMaster, Kevin 1498,2235
McMullan, Anthony 0264,3779,3806
McNaughton, Douglas 0162,0163,3238
Meer, A.J. van der 1945,3735
Meerkerk, J.C. 1898,2950,3736
Meessemann, James 2951,3008
Meier, Erich H. 1201,1499,3864
Meier, Siegfried 1331
Meijers, P.G. 1738,2236,3737
Meinel, Gotthard 1202,3533
Meini, Monica 2077,3678
Mekenkamp, Peter G.M. 1310
Meksuła, Mirosław 1293,2002
Melis, Paolo 2032,3697
Mellinger, Johannes 0306,0478,2017 2569,3534
Méndez Martínez, Gonzalo 0024,0307,3814
Meng, Lingkui 1839
Meng, Liqui 1287,1332,1455
Mercer, Bryan 1203,1500
Merminod, Bertrand 0556
Mertens, Dieter 0308
Merwin, David A. 1501
Metzlaff, Gabriele 2325,3448
Meurer, Peter H. 0008,0233,3451
Michaels, Axel 2372,3299
Michelon, Roger 1663,2659,3838
Michels, U. 1414,2237,2354
Mikšovský, Miroslav 0309,1923,3399
Milanesi, Marica 0088
Miller, Michael R. 1204,2513,3239
Millett, Bruce B. 1502
Millington, Andrew C. 1656,2043,2087
Million, Claude 1415
Minow, Helmut 0192,3148
Miserez, Jean-Paul 0422
Mitchell, Ken 0164,0431
Mivšek, Edvard 1859,1860,3035 3793,3794
Mlinar, Jurij 1359,1640,1739 1869,3795
Möbes, Andreas 2335,3535
Moellering, Harold 1416,2725
Moffat, Riley 2953,3240
Mohr, Frank 0025,0310,3536
Mokre, Jan 0535,2830
Molander, Arne B. 0165,0430,3078 3156
Molen van Ee, Patricia 3241
Monmonier, Mark S. 0089,1205,2360 2410,2726,2727 2876,2954,3062 3242,3243,3244 3245
Montanarella, Luca 1740,2336,3351
Montello, Daniel R. 1462,1795,2984 2987,3004
Moore, Kate E. 2411,2728
Moravec, Dalibor 1456,1741,2018 3400
Morawietz, Toni 1724,2714,3525
Morgan, Drusilla 1742,2050,2133 3246
Morgaś, Wacław 0553,1272,3128
Morrison, Susan 1743,2134,2284 3247
Moser, Gerhart 1924,3199
Motta, Giuseppe 0053,0528
Moulder, Cathy 0436
Müller, A. 1744,2164,2543 2570,3537
Müller, Anett 0311,3352
Müller, Bernd 1432,1745,2238 3538
Müller, Hans Horst 1360,1361
Müller, Hartmut 2412,2729,2877

Müller, Hartmut 2955
Müller, Jean-Claude 0404,2135,2730
Müller, Markus 1206,1973,2337 3539
Müller, Stefan 0312,3865
Müllern, Carl-Fredrik 1746,2165,2239 3825
Muggli, Cornelia 1925,2731
Mulcahy, Karen A. 1311
Mulders, Michael A. 1207,1747
Mulè, Paolo 1275,2338,3698
Mundle, Heiko 1748,2878,3635
Murre, L.M. 0529,1572,3738
Myers, James P. 0166,2308,3248

N

Naef, David 1503,3866
Nagai, Nobuo 0200,3315
Nagel, Erich 0557,1749
Nagel, Günter 0313,0419,1750 3541
Nagy, István 1417,2732,3649
Nagy, Patrick 1208,2033,3867
Nanninga, Martijn 1751,2956
Nanova, Milka 1362,3392
Nattenberg, Olaf 1752,2105
Neitzert, Dieter 0315,2019,3542
Nelemans, Bert 0316,3650,3739
Németh, András 2106,2733,3651
Neudeck, Stefan 1875,2734,2735
Neugebauer, Claudia 1199,1209,1212 1230,1783,2048 2051,2054,2136 2182,2240,2265 2268,2272,2946
Neumann, Andreas 2196,2736
Neumann, D. 1716,2232
Neumann, Joachim 0317,0432
Ngo, Viban 1753
Nicholson, Tim 0318,2500,3624
Nicklas, Daniela 1754
Niederöst, Markus 1210,1211,1389 1504,1942,2737 2879,3868
Niepagen, Sibyll 1505,1899,3543
Nikšová, Nadežda 1755,3788
Nilsson, Susann 1756
Nommel, Jens Ulrich 1757,2289,2443 3544
Noseda, Irma 0319,2241,3869
Novak, Drago 0130,0517,3079 3135,3815
Nüesch, Daniel R. 1201,1499,3864
Nègre, Thierry 1740,2336,3351

O

Oberbichler, Michaela 1363,1758,3378
Oberholzer, Clemens 2551,2579,2771 3881
Oechslin, Ludwig 0373,0374,0424 0425,2831,2832
Oehrli, Markus 0440
Offenberg, K.C. 2585
Ogier, Sylvain 1634,2291,2297 3147
Ogleby, Cliff 2074,2413,2738 3326
Ohainski, Uwe 0028,0226,0479 1339,2571,3353 3445,3545
Ohlen, Donald O. 2137,2514,3251
Oliver, Richard 0321,0322,0323 1927,1928,1929 2475,3625,3626 3627,3628
Olsson, Mårten 1725,2010,3824
Olszewski, Robert 1333
Omaszta, Sándor 1862,3037,3652
Omme, Gerrit van 2452,3717
Ono, Kunihiko 1418,2414
Oosterom, Peter J.M. 1760,1761,3038 3039,3740,3741
Opizzi, Daniele 1350,1673,3842
Opll, Ferdinand 2215,2426,2552 2580,3360
Orgeix, Emilie d' 0324,2309,3414
Ormeling, Ferjan 0091,0291,0536 0558,0559,1321 1762,2523,2541 2544,2566,2572 2682,2700,2740

Ormeling, Ferjan 2741,2777,2958 3114,3300,3732 3742
Ormsby, Tim 1763,2742
Orombelli, Giuseppe 1260,2326
Osch, Berry van 1573,2415,2743 3743
Oskarsson, Anita 1764,2339
Osskó, András 1863,1864,1900 3040,3653
Oster, Manfred 1390,1974
Ostrowski, Jerzy 0405,0537,2555 3773
Ostrowski, Wiesław 2003,2556
O'Sullivan, Willie 1486,3854
Oswald, Manfred 3490
Oswald, Walter 1574,3870
Ota, Hiroshi 1419,2744
Ot'ahel', Jan 2285,2745,3789
Ott, Thomas 1765,2545,2573 2746,3871
Ottoson, Lars 1930,2310,3354 3826
Ottoson, Patrik 1766
Oude Elberink, Sander 1213
Øvstedal, Stig 1214,3080,3136 3757
Owen, J. Victor 0168,2959,3180
Oya, Kazutaka 2183,3309

P

Paar, Philip 2280,2352,2683 2864
Paasch, Jesper 0194,3310
Pác, Regina 1215,1507,3115
Päll, Peeter 1364
Palaschewski, Thomas 2311,3546
Pallmert, Sigrid 0373,0424,2831
Palsky, Gilles 0325,0475,2075 2361
Parigi, Adriano 0225,1883,3013 3677
Parker, S. 1396,2320,3330
Parker, Velma 0049,2800
Parkinson, Peter 0326,3629
Parmentier, Pierre C. 0047
Parry, Bob 2747
Parry, Robert Brian 0064,0585,0593 1533,1575,1576 1584,1650,1804 2639,2644,2706 2747,2749,2923 2928,2947,2948
Paskó, Attila 1391,1767,1931 3654
Pasławski, Jacek 0542
Pasta, Giovanni 2107,2362,2444 3323
Pastorelli, G. 0494
Patterson, Tom 0414,2881,2960 3252
Paul, Gerhard 1508,3379,3872
Pawlak, Władisław 0500
Pawlakowie, Janina 2546,2574,3774
Payne, Roger 1365,1768,3253
Pazmandy, Mark 1432,1745,2238 3538
Pearson, Brooks C. 0169,0457
Pelfini, Manuela 0327,2286,2961 3355
Pelletier, Monique 0131,0170,0328 0394,0399,0433 1932,2962,3415
Peng, Hu 1312,1769
Peng, Minghua 1813,3056,3282
Penzkofer, Markus 1915,1933,2963 3367,3380,3547
Perchermeier, Georg 1420,2748,3041 3548
Pereira Tenedório, José 1216,1770,2269 2416
Perkins, Chris 1575,2583,2622 2982
Peterson, Michael P. 1576,2749
Petrella, Marco 2020,3416,3699
Petrie, Gordon 0464,2476,3630
Petrini-Monteferri, Frederic 1217,1577
Petrovič, Dušan 1943,2477,3796

Petzold, Bettina 2417,2575,3549
Pezzoli-Olgiati, Daria 2366,2368,2372 3296,3299
Pfaff, Anita 1792,2197
Pfannkuche, Ralph 1616,2114,3438
Pfeifer, Norbert 1469,1470,2380 2381
Pflederer, Richard 0427
Piacente, Sandra 2011,2166,3700
Pichler, Günther 1771,2138
Piechullek, Christian 1479,1954,3898
Pinzke, Kenneth 1871
Pirovano, Carlo 0329,3701
Pla, Maria 1326,1948,3803
Plösch, Reinhard 2204,2685,3371
Podgorelec, David 1844
Podobnikar, Marjan 1640,1869
Podobnikar, Tomaž 1509
Pödör, Andrea 2004,2964
Pogorelčnik, Ema 1359,1739,3795
Polak, Jerzy 0259,0451,2100 3764
Poppe, Eddie 1578,2501,2547 2576,2750,3081 3744
Post, J.B. 3104
Postnikov, Alexei V. 0196,0330,3294
Postnikov, Alexej V. 3403
Potuckova, Marketa 2855
Poutanen, Markku 1276,3137
Pravda, Ján 3002
Prechtel, Nikolas 1772,1975,2242 3145,3381
Previtali, Franco 1260,2326
Price, Wendy 1400,1976,2751
Prietzsch, C.C 1219,1277,2340
Prince, Hugh C. 0283,2937,3032 3620
Pucher, Alexander 2752
Pufe, Ch. 1414,2237,2354
Pun, Lilian 1430
Puszkarska, Joanna 2753

Q

Qian, Liujian 1774
Qin, Wenzhong 1305,1427
Quinting, Gerd 1366

R

Rabe, Hans Dieter 1854,3458
Racetin, Ivana 3082,3138
Racicot, André 1367,3116
Radovan, Dalibor 2418,2754,2882 3797,3798
Ramspott, Matthew E. 2270,2515
Randall, Richard R. 1368
Rankin, Kathy 0029,2524
Ras, A. 2085,2113,3716
Rase, Wolf-Dieter 2012,2883
Rayburn, Alan 1369,3181
Read, Jane M. 1222,1775,2271 2516
Rebert, Paula 0171,2363,3197 3254
Recke, Michael 0092
Reder, Johannes 1202,3533
Redmond, Ed 0172,0522,3255
Reeves, Rob 1977,3182
Refaussé, Raimond 0030,0331,3042 3666
Reich, Ulrich 0332,0506,3550
Reinders, Clemens 0120,0121,0484 0485,3083,3084
Reinhard, Eugen 0333
Reinhartz, Dennis 0400,0486
Reithmaier, Tina 0031,0334,2092 3183,3256
Rekittke, Jörg 2280,2352,2683 2864
Rekow, Matthias 0491
Ressl, Camillo 1223,1313
Retscher, Günther 1278
Reyes, Dan 1776,2034
Režek, Jurij 1777
Richard, Daniel 2548,2577,2755 3873
Richter, Brigitte 1682,2160
Rickenbacher, Martin 0335,0416,2884 3874,3875
Riedl, Andreas 1290,1579,1628

Riedl, Andreas 2345,2619,2625 2818,2833,3088
Riedl, Leopold 2139,2756,3382
Rill, Robert 0336,2312,3401
Rinner, Claus 2767
Rios-Bustamante, Antonio 0173,1370
Ris, Karien 3745
Ristič, Jovanka R. 0032
Ritz, Thomas 1288,2757,3257
Rivera, Julio 3003
Roberts, Chris 2797,3087,3141
Roberts, Shirley Kae 2140,2243,3258
Rockwell, Ken 0033,0034,3184 3259,3260
Roe, Russell 1224,2052,3261
Rogalla, Thomas 1934,2965,3551
Rohde, Bernd Martin 0048,0093,3552
Rohl, David 0136,3149
Rokahr, Friedrich 3553
Rolfe, Allison 2053,2093,3262
Rolincová, Dobromila 1392,3043
Rolli, Simon 1574,3870
Roman, Daniel R. 1517,3268
Rombai, Leonardo 0337,0395,2419 2885,3702
Ronconi, Rosalba 0225,1883,3013 3677
Roschlaub, Robert 1784,2424,2765 2889,3559
Rosenthal, Gerd 3554
Ross, Robert 0137,0429,2966
Rossi, Annarita 0338,1778,2244 3092,3703
Rotanova, Irina 2089,2094,2095 2293,2549,3293
Rottensteiner, Franz 1225,2420,2758
Rouleau, Bernard 0054
Rouse, Jesse 1779,2035
Roux, Lani 1226,1865,3044 3153
Rowley, Adrian Manning 1780,2759
Ruas, Anne 1457
Rubli, Markus F. 0339,0421,2313 2886,3876
Ruggero, Adriano 0340,1901,3045 3704
Ruiz Lendinez, Juan José 3817
Ruiz Morales, Mario 0094,0520
Rumsey, David 0502
Rurup, Freek 1294,1402,2986 3746
Ruschmaritsch, Nicole 1708,2498,2708
Russell-Chamberlin, 2445,2550,2578 2760,2761,3185 3263

S

Saenger, Karsten 1982
Safier, Neil 0174,0467,2967
Sagues, Liz 0095,0512
Salaba, Marie 0035,1902,3555
Sales, Pierre 0138,0560,2214 3146
Sánchez-Sobrino, José A. 1227,3356
Sandner, Eberhard 0341,2155,3556
Satra, Catherine 1972,3129
Sau, Ignazio 2517,2972,3707
Sauerzopf, Franz 2167,3383
Savaton, Pierre 0342,2168,3098 3417
Scanu, Giuseppe 0053,0134,0237 0251,0327,0338 0352,0528,0588 1275,1481,1550 1608,1615,1734 1735,1778,1794 1817,1987,2011 2020,2032,2071 2072,2077,2079 2107,2156,2166 2179,2194,2199 2218,2244,2254 2266,2275,2286 2295,2314,2338 2362,2427,2444

Scanu, Giuseppe 2456,2458,2474 2485,2492,2517 2723,2908,2949 2961,2971,2972 3063,3065,3092 3151,3195,3323 3355,3416,3669 3670,3675,3678 3681,3686,3687 3688,3689,3693 3695,3696,3697 3698,3699,3700 3703,3705,3706 3707,3708,3710 3781
Schäfer, Christof 3085,3357
Schäfer, V. 1866,3046,3557
Schaer, Jean-Paul 0454
Schallenberg, Henk 1876,3747
Schaper, Jesko 1228,2067,2207
Scharfe, Wolfgang 0009,0051,0052 0445,0446,1287 2523,2740
Schatz, Rodney 1781
Schaub, Daniel 0207,0489,2217 3828
Schee, J.A. van der 3099
Scheel, Eugene M. 0175,0176,0505
Scheel, Eugene M. 3264,3265
Scheele, Theo 1229,1279,1280 1782,1903,1904 2245,2421,2422 2502,2762,2763 3105,3748,3749 3750,3751,3752
Schenk, Andreas 1669,2662
Schenk, Gisela 0035,1902,3555
Schenkel, Robert 2613,2764,2843 2887,2979
Schepers, H. 0561
Scherfke, Michael 1230,1783,2054 2272
Schetelig, K. 1716,2232
Scheven, Yvette 0004,0133
Schiermeier, Franz 0343,0511,2423 2888,3558
Schiewe, Jochen 1231,1232,1510
Schiewe, Jochen 1511,1978
Schilcher, Matthäus 1784,2424,2765 2889,3559
Schilder, Jan 0496
Schildwächter, Ralph 2355,2425,2766 3093,3560
Schillig, Dietmar 0344,3561
Schindler, Roland 1423,1880
Schirmer, Herbert 1924,3199
Schlatter, A. 3877
Schleinert, Dirk 0345,1905,3047 3563
Schleyer, Andreas 1482,1512,1620 3443,3484,3564
Schlögl, Daniel 0346,3565
Schlup, Michel 0460
Schmauß, Harald 1897,2409,2722 3530
Schmidt, Dirk 2767
Schmidt, Frank 1334,1513
Schmidt, Hubert 1254
Schmidt, Jürgen 3358,3566
Schmidt, Klaus-Jürgen 0347,3048,3567
Schmidt, Rudolf 0122,2834
Schneider, Barbara 2258,2678,3846
Schneider, Bernhard 1404
Schneider, Jean Robert 0562,1580,3878
Schneider, Werner 1185,2512,3155
Schoebel, Martin 0348,1906,3049 3568
Schön, Petra 0367,3387
Schöpper, Horst 1785,2968,3569
Schouler, Valérie 3879
Schoustra, Simon 1907,3050,3753
Schrenk, Manfred 1628,1632,1654 2123,2139,2345 2346,2348,2355 2425,2619,2646 2756,2766,2818 3088,3093,3382 3471,3560
Schreutelkamp, Frank H. 1233,1314,3754
Schröder, Hilmar 2175,3157,3189

Schüpferling, Ralf 1698,2046,2262 3349
Schürer, Dietrich 1458,1459,1514 1515,3570
Schulz, Georg 1234,2068,2169 2208
Schulz, Siegmund 1581,2768
Schuster, Ernst Günter 3571
Schutz, Lionel 1634,2291,2297 3147
Schuurman, Nadine C. 1786
Schwab, Antoinette 1235,3880
Schwartz, Seymour I. 0177,3266
Schwyzer, Philip 0349,3631
Sears, Garry 1582,3186
Sebert, Lou M. 0510,0515,1315
Seeberger, Max 0350,3572
Seeger, Michaela 1787,2141
Seger, Martin 1788,2273,2769 3384
Serrano Martínez, Fernando 1908,3051,3818
Seuß, Robert 1858,1894,3025 3491
Ševčenko, Liana A. 1249,2097
Seyfert, Eckhardt 0544,0565,1218 1469,1472,2220 2380,2428,2781 2892,3388,3426 3440,3759
Shears, Jonathan 1236,2770,2890
Shepard, Alex 1460,1789,2170 2891
Sheppard, Jerome 1281,3139,3334
Shimizu, Nobuo 1237,1935,3152
Short, John Rennie 0178,3267
Shrestha, Dhruba Pikha 1238,1516,1790 2274,3318
Sieber, René 2551,2579,2771 3881
Siebold, Joachim 1791,2055,3573
Siemer, Julia 1792,2197
Sievers, Jörn 0601,1335,1336 1338,1341,1343
Sievers, Jörn 1344,1347,1348 1350,1352,1353 1354,1355,1356 1357,1358,1359 1362,1364,1365 1366,1371,1374 1375,1376,1378 1379,1559,1673 1739,1768,1853 3253,3284,3290 3365,3392,3405 3500,3594,3711 3713,3761,3762 3765,3785,3790 3795,3842,3893
Sigmarsdóttir, Emilia 0248,0261,0351 3662,3663,3664
Sigurdsson, Haraldur 0351,3664
Simek, Jaroslav 3359
Simley, Jeff 1397,2969
Simms, Anngret 2215,2426,2552 2580,3360
Simonis, Ingo 1583,2772
Sirko, Mieczysław 2527,3111
Sitte, Wolfgang 0513
Siwek, Jerzy 2198,3775
Skala, Wolfdietrich 1682,2160
Skerritt, William H. 0097,0481
Škraba, Tilen 1793,3052,3799
Slocum, Terry A. 2773,2970
Smiraglia, Claudio 0327,2286,2961 3355
Smirnov, Leonid E. 3117
Smith, Andrew 0197,0471,3303 3317
Smith, Andy 2376,2597
Smith, Dru A. 1517,3268
Smith, Jessica 2069
Smits, Jan 1584,2541,2566 2700
Smolich, Helena 1518
Soares, Richard 0036,2341,3269
Soddu, Ottaviana 0352,2971,3705
Söderberg, Mats 2774
Sollberger, Alexander 2775

Sorenson, Dale 0098
Soru, Anna Maria 1794,2199,3706
Soukup, Petr 1461,2776,3053
Spälti, Kurt 1585,3882
Späni, B. 0563,1586,3883
Spata, Manfred 1316,1960,3343 3361
Spee, B.A.P. 2777
Speich, Daniel 0353,0354,2246 3884,3885
Speicher, Markus 1691,2064
Spence, Mary 2478,2503,3632
Spicer, Jessica 1796,3270
Spiegel, Elisabeth 1797,2036,3574
Spies, Karl-Heinz 1798,2037,3575
Spiller, Lothar 1799,2108
Spina, Anna Maria 2517,2972,3707
Spina, Giovanni 2275,2427,3708
Špirić, Zdravko 2395,2493
Spohrer, Michael 1482,3484
Spradlin, Kevon L. 2005
Spring, Markus 1654,2123,2348 2581,2646,2778 3471,3576
Squarcina, Enrico 2314,3063,3781
Srinivasan, K.R. 0530,3301
Stähler, Patrick 1800,2779
Stams, Werner 0355,0509,3577
Stanford, James 1239,2082,3150
Stanger, Mark C. 1801,2247
Stani-Fertl, Roman 0001,1372,1373 1374,3118
Stark, Peter L. 0037,3271
Stegger, Ulrich 1802,2342,2780 3578
Steidler, Franz 2379,2428,2598 2781,2840,2892
Stein, Wolfgang Hans 0356,1936,2315 3579
Steinborn, Wolfgang 1240
Steinfort, Marc 1803,2021,3580
Steinhauer, Joe Heike 1462,2987,3004
Steinle, Eberhard 1248,2436,2796
Steinnocher, Klaus 1241,2253,2377 2429,3366,3385
Stentzel, Gregor 0025,0310,3536
Stern, Philip J. 0139
Stewart, Aimée M. 1242,2518,3272
Stillwell, John 2349
Stirl, Axel 1648,2489
Stockmar, Christian 2782
Stößel, Wolfgang 1587,3581
Stoffers, Johannes 0396,0493,1295
Stone Muilenburg, Jennifer 1804
Stopar, Bojan 3800
Storms, Martijn 1303,1679
Strang van Hees, G.L. 1233,1314
Strasser, Michael 1867,2430,2783 3054
Streich, Gerhard 0357,0480,3582
Streit, Ulrich 1583,2772
Strobl, Josef 1290,1363,1444 1540,1545,1599 1682,1698,1758 1805,1835,2044 2046,2160,2224 2249,2262,2536 2581,2611,2621 2625,2664,2735 2778,3349,3378 3576,3596
Stromberg, Elizabeth 1806,2287,2784 3273
Stupp, Walter 1433,1530
Suárez García, José 0358,2038,3819 3820
Suba, János 0359,0360,2364 2365,3655,3656 3657
Subak, Sasa 1503,3866
Sulebak, Jan Rasmus 1807,1979,2785 2893
Sulzer, Wolfgang 1921,3376
Šumrada, Radoš 1808
Sun, Maoyin 1463,1519
Sun, Xiudong 1375,3290
Šuntar, Aleš 1777,1793,3052 3799
Suščenja, Vladimir A. 1249,2097
Suzuki, Junko 0200,3315

Suzuki, Koshiro 2479
Svekla, Walter 1809,2142,2171
Sweetkind, Julie 0502
Swiaczny, Frank 1765
Szabó, Gyula 1937,2316,3658
Szilvay, Gergely 1864,1900,3040 3653
Szymanek, Antoni 2835

T

Talhofer, Václav 1588
Talich, Milan 0038
Tamás, Tokos 3659
Tanaka, Sotaro 1243,2431,2894 3311
Tang, Conrad H.W. 1273,1712,3289
Tang, Xiao'an 1463,1519
Tao, Benzao 1811
Tate, Nicholas J. 1330,1450,1464 1692,1812
Tateishi, Tomoo 2432,3312
Tatem, Andrew J. 1244,2276
Tatlock, David 0361,2480,2973 3584
Taylor, George 1264,2388,2640
Teichert, Bernd 0575,1536,3432
Terribilini, Andrea 1421,1877,2551 2579,2771,2788 2895,3881
Thalmann, Daniel 2433,2789,2896
Thémines, Jean-François 3100
Théry, Hervé 2434,3119
Thiry, Christopher J.J. 1938,3005,3274
Thrower, Norman J.W. 0099,0179,0180 1980,1981,3275 3276
Thurow, Glen 3277
Tiffou, Jacky 3006
Titel, Volker 0363,3586
Töyrä, Jessika K.C. 1245,2248,3187
Toloczyki, Markus 2143,2172,3191
Tong, Xiaohua 1434,1813,1814 1946,2504,3056 3282
Torlegård, Kennert 1255,1521
Torresani, Stefano 0100
Tørresen, Tor 3086,3140,3758
Traganou, Jilly 0198,2505,3313
Treffler, Peter 1815,2144
Tribelhorn, Christian 2600,2841,3830
Trofimova, Ye. 2056,2070,2096 3295
Trüb, Ulrich 0364,2897,3886
Tschach, Eberhard 1246,2057
Tschudin, Karl 0574,1535
Tu, Chao 2437,2506,2899
Tugnoli, Claudio 0069,0082,0100 0125,0377,3066 3122,3777
Turley, Gary 0101,0102,0521 1589
Turner, Erin 0564,1816,2790
Turnham, Jennifer 0181,0503
Tyner, Judith 0103,3106
Tzschaschel, Sabine 2553,2582,3587

U

Uggeri, Giovanni 0365,2435,3107 3709
Ugolini, Gian Marco 1817,2156,3710
Ulivieri, Denise 0218,2484,3673
Une, Hiroshi 1422,1940,3120
Unno, Kazutaka 0199,3314
Urbański, Józef 0553,1272,3128
Urness, Carol 0366,0474
Usery, E. Lynn 1317

V

Varga, József 1319,3386,3660
Vavryčyn, Marija 0220,0412,3891
Včkovski, Andrej 1820
Veen, André van der 2292,2535,2561 2656,3721
Velut, Sébastien 2434,3119
Ven, Marc van de 1821,2791,3755
Venemans, B. Albert 1738,2236,3737
Verardo, C. 1396,2320,3330
Verbree, Edward 1822,2792,2898

Verbree, Edward 3094
Vermeij, L.W. 1590
Vešligaj, Staško 1793,2357,2794 3052,3058,3799 3801
Veverka, Bohuslav 1318,1823
Vielsack, Siegfried 1435,1620,3443 3590
Vindt, Gérard 0123,0428,2974
Visentin, Terry I. 1306,2860
Višniar, Július 3029,3787
Visnovcova, Jana 0516,2821,3888
Visser, Richard Henry 1247,1825,2058 3278
Vögtle, Thomas 1248,2436,2796
Völgyesi, Lajos 1319,3386,3660
Vogel, Steven 0380,1826,2216 2554
Vogt, Brandon J. 1436,1520,2007 2975
Vogt, Molly 1827,2157
Voigt, Jens 1785,2968,3569
Vosselmann, George 0552
Vostokova, Elizaveta A. 1249,2097
Votoček, Michal 1461,2776,3053
Voženílek, Vít 1283,1828,2184
Vries, J. de 1886,2917,3720
Vučetić, Nada 1465

W

Wahed, Rehan 2146,3192
Wakonigg, Herwig 1296,2006
Waldik, Dirk 1669,2662
Walk, Ruppert 1531,1591,3592
Walker, Richard 1250,2519
Wallace, Darren 0571,1605,2189 3329
Wandinger, Marcus 1829,3362
Wang, Xinsheng 2437,2506,2899
Wang, Xinzhou 1830,2438,2450 3291
Wansa, Stefan 2173,3593
Ward, Robert 2797,3087,3141
Ware, J.Mark 1617,2608
Warmoes, Isabelle 0324,2309,3414
Warren, Bill 0104,0182,0459 3198,3279
Watabe, Hitoshi 2432,3312
Watanabe, Ichiro 0200,3315
Weber, Jürgen 1431,3523
Wegner, Harald 1832,2358
Wel, Frans van der 1251,1593
Welch, Grace 0049,1736,2800 3179
Wen, Hanjiang 3287
Wenderlein, Werner 1833
Wenkel, K.O. 1219,1277,2340
Wentz, Elisabeth A. 1436,1520,2007 2975
Wermke, Matthias 1376,3594
Werneburg, Thomas 0368,3595
Werner, Piotr 1297,2008
White, David Charles 0040,3895
Whitney, Gordon 0183,2098,2520 3188,3280
Wild, Urs 3889
Williams, Jonathan 1834
Wimmer, Guido 1835,2249,3596
Winchester, Simon 0369,2174,3633
Winkler, Péter 0543,1252,1253 2900,3661
Winter, S. 0565,3388
Wintges, Theodor 1982,2200,2801 2901,3389
Wissel, Helmut 3597
Wit, Cor de 1836,2976,3756
Witte, Bertold 1254
Wobek, Bettina 1377,3363
Wodtke, Klaus-Peter 2802,3598
Wohlgemuth, Frank 1803,2021,3580
Wohlschläger, Heide 0041,2836
Wolf, Eric W. 0098
Wolodtschenko, Alexander 0042,0043,0050 0061,0132,0381 0382,0383,0384 0472,0473,1395 1406,1546,1772 2094,2095,2190 2209,2242,2250 2382,2525,2549 2589,2626,2688

Wolodtschenko, Alexander 2695,2939,3007 3117,3142,3145 3364,3404,3599
Wood, Alberta Auringer 0538,2803
Wood, Jo 2288,2804
Wood, Michael 0415,0465,0566 0567,2902
Worm, Jeroen van den 1289,2453,2605 2805
Wright, Caroline 1868,3281
Wright, Dawn J. 1729,1737,2195 2321,2322,2797 3087,3131,3134 3141
Wronski, Ulrich 2806,3600
Wu, Fan 1466,1522,1983
Wu, Yanlan 1523,1984
Wyczałek, Ireneusz 2109,2251,2439 2807

X

Xiao, Lebin 1837
Xiong, Hanjiang 1838,2440,2808 2903
Xu, Zhihong 1839

Y

Yeap, W.K. 2984
Yen, Gar-on 1298,1840
Young, Melinda 1841,2147
Yu, Jiang 1842,2809
Yuan, May 1843,2810
Yunina, V.P. 2090,2282,3402

Z

Zahn, Johann 1594,1939,1985 2811,2904,3601 3602
Žalik, Borut 1568,1844
Zanini, Marc 1486,3854
Zanverdiani, Dario 0211,0411,2374 2839,3668
Zarycki, Tomasz 0473
Zavodnik, Alma 1845,2317,2359 3802
Zehner, Björn 2188,2812
Zeppenfeld, Günter 2677
Zhang, Aining 1846,2813
Zhang, Jianqing 1256
Zhang, Lan 1847
Zhang, Zuxun 1256
Zhong, Ershun 1837
Zhong, Linna 1378
Zhou, Xiugang 1479,1954,3898
Zhu, Guorui 1466,1522,1983
Zhu, Qing 1838,1848,2440 2441,2808,2814 2903
Zhu, Xuan 2815
Ziegler, Michaela 1524,2905
Ziegler, Stephan 3836
Zikmund, Hans 1379,3365
Zimmermann, Albert 0575,1536,3432
Zinck, J. Alfred 1238,1257,1516 1790,1849,2201 2274,3318
Zipf, Alexander 1850,2442
Zmudka, Thomas 1986,2481
Zögner, Gudrun K. 2837
Zögner, Lothar 0083,0185,0458 2837,2870,3304 3506
Zölitz-Möller, Reinhard 0209,0267,0345 0348,0370,1525 1878,1905,1906 2816,2977,3009 3027,3047,3049 3423,3494,3563 3568,3604,3605
Župan, Robert 2645
Zweckerl, Karl-Heinz 1913,2817,3059 3606
Zych, Maciew 1380,3121,3776